航拍

峨眉山市普贤寺大殿

梁架结构

转角铺作

峨眉山市普贤寺大殿

正立面

绵竹上帝宫玉皇殿

梁架结构

上檐转角铺作

绵竹上帝宫玉皇殿

航拍
旌阳宝峰寺

大殿正立面

大殿梁架雕刻

旌阳宝峰寺

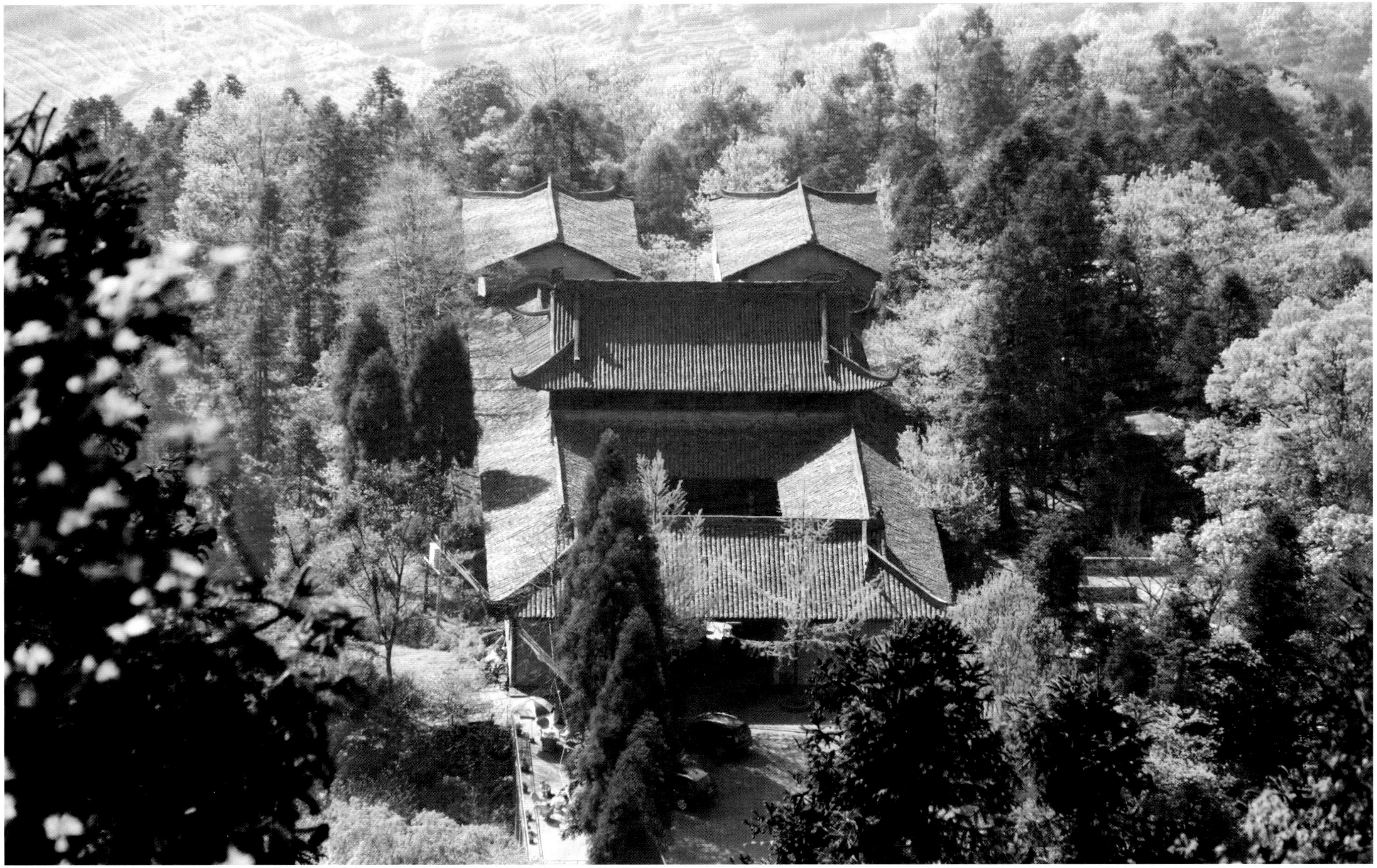

航拍

名山禹王宫

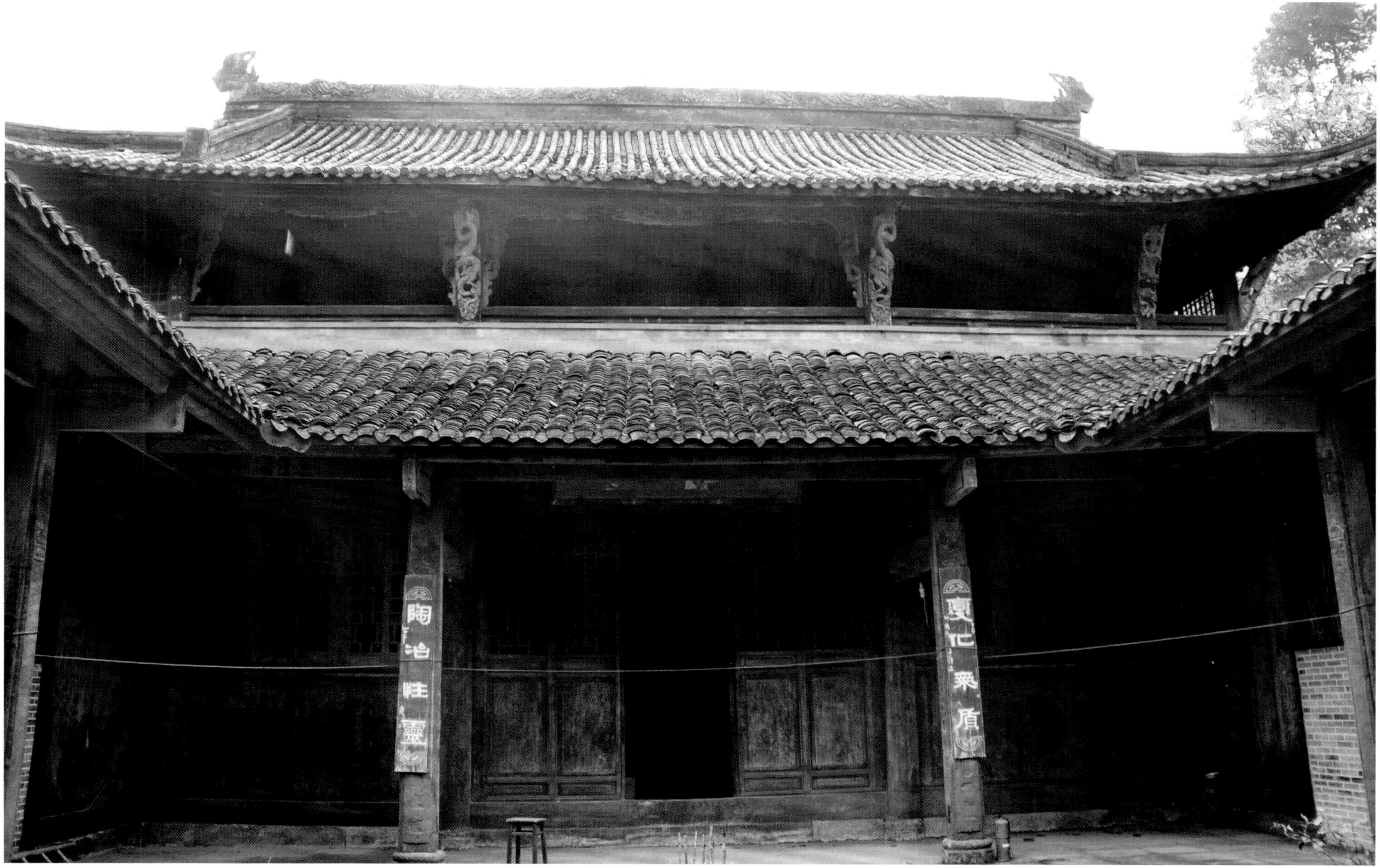

正殿

名山禹王宫

航拍

梁架结构

会东万寿宫正殿

前殿

剑阁金仙文庙

后殿前檐

大成殿梁架结构

剑阁金仙文庙

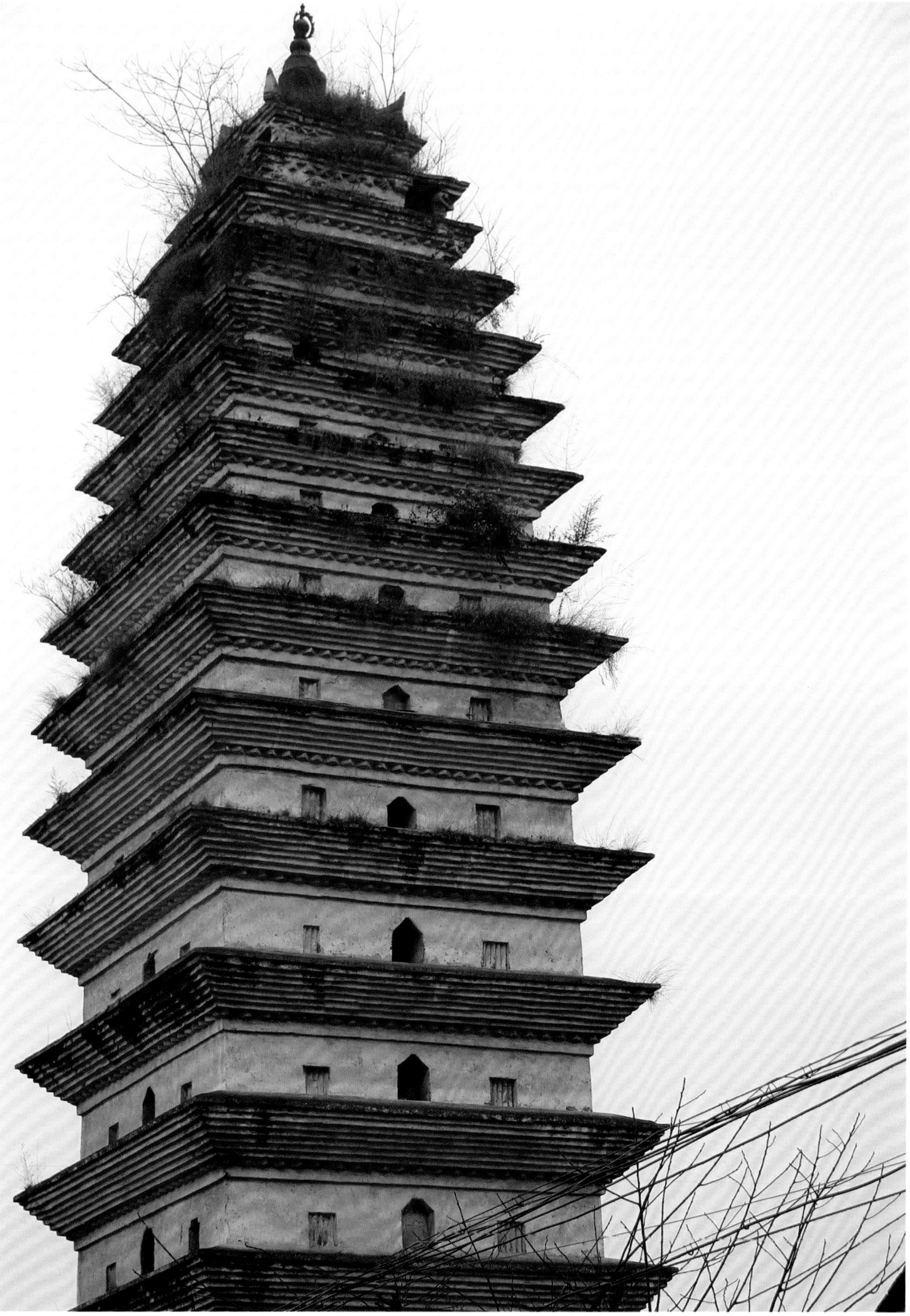
白塔立面

丹棱白塔

塔身局部

塔身内部

丹棱白塔

正立面

牌坊局部

名山净居庵石牌坊

全景

桥拱

华蓥蔡家墩桥

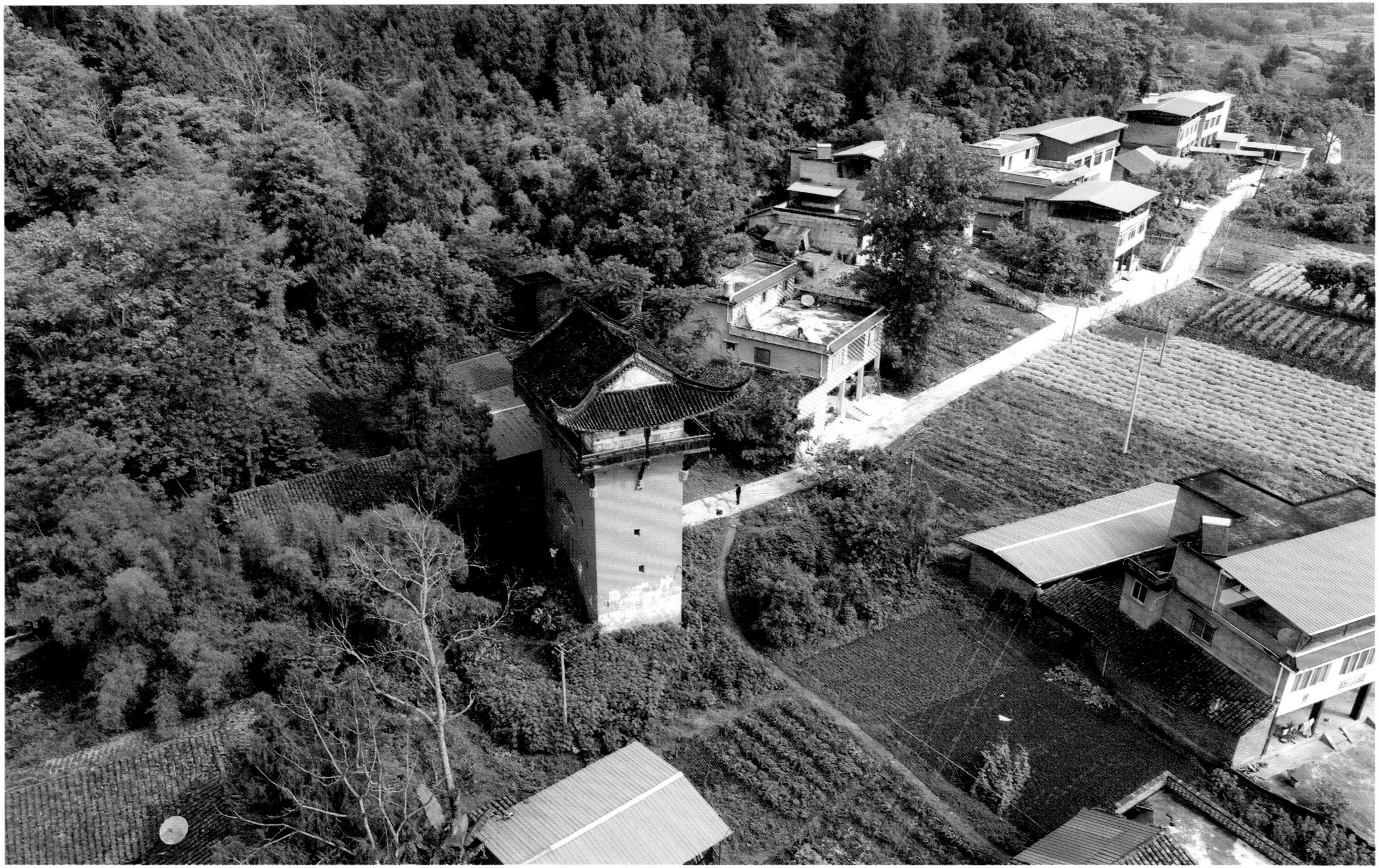

航拍

中江邓氏碉楼

上部结构

中江邓氏碉楼

顶层梁架结构

碉楼内部

中江县邓氏碉楼

正立面

泸定苏维埃政府旧址

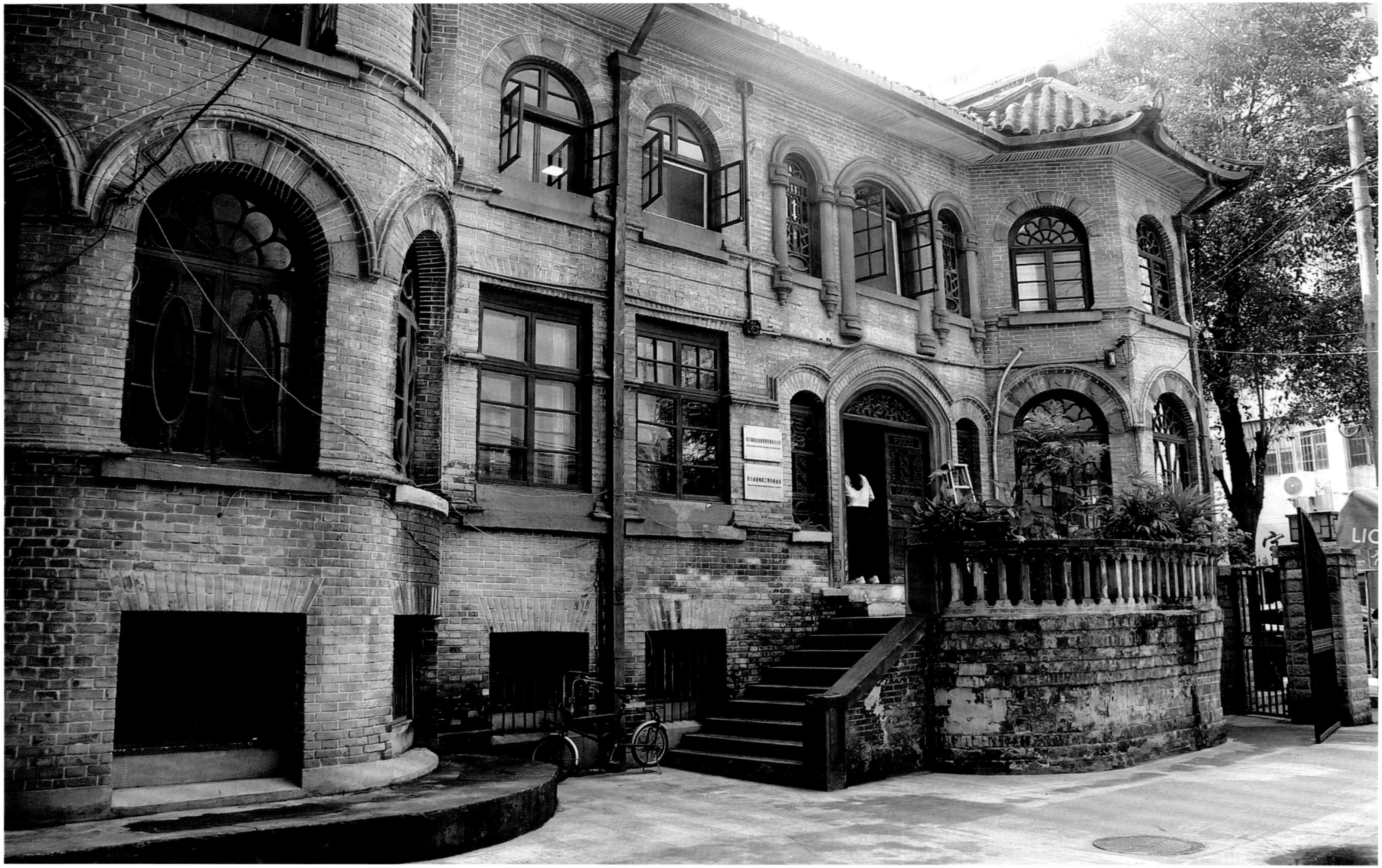

西立面

成都李家钰兄弟宅

四川古建筑测绘图集

（第6辑）

四川省文物考古研究院　编

科学出版社
北　京

内 容 简 介

本书收录了近几年四川省古建筑测绘资料的相关资料，涉及全国重点文物保护单位和省级文物保护单位，也有市（县）级文物保护单位，内容包括峨眉山市普贤寺大殿、剑阁县金仙文庙、中江县邓氏碉楼等共12处文物保护单位，涵盖寺庙、宫观、旧居、牌坊、塔、楼、桥等多种建筑类型。以测绘图为主，文字简要介绍为辅，并配有建筑整体和特色局部照片，图文并茂，勘测翔实，是建筑历史研究领域珍贵的参考资料。

本书适合建筑历史、古建筑维修、风景园林设计、艺术设计等领域的专业技术人员，以及高等院校相关专业的师生参考阅读。

图书在版编目（CIP）数据

四川古建筑测绘图集．第6辑 / 四川省文物考古研究院编．—北京：科学出版社，2021.11

ISBN 978-7-03-070419-1

Ⅰ.①四…　Ⅱ.①四…　Ⅲ.①古建筑—建筑测量—四川—图集
Ⅳ.① TU198-64

中国版本图书馆 CIP 数据核字（2021）第 220449 号

责任编辑：雷　英　吴书雷 / 责任校对：邹慧卿
责任印制：肖　兴 / 封面设计：张　放

科学出版社 出版
北京东黄城根北街16号
邮政编码：100717
http://www.sciencep.com

中国科学院印刷厂 印刷

科学出版社发行　各地新华书店经销

*

2021年11月第　一　版　　开本：889×1194　1/16
2021年11月第一次印刷　　印张：22　1/2　插页：10
字数：660 000

定价：248.00 元

（如有印装质量问题，我社负责调换）

总　序

四川幅员辽阔，民族众多，在“天府之土”上，先民们创造了丰富多彩、光耀夺目的建筑文化。在漫长的历史长河中，四川古建筑兼容并蓄，以巴蜀文化为根，吸收各种外来文化而逐步发展，将建筑、文化、艺术、宗教、音乐、绘画、雕塑等熔为一炉，内涵丰富，博大精深。以成都十二桥遗址、羊子山土台为代表的早期建筑遗迹；以雅安高颐阙、渠县汉阙为代表的汉阙文化；以峨眉山古建筑群、青城山古建筑群为代表的宗教庙宇；以德阳文庙、富顺文庙为代表的文庙建筑；以夕佳山古民居、阆中古民居为代表的民居建筑；以隆昌石牌坊群、开江陶牌坊为代表的四川牌坊，以江油窦圌山云岩寺飞天藏殿、平武报恩寺为代表的木构建筑；以桃坪羌寨、丹巴碉楼为代表的藏羌建筑；以西秦会馆、洛带会馆为代表的各式会馆，此外还有各地的风水宝塔、古道、石桥……这些都是巴蜀民族乡土建筑遗存的精华，中华文明骄傲的见证，体现了四川地区民族文化的多样性，共同构成了中华民族传统文化遗产，演绎连续文明的发展历程。

四川省文物考古研究院古建研究所长期从事四川的地面文物保护规划、修缮设计和监理工作。研究所在地面文物的保护实践中，古建保护整理和研究工作厚积薄发，目前陆续出版了《四川文庙》(《四川古建筑大系》之一)、《平武报恩寺》。《四川古代牌坊》也将付梓，古建筑保护、研究梯队逐步形成与壮大，特别是在近三年来的向家坝水电站淹没区（四川）的文物保护和四川灾后的文物抢救保护修缮工程中，省文物考古研究院古建石窟设计研究所的队伍得到了磨练，地面文物的保护和研究上了一个新的台阶，取得了初步成果，出现了可喜的新气象。

《四川古建筑测绘图集》是四川省文物考古研究院古建石窟设计研究所工作人员以对各类古建筑测绘的过程中积累的心得和成果。本着对文化遗产保护高度民主负责的态度，细致测绘，特别是在“5 · 12”汶川大地震灾后重建的繁忙工作中，仍加班加点，整理手稿并电脑绘制，累积成册。其出版的意义不仅是测绘方面原始资料记录的完整公布，而且为文物保护单位的保护和维修提供了基础资料，有助于完善这些文物保护单位“四有”档案的建设，在古建筑修缮中充分利用和完整保护文物建筑也具有极其重要的现实意义。

《四川古建筑测绘图集》是四川省近年来第一部专门收录古建筑测绘资料的图集，涉及的古建筑不仅有全国重点文物保护单位和省级文物保护单位，也有市（县）级文物保护单位和第三次全国文物普查中新发现的文物点，涵盖的类型有塔、桥、阙、宫观、寺庙、牌坊、民居、祠堂、会馆等。图集以测绘图为主，文字简要介绍为辅，并配有建筑整体和特色局部照片，图文并茂，勘测翔实，是我省文物建筑的珍贵资料。

测绘图集将不定期分册出版，图集将公布20世纪50年代以来的四川省文物考古研究院地面文物保护专业人员的测绘手稿，其中包含原四川三峡部分古建筑测绘分册。

罗哲文先生在《四川古建筑大系》序中有“抚今追昔，感慨不已”之情，在《四川古建筑测绘图集》付梓之际，我和罗老颇有同感，该书的出版必将是四川古建基础保护、研究之幸事。

特为之序。

四川省文物管理局局长 王琼

二〇一〇年七月二十日

目　录

峨眉山市普贤寺大殿

普贤寺位于四川省乐山市峨眉山市普兴乡福利村二组。

普贤寺因供奉普贤菩萨，故得名福利普贤寺，由普贤寺大殿和宝昙和尚祭祀窟组成。为明朝开国皇帝朱元璋的国师宝昙和尚于洪武十八年（公元1385年）前后主持重建，现存普贤寺大殿建于明永历十年（公元1656年）。

普贤寺坐北朝南，原建筑群依地势逐渐升高，占地约850平方米，建筑面积约408平方米，普贤寺大殿是四川省内保存不多的南明时期的木结构古建筑，大殿结构形制保存较为完好。

大殿平面呈矩形，面阔五间，通面阔约24.71米（东西开间均为后加改建），进深五间，通进深约13.8米（南北开间均为后加改建），通高约10.5米。单檐歇山顶建筑，小青瓦屋面，施斗栱，抬梁穿斗混合式木构架。内金柱施缠龙，须弥座绘莲花吉祥纹锦浮雕，是该建筑的特点之一。

四川省文物保护单位。

测绘制图：戴旭斌、范雪松、张应维

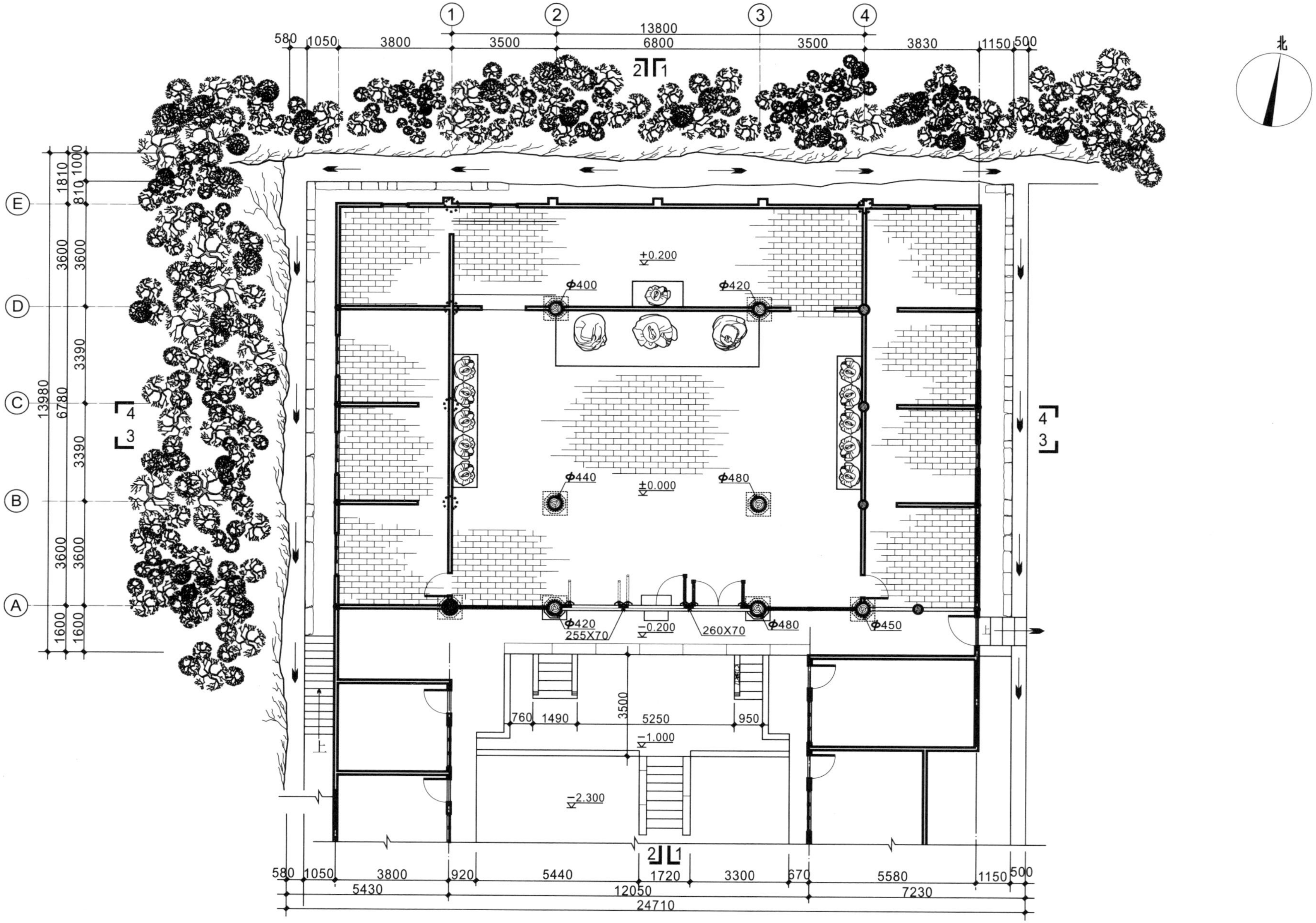
北
①
②
③
④
13800
580 1050 3800 3500 6800 3500 3830 1150 500
Ⓐ
Ⓑ
Ⓒ
Ⓓ
Ⓔ
13980
6780
1600 3600 3390 3390 3600 810 1000
1600 3600 1810
±0.200
Φ400
Φ420
Φ440
Φ480
±0.000
Φ420
255X70
−0.200
260X70
Φ480
Φ450
上
760 1490 5250 950
3500
−1.000
−2.300
580 1050 3800 920 5440 1720 3300 670 5580 1150 500
5430 12050 7230
24710

图 1　大殿平面图

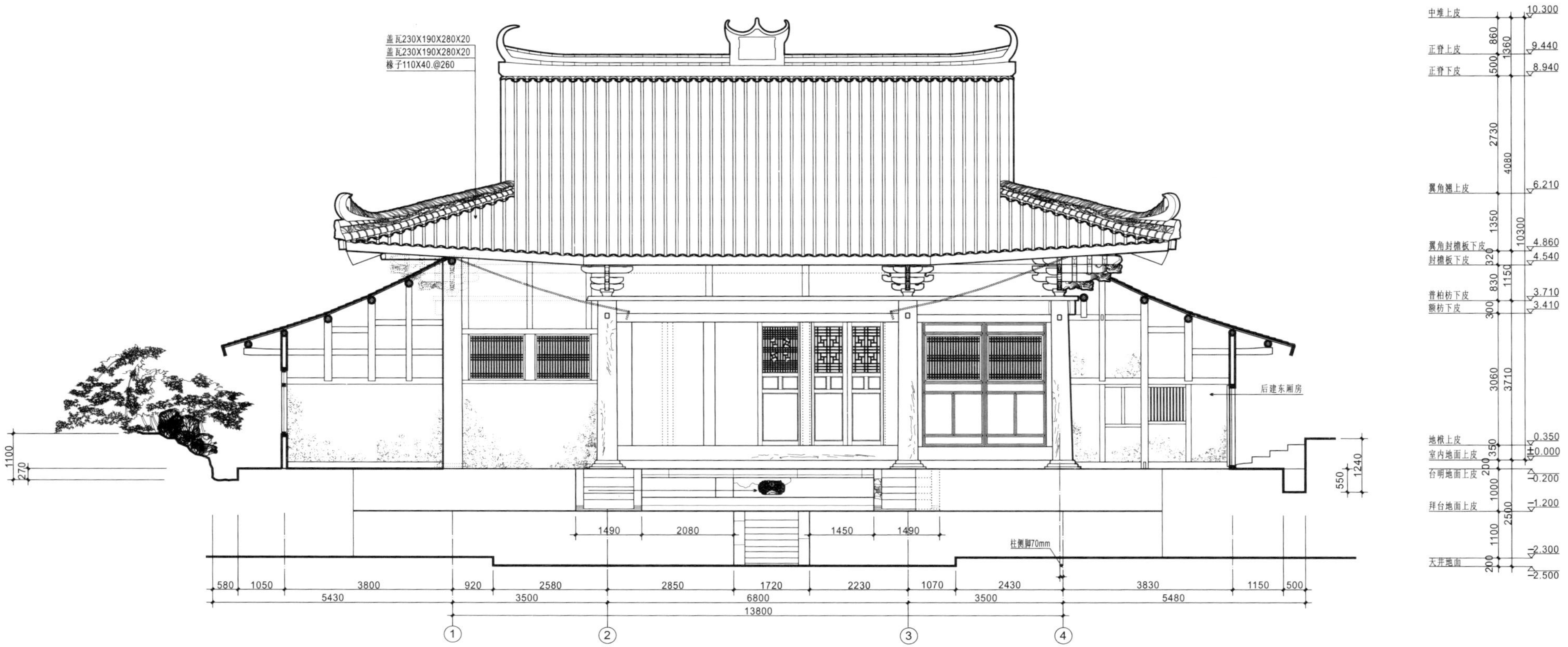
盖瓦230X190X280X20
盖瓦230X190X280X20
椽子110X40.@260
后建东厢房
柱侧脚70mm
中堆上皮
正脊上皮
正脊下皮
翼角翘上皮
翼角封檐板下皮
封檐板下皮
普柏枋下皮
额枋下皮
地栿上皮
室内地面上皮
台明地面上皮
拜台地面上皮
天井地面
10.300
9.440
8.940
6.210
4.860
4.540
3.710
3.410
0.350
±0.000
-0.200
-1.200
-2.300
-2.500
860
1360
500
2730
4080
1350
10300
320
830
1150
300
3060
3710
350
200
1000
2500
1100
200
1240
550
1100
270
1490
2080
1450
1490
580
1050
3800
920
2580
2850
1720
2230
1070
2430
3830
1150
500
5430
3500
6800
3500
5480
13800
1
2
3
4

图2　大殿南侧立面图

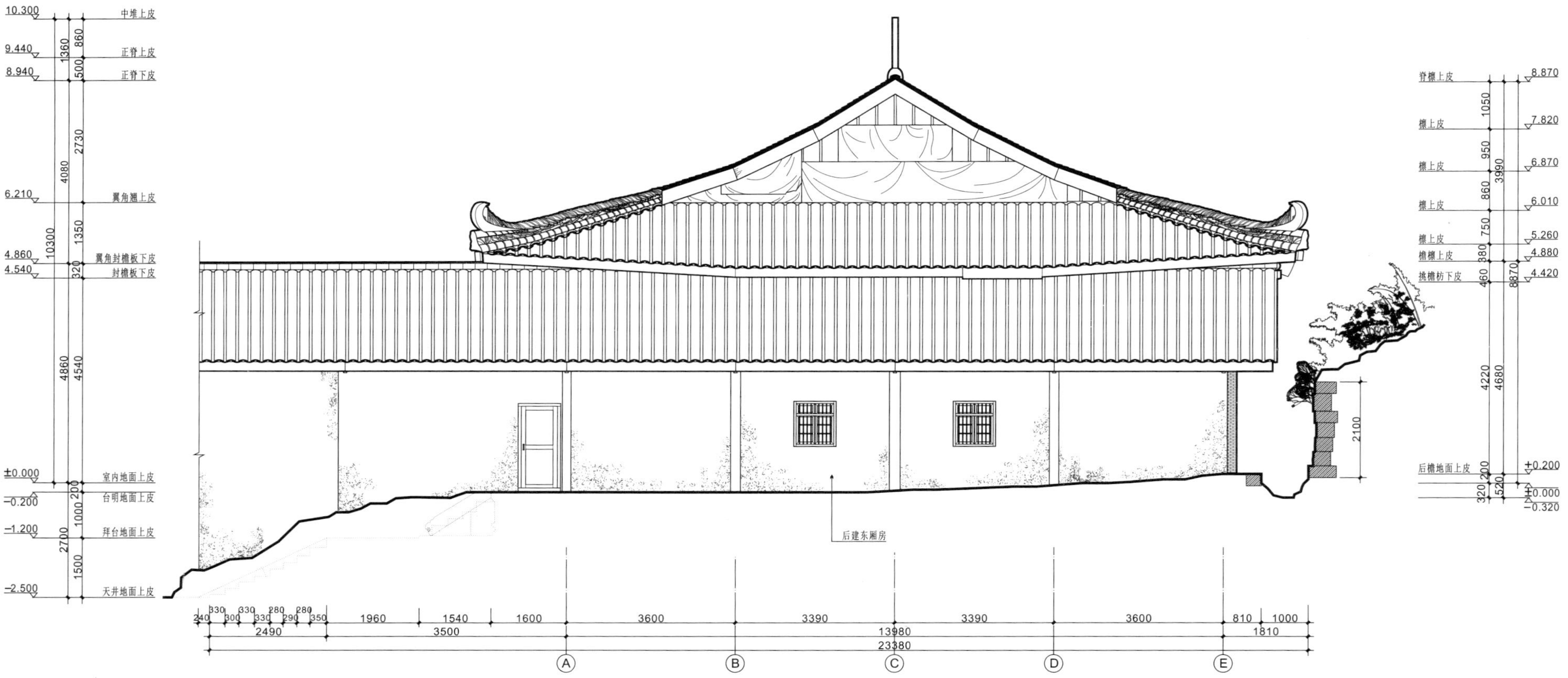
10.300 中堆上皮
9.440 正脊上皮
8.940 正脊下皮
6.210 翼角翘上皮
4.860 翼角封檐板下皮
4.540 封檐板下皮
±0.000 室内地面上皮
−0.200 台明地面上皮
−1.200 拜台地面上皮
−2.500 天井地面上皮
8.870 脊檩上皮
7.820 檩上皮
6.870 檩上皮
6.010 檩上皮
5.260 檩上皮
4.880 檐檩上皮
4.420 挑檐枋下皮
+0.200 后檐地面上皮
±0.000
−0.320
后建东厢房
2100
A
B
C
D
E
23380
图3　大殿东侧立面图

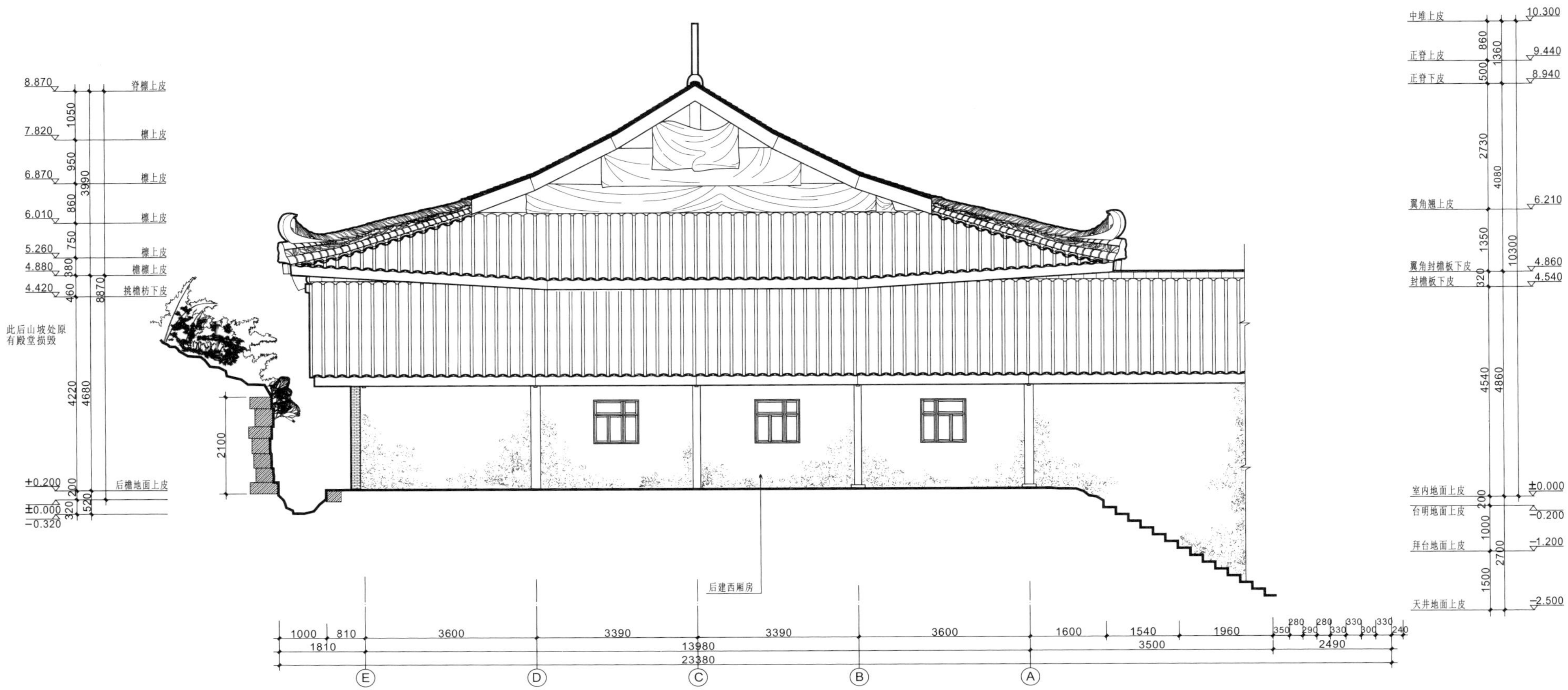
脊檩上皮
檩上皮
檩上皮
檩上皮
檩上皮
檐檩上皮
挑檐枋下皮
此后山坡处原
有殿堂损毁
后檐地面上皮
后建西厢房
中堆上皮
正脊上皮
正脊下皮
翼角翘上皮
翼角封檐板下皮
封檐板下皮
室内地面上皮
台明地面上皮
拜台地面上皮
天井地面上皮
8.870
7.820
6.870
6.010
5.260
4.880
4.420
+0.200
±0.000
−0.320
10.300
9.440
8.940
6.210
4.860
4.540
±0.000
−0.200
−1.200
−2.500
2100
1000
810
1810
3600
3390
3390
3600
1600
1540
1960
3500
13980
23380
2490
E
D
C
B
A

图 4　大殿西侧立面图

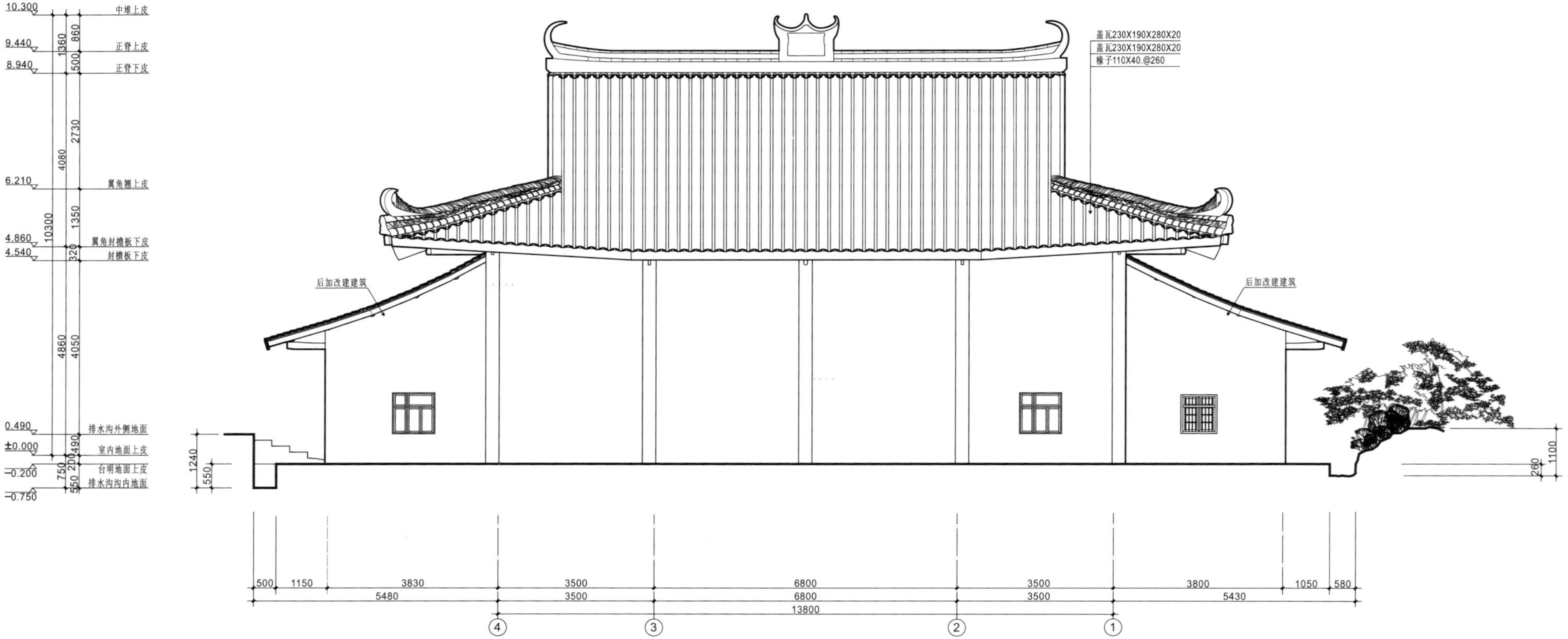
10.300
中堆上皮
9.440
正脊上皮
8.940
正脊下皮
6.210
翼角翘上皮
4.860
翼角封檐板下皮
4.540
封檐板下皮
0.490
排水沟外侧地面
±0.000
室内地面上皮
−0.200
台明地面上皮
−0.750
排水沟沟内地面
860
500
2730
1350
320
4050
490
200
550
1360
4080
4860
750
10300
1240
550
盖瓦230X190X280X20
盖瓦230X190X280X20
椽子110X40.@260
后加改建建筑
后加改建建筑
1100
260
500
1150
3830
3500
6800
3500
3800
1050
580
5480
3500
6800
3500
5430
13800
4
3
2
1

图5　大殿北立面图

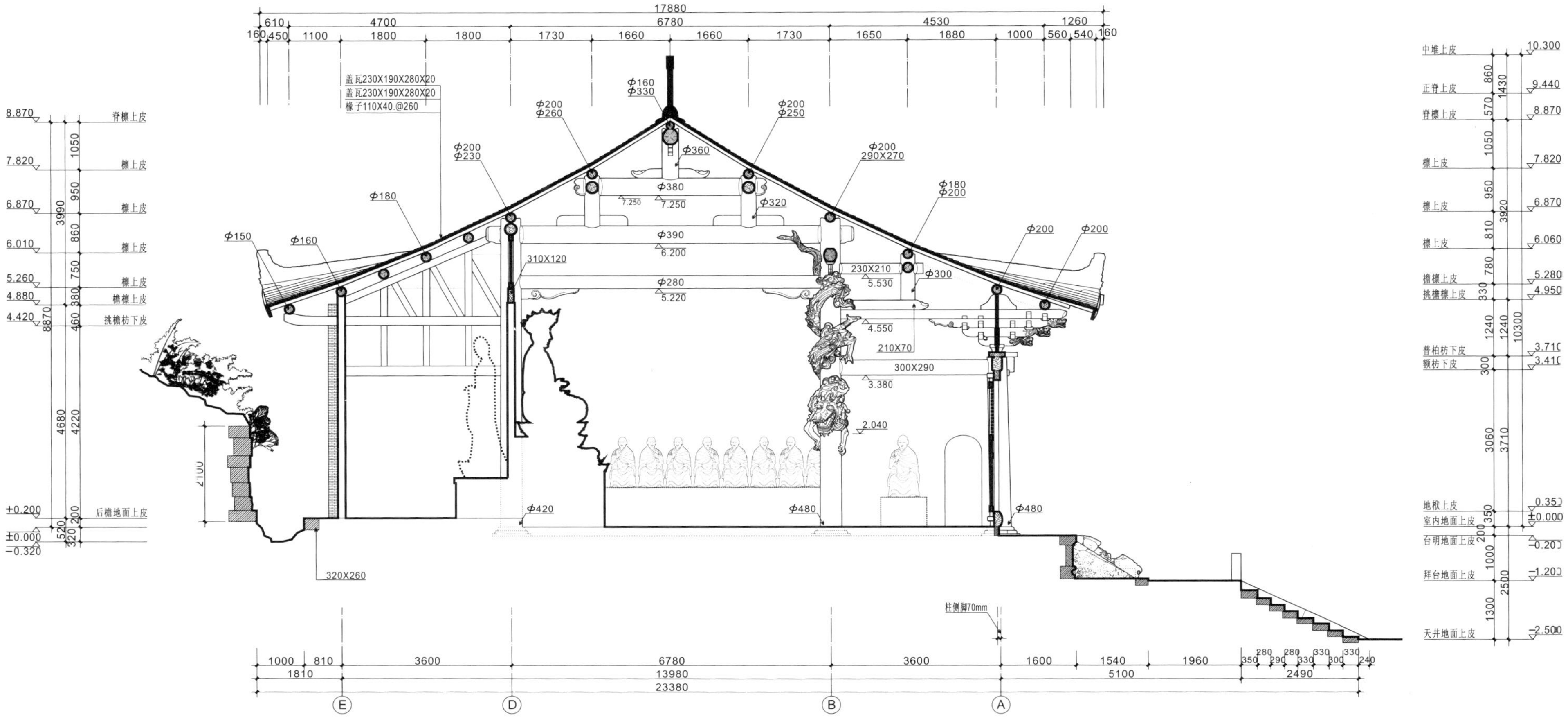
17880
610
4700
6780
4530
1260
160
450
1100
1800
1800
1730
1660
1660
1730
1650
1880
1000
560
540
160
盖瓦230X190X280X20
盖瓦230X190X280X20
椽子110X40.@260
Φ160
Φ330
Φ360
Φ200
Φ260
Φ200
Φ250
Φ200
Φ230
Φ200
290X270
Φ180
Φ200
Φ380
7.250
Φ320
Φ390
6.200
Φ280
5.220
310X120
230X210
5.530
Φ300
4.550
210X70
300X290
3.380
2.040
Φ150
Φ160
Φ180
Φ200
Φ200
Φ420
Φ480
Φ480
320X260
2100
柱侧脚70mm
8.870 脊檩上皮
7.820 檩上皮
6.870 檩上皮
6.010 檩上皮
5.260 檩上皮
4.880 檐檩上皮
4.420 挑檐枋下皮
+0.200 后檐地面上皮
±0.000
−0.320
1050
950
860
750
380
460
4220
200
320
3990
4680
520
8870
10.300 中堆上皮
9.440 正脊上皮
8.870 脊檩上皮
7.820 檩上皮
6.870 檩上皮
6.060 檩上皮
5.280 檐檩上皮
4.950 挑檐檩上皮
3.710 普柏枋下皮
3.410 额枋下皮
0.350 地栿上皮
±0.000 室内地面上皮
−0.200 台明地面上皮
−1.200 拜台地面上皮
−2.500 天井地面上皮
860
570
1050
950
810
780
330
1240
300
3060
350
200
1000
1300
1430
3920
1240
3710
2500
10300
1000
810
3600
6780
3600
1600
1540
1960
350
280
290
280
330
330
300
330
240
1810
13980
5100
2490
23380
E
D
B
A

图6　大殿1-1剖面图

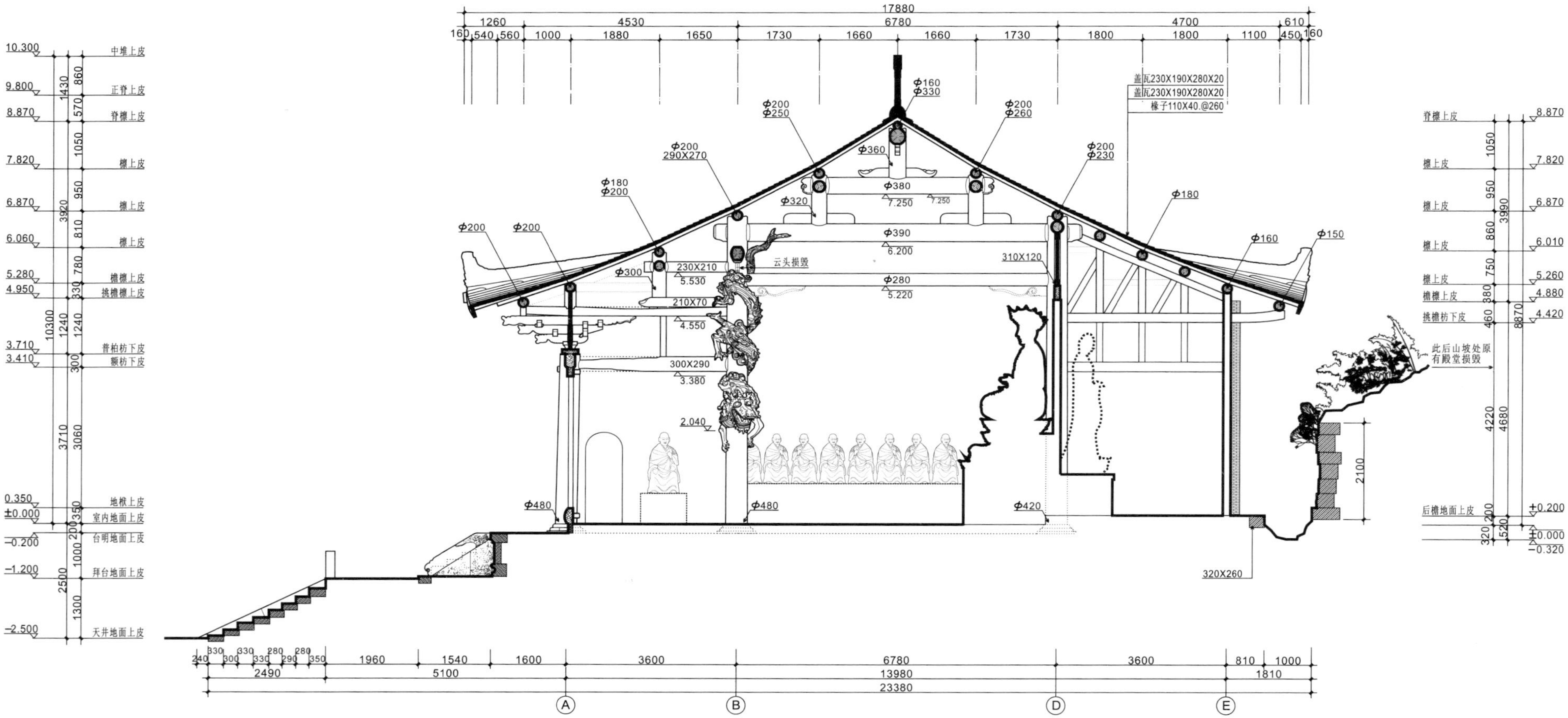
中堆上皮
正脊上皮
脊檩上皮
檩上皮
檐檩上皮
挑檐檩上皮
普柏枋下皮
额枋下皮
地栿上皮
室内地面上皮
台明地面上皮
拜台地面上皮
天井地面上皮
盖瓦230X190X280X20
盖瓦230X190X280X20
椽子110X40.@260
云头损毁
挑檐枋下皮
此后山坡处原
有殿堂损毁
后檐地面上皮
320X260
310X120
230X210
210X70
300X290

图7 大殿2-2剖面图

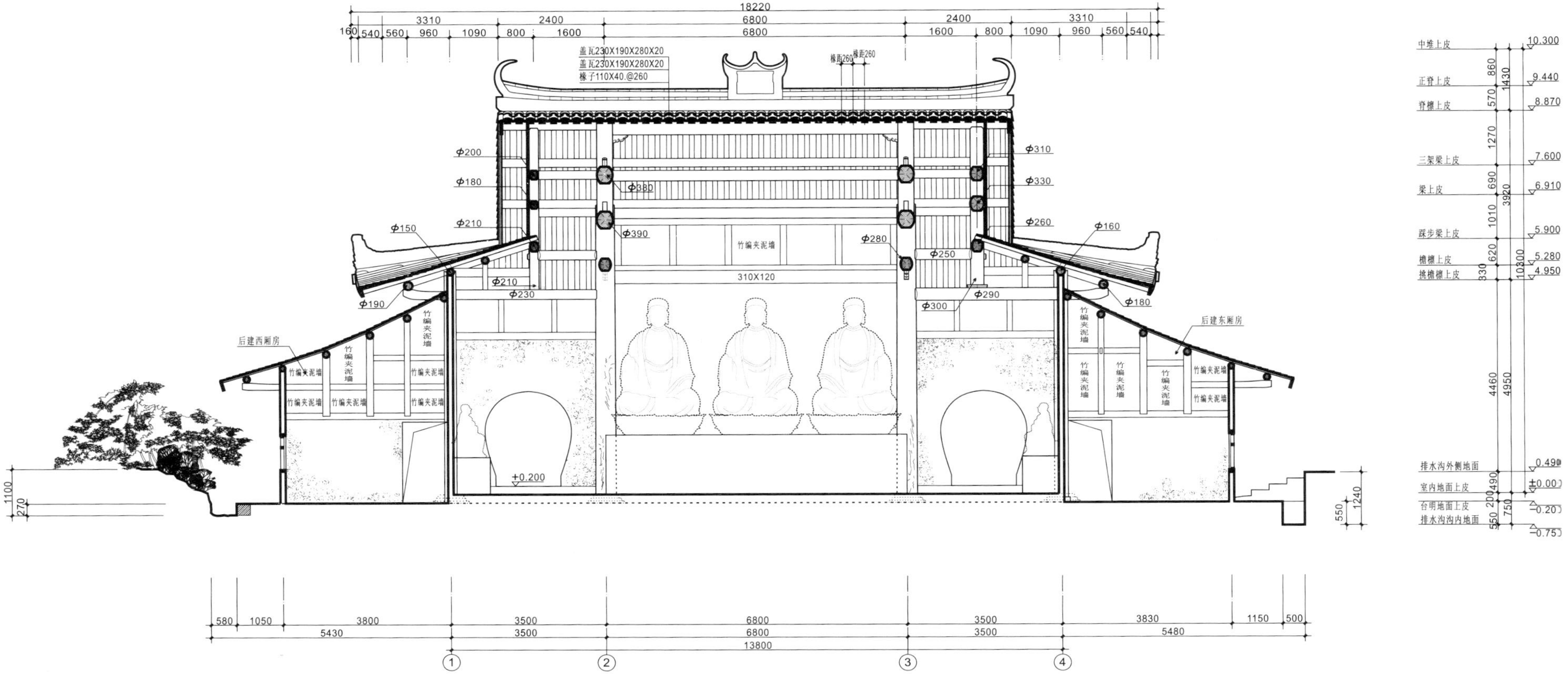

18220
3310
2400
6800
2400
3310
160
540
560
960
1090
800
1600
6800
1600
800
1090
960
560
540
盖瓦230X190X280X20
盖瓦230X190X280X20
椽子110X40.@260
椽距260
椽距260
Φ200
Φ180
Φ210
Φ150
Φ190
Φ210
Φ230
Φ380
Φ390
Φ310
Φ330
Φ260
Φ160
Φ180
Φ280
Φ250
Φ300
Φ290
竹编夹泥墙
310X120
后建西厢房
后建东厢房
+0.200
中堆上皮
正脊上皮
脊檩上皮
三架梁上皮
梁上皮
踩步梁上皮
檐檩上皮
挑檐檩上皮
排水沟外侧地面
室内地面上皮
台明地面上皮
排水沟内地面
10.300
9.440
8.870
7.600
6.910
5.900
5.280
4.950
0.490
±0.000
-0.200
-0.750
860
570
1270
690
1010
620
330
4460
490
200
550
1430
3920
10300
4950
750
1100
270
550
1240
580
1050
3800
3500
6800
3500
3830
1150
500
5430
3500
6800
3500
5480
13800
1
2
3
4

图8　大殿3-3剖面图

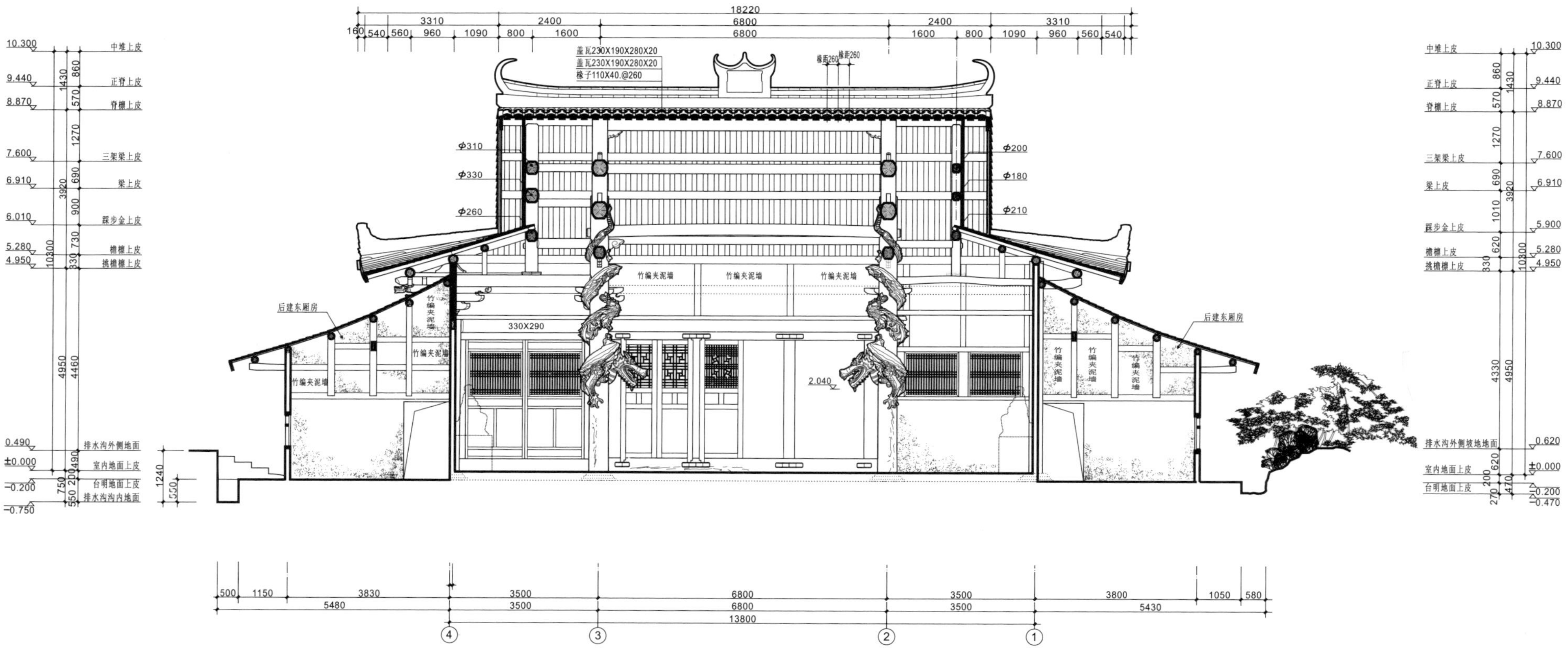
18220
3310
2400
6800
1600
800
1090
960
560
540
160
盖瓦230X190X280X20
盖瓦230X190X280X20
椽子110X40.@260
中堆上皮
正脊上皮
脊檩上皮
三架梁上皮
梁上皮
踩步金上皮
檐檩上皮
挑檐檩上皮
排水沟外侧地面
室内地面上皮
台明地面上皮
排水沟内地面
排水沟外侧坡地地面
10.300
9.440
8.870
7.600
6.910
6.010
5.900
5.280
4.950
0.490
0.620
±0.000
−0.200
−0.750
−0.470
2.040
Φ310
Φ330
Φ260
Φ200
Φ180
Φ210
330X290
竹编夹泥墙
后建东厢房
1240
550
500
1150
3830
5480
3500
13800
3800
1050
580
5430
4
3
2
1

图9　大殿4-4剖面图

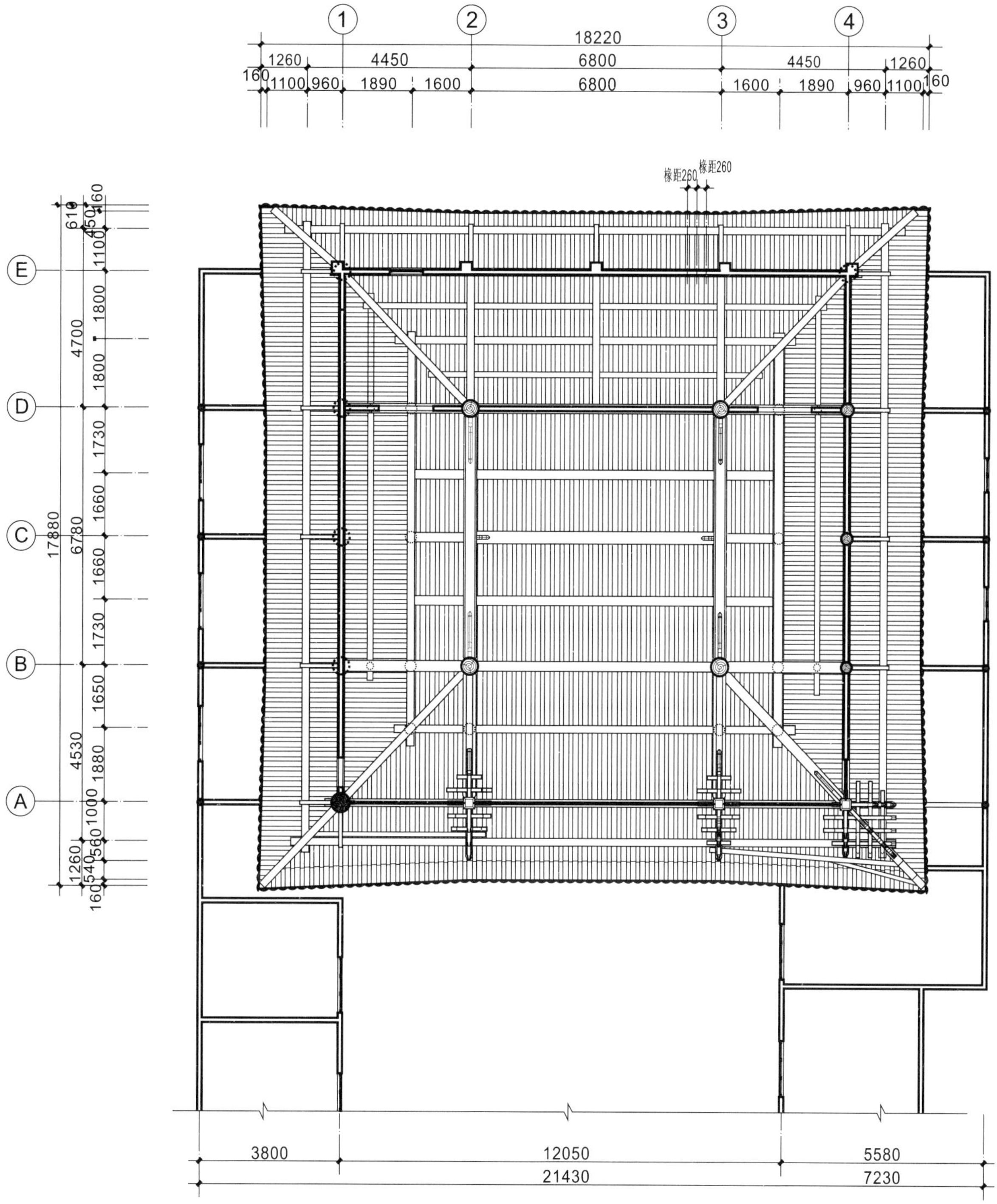
1
2
3
4
18220
1260
4450
6800
4450
1260
160
1100
960
1890
1600
6800
1600
1890
960
1100
160
椽距260
椽距260
E
D
C
B
A
17880
4700
6780
4530
3800
12050
5580
21430
7230

图 10　大殿仰视图

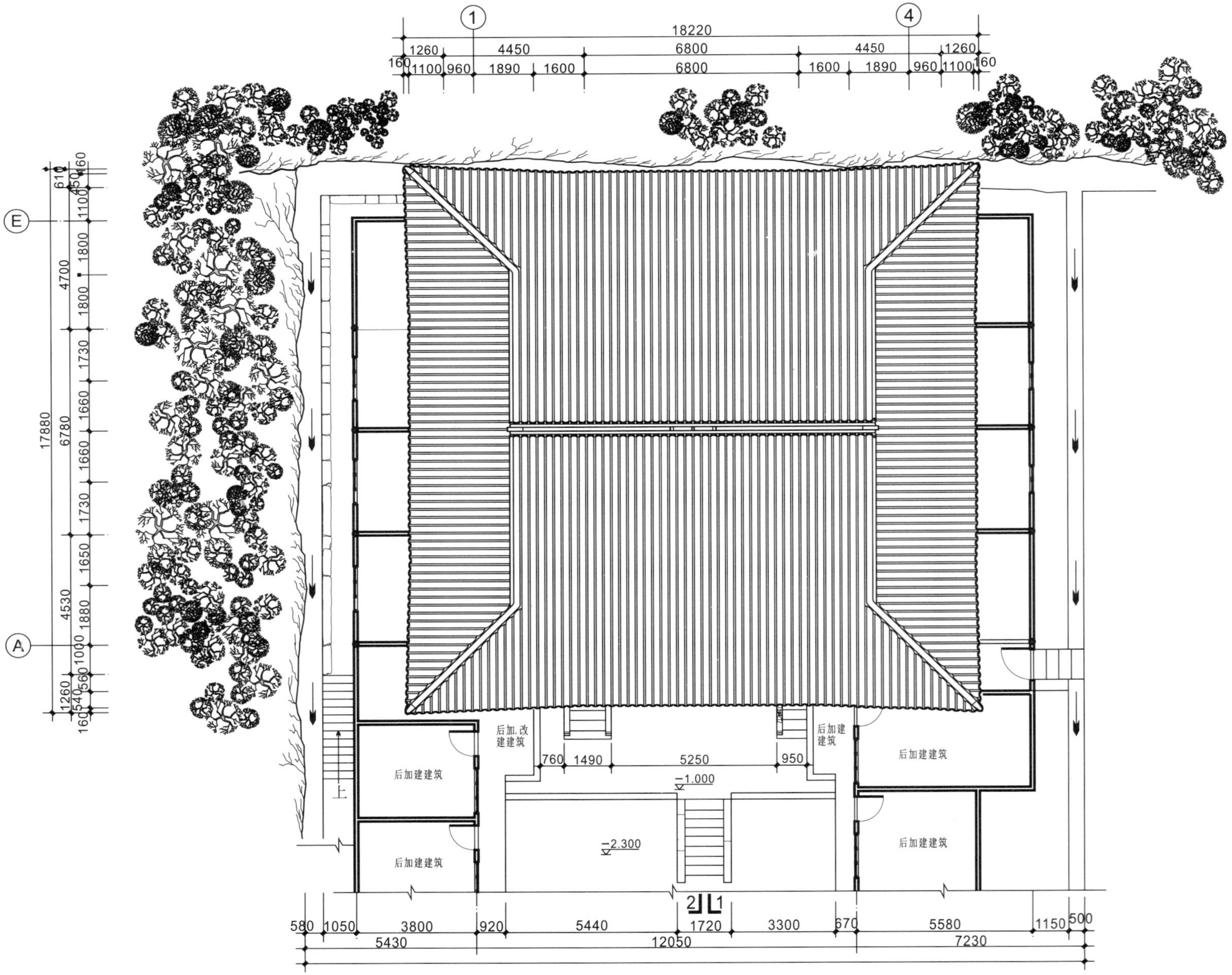
18220
1260
4450
6800
4450
1260
160
1100
960
1890
1600
6800
1600
1890
960
1100
160
1
4
E
A
17880
4700
6780
4530
1260
61
450
1100
1800
1800
1730
1660
1660
1730
1650
1880
1000
560
540
160
后加建筑
后加建筑
后加建筑
后加建筑
后加.改建建筑
后加建建筑
上
760
1490
5250
950
-1.000
-2.300
2
1
580
1050
3800
920
5440
1720
3300
670
5580
1150
500
5430
12050
7230

图 11 大殿俯视图

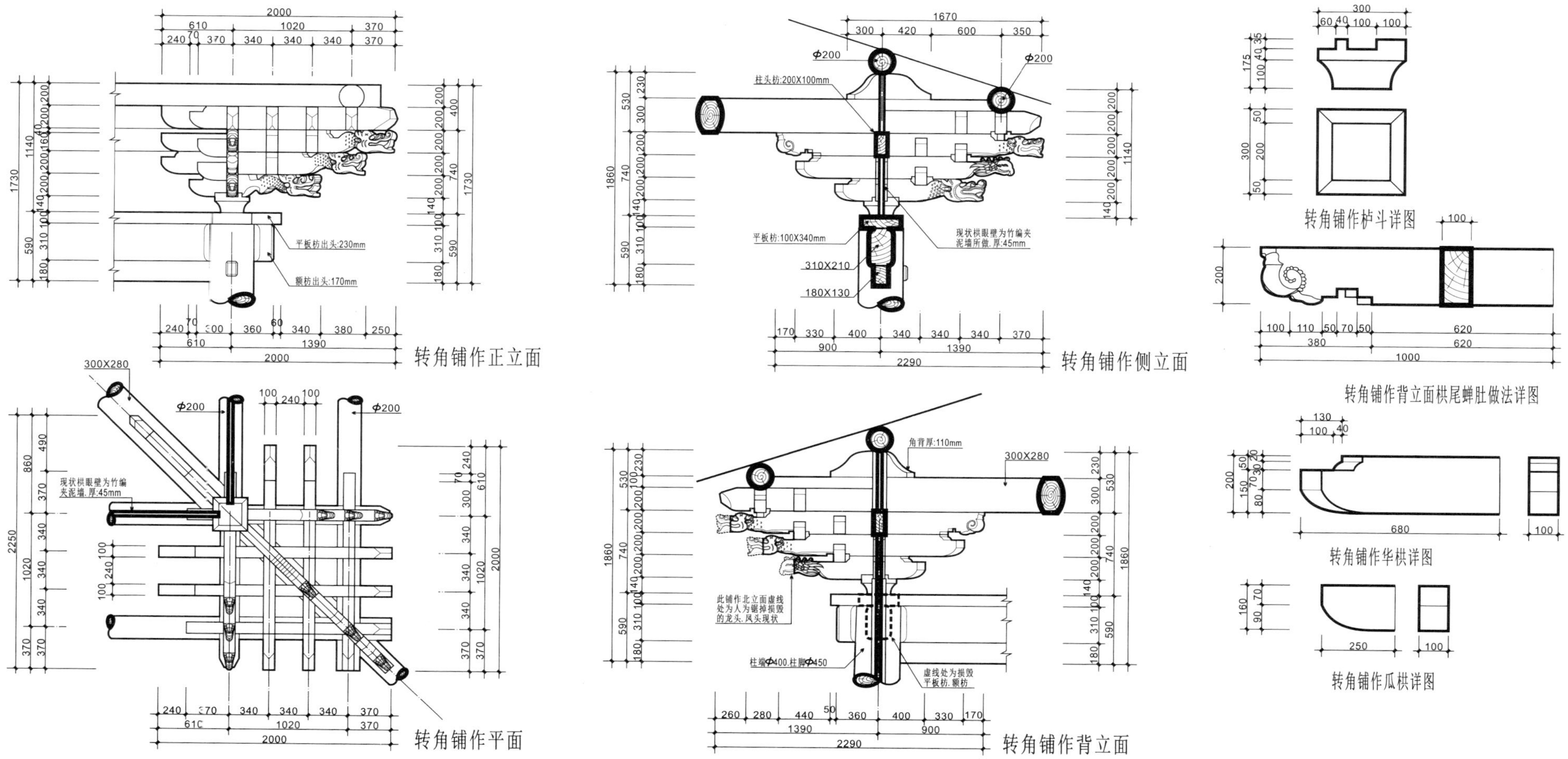

图 12　大殿转角斗栱铺作详图

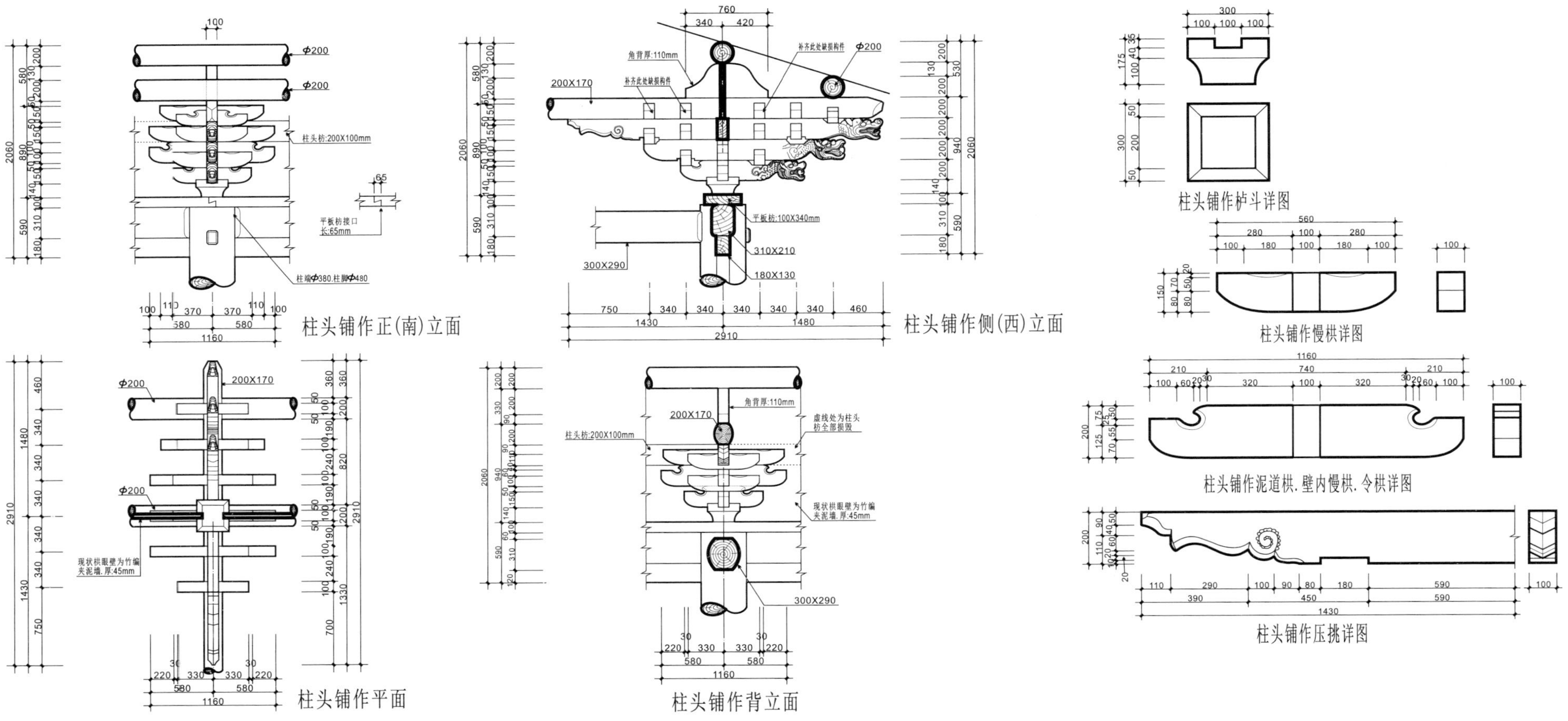

图 13 大殿柱头铺作详图

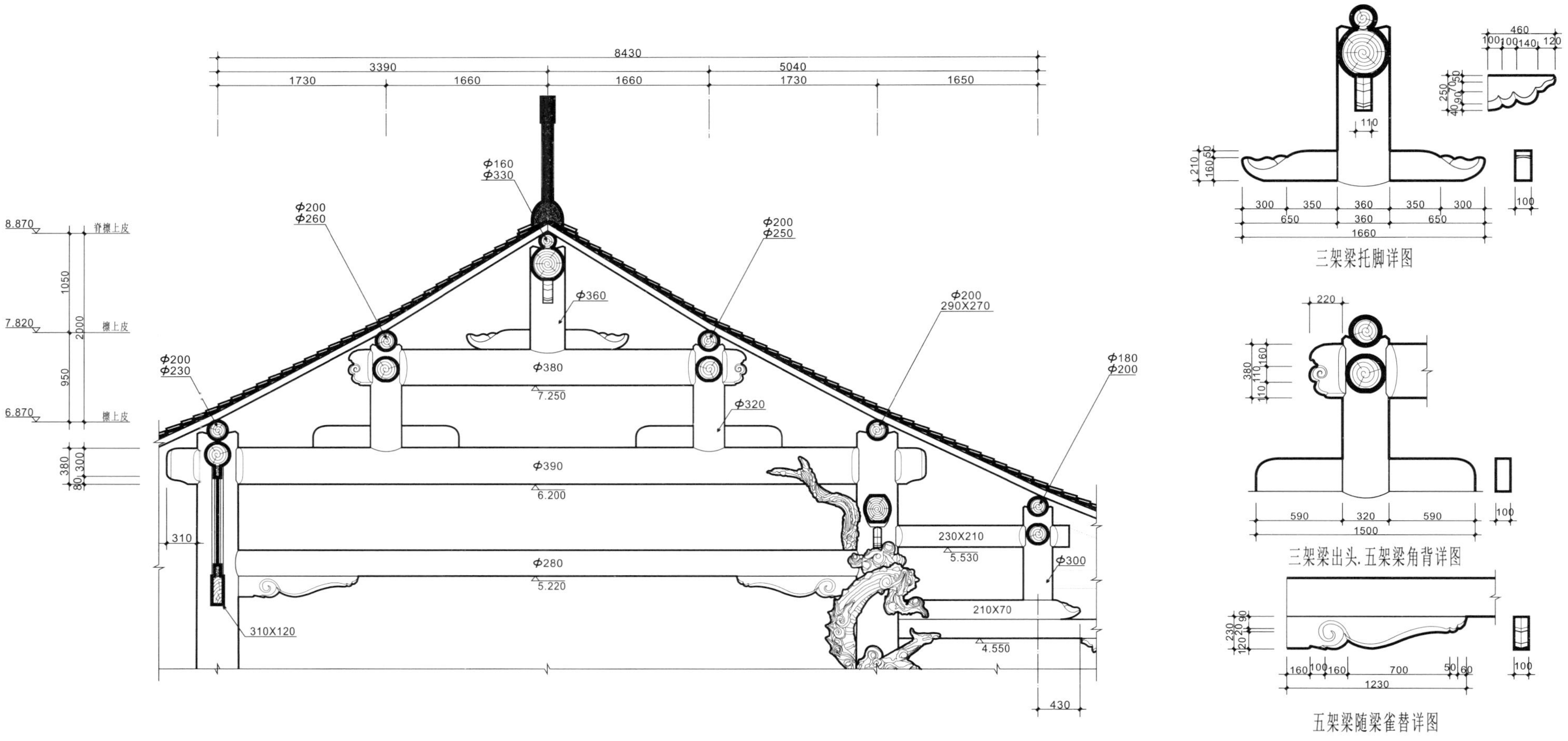
8430
3390
5040
1730
1660
1660
1730
1650
8.870
脊檩上皮
7.820
檩上皮
6.870
檩上皮
1050
950
2000
380
300
80
Φ160
Φ330
Φ200
Φ260
Φ200
Φ250
Φ200
Φ230
Φ360
Φ380
7.250
Φ320
Φ390
6.200
Φ200
290X270
Φ180
Φ200
230X210
5.530
Φ280
5.220
Φ300
210X70
4.550
310
310X120
430
三架梁托脚详图
三架梁出头.五架梁角背详图
五架梁随梁雀替详图

图 14 大殿梁架详图

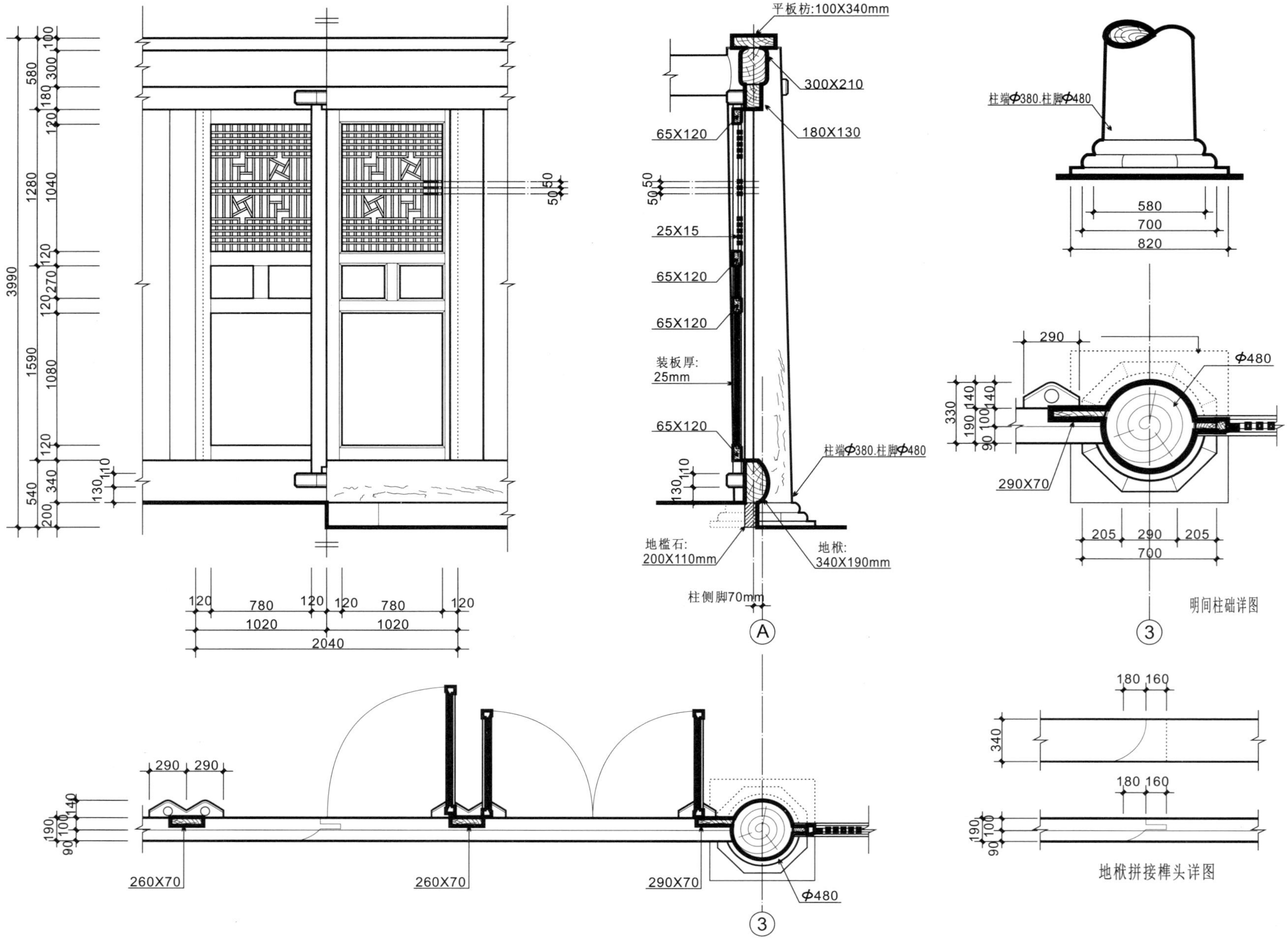
平板枋:100X340mm
300X210
180X130
65X120
25X15
65X120
65X120
装板厚:
25mm
65X120
柱端Φ380.柱脚Φ480
地槛石:
200X110mm
地栿:
340X190mm
柱侧脚70mm
A
3
290X70
260X70
260X70
Φ480
柱端Φ380.柱脚Φ480
明间柱础详图
地栿拼接榫头详图
3990
1590
1280
1020
2040
780
120
290

图 15　大殿明间隔扇门详图（一）

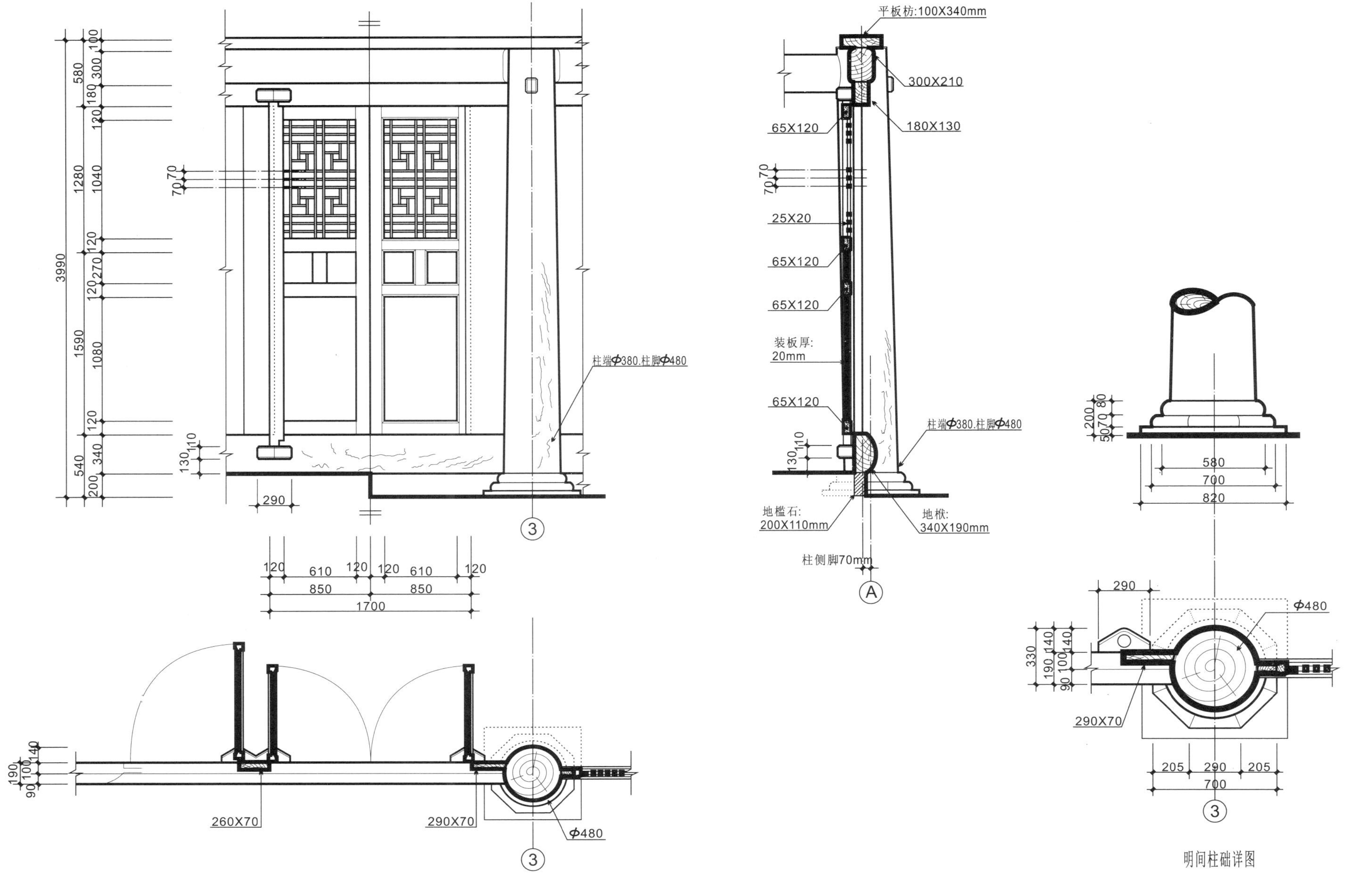
平板枋:100X340mm
300X210
180X130
65X120
25X20
装板厚:
20mm
柱端Φ380.柱脚Φ480
地槛石:
200X110mm
地栿:
340X190mm
柱侧脚70mm
A
3
290X70
260X70
Φ480
3990
580
1280
1590
540
1700
850
610
明间柱础详图

图 16　大殿明间隔扇门详图（二）

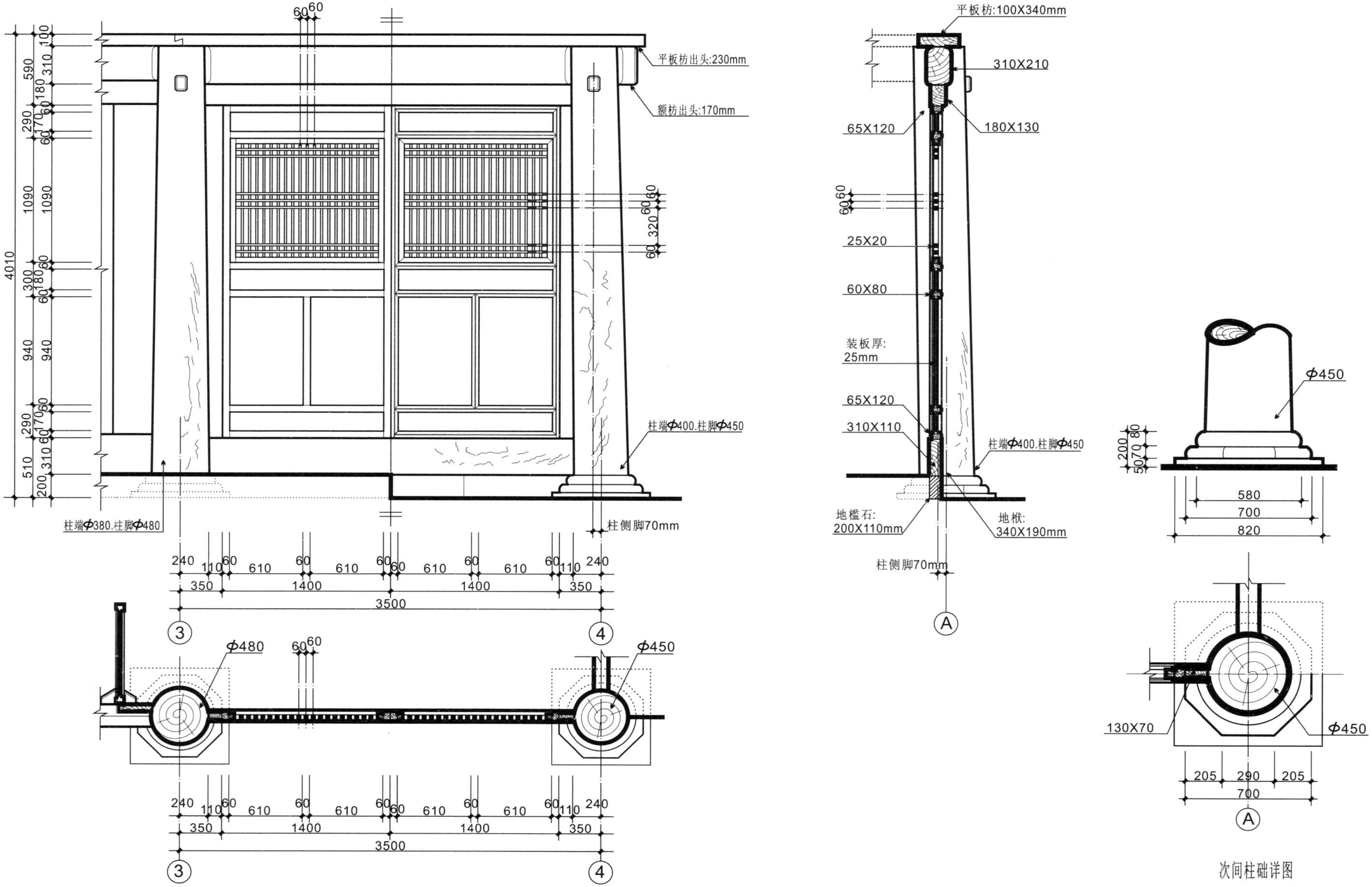
平板枋出头:230mm
额枋出头:170mm
柱端Φ400.柱脚Φ450
柱端Φ380.柱脚Φ480
柱侧脚70mm
Φ480
Φ450
平板枋:100X340mm
310X210
180X130
65X120
25X20
60X80
装板厚:
25mm
65X120
310X110
地槛石:
200X110mm
地栿:
340X190mm
580
700
820
130X70
205
290
205
700
4010
3500
1400
350
次间柱础详图

图 17　大殿次间槛窗详图

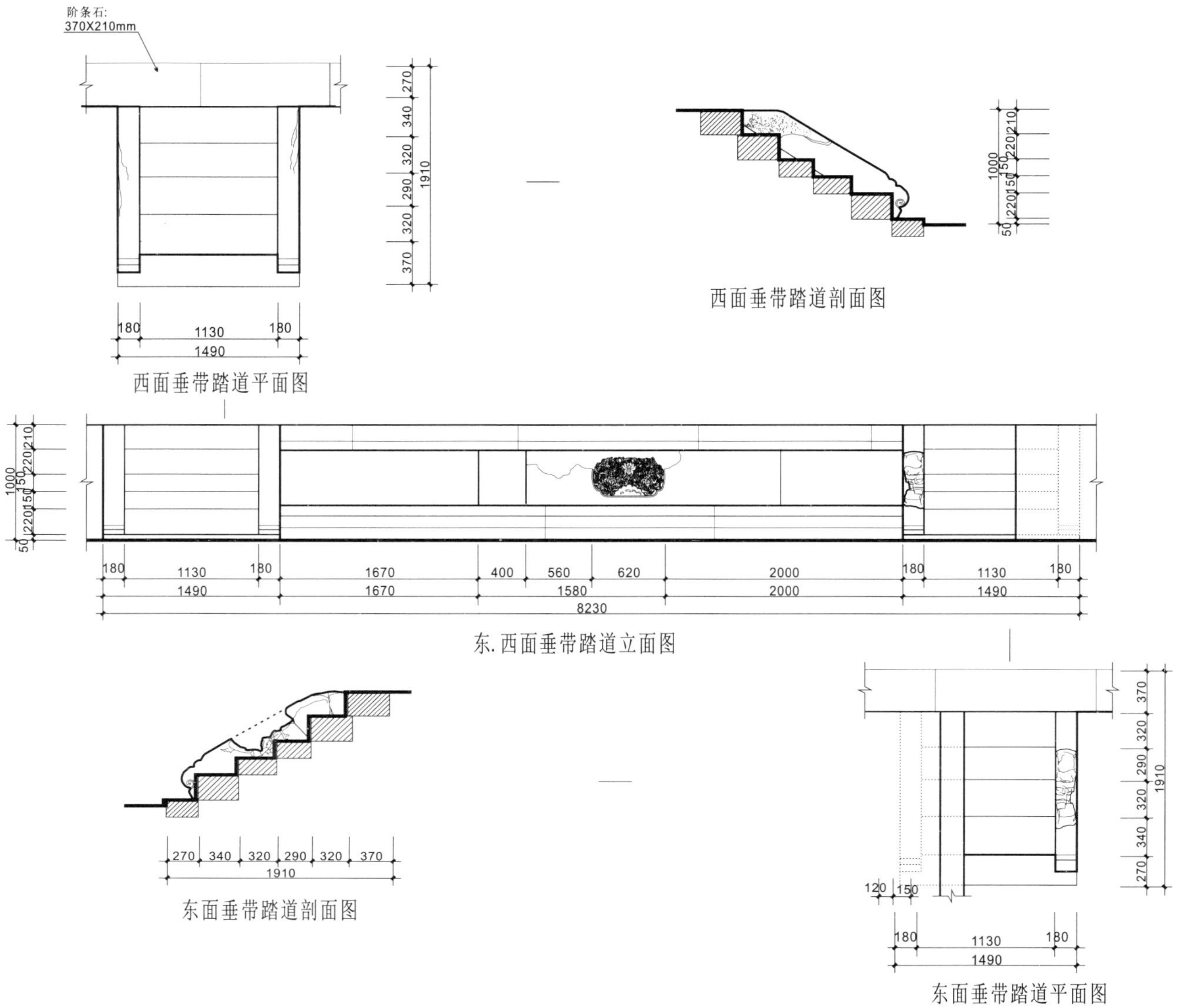

图 18　大殿台明垂带踏道详图

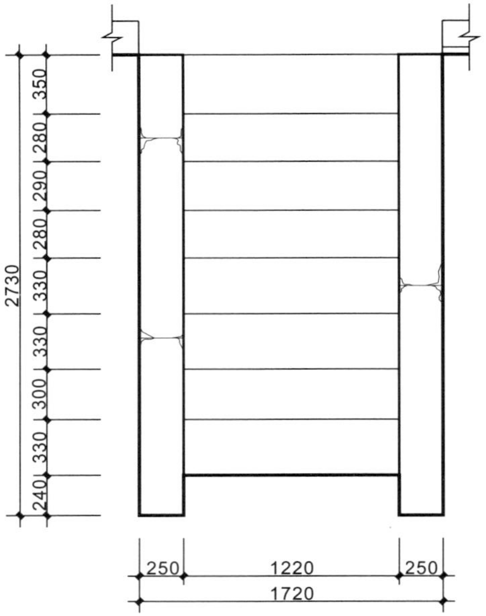

拜台垂带踏道平面图

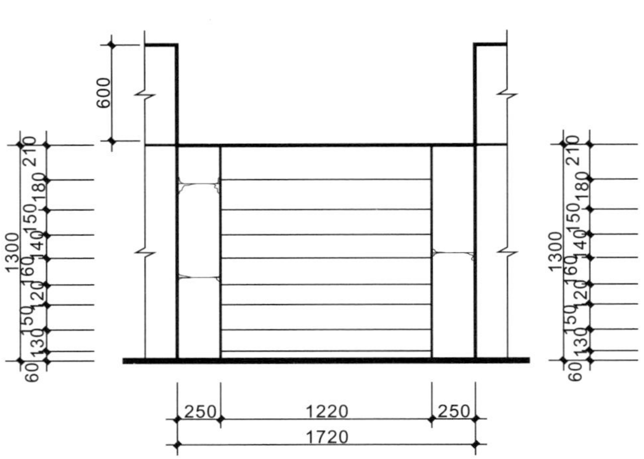

拜台垂带踏道立面图

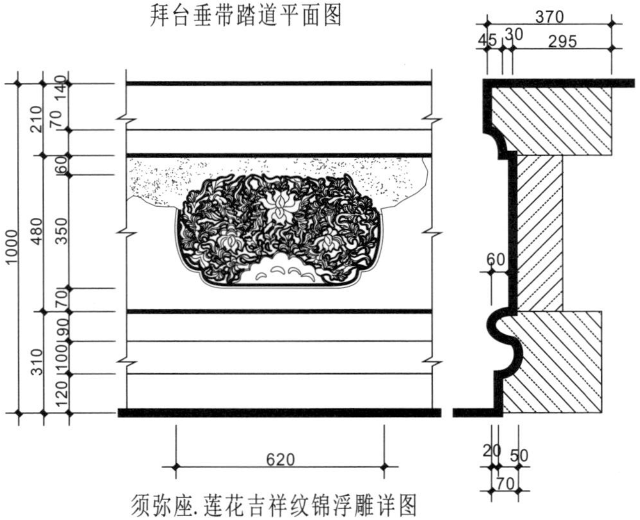

须弥座.莲花吉祥纹锦浮雕详图

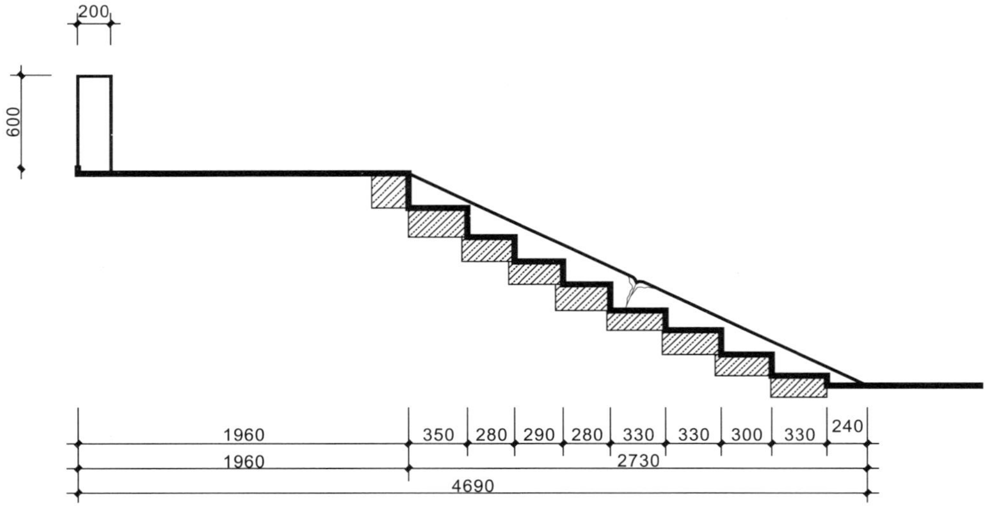

拜台垂带踏道剖面图

图 19 大殿拜台垂带踏道详图

绵竹上帝宫玉皇殿

上帝宫玉皇殿位于四川省绵竹市兴隆镇安仁村。

现仅存的上帝宫玉皇殿始建于明崇祯十一年（公元 1638 年），由邑绅刘宇亮所建，清乾隆三十五年（公元 1770 年）由道人刘本真重建，明代主体木构架保存完整。

上帝宫玉皇殿是我省尚存为数不多的明代建筑中体量较大的一处，平面呈长方形，通面阔五间 24.3 米，通进深五间 14.7 米，通高 11.73 米，建筑面积 475 平方米。

大殿为厅堂式重檐歇山建筑，身内八架椽，副阶 2 架椽，“抬梁”与“穿斗”相结合木构架。下檐檐柱均有侧脚，下檐檐下共施四铺作一杪一昂斗栱 34 朵。上檐檐下共施四铺作一杪一昂斗栱 28 朵。明间梁架上共施襻间斗栱 10 朵。斗栱做法、栱眼壁等做法极具地方特色。室内做砌上明造，随檩、蜀柱上所施彩画走线优美流畅，随檩上亦有墨书题记。

绵竹市文物保护单位。

测绘制图：宋艺、吕熠

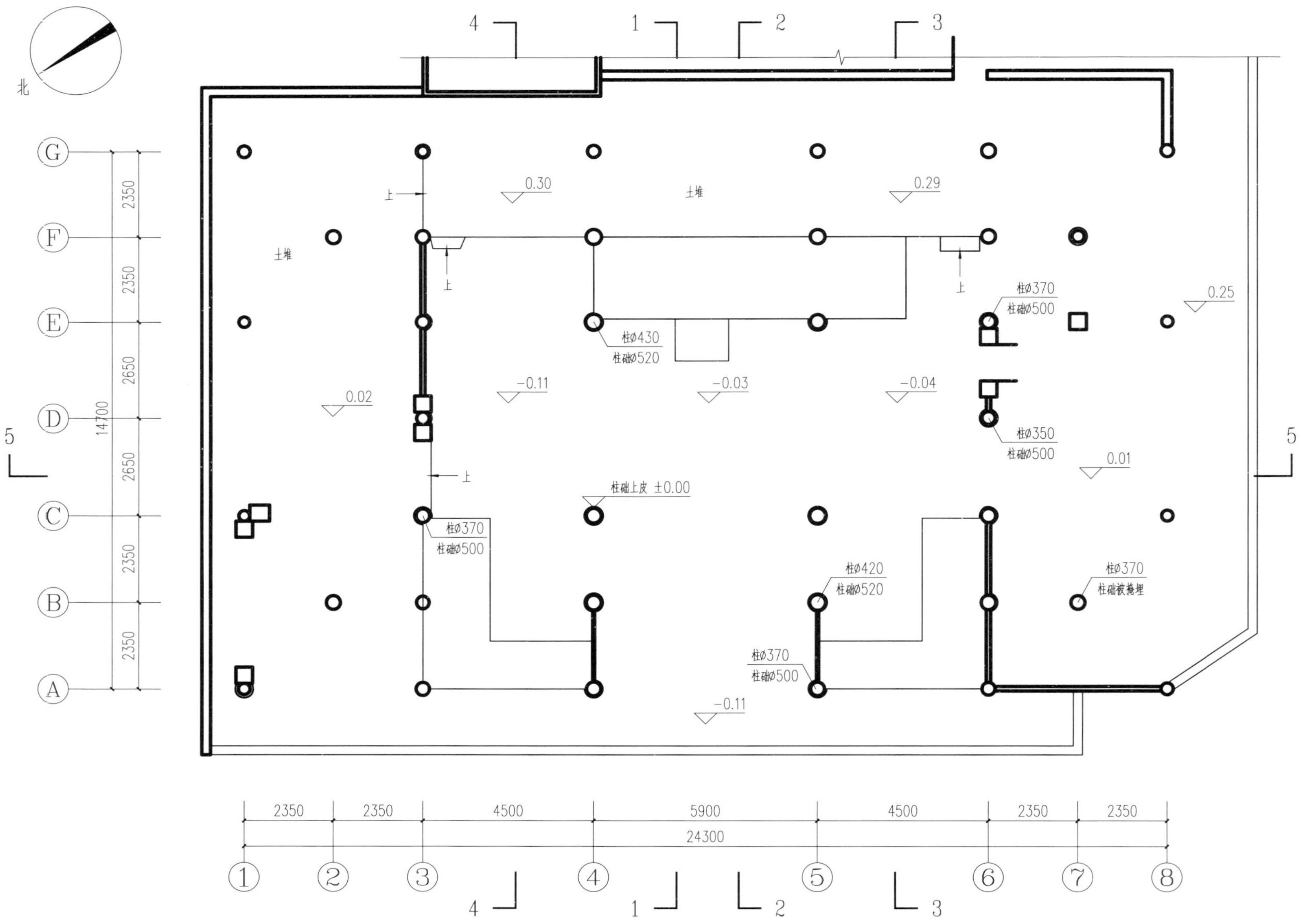
北
4
1
2
3
5
G
F
E
D
C
B
A
2350
2350
2650
2650
2350
2350
14700
0.30
土堆
0.29
土堆
柱ø370
柱础ø500
0.25
柱ø430
柱础ø520
0.02
-0.11
-0.03
-0.04
柱ø350
柱础ø500
0.01
柱础上皮 ±0.00
柱ø370
柱础ø500
柱ø420
柱础ø520
柱ø370
柱础被掩埋
柱ø370
柱础ø500
-0.11
上
2350
2350
4500
5900
4500
2350
2350
24300
1
2
3
4
5
6
7
8

图1　一层平面图

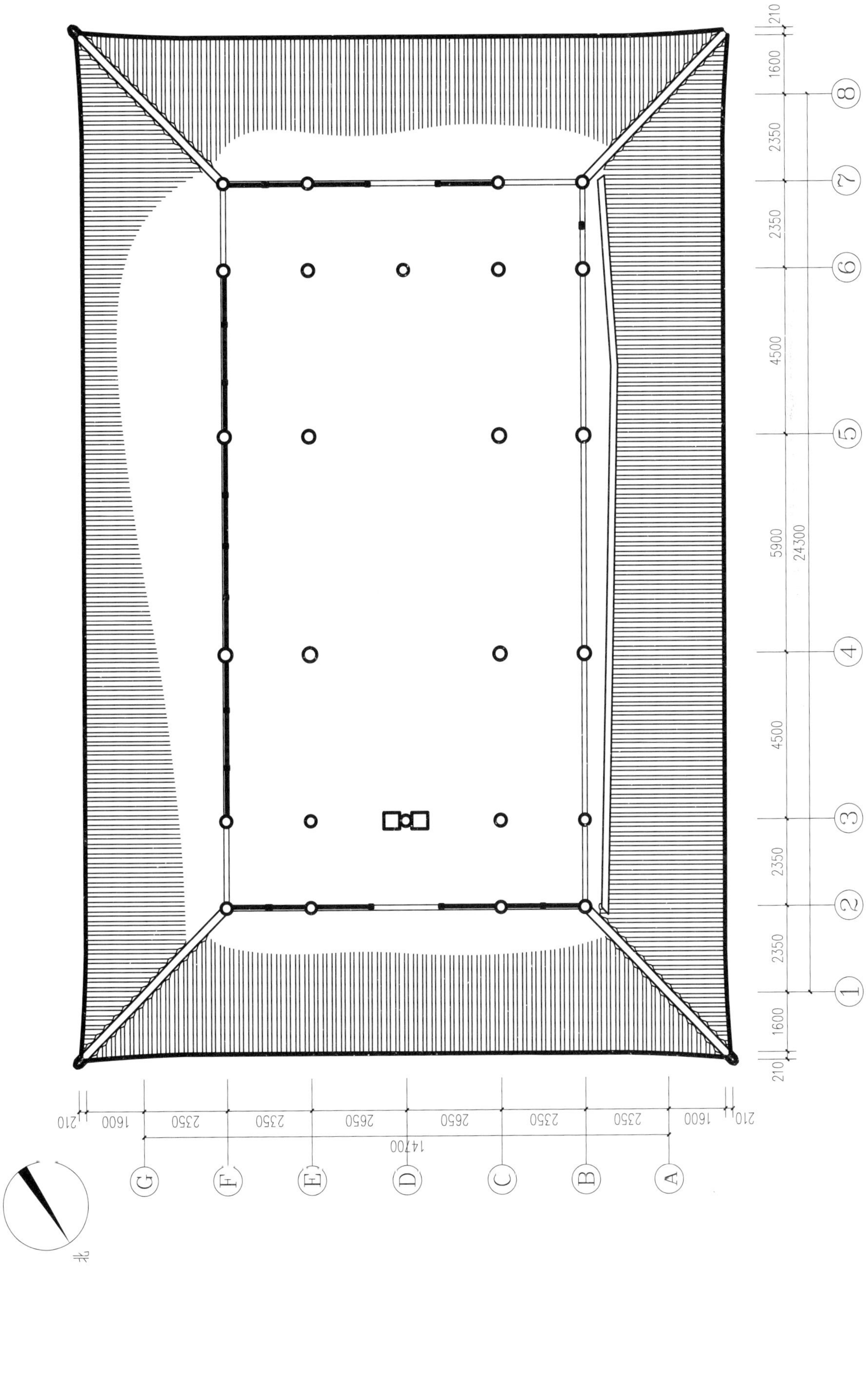
210
1600
2350
2350
4500
5900
24300
4500
2350
2350
1600
210
1
2
3
4
5
6
7
8
210
1600
2350
2350
2650
2650
2350
2350
1600
210
14700
A
B
C
D
E
F
G
北

图2 二层平面图

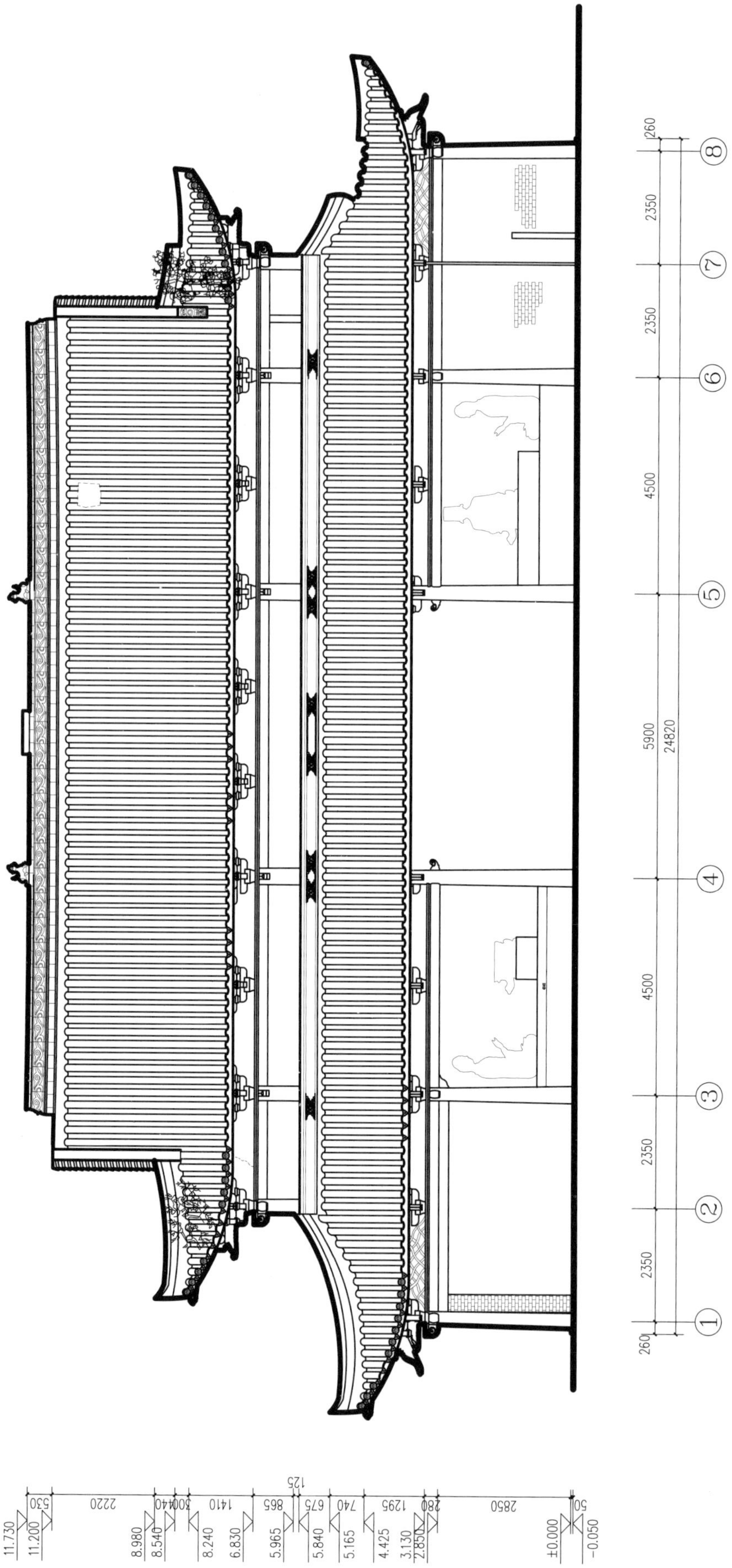
260
2350
2350
4500
5900
24820
4500
2350
2350
260
①
②
③
④
⑤
⑥
⑦
⑧
11.730
11.200
8.980
8.540
8.240
6.830
5.965
5.840
5.165
4.425
3.130
2.850
±0.000
-0.050

图3 正立面图

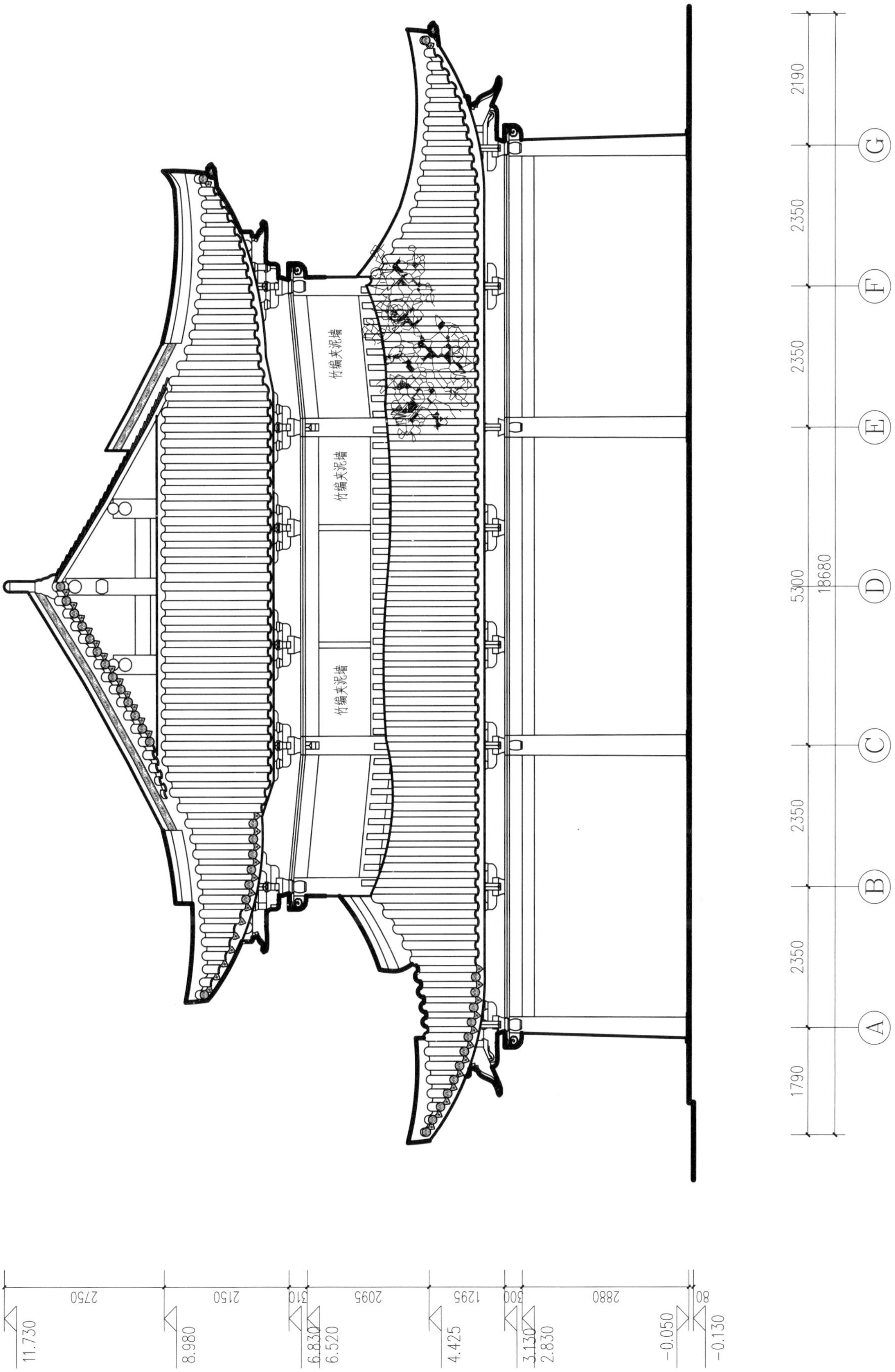
竹编夹泥墙
竹编夹泥墙
竹编夹泥墙
2190
2350
2350
5300
18680
2350
2350
1790
G
F
E
D
C
B
A
2750
2150
310
2095
1295
300
2880
80
11.730
8.980
6.830
6.520
4.425
3.130
2.830
−0.050
−0.130

图 4 右立面图

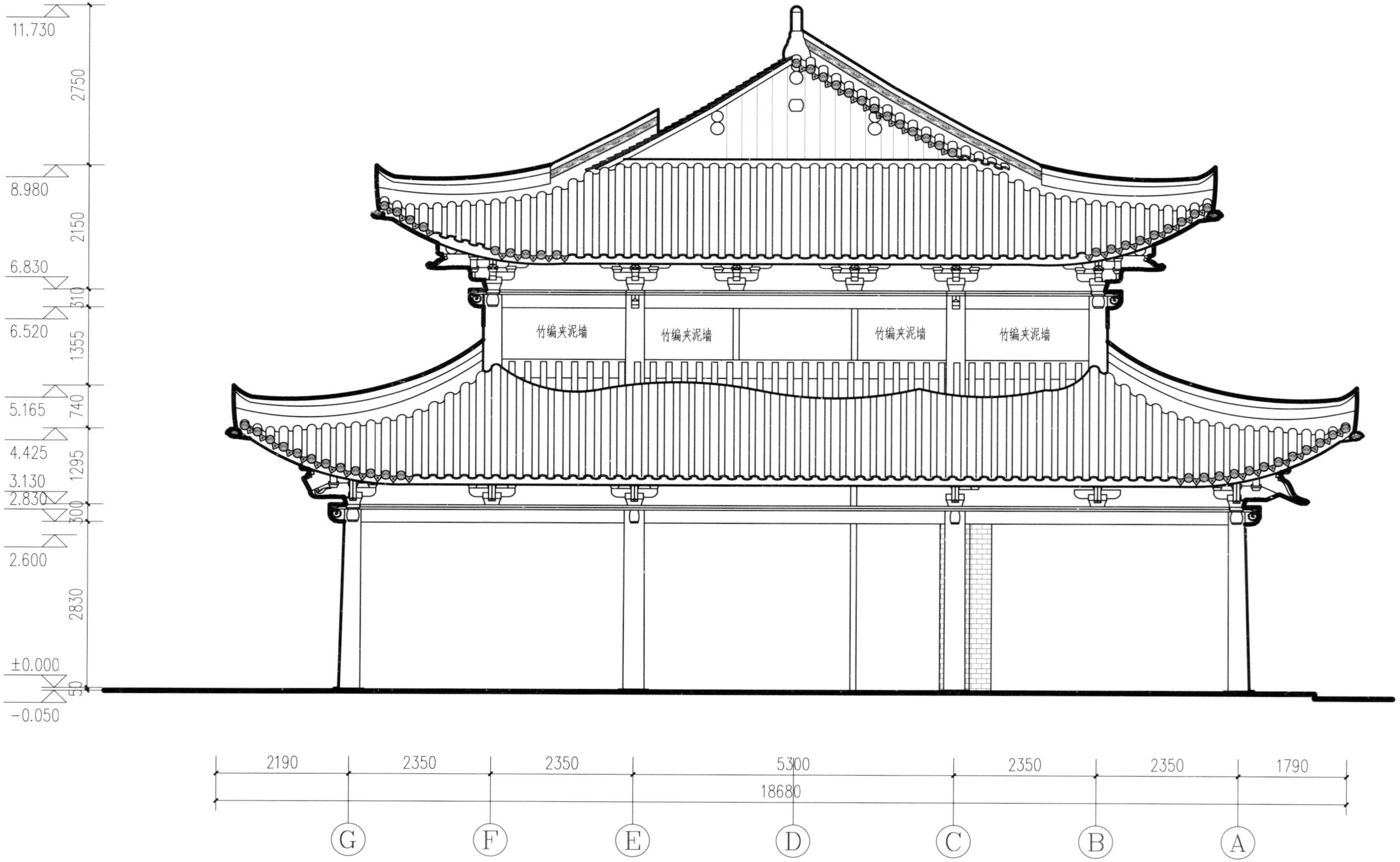
11.730
8.980
6.830
6.520
5.165
4.425
3.130
2.830
2.600
±0.000
-0.050
2750
2150
310
1355
740
1295
300
2830
50
竹编夹泥墙
竹编夹泥墙
竹编夹泥墙
竹编夹泥墙
2190
2350
2350
5300
2350
2350
1790
18680
G
F
E
D
C
B
A

图5　左立面图

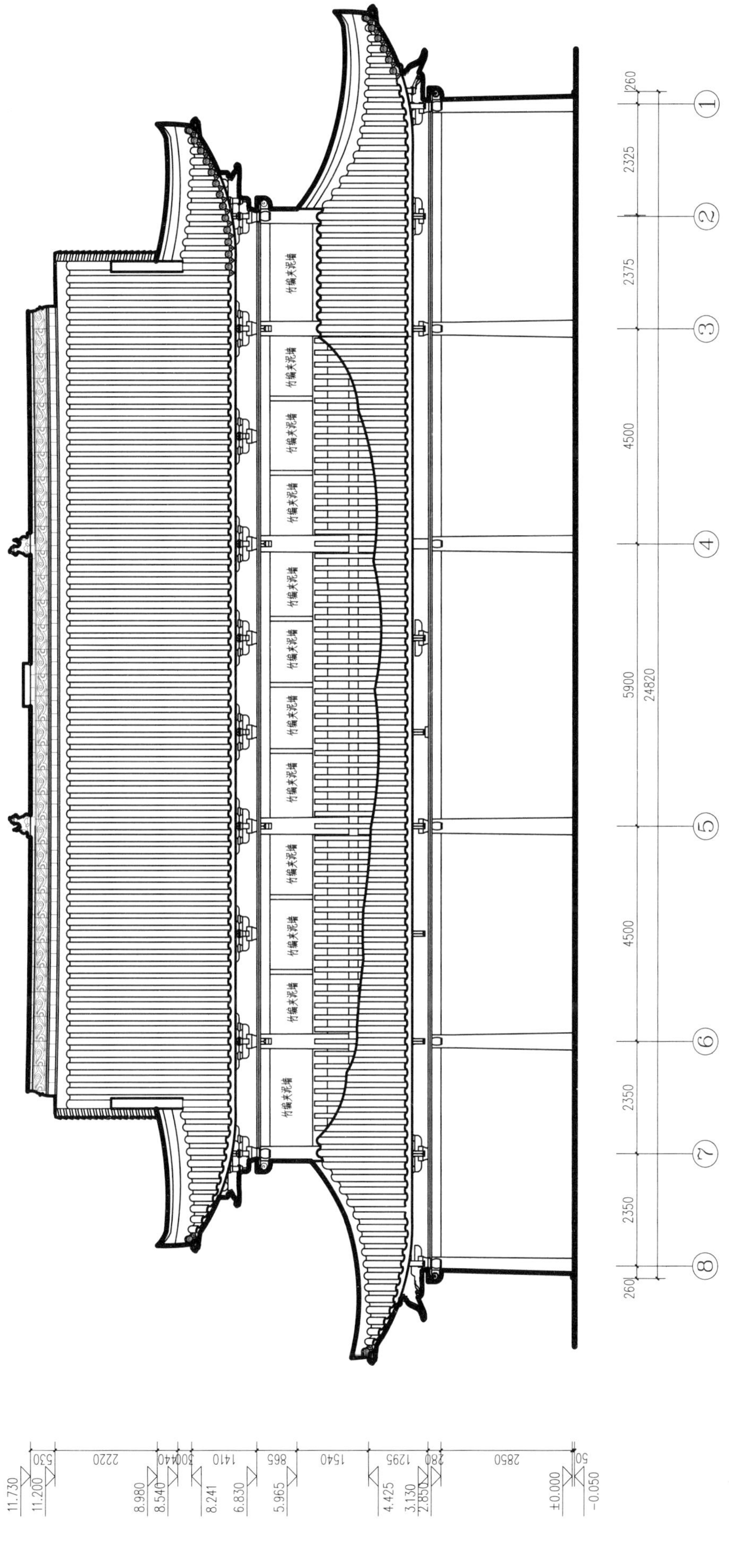

260
2325
2375
4500
5900
24820
4500
2350
2350
260
①
②
③
④
⑤
⑥
⑦
⑧
竹编夹泥墙
11.730
11.200
8.980
8.540
8.241
6.830
5.965
4.425
3.130
2.850
±0.000
-0.050
530
2220
300
440
1410
865
1540
1295
280
2850
50

图 6 背立面图

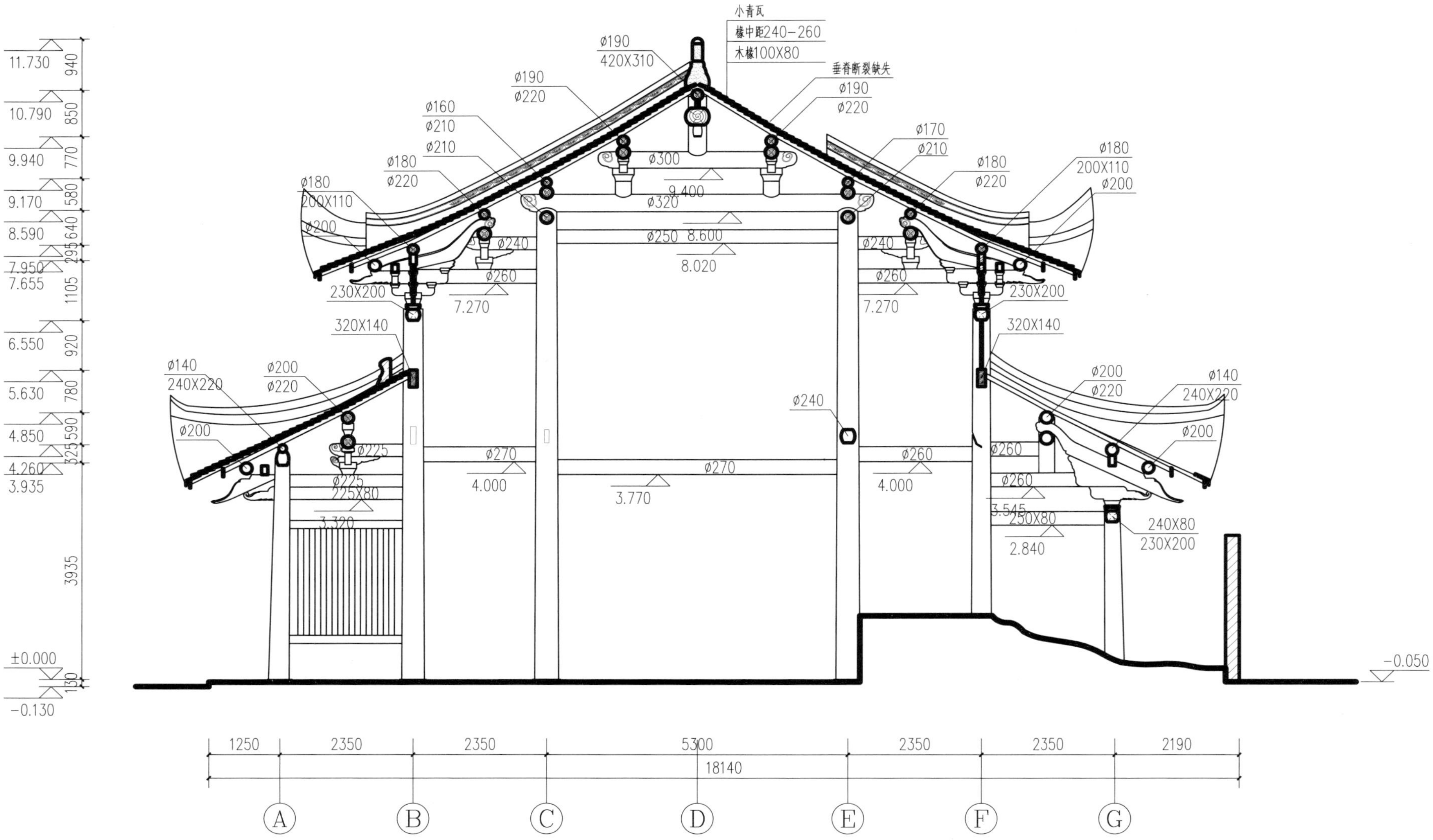
小青瓦
椽中距240-260
木椽100X80
垂脊断裂缺失
ø190
420X310
ø190
ø220
ø160
ø210
ø210
ø180
ø220
ø180
200X110
ø200
ø170
ø210
ø300
9.400
ø320
ø250 8.600
8.020
ø240
ø260
7.270
230X200
320X140
ø140
240X220
ø200
ø220
ø225
225X80
3.320
ø270
4.000
3.770
ø240
3.545
250X80
2.840
240X80
230X200
11.730
10.790
9.940
9.170
8.590
7.950
7.655
6.550
5.630
4.850
4.260
3.935
±0.000
−0.130
−0.050
940
850
770
580
640
295
1105
920
780
590
325
3935
130
1250
2350
2350
5300
2350
2350
2190
18140
A
B
C
D
E
F
G
图7　1-1 剖面图

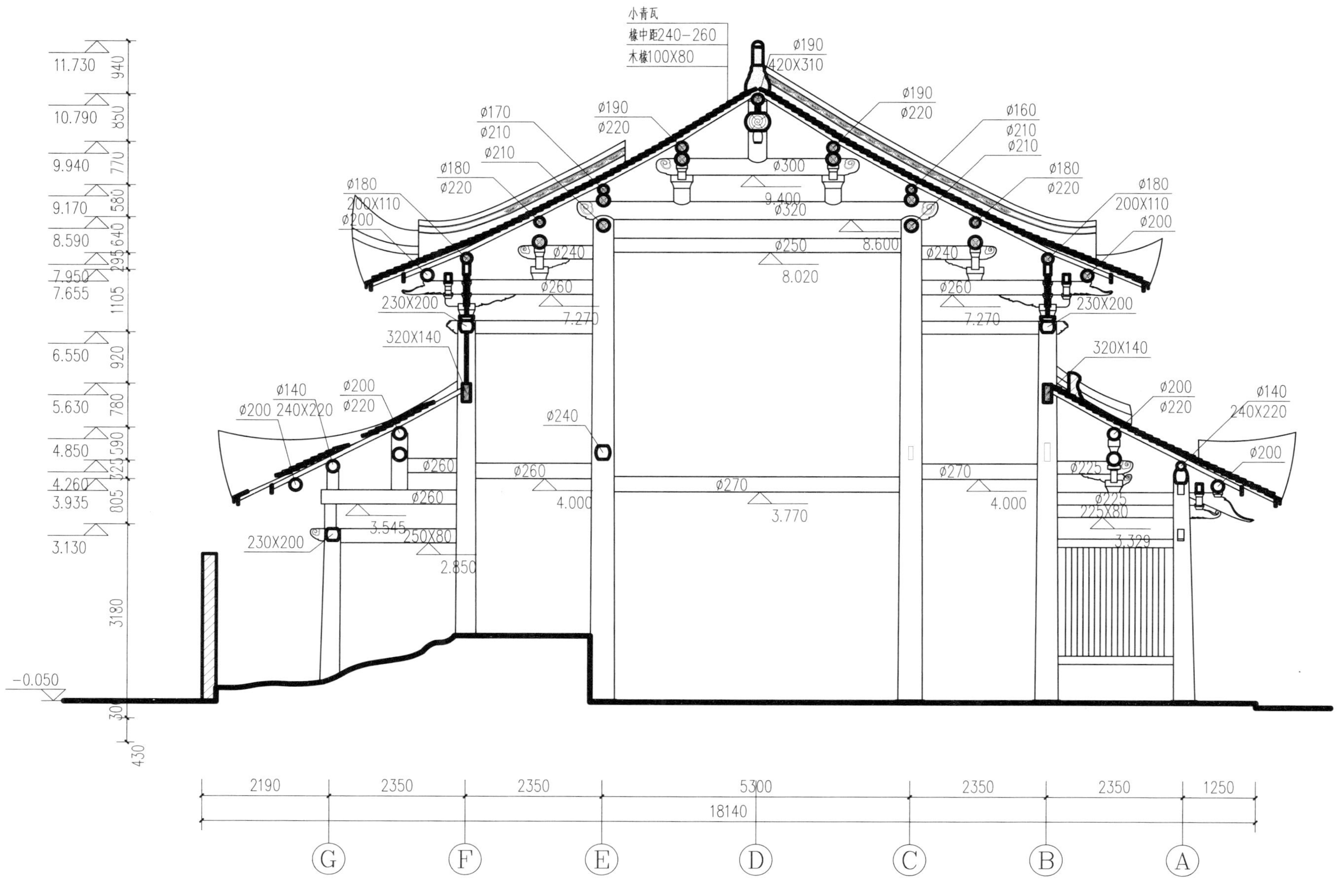

小青瓦
椽中距240-260
木椽100X80
Ø190
420X310
Ø300
9.400
Ø320
Ø250
8.020
8.600
Ø270
3.770
7.270
4.000
Ø240
Ø260
320X140
230X200
200X110
250X80
225X80
2.850
3.545
3.329
11.730
10.790
9.940
9.170
8.590
7.950
7.655
6.550
5.630
4.850
4.260
3.935
3.130
-0.050
2190
2350
5300
1250
18140
G
F
E
D
C
B
A

图 8　2-2 剖面图

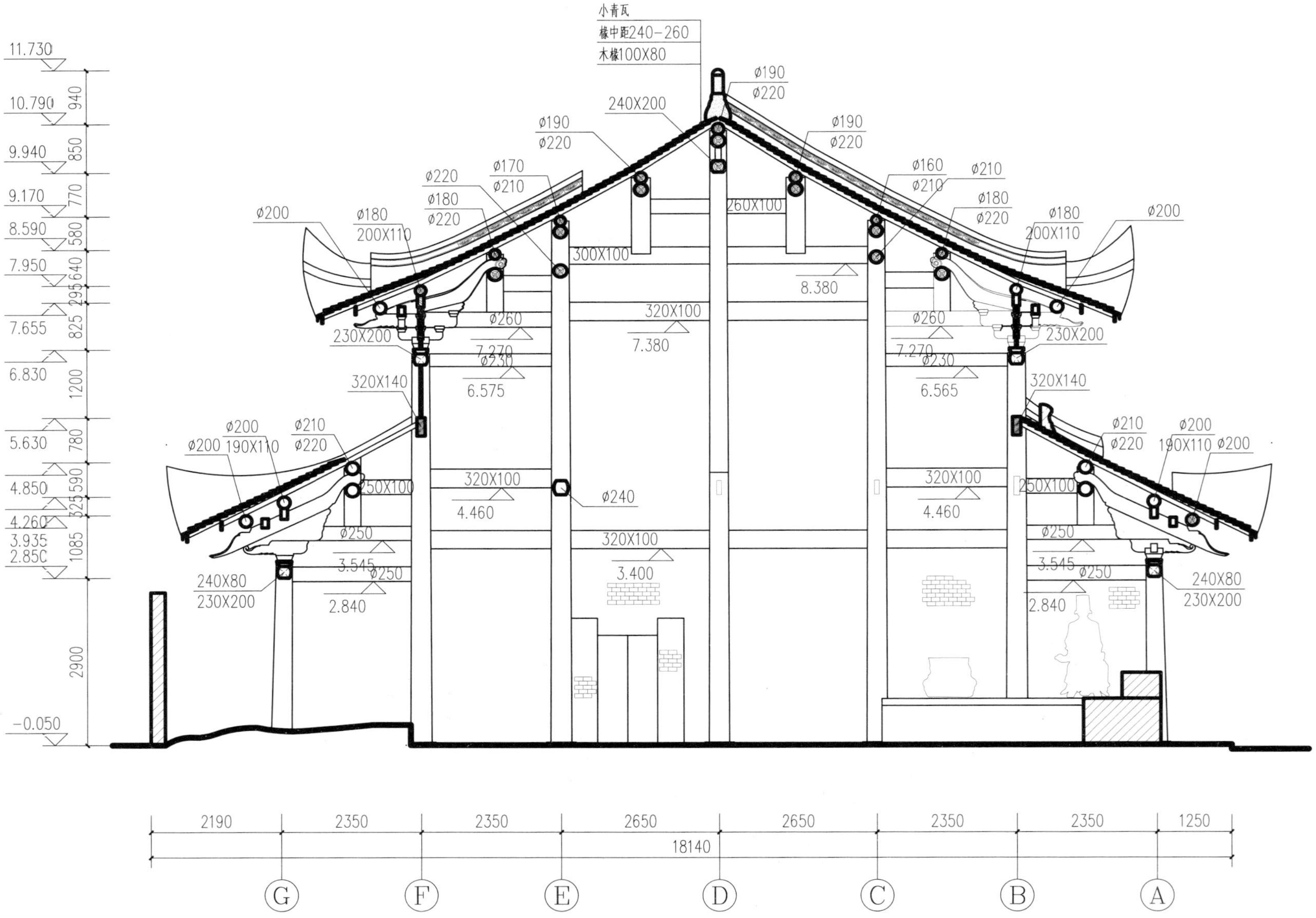
小青瓦
椽中距240-260
木椽100X80
ø190
ø220
240X200
260X100
300X100
320X100
7.380
8.380
ø160
ø210
ø170
ø180
200X110
ø200
230X200
ø260
7.270
ø230
6.575
6.565
320X140
190X110
250X100
ø240
4.460
ø250
3.545
3.400
2.840
240X80
11.730
10.790
9.940
9.170
8.590
7.950
7.655
6.830
5.630
4.850
4.260
3.935
2.850
-0.050
940
850
770
580
640
295
825
1200
780
590
325
1085
2900
2190
2350
2650
1250
18140
G
F
E
D
C
B
A

图9　3-3剖面图

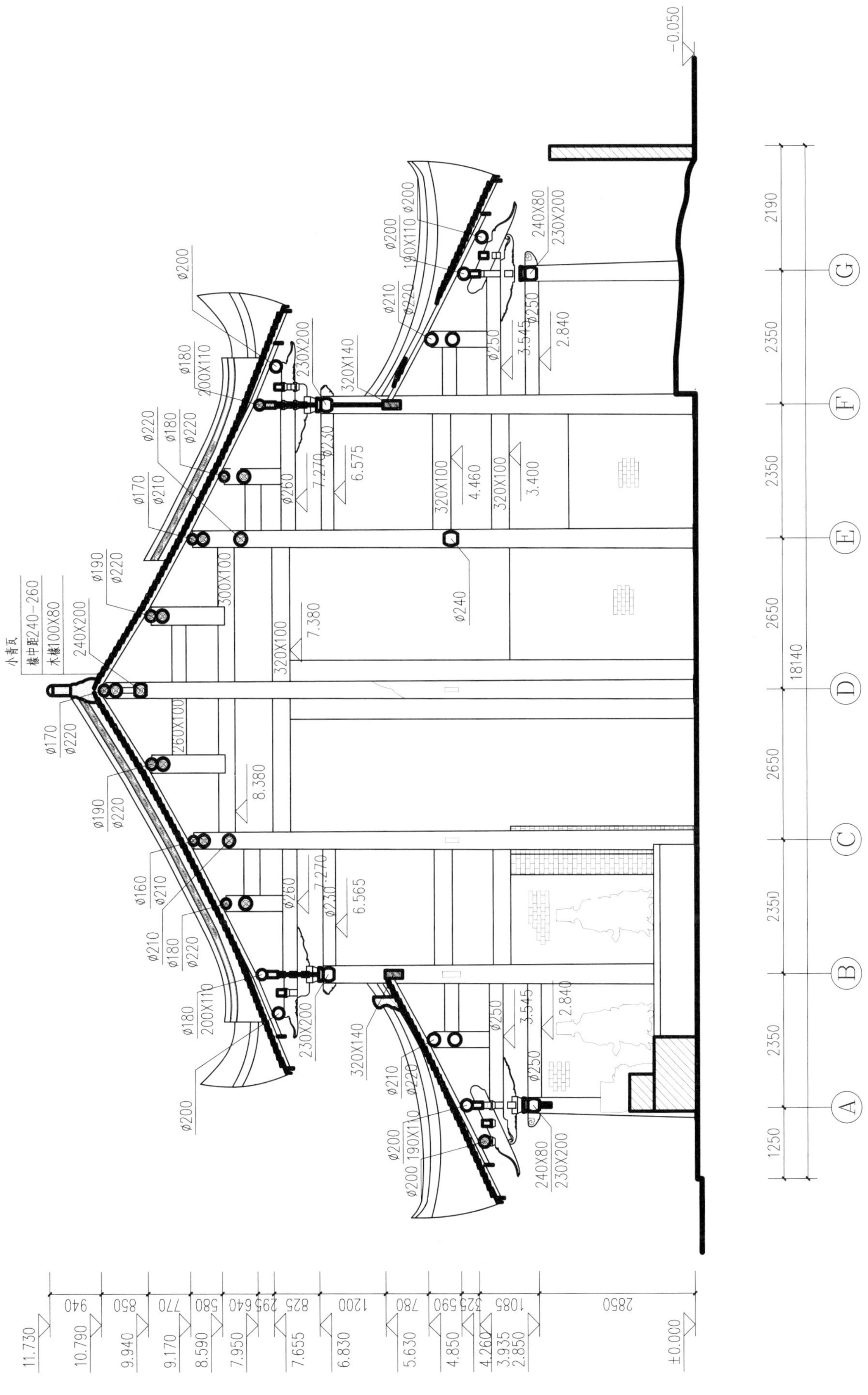

小青瓦
椽中距240-260
木椽100X80
240X200
Ø170
Ø220
Ø190
Ø220
260X100
300X100
320X100
8.380
7.380
Ø240
Ø160
Ø210
Ø180
Ø200
200X110
230X200
320X140
190X110
240X80
Ø250
Ø260
Ø230
7.270
6.565
6.575
4.460
3.400
3.545
2.840
-0.050
11.730
10.790
9.940
9.170
8.590
7.950
7.655
6.830
5.630
4.850
4.260
3.935
2.850
±0.000
940
850
770
580
640
295
825
1200
780
590
325
1085
2850
1250
2350
2650
2190
18140
A
B
C
D
E
F
G

图10　4-4剖面图

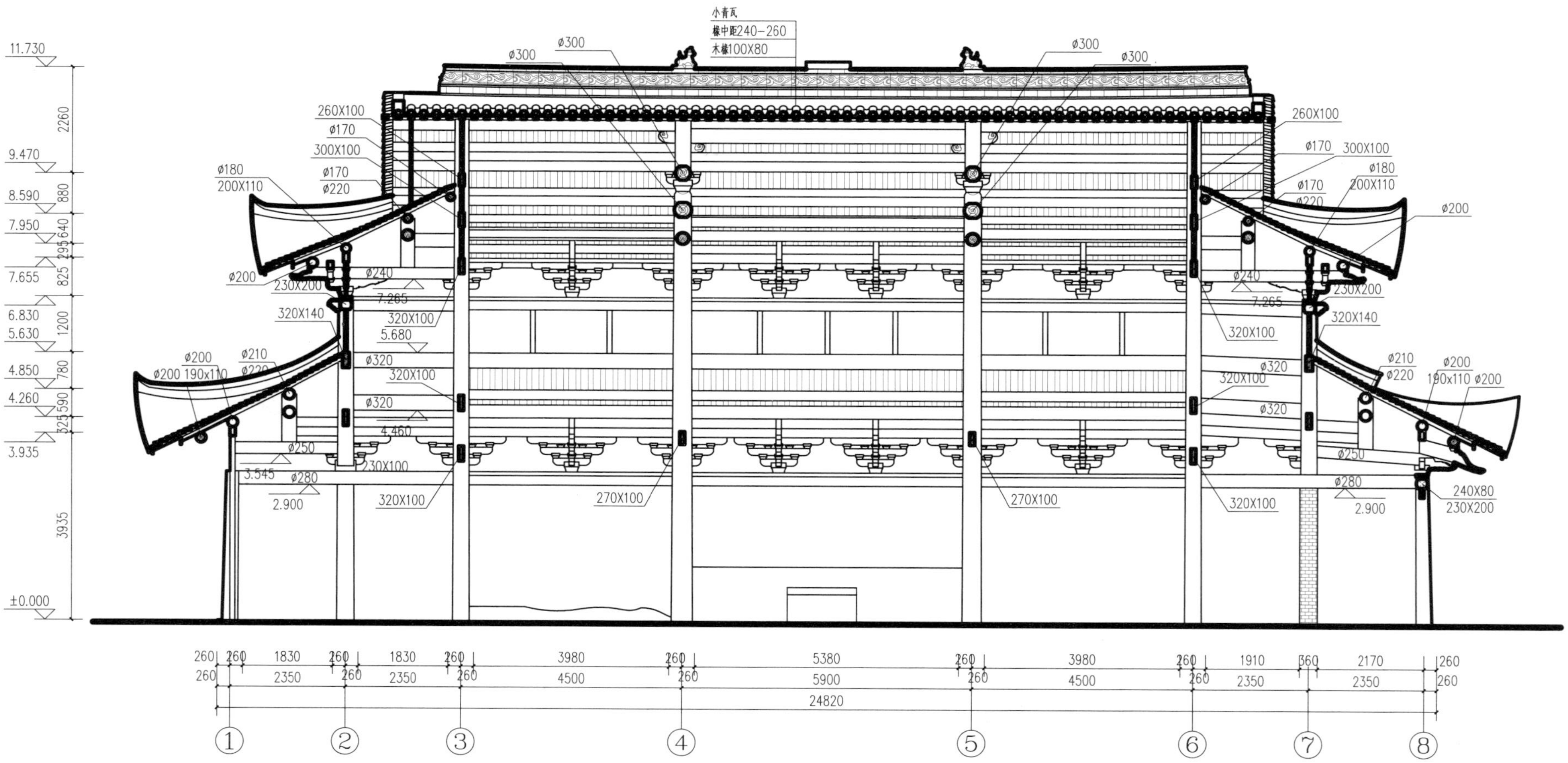
小青瓦
椽中距240-260
木椽100X80
11.730
9.470
8.590
7.950
7.655
6.830
5.630
4.850
4.260
3.935
±0.000
24820
①
②
③
④
⑤
⑥
⑦
⑧

图 11　5-5 剖面图

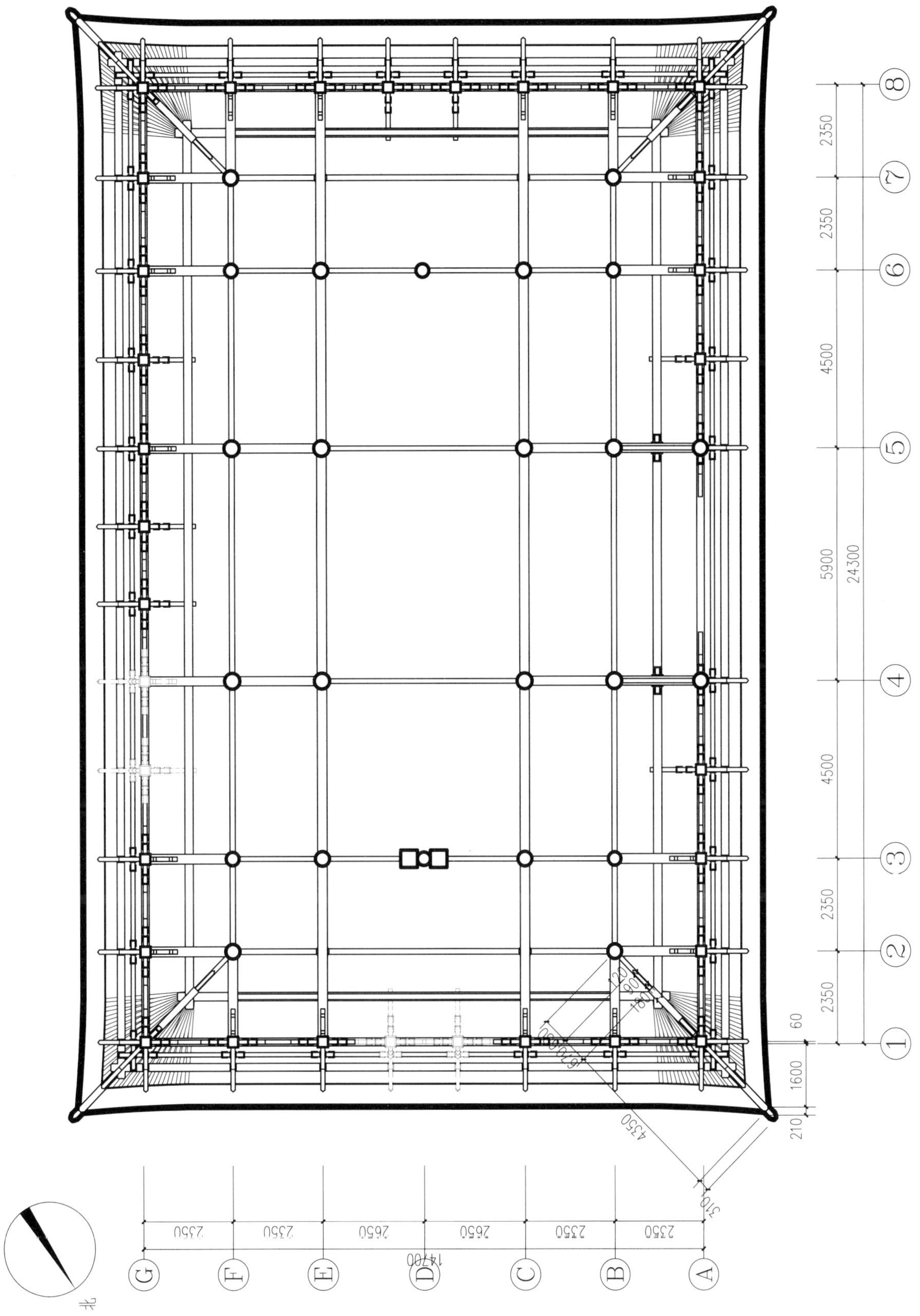
1
2
3
4
5
6
7
8
2350
2350
4500
5900
24300
4500
2350
2350
60
1600
210
4350
310
A
B
C
D
E
F
G
2350
2350
2650
2650
2350
2350
14700
北

图12　下檐仰视图

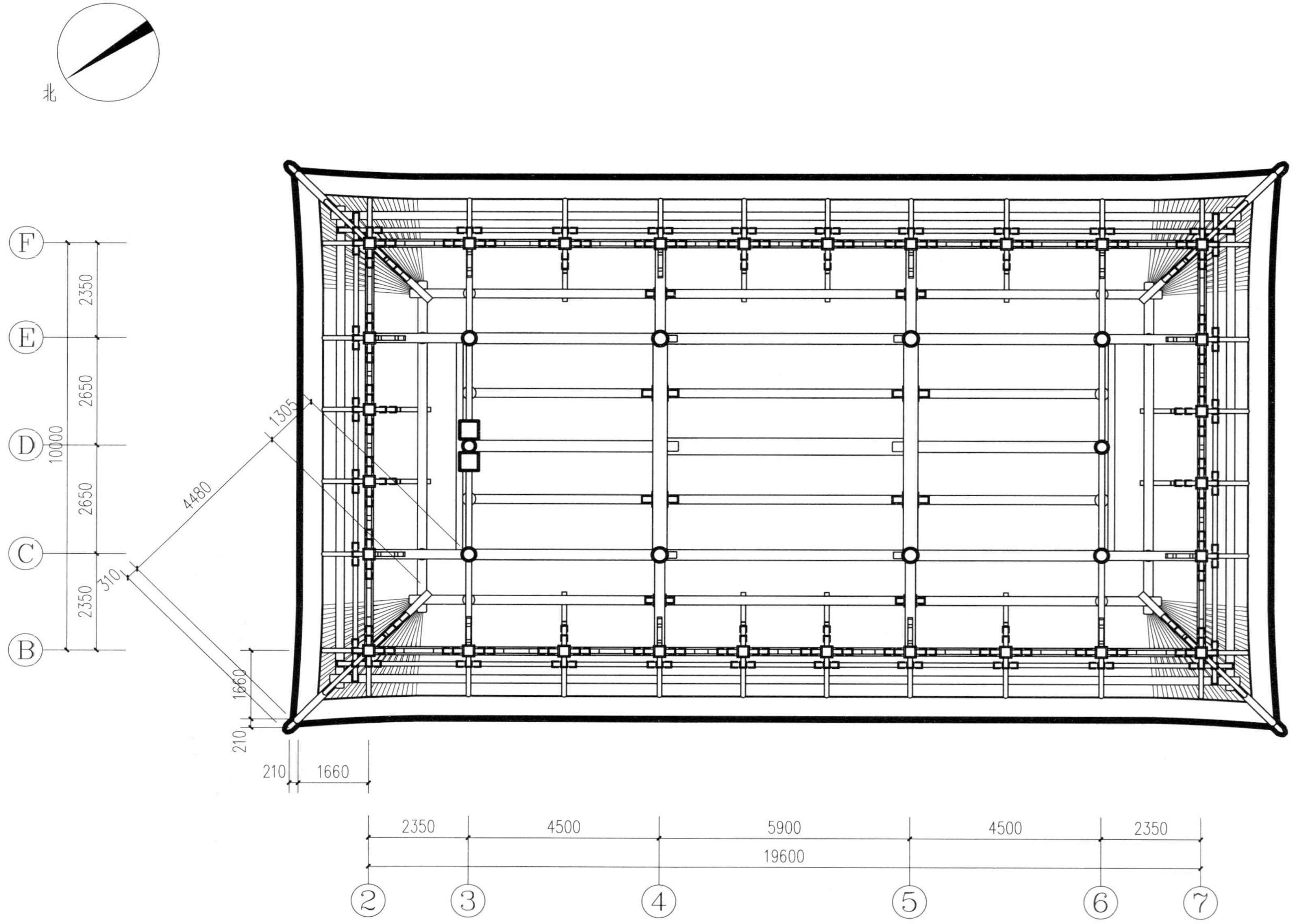
北
F
E
D
C
B
2350
2650
2650
2350
10000
1305
4480
310
1660
210
210
1660
2350
4500
5900
4500
2350
19600
2
3
4
5
6
7

图 13　上檐仰视图

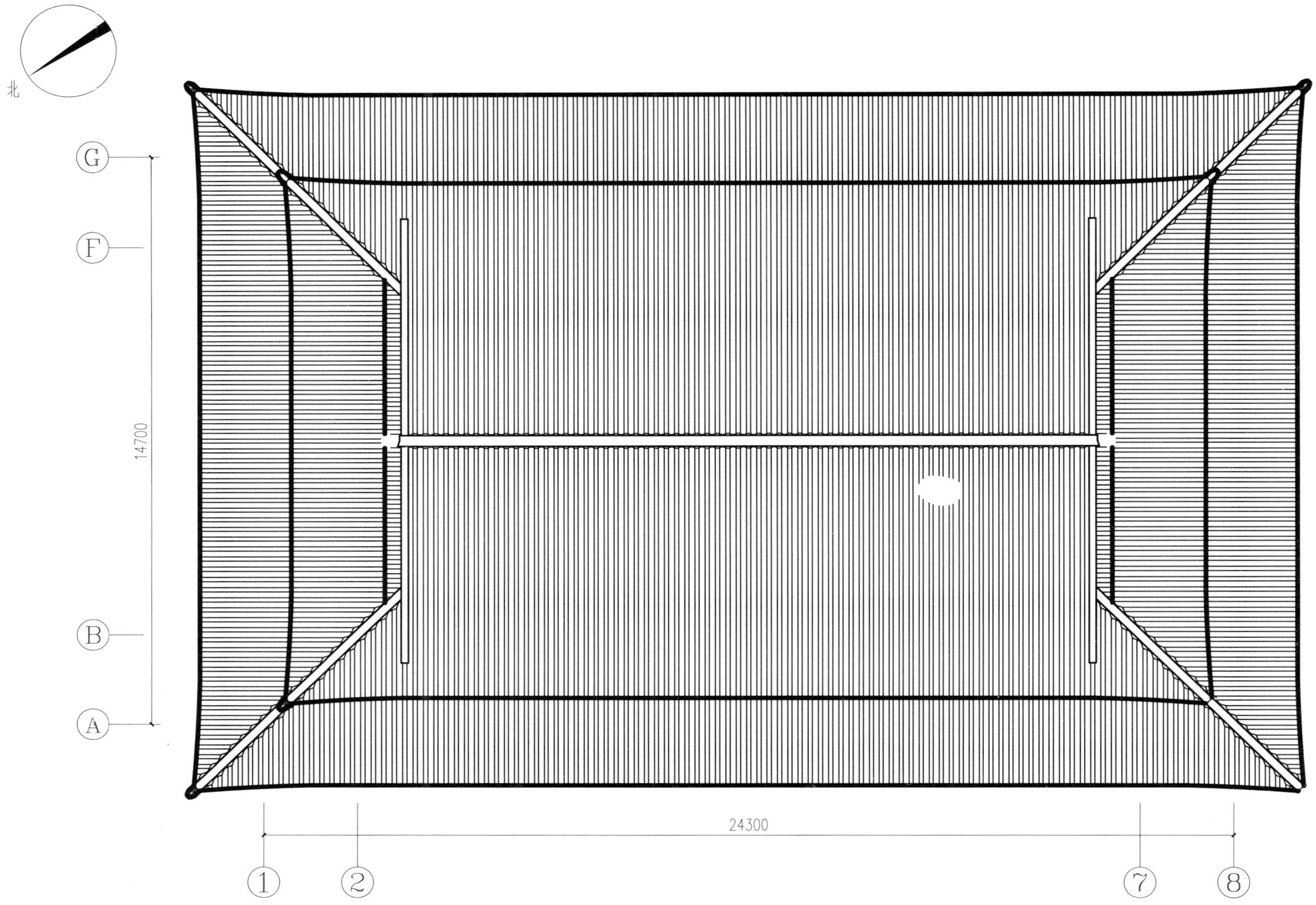

图 14　屋面俯视图

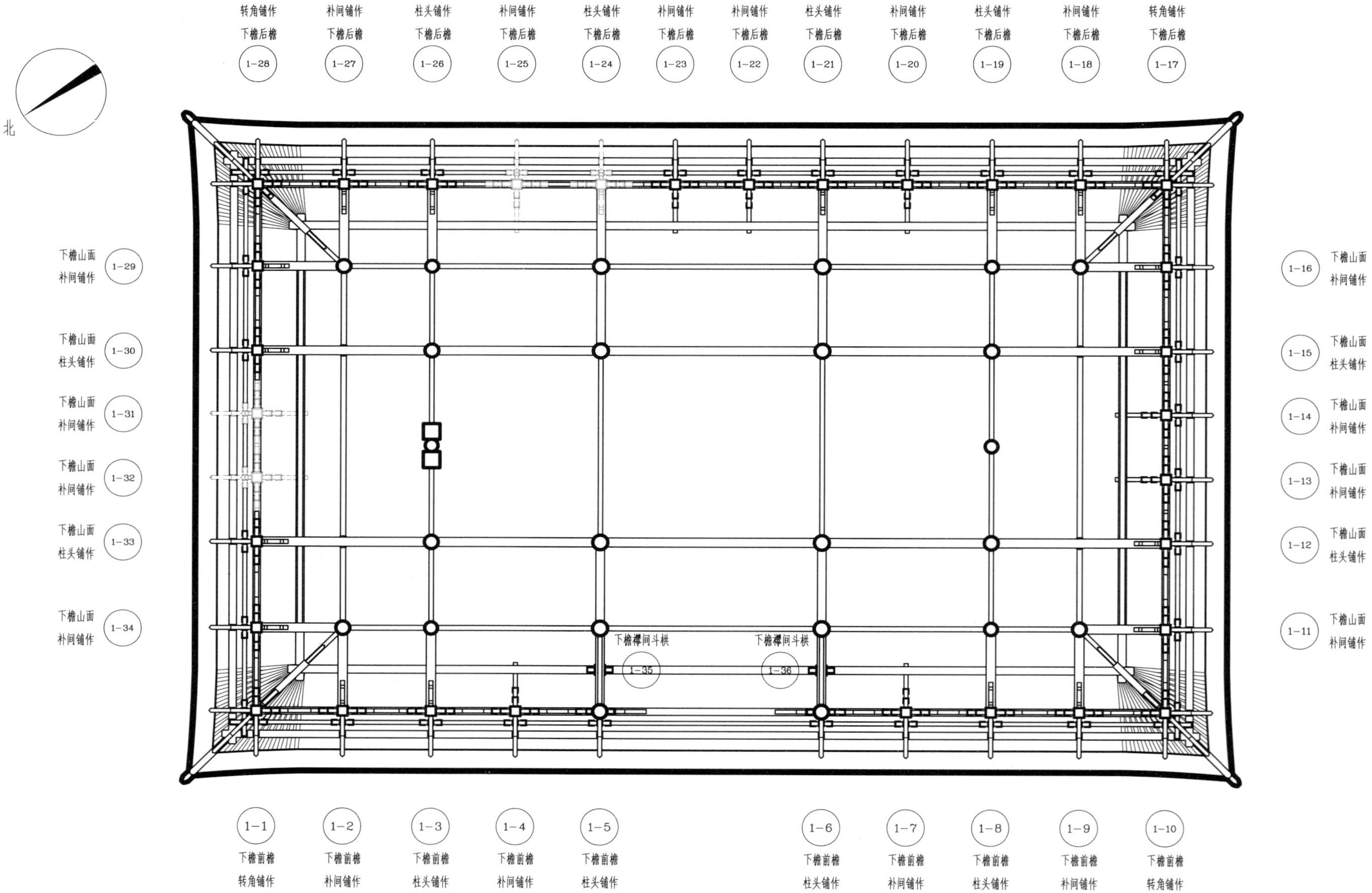
转角铺作 下檐后檐 1-28
补间铺作 下檐后檐 1-27
柱头铺作 下檐后檐 1-26
补间铺作 下檐后檐 1-25
柱头铺作 下檐后檐 1-24
补间铺作 下檐后檐 1-23
补间铺作 下檐后檐 1-22
柱头铺作 下檐后檐 1-21
补间铺作 下檐后檐 1-20
柱头铺作 下檐后檐 1-19
补间铺作 下檐后檐 1-18
转角铺作 下檐后檐 1-17
北
下檐山面 补间铺作 1-29
下檐山面 柱头铺作 1-30
下檐山面 补间铺作 1-31
下檐山面 补间铺作 1-32
下檐山面 柱头铺作 1-33
下檐山面 补间铺作 1-34
1-16 下檐山面 补间铺作
1-15 下檐山面 柱头铺作
1-14 下檐山面 补间铺作
1-13 下檐山面 补间铺作
1-12 下檐山面 柱头铺作
1-11 下檐山面 补间铺作
下檐襻间斗栱 1-35
下檐襻间斗栱 1-36
1-1 下檐前檐 转角铺作
1-2 下檐前檐 补间铺作
1-3 下檐前檐 柱头铺作
1-4 下檐前檐 补间铺作
1-5 下檐前檐 柱头铺作
1-6 下檐前檐 柱头铺作
1-7 下檐前檐 补间铺作
1-8 下檐前檐 柱头铺作
1-9 下檐前檐 补间铺作
1-10 下檐前檐 转角铺作

图15　下檐铺作编号图

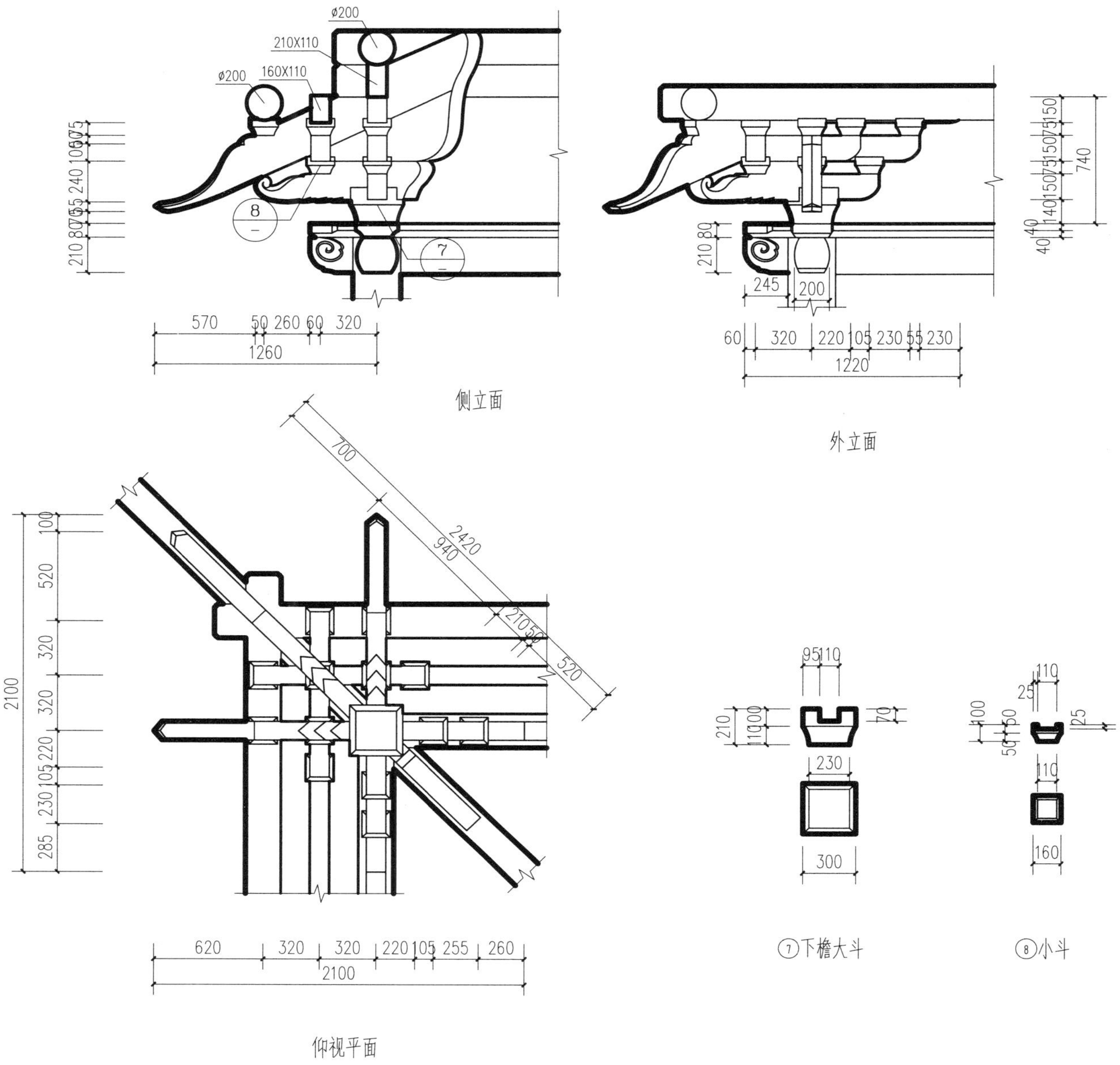

图 16　下檐铺作详图（一）

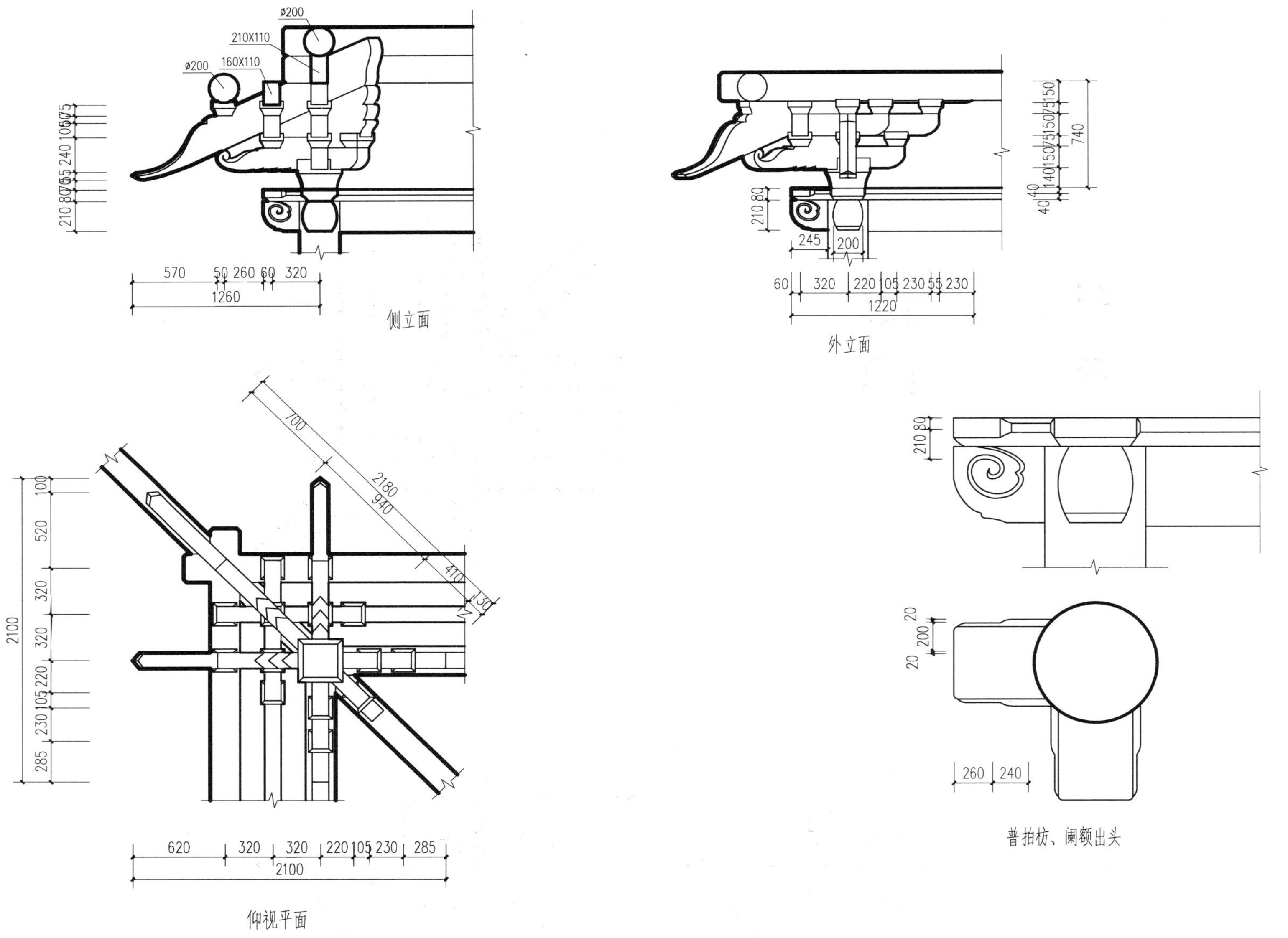
ø200
210X110
160X110
ø200
570 50 260 60 320
1260
侧立面
210 80
245 200
60 320 220 105 230 55 230
1220
740
外立面
700
2180
940
410
130
100
520
320
320
220
105
230
285
2100
620 320 320 220 105 230 285
2100
仰视平面
210 80
20
200
20
260 240
普拍枋、阑额出头

图 17　下檐铺作详图（二）

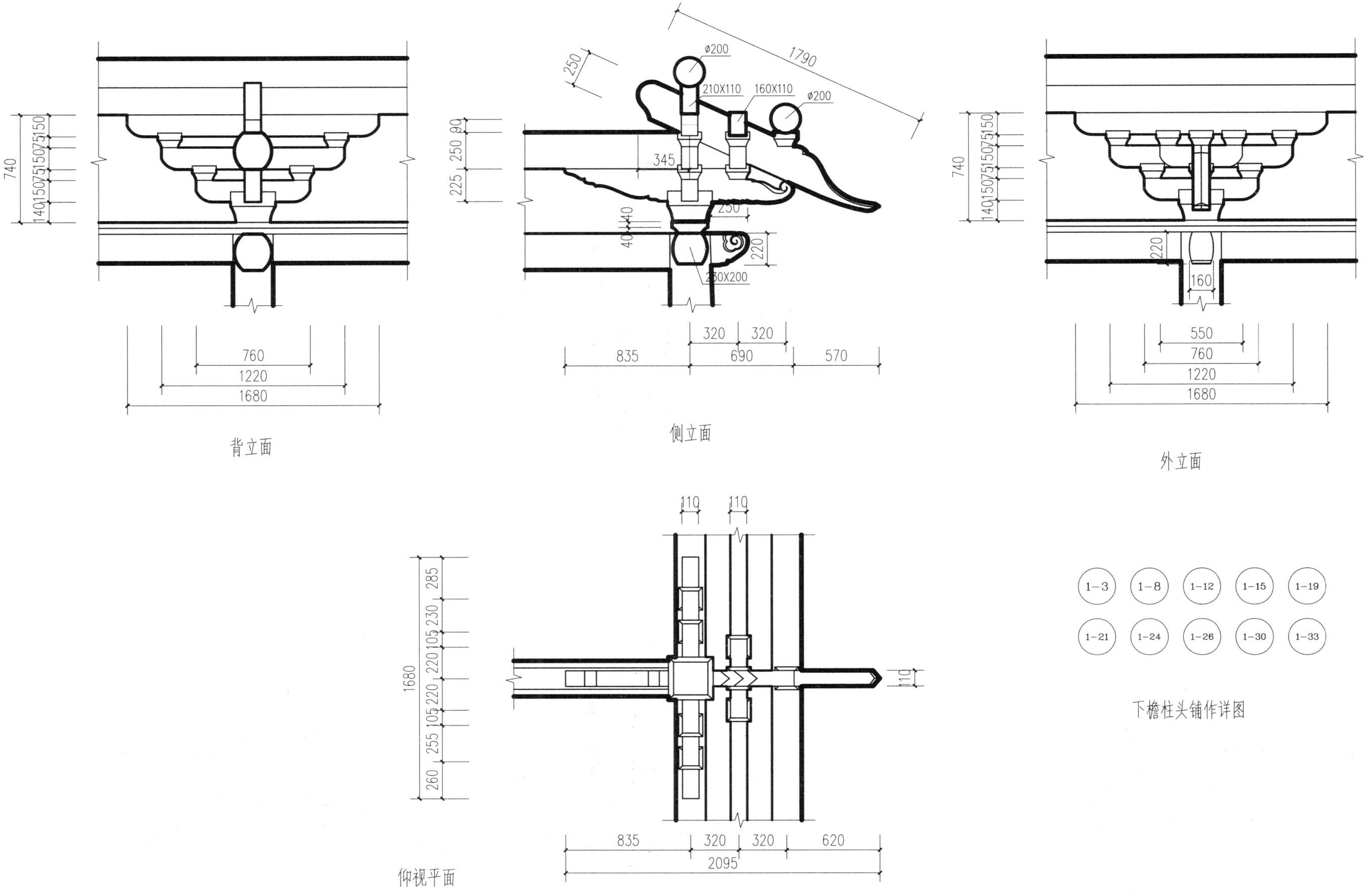
背立面
侧立面
外立面
仰视平面
1-3
1-8
1-12
1-15
1-19
1-21
1-24
1-26
1-30
1-33
下檐柱头铺作详图
740
140150751507515O
760
1220
1680
1790
ϕ200
210X110
160X110
250
345
40140
220
250X200
90
250
225
835
320
320
690
570
550
160
110
110
110
285
230
105
220
220
105
255
260
620
2095

图 18　下檐铺作详图（三）

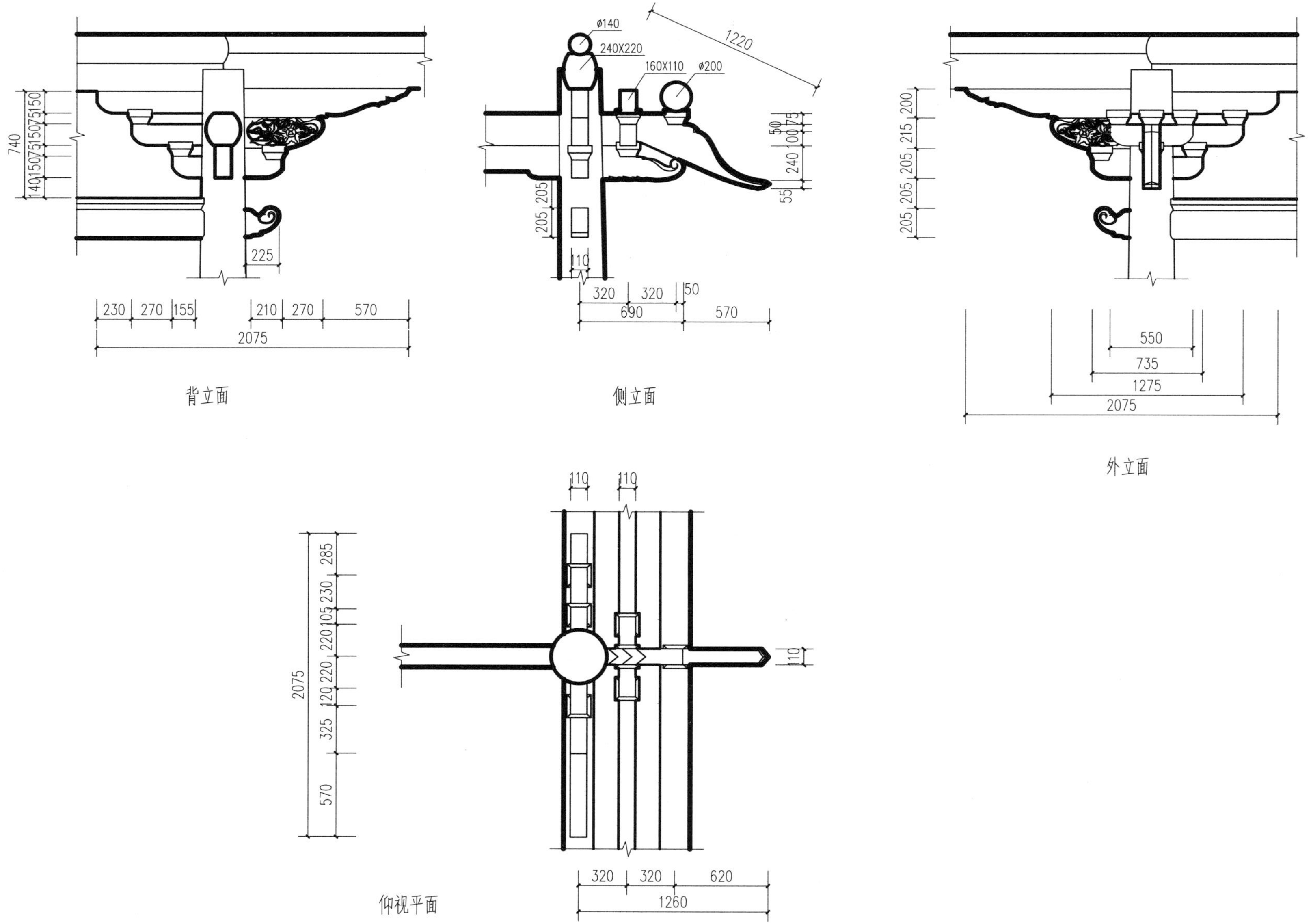
ø140
240X220
160X110
ø200
1220
740
230
270
155
210
270
570
2075
225
背立面
205
205
110
320
320
50
690
570
50
100
75
240
55
侧立面
200
215
205
205
205
550
735
1275
2075
外立面
110
110
285
230
105
220
220
120
325
570
2075
110
320
320
620
1260
仰视平面

图19　下檐铺作详图（四）

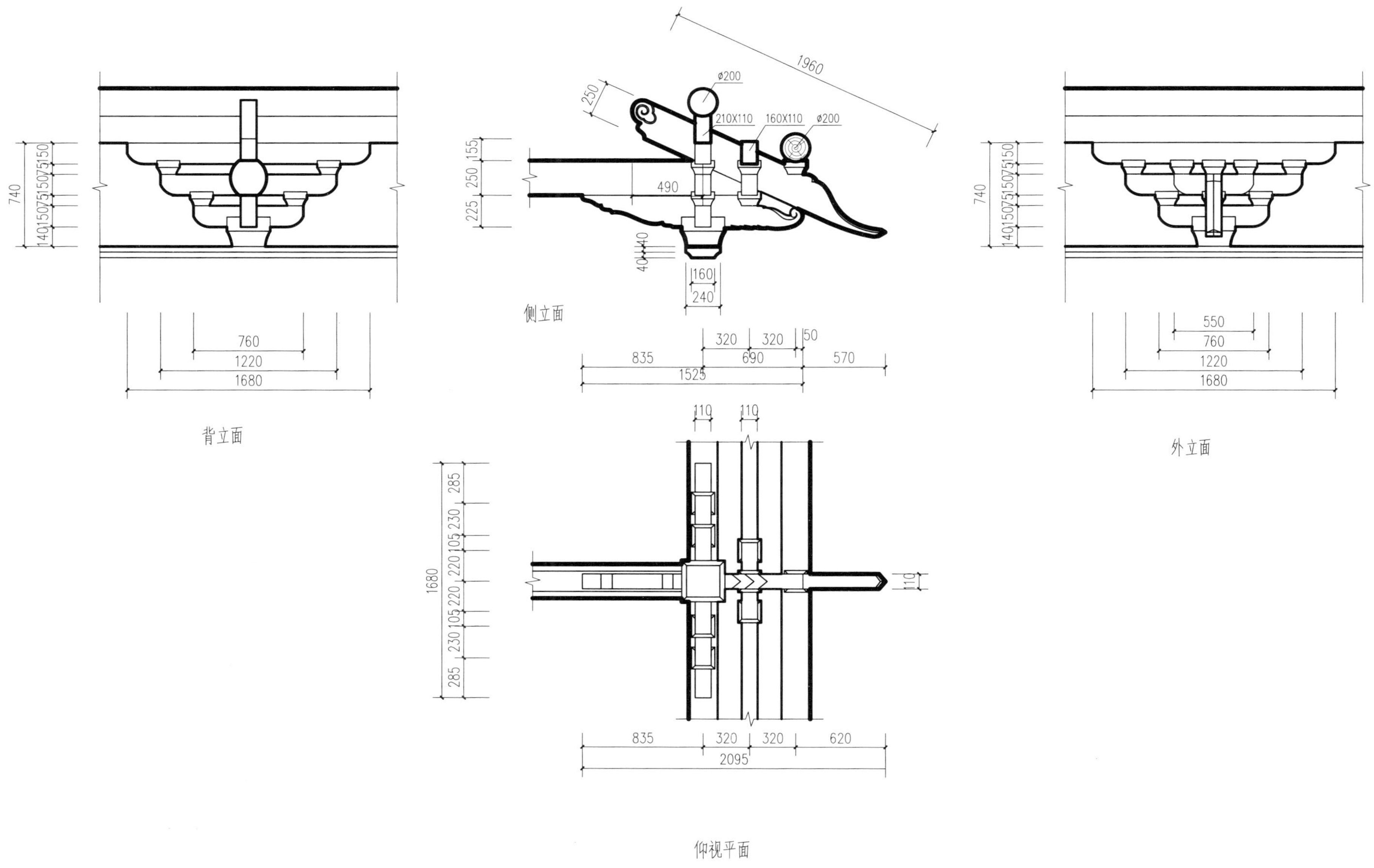
740
140150751507515150
760
1220
1680
背立面
1960
250
ø200
210X110
160X110
ø200
155
250
225
490
40
40
160
240
侧立面
320
320
50
835
690
570
1525
550
760
1220
1680
外立面
110
110
285
230
105
220
220
105
230
285
1680
110
835
320
320
620
2095
仰视平面

图 20　下檐铺作详图（五）

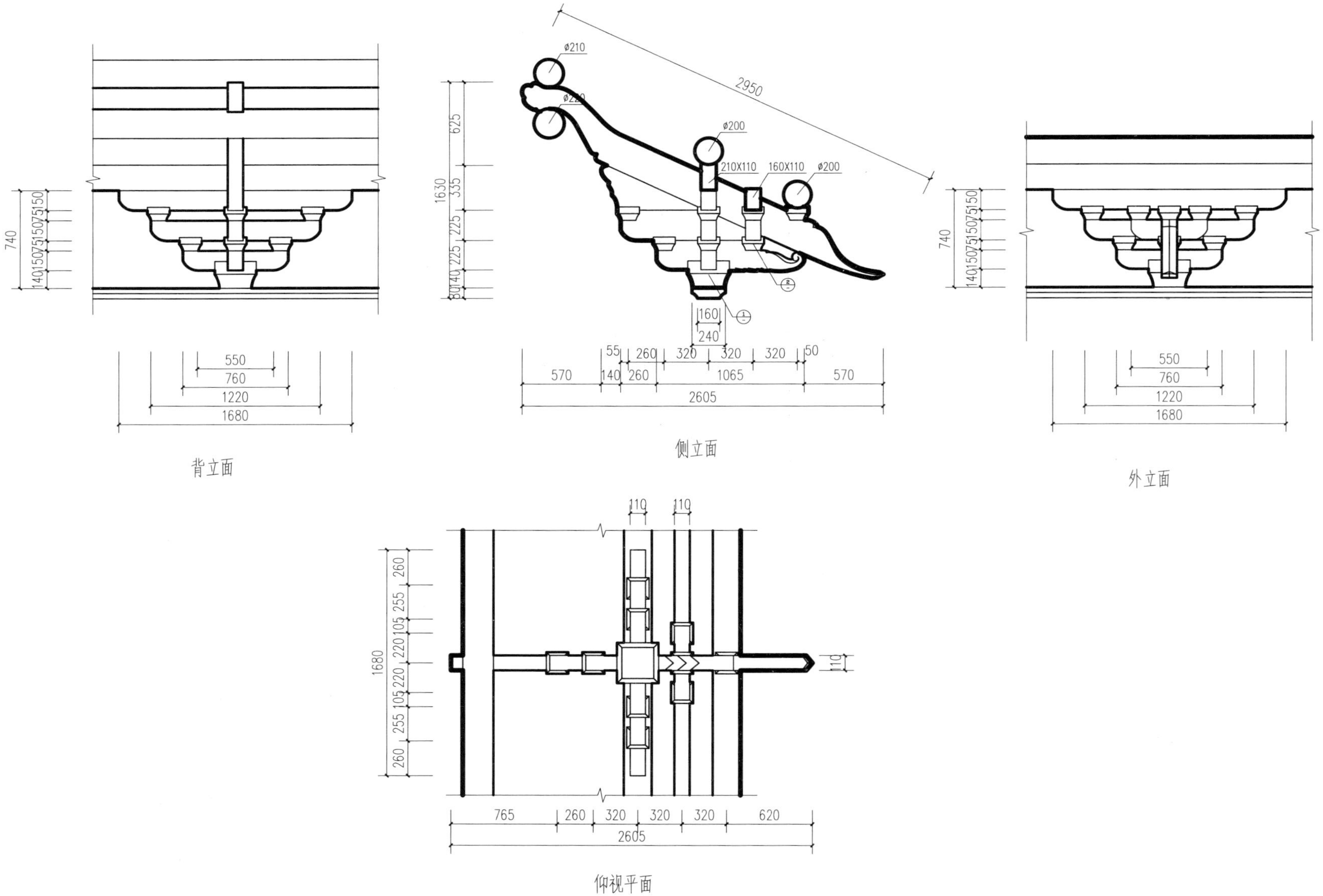
背立面
侧立面
外立面
仰视平面
2950
ø210
ø220
ø200
210X110
160X110
ø200
550
760
1220
1680
740
1630
2605
1065
570
160
240

图 21　下檐铺作详图（六）

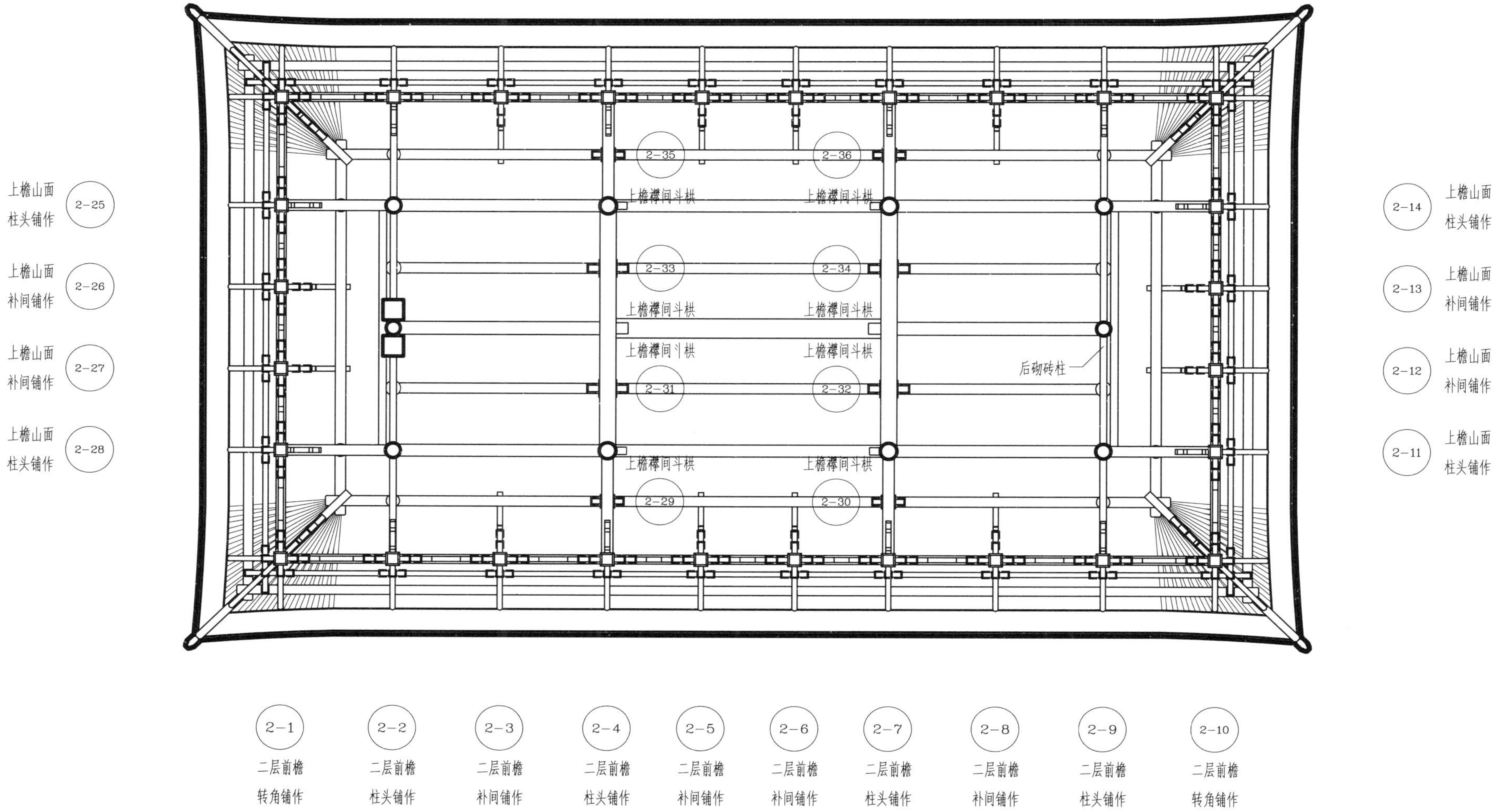
2-25 上檐山面柱头铺作
2-26 上檐山面补间铺作
2-27 上檐山面补间铺作
2-28 上檐山面柱头铺作
2-14 上檐山面柱头铺作
2-13 上檐山面补间铺作
2-12 上檐山面补间铺作
2-11 上檐山面柱头铺作
2-35 上檐襻间斗栱
2-36 上檐襻间斗栱
2-33 上檐襻间斗栱
2-34 上檐襻间斗栱
2-31 上檐襻间斗栱
2-32 上檐襻间斗栱
2-29 上檐襻间斗栱
2-30 上檐襻间斗栱
后砌砖柱
2-1 二层前檐转角铺作
2-2 二层前檐柱头铺作
2-3 二层前檐补间铺作
2-4 二层前檐柱头铺作
2-5 二层前檐补间铺作
2-6 二层前檐补间铺作
2-7 二层前檐柱头铺作
2-8 二层前檐补间铺作
2-9 二层前檐柱头铺作
2-10 二层前檐转角铺作

图 22　上檐铺作编号图

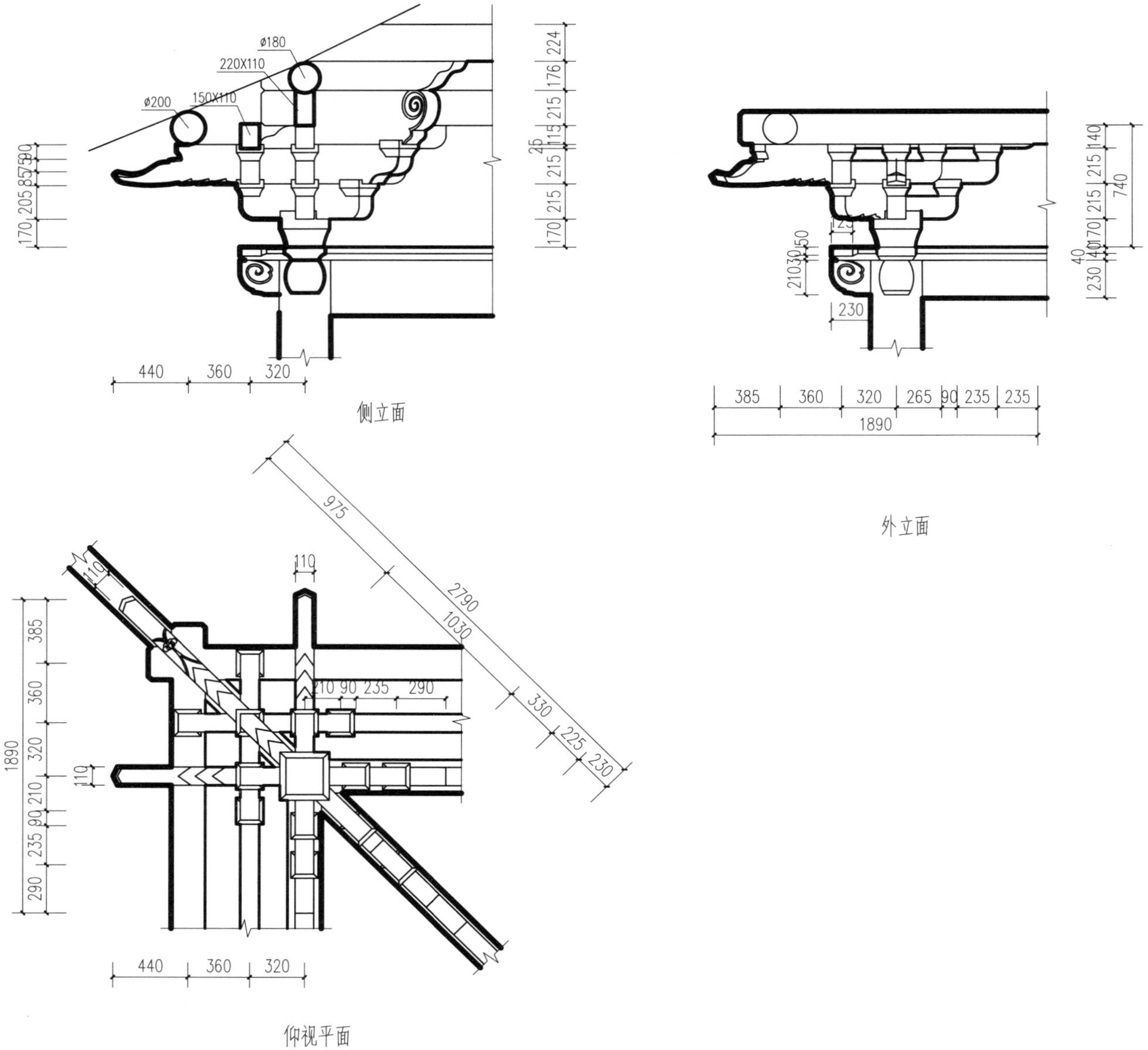
ø180
220X110
ø200
150X110
224
176
215
115
25
215
215
170
170 205 85 75 90
440
360
320
侧立面
140
215
215
170
40
40
230
740
210 30 50
230
385
360
320
265
90
235
235
1890
外立面
975
2790
1030
330
225
230
110
110
110
210 90 235 290
385
360
320
210
90
235
290
1890
440
360
320
仰视平面

图 23　上檐铺作详图（一）

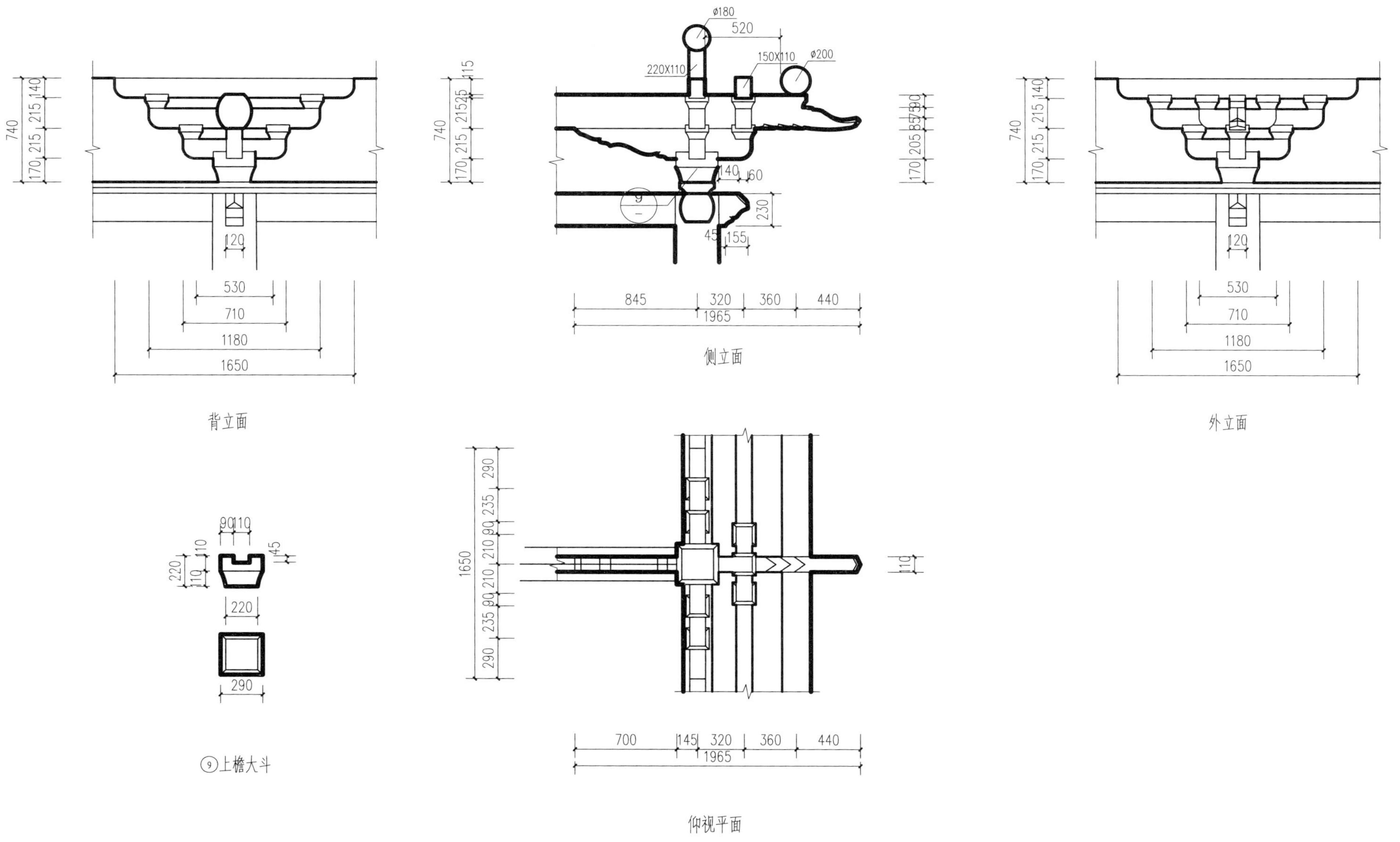
背立面
侧立面
外立面
仰视平面
⑨上檐大斗
ø180
ø200
520
220X110
150X110
740
170 215 215 140
170 215 21525 115
170 205 85 75 90
140
60
230
45
155
120
530
710
1180
1650
845 320 360 440
1965
700 145 320 360 440
290 235 90 210 210 90 235 290
90 110
110
45
220
290

图 24　上檐铺作详图（二）

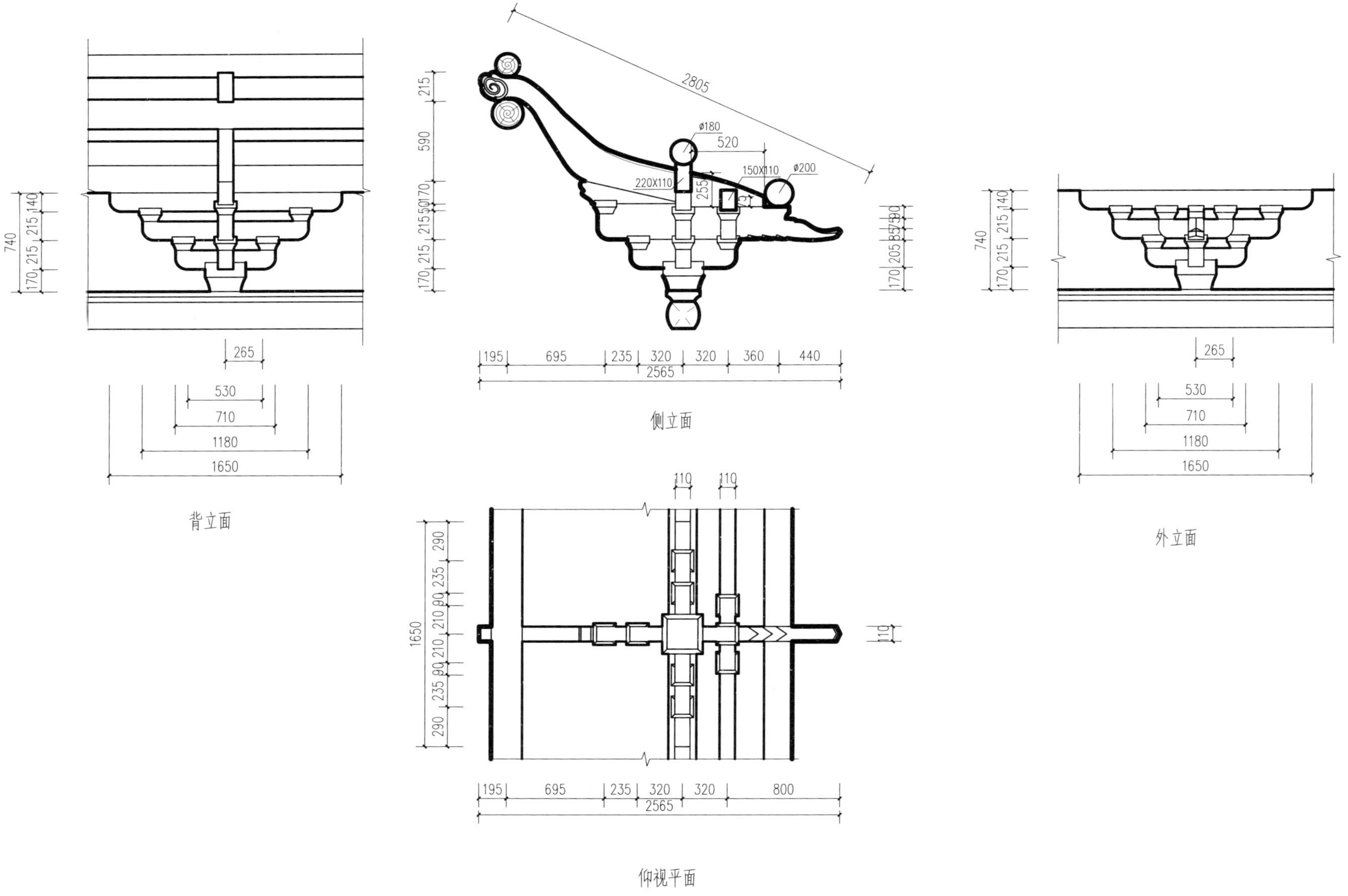
背立面
侧立面
外立面
仰视平面
2805
ø180
ø200
520
150X110
220X110
255
265
530
710
1180
1650
740
170 215 215 140
195 695 235 320 320 360 440
2565
195 695 235 320 320 800
290 235 90 210 210 90 235 290
110

图 25 上檐铺作详图（三）

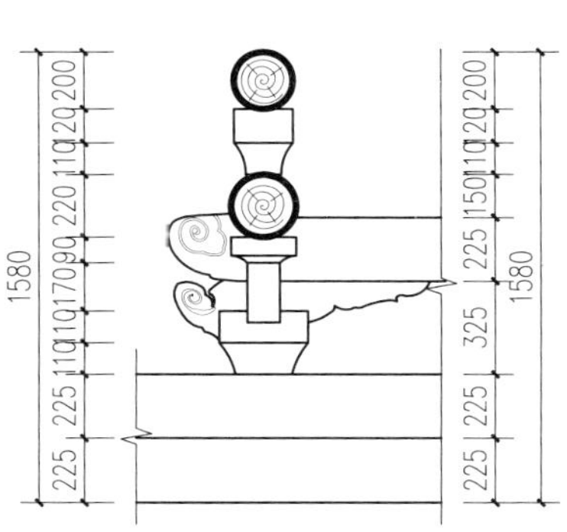

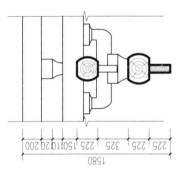

一层襻间斗栱

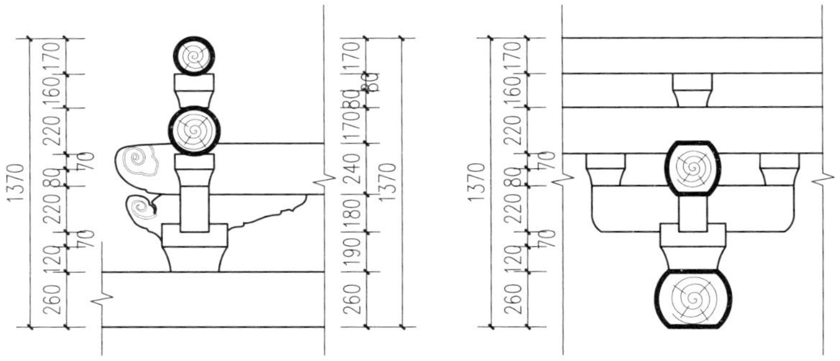

二层襻间斗栱

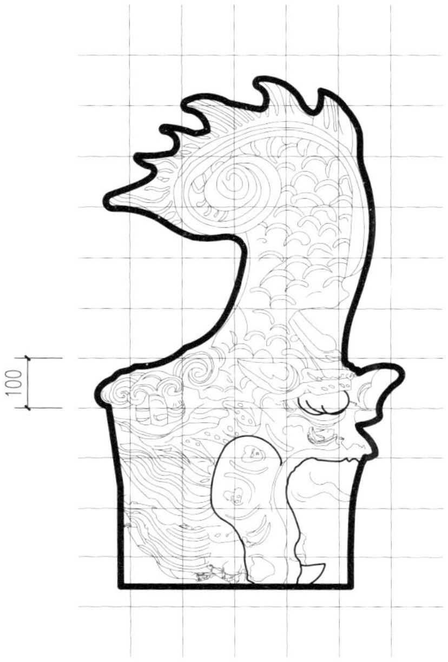

吻兽详图

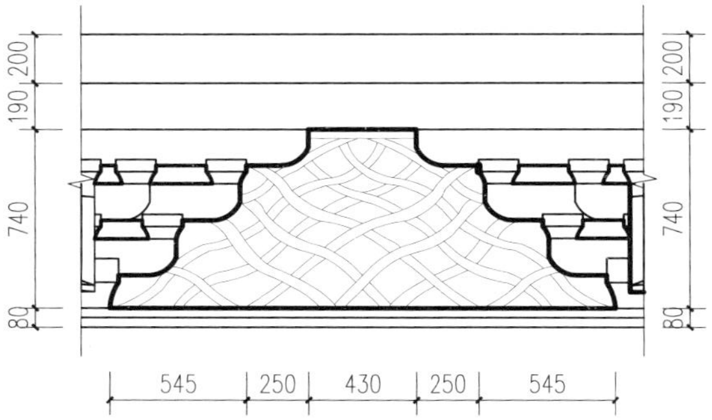

栱眼壁详图

图 26　大样详图

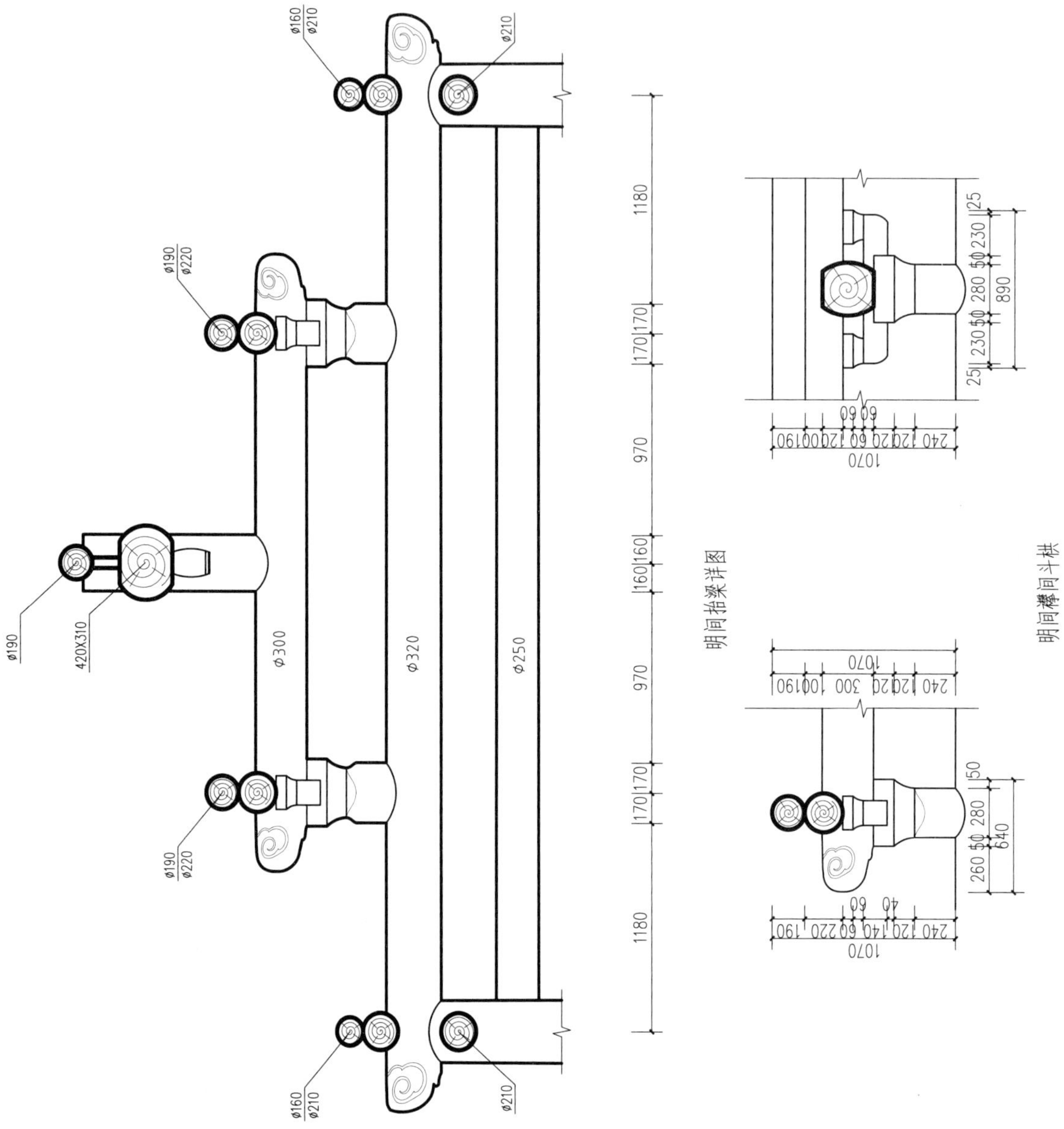

图 27　梁架详图

旌阳宝峰寺

旌阳宝峰寺位于德阳市旌阳区工农街道办事处千佛村 13 组。

旌阳宝峰寺公布时代为清代，建筑为清代康熙至乾隆年间遗构，坐西向东，占地面积近 1800 平方米。现存主要建筑有前殿（牛王殿），正殿（大佛殿），南、北配殿，均为小青瓦悬山顶屋面，此外主院落南、北侧还存有部分厢房。

前殿为穿斗式结构，平面呈矩形，面阔三间，通面阔约 12.9 米，进深三间，通进深约 8.2 米，通高约 7.7 米。两侧各出耳房一间（北耳房已不存，原址新建仿古建筑），面阔约 3.1 米，通高约 7.0 米。

正殿为穿斗式结构，平面呈矩形，面阔五间，通面阔约 21.0 米，进深四间，通进深约 11.8 米，通高约 9.3 米。台明地面用边长 12～30 厘米、厚 7 厘米的矩形青砖错拼墁地，至阶沿处以红砂石板收边；室内则用边长 30～35 厘米、厚 7 厘米的方砖铺墁。

南、北配殿形制基本相同，穿斗式结构，平面呈矩形，皆面阔五间，通面阔约 14.9 米，进深两间，通进深约 4.9 米，通高约 5.8 米。两配殿明间梁头皆施卷杀，抱头梁与廊柱间撑栱、檐下垂花柱均满饰雕刻，而抱头梁与穿插枋间则圆雕青狮、白象，尤为精彩。

主院南、北外侧为偏院，由厢房围合而成，均为穿斗式结构，小青瓦屋面。檐墙为木装板及竹编夹泥墙，山墙则多为土坯砖砌筑，外覆黄泥。

四川省文物保护单位。

测绘制图：崔航、王方捷、廖树伟、胡小俊、黄健、张应维

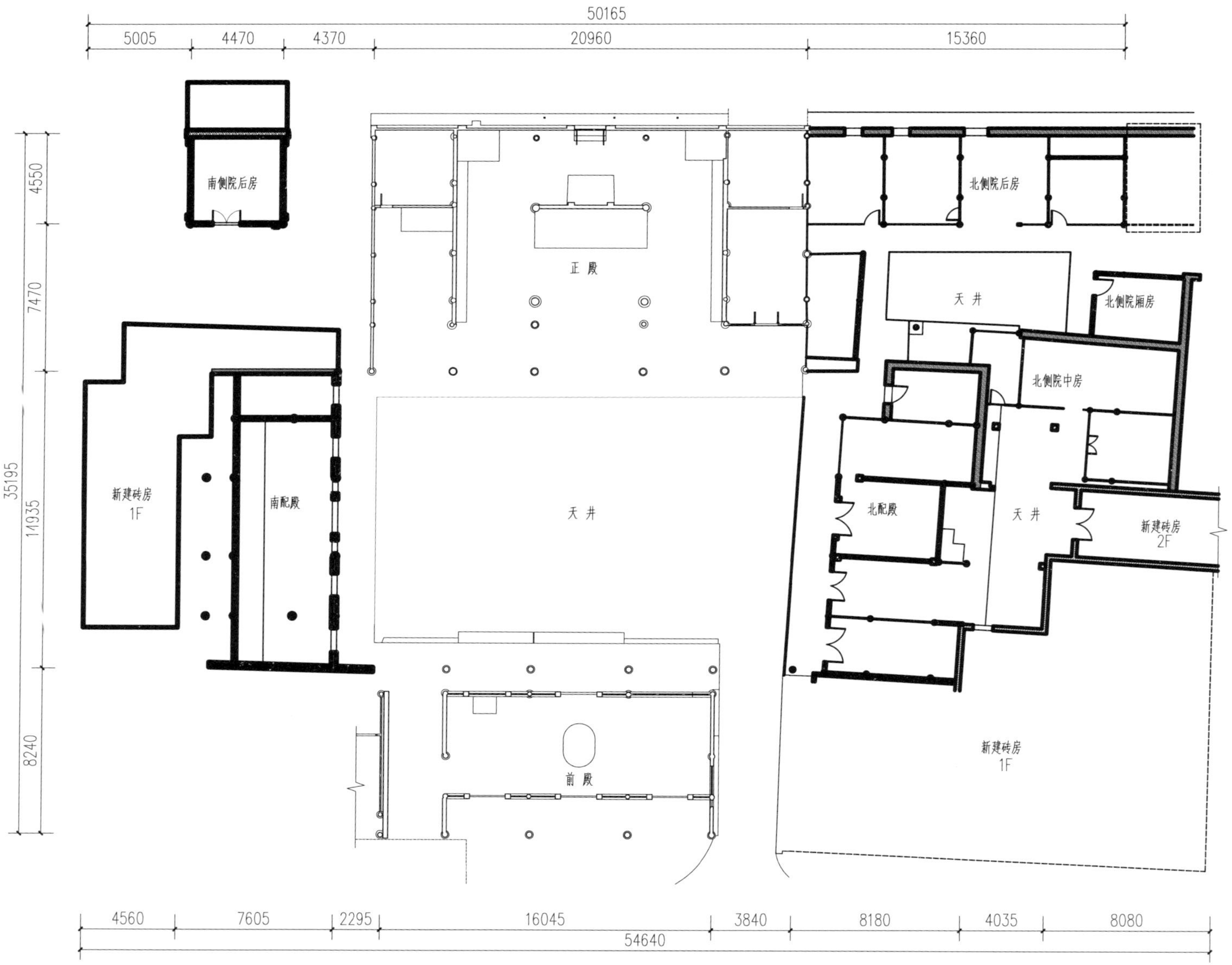
50165
5005
4470
4370
20960
15360
4550
7470
35195
14935
8240
4650
2695
10420
南侧院后房
正殿
北侧院后房
天井
北侧院厢房
北侧院中房
新建砖房
1F
南配殿
天井
北配殿
天井
新建砖房
2F
前殿
新建砖房
1F
4560
7605
2295
16045
3840
8180
4035
8080
54640

图1　总平面图

新建厕所 1F
新建砖房 2F
新建砖房 1F
天井
正殿
前殿
12740
11540
22775
2650
6000
7675
14130
23520
46170
2320
6200
2470
14730
2350
34275
8650
205
5870
6905
2030
7490
11855
8980
37260

图 2 俯视图

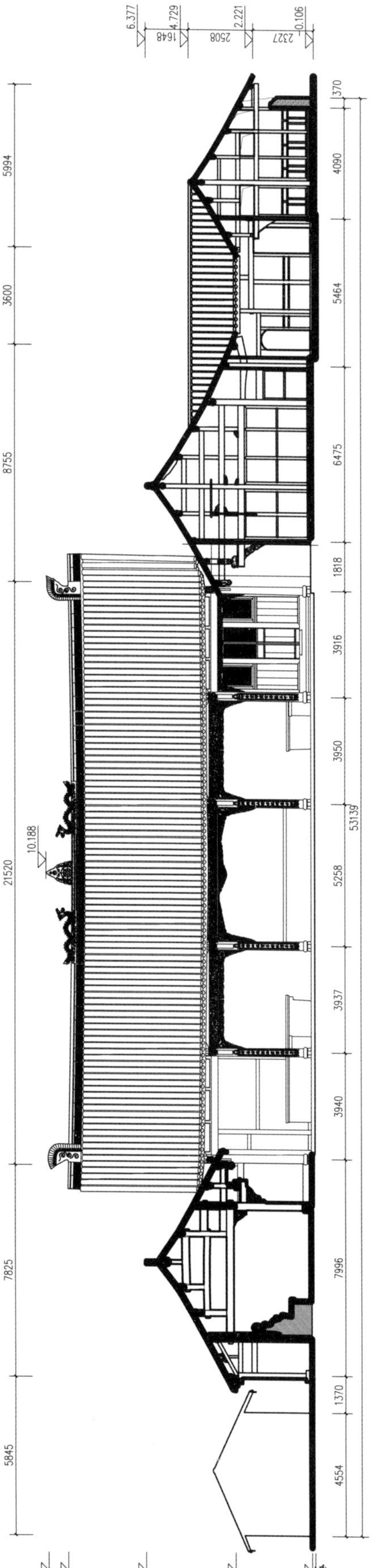

图3 横剖面图

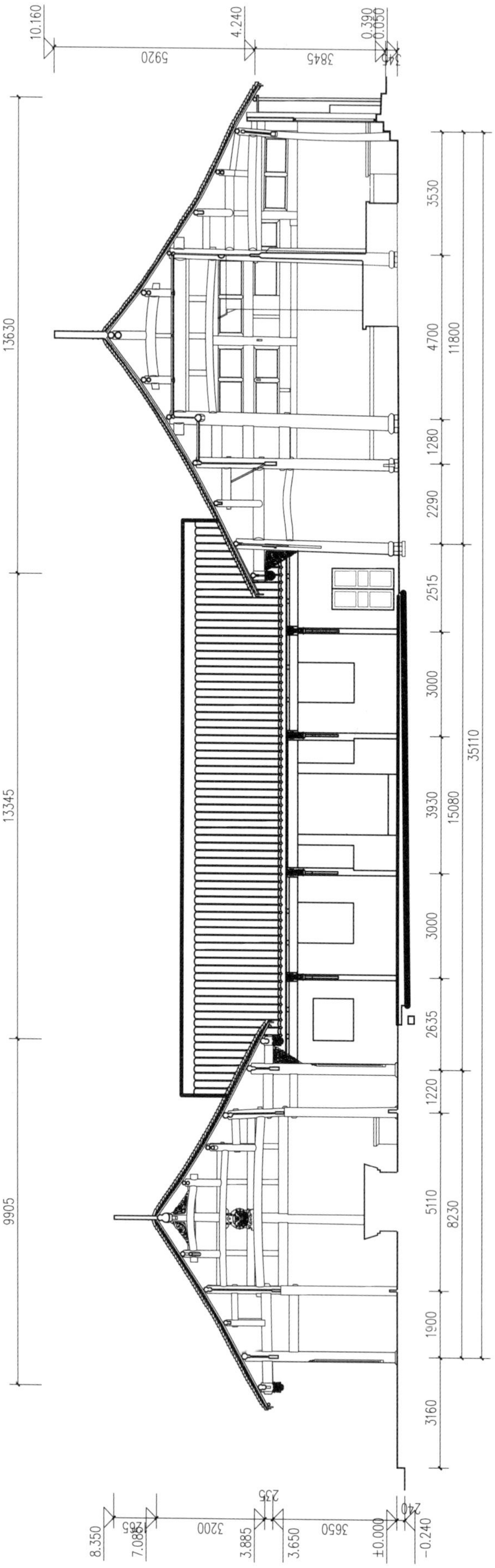

图4 纵剖面图

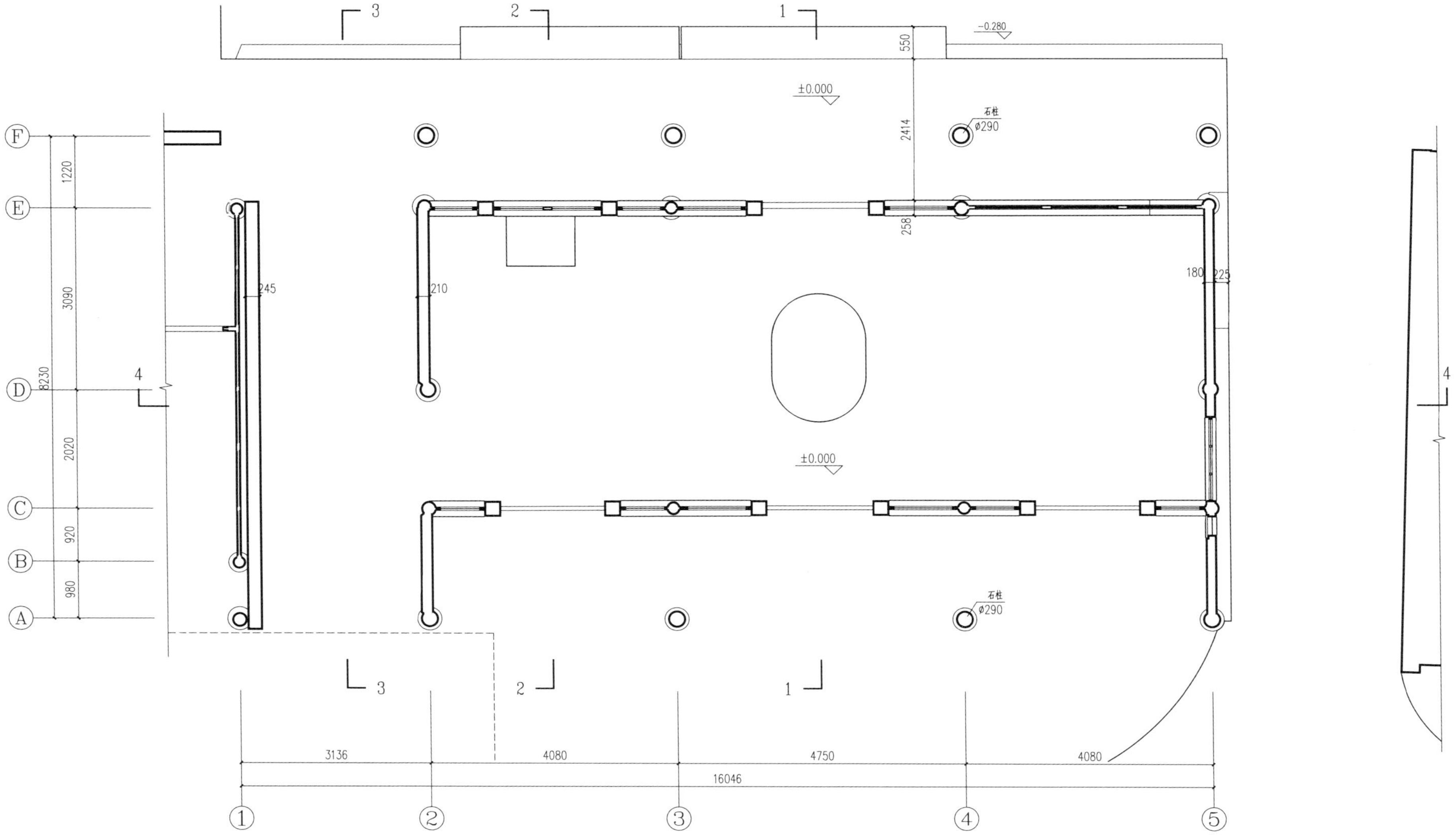

3
2
1
550
-0.280
±0.000
2414
石柱
Φ290
F
E
D
C
B
A
1220
3090
8230
2020
920
980
4
258
245
210
180
225
±0.000
3136
4080
4750
4080
16046
1
2
3
4
5

图 5　前殿平面图

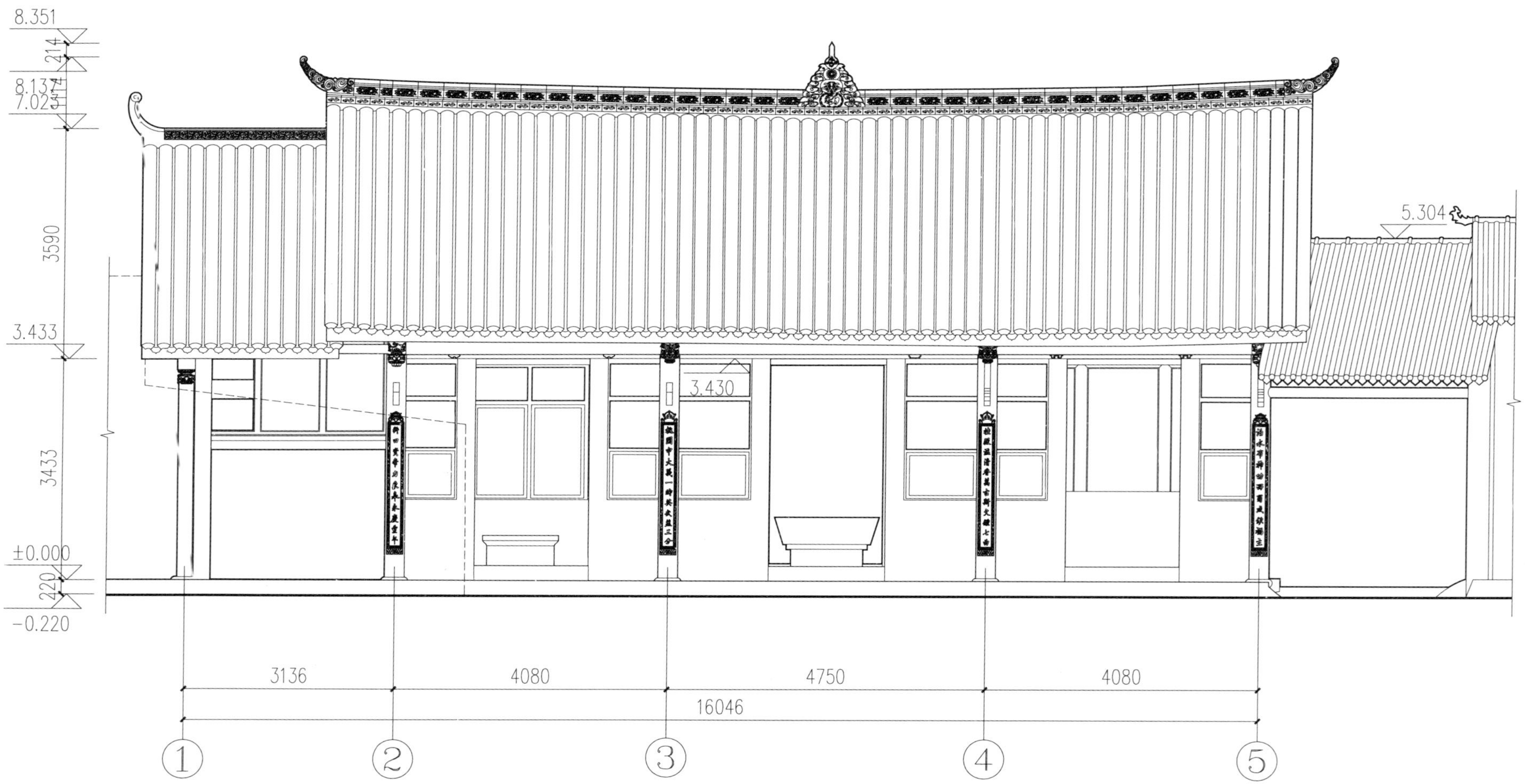
8.351
214
8.137
7.023
3590
3.433
3433
±0.000
220
-0.220
5.304
3.430
3136
4080
4750
4080
16046
1
2
3
4
5

图6　前殿正立面图

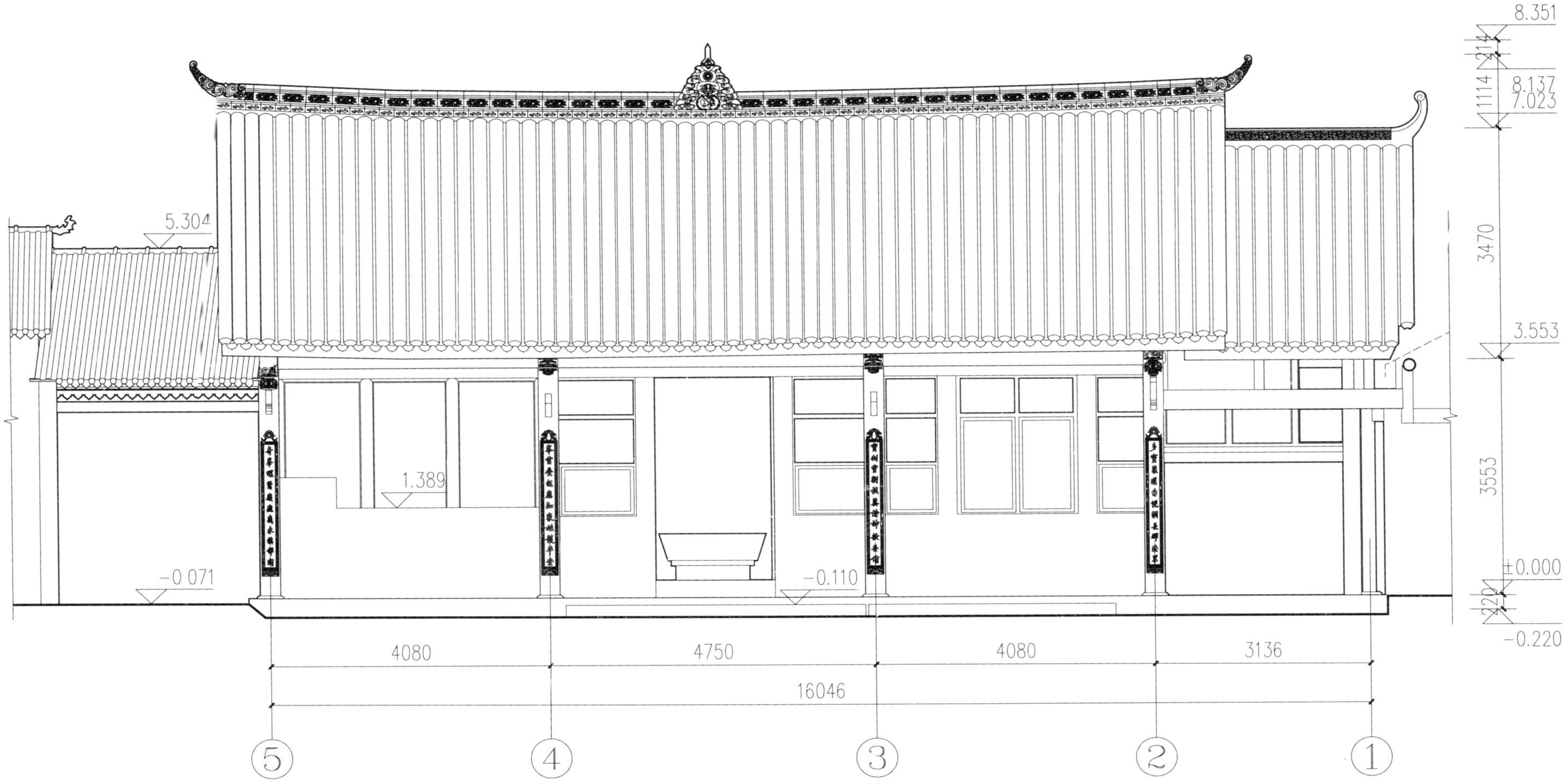
8.351
214
1114
8.137
7.023
3470
3.553
3553
±0.000
220
-0.220
5.304
1.389
-0.071
-0.110
4080
4750
4080
3136
16046
5
4
3
2
1

图 7 前殿背立面图

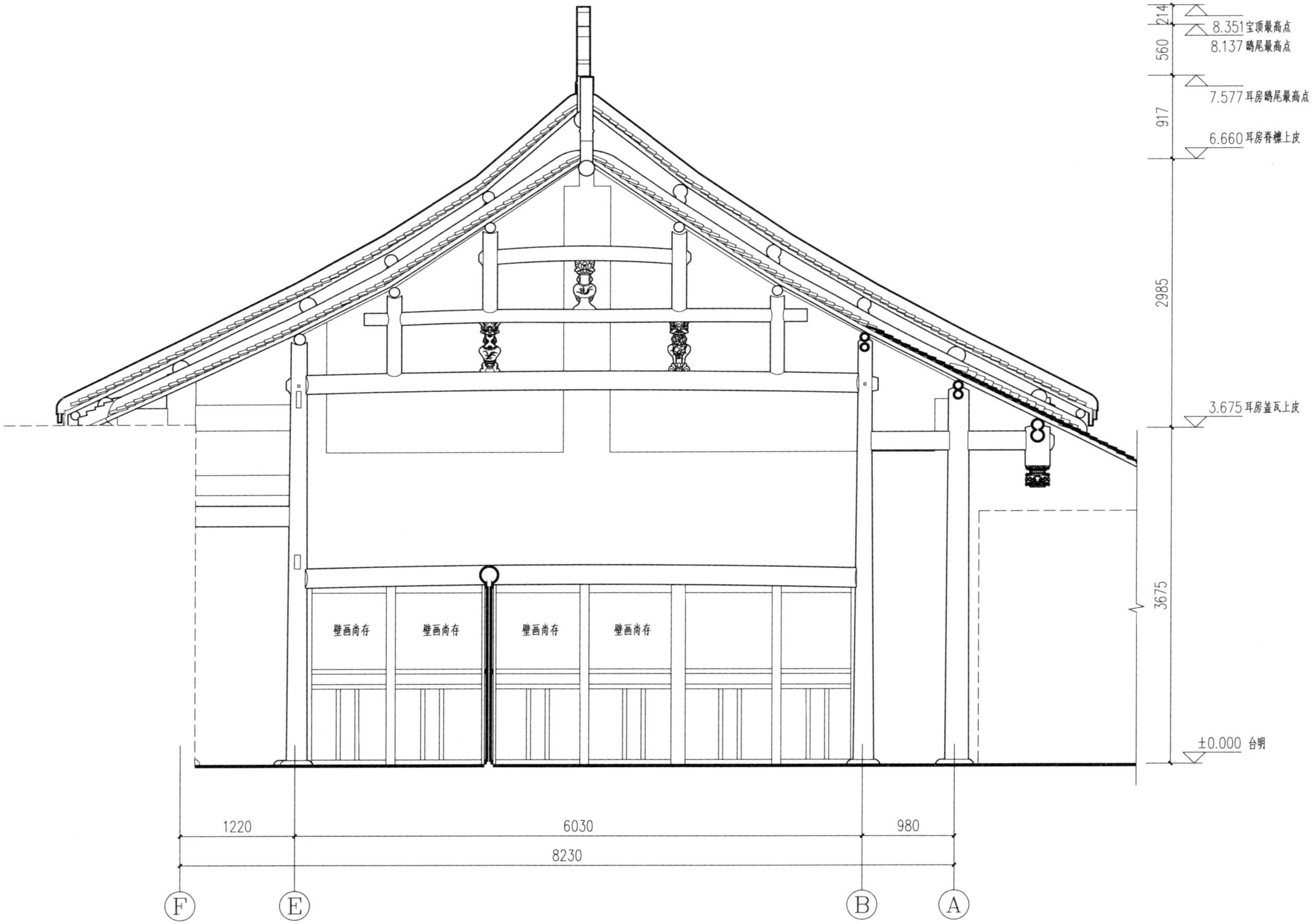
8.351 宝顶最高点
8.137 鸱尾最高点
7.577 耳房鸱尾最高点
6.660 耳房脊檩上皮
3.675 耳房盖瓦上皮
±0.000 台明
214
560
917
2985
3675
壁画尚存
壁画尚存
壁画尚存
壁画尚存
1220
6030
980
8230
F
E
B
A

图 8　前殿南立面图

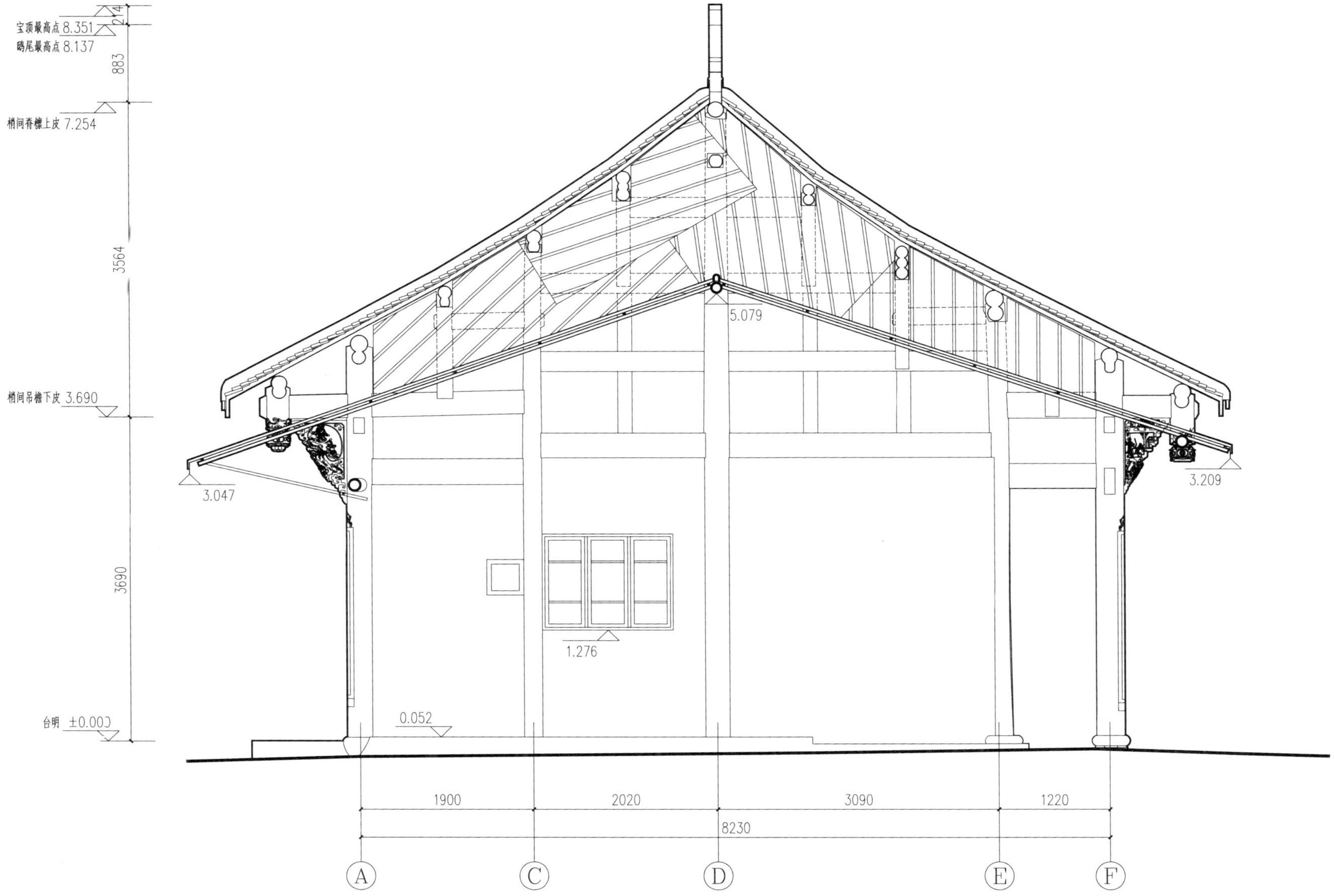

宝顶最高点 8.351
鸱尾最高点 8.137
梢间脊檩上皮 7.254
梢间吊檐下皮 3.690
台明 ±0.000
24
883
3564
3690
5.079
3.047
3.209
1.276
0.052
1900
2020
3090
1220
8230
A
C
D
E
F

图 9　前殿北立面图

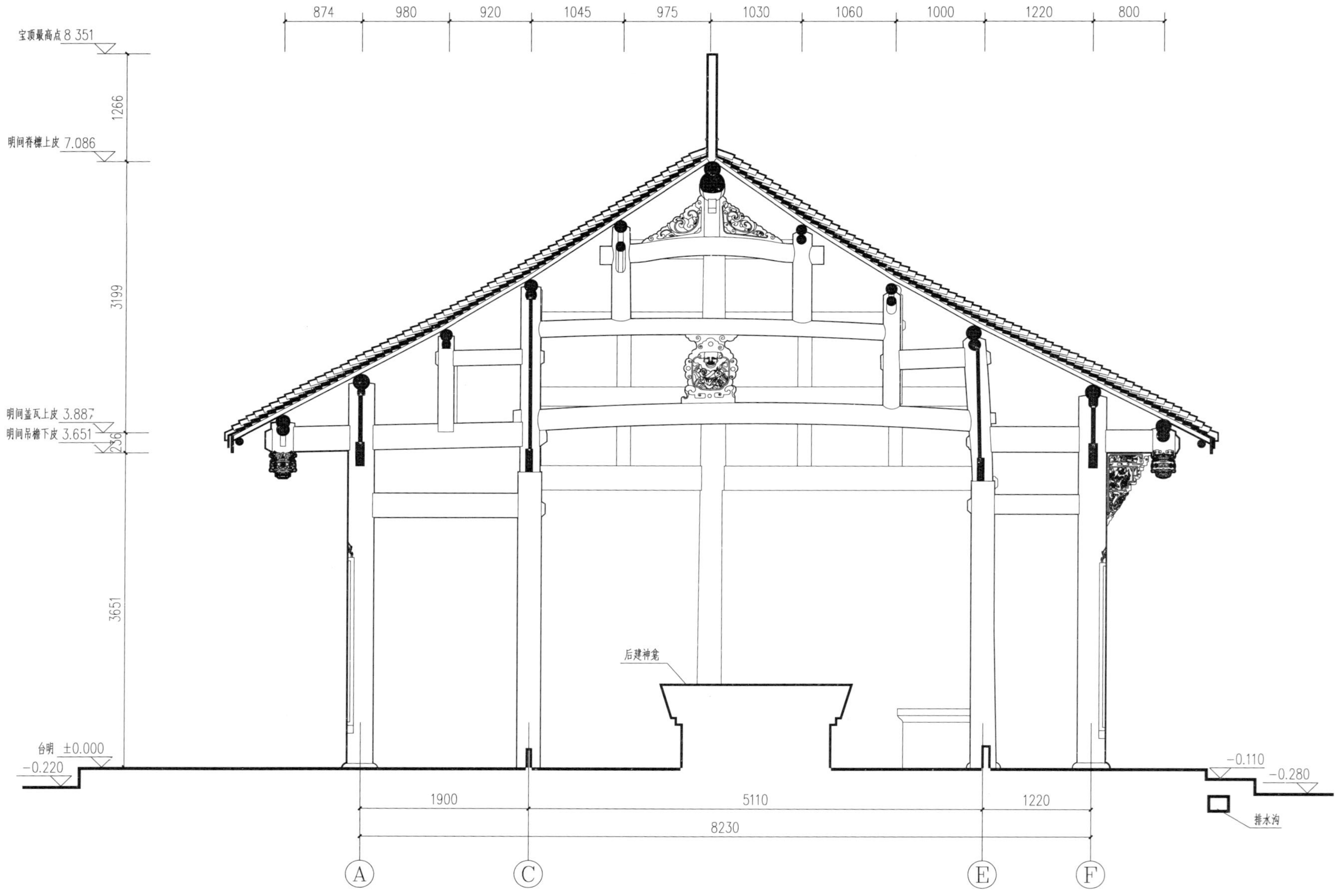
874
980
920
1045
975
1030
1060
1000
1220
800
宝顶最高点 8.351
明间脊檩上皮 7.086
明间盖瓦上皮 3.887
明间吊檐下皮 3.651
1266
3199
236
3651
台明 ±0.000
−0.220
后建神龛
−0.110
−0.280
排水沟
1900
5110
1220
8230
A
C
E
F

图 10　前殿 1-1 剖面图

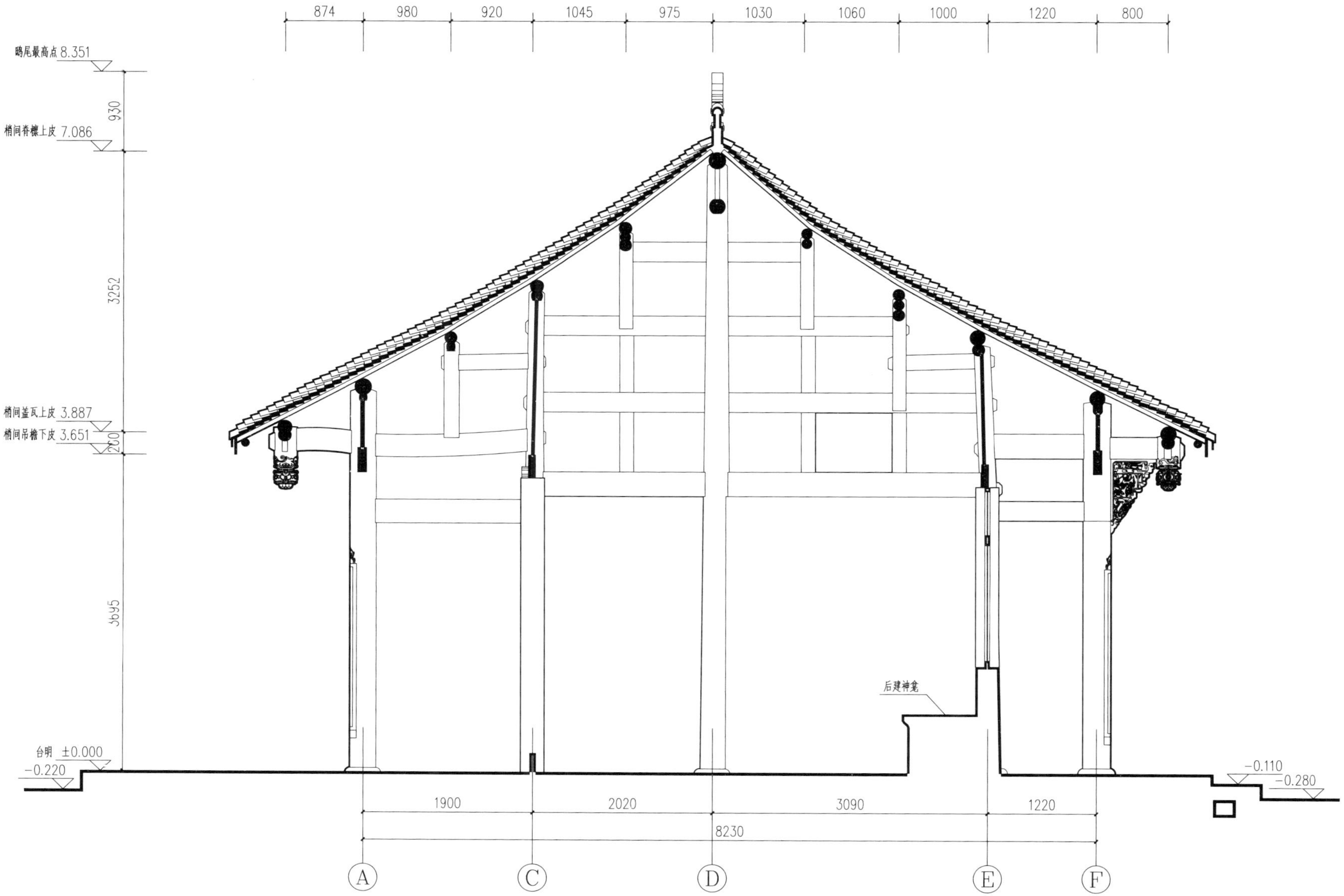
874
980
920
1045
975
1030
1060
1000
1220
800
鸱尾最高点 8.351
930
梢间脊檩上皮 7.086
3252
梢间盖瓦上皮 3.887
200
梢间吊檐下皮 3.651
3695
台明 ±0.000
−0.220
后建神龛
−0.110
−0.280
1900
2020
3090
1220
8230
A
C
D
E
F

图 11　前殿 2-2 剖面图

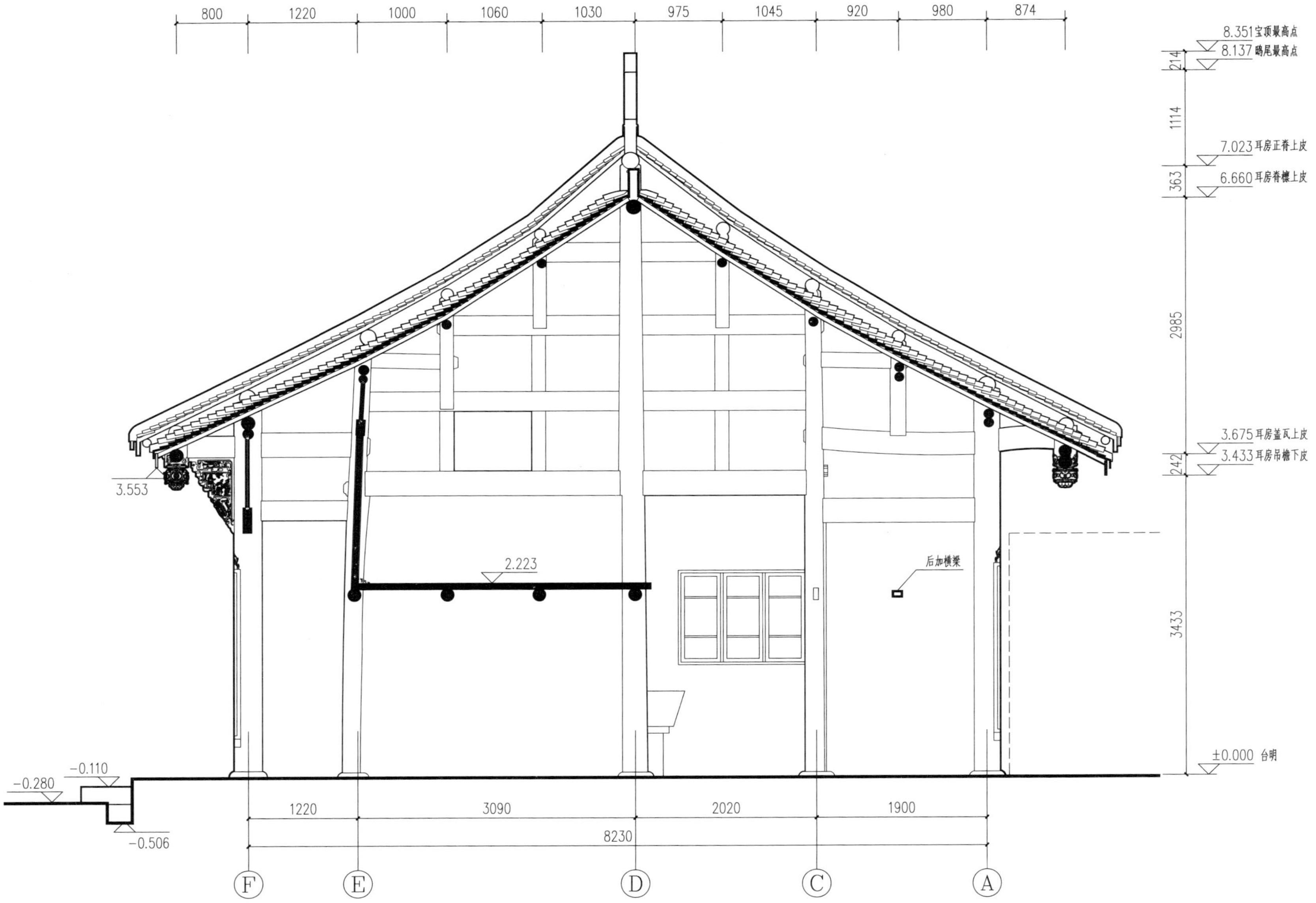
800
1220
1000
1060
1030
975
1045
920
980
874
8.351 宝顶最高点
8.137 鸱尾最高点
7.023 耳房正脊上皮
6.660 耳房脊檩上皮
3.675 耳房盖瓦上皮
3.433 耳房吊檐下皮
±0.000 台明
214
1114
363
2985
242
3433
3.553
2.223
后加横梁
-0.110
-0.280
-0.506
1220
3090
2020
1900
8230
F
E
D
C
A

图 12　前殿 3-3 剖面图

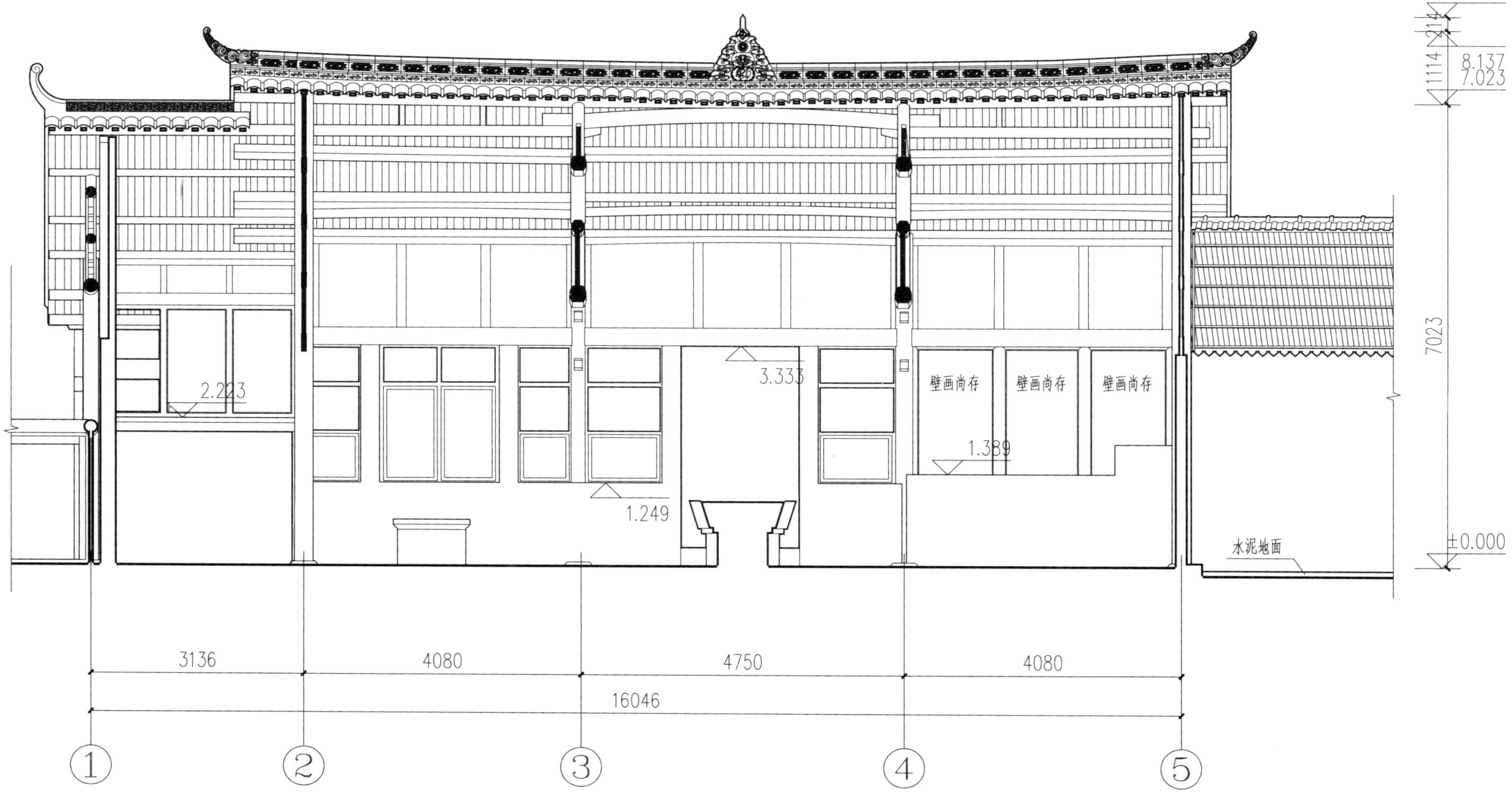
8.351
214
1114
8.137
7.023
7023
±0.000
水泥地面
壁画尚存
壁画尚存
壁画尚存
1.389
3.333
1.249
2.223
3136
4080
4750
4080
16046
1
2
3
4
5

图 13　前殿纵剖面图

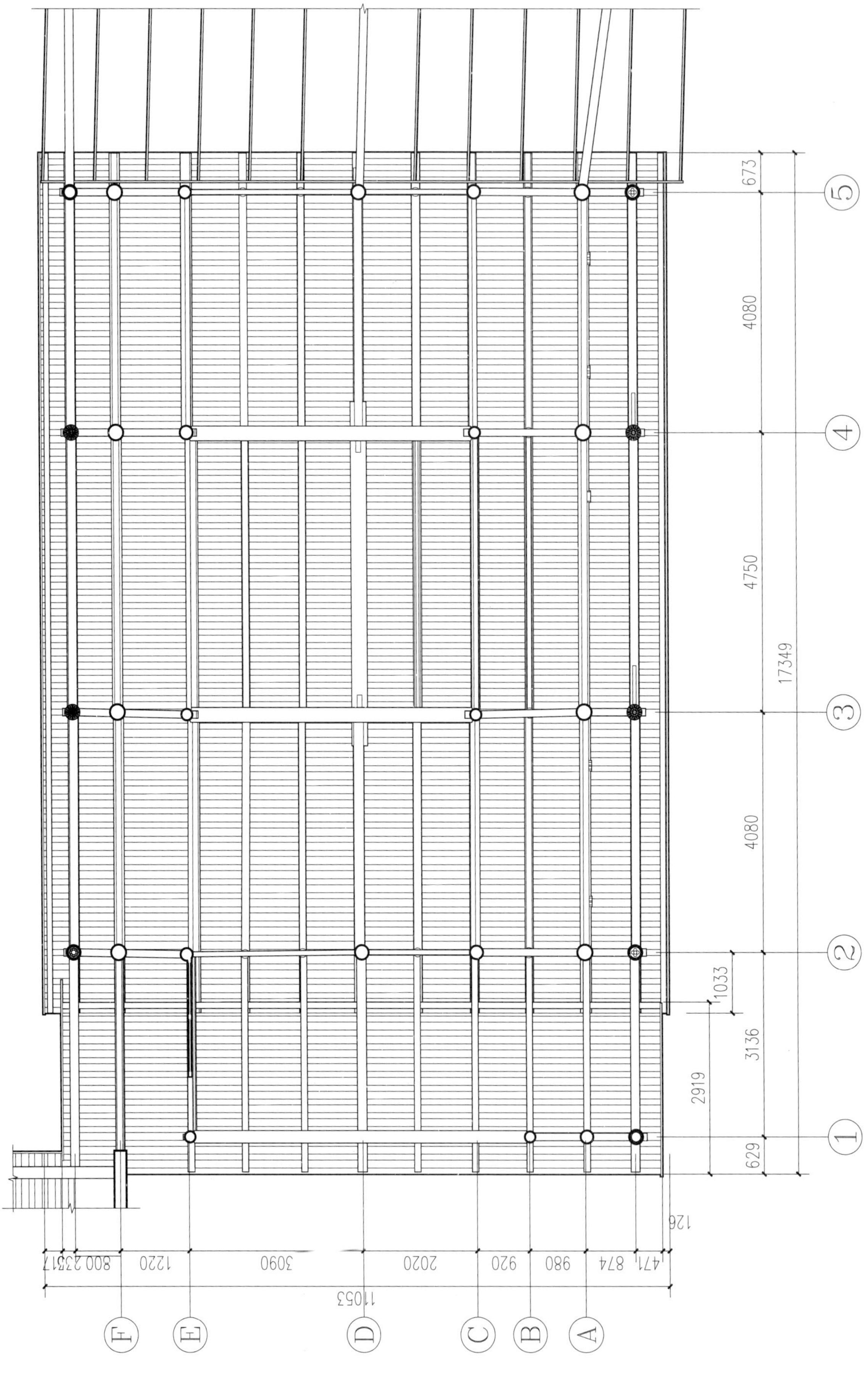

673
4080
4750
4080
1033
3136
2919
629
17349
126
471
874
980
920
2020
3090
1220
800
11053
1
2
3
4
5
A
B
C
D
E
F

图 14　前殿仰视图

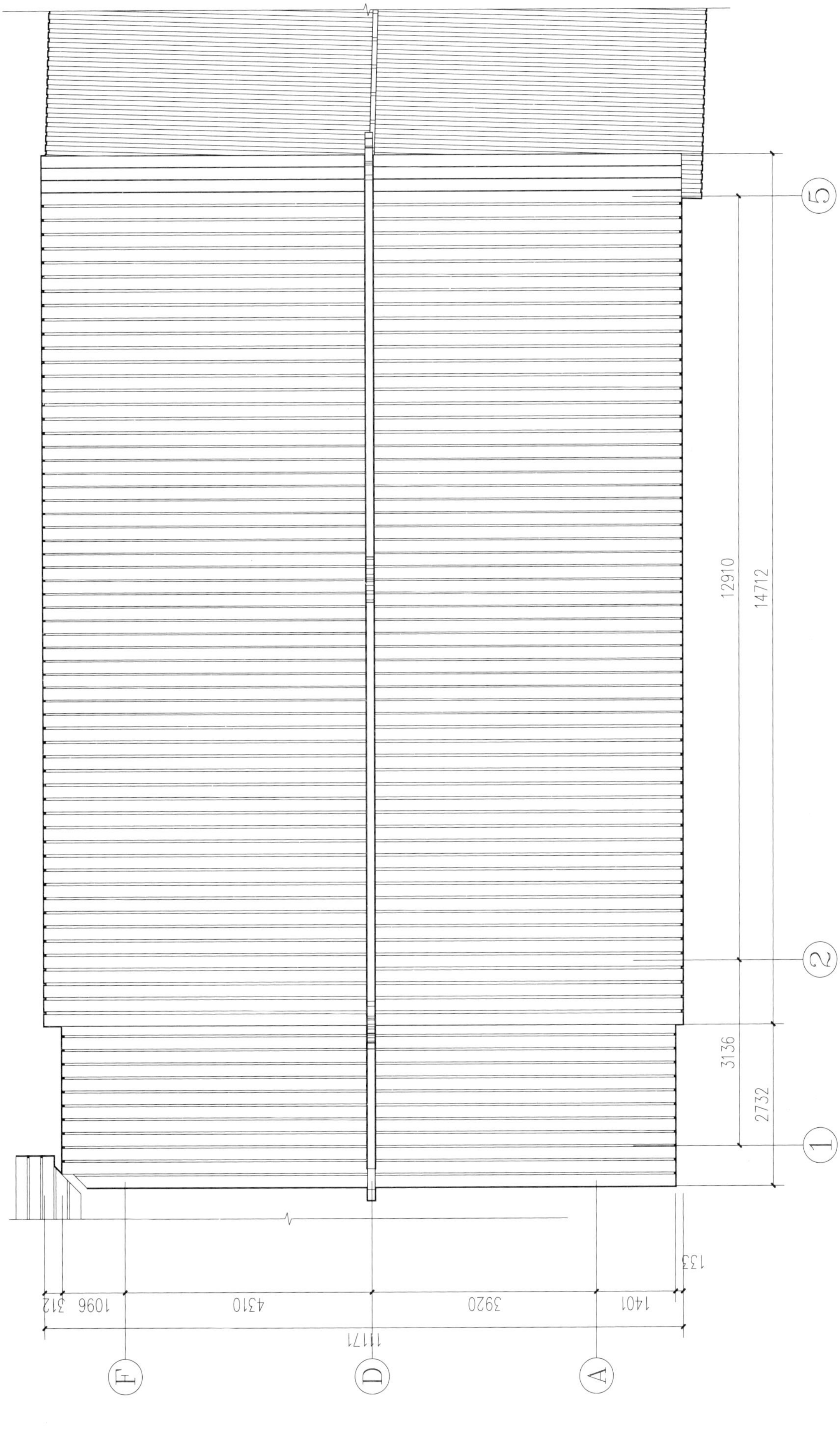

12910
14712
3136
2732
133
1401
3920
4310
1096
312
11171
5
2
1
F
D
A

图 15　前殿屋顶图

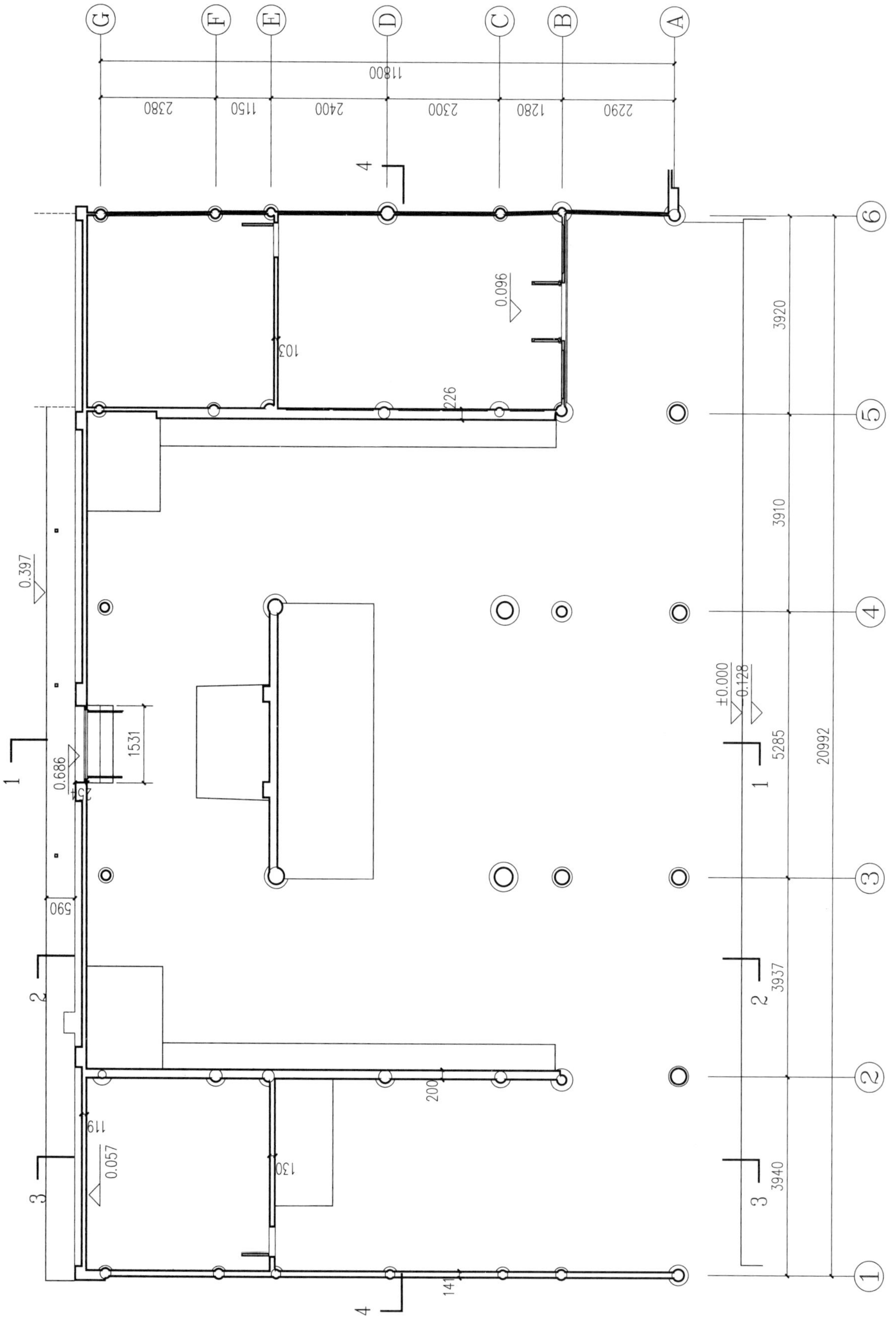
G
F
E
D
C
B
A
11800
2380
1150
2400
2300
1280
2290
1
2
3
4
5
6
3920
3910
5285
3937
3940
20992
0.096
103
226
0.397
0.686
1531
590
±0.000
-0.128
200
119
0.057
130
141

图16 正殿一层平面图

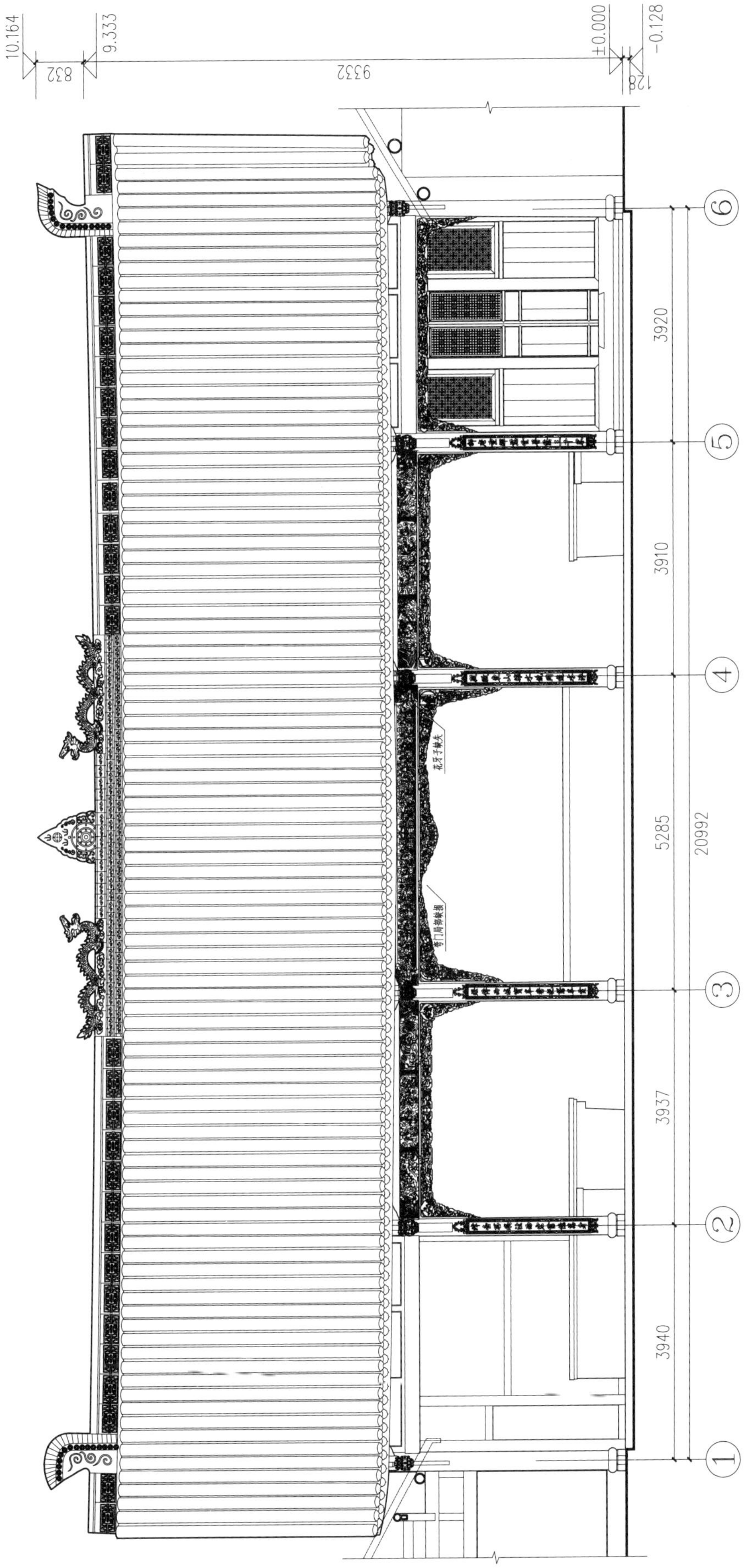
10.164
9.333
±0.000
-0.128
832
9332
128
3920
3910
5285
20992
3937
3940
1
2
3
4
5
6

图 17 正殿正立面图

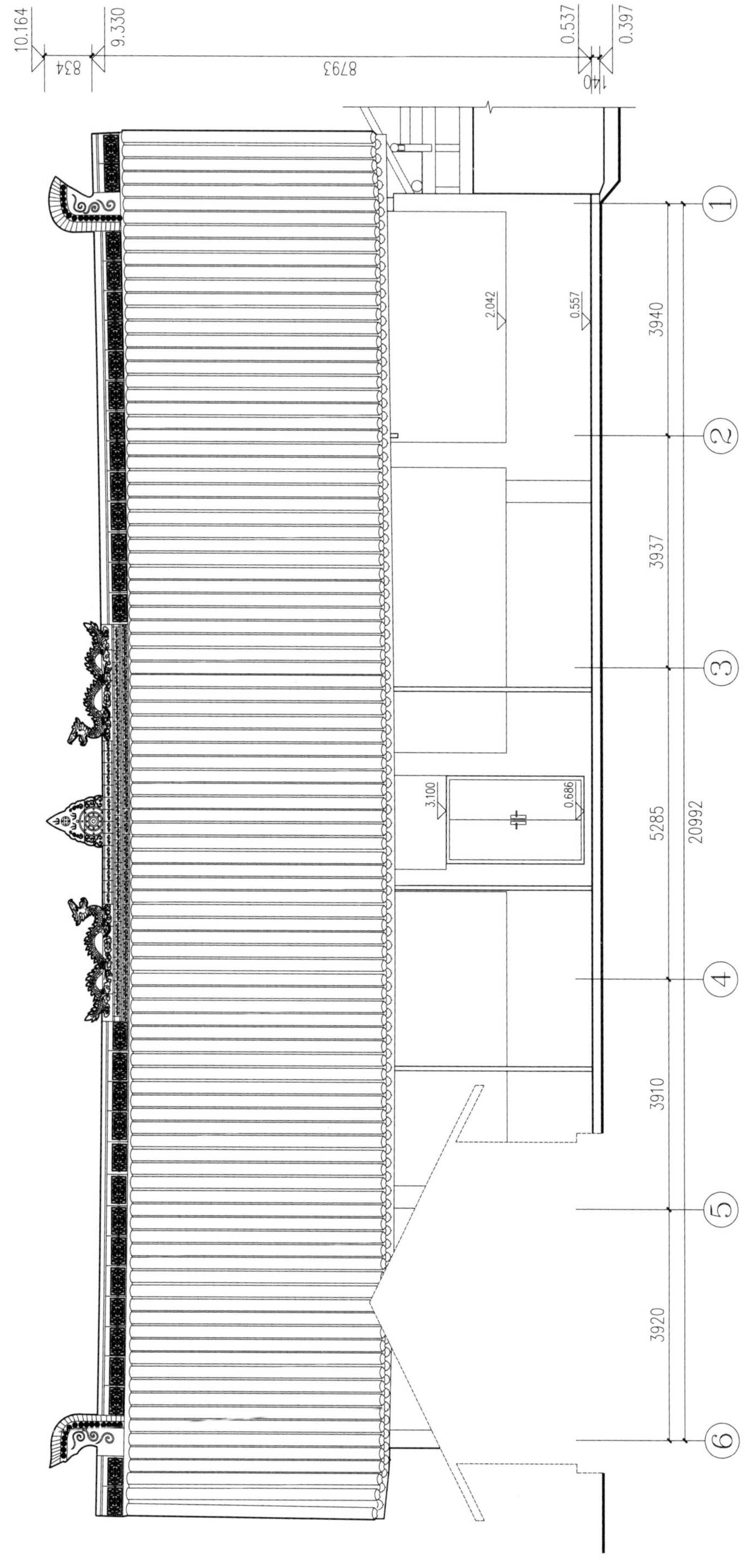
10.164
9.330
0.537
0.397
834
8793
140
2.042
0.557
3.100
0.686
3940
3937
5285
3910
3920
20992
①
②
③
④
⑤
⑥

图18　正殿背立面图

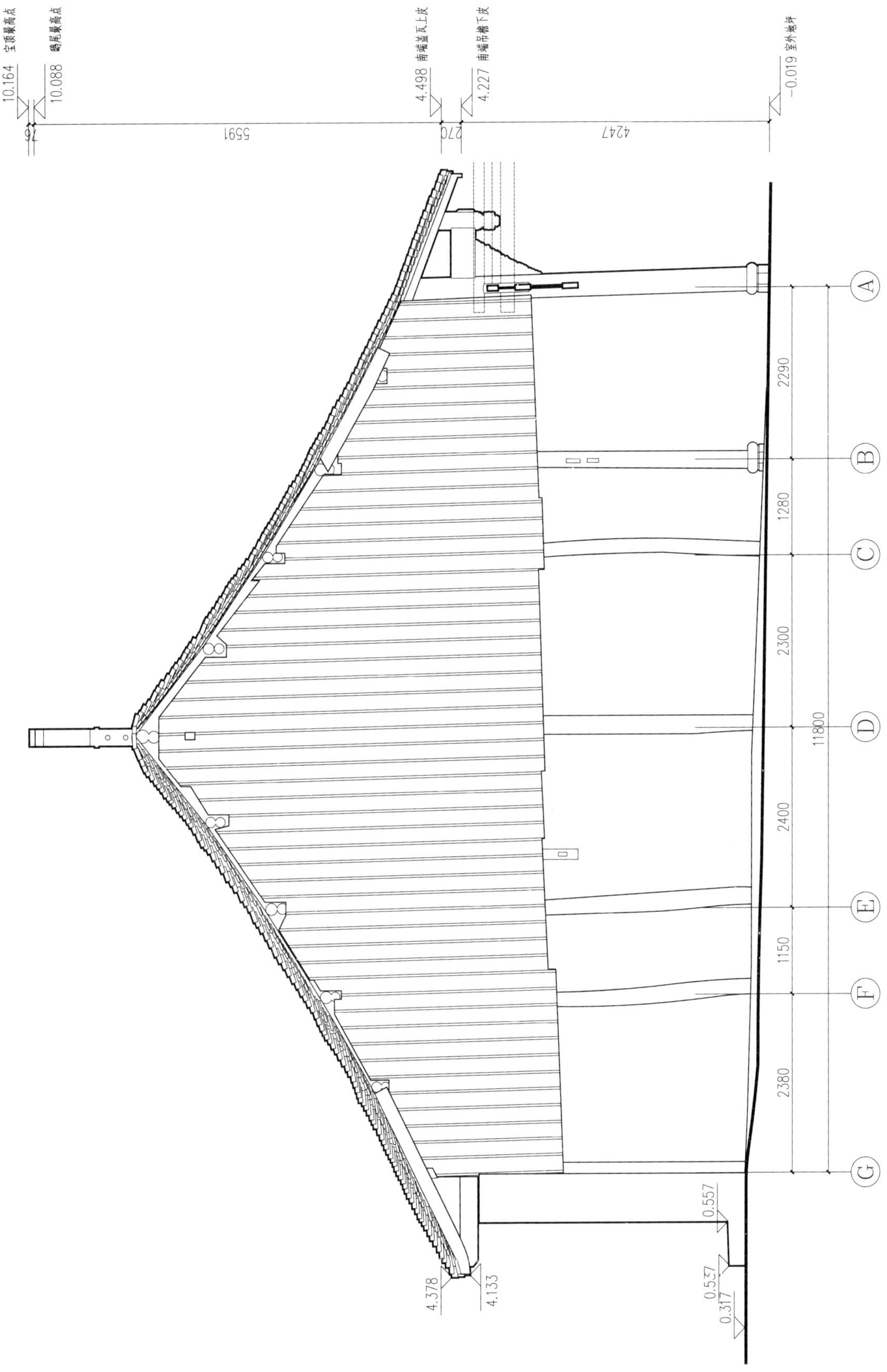

10.164 宝顶最高点
10.088 鸱尾最高点
4.498 南端盖瓦上皮
4.227 南端吊檐下皮
-0.019 室外地坪
76
5591
270
4247
A
B
C
D
E
F
G
2290
1280
2300
2400
1150
2380
11800
4.378
4.133
0.557
0.537
0.317

图 19 正殿侧立面图

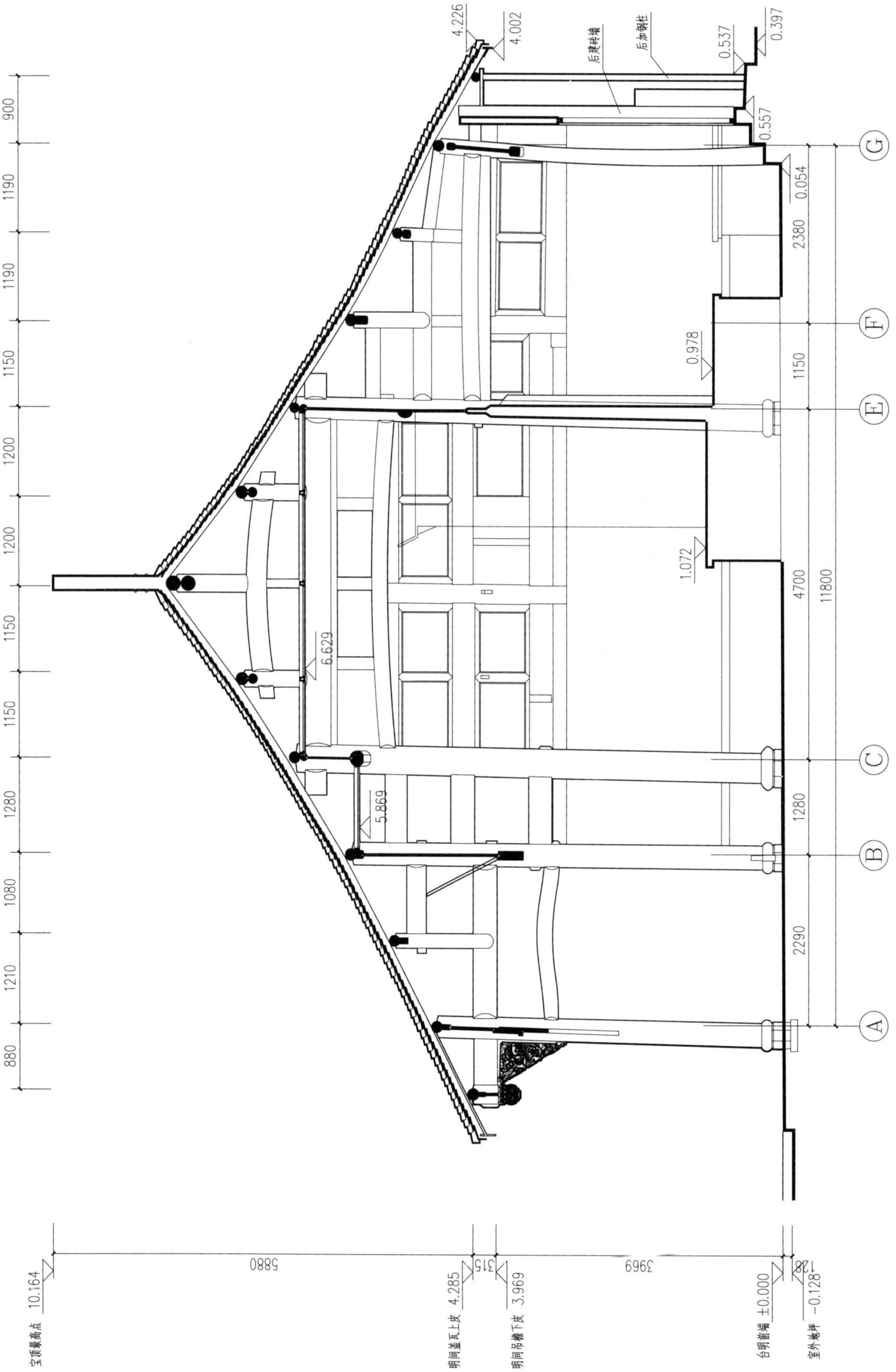
宝顶最高点 10.164
明间盖瓦上皮 4.285
明间吊檐下皮 3.969
台明前端 ±0.000
室外地坪 −0.128
5880
315
3969
128
880
1210
1080
1280
1150
1150
1200
1200
1150
1190
1190
900
4.226
4.002
后建砖墙
后加钢柱
0.537
0.397
0.557
0.054
0.978
1.072
6.629
5.869
2290
1280
4700
1150
2380
11800
A
B
C
E
F
G

图20 正殿1-1剖面图

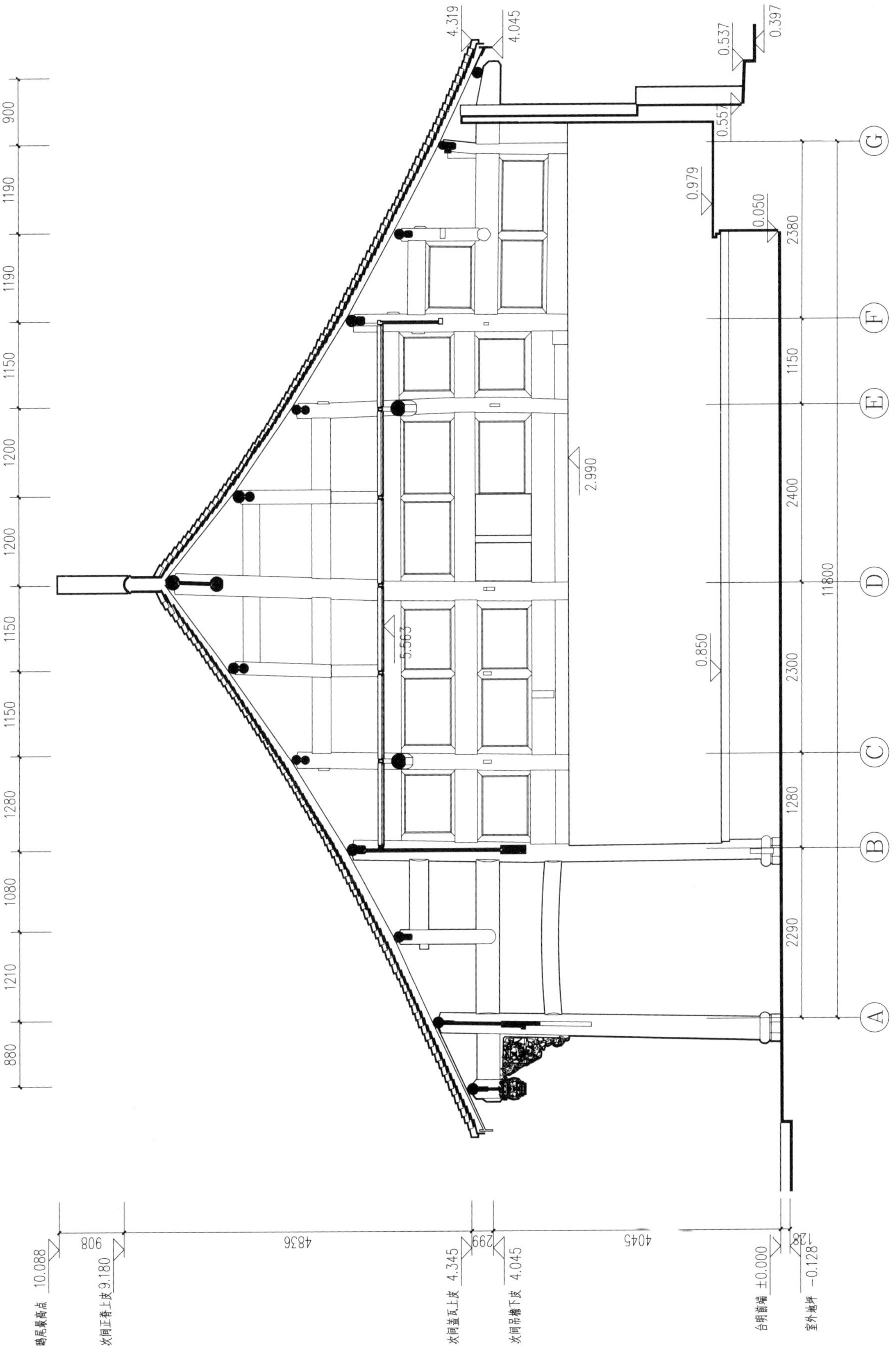
鸱尾最高点 10.088
次间正脊上皮 9.180
次间盖瓦上皮 4.345
次间吊檐下皮 4.045
台明前端 ±0.000
室外地坪 −0.128
908
4836
299
4045
128
880
1210
1080
1280
1150
1150
1200
1200
1150
1190
1190
900
2290
1280
2300
2400
1150
2380
11800
A
B
C
D
E
F
G
2.990
5.563
0.850
0.979
0.050
0.557
0.537
0.397
4.319
4.045

图 21　正殿 2-2 剖面图

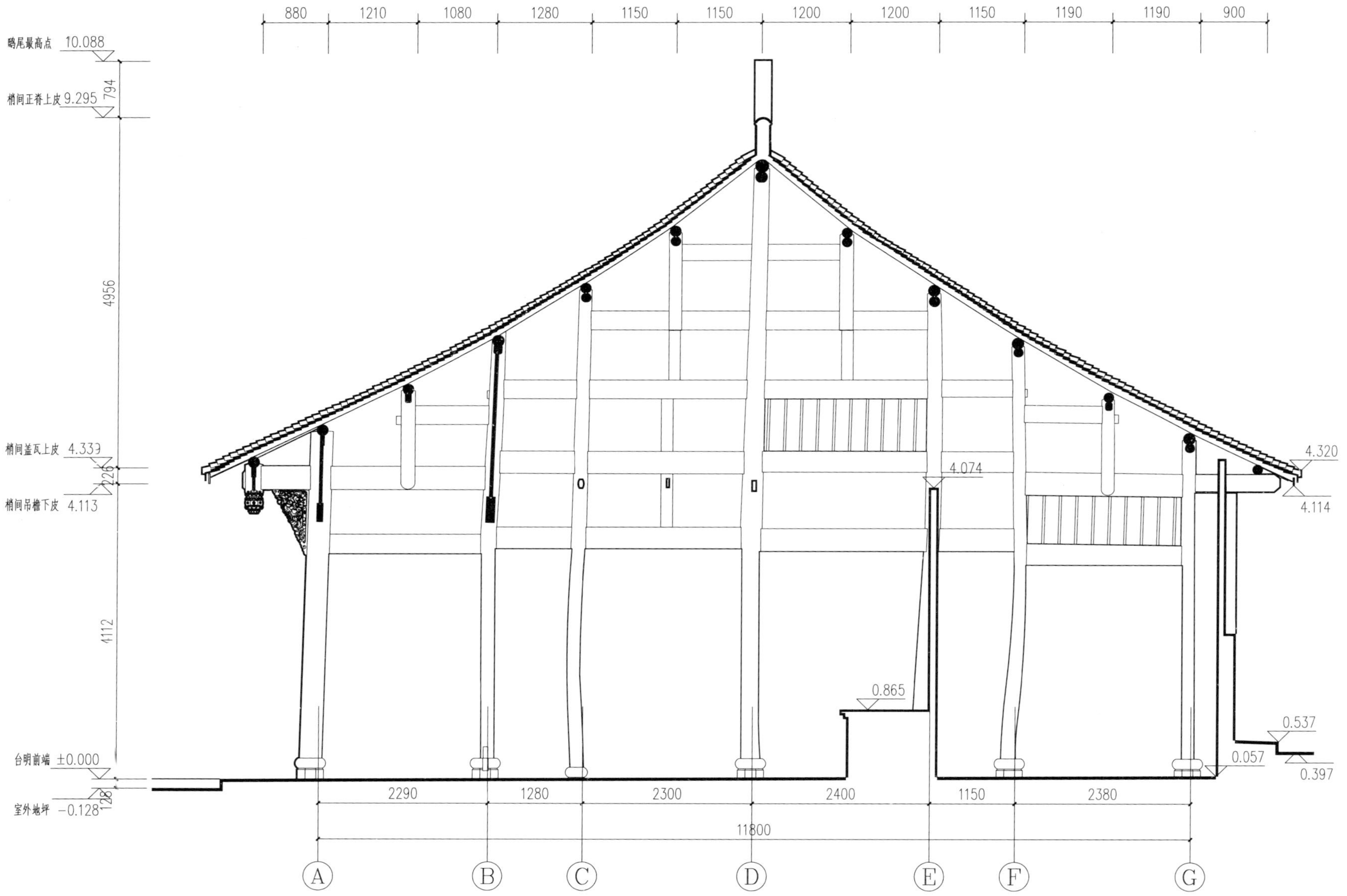
880
1210
1080
1280
1150
1150
1200
1200
1150
1190
1190
900
鸱尾最高点 10.088
794
梢间正脊上皮 9.295
4956
梢间盖瓦上皮 4.333
226
梢间吊檐下皮 4.113
4112
台明前端 ±0.000
128
室外地坪 −0.128
4.320
4.114
4.074
0.865
0.537
0.057
0.397
2290
1280
2300
2400
1150
2380
11800
A
B
C
D
E
F
G

图 22　正殿 3-3 剖面图

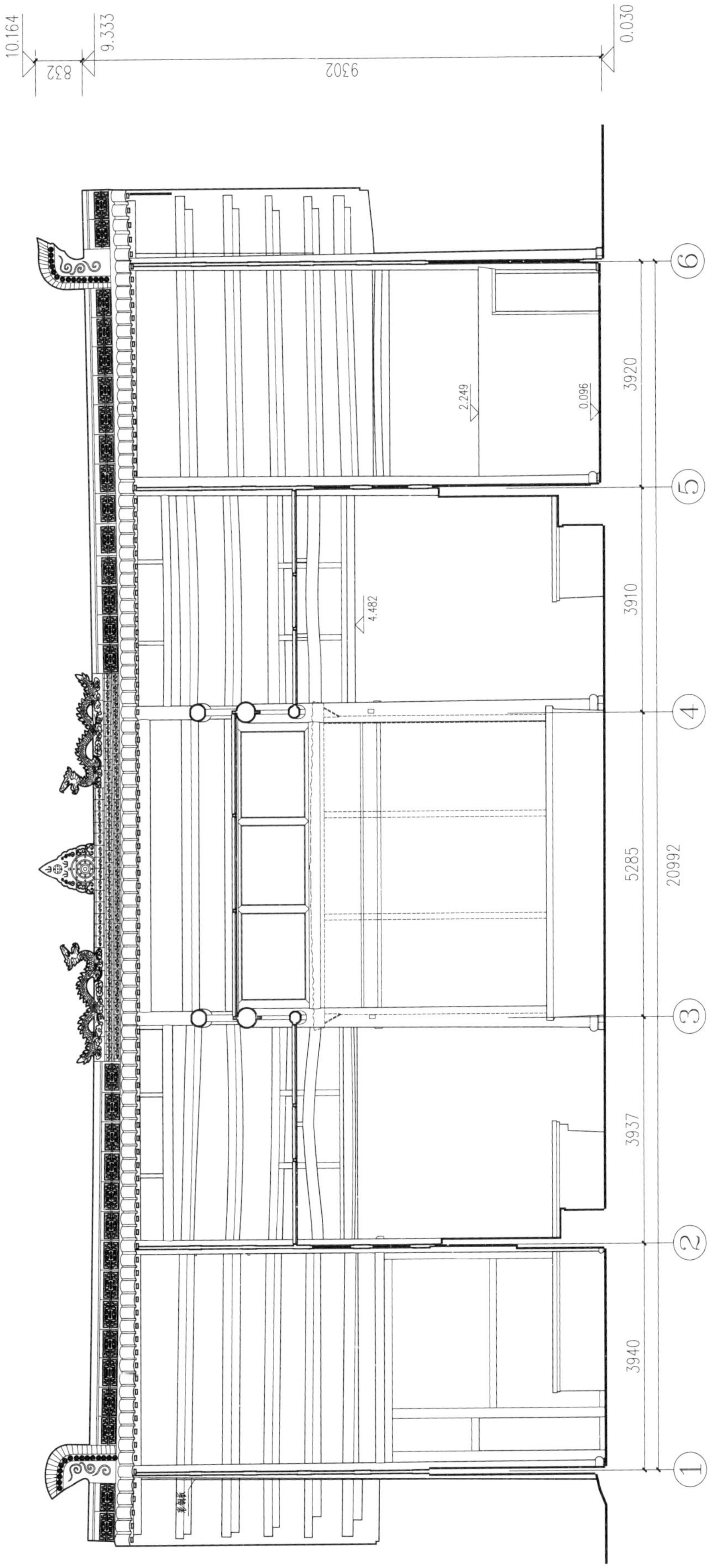
10.164
9.333
0.030
832
9302
2.249
0.096
4.482
3920
3910
5285
3937
3940
20992
1
2
3
4
5
6

图 23 正殿纵剖面图

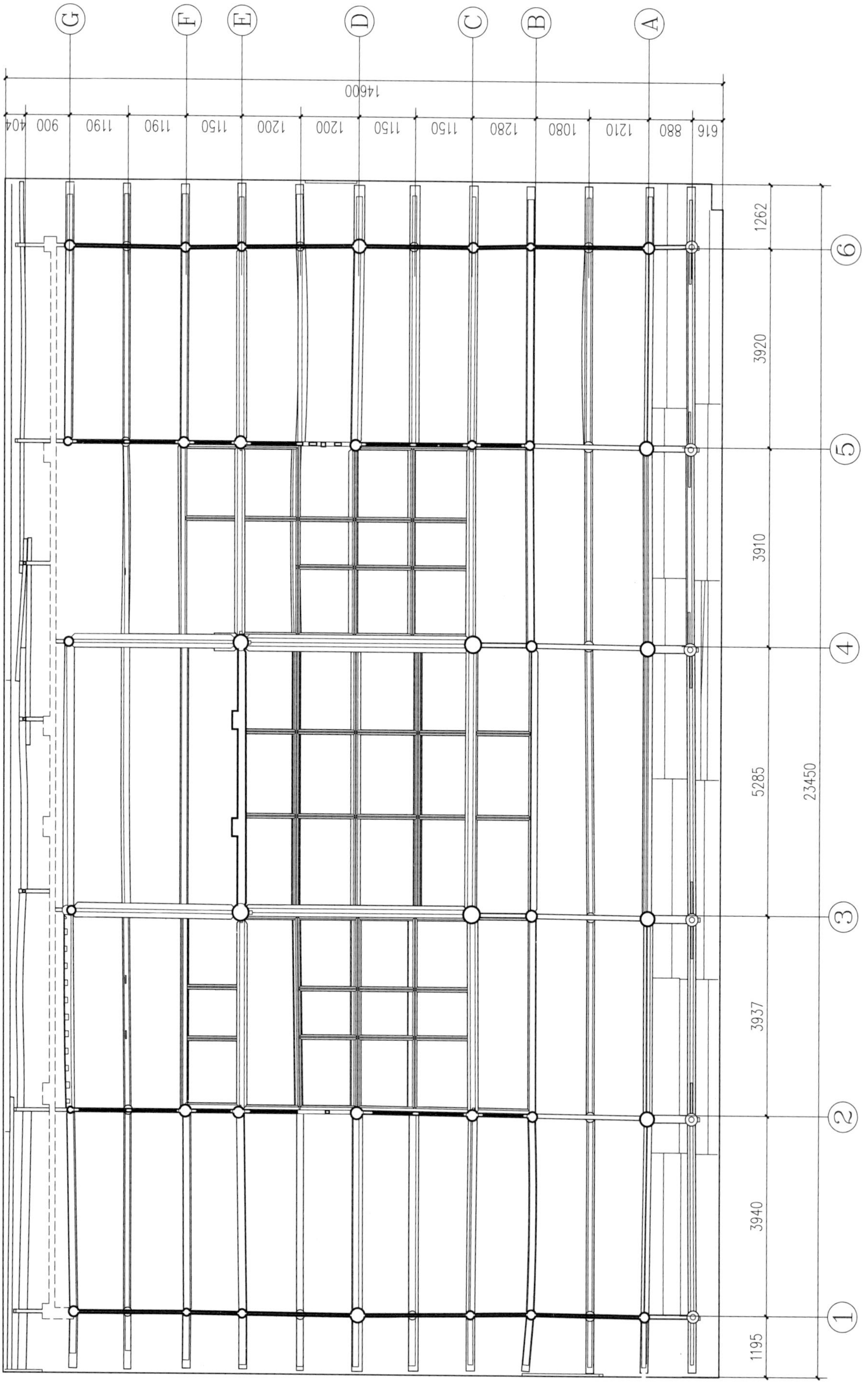

G
F
E
D
C
B
A
14600
404
900
1190
1190
1150
1200
1200
1150
1150
1280
1080
1210
880
616
1
2
3
4
5
6
1195
3940
3937
5285
3910
3920
1262
23450

图24 正殿仰视图

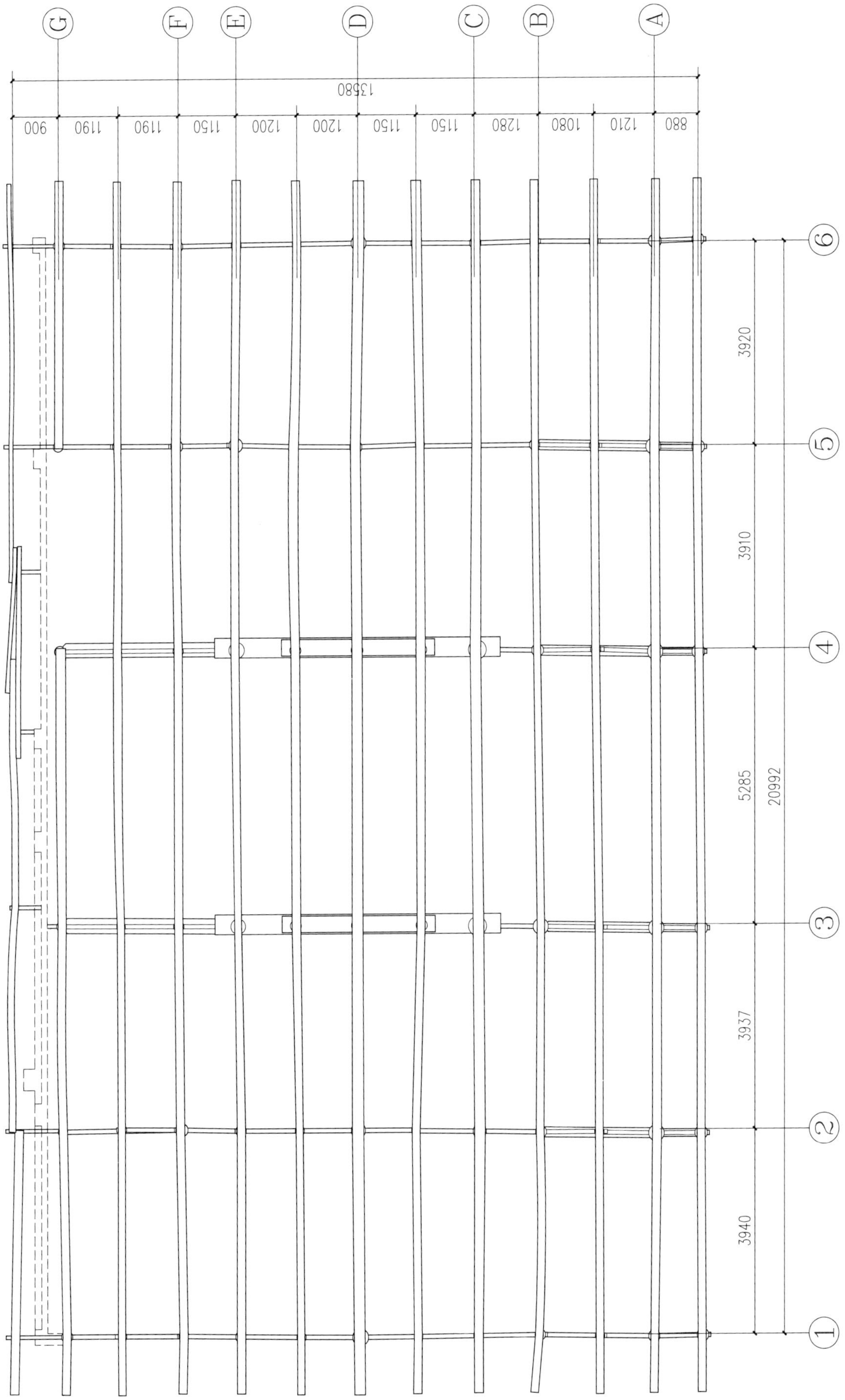
G
F
E
D
C
B
A
13580
900
1190
1190
1150
1200
1200
1150
1150
1280
1080
1210
880
1
2
3
4
5
6
3940
3937
5285
3910
3920
20992

图 25　正殿俯视图

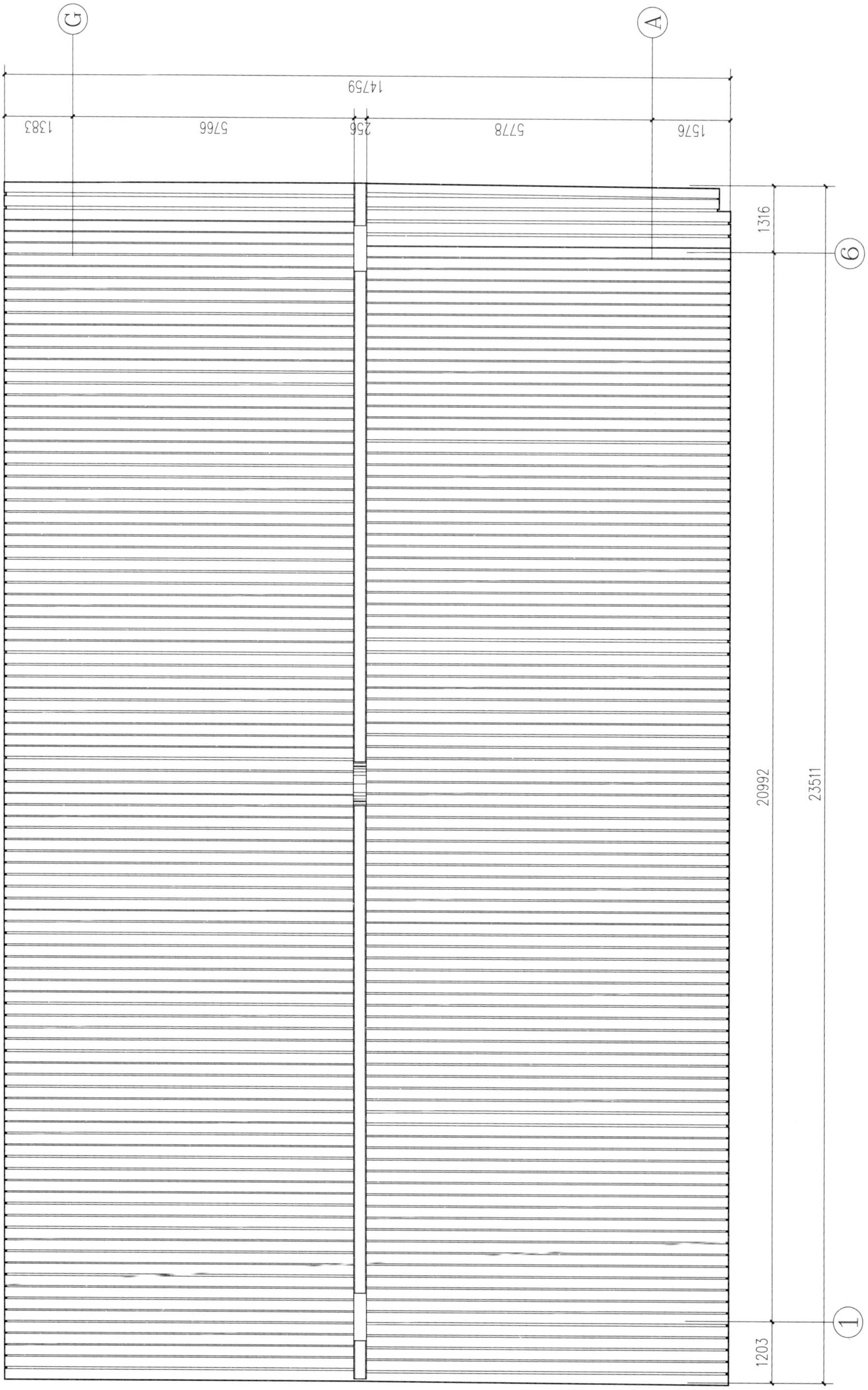

图 26　正殿屋顶图

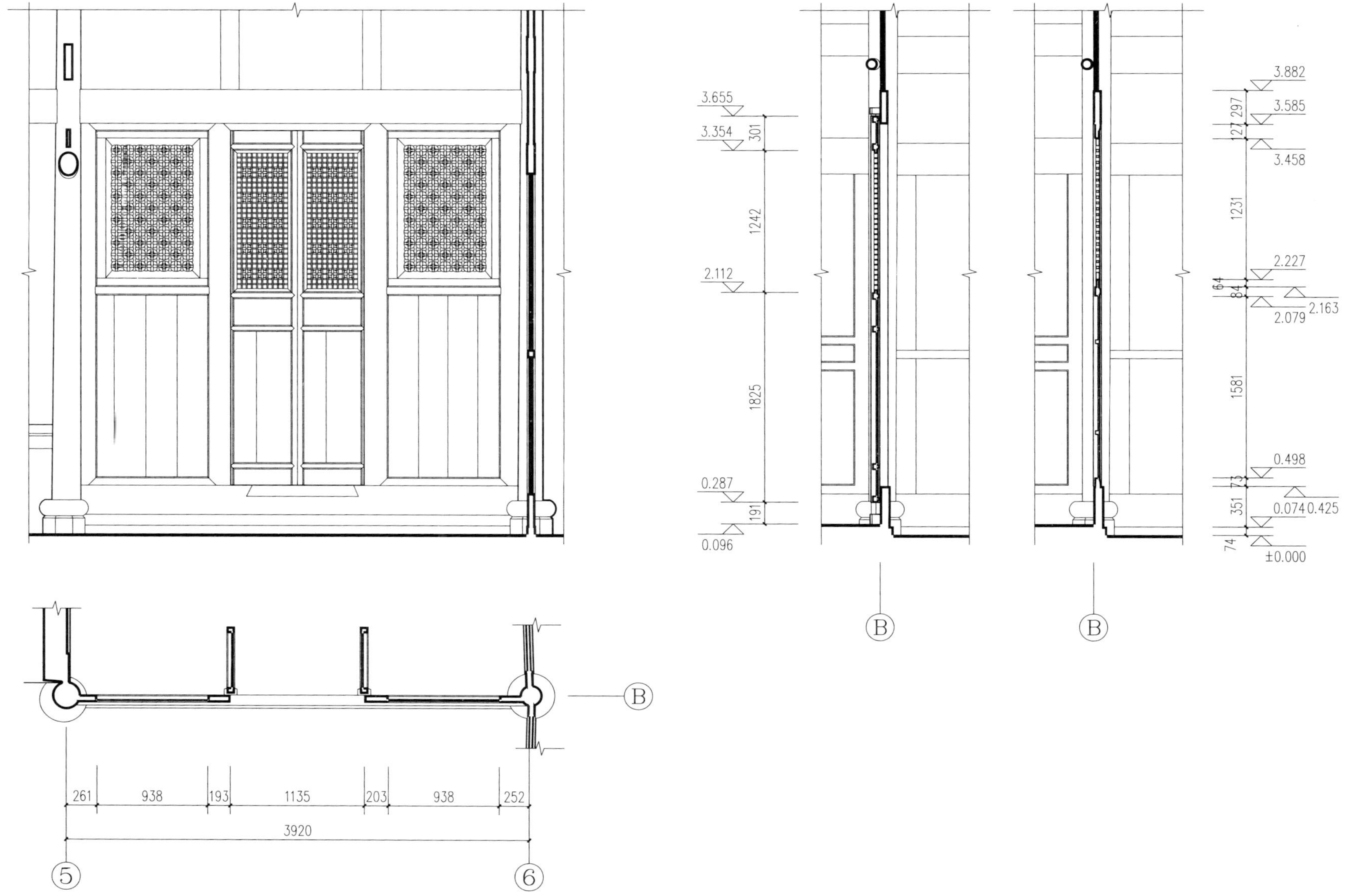
3.655
3.354
301
1242
2.112
1825
0.287
191
0.096
3.882
3.585
297
127
3.458
1231
2.227
64
84
2.163
2.079
1581
0.498
73
351
0.074
0.425
74
±0.000
B
B
B
261
938
193
1135
203
938
252
3920
5
6

图 27　正殿门窗大样图

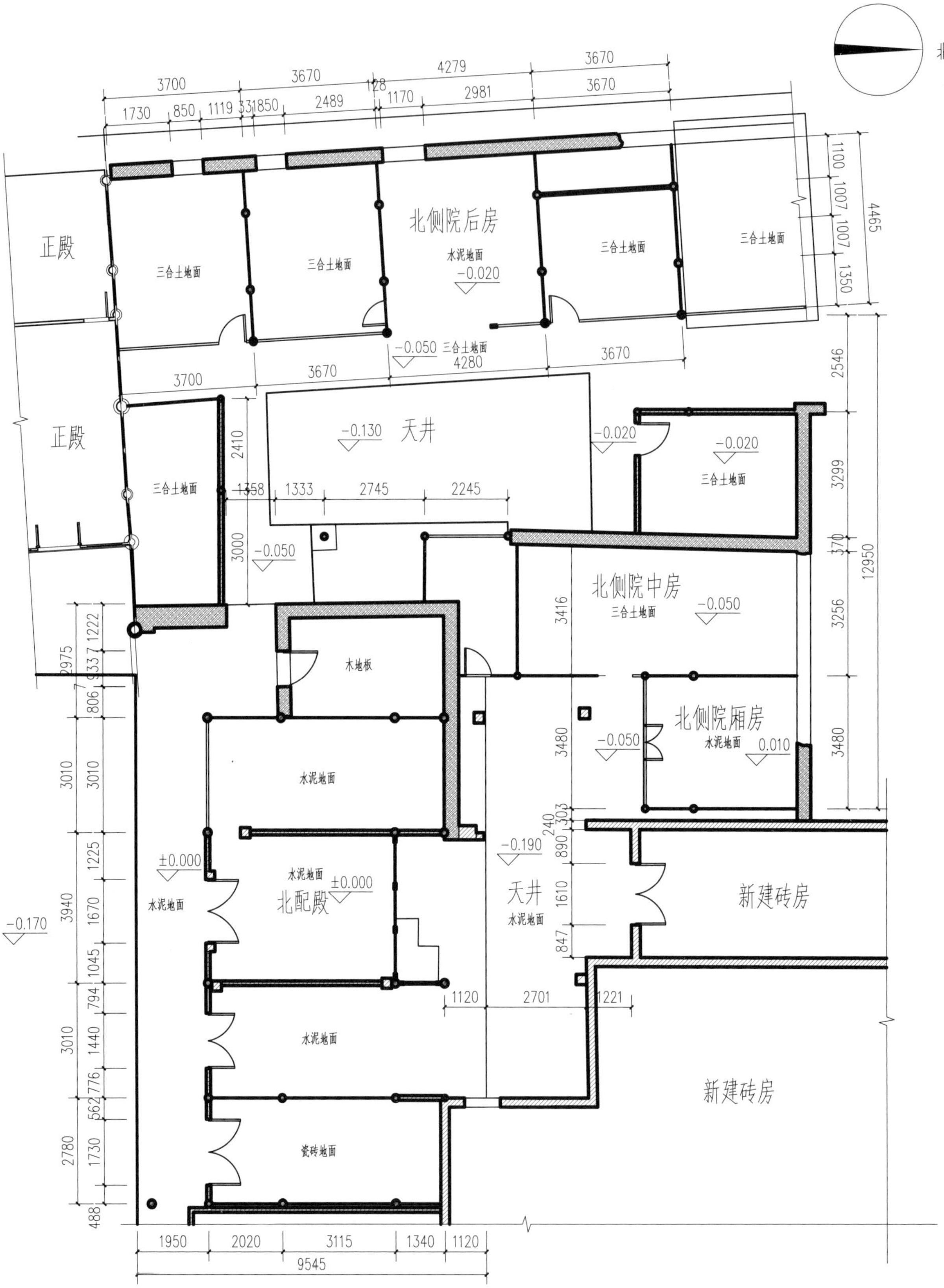

图 28　北侧院总平面图

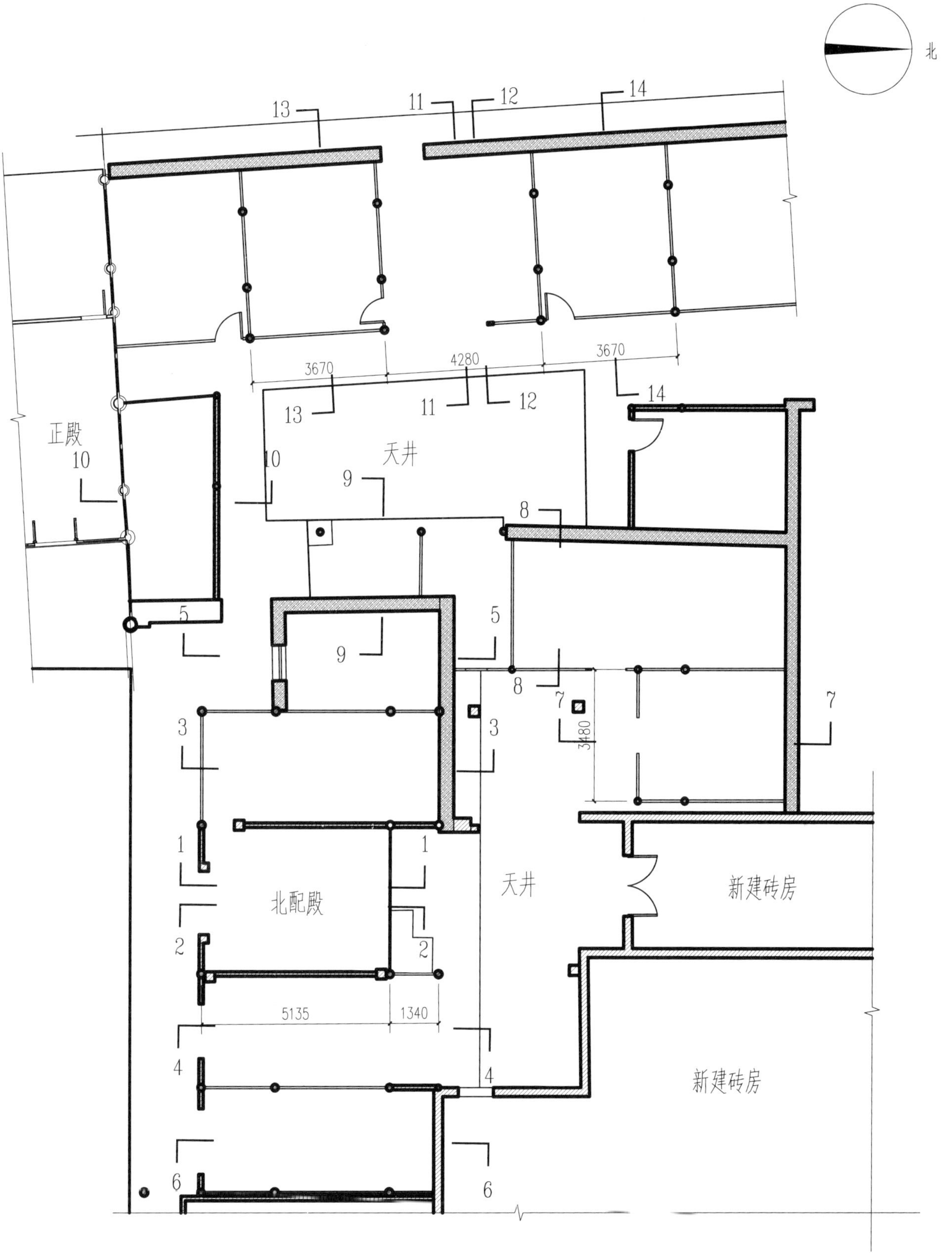

图 29　北侧院剖切示意图

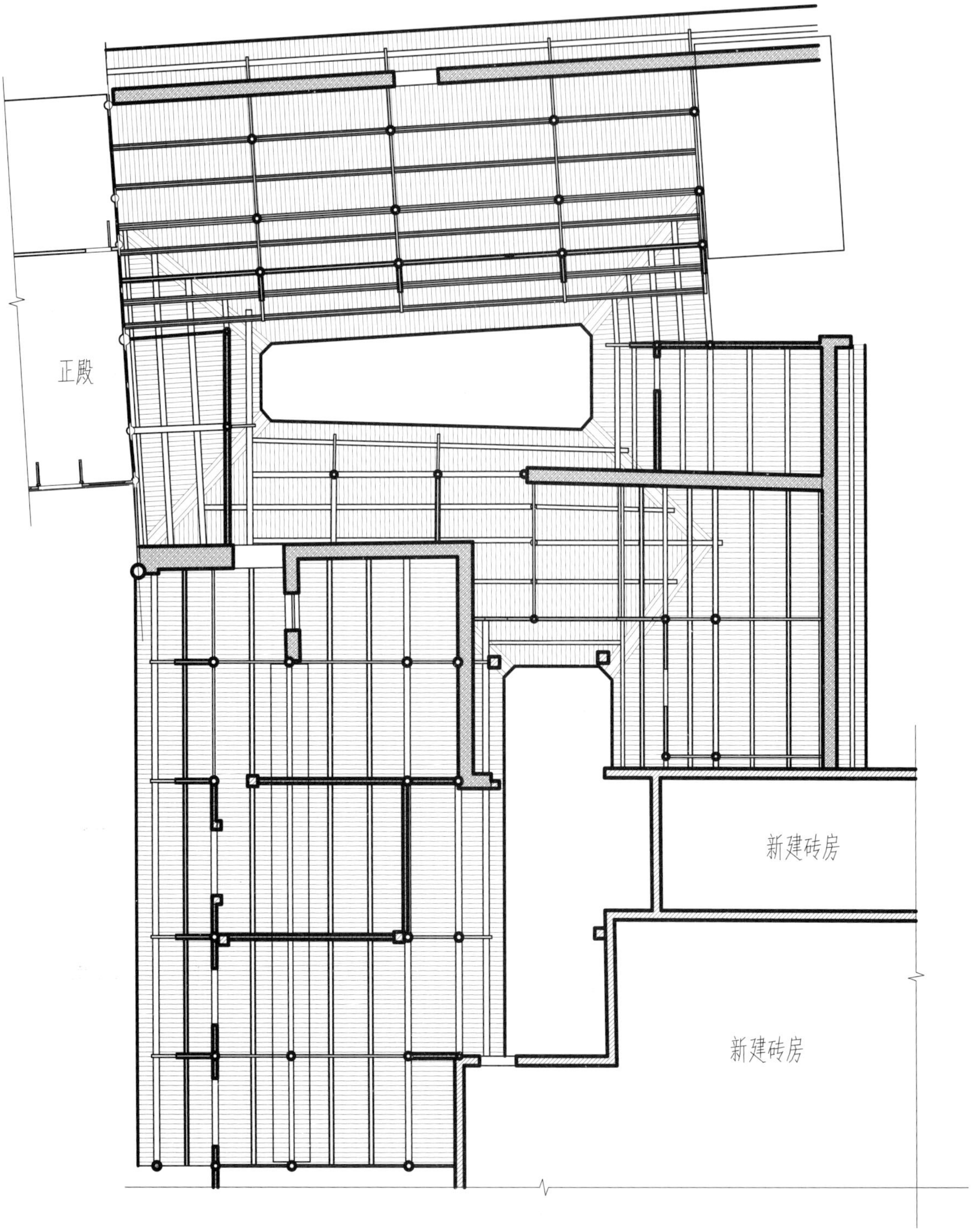

图 30　北侧院仰视图

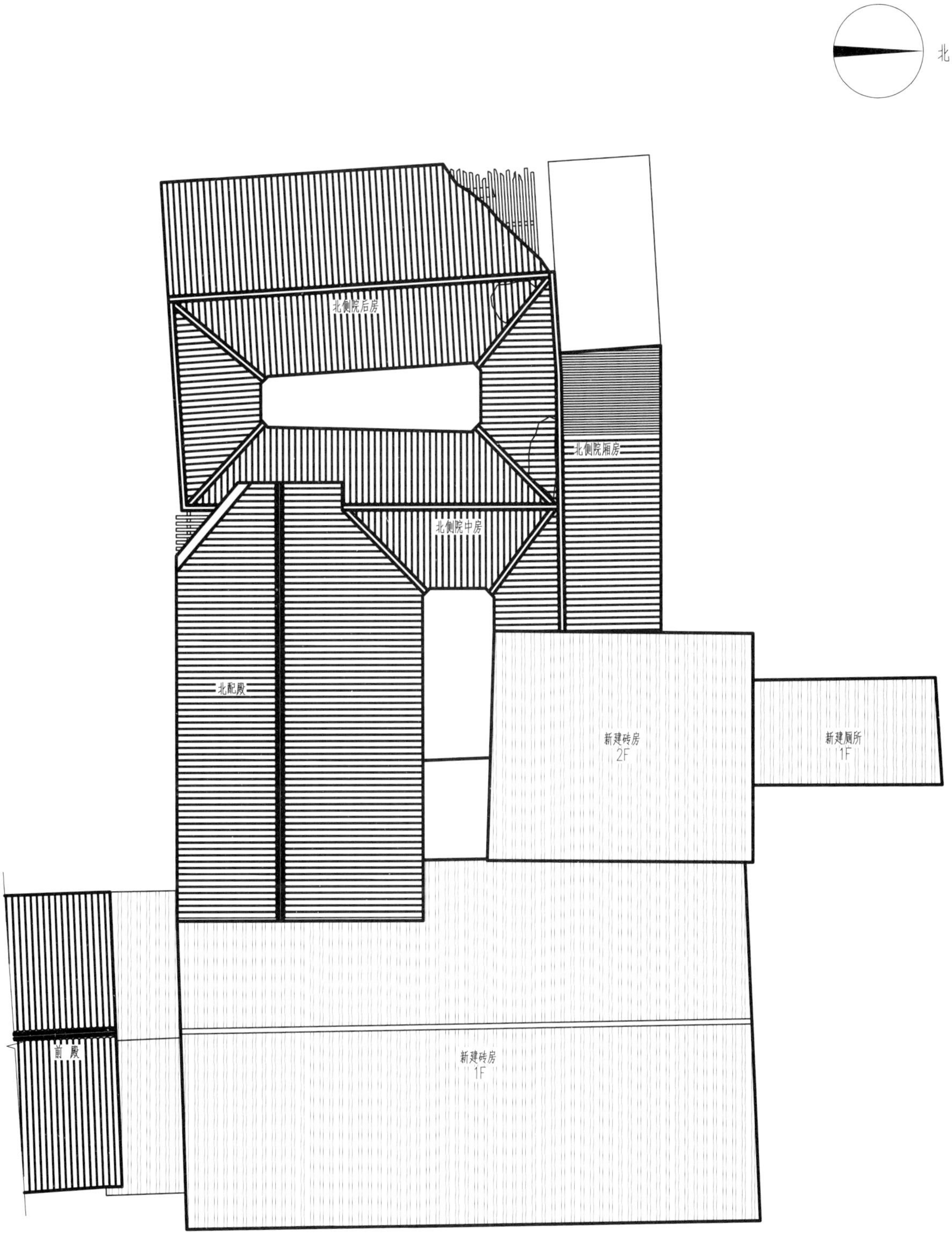
北
北侧院后房
北侧院厢房
北侧院中房
北配殿
新建砖房
2F
新建厕所
1F
前 殿
新建砖房
1F

图 31　北侧院俯视图

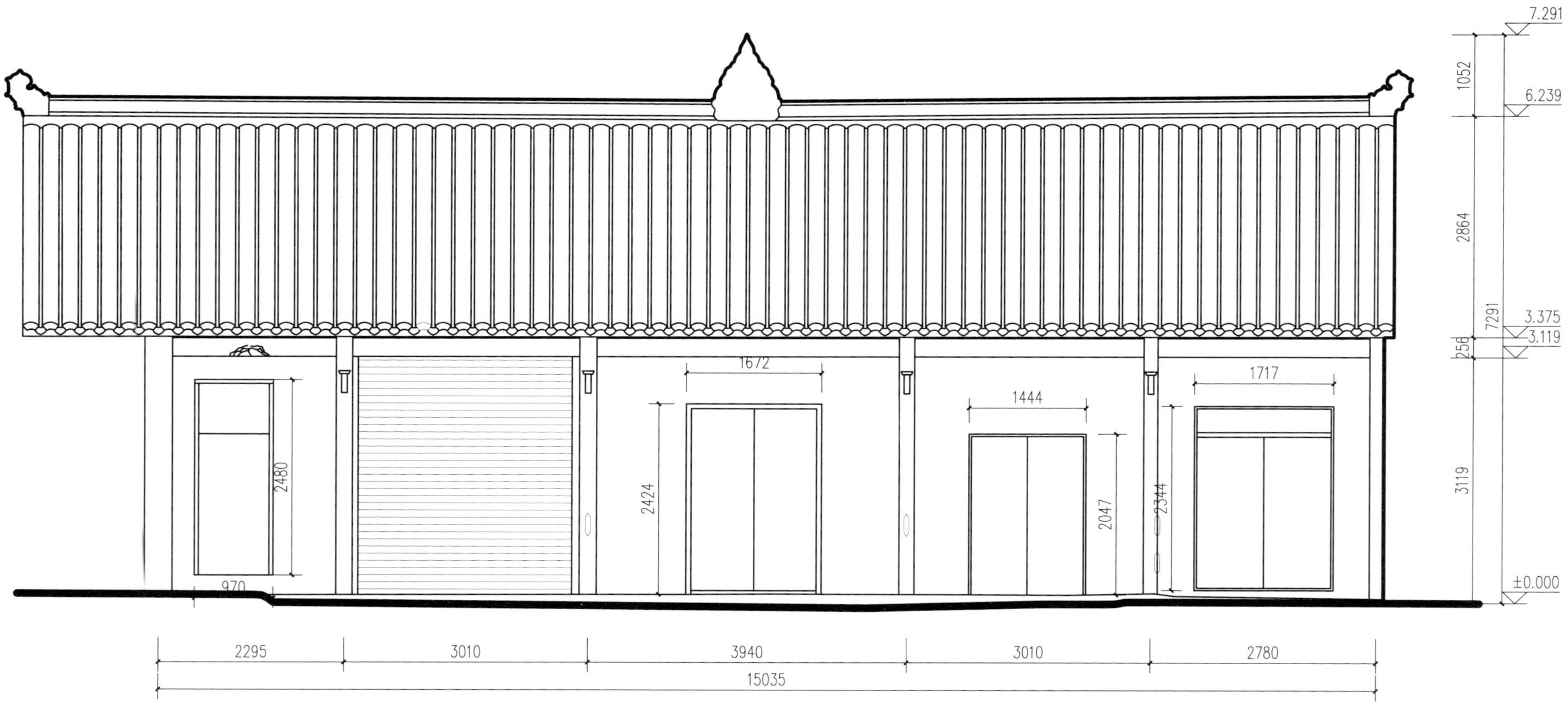

图 32　北侧院北配殿正立面图

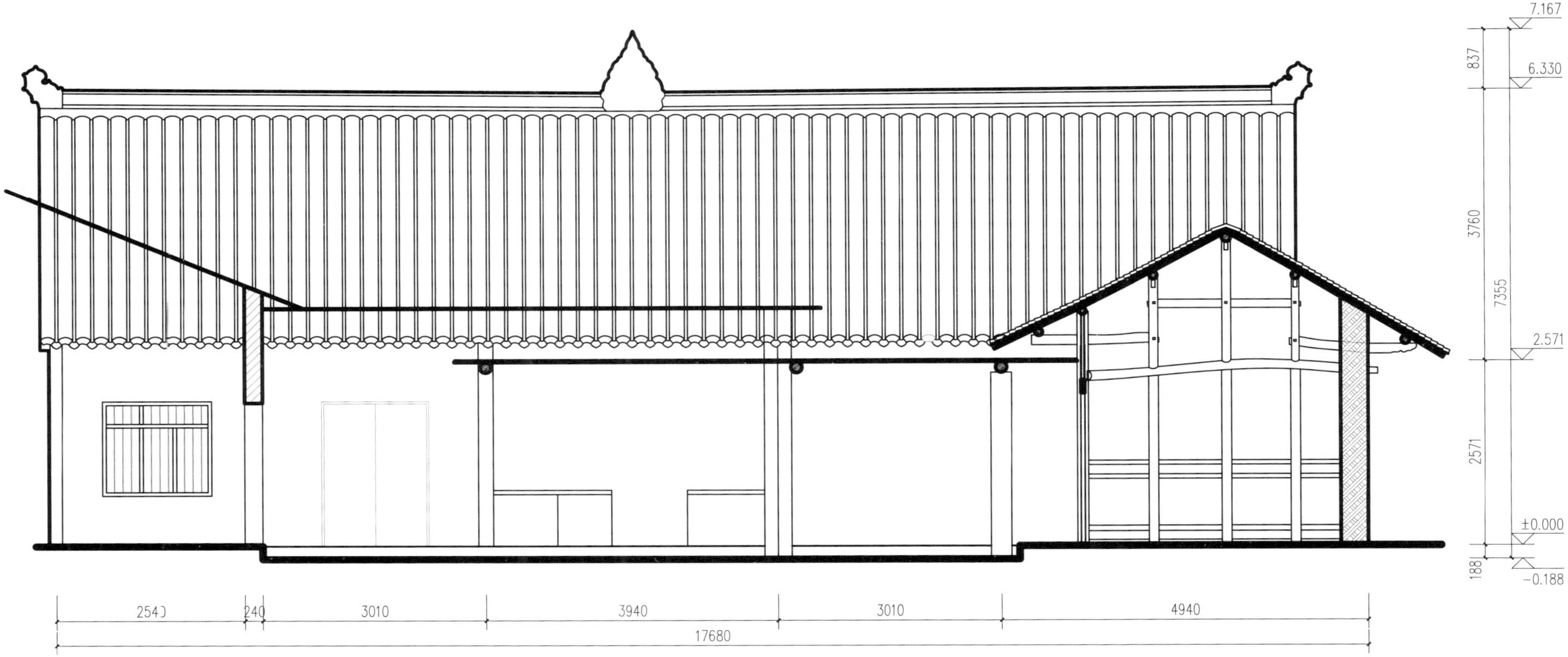

图 33　北侧院北配殿背立面图

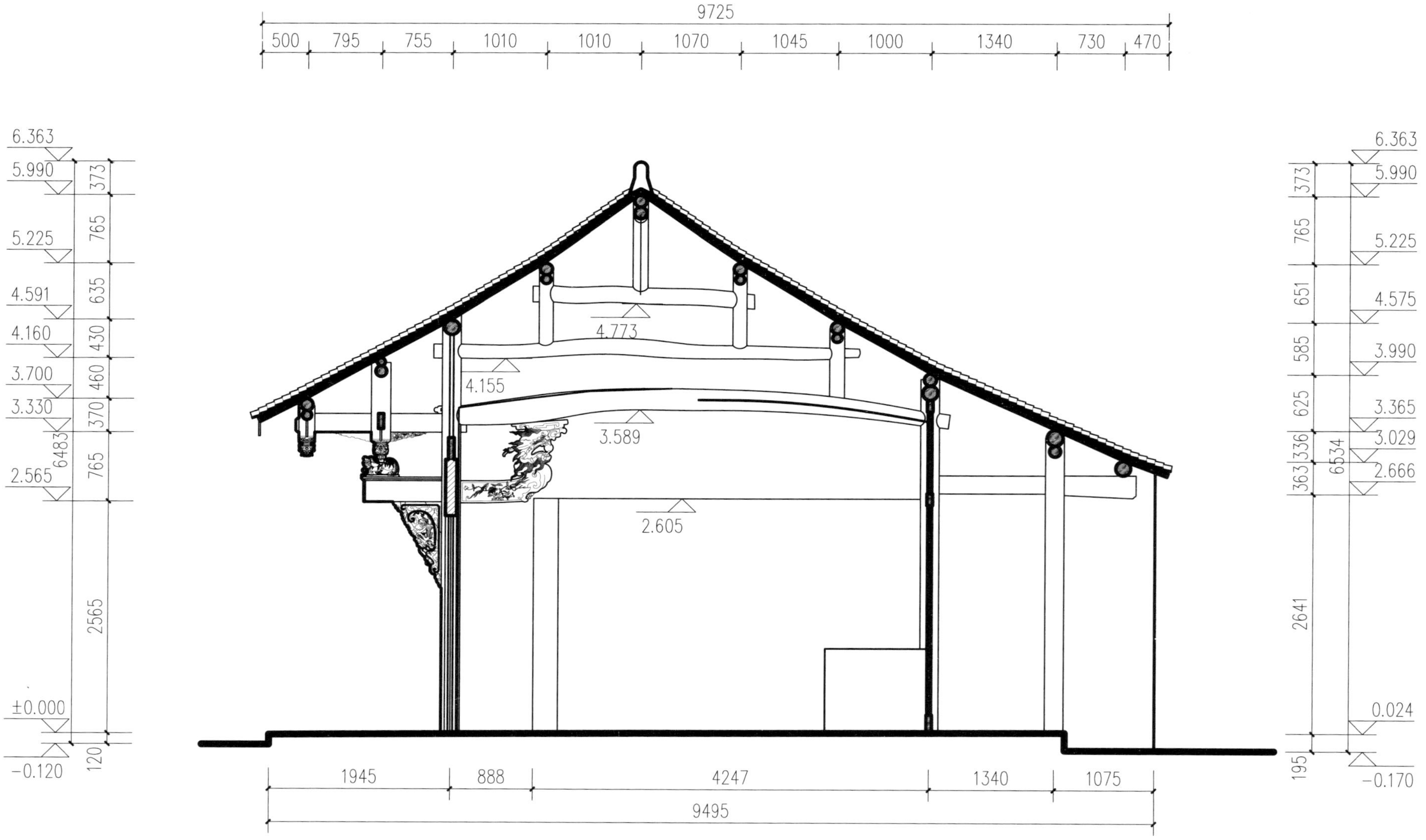

图 34　北侧院北配殿 1-1 剖面图

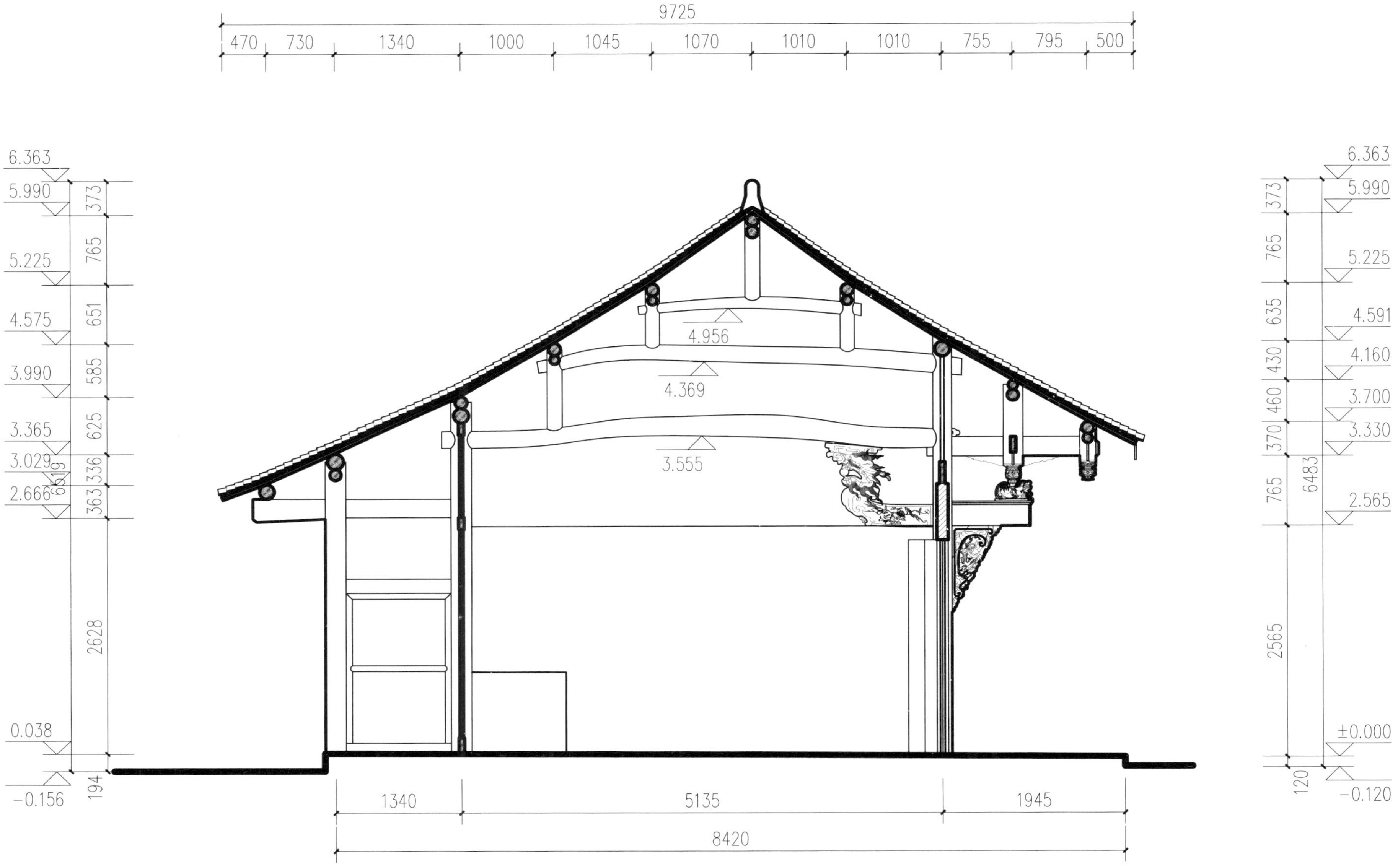

图 35　北侧院北配殿 2-2 剖面图

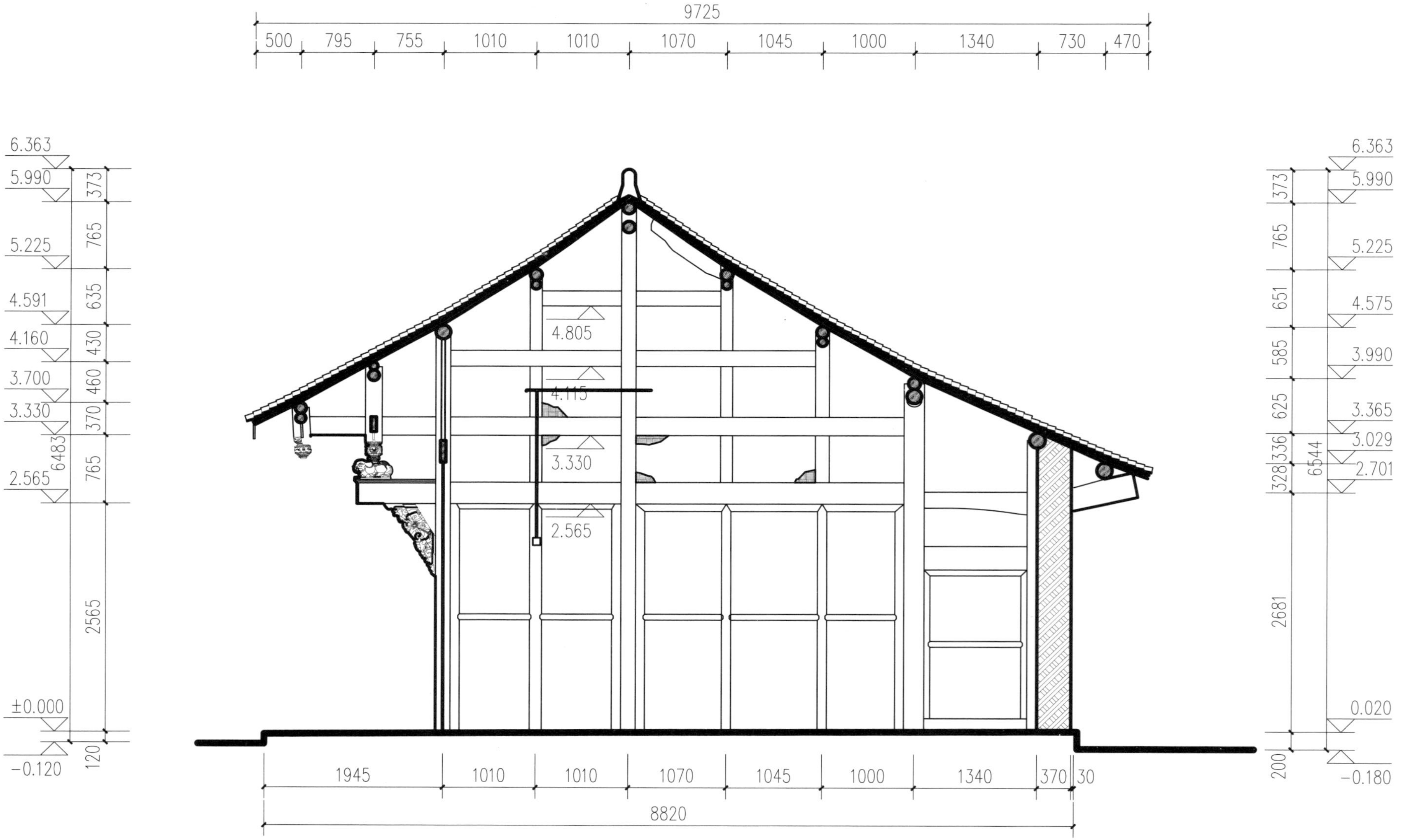

图 36　北侧院北配殿 3-3 剖面图

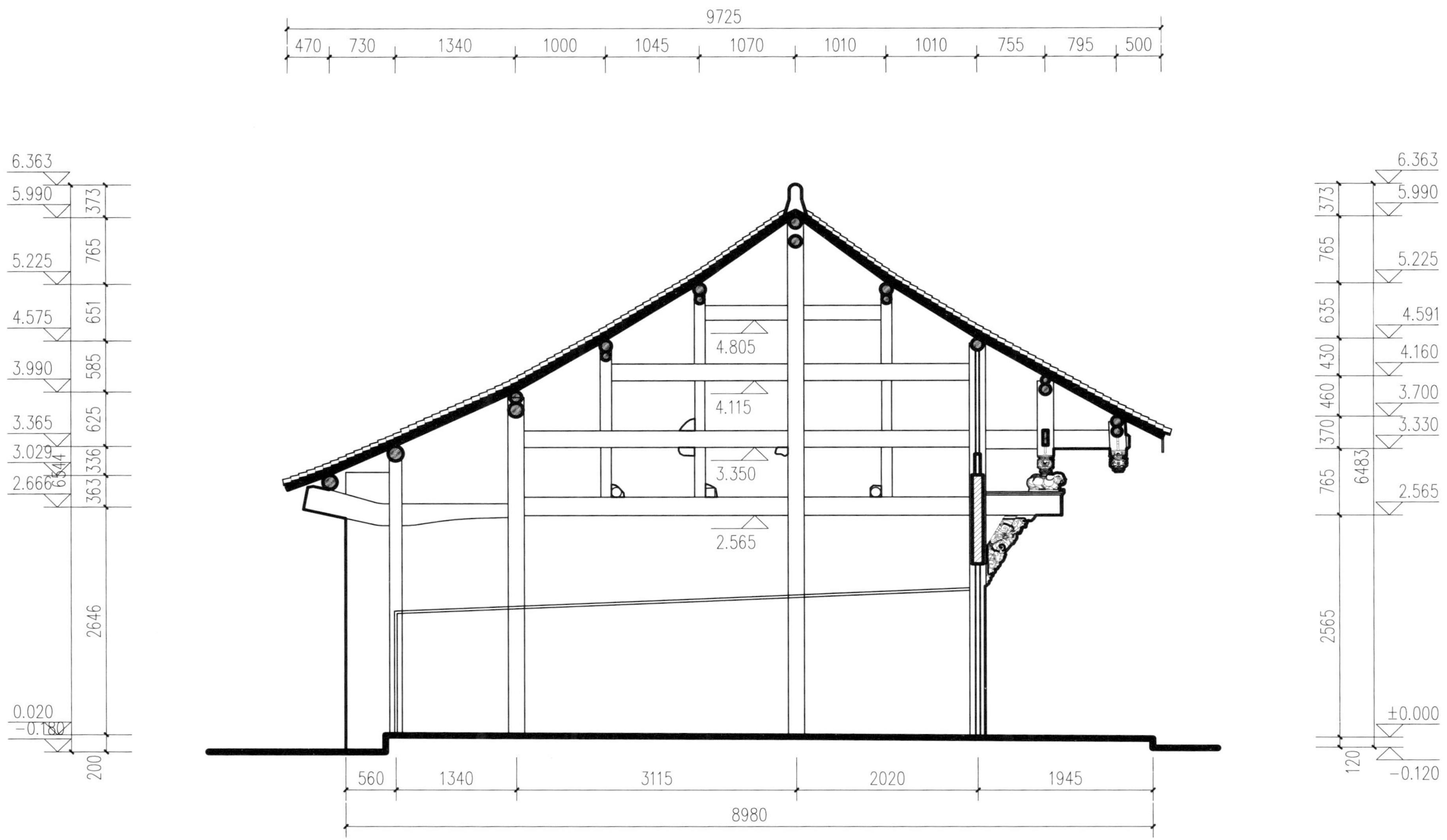

图 37　北侧院北配殿 4-4 剖面图

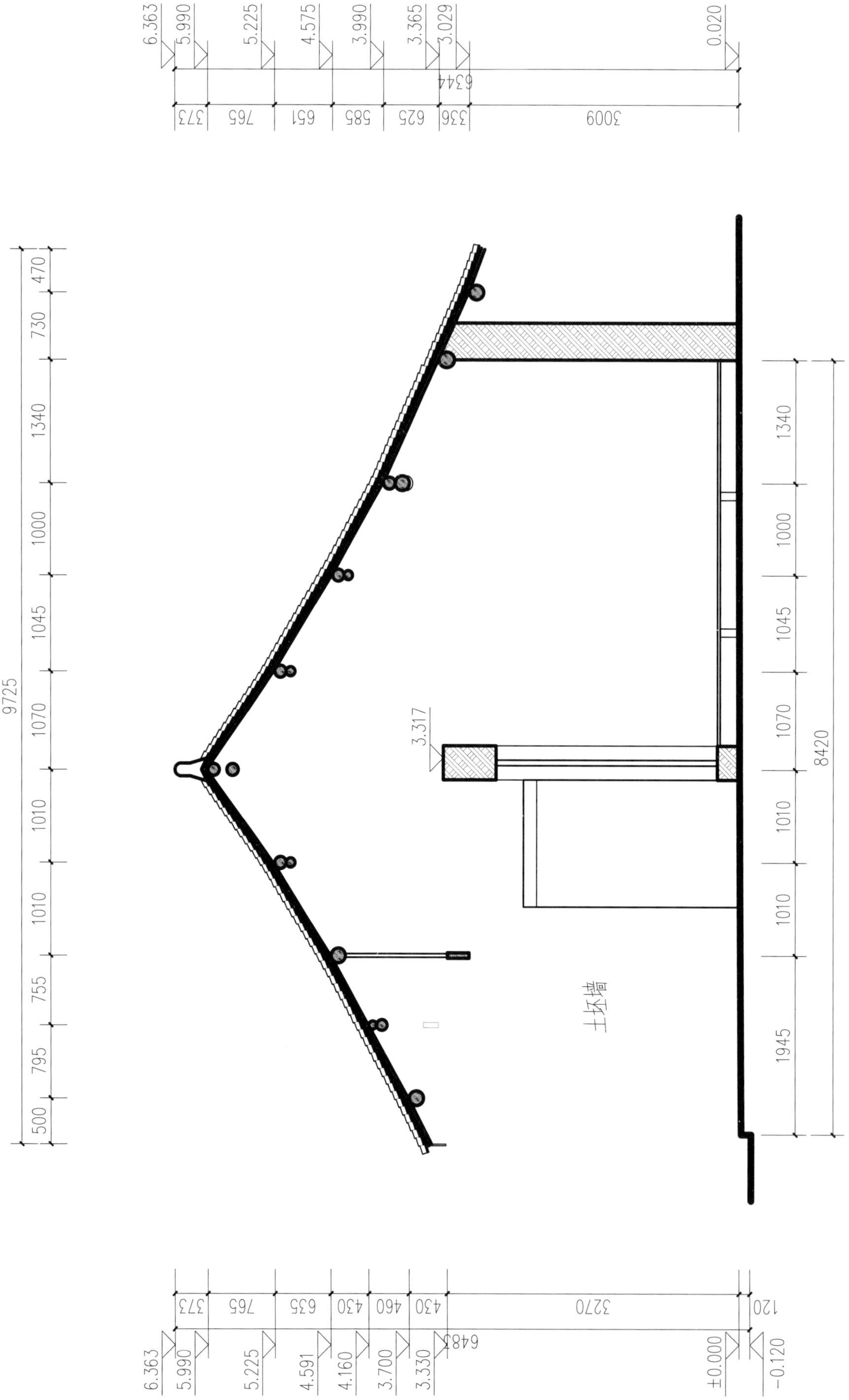

图 38 北侧院北配殿 5-5 剖面图

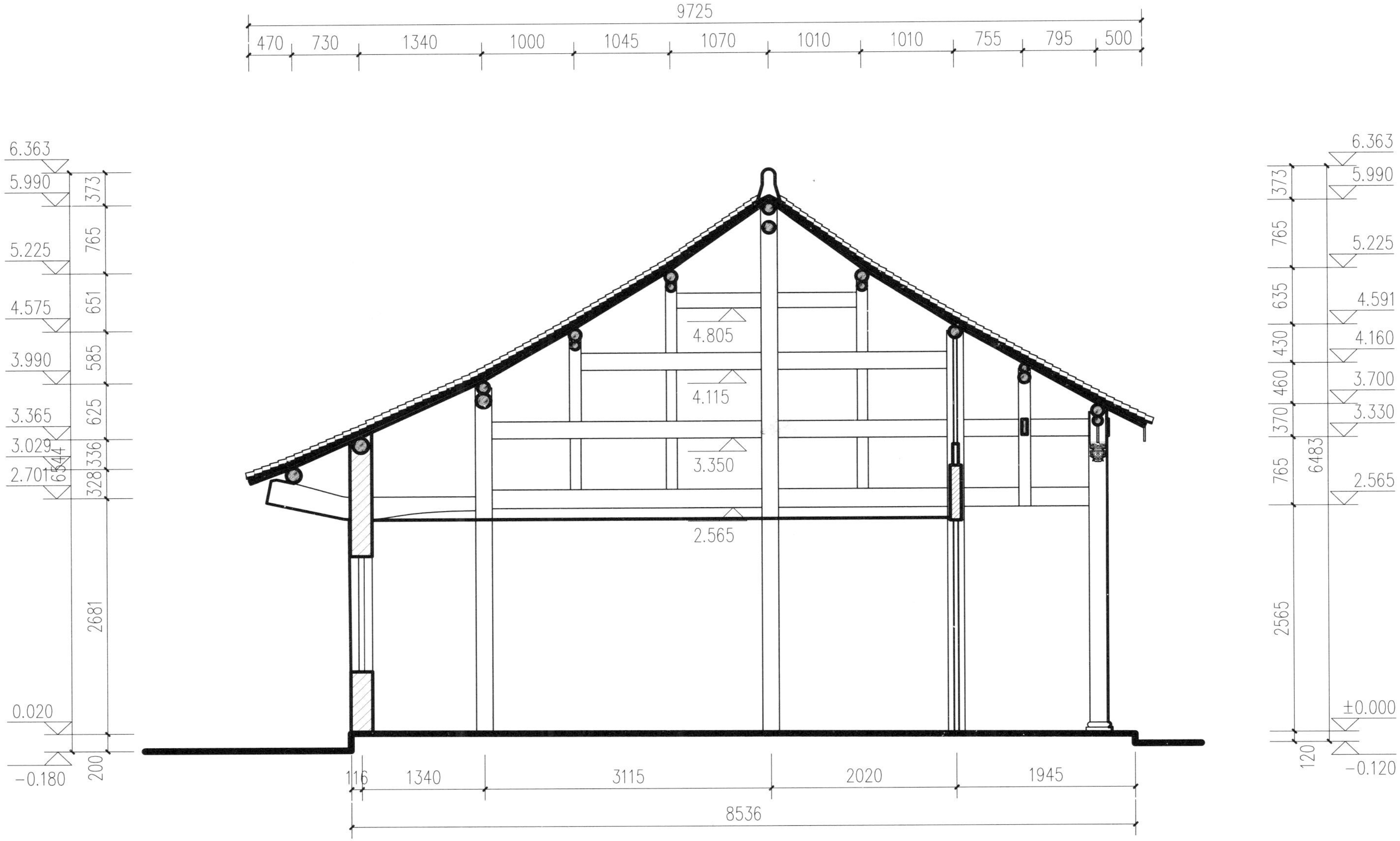

图 39　北侧院北配殿 6-6 剖面图

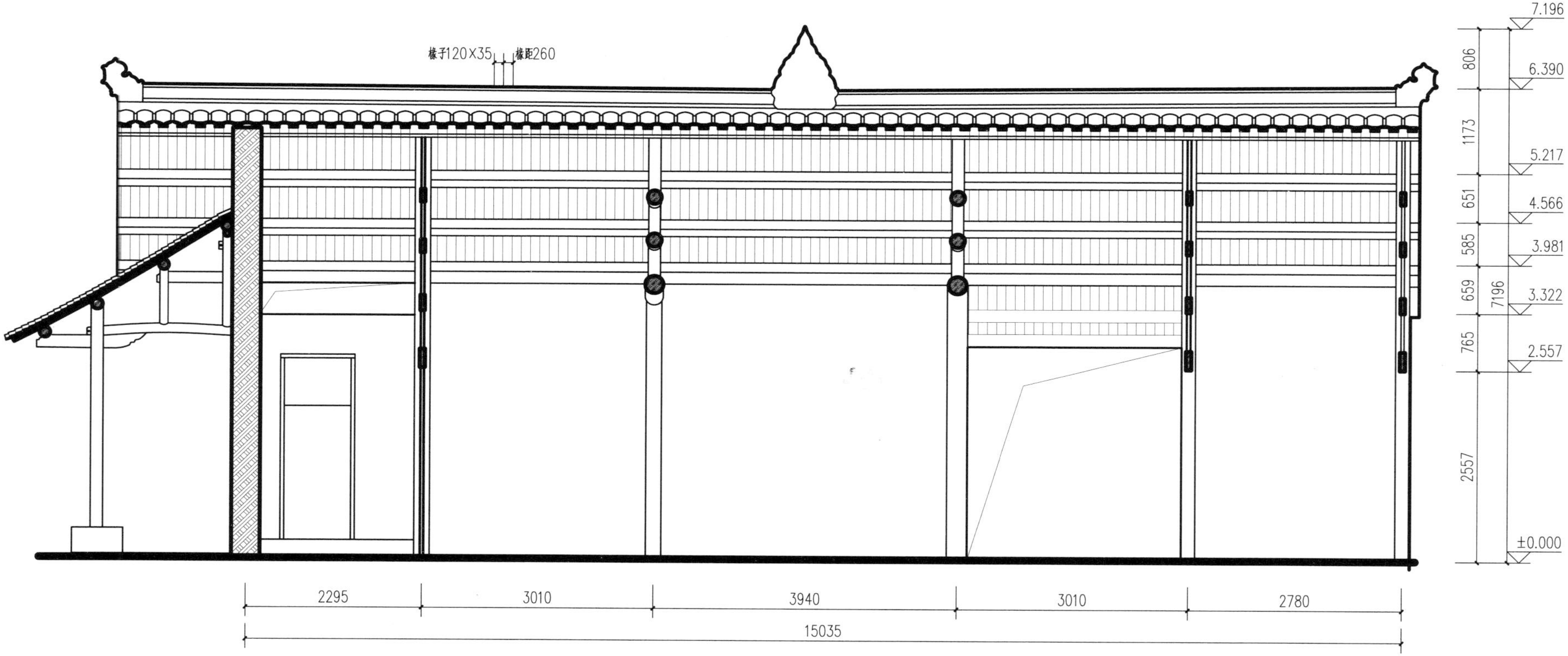

图 40　北侧院北配殿纵剖面图

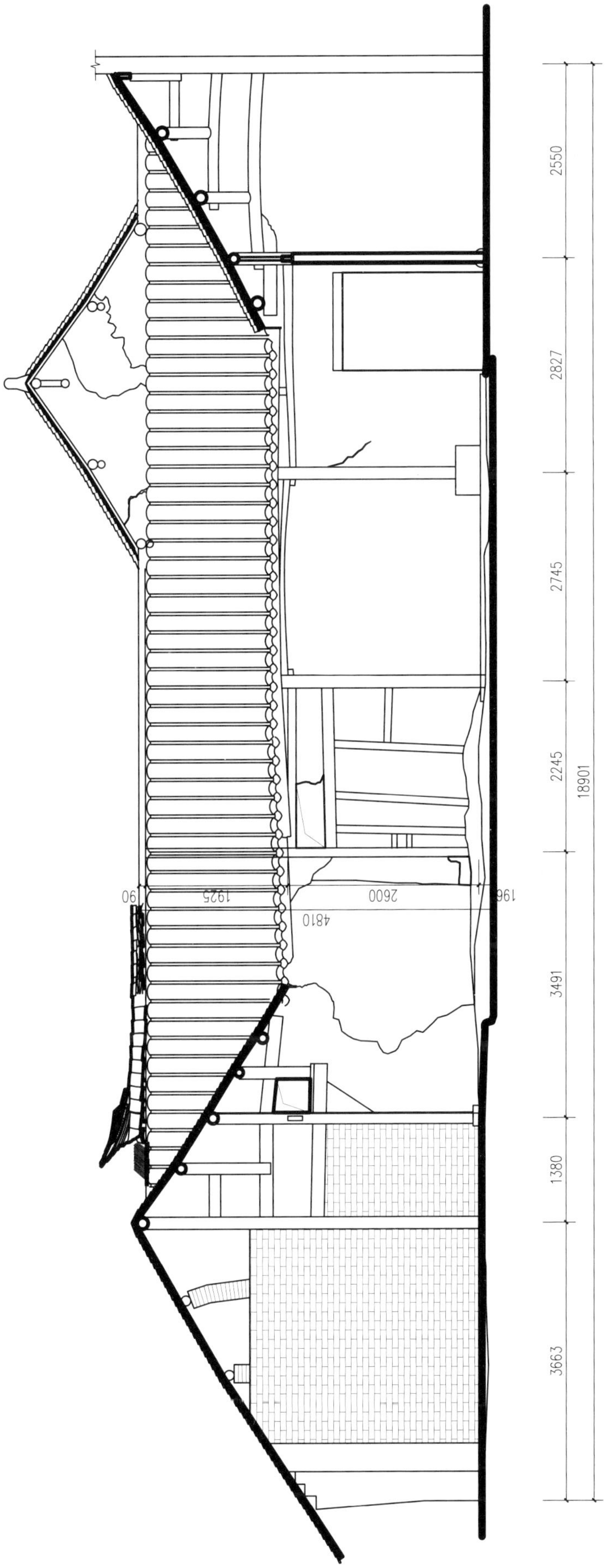

图 41　北侧院后房天井东立面图

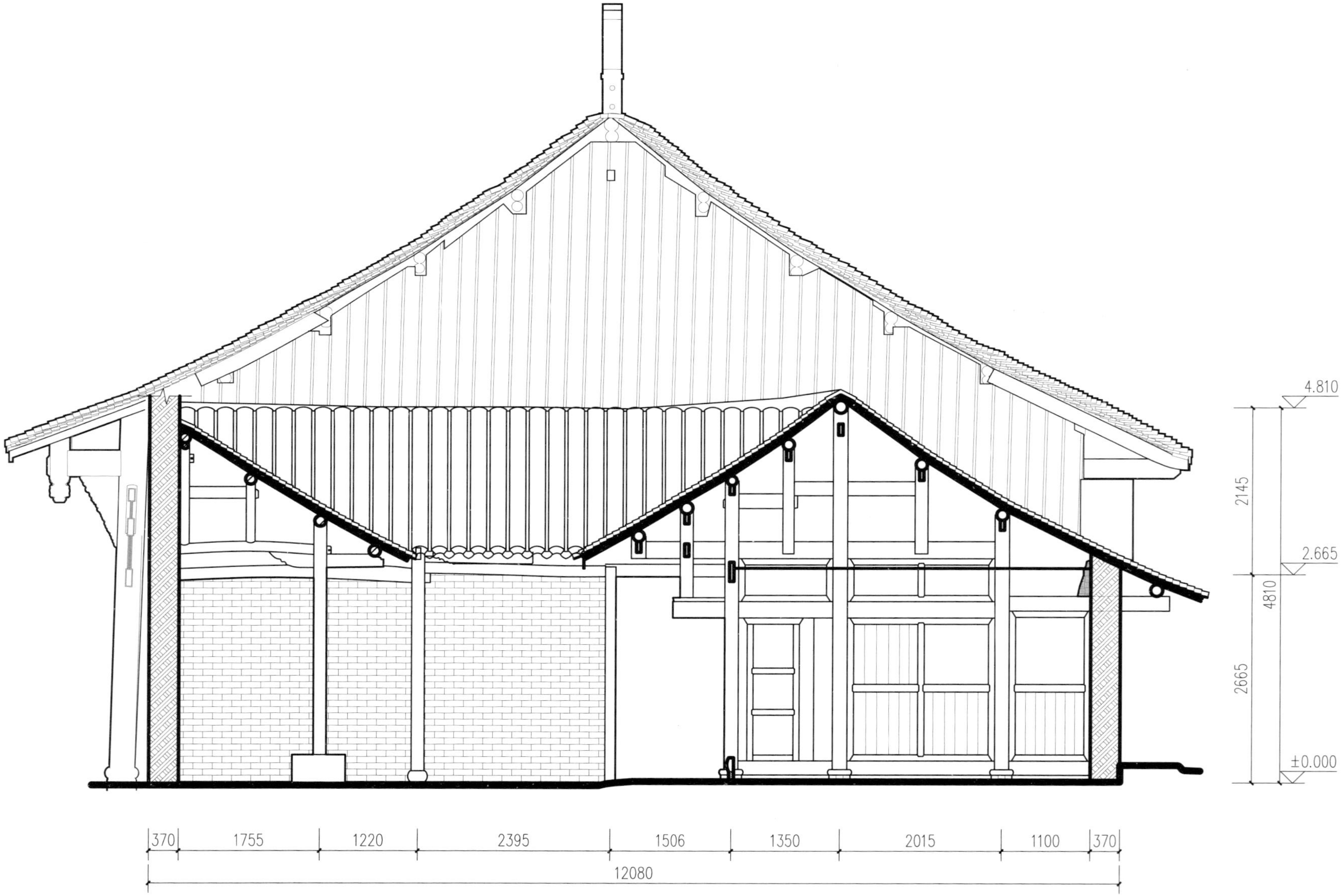

图 42　北侧院后房天井南立面图

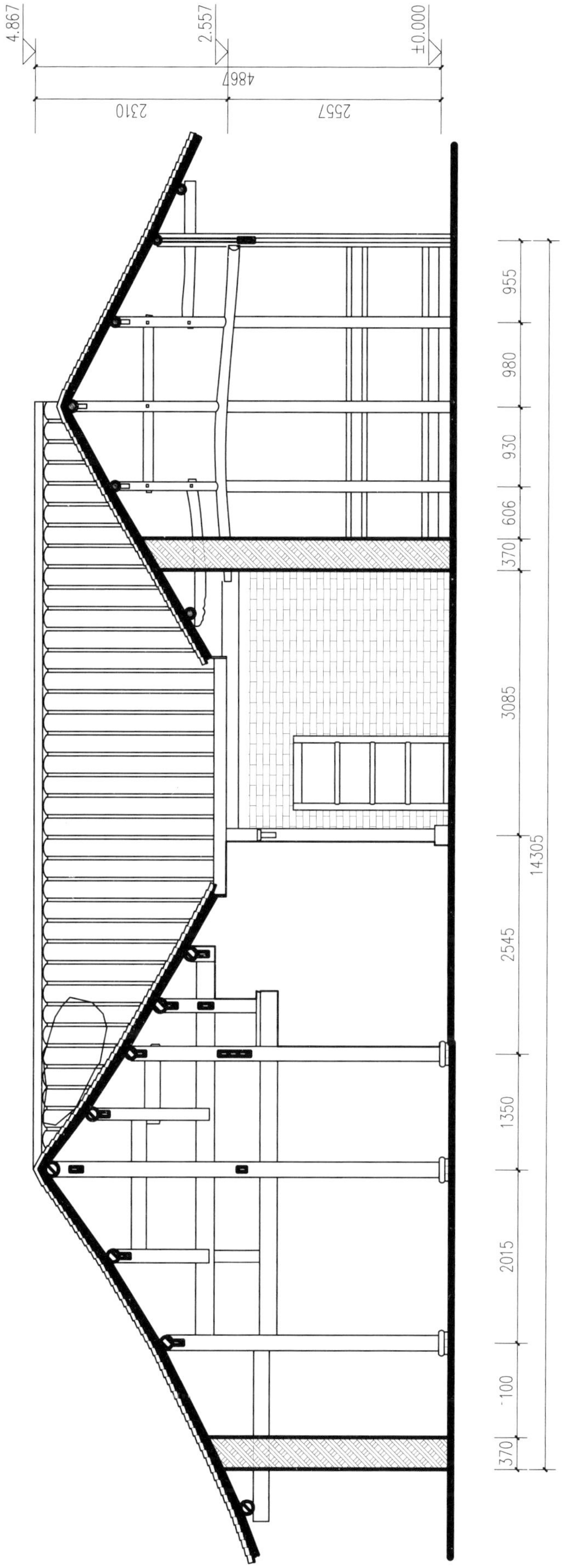

图 43 北侧院后房天井北立面图

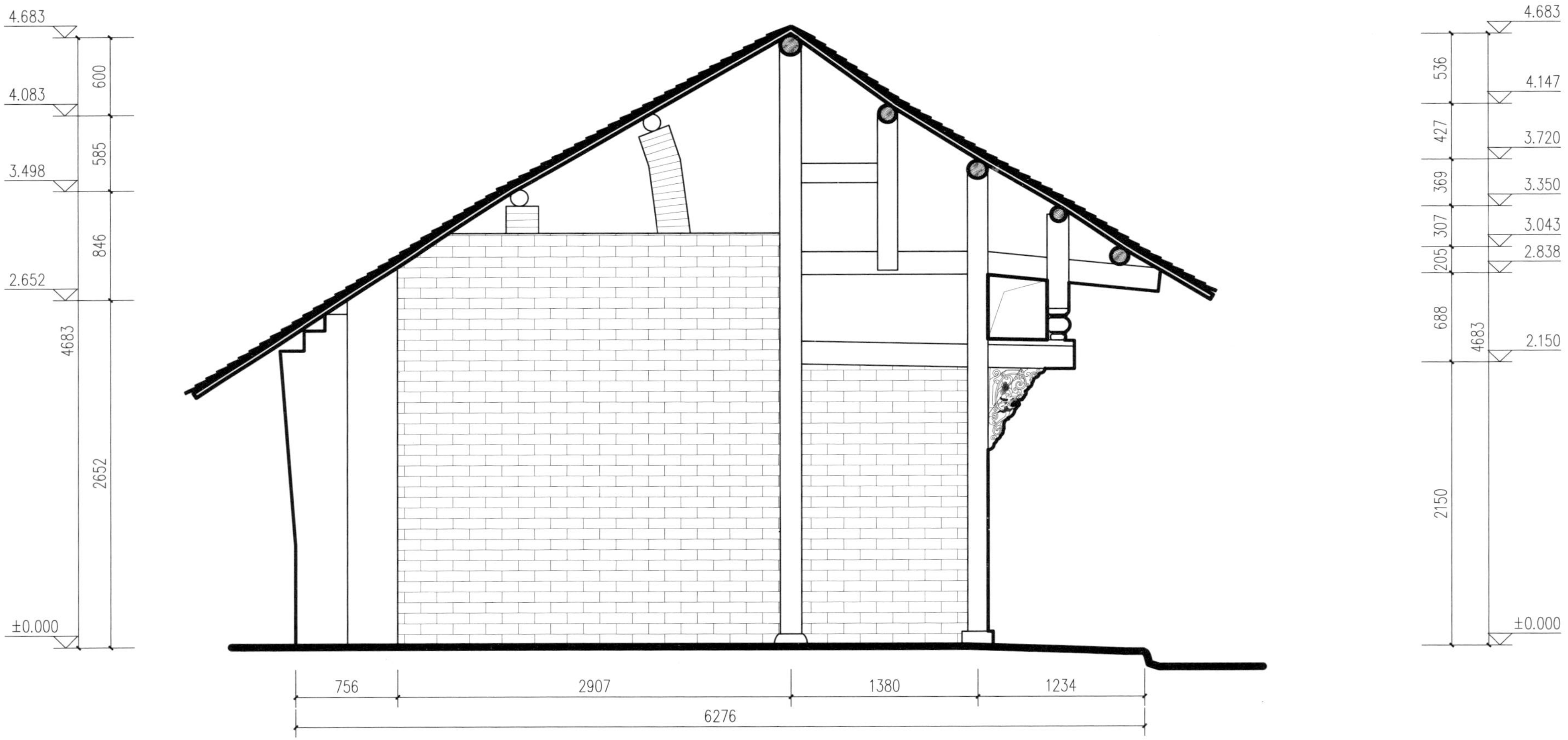

图 44　北侧院厢房西侧立面图

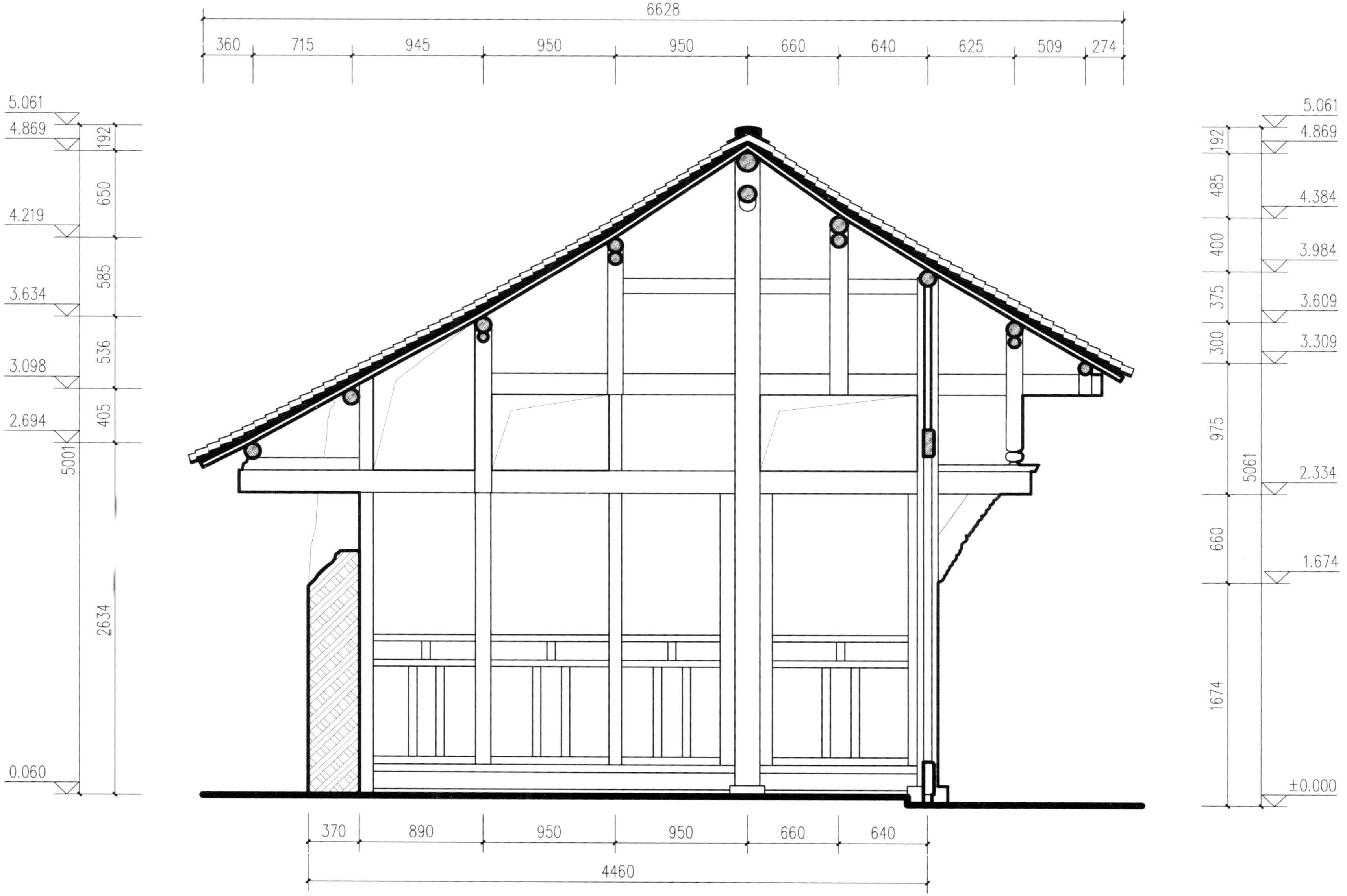

图 45　北侧院厢房 7-7 剖面图

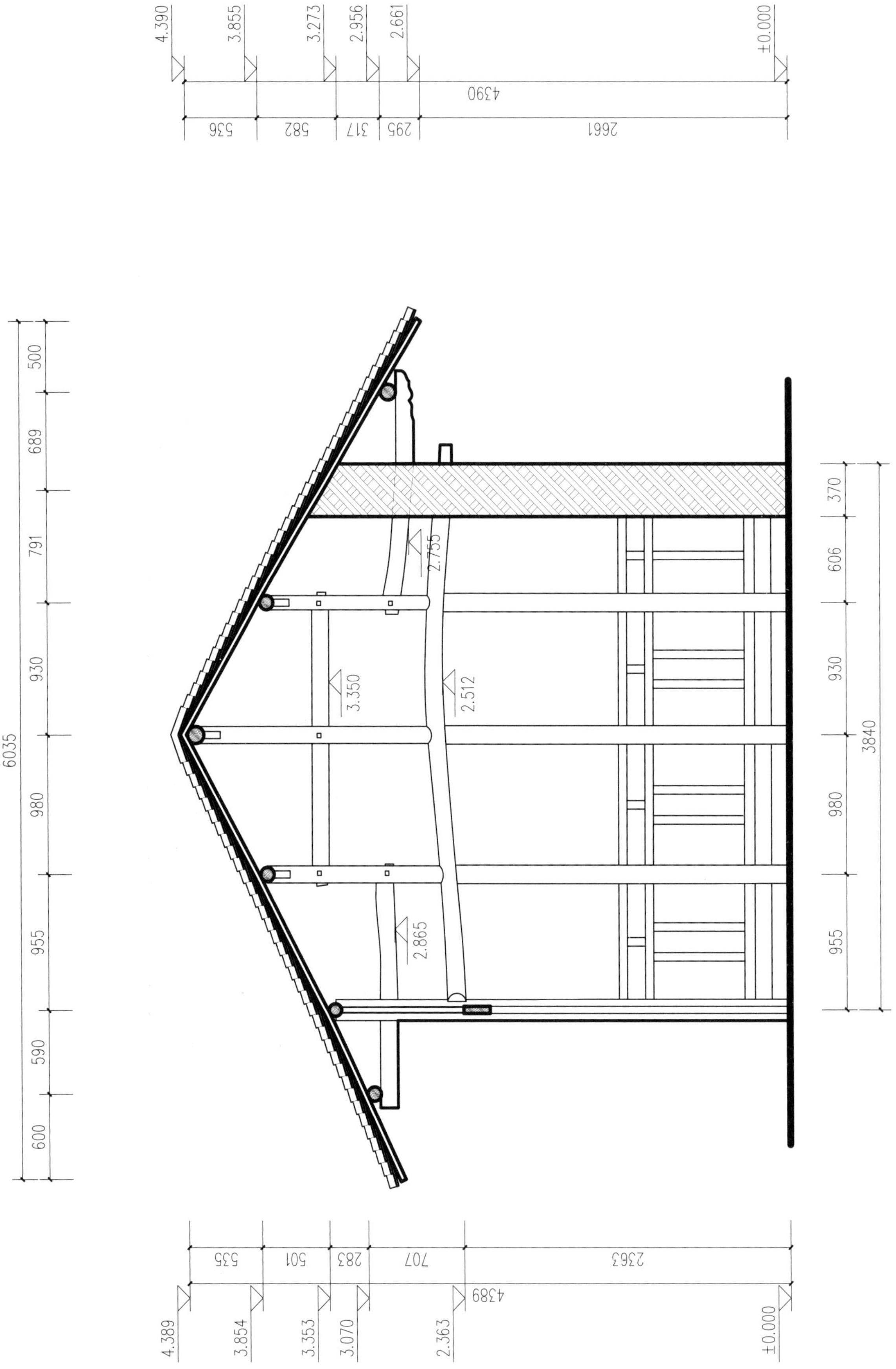

图 46　北侧院中房 8-8 剖面图

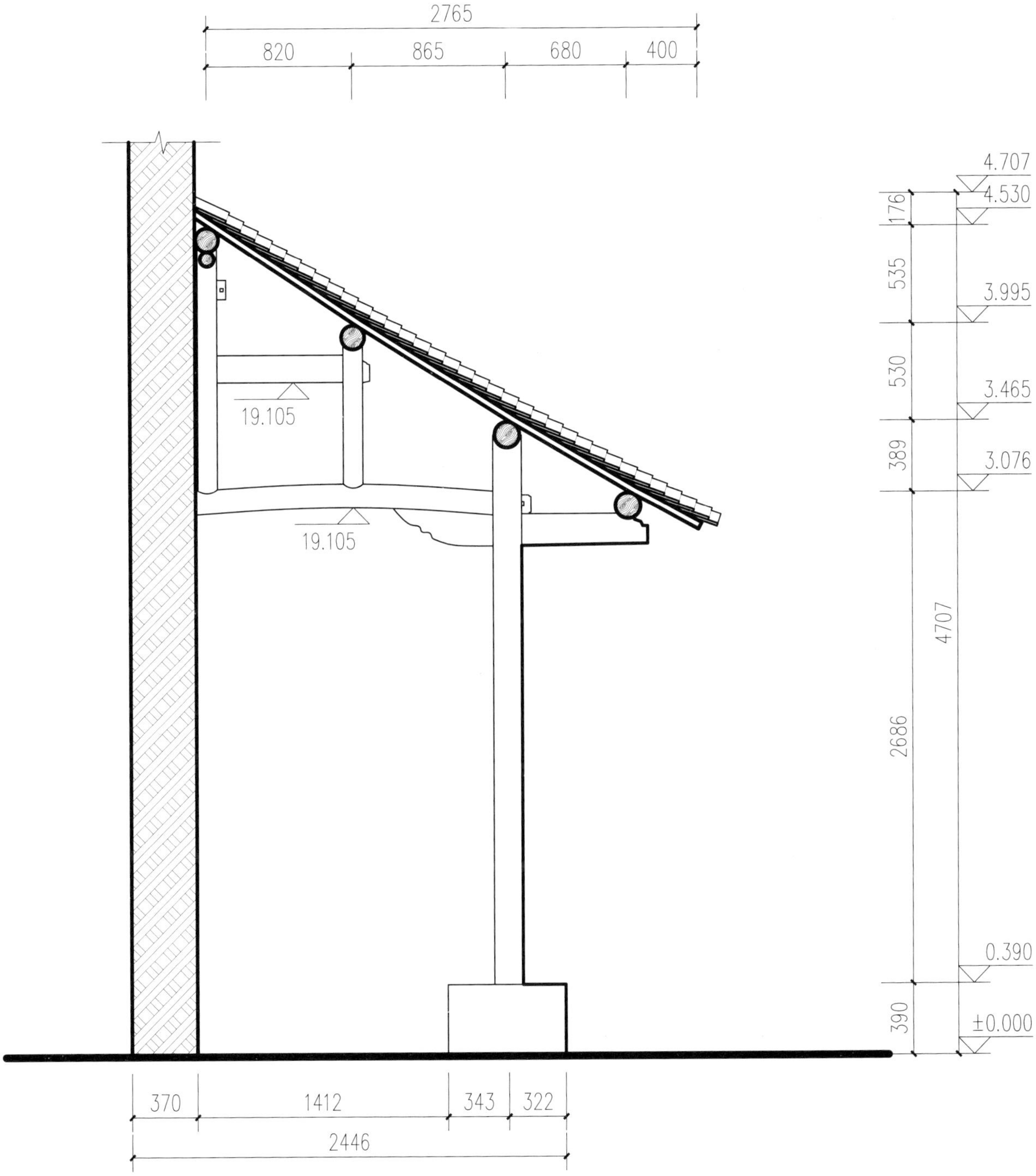

图 47　北侧院中房 9-9 剖面图

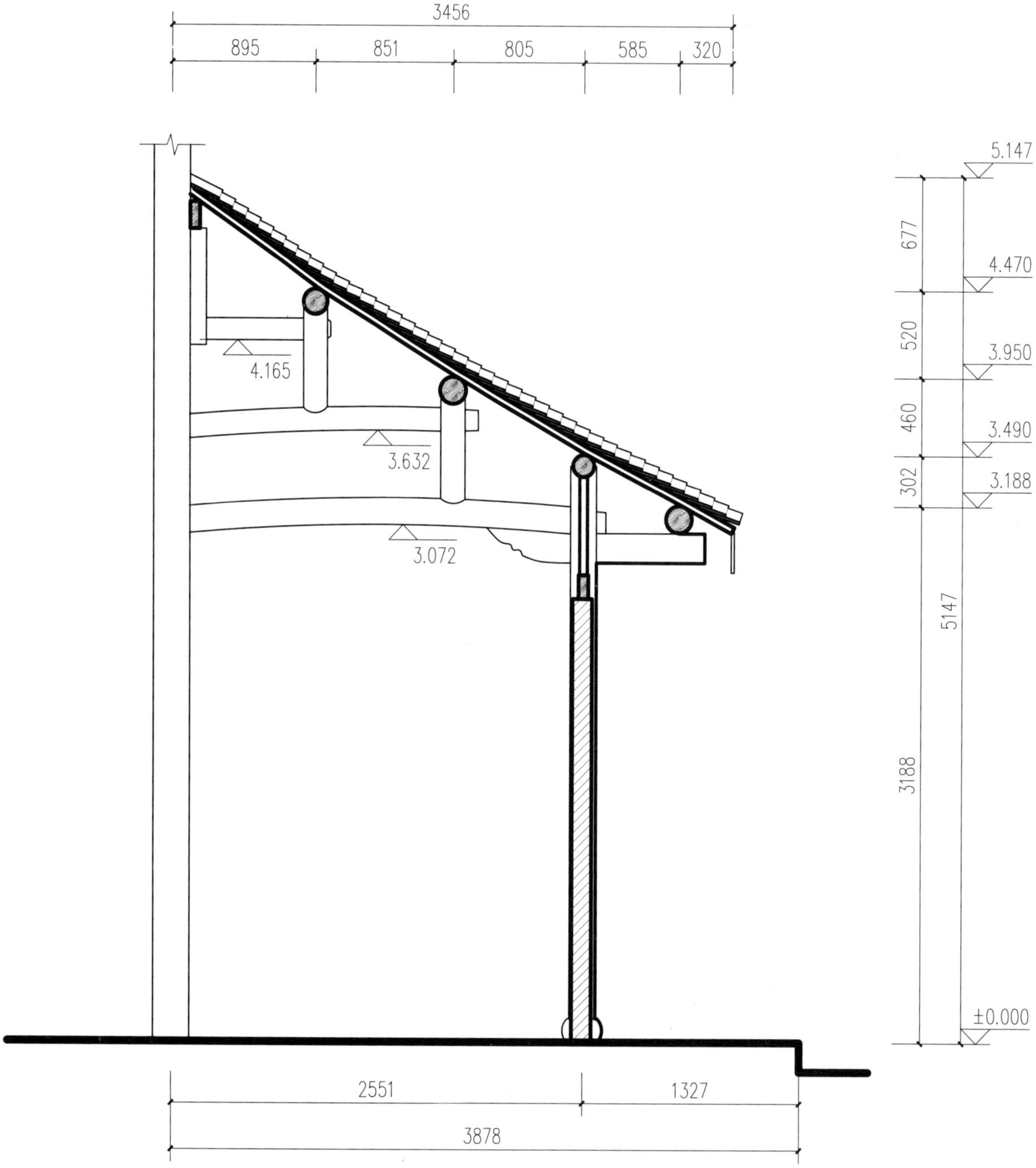

图 48　北侧院左偏房 10-10 剖面图

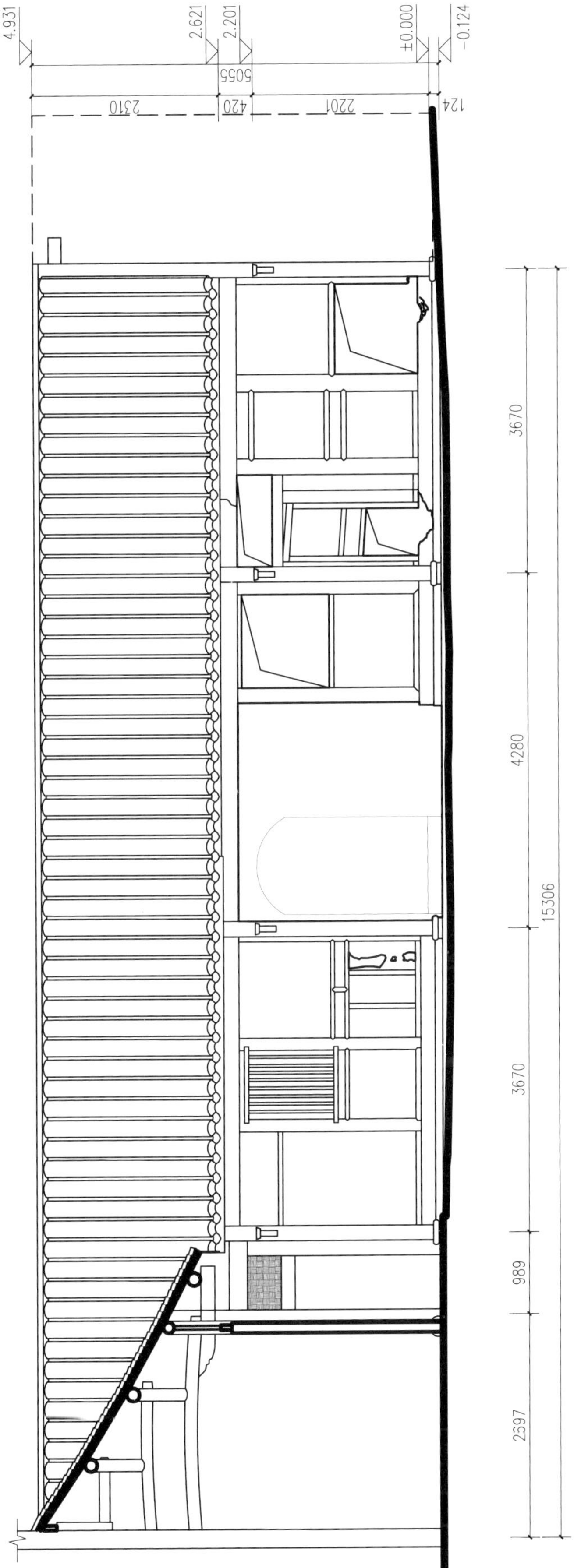

图 49　北侧院后房正立面图

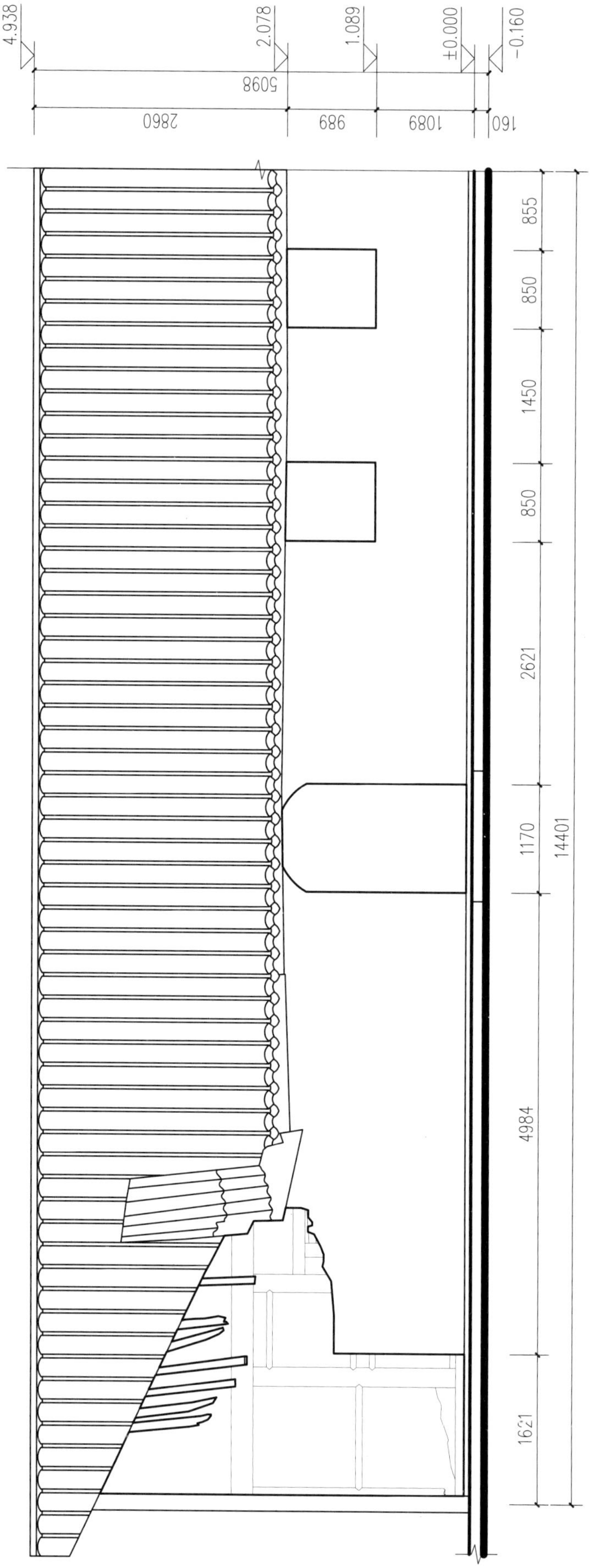

图 50　北侧院后房背立面图

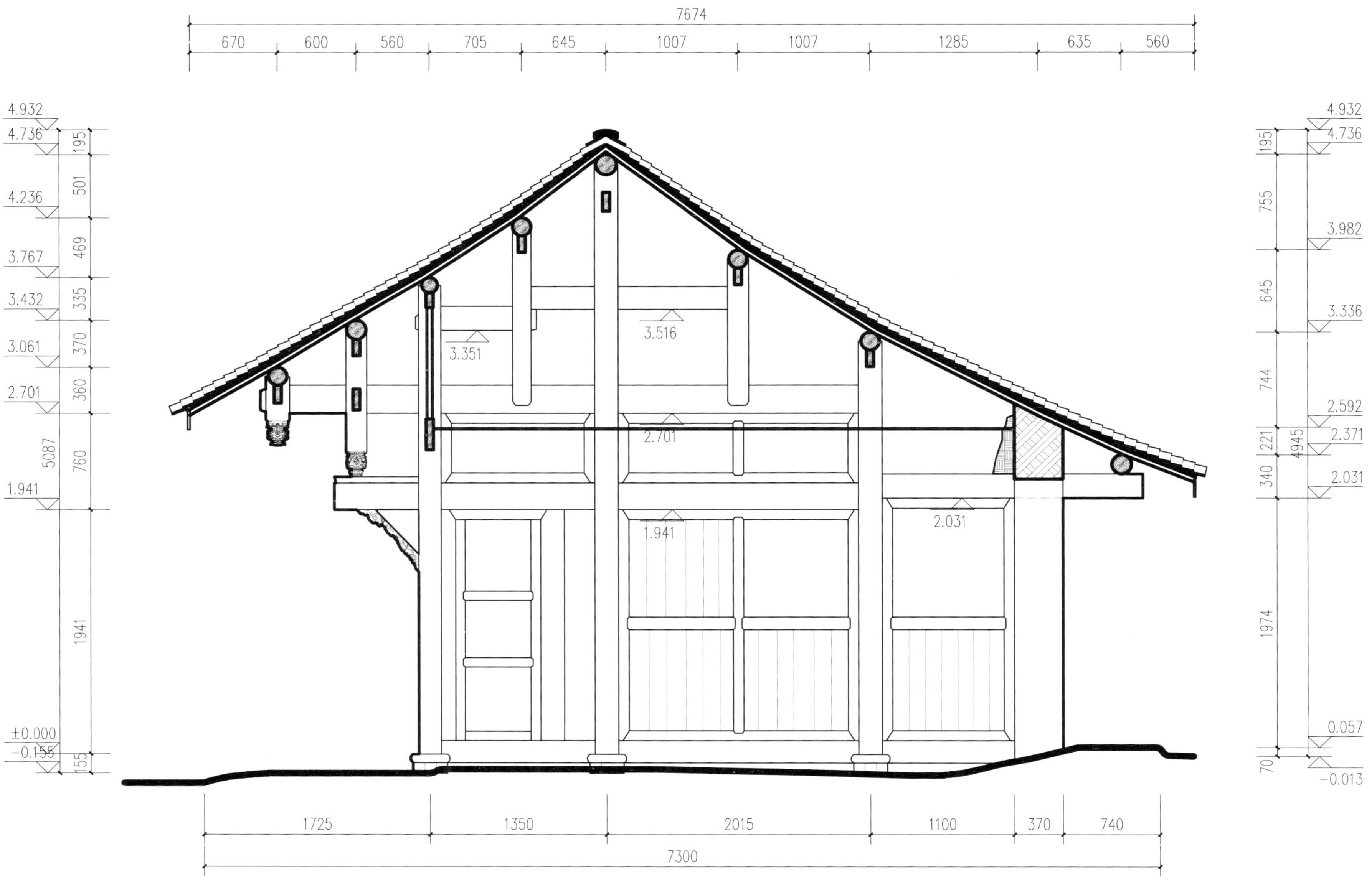

图 51　北侧院后房 11-11 剖面图

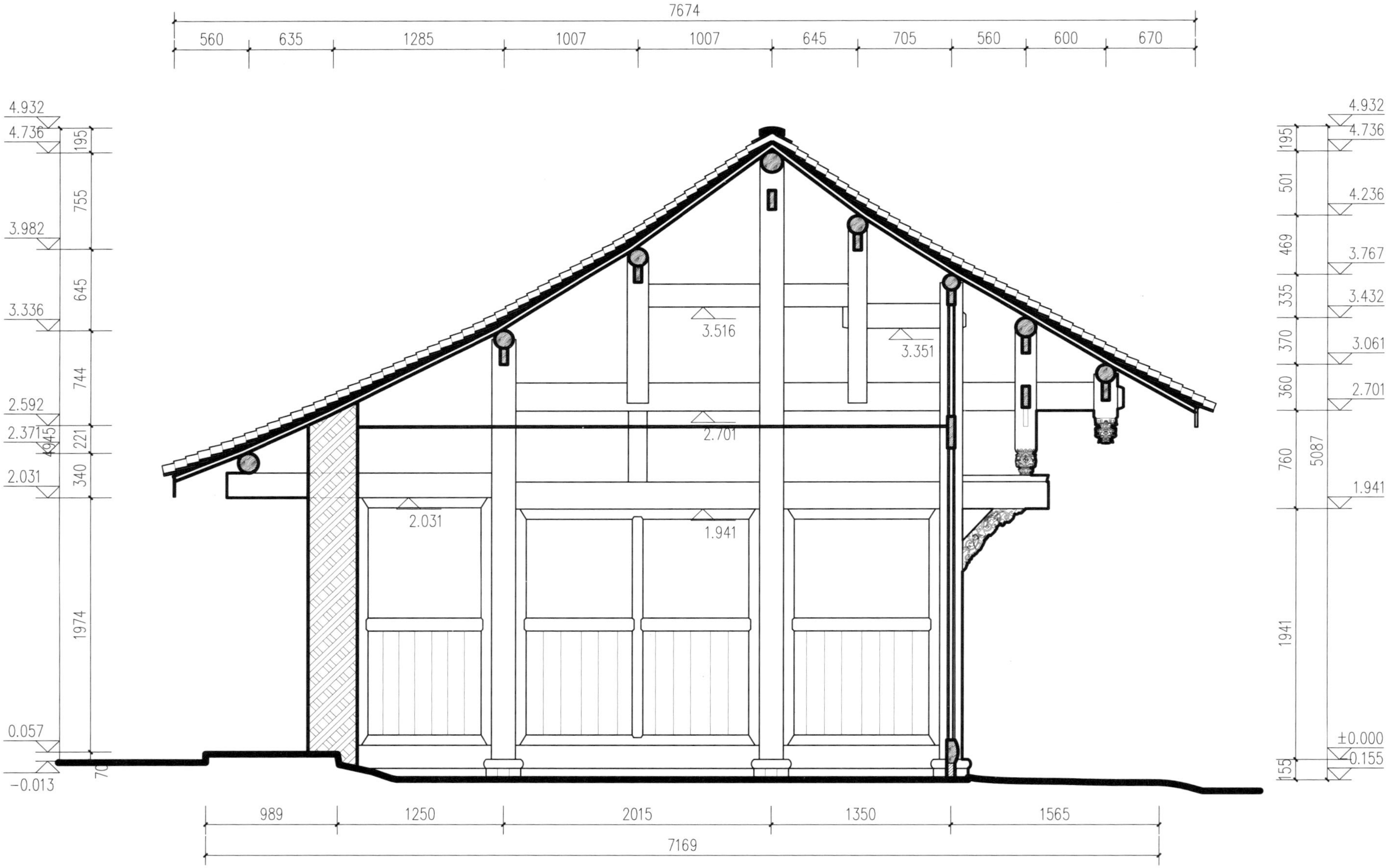

图 52 北侧院后房 12-12 剖面图

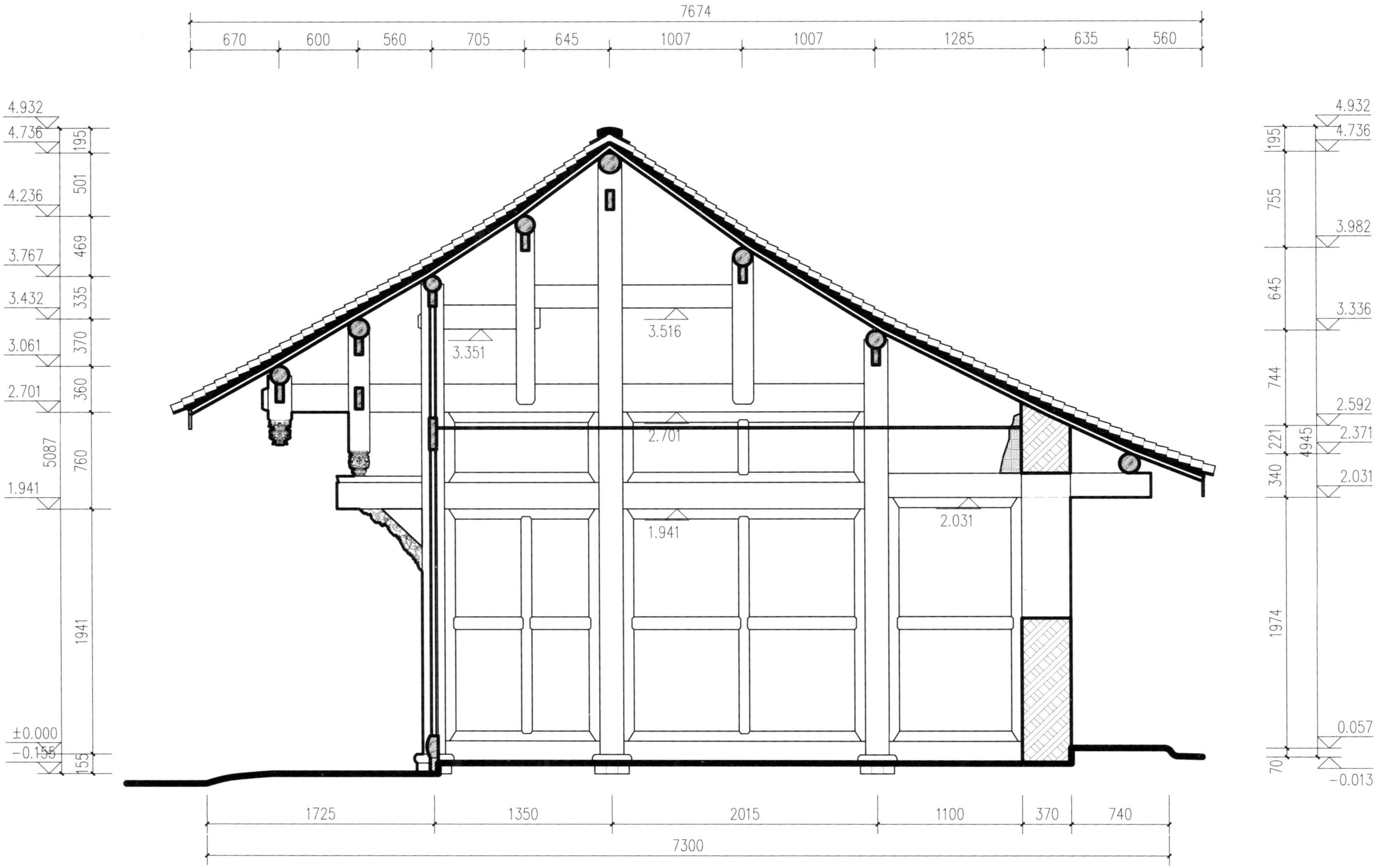

图 53　北侧院后房 13-13 剖面图

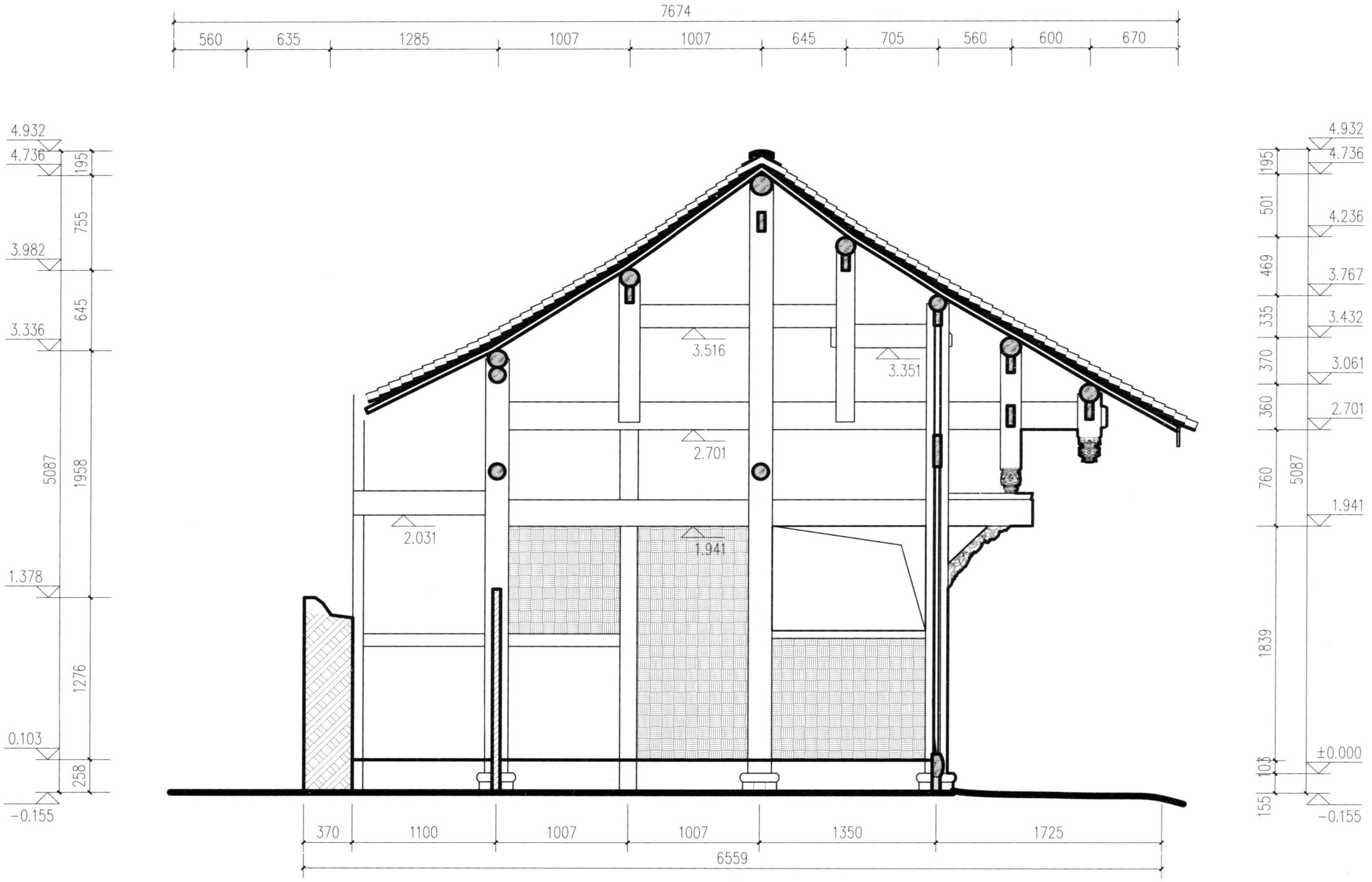

图 54　北侧院后房 14-14 剖面图

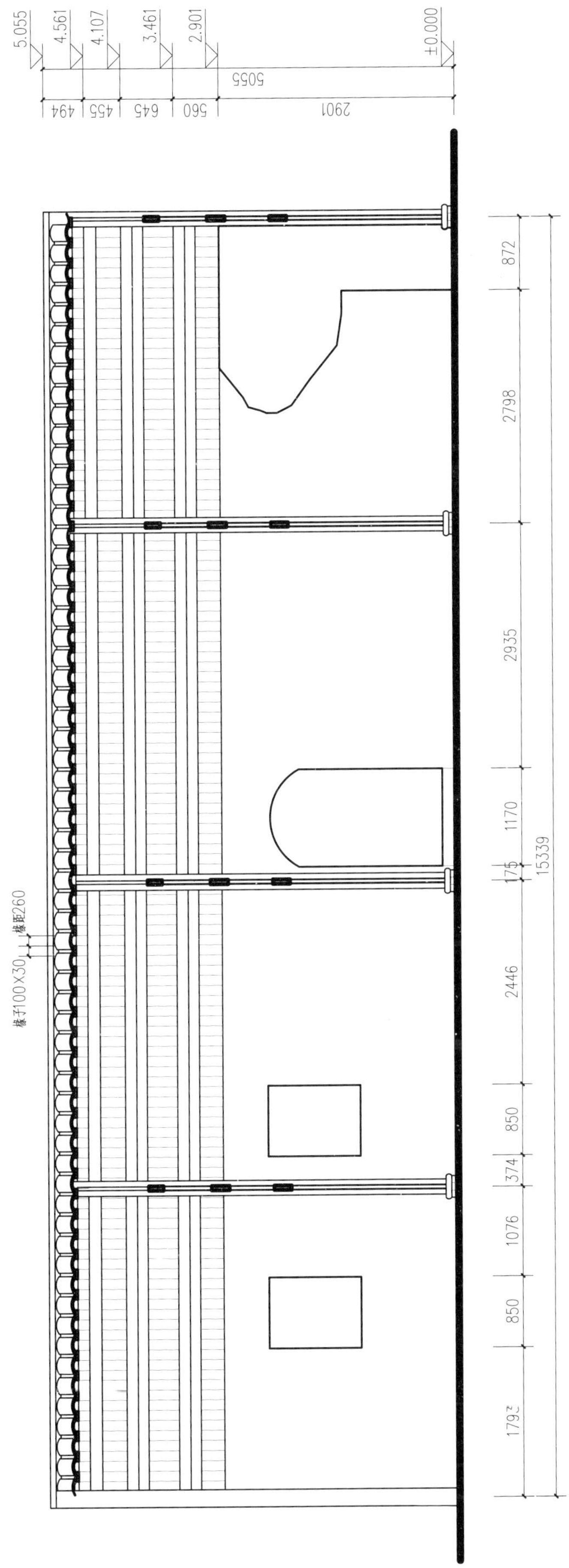

图 55 北侧院后房纵剖面图

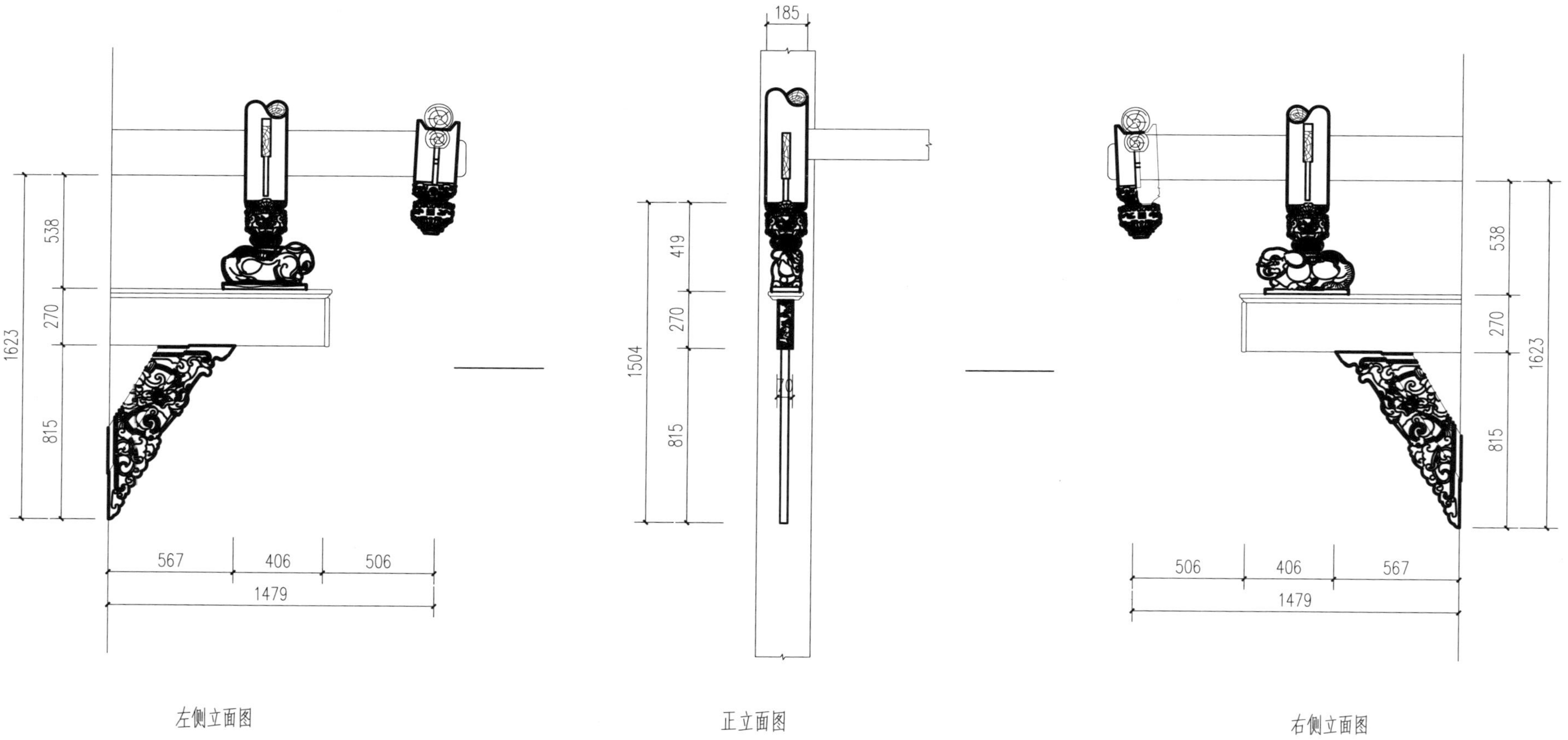

图 56　北侧院北配殿左次间前檐雕花组件详图

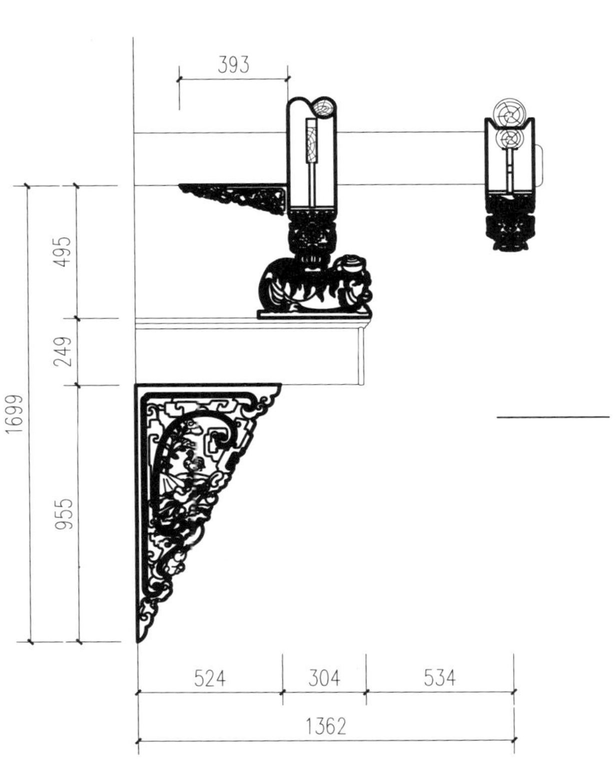

左侧立面图

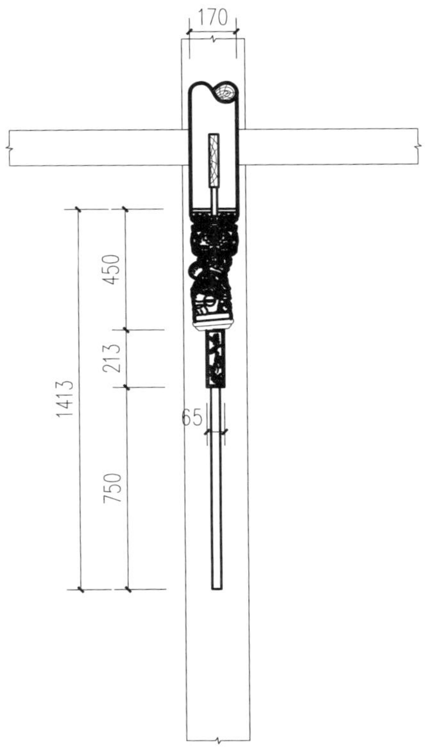

正立面图

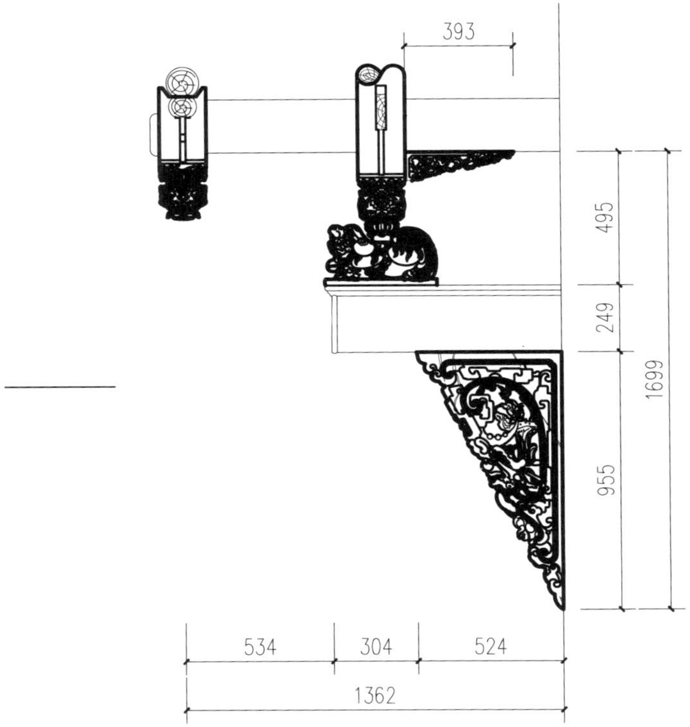

右侧立面图

图 57　北侧院北配殿明间前檐左侧雕花组件详图

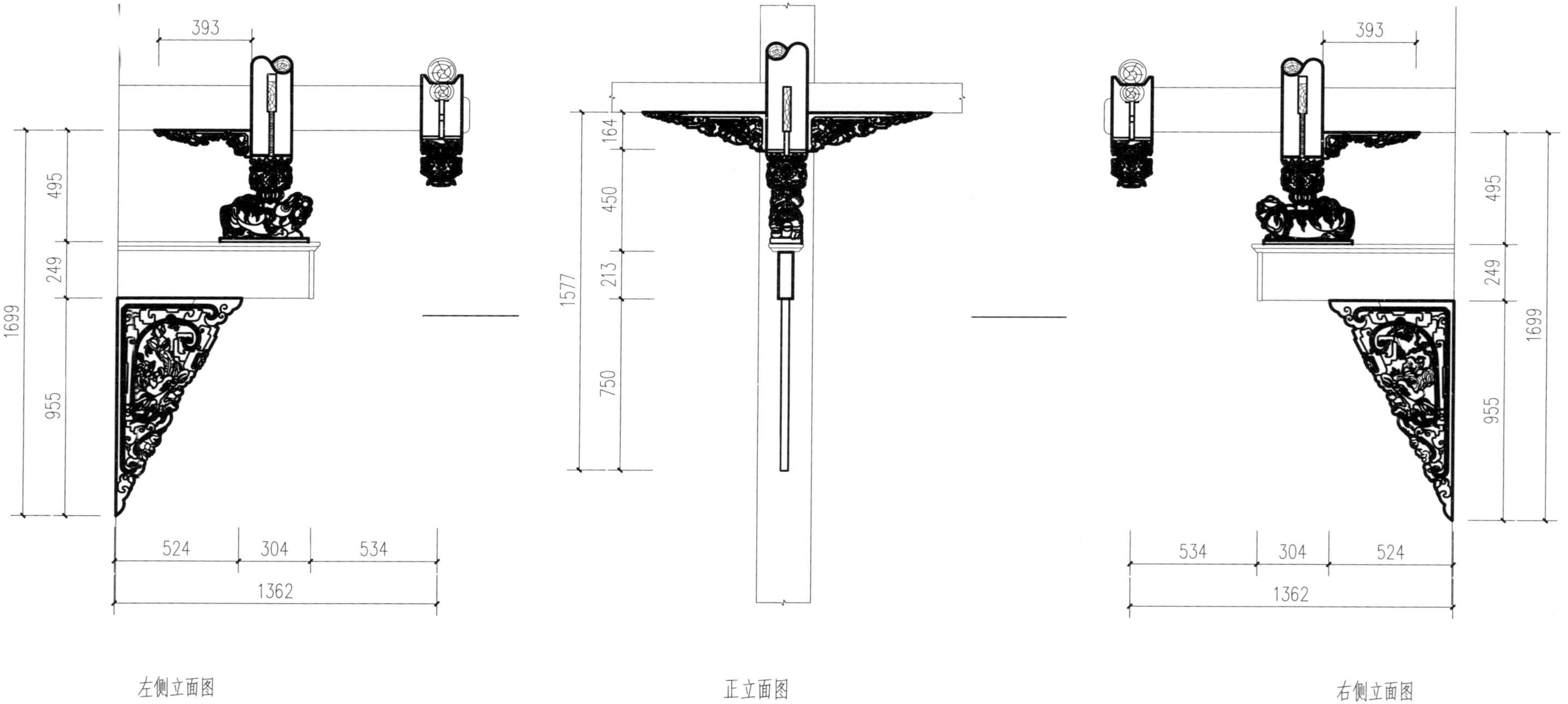

图 58　北侧院北配殿明间前檐右侧雕花组件详图

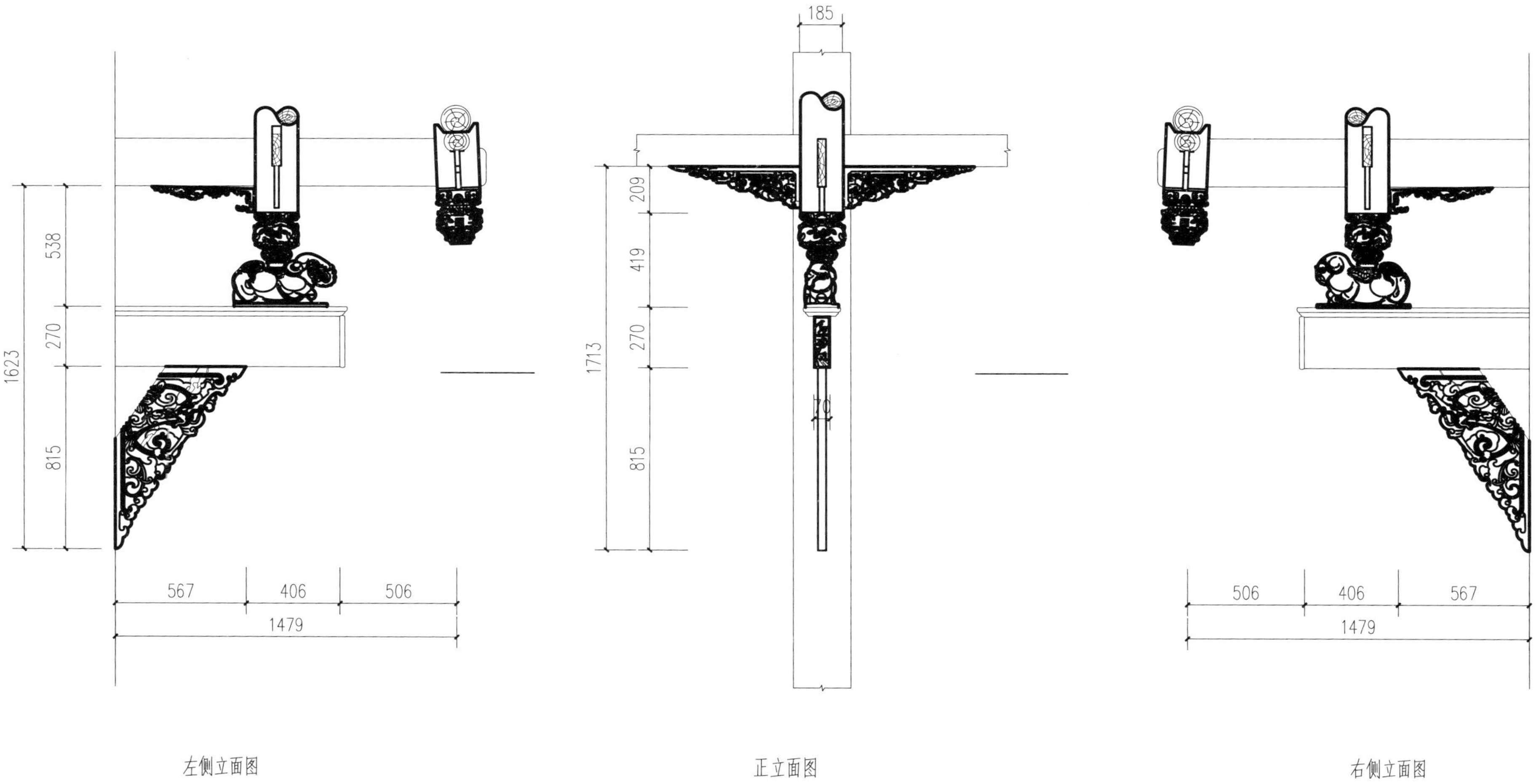

图 59　北侧院北配殿右次间前檐雕花组件详图

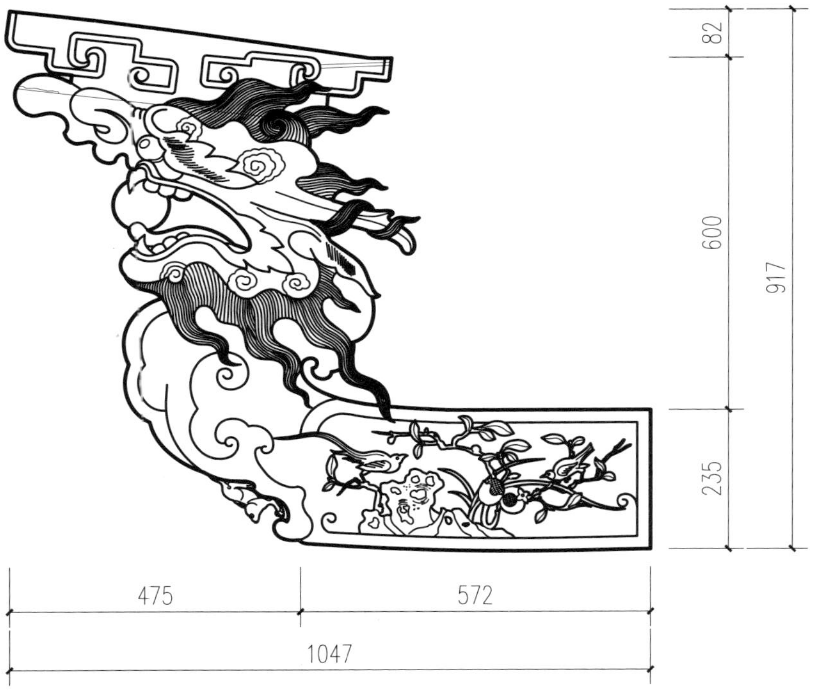

左侧挑枋立面图

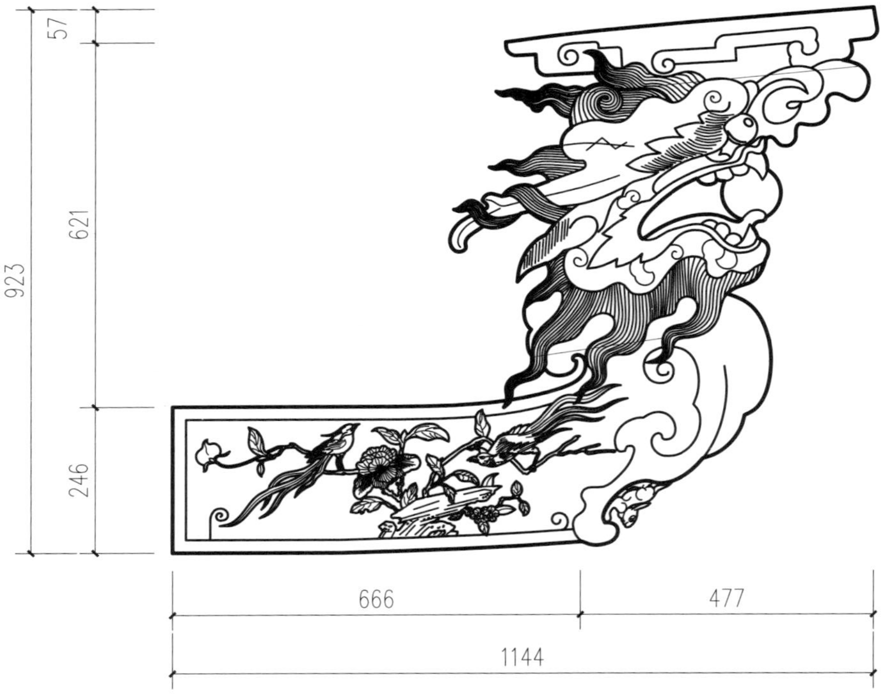

右侧挑枋立面图

图 60　北侧院北配殿明间室内挑枋雕花详图

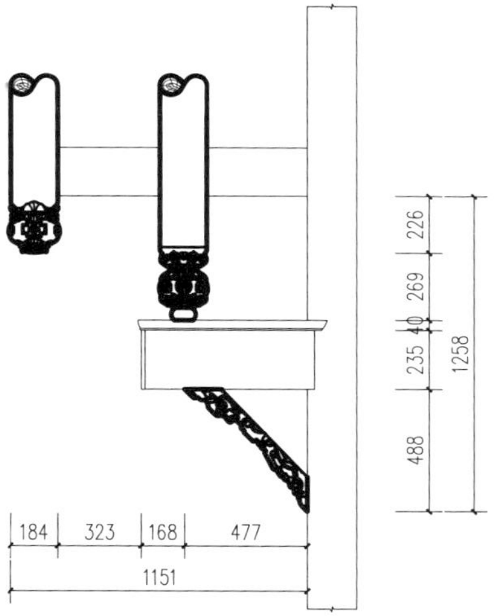

明间南侧组件立面图

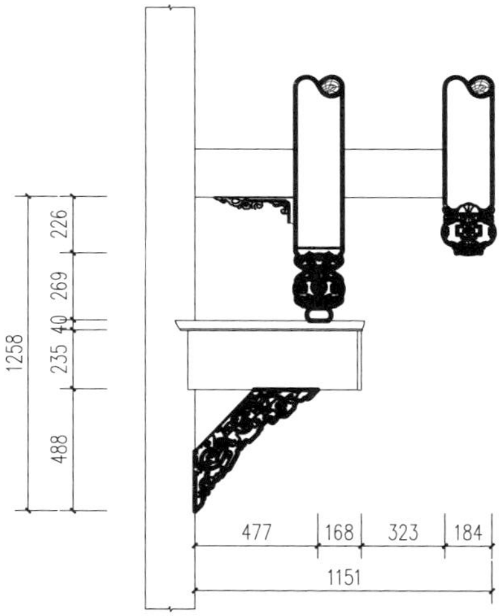

明间北侧组件立面图

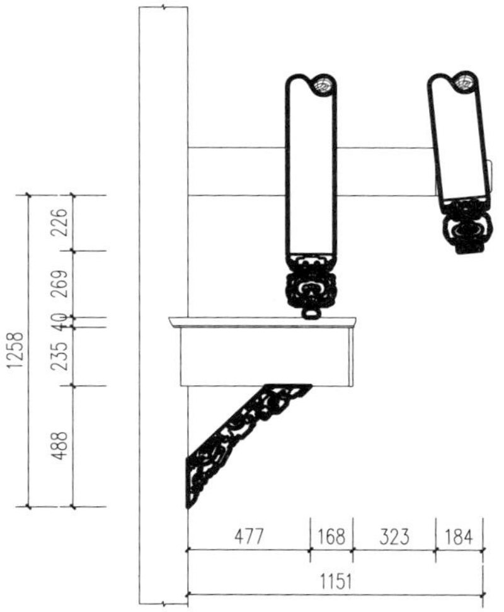

次间北侧组件立面图

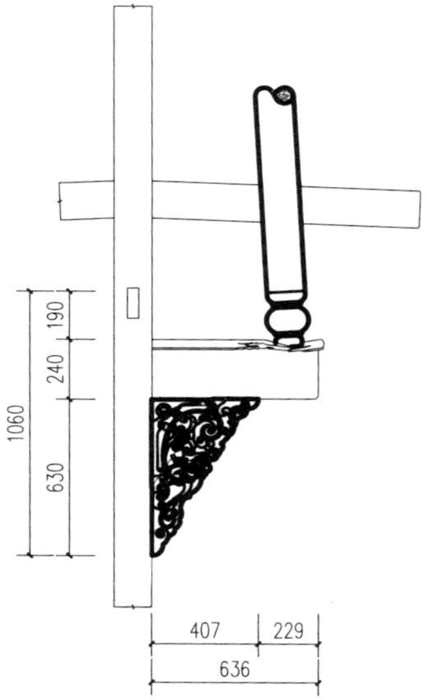

右偏房前檐雕花组件详图

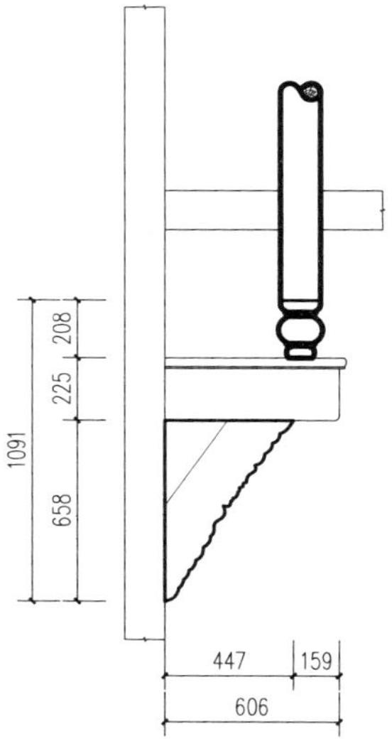

厢房前檐雕花组件详图

图 61　北侧院前檐雕花组件详图

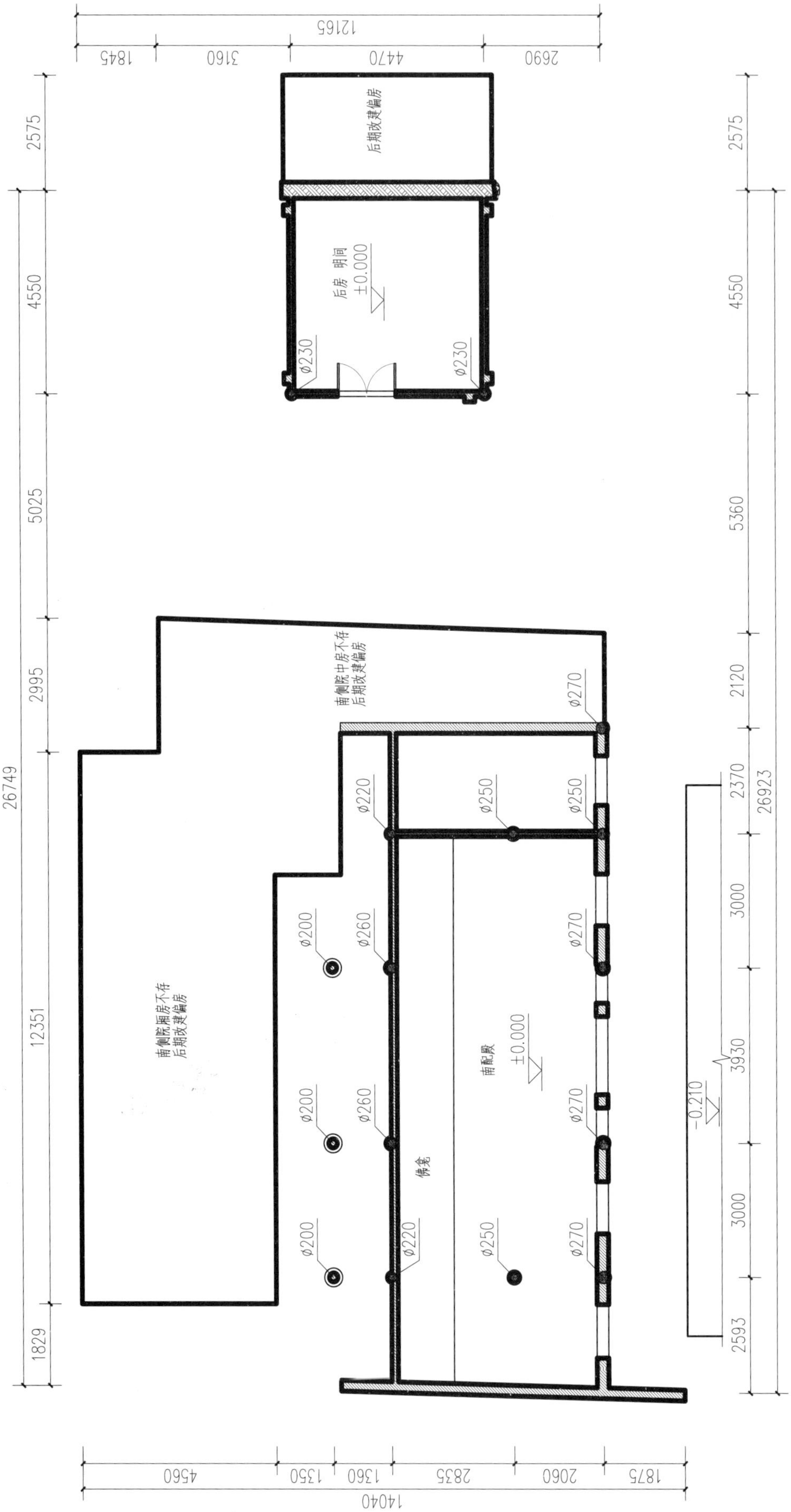
后期改建偏房
后房 明间
±0.000
南侧院中房不存
后期改建偏房
南侧院厢房不存
后期改建偏房
南配殿
±0.000
佛龛
-0.210
12165
1845
3160
4470
2690
2575
4550
5025
2995
12351
1829
26749
5360
2120
2370
3000
3930
2593
26923
14040
4560
1350
1360
2835
2060
1875
Ø230
Ø270
Ø220
Ø250
Ø200
Ø260

图 62　南院平面图

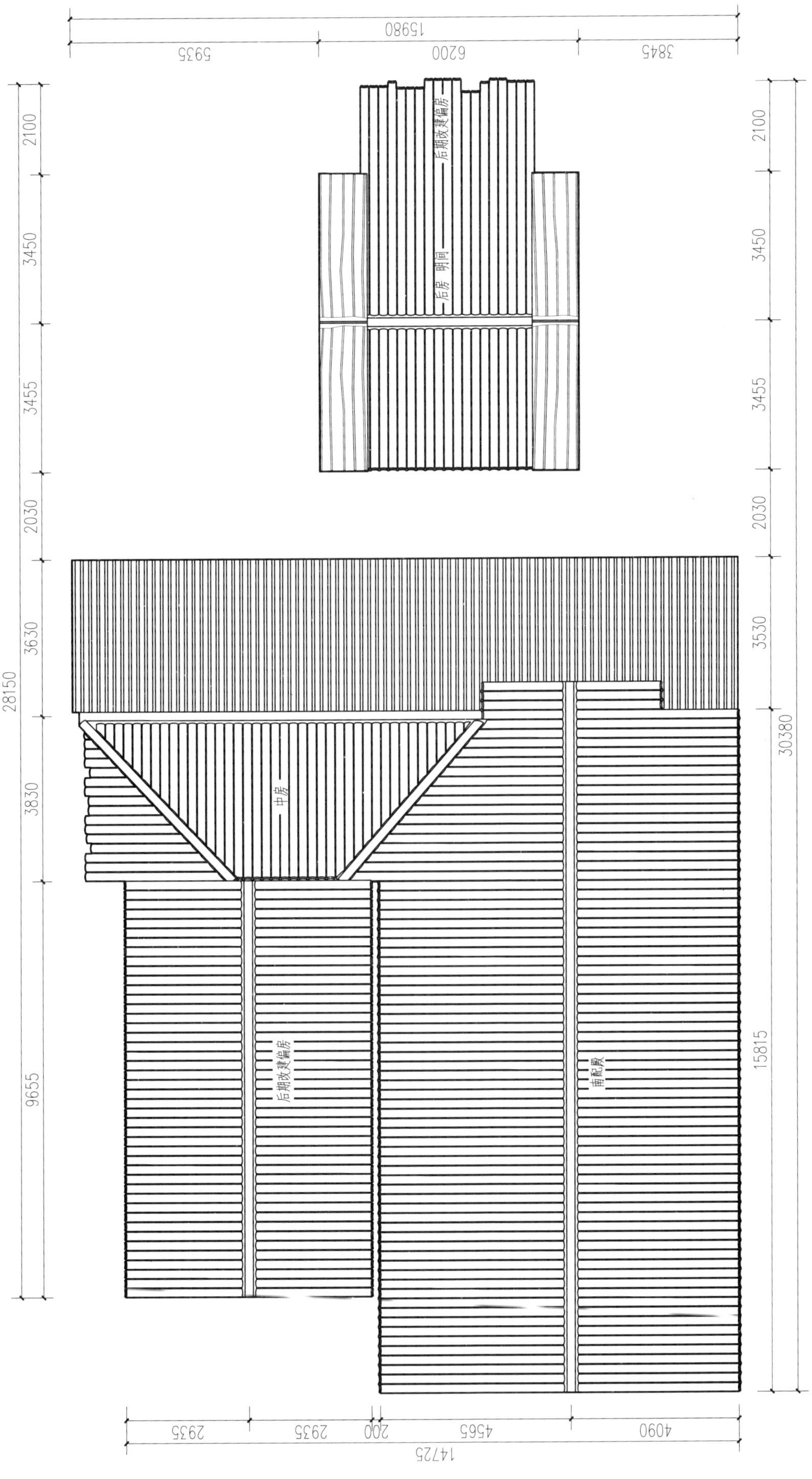
15980
5935
6200
3845
2100
3450
3455
2030
3630
28150
3830
9655
3530
30380
15815
2935
2935
200
4565
4090
14725
后期改建偏房
后房 明间
中房
后期改建偏房
南配殿

图 63　南院屋顶图

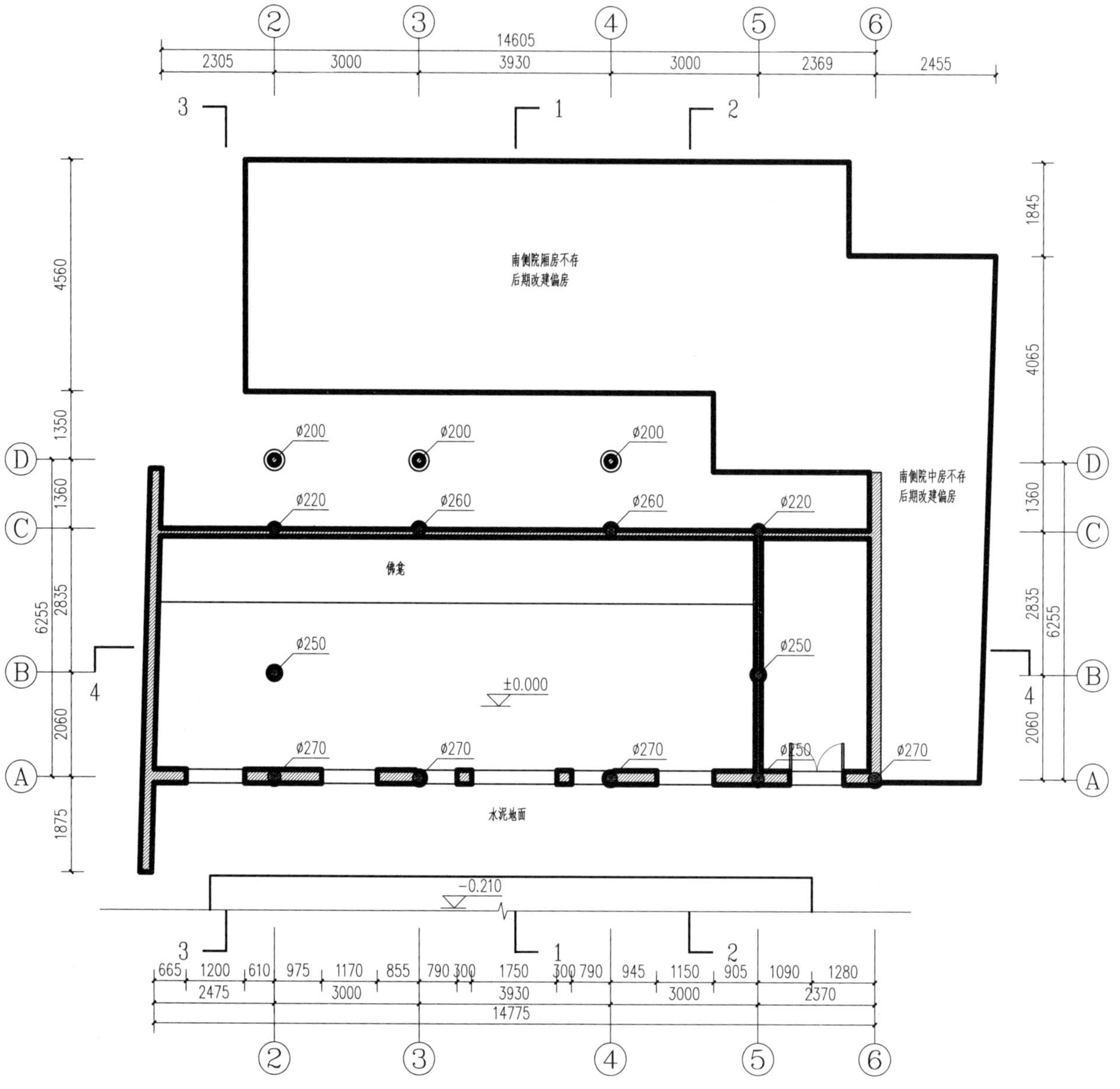

图 64　南院南配殿平面图

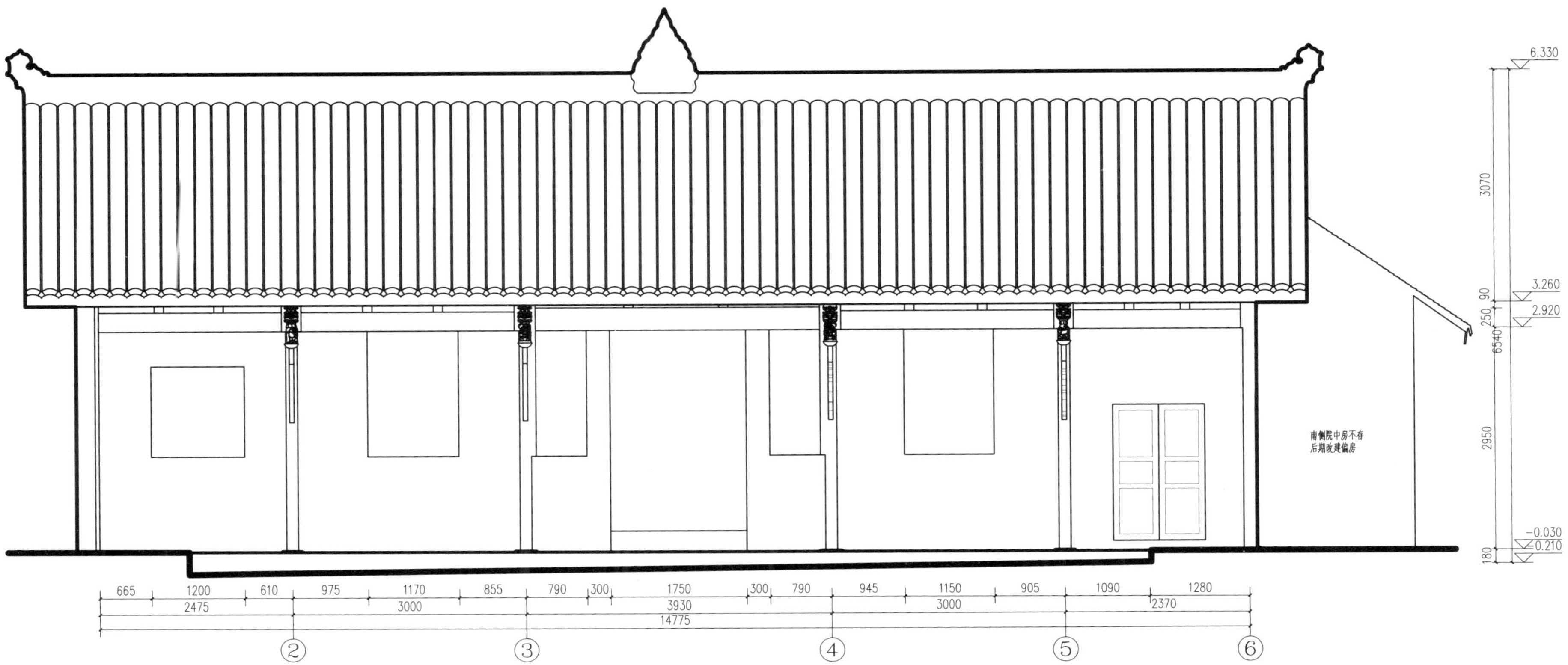

图 65　南院南配殿正立面图

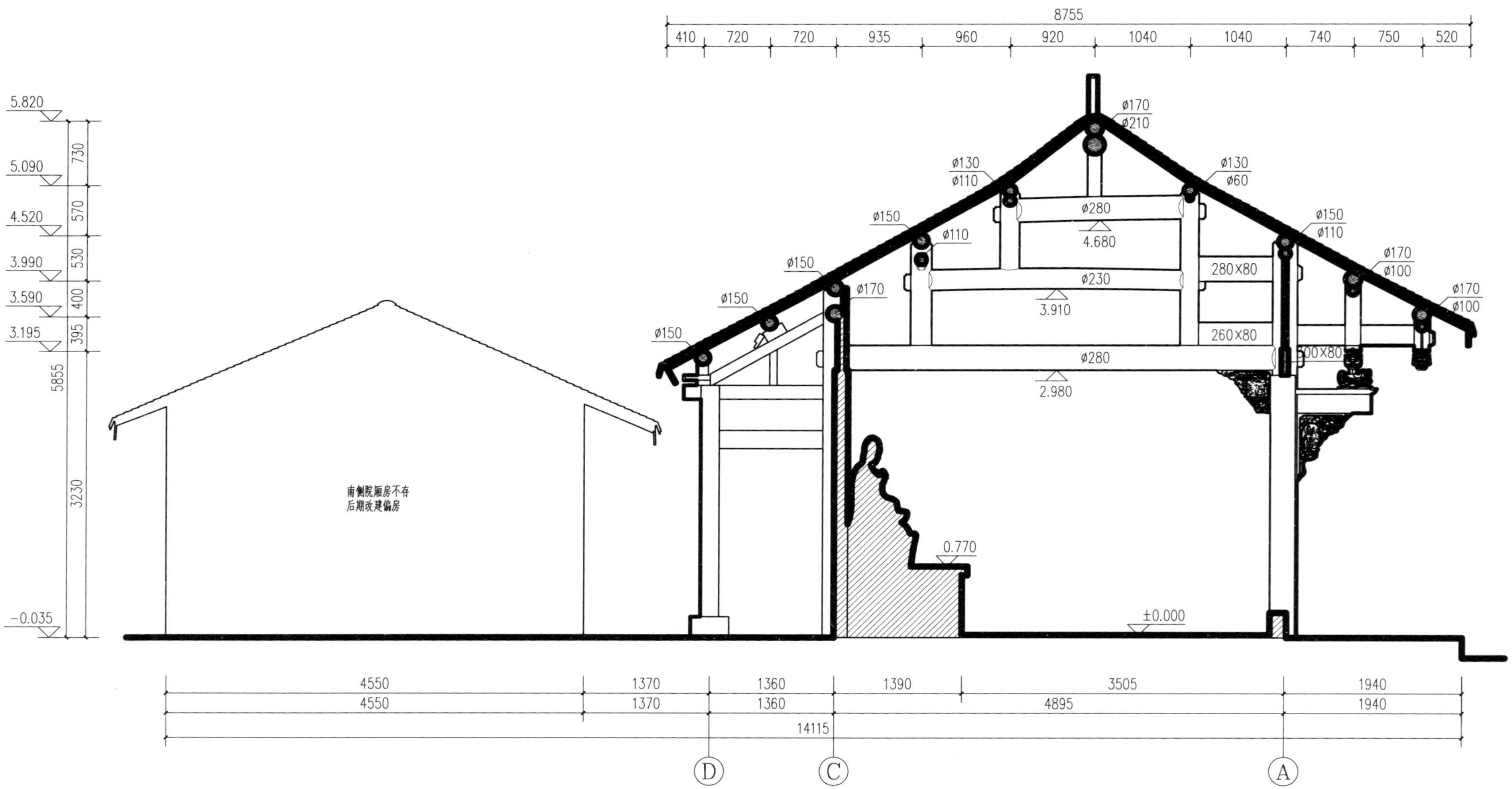

图 66　南院南配殿 1-1 剖面图

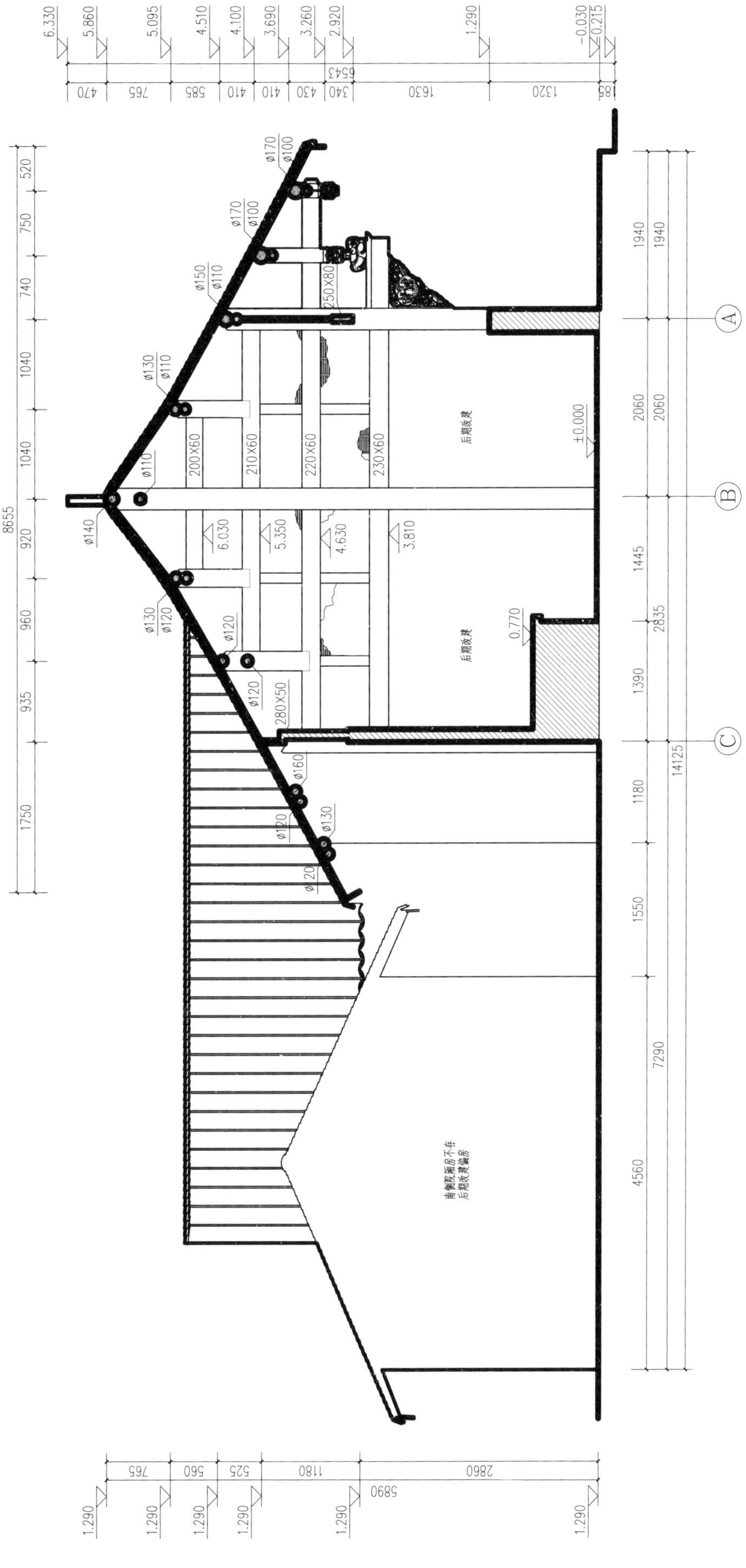

图 67　南院南配殿 2-2 剖面图

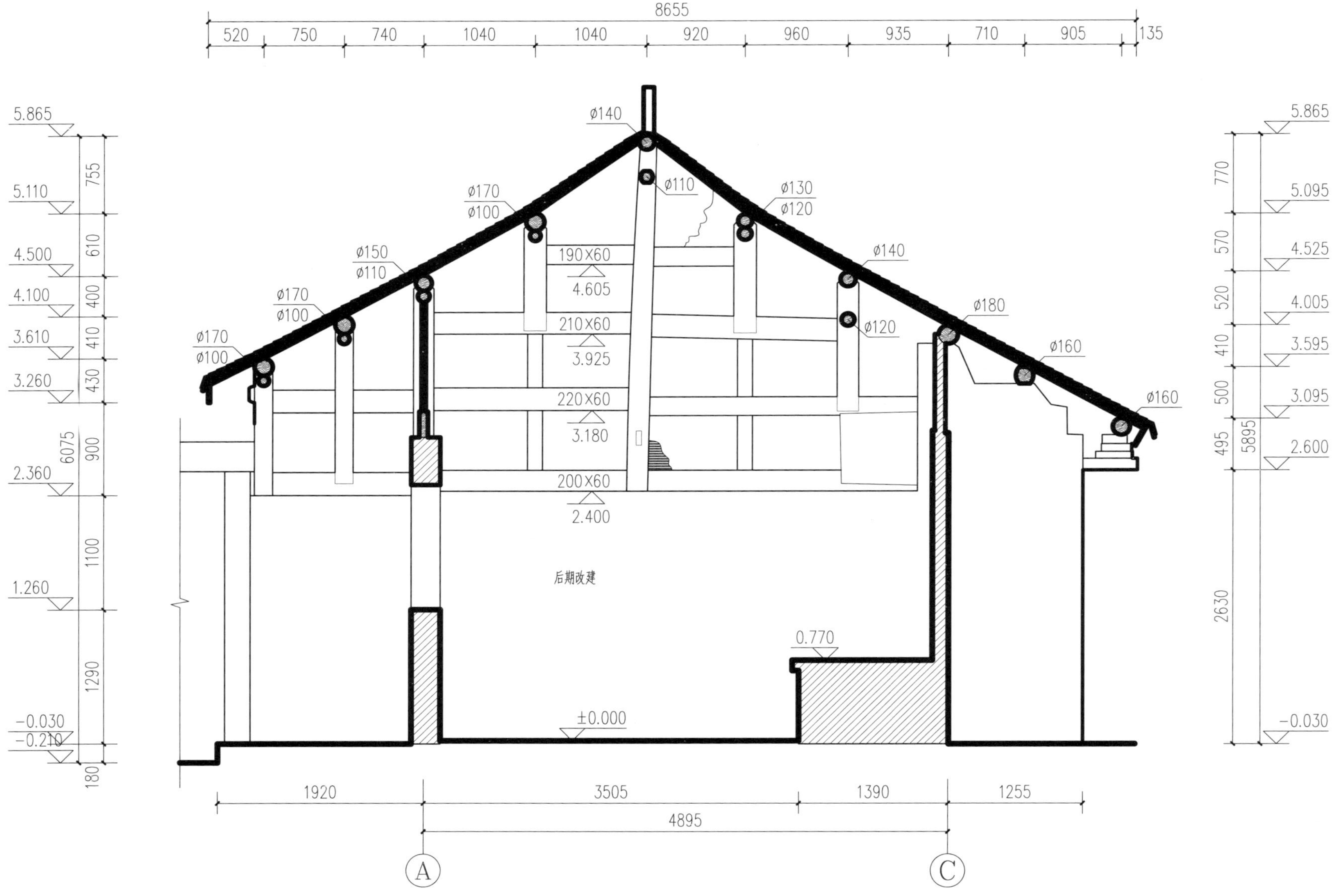

图 68 南院南配殿 3-3 剖面图

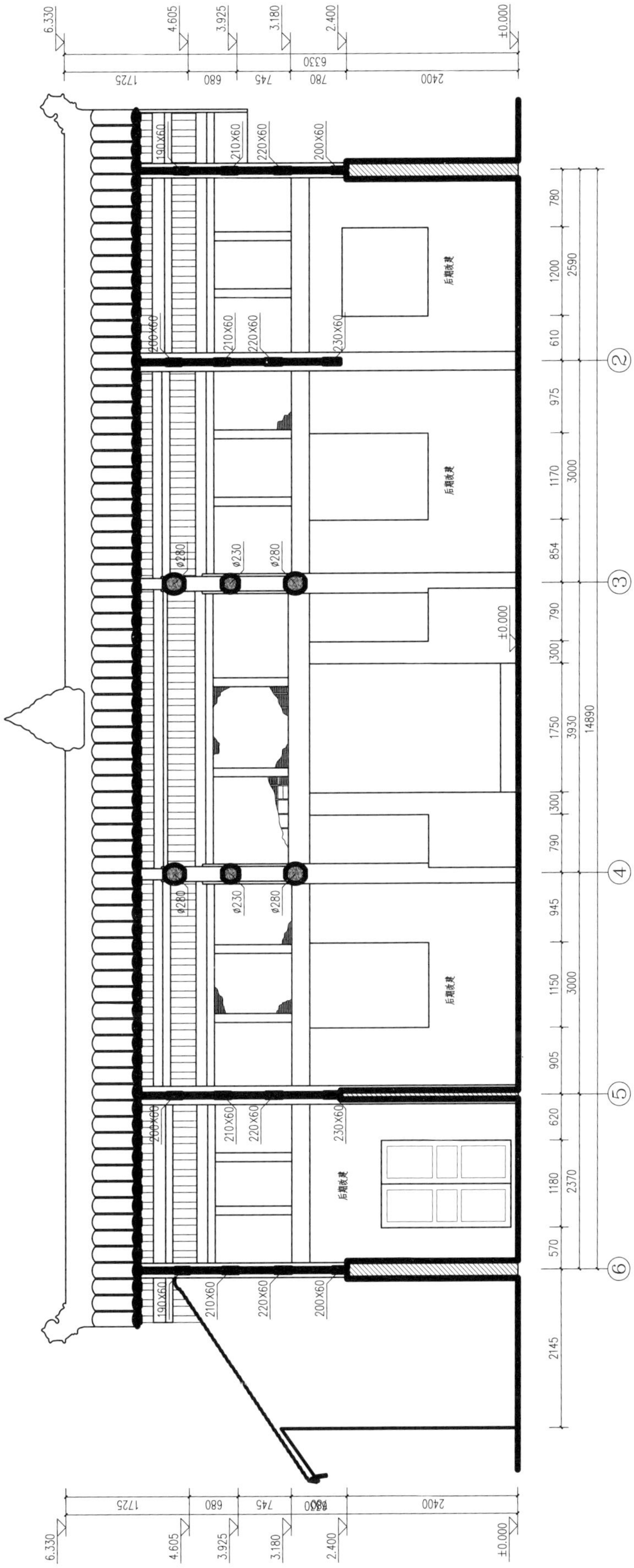

图69 南院南配殿 4-4 剖面图

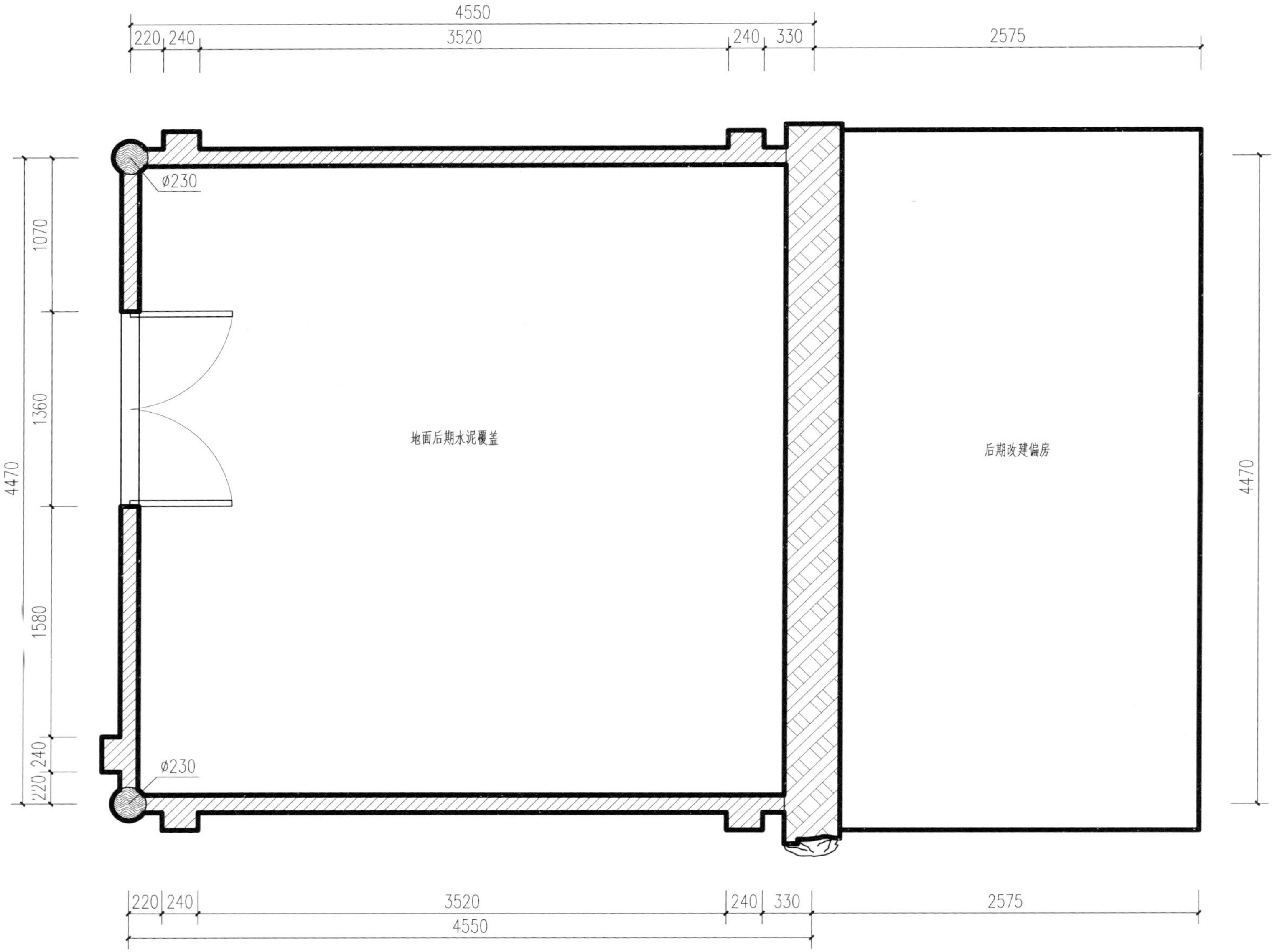
4550
220
240
3520
240
330
2575
ø230
ø230
1070
1360
1580
240
220
4470
地面后期水泥覆盖
后期改建偏房
4470
220
240
3520
240
330
2575
4550

图 70　南院后房平面图

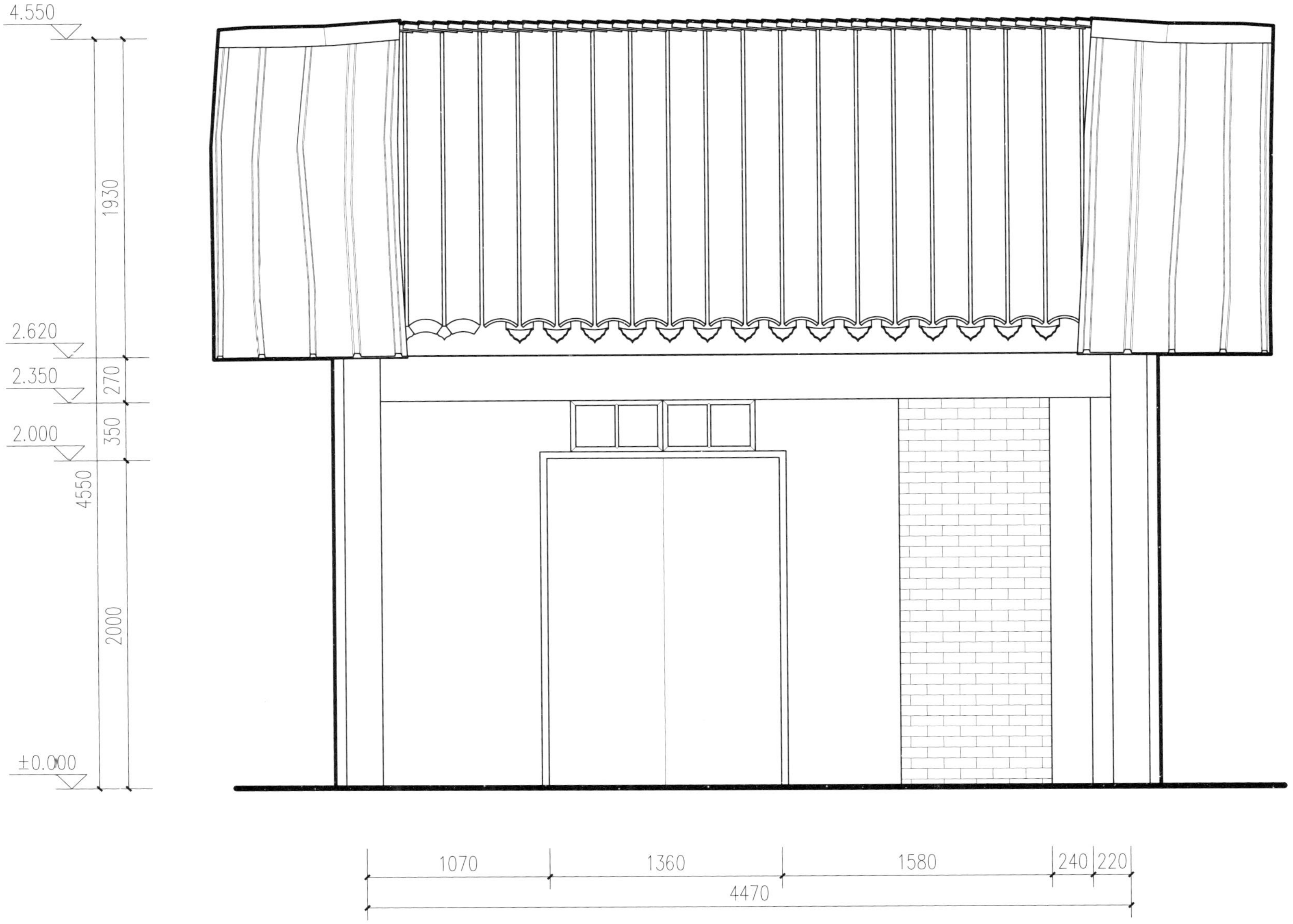

图 71　南院后房正立面图

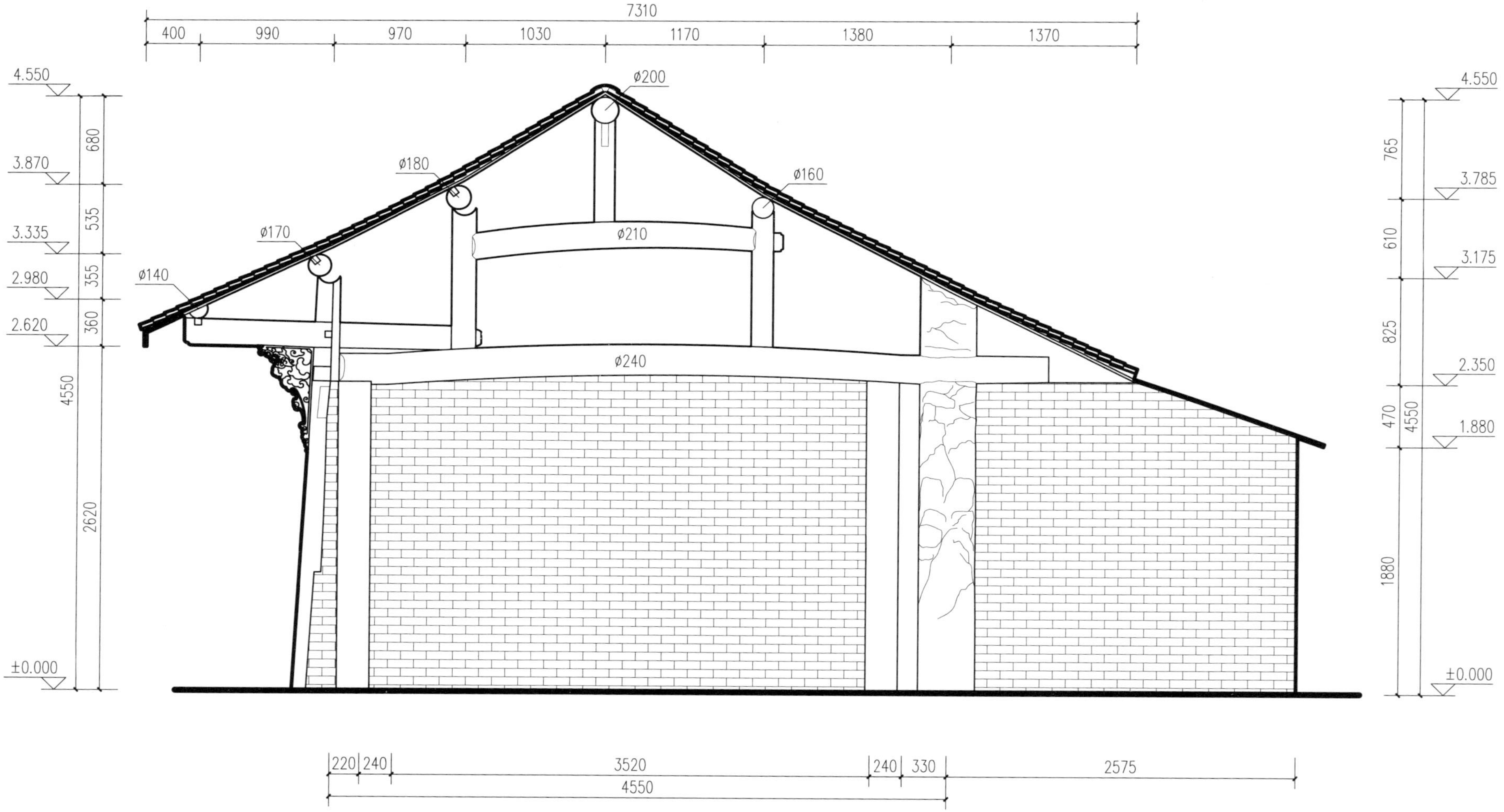

图 72　南院后房正侧立面图

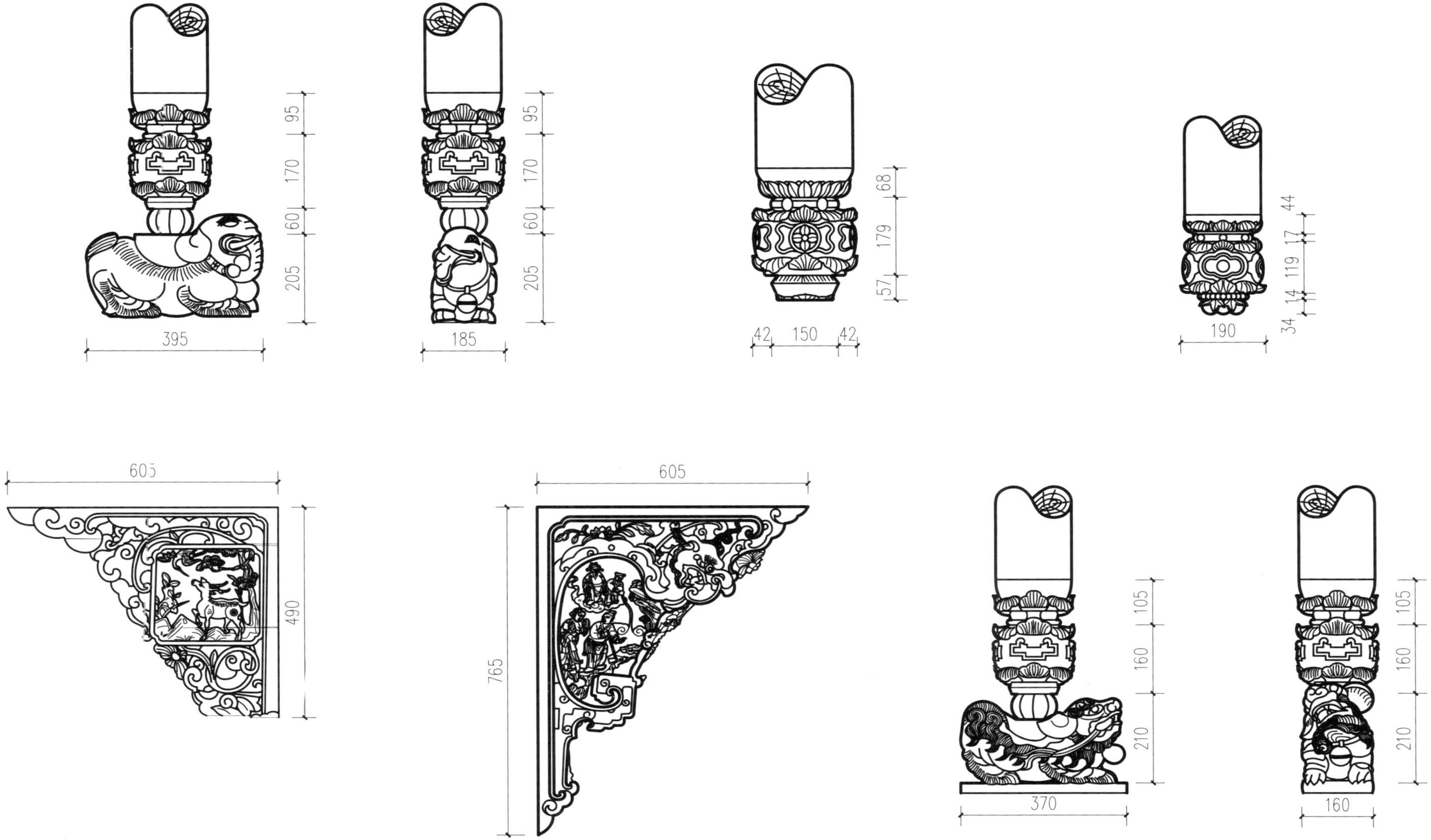
95
170
60
205
395
95
170
60
205
185
68
179
57
42
150
42
44
17
119
14
34
190
605
490
605
765
105
160
210
370
105
160
210
160

图 73　南院大样详图（一）

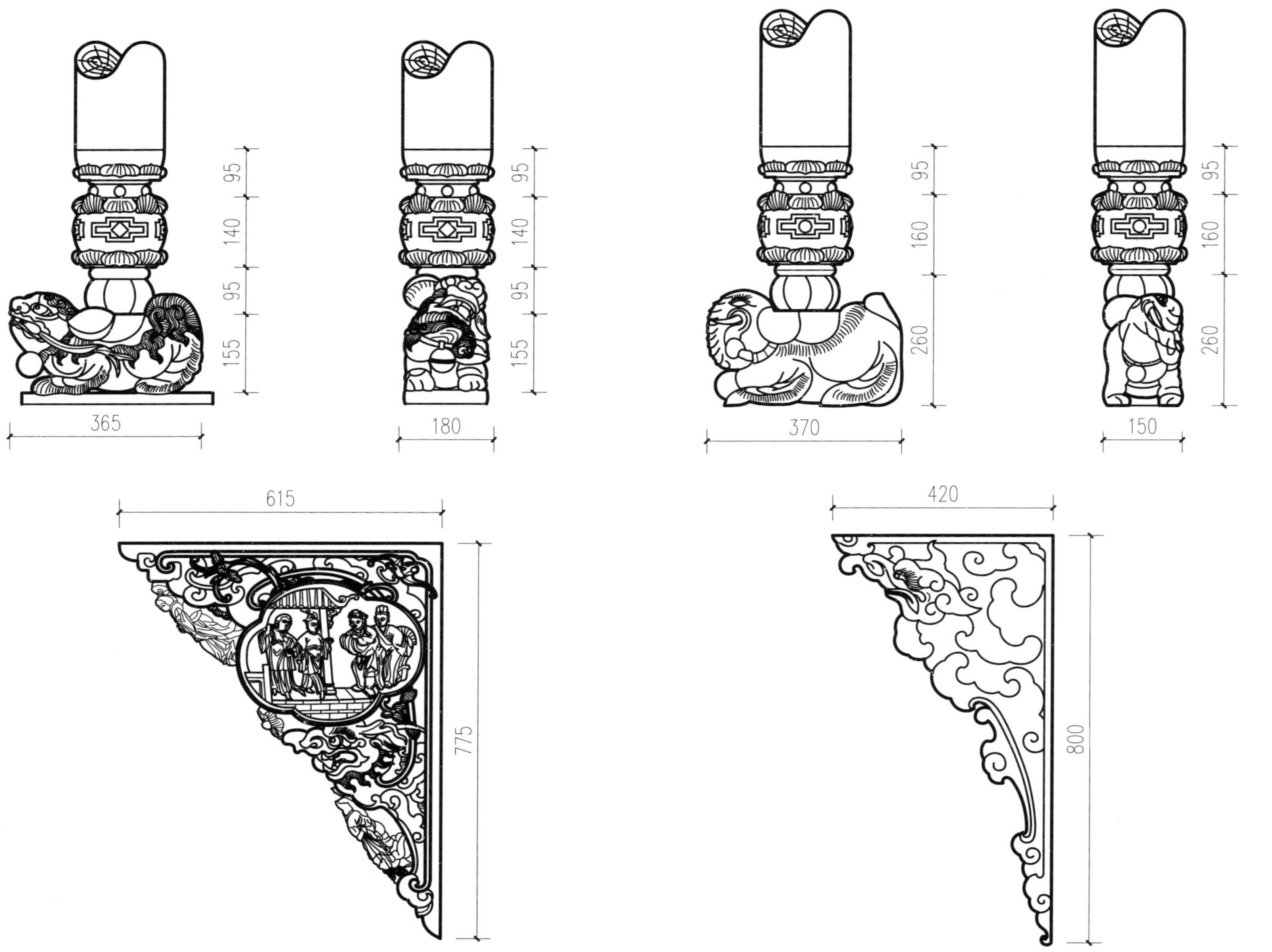
95
140
95
155
365
95
140
95
155
180
95
160
260
370
95
160
260
150
615
775
420
800

图 74　南院大样详图（二）

名山禹王宫

禹王宫位于雅安市名山县蒙顶山镇蒙山村四组。

禹王宫建于同治元年（公元 1862 年），现存建筑是由大门、东西厢房、正殿组成的四合院式组群建筑，砖砌围墙。禹王宫平面呈长方形布局，建筑依山麓坡地就势，前低后高。

大门为五开间砖木结构，通面阔 20.3 米，通高 7.7 米，由砖石墙体砌筑，前檐墙施红砖砌筑上镶嵌青砂石雕刻石板。歇山顶屋面施小青瓦覆盖，灰塑脊饰。

厢房对称分布于天井的东西两侧，有前檐廊转通四周连接大门与正殿。东西两侧各 3 间，面阔 10.4 米，进深 3.8 米，通高 6.5 米。穿斗式构架，前檐廊用 330 毫米 ×330 毫米红砂方石柱，小青瓦屋顶，灰塑脊。

正殿位于禹王宫的最南面，在建筑中轴线上，是禹王宫体量最大，最为精美的建筑，同时又是祭祀大禹主要场所。正殿为歇山式重檐建筑，面阔五间，进深二间。明间、次间檐柱由 330 毫米 ×330 毫米红砂石为受力柱。东西梢间为住房，西面搭转角木楼梯。明间、次间抬梁式结构，面阔五间，围廊式。通面阔 20.3 米，其中明间 5 米，东西次间 3.85 米，东西梢间 3.8 米，进深 9.4 米，通高 12.4 米。建筑占地面积 320 平方米。明间檐柱上挂木匾书“陶冶性灵，变化气质”“神茶圣地”，正心檩正楷墨书“知名山区事胡寿昌率同阖邑士民重建”“大清同治元年……”等字。明间、次间均施简易直棂窗门扇，檐柱上施双步架挑枋。

四川省文物保护单位。

测绘制图：戴旭斌、邓宽宇、陈恳、赵俊

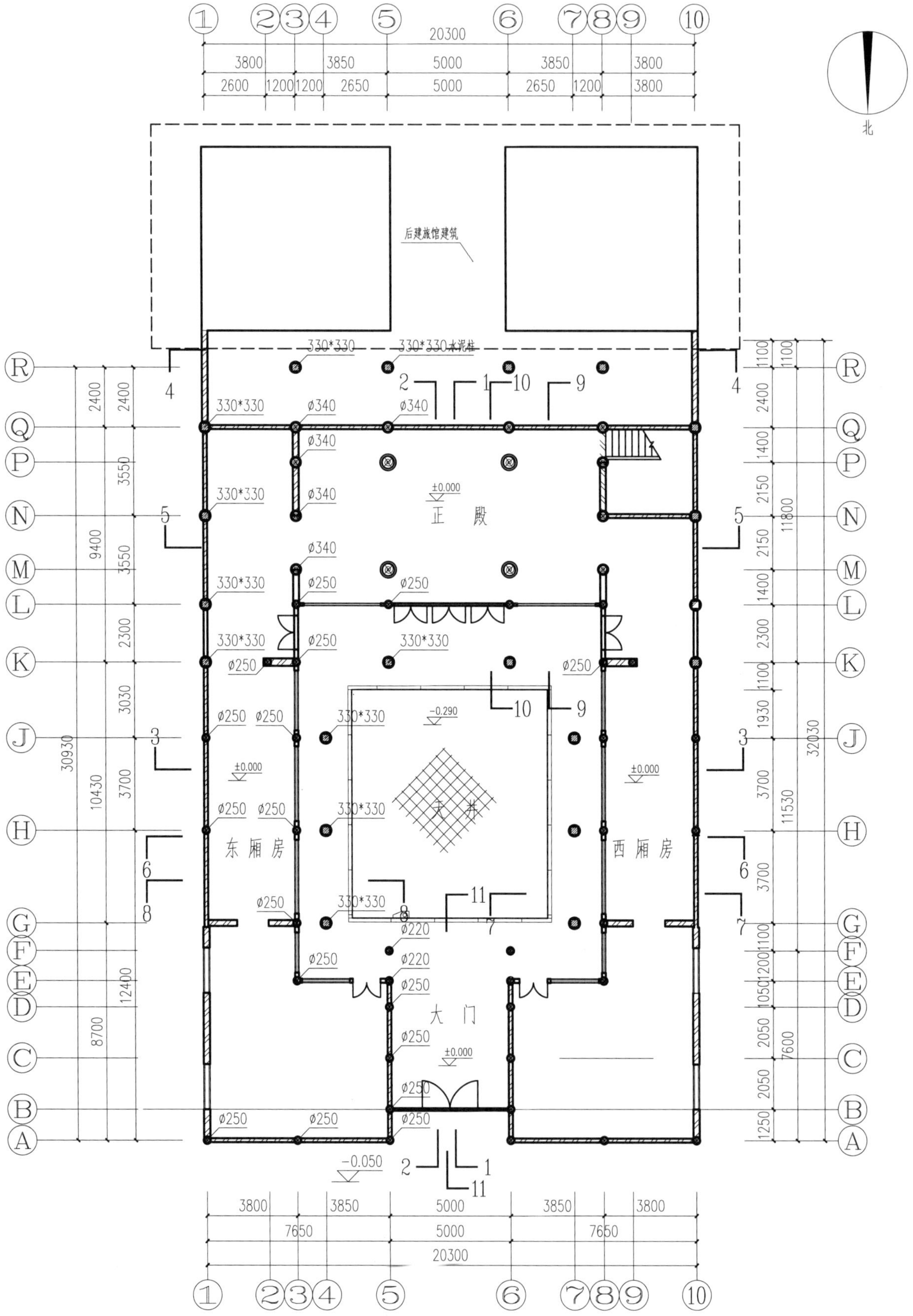

图 1 总平面图

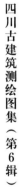

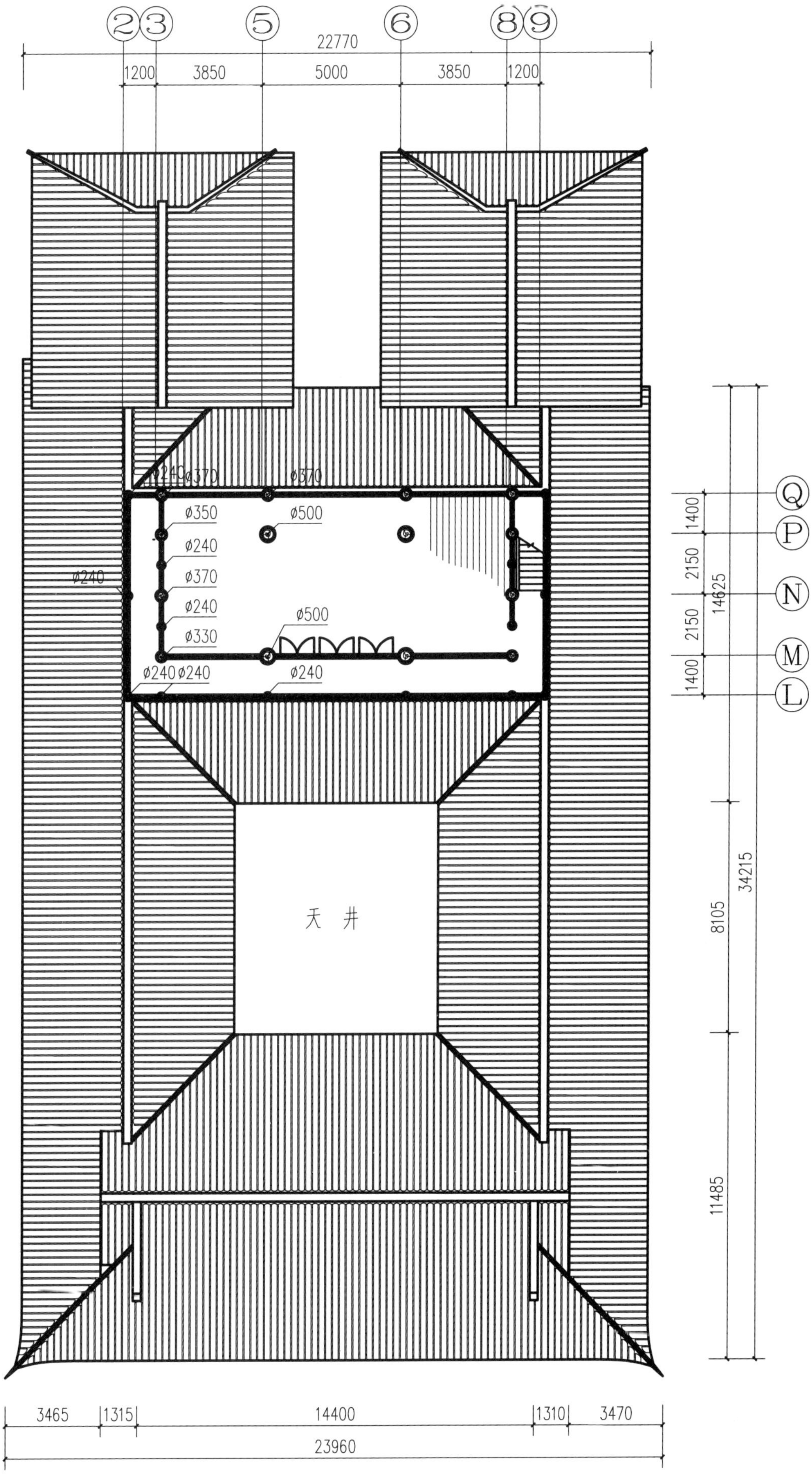
2
3
5
6
8
9
22770
1200
3850
5000
3850
1200
ø240
ø370
ø370
ø350
ø500
ø240
ø240
ø370
ø240
ø500
ø330
ø240
ø240
ø240
Q
P
N
M
L
1400
2150
2150
1400
14625
34215
8105
11485
天 井
3465
1315
14400
1310
3470
23960

图 2　二层平面图

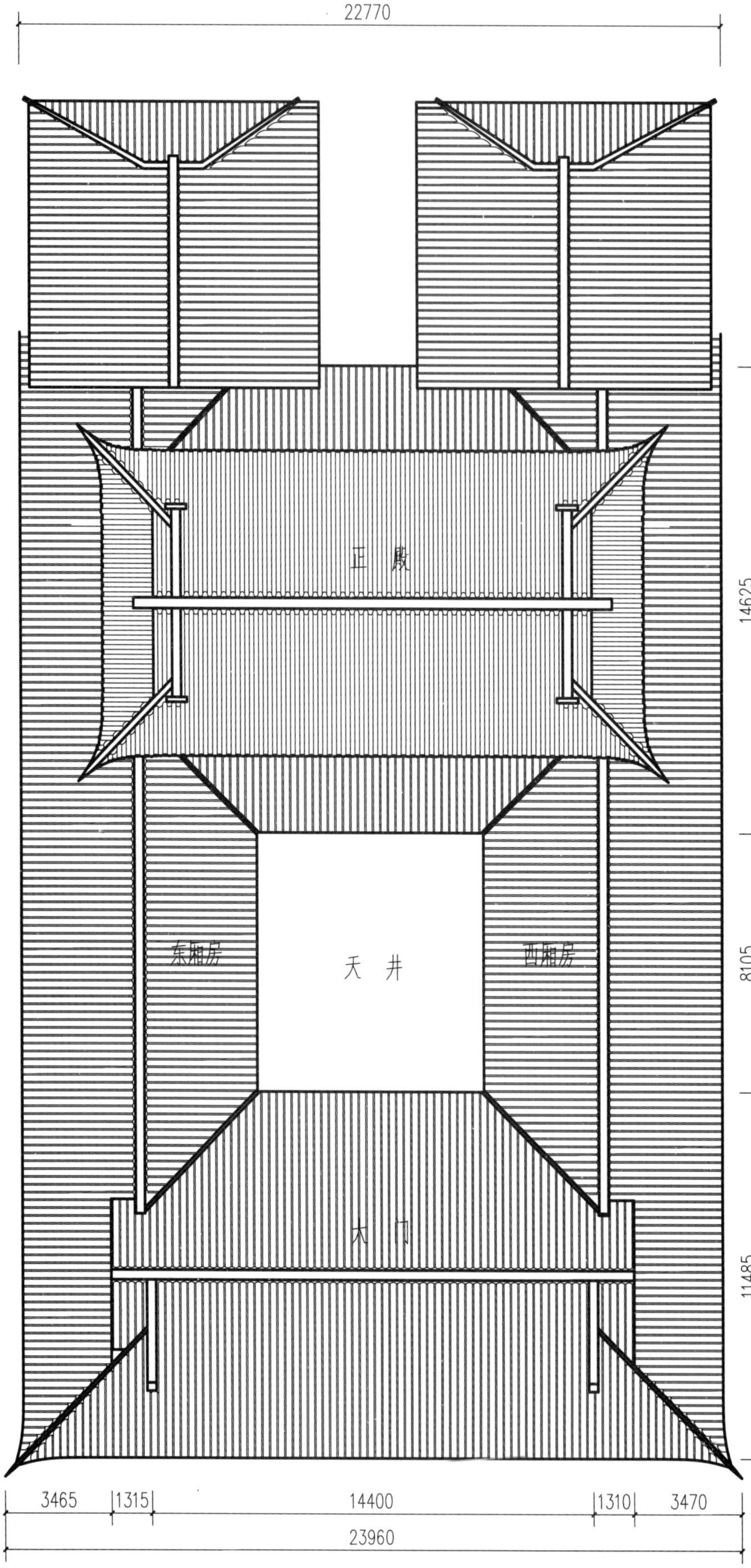
22770
正殿
14625
东厢房
天井
西厢房
8105
34215
大门
11485
3465
1315
14400
1310
3470
23960

图3 总俯视图

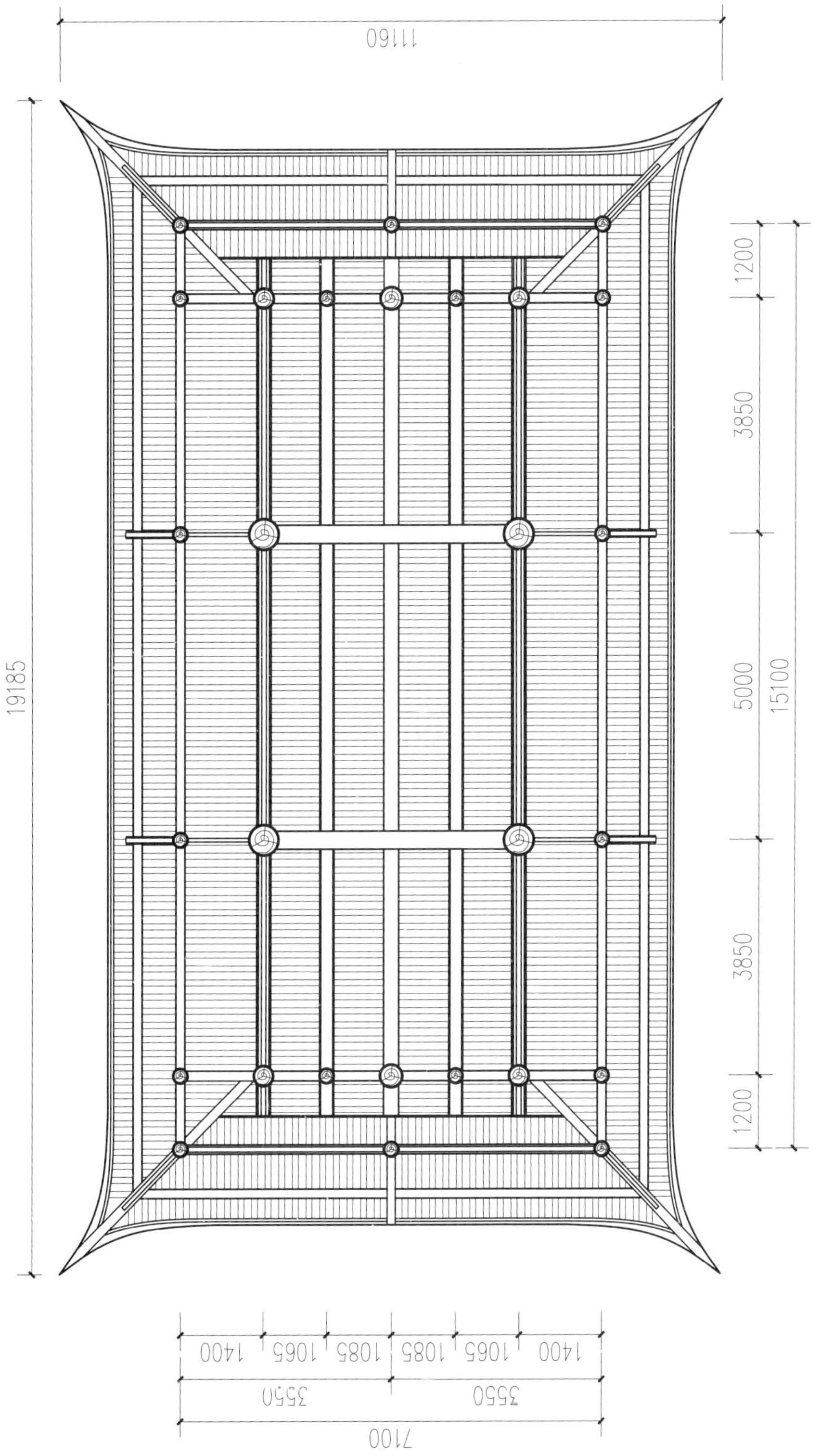
11160
19185
1200
3850
5000
15100
3850
1200
1400
1065
1085
1085
1065
1400
3550
3550
7100

图 4 正殿二层仰视图

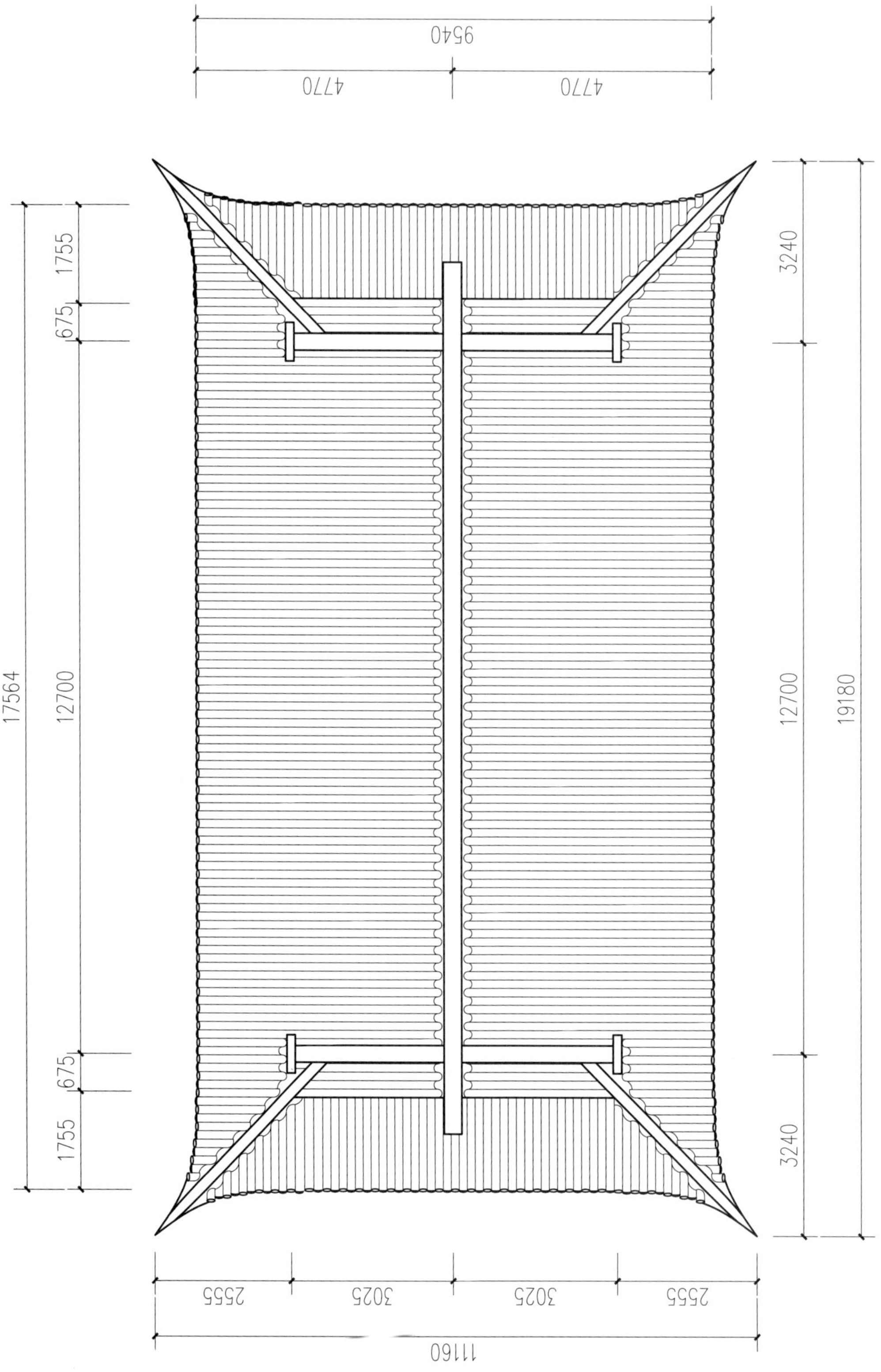
9540
4770
4770
17564
1755
675
12700
675
1755
3240
12700
3240
19180
2555
3025
3025
2555
11160

图5 正殿二层俯视图

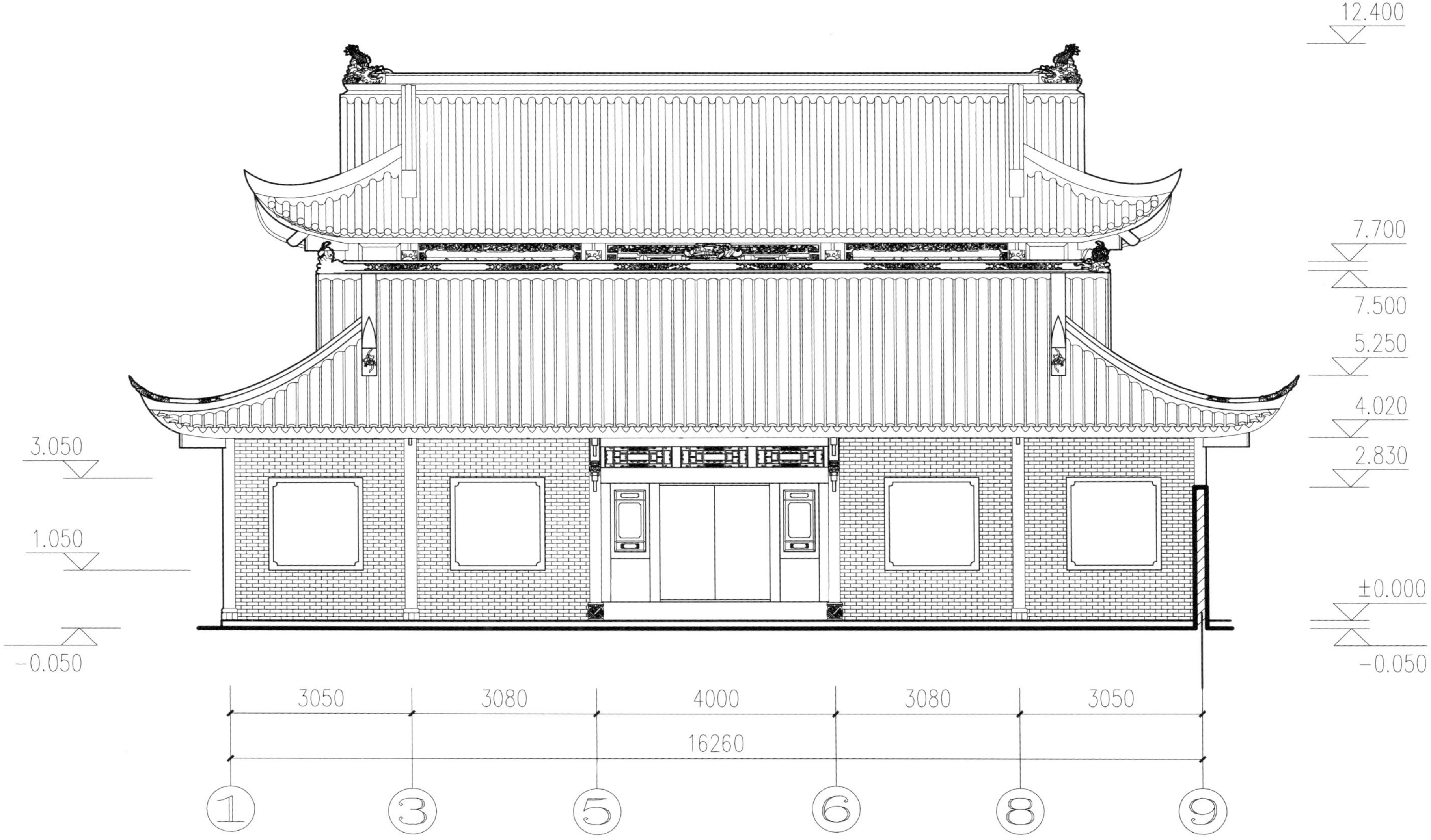
12.400
7.700
7.500
5.250
4.020
2.830
3.050
1.050
±0.000
-0.050
-0.050
3050
3080
4000
3080
3050
16260
1
3
5
6
8
9

图 6　正殿正立面图

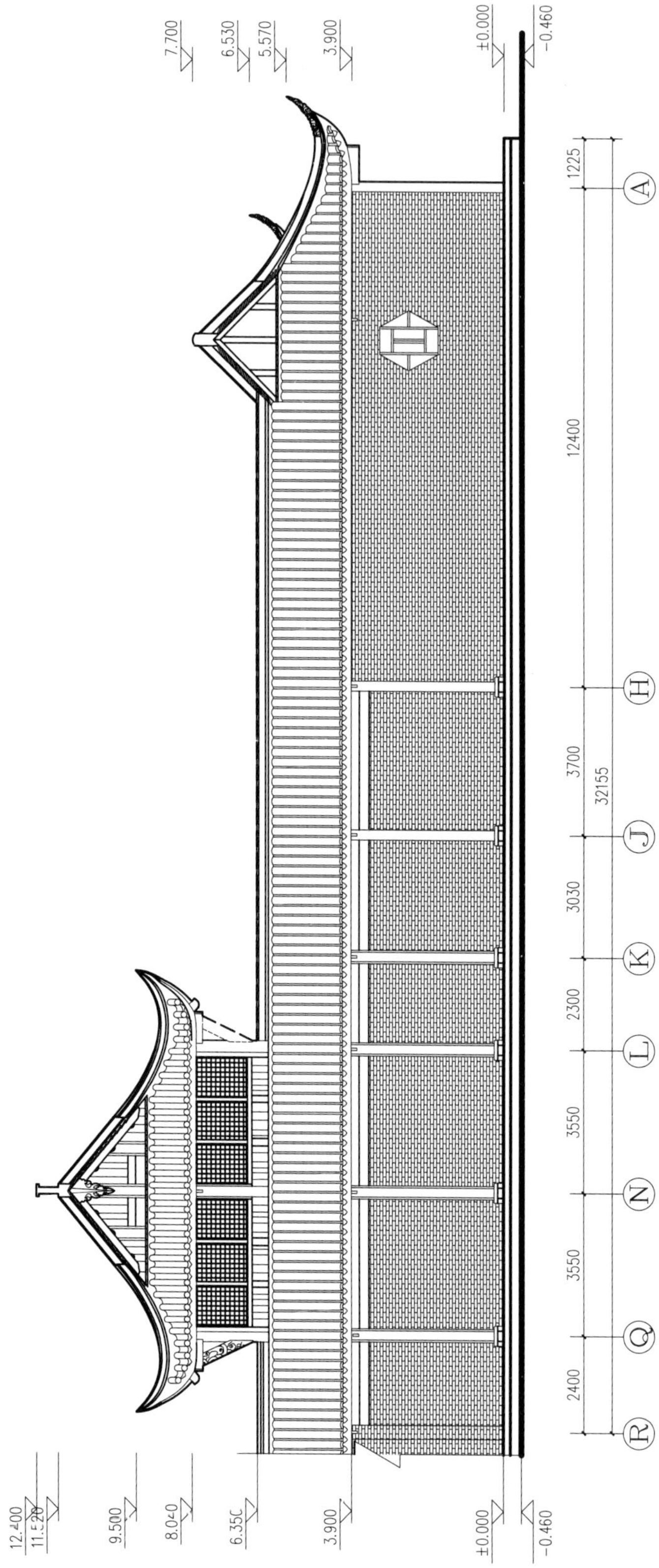
7.700
6.530
5.570
3.900
±0.000
-0.460
12.400
11.520
9.500
8.040
6.350
3.900
±0.000
-0.460
1225
12400
3700
32155
3030
2300
3550
3550
2400
A
H
J
K
L
N
Q
R

图7 禹王宫东侧立面图

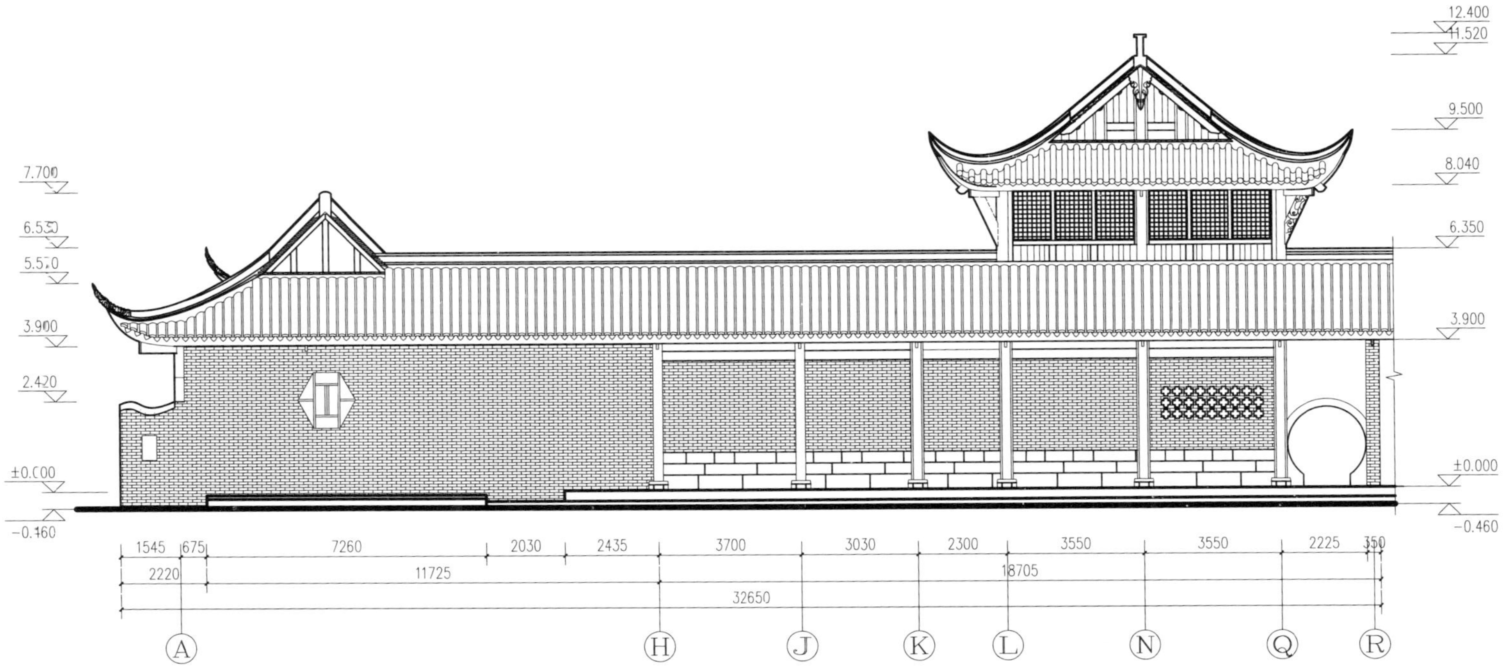
12.400
11.520
9.500
8.040
6.350
3.900
±0.000
-0.460
7.700
6.550
5.570
3.900
2.420
±0.000
-0.160
1545
675
7260
2030
2435
3700
3030
2300
3550
3550
2225
350
2220
11725
18705
32650
A
H
J
K
L
N
Q
R

图 8　禹王宫西侧立面图

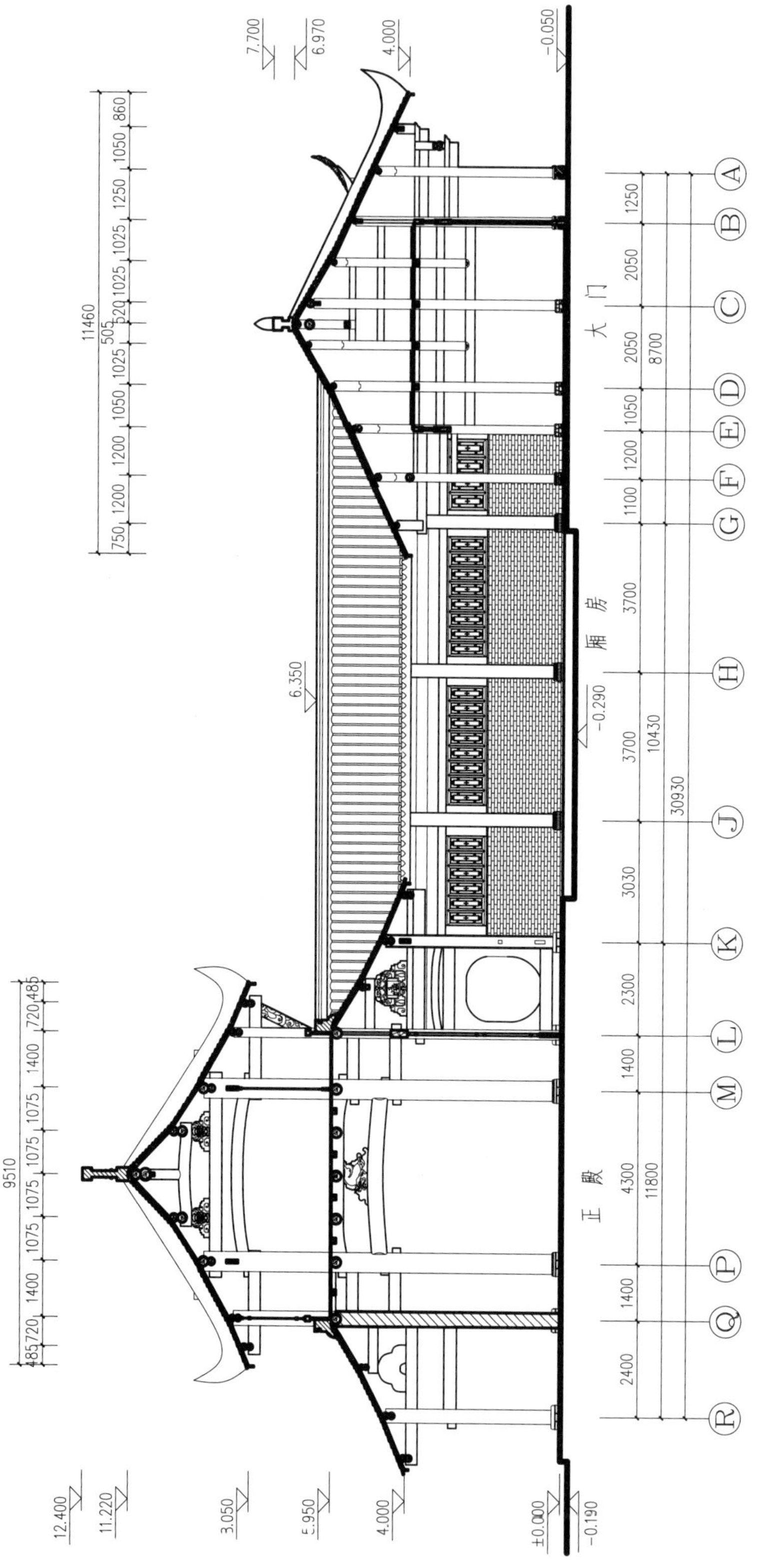
大门
厢房
正殿
11460
9510
8700
10430
30930
11800
7.700
6.970
4.000
-0.050
6.350
-0.290
12.400
11.220
3.050
±0.000
-0.190

图9 1-1剖面图

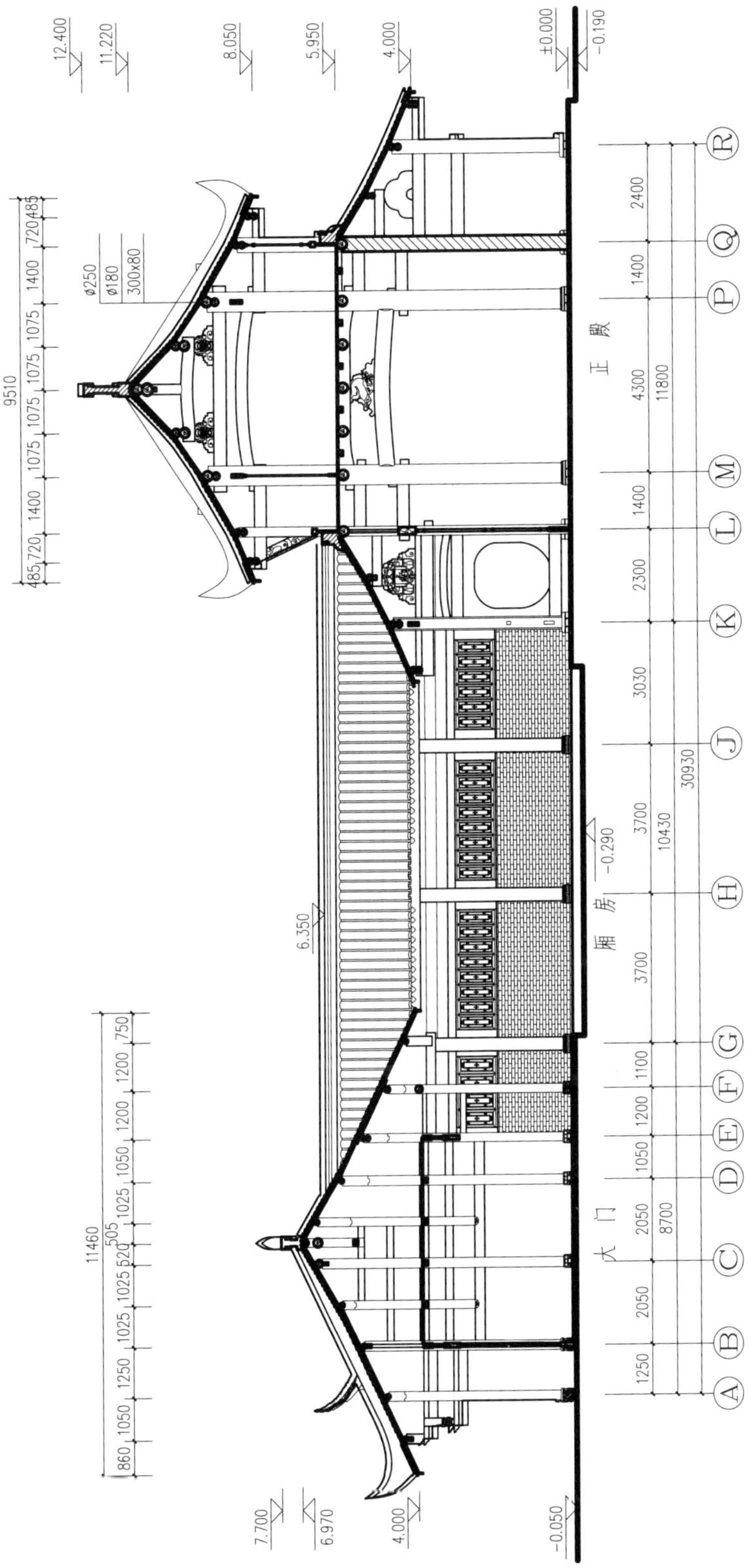
大门
厢房
正殿
A B C D E F G H J K L M P Q R
12.400
11.220
8.050
5.950
4.000
±0.000
-0.190
6.350
-0.290
7.700
6.970
-0.050
9510
11460
11800
10430
30930
8700
Ø250
Ø180
300x80

图10 2-2剖面图

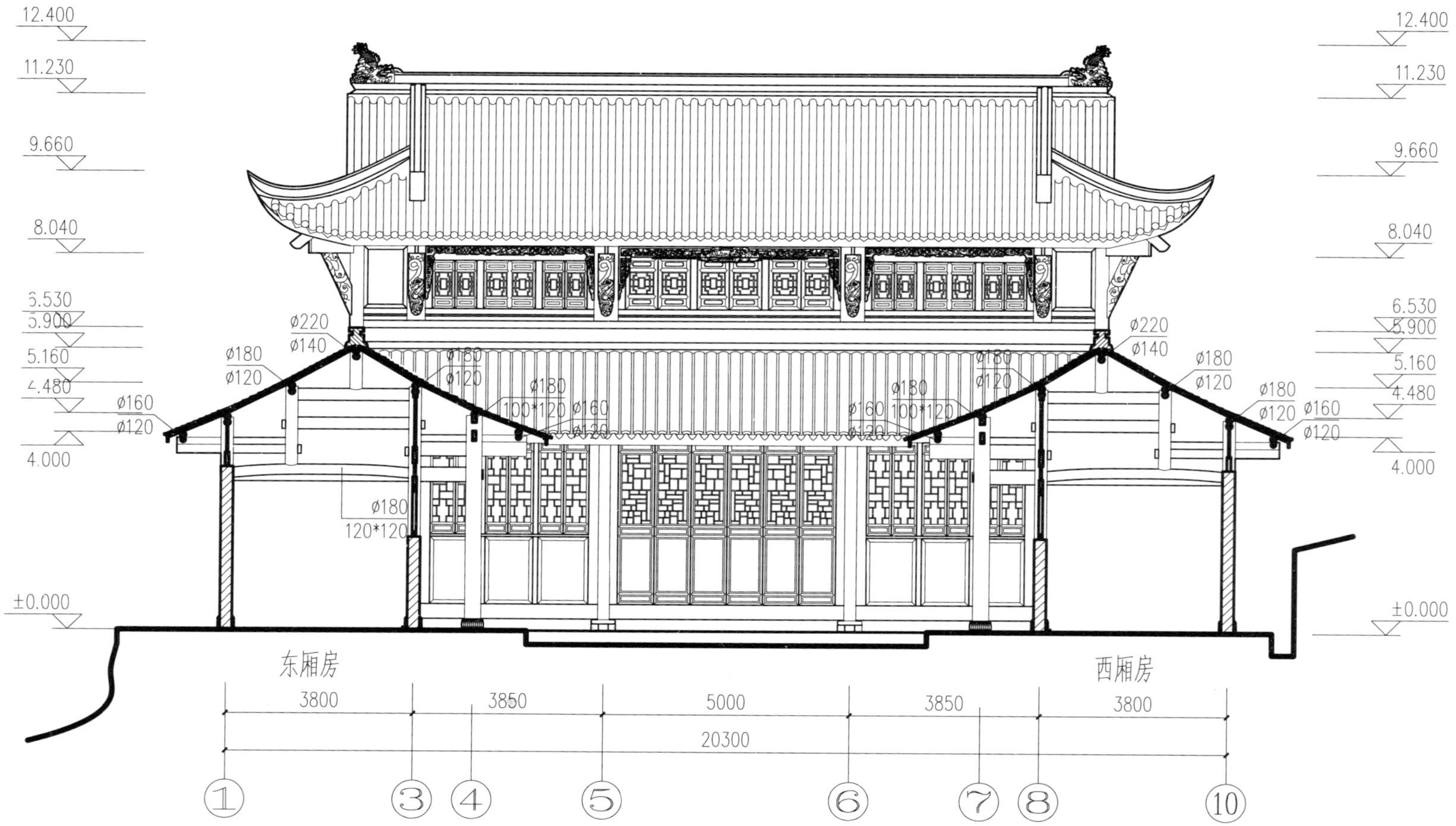
12.400
11.230
9.660
8.040
6.530
5.900
5.160
4.480
4.000
±0.000
ø220
ø140
ø180
ø120
ø160
100*120
120*120
东厢房
西厢房
3800
3850
5000
20300
①
③
④
⑤
⑥
⑦
⑧
⑩

图 11　3-3 剖面图

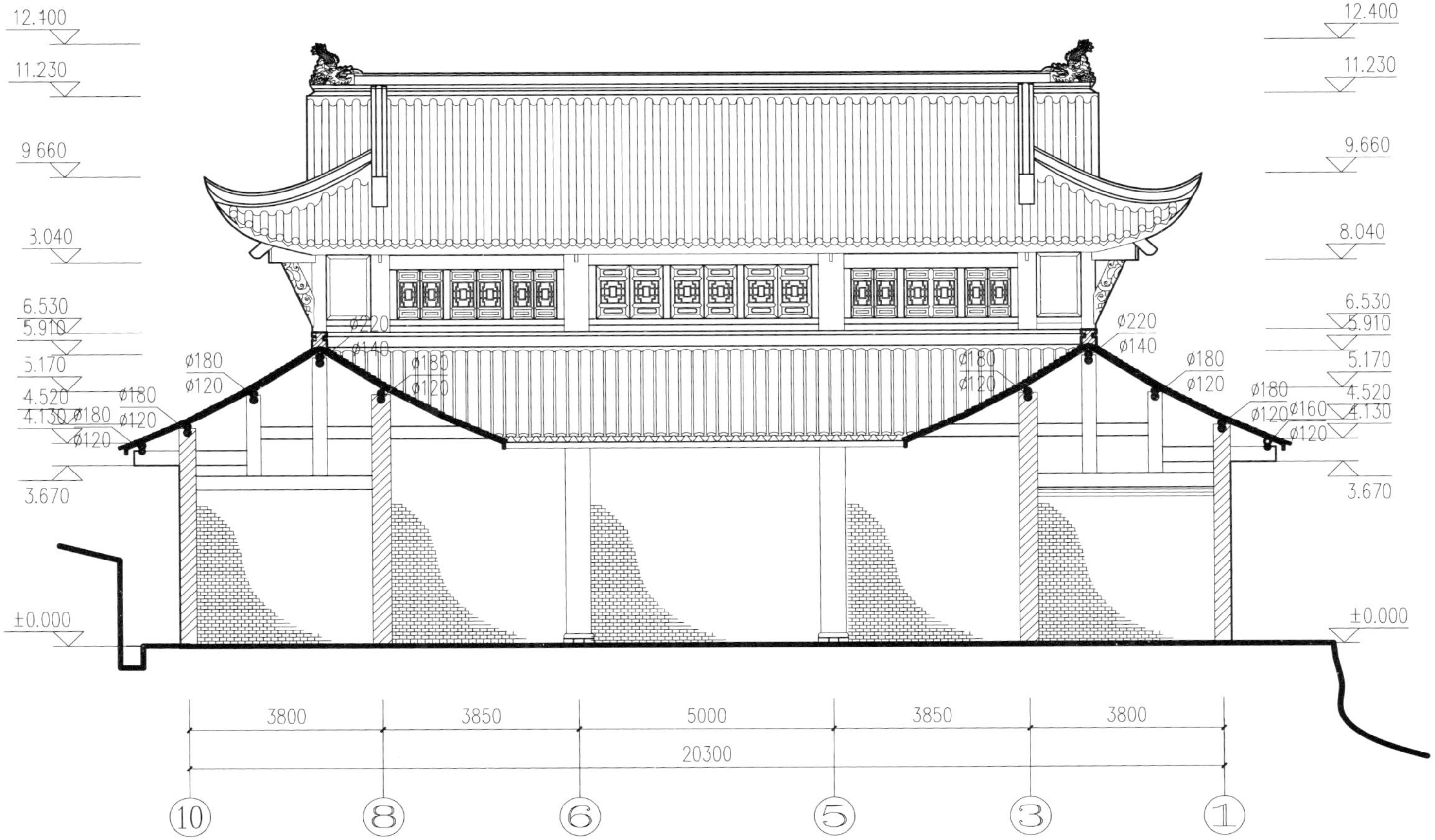
12.400
11.230
9.660
8.040
6.530
5.910
5.170
4.520
4.130
3.670
±0.000
ø220
ø140
ø180
ø160
ø120
3800
3850
5000
3850
3800
20300
⑩
⑧
⑥
⑤
③
①

图 12　4-4 剖面图

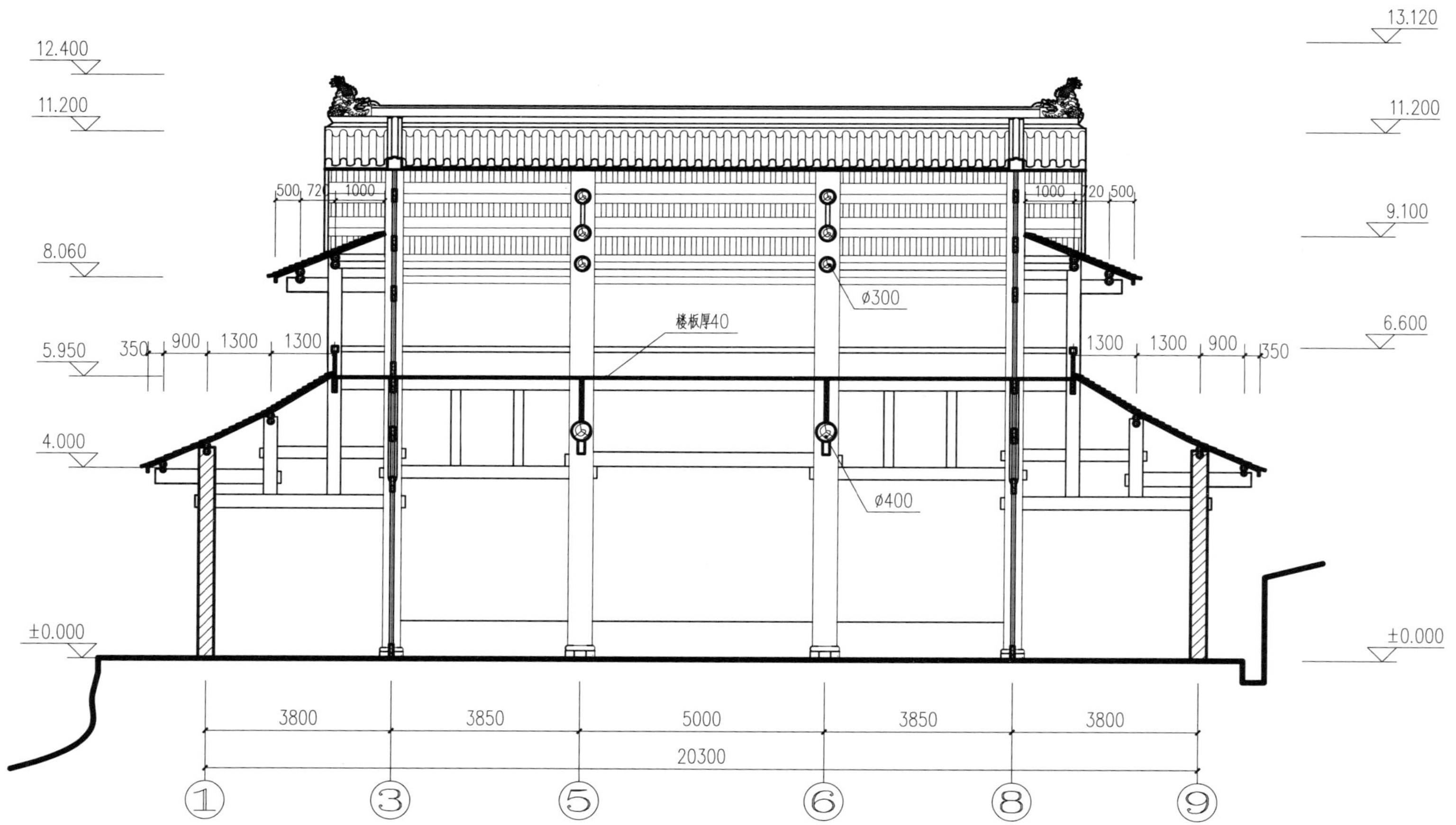
12.400
11.200
8.060
5.950
4.000
±0.000
13.120
11.200
9.100
6.600
±0.000
500 720 1000
1000 720 500
350 900 1300 1300
1300 1300 900 350
ø300
ø400
楼板厚40
3800
3850
5000
3850
3800
20300
①
③
⑤
⑥
⑧
⑨

图 13　5-5 正殿剖面图

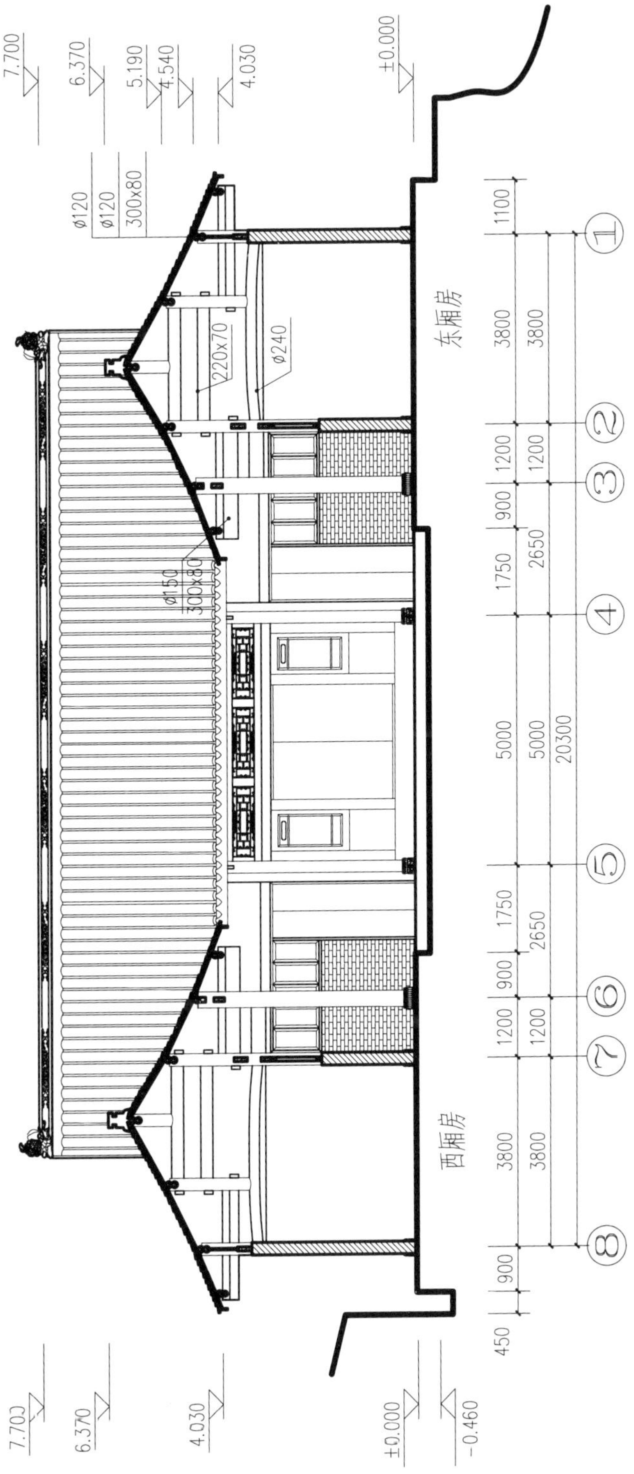
7.700
6.370
5.190
4.540
4.030
±0.000
-0.460
ø120
ø120
300x80
220x70
ø240
ø150
300x80
东厢房
西厢房
1100
3800
1200
900
1750
5000
2650
20300
450
①
②
③
④
⑤
⑥
⑦
⑧

图 14 6-6 剖面图

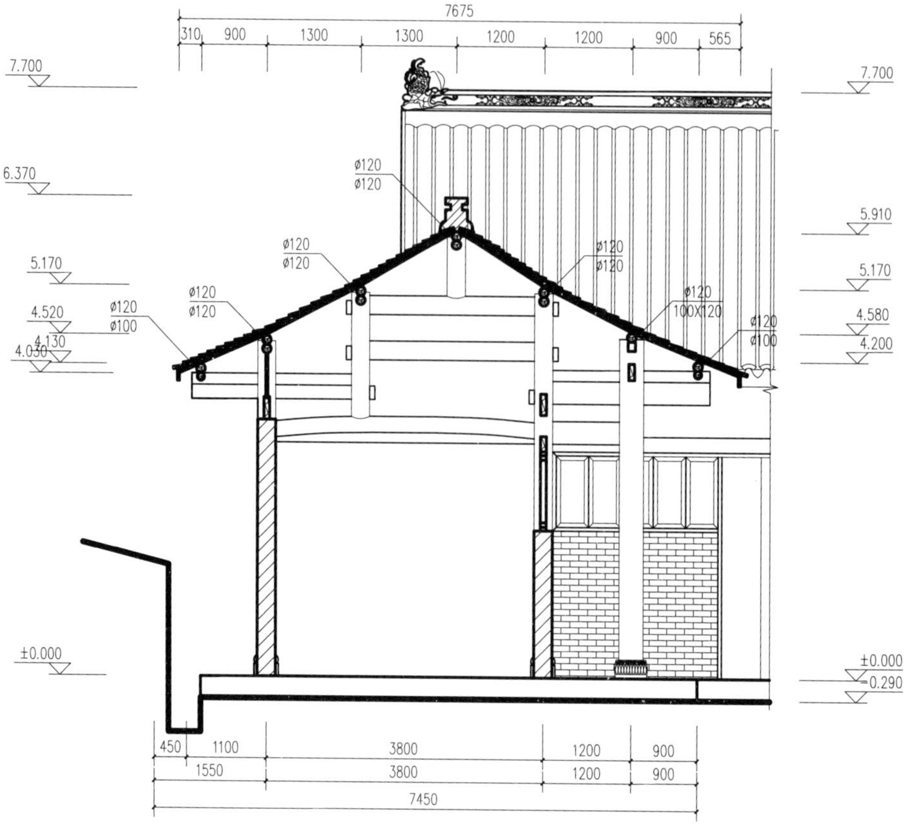

图 15　7-7 西厢房剖面图

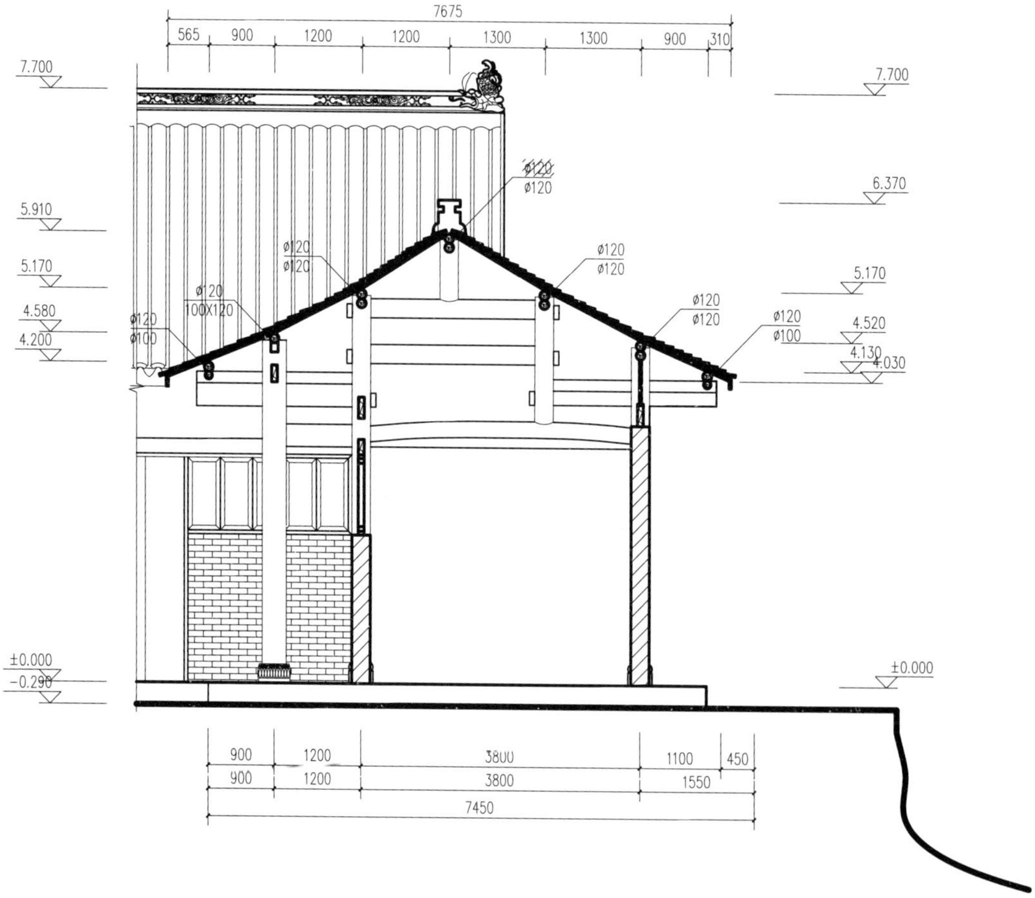

图 16　8-8 东厢房剖面图

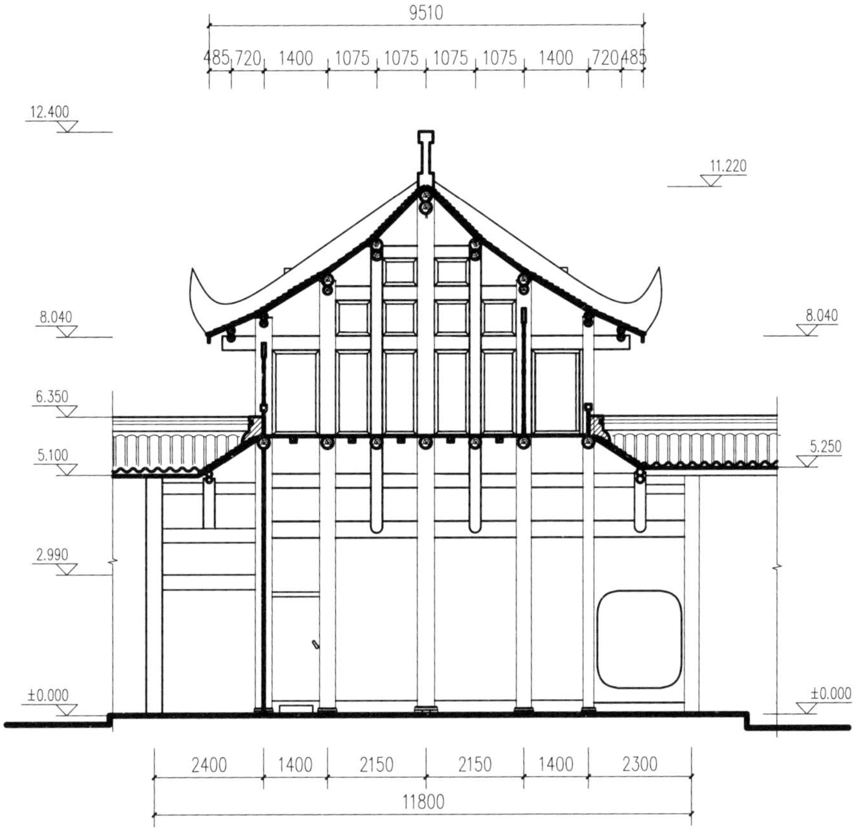

图 17　9-9 正殿剖面图

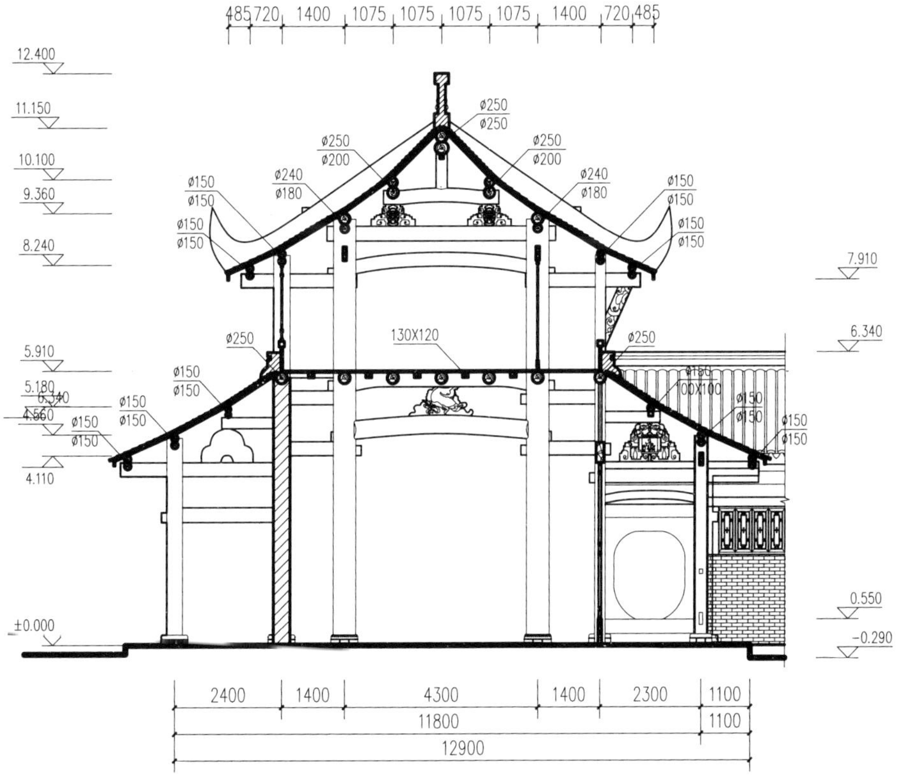

图 18　10-10 正殿剖面图

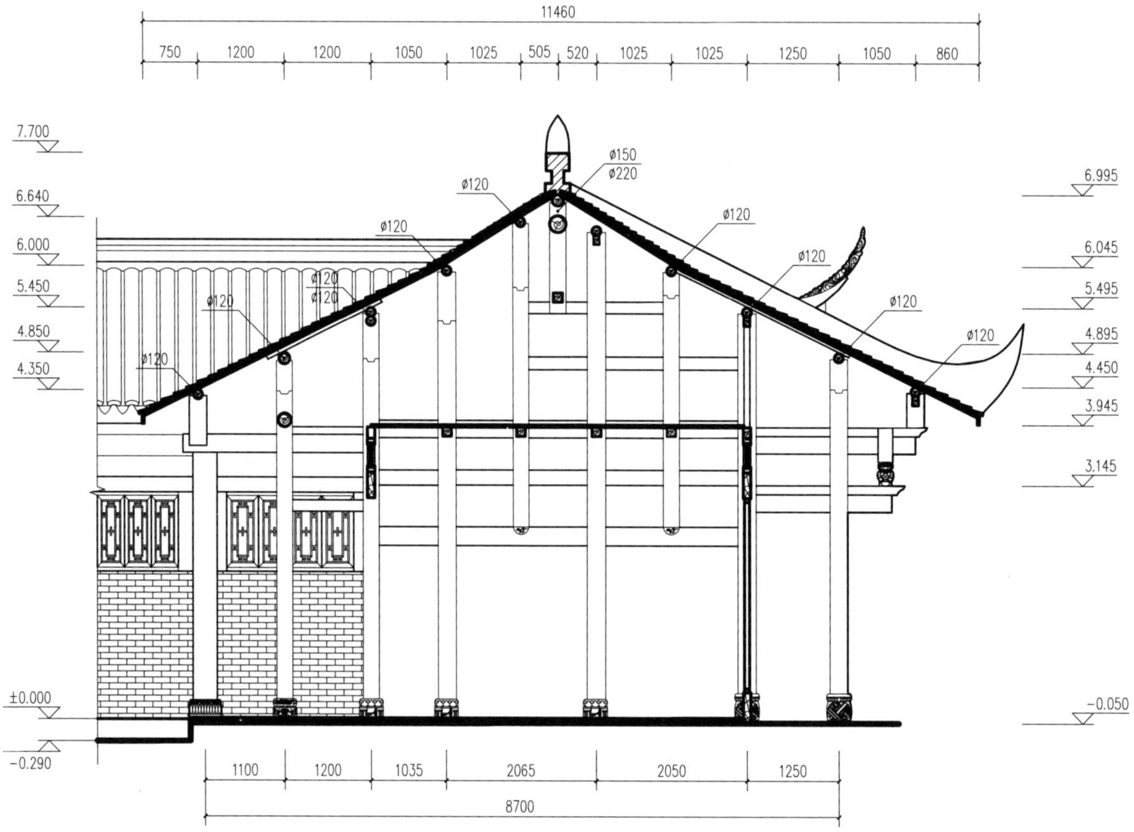

图 19　11-11 大门剖面图

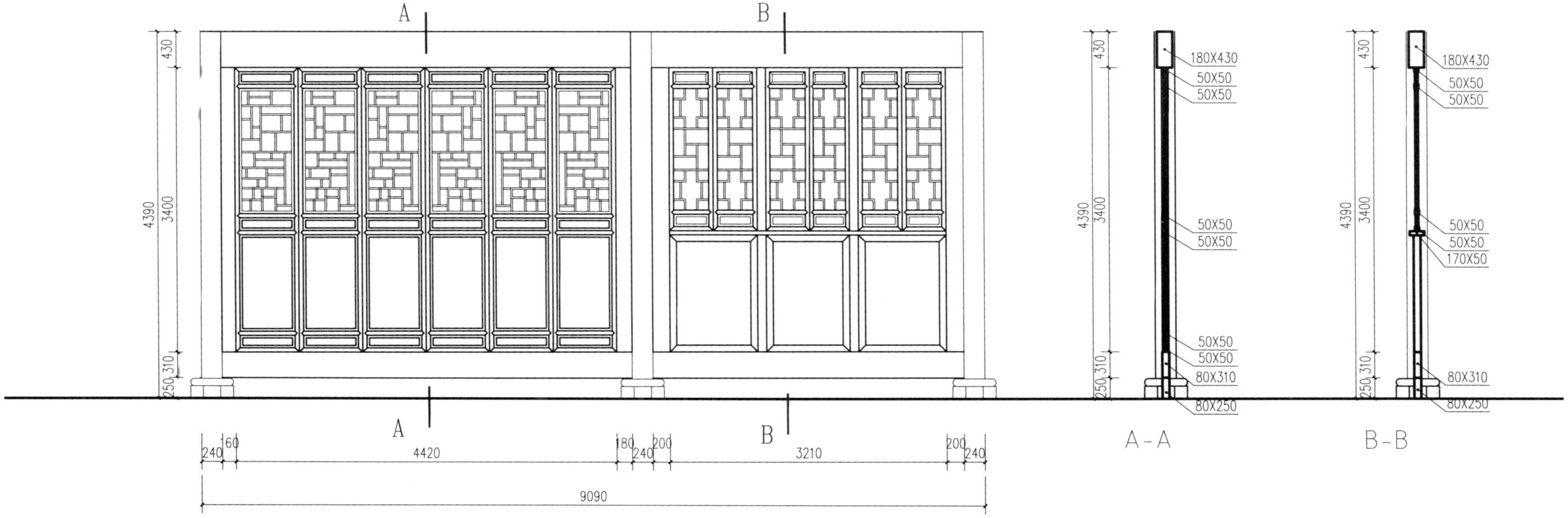
A
B
430
3400
4390
250 310
A
B
240
160
4420
180
240
200
3210
200
240
9090
180X430
50X50
50X50
50X50
50X50
50X50
50X50
80X310
80X250
A-A
180X430
50X50
50X50
50X50
50X50
170X50
80X310
80X250
B-B

图 20 隔扇门详图

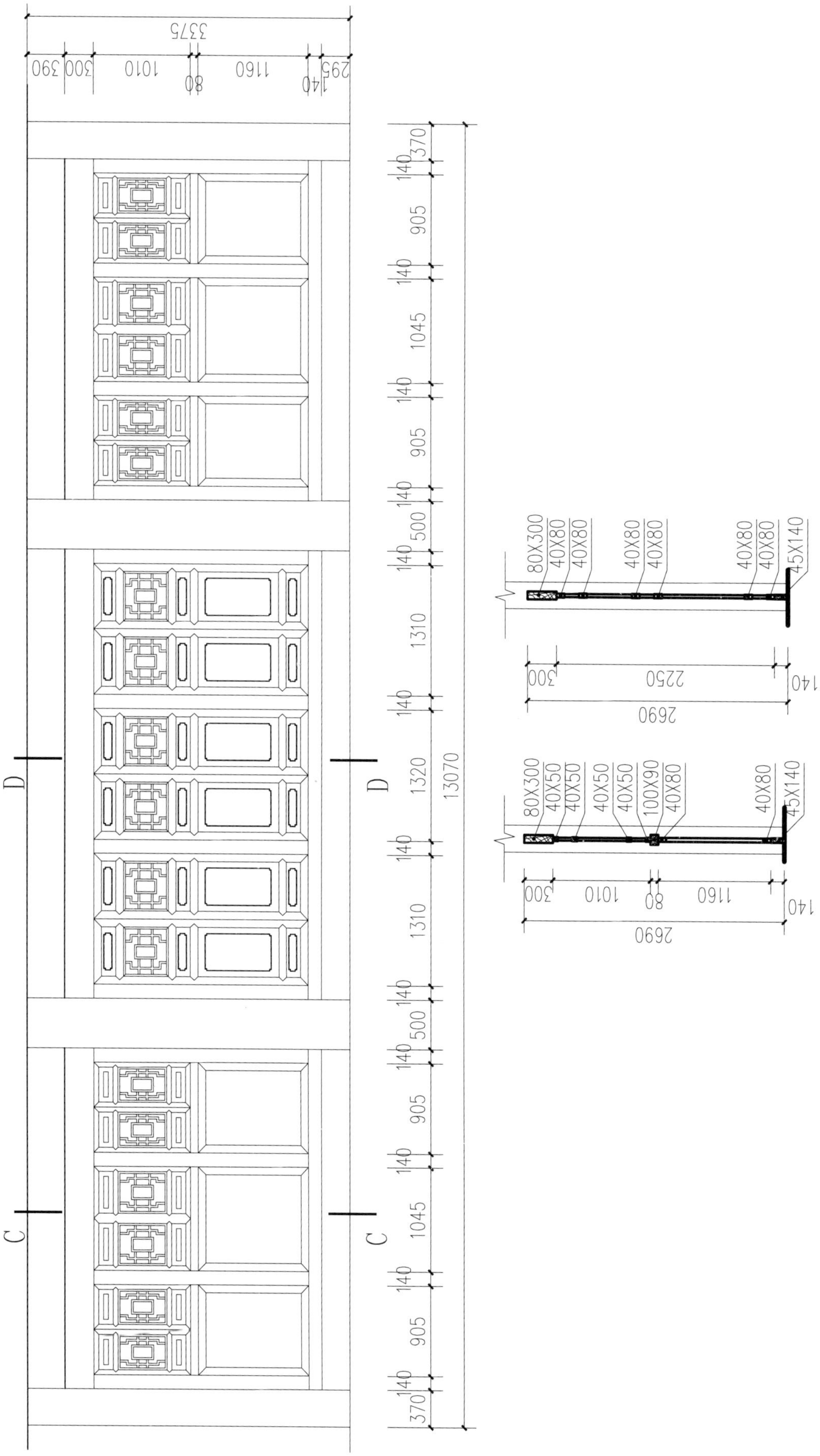

图 21　正殿二层门窗大样

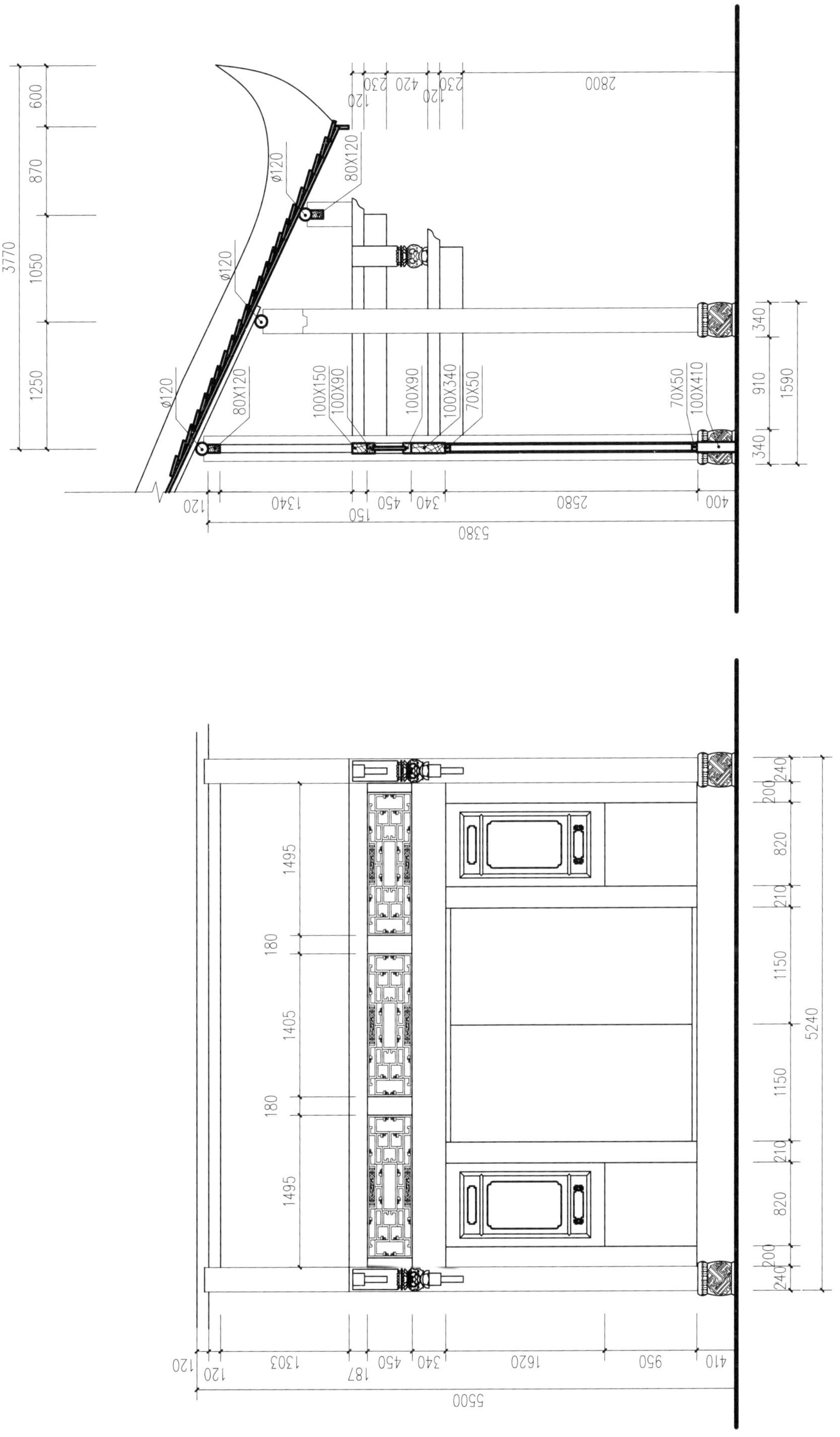
ϕ120
80X120
ϕ120
ϕ120
80X120
100X150
100X90
100X90
100X340
70X50
70X50
100X410
3770
600
870
1050
1250
120
230
420
230
120
2800
340
910
340
1590
120
1340
150
450
340
2580
400
5380
1495
180
1405
180
1495
240
200
820
210
1150
5240
1150
210
820
200
240
120
120
1303
187
450
340
1620
950
410
5500

图 22 门详图

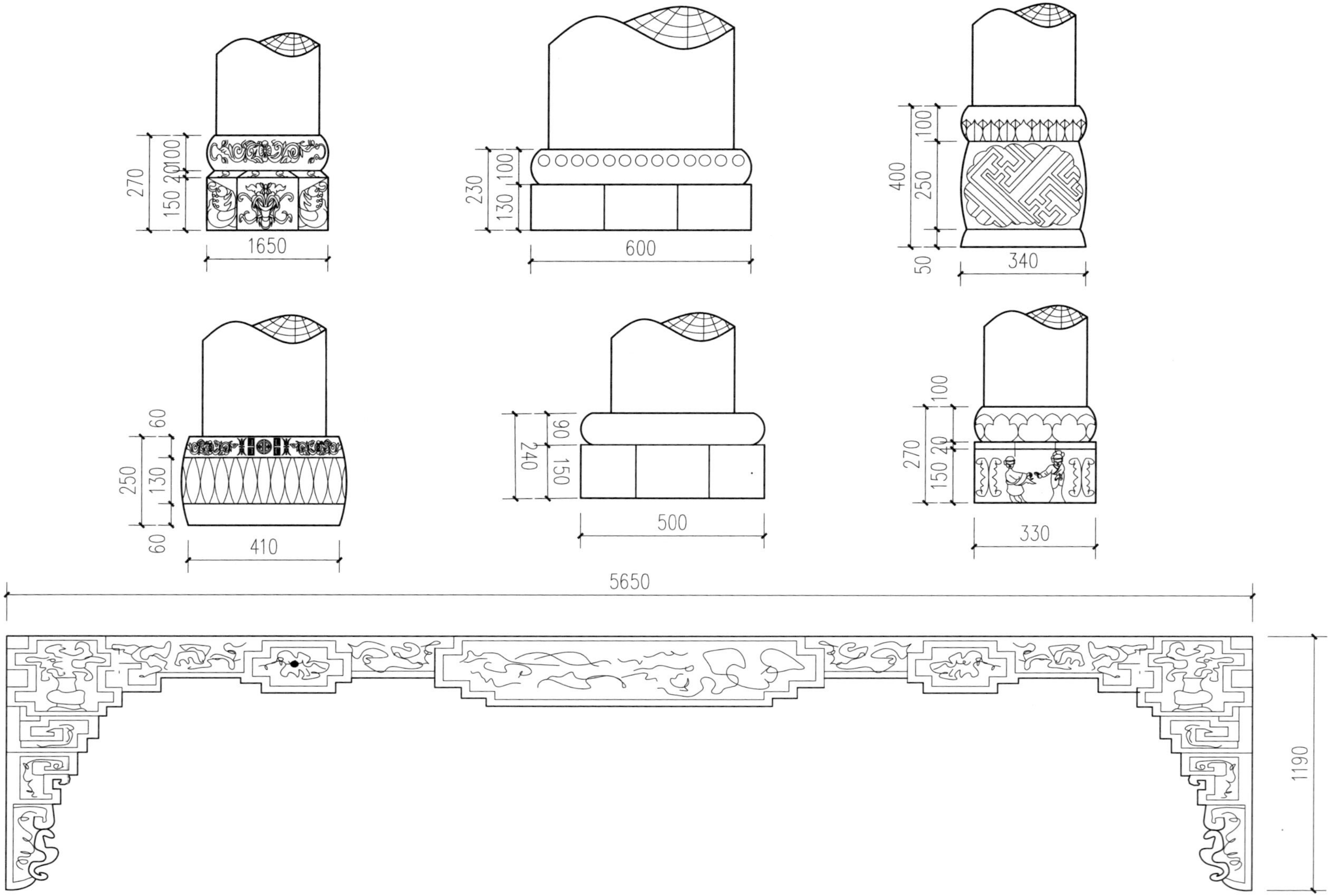

挂落详图

图23　柱础、挂落详图

会东万寿宫正殿

会东万寿宫位于凉山彝族自治州会东县大崇镇烟棚村。

会东万寿宫建于清光绪年间，建筑坐西北朝东南，占地面积约 280 平方米。现存主要建筑包括正殿及右耳房，为硬山屋面，大部分屋面覆小青瓦，正殿两侧山墙墀头上部屋面覆筒瓦屋面。

正殿为穿斗式硬山建筑，面阔三开间，带前檐廊，通面阔约 13.8 米，进深三间，通进深约 13.17 米，通高约 9.66 米，山墙及后檐墙为土坯砖外包青砖砌筑而成，前檐台基处存“千古不朽”残碑一通。

正殿南面配耳房一间，单开间，带前檐廊，面阔约 6.18 米，深约 12.16 米，通高约 8.53 米，山墙及后檐墙为土坯砖外包青砖砌筑而成。

第三次文物普查文物点。

测绘制图：廖树伟、黄健、张应维

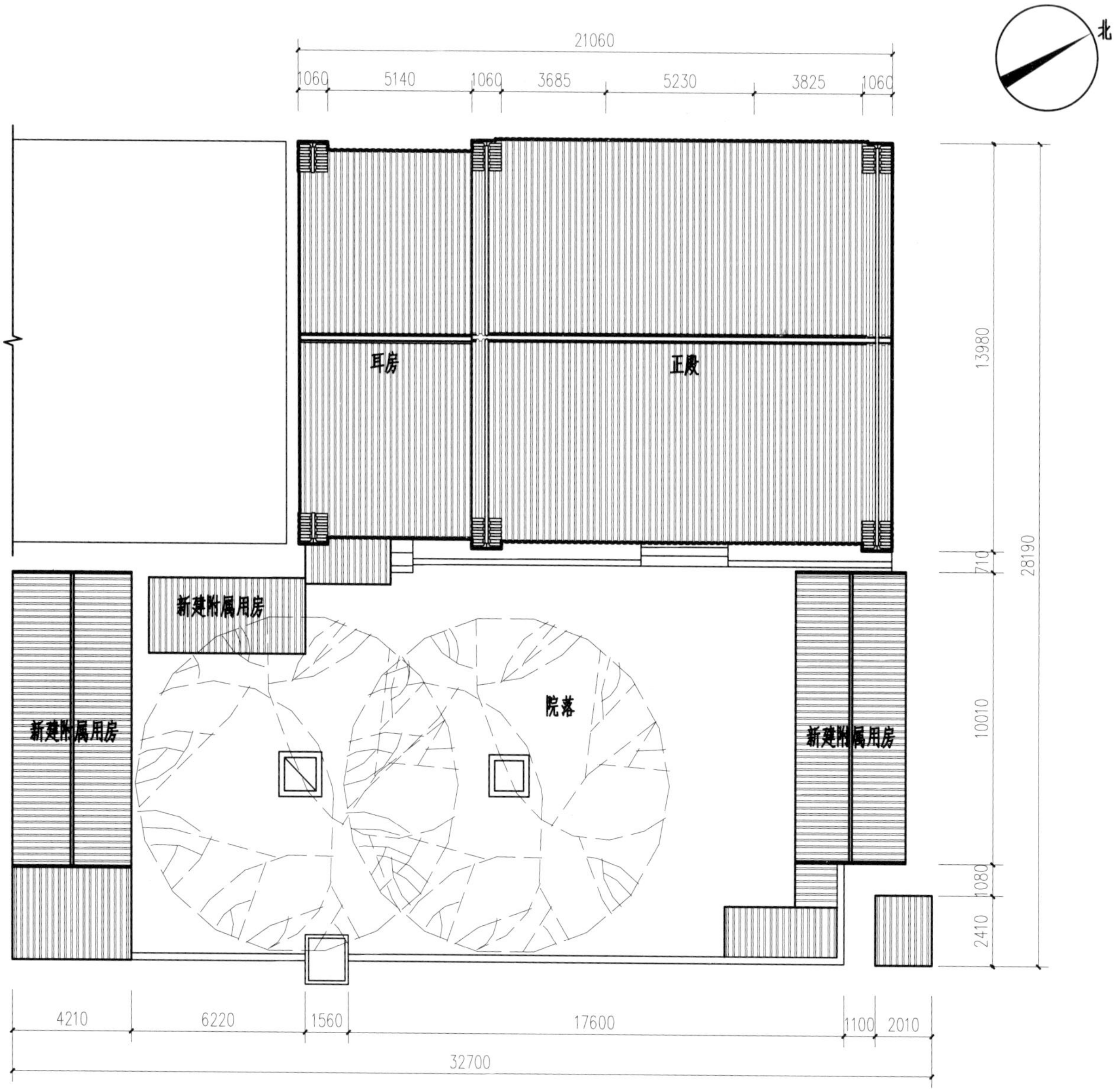
21060
1060
5140
1060
3685
5230
3825
1060
北
耳房
正殿
13980
710
28190
新建附属用房
院落
10010
新建附属用房
新建附属用房
1080
2410
4210
6220
1560
17600
1100
2010
32700

图1　总平面图

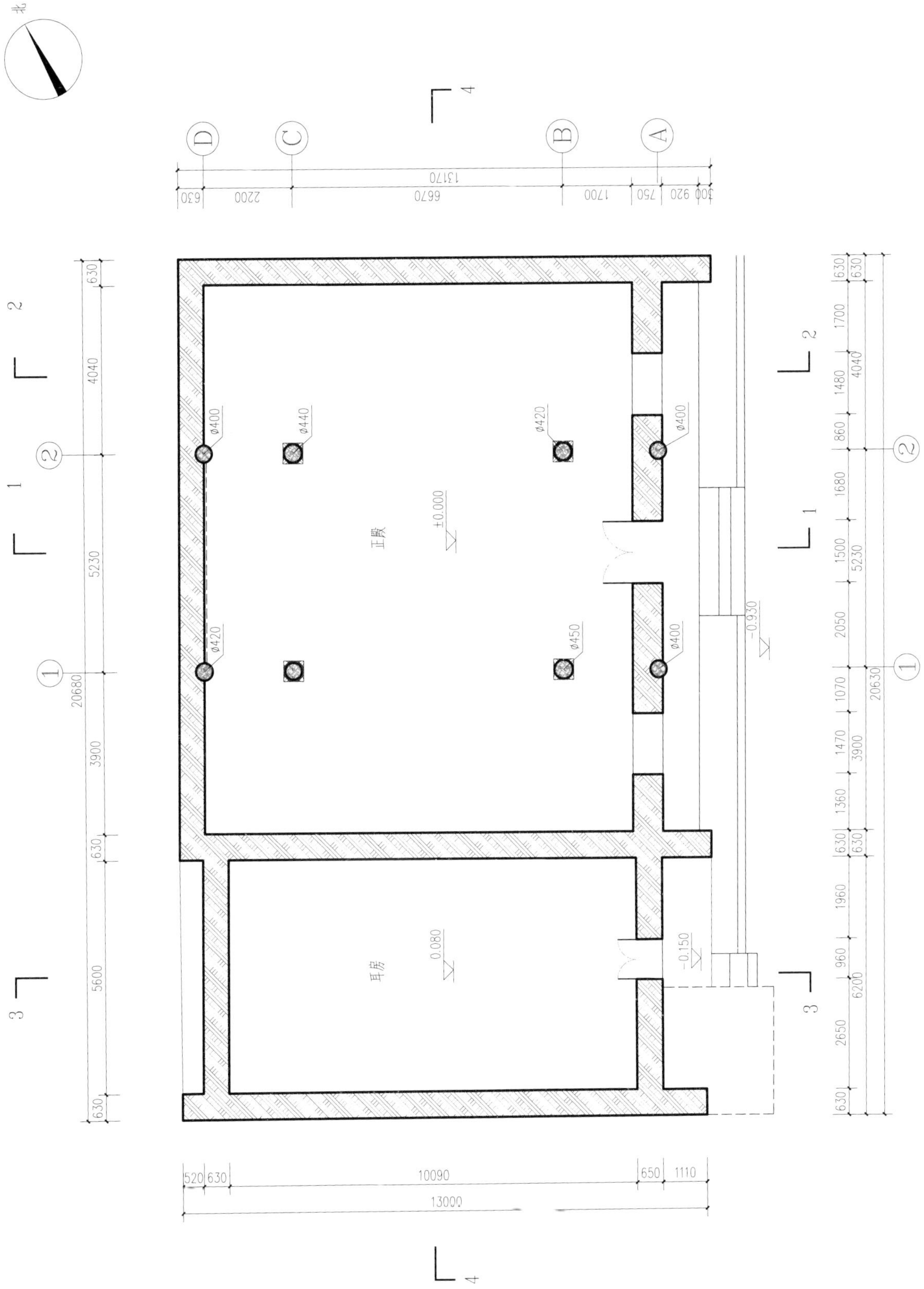
北
正殿
耳房
±0.000
0.080
-0.930
-0.150
A
B
C
D
1
2
13170
630
2200
6670
1700
750
920
300
20680
630
4040
5230
3900
5600
20630
1700
1480
860
1680
1500
2050
1070
1470
1360
1960
960
2650
6200
520
10090
650
1110
13000
ø400
ø440
ø420
ø420
ø450
ø400
ø400

图2 平面图

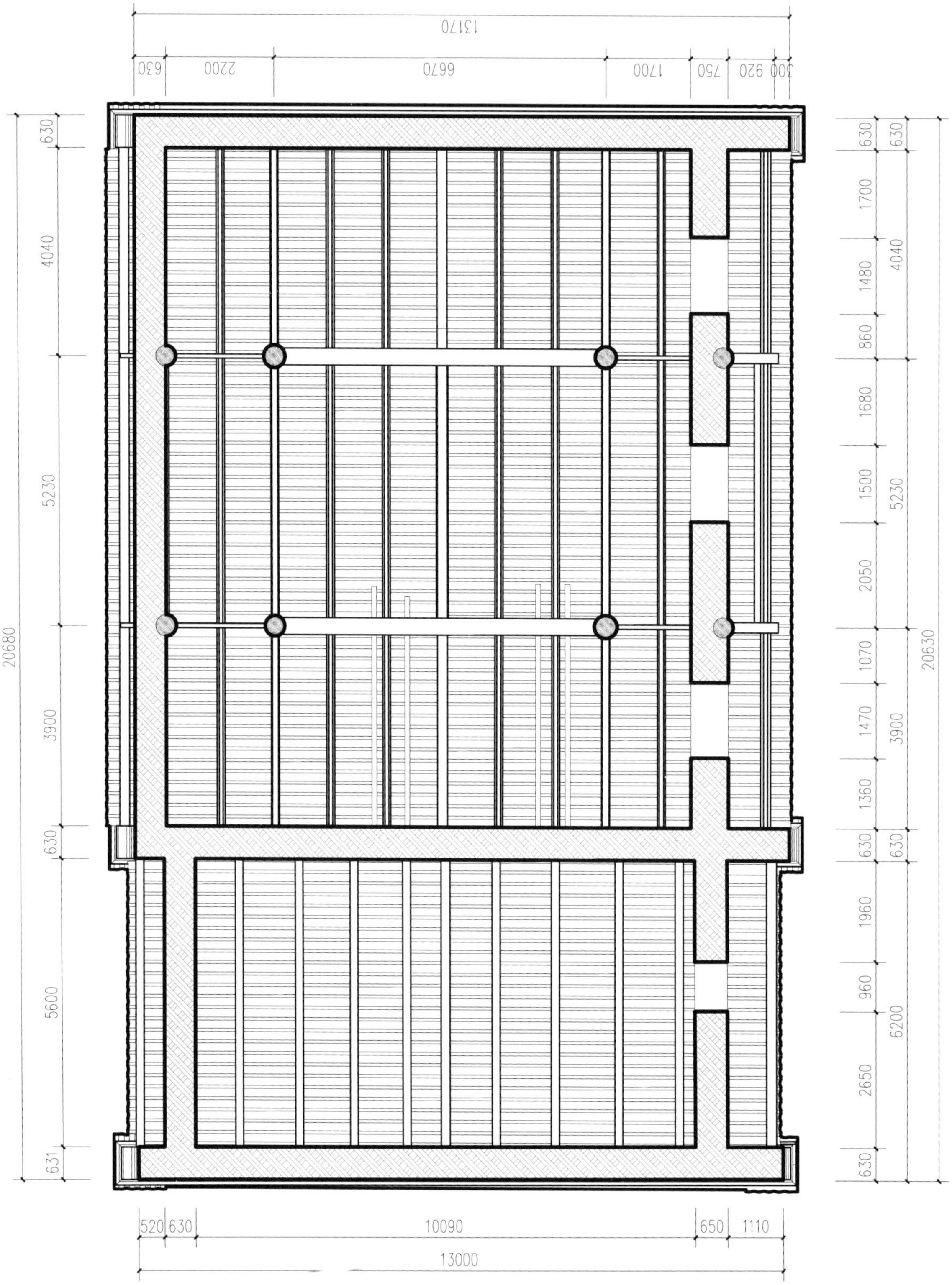
13170
630
2200
6670
1700
750
920
300
630
4040
5230
3900
630
5600
631
20680
1700
1480
860
1680
1500
2050
1070
1470
1360
1960
960
2650
6200
20630
520
10090
650
1110
13000

图3 仰视图

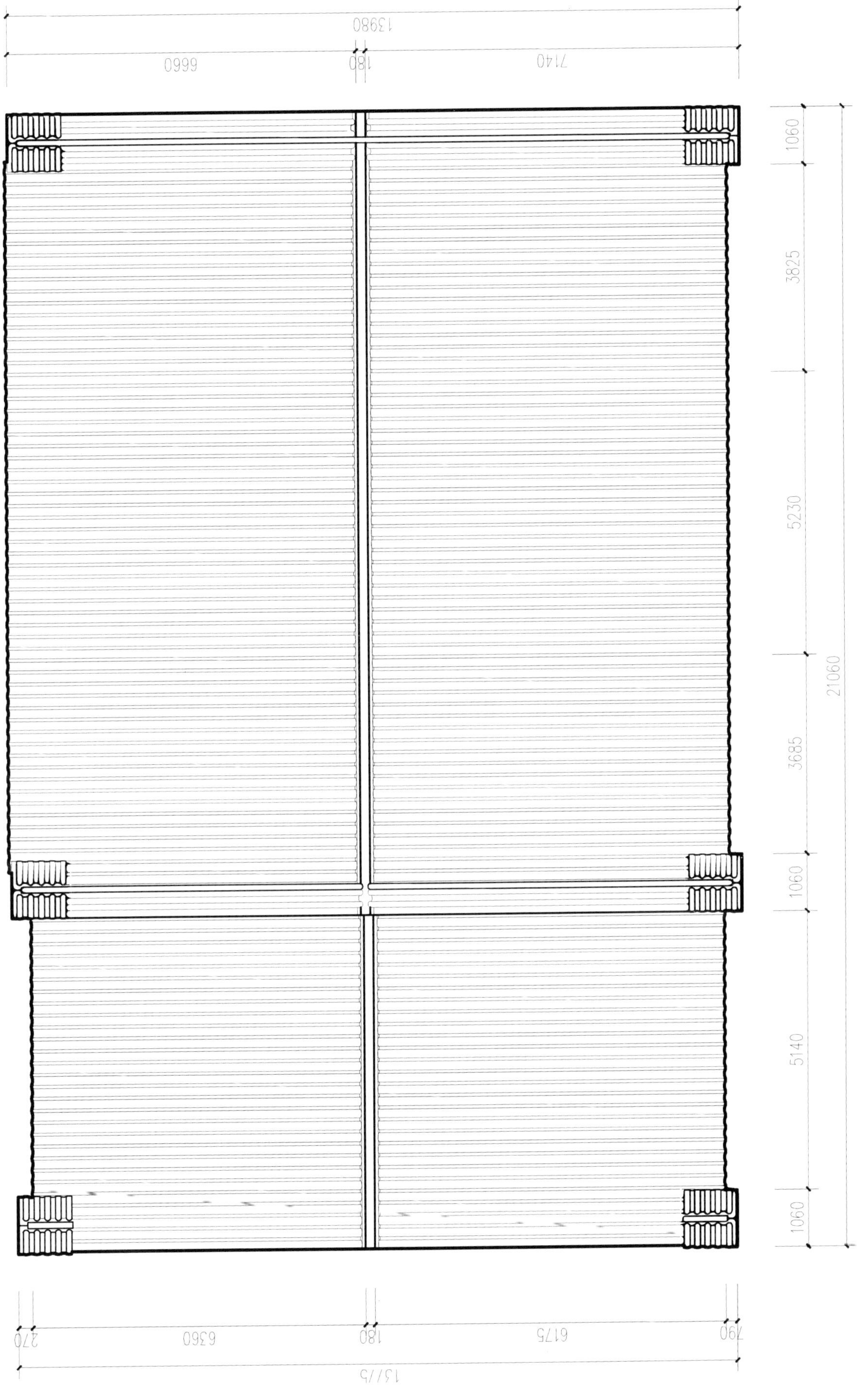
13980
6660
180
7140
1060
3825
5230
21060
3685
1060
5140
1060
270
6360
180
6175
790
13775

图 4 俯视图

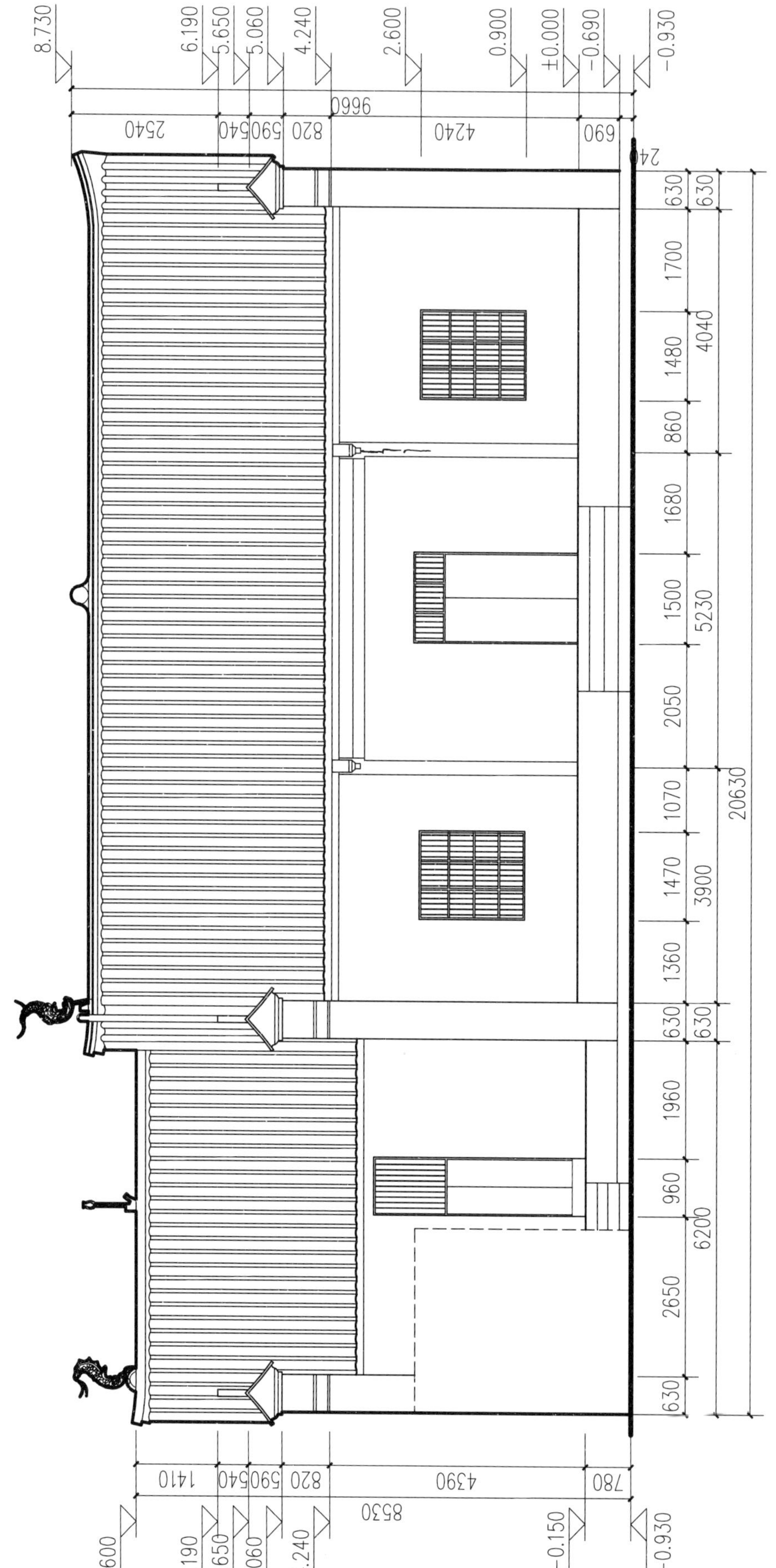
8.730
6.190
5.650
5.060
4.240
2.600
0.900
±0.000
-0.690
-0.930
9960
2540
540
590
820
4240
690
240
630
1700
1480
860
1680
1500
2050
1070
1470
1360
1960
960
2650
4040
5230
3900
6200
20630
1410
4390
780
8530
7.600
-0.150

图5 正立面图

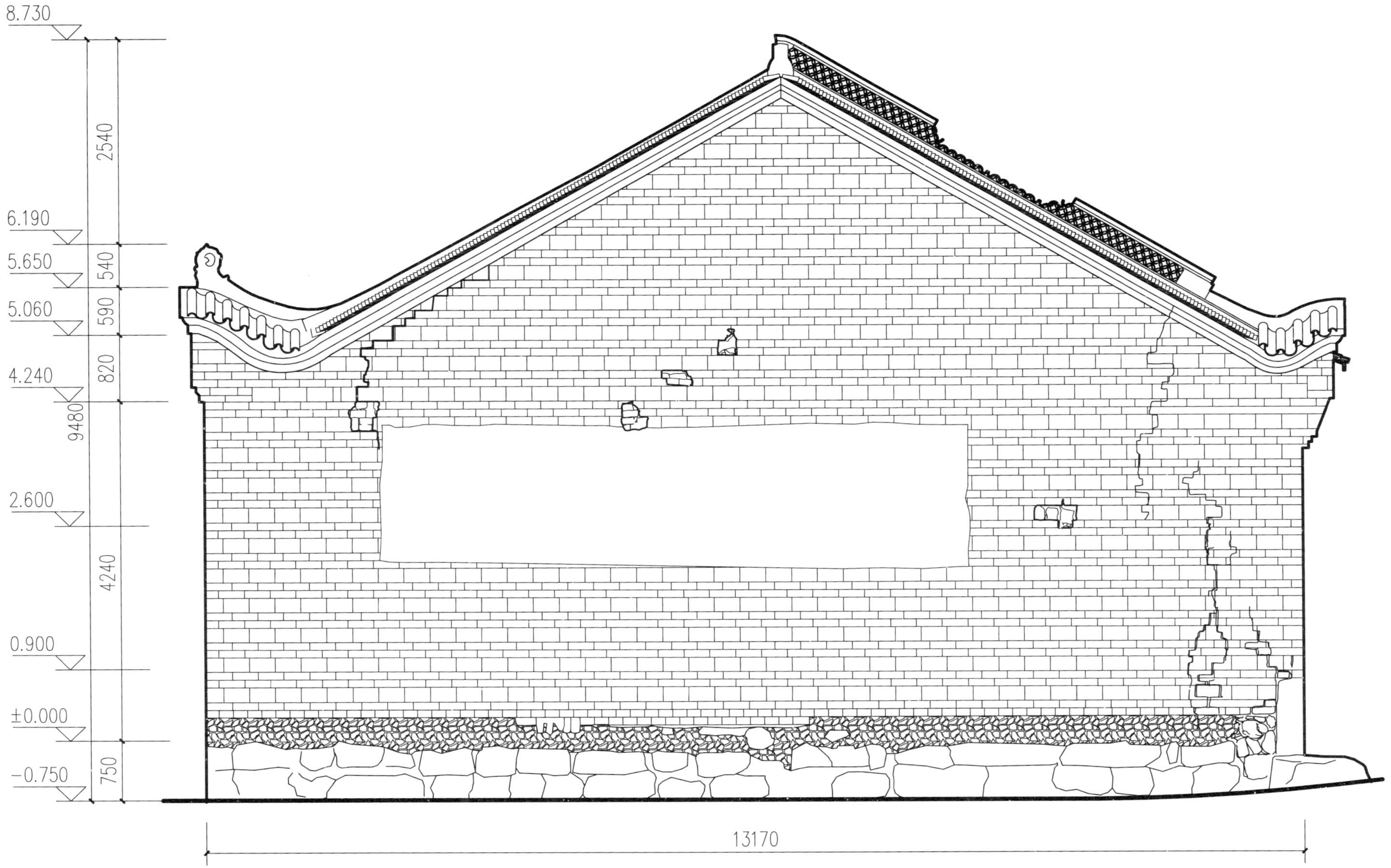

8.730
6.190
5.650
5.060
4.240
2.600
0.900
±0.000
−0.750
2540
540
590
820
4240
750
9480
13170

图 6　正殿侧立面图

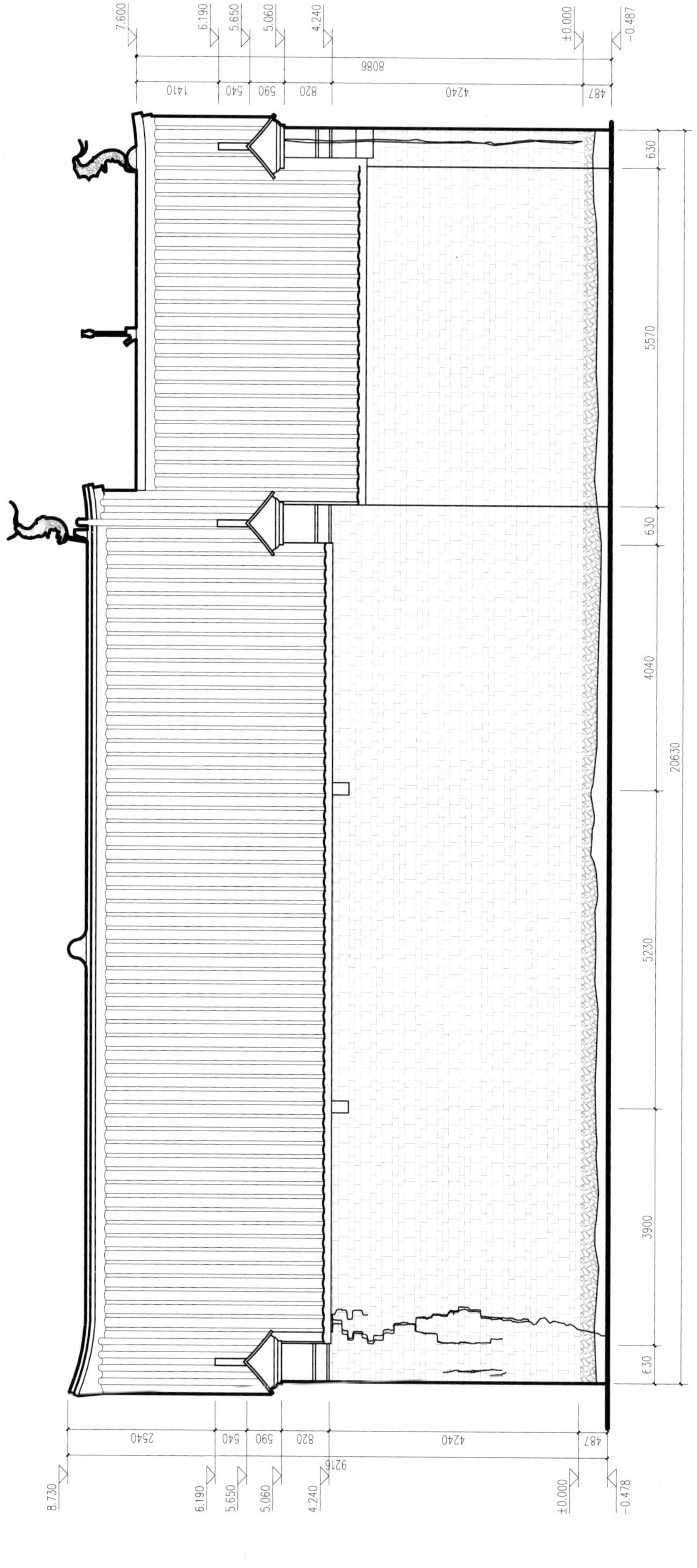

7.600
6.190
5.650
5.060
4.240
±0.000
-0.487
8086
1410
540
590
820
4240
487
630
5570
630
4040
20630
5230
3900
630
2540
540
590
820
4240
487
9216
8.730
6.190
5.650
5.060
4.240
±0.000
-0.478

图 7 背立面图

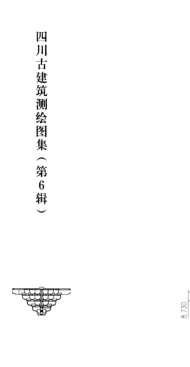

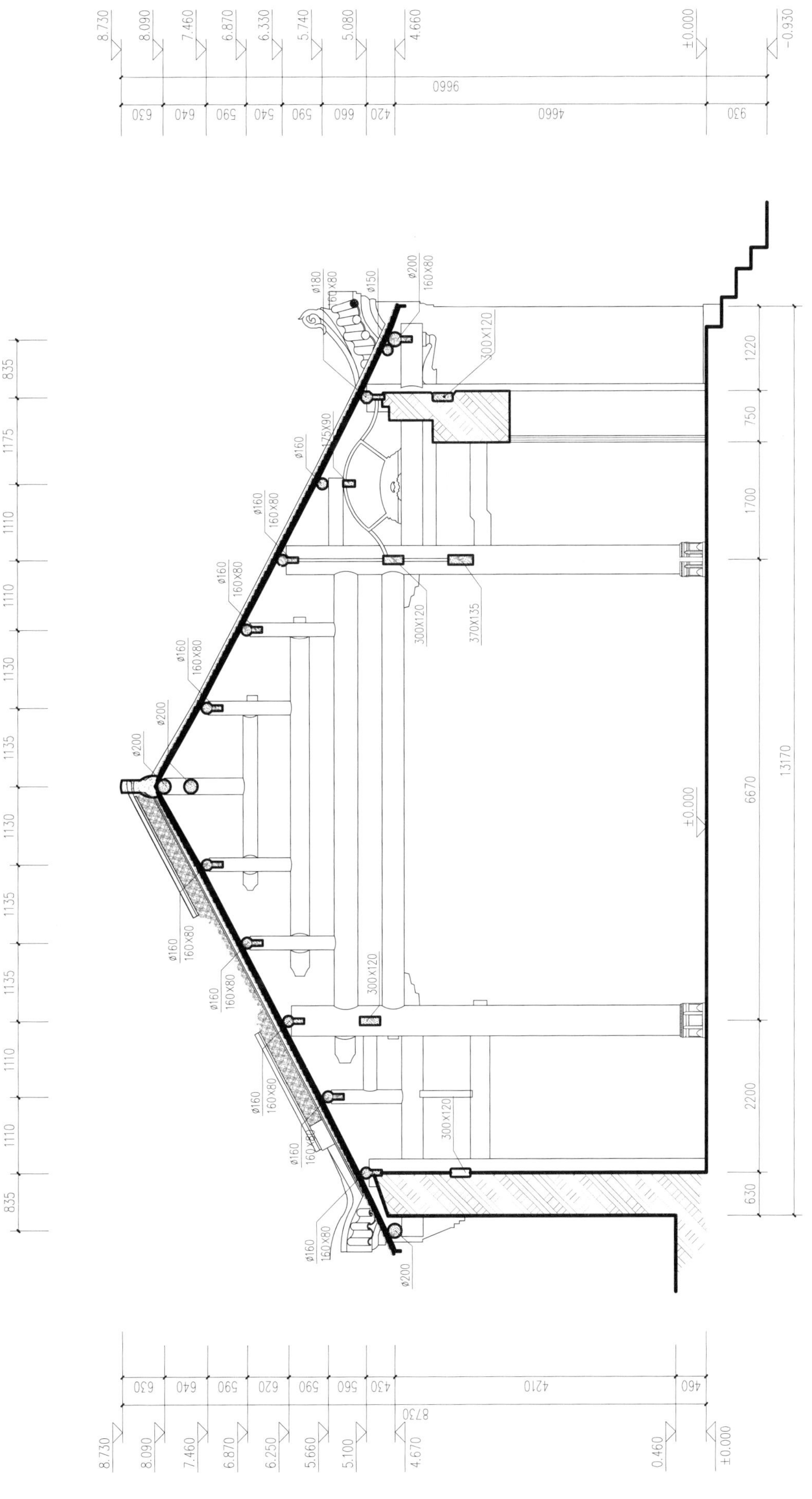
8.730
8.090
7.460
6.870
6.330
5.740
5.080
4.660
±0.000
-0.930
9960
630
640
590
540
590
660
420
4660
930
835
1175
1110
1110
1130
1135
1130
1135
1135
1110
1110
835
ø200
160X80
ø180
160X80
ø150
300X120
175X90
ø160
370X135
1220
750
1700
6670
13170
2200
630
8.730
8.090
7.460
6.870
6.250
5.660
5.100
4.670
0.460
±0.000
8730
630
640
590
620
590
560
430
4210
460

图 8　正殿 1-1 剖面图

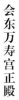

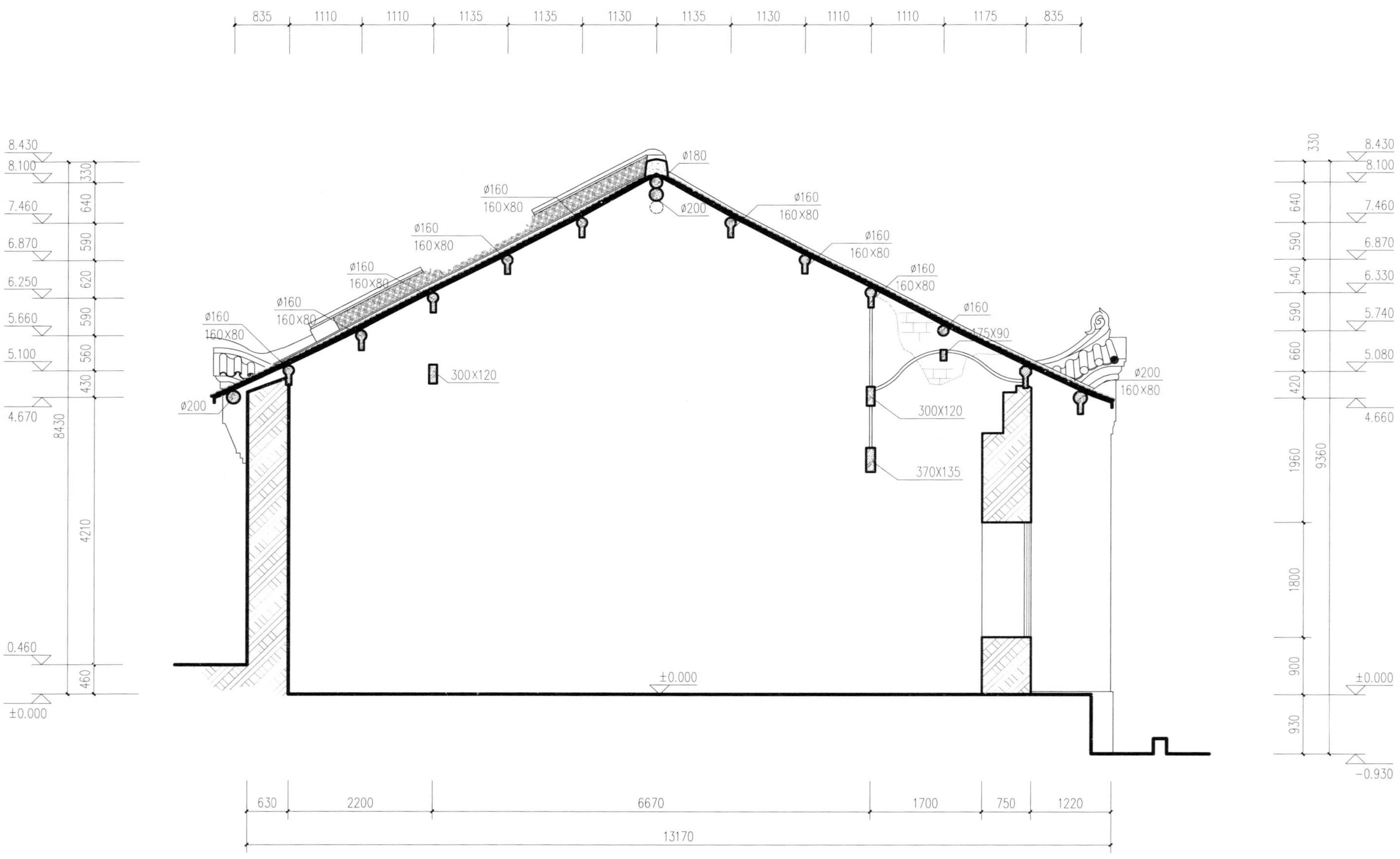
835
1110
1110
1135
1135
1130
1135
1130
1110
1110
1175
835
8.430
8.100
7.460
6.870
6.250
5.660
5.100
4.670
0.460
±0.000
330
640
590
620
590
560
430
4210
460
8430
ø180
ø200
ø160
160X80
300X120
370X135
175X90
6.330
5.740
5.080
4.660
-0.930
540
660
420
1960
1800
900
930
9360
630
2200
6670
1700
750
1220
13170

图9　正殿2-2剖面图

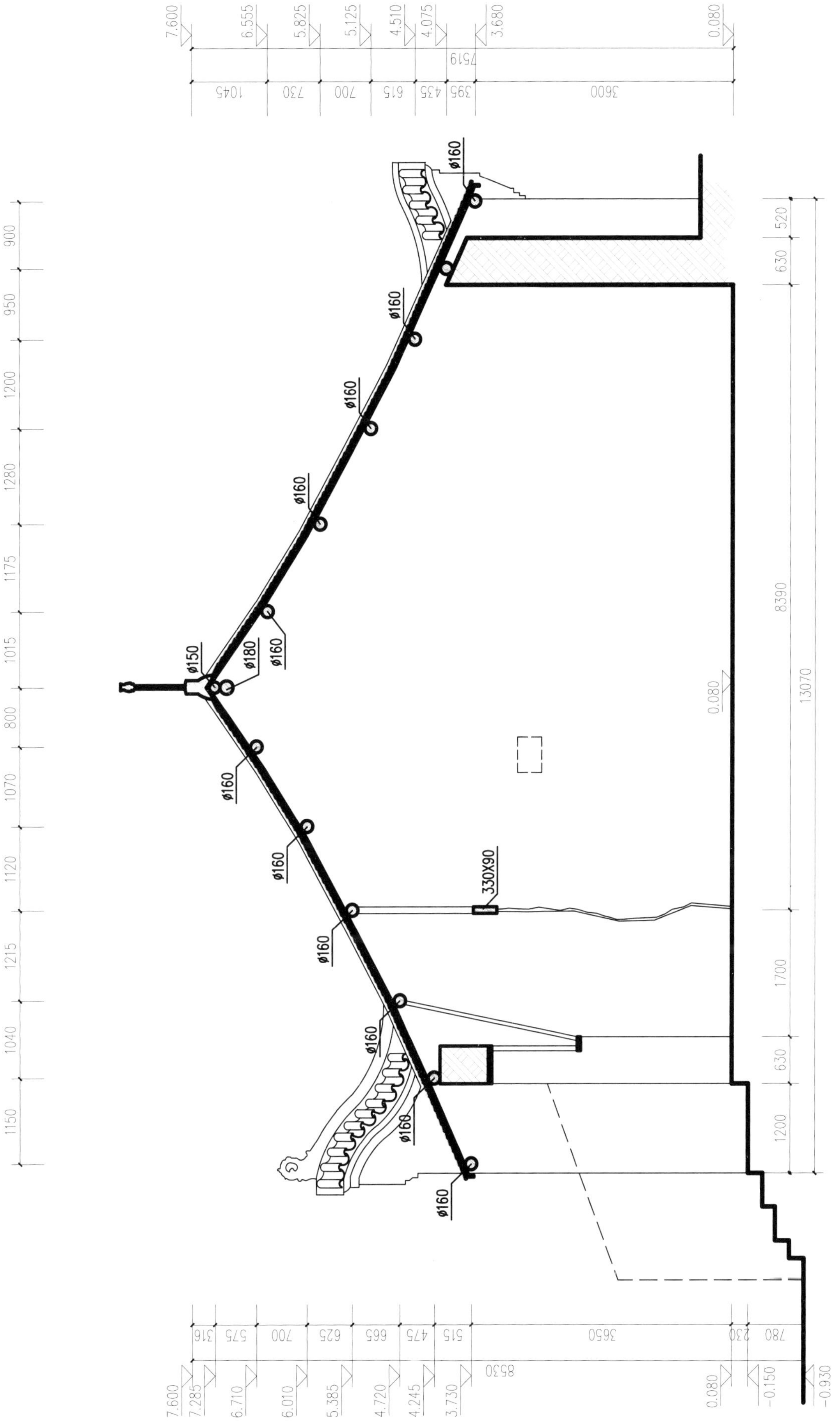
7.600
6.555
5.825
5.125
4.510
4.075
3.680
0.080
7519
1045
730
700
615
435
395
3600
900
950
1200
1280
1175
1015
800
1070
1120
1215
1040
1150
ø160
ø150
ø180
330X90
0.080
520
630
8390
13070
1700
1200
3650
8530
316
575
625
665
475
515
230
780
7.285
6.710
6.010
5.385
4.720
4.245
3.730
-0.150
-0.930

图 10　耳房 3-3 剖面图

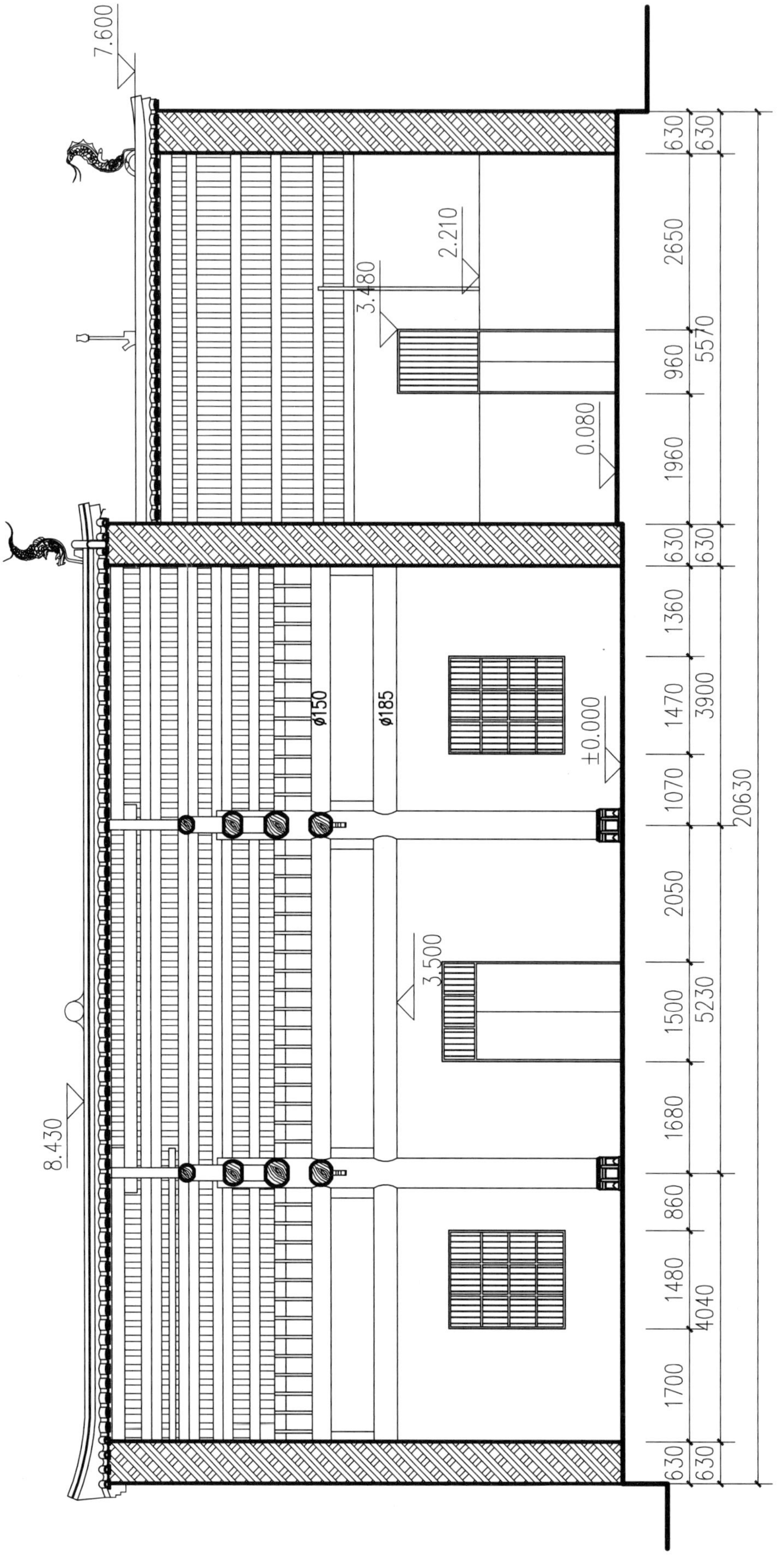
7.600
2.210
3.480
0.080
8.430
3.500
±0.000
ø150
ø185
630
2650
960
1960
1360
1470
1070
2050
1500
1680
860
1480
1700
5570
3900
5230
4040
20630

图 11 耳房 4-4 剖面图

剑阁金仙文庙

金仙文庙位于四川省广元市剑阁县金仙镇。

金仙文庙建于清代。坐南向北，现存大成门、大成殿、东西庑殿围合成四合院建筑。占地面积为 1100 平方米（檐口滴水范围），建筑面积为 628 平方米，为砖木结构。通面阔 23.4 米，通进深 39.15 米，总高 6.96 米。

大成门平面呈长方形，施踏道 6 级。面阔 23.4 米，进深 11.38 米，高 5.56 米。素面台基，穿斗式梁架结构，施前檐廊。单檐悬山顶，小青瓦屋面。

大成殿平面呈长方形，面阔 5 间，进深 4 间，高 6.96 米。施踏道 7 级，抬梁穿斗混合式结构。单檐歇山顶，小青瓦屋面。

东西庑殿平面呈长方形，面阔 19.7 米，进深 4.4 米，高 4.83 米。抬梁穿斗混合式结构。单檐悬山顶，小青瓦屋面。

四川省文物保护单位。

测绘制图：戴旭斌

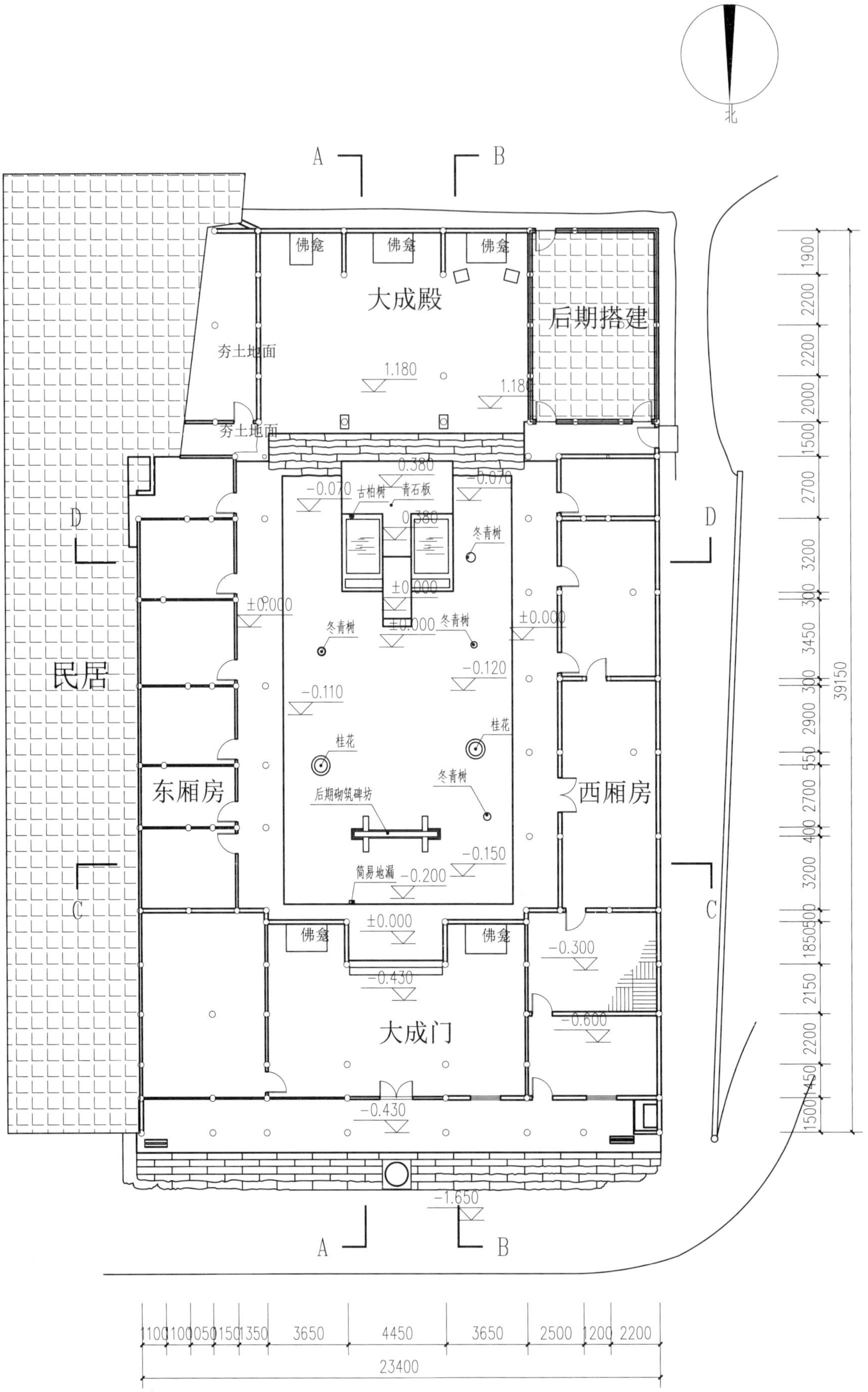

北
A
B
佛龛
佛龛
佛龛
大成殿
后期搭建
夯土地面
1.180
夯土地面
0.380
-0.070
古柏树
青石板
-0.070
0.380
冬青树
D
D
±0.000
±0.000
±0.000
冬青树
冬青树
±0.000
民居
-0.120
-0.110
桂花
桂花
冬青树
东厢房
后期砌筑碑坊
西厢房
-0.150
简易地漏
-0.200
C
C
±0.000
佛龛
佛龛
-0.300
-0.430
-0.600
大成门
-0.430
-1.650
A
B
1900
2200
2200
2000
1500
2700
3200
300
3450
300
2900
550
2700
400
3200
500
1850
2150
2200
1450
1500
39150
1100
1100
1050
1150
1350
3650
4450
3650
2500
1200
2200
23400

图1 总平面图

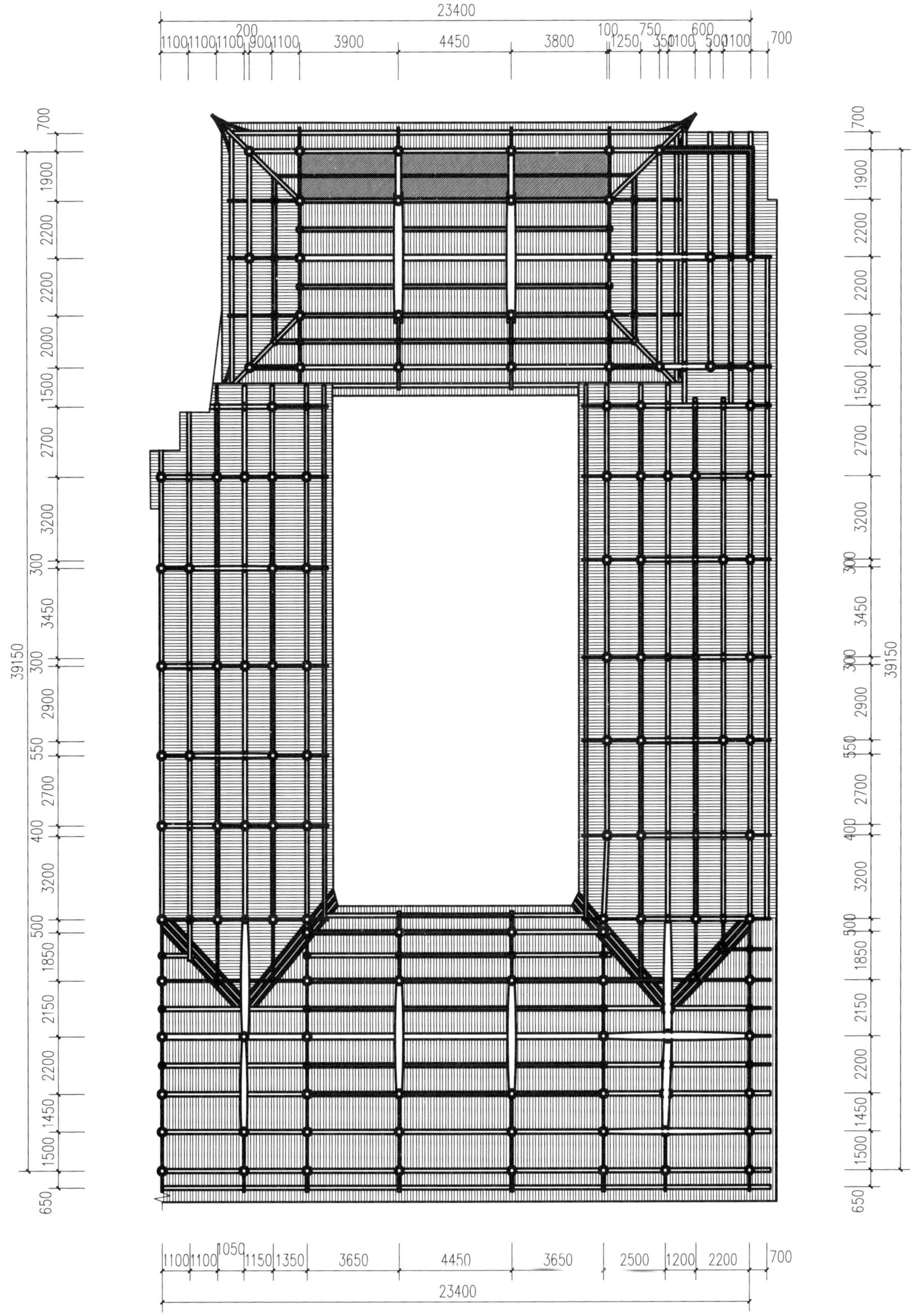
23400
200
1100 1100 1100 900 1100 3900 4450 3800 100 1250 750 350 100 500 600 100 700
700 1900 2200 2200 2000 1500 2700 3200 300 3450 300 2900 550 2700 400 3200 500 1850 2150 2200 1450 1500 650
39150
1100 1100 1050 1150 1350 3650 4450 3650 2500 1200 2200 700
23400

图 2　仰视图

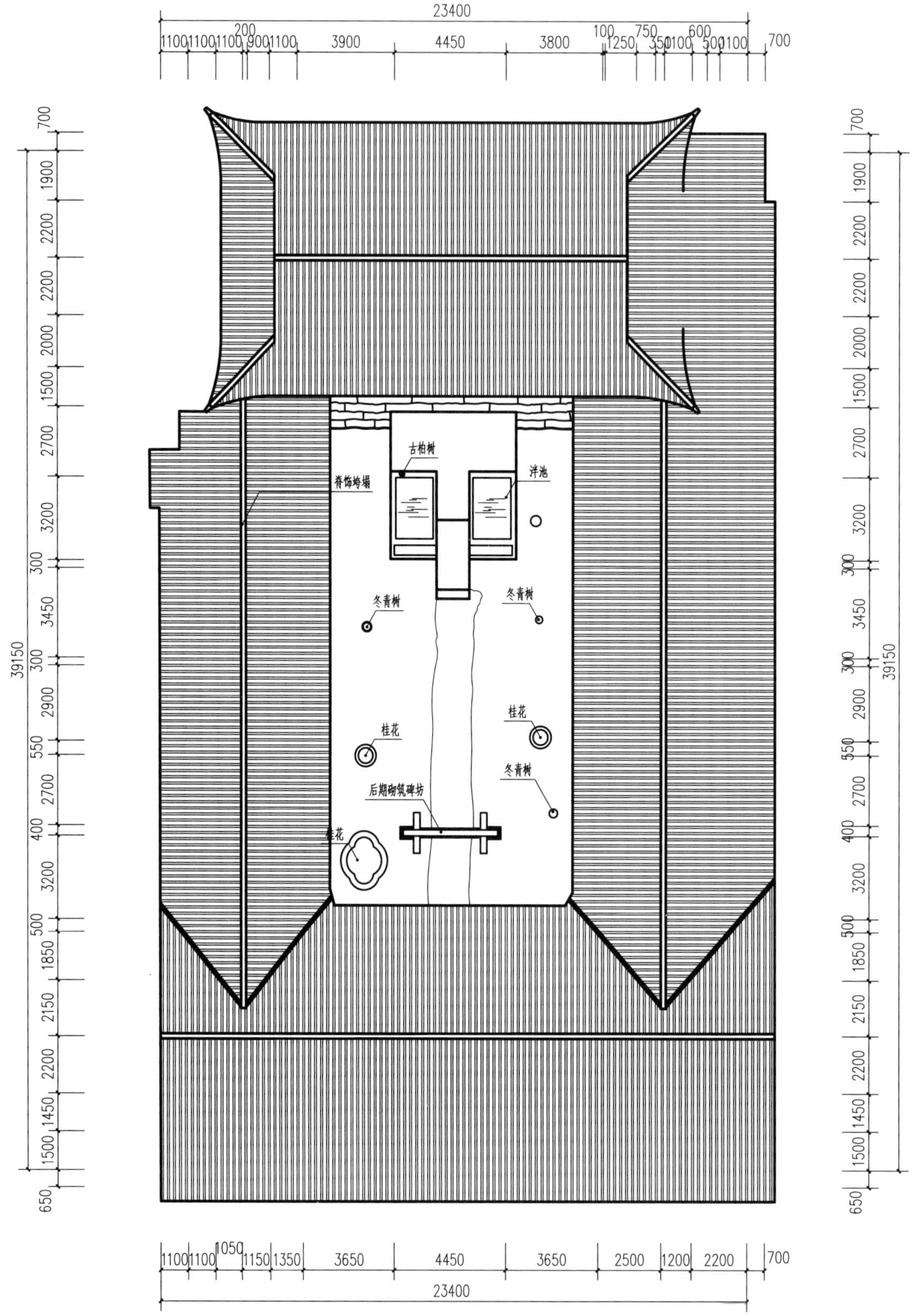

图3　俯视图

图 4　正立面图

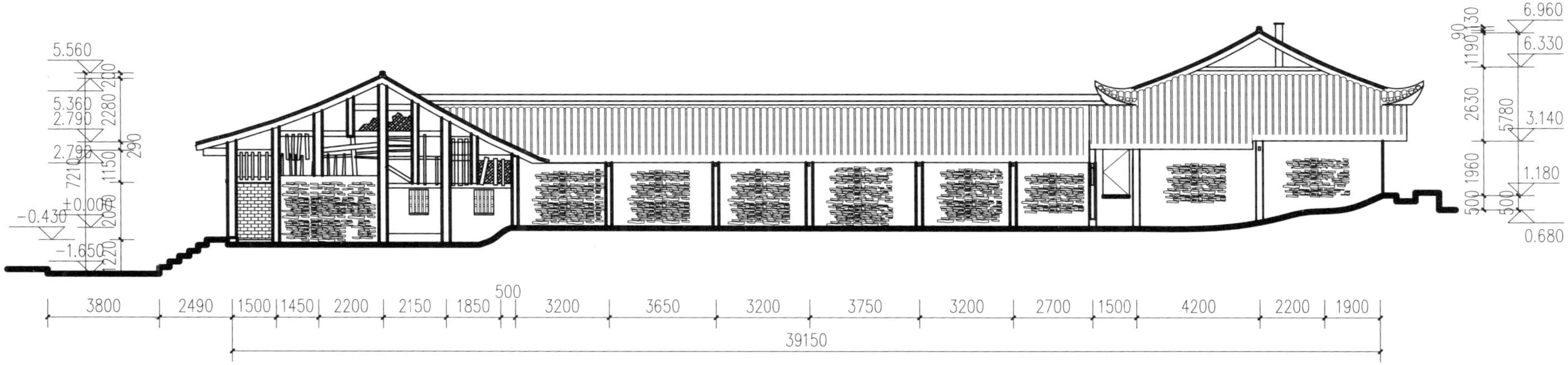

图 5　右侧立面图

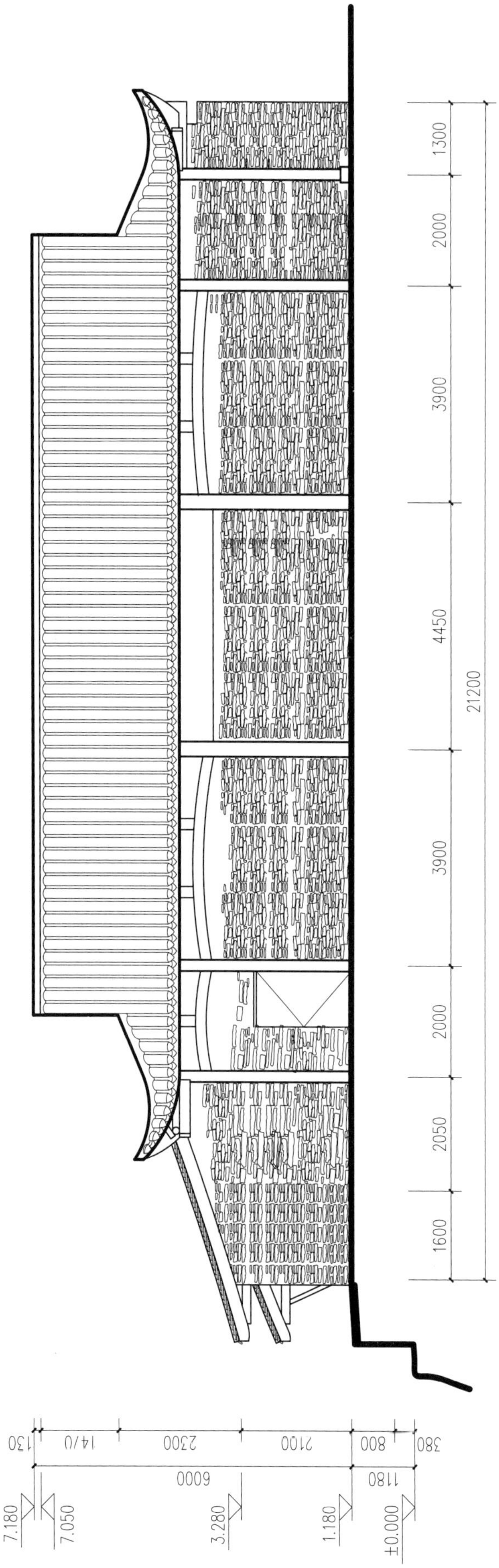

图6 背立面图

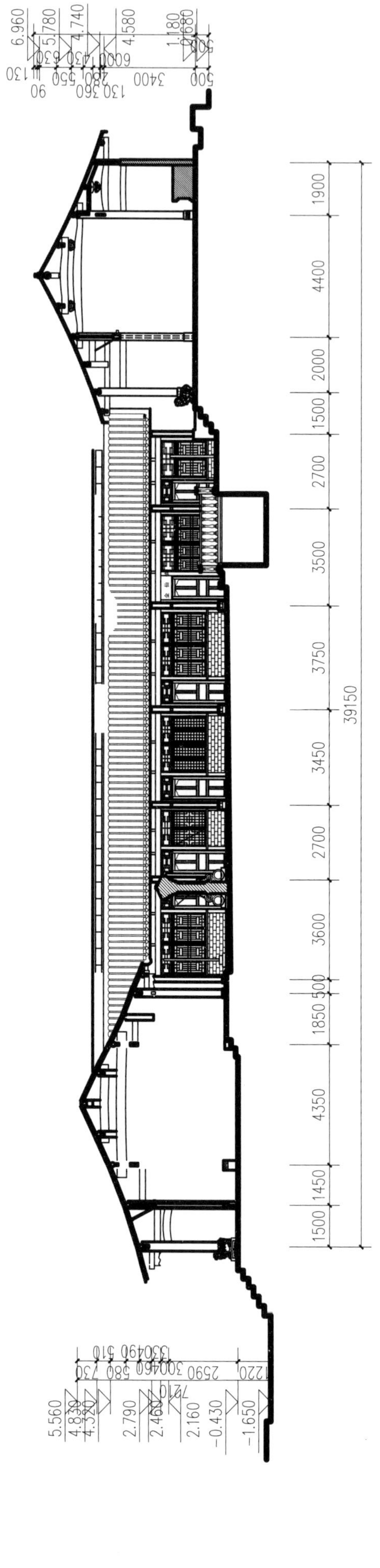

图7 A-A剖立面图

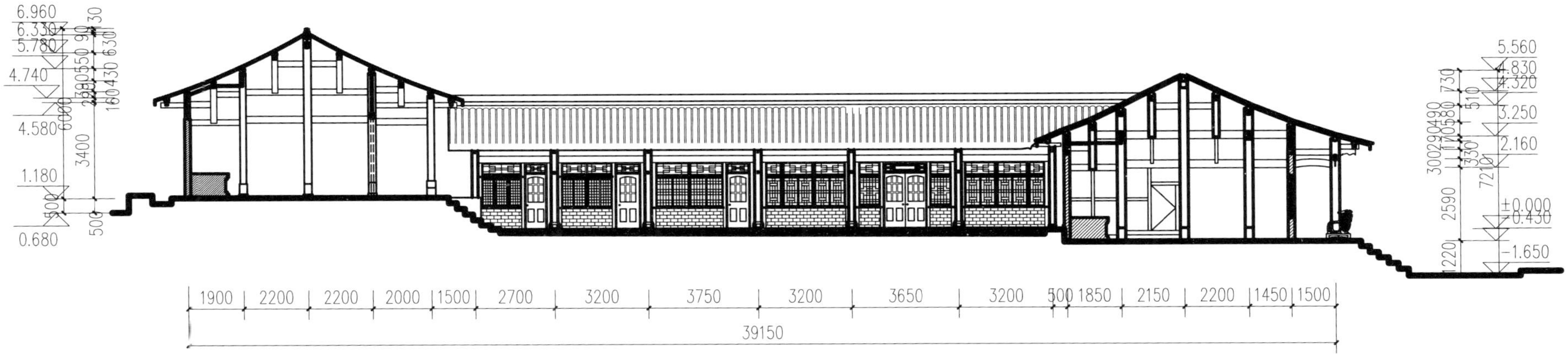

图 8　B-B 剖立面图

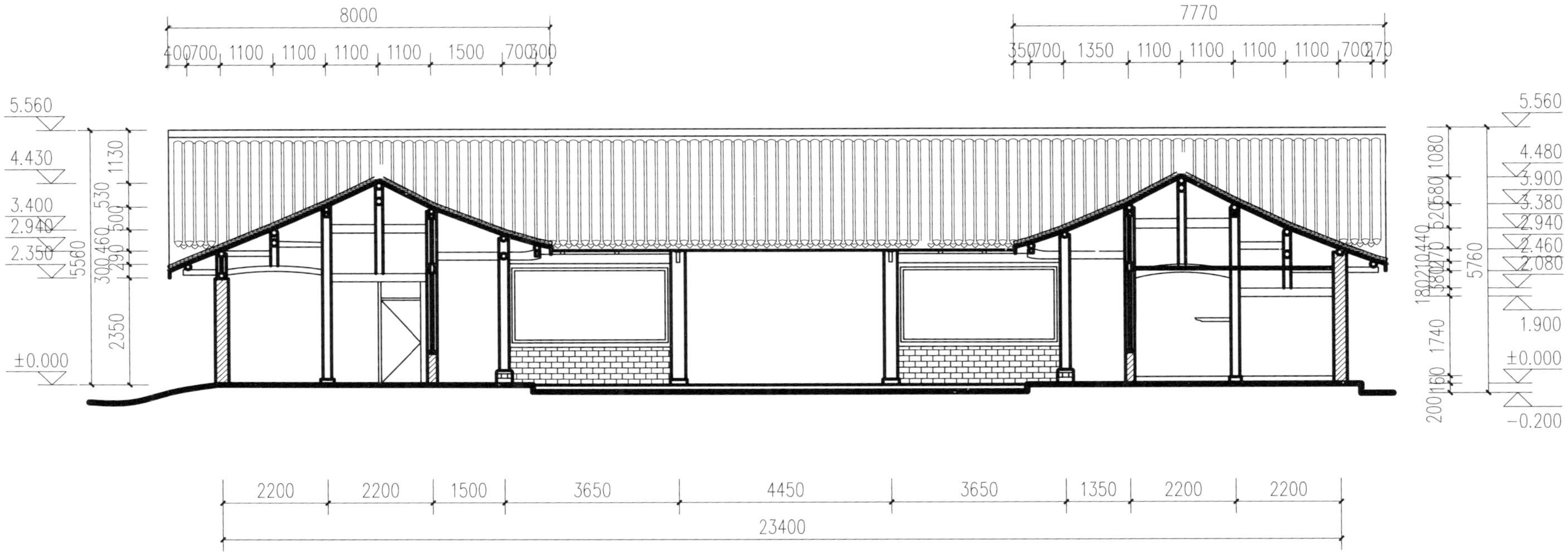

图 9　C-C 剖立面图

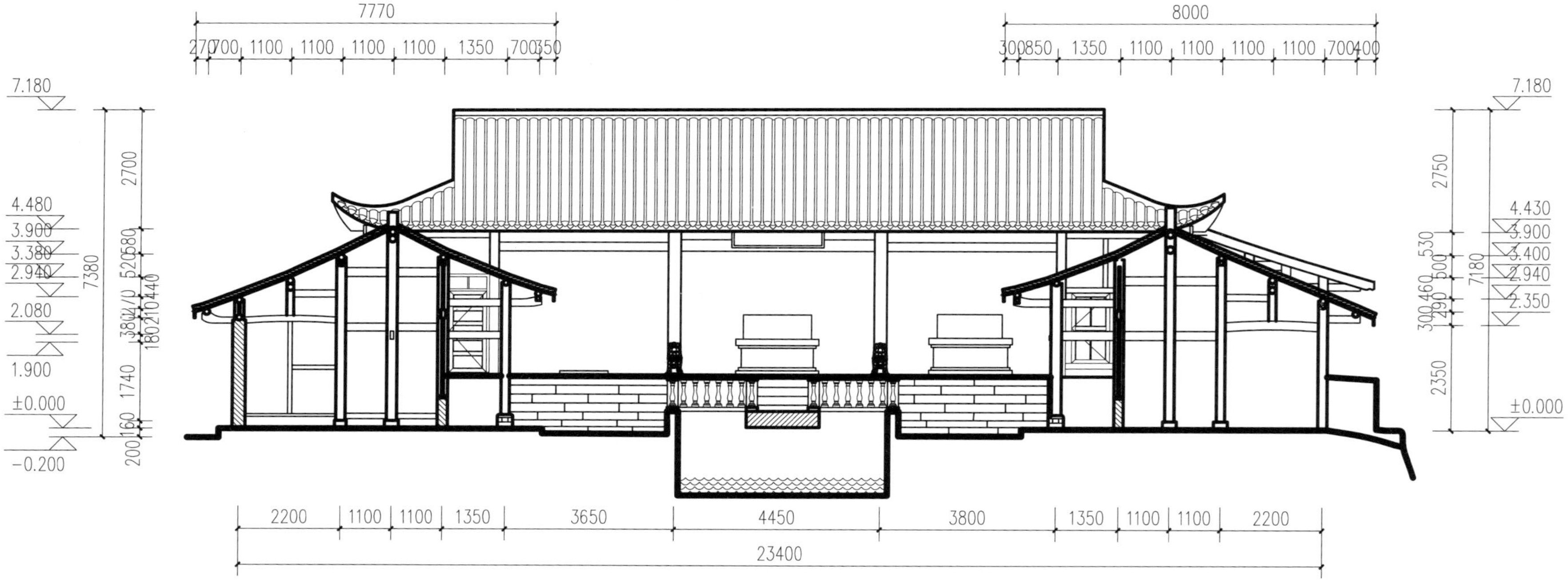
7770
8000
7.180
4.480
3.900
3.380
2.940
2.080
1.900
±0.000
−0.200
7380
2700
4.430
3.400
2.350
7180
2750
2350
2200
1100
1350
3650
4450
3800
23400

图 10　D-D 剖立面图

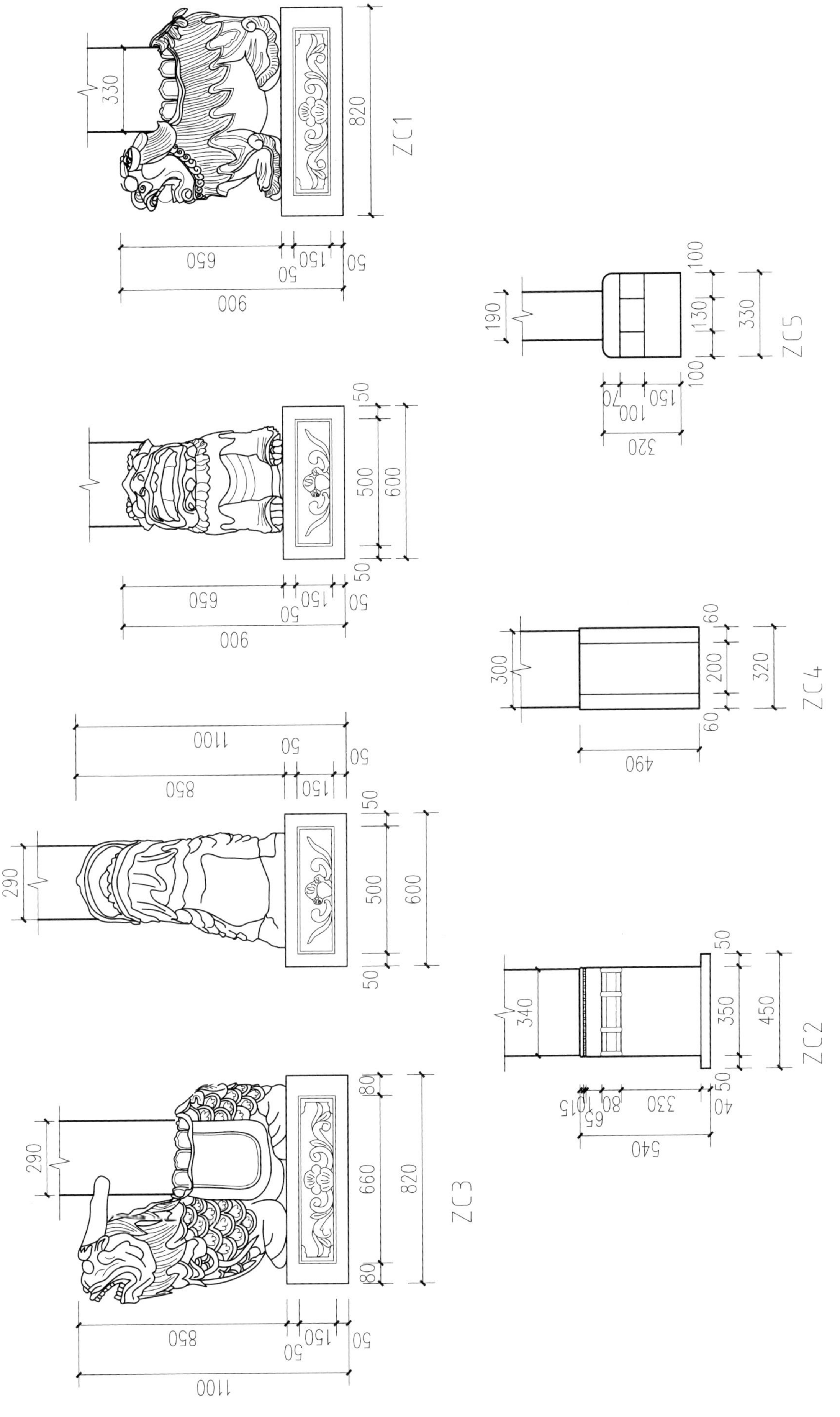

图 11 柱础详图

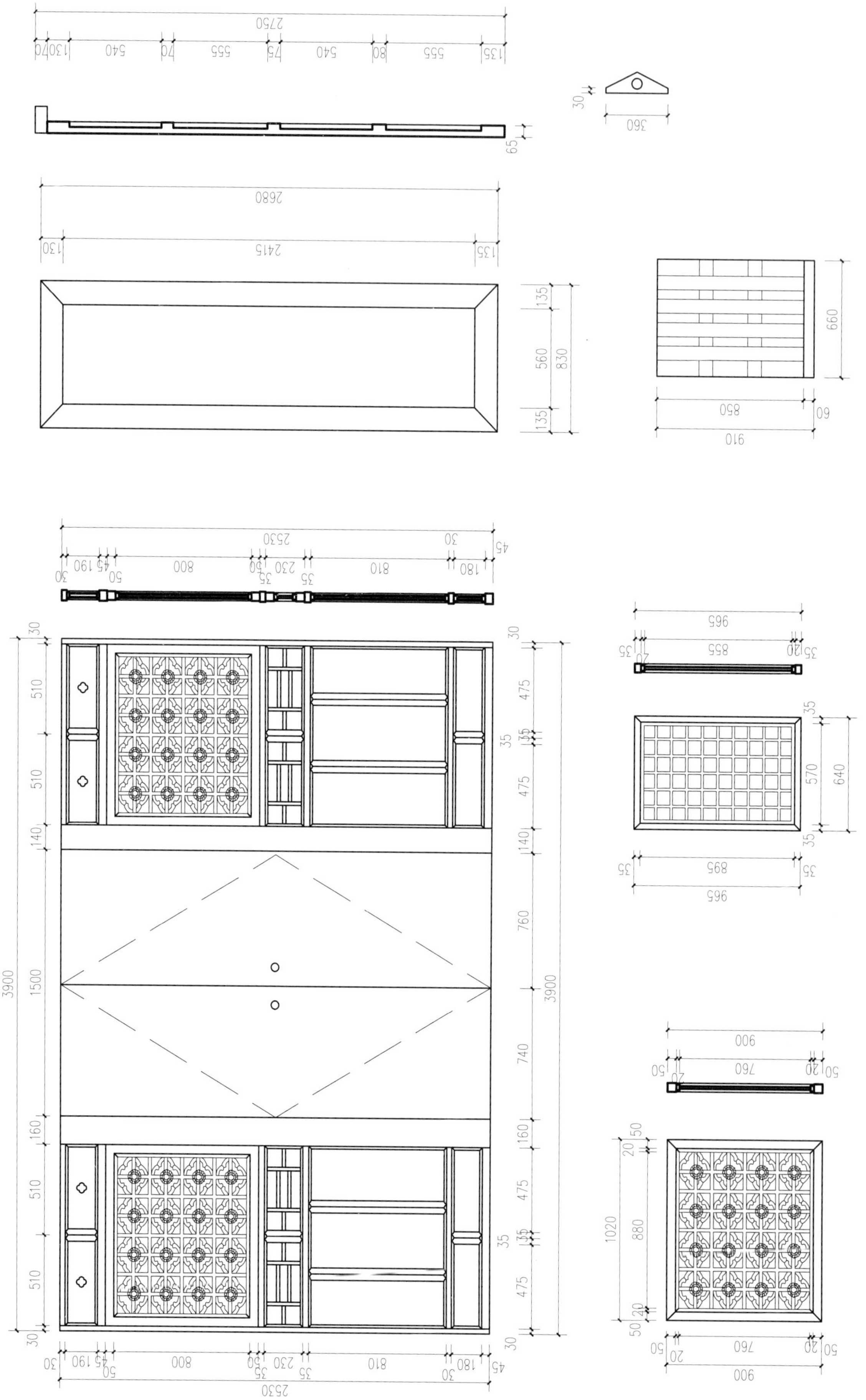

图12　正立面门窗详图

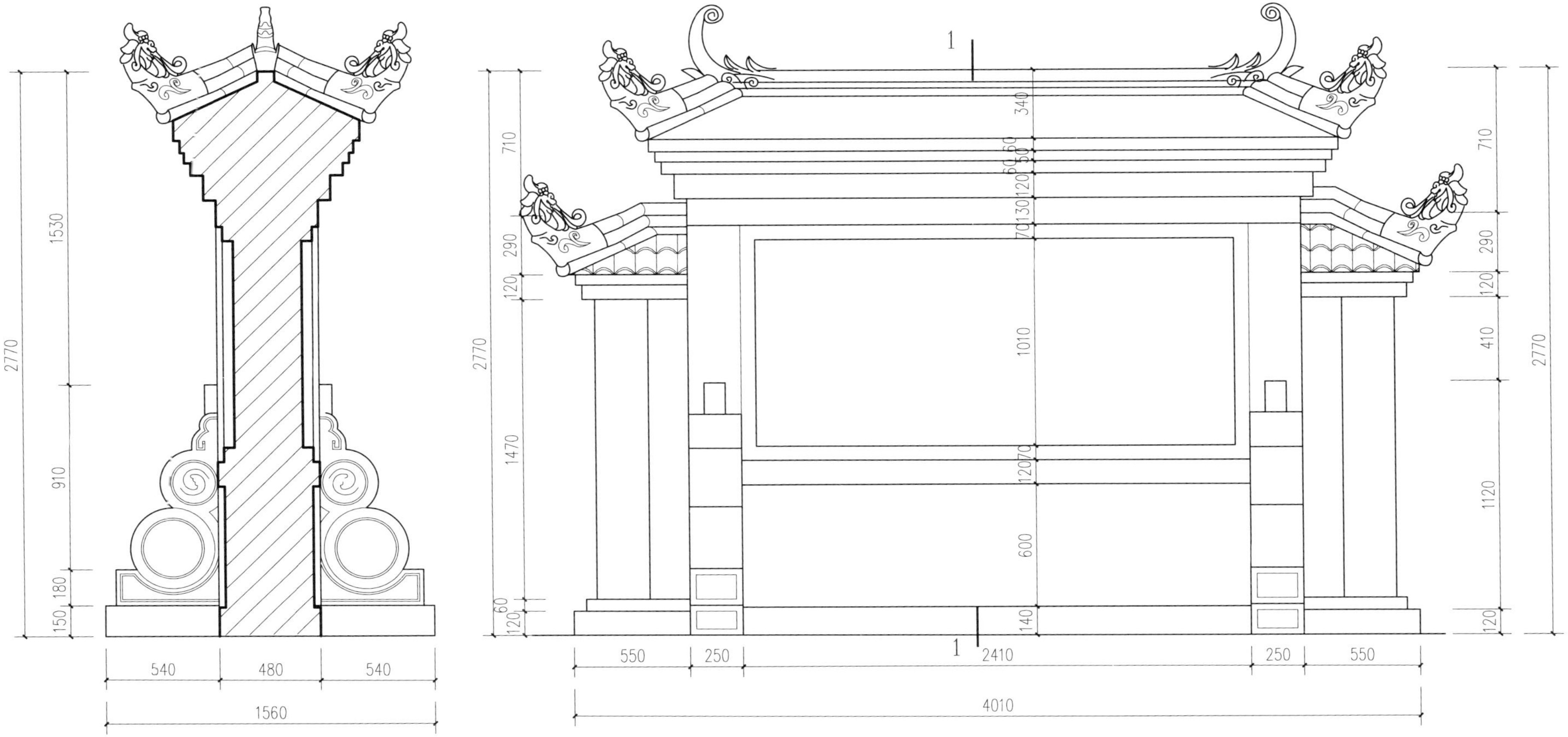
1-1
1560
540
480
540
2770
1530
910
180
150
4010
550
250
2410
250
550
710
290
120
1470
60
120
340
60
60
50
120
130
70
1010
120
70
600
140
410
1120
1
1

图 13　照壁详图

丹棱白塔

丹棱白塔，又名白鹤寺塔，位于四川省眉山市丹棱县丹棱镇白塔社区。

丹棱白塔通高 27.5 米，其中，塔刹高 2.2 米。丹棱白塔为正方四角叠尖式十四层密檐式塔。始建于隋朝仁寿年间（公元 601～604 年），建成于唐大中（公元 865 年）前后，已有 1400 多年历史，是四川境内现存历史最悠久、保存最完整的密檐式砖塔。

丹棱白塔的外部特征明显，塔身下部第一层特别高大，第一层以上，每层之间距离特别短，塔檐紧密相连，好似重檐楼阁的重檐。塔无台基和基座，塔身直出地面，塔身底边每边宽 6.02 米，正方底开有拱门一道，以上各层均开有梯形楣、人字形楣的真窗或假窗，层间叠涩为檐。每级檐角原悬挂有 72 只铜铃，风来必响，但现已毁。塔在七级以上微向内收、塔内仅五层，底层心室顶装有砖砌五铺作斗栱八朵，以衬托“叠涩”构成白天花。二、三、四层不装斗栱，第五层不设心室，但有砖回廊，拾级而上，直通塔顶。

全国重点文物保护单位。

测绘制图：刘立志、吴冠中

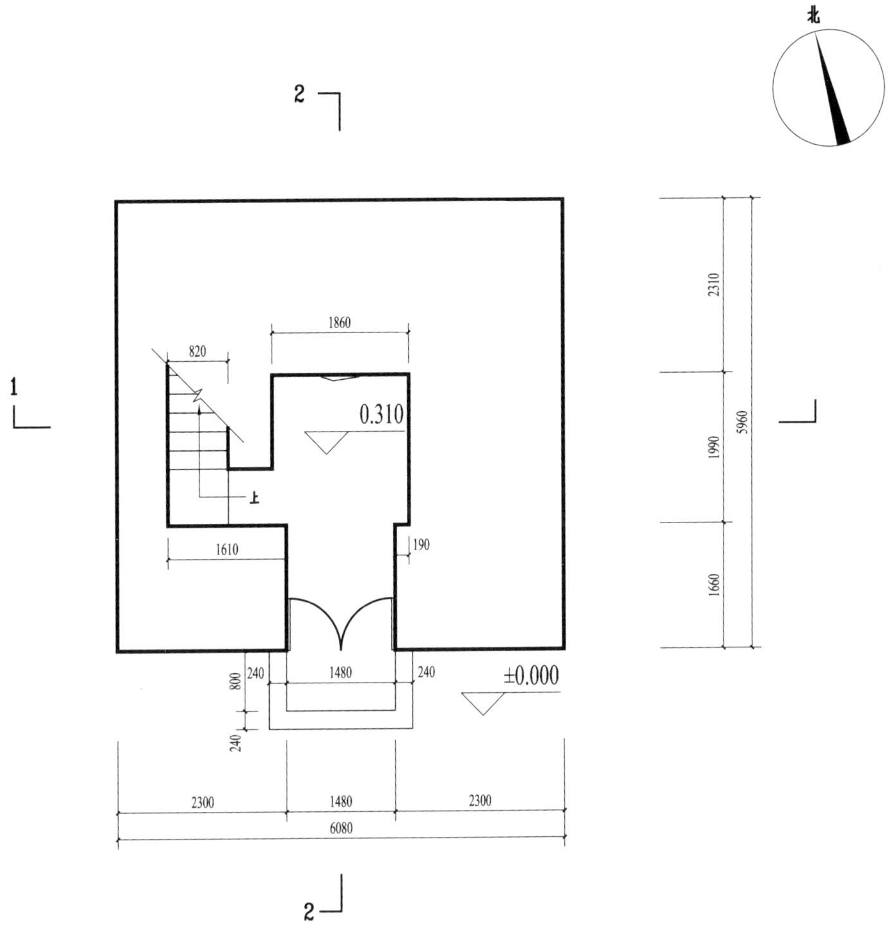

图1 一层平面图

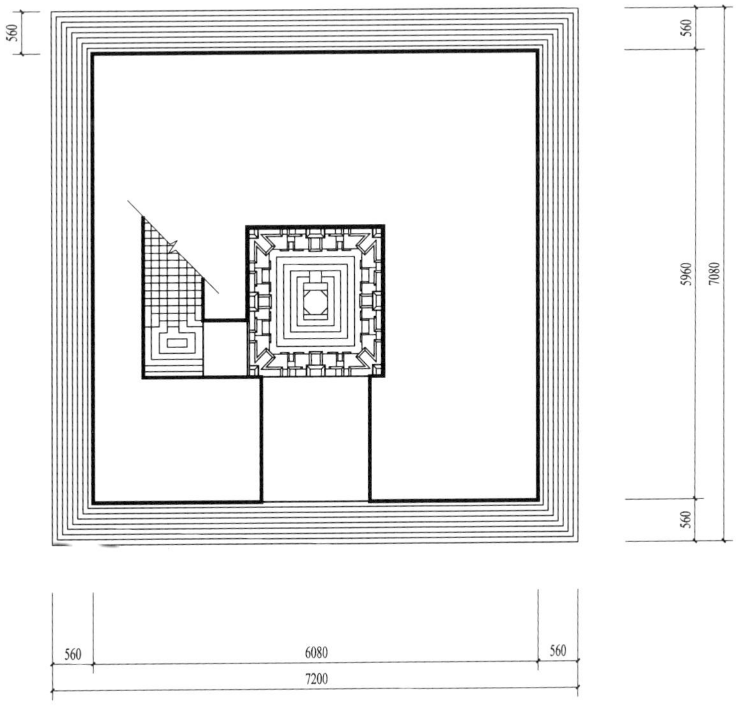

图2 一层仰视图

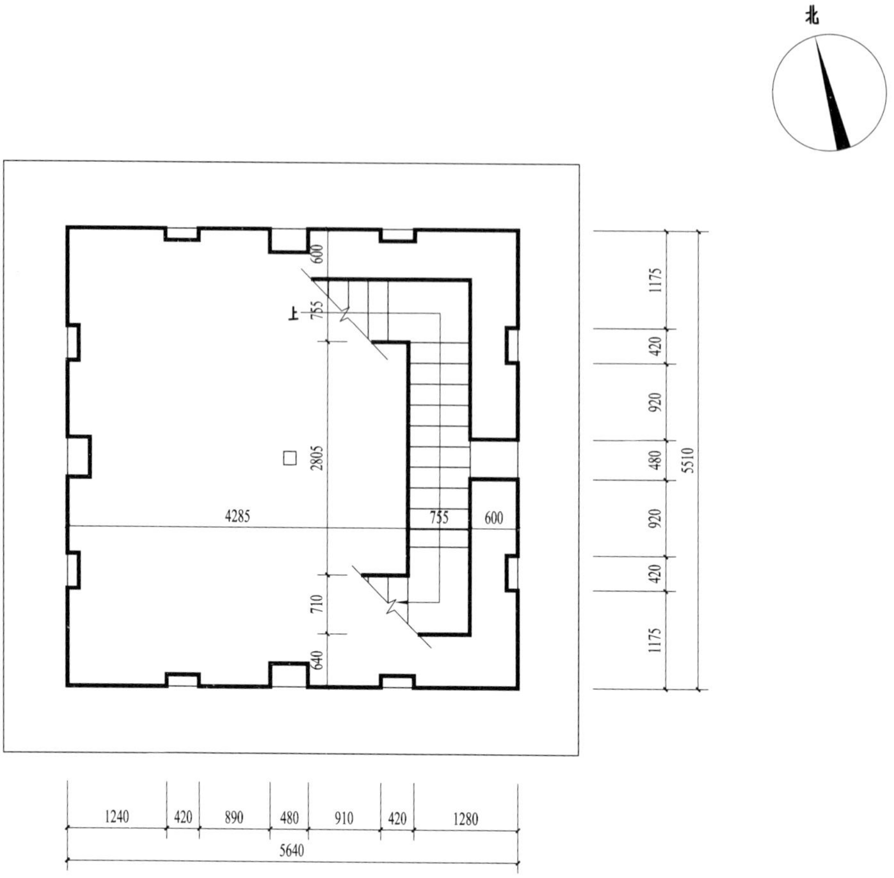

图 3　二层平面图

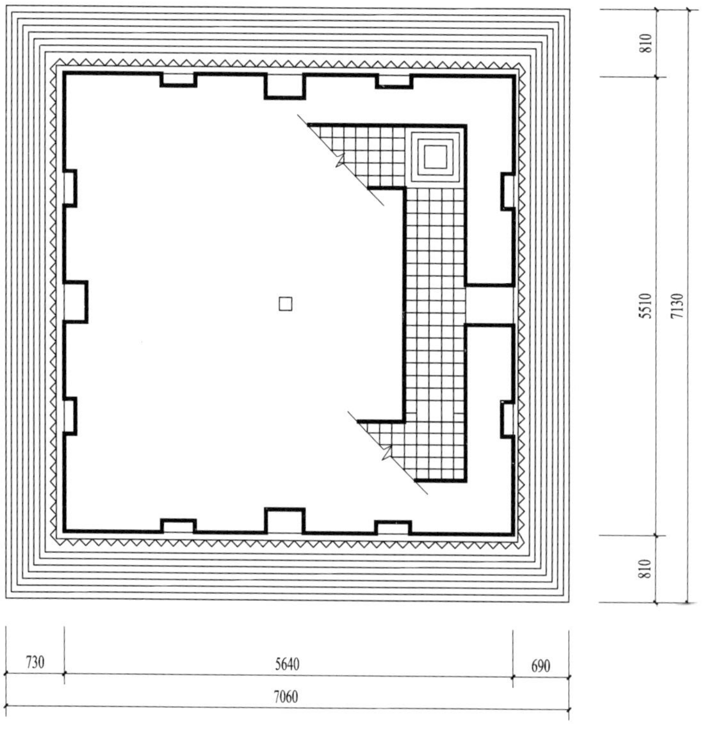

图 4　二层仰视图

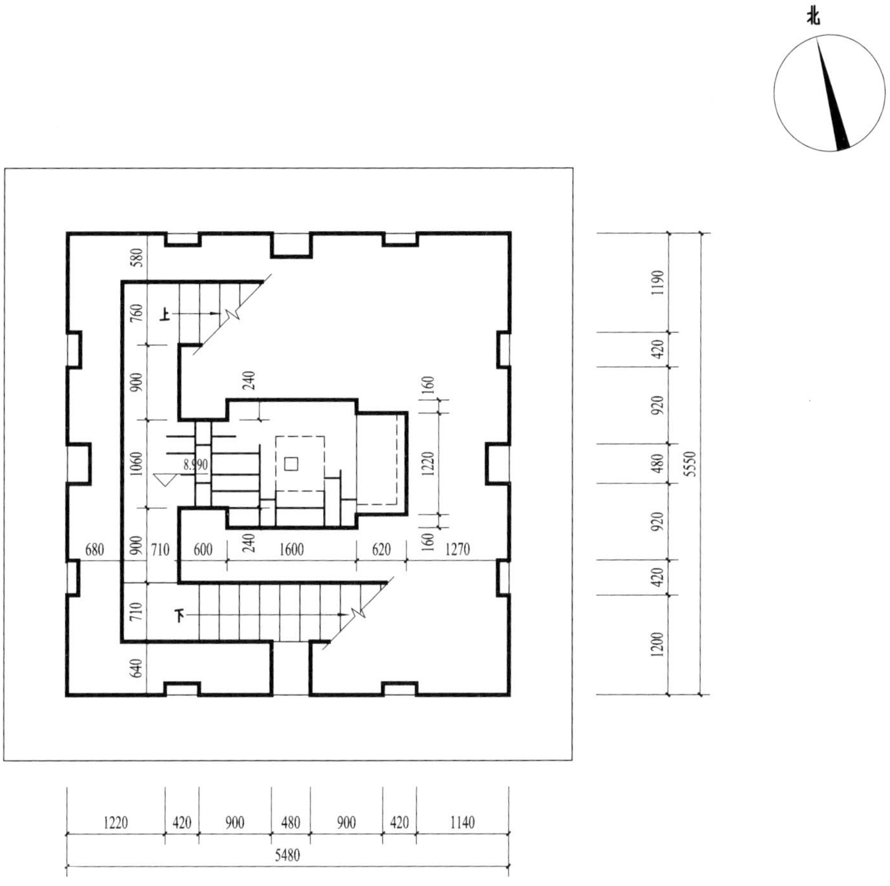

图5　三层平面图

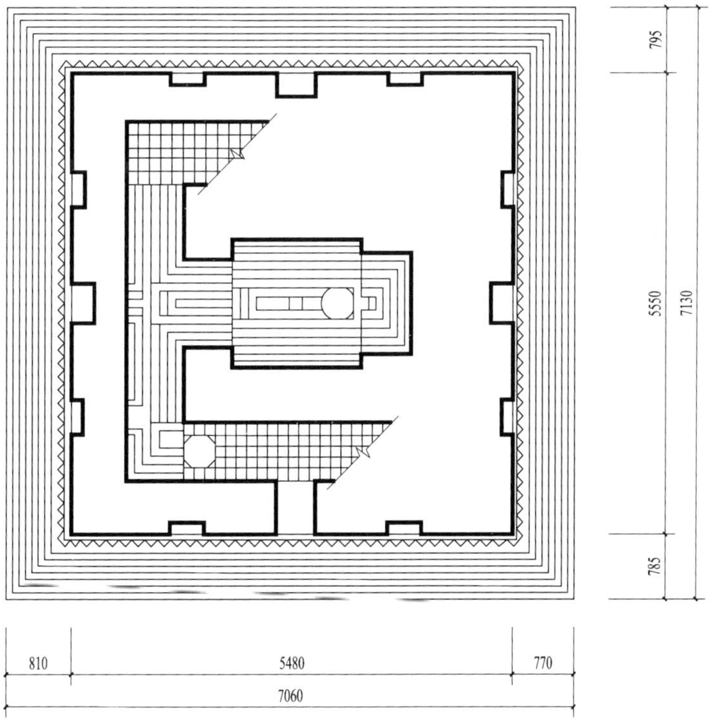

图6　三层仰视图

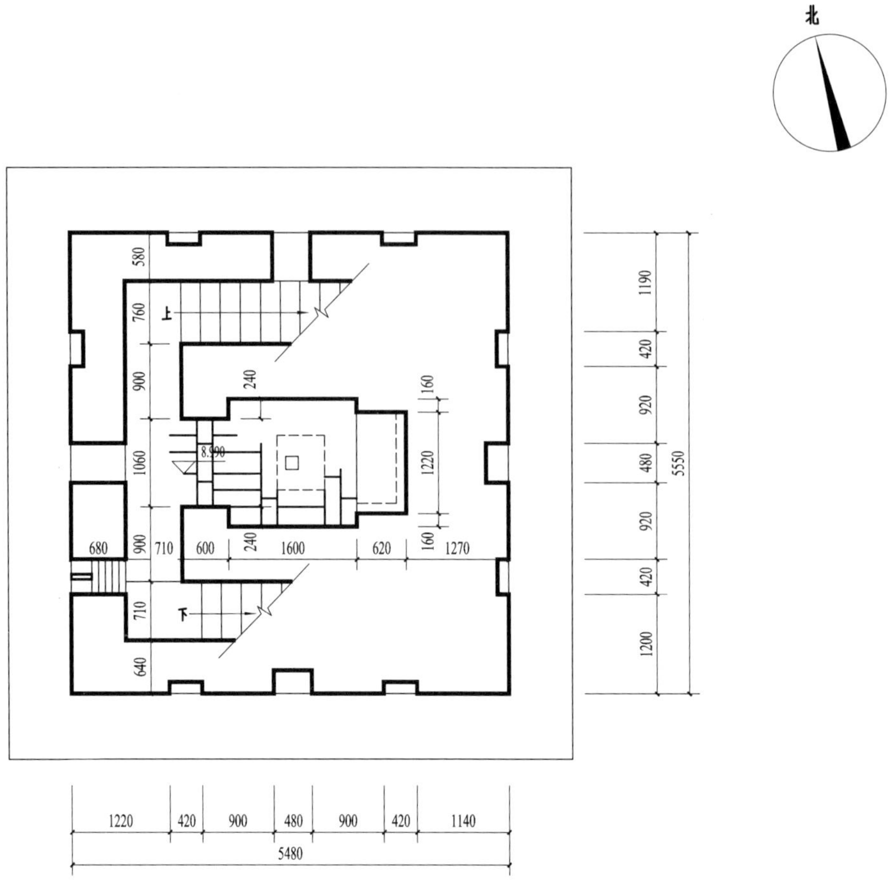

图7　四层平面图

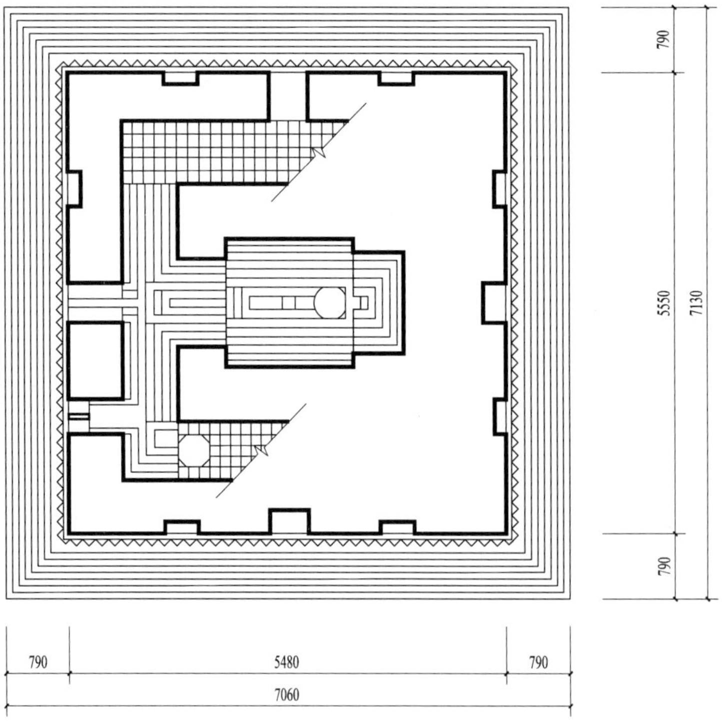

图8　四层仰视图

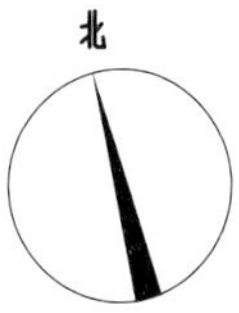

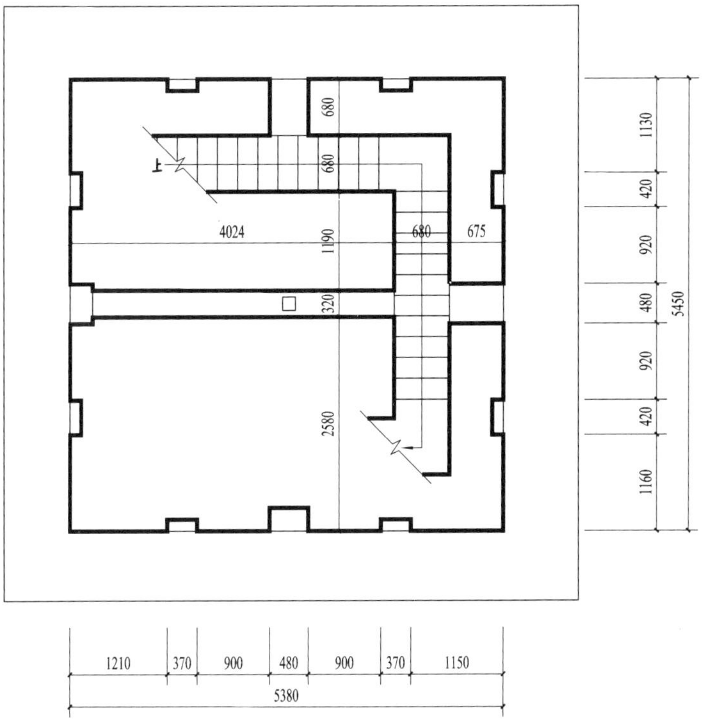

图 9　五层平面图

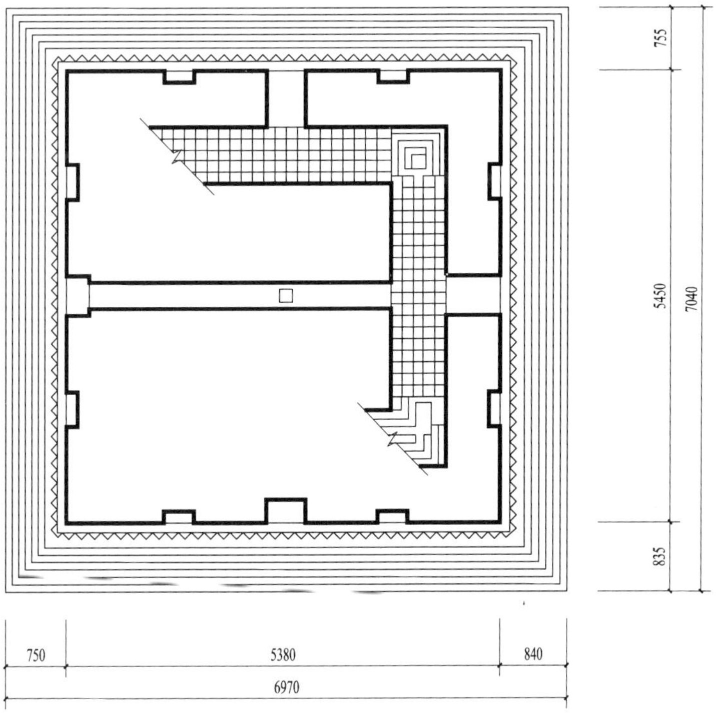

图 10　五层仰视图

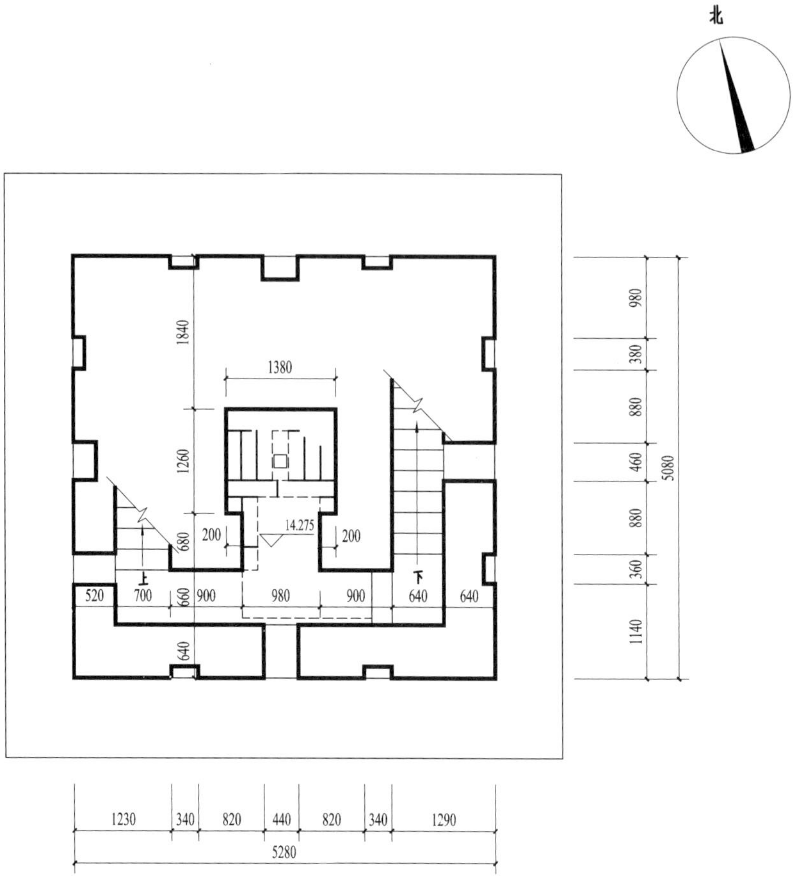

图 11　六层平面图

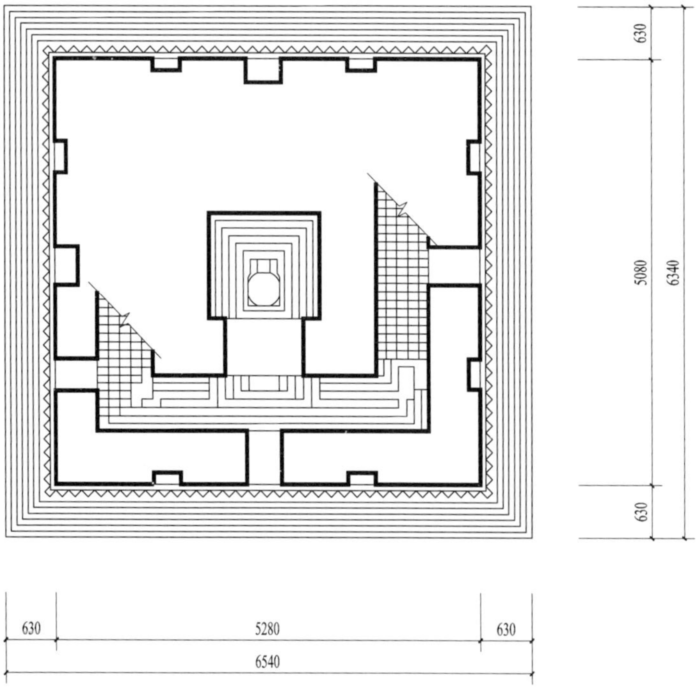

图 12　六层仰视图

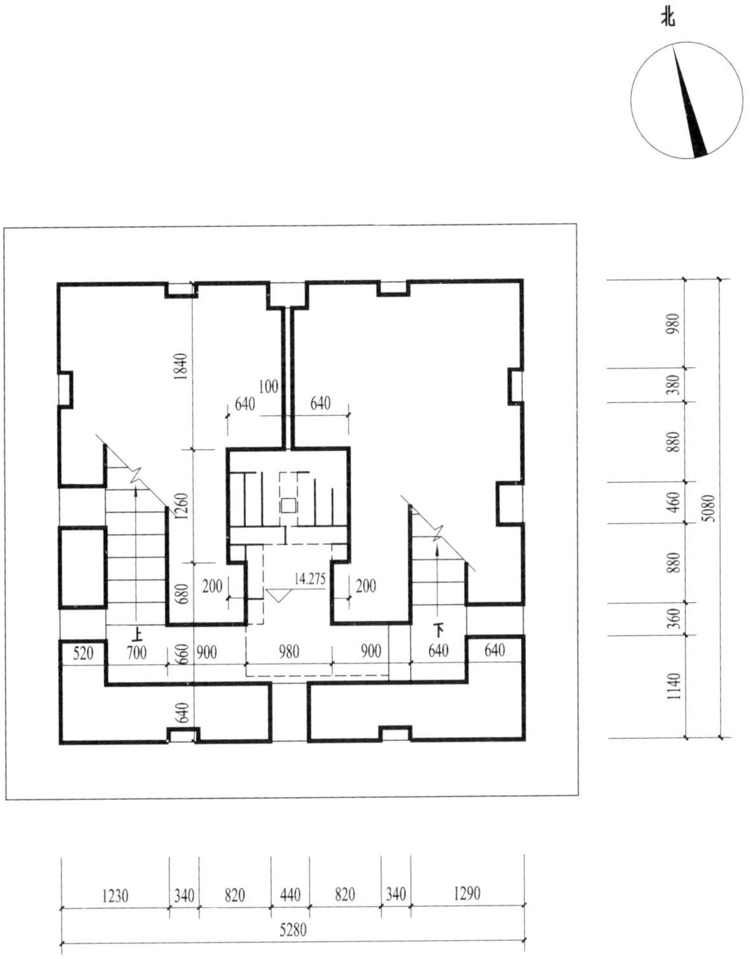

图 13　七层平面图

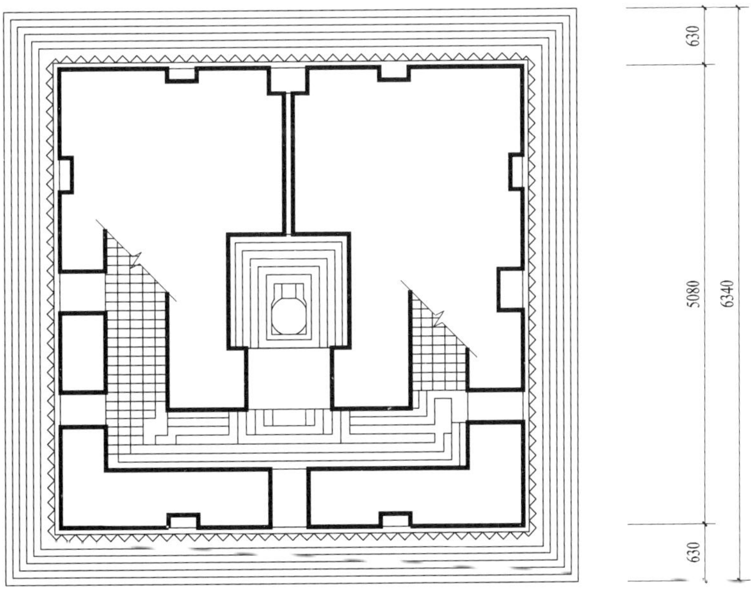

图 14　七层仰视图

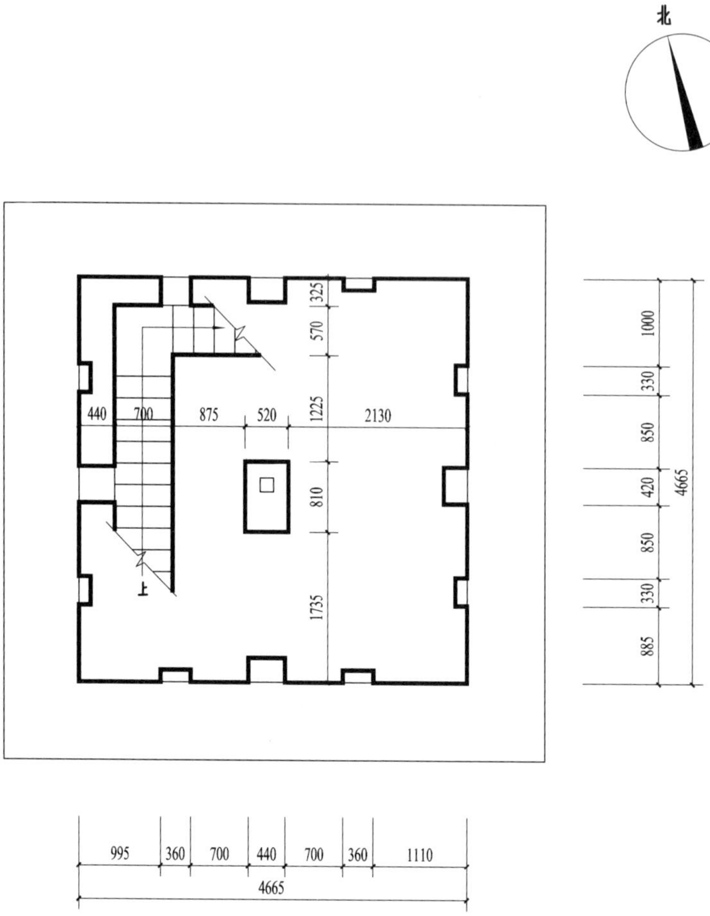

图 15　八层平面图

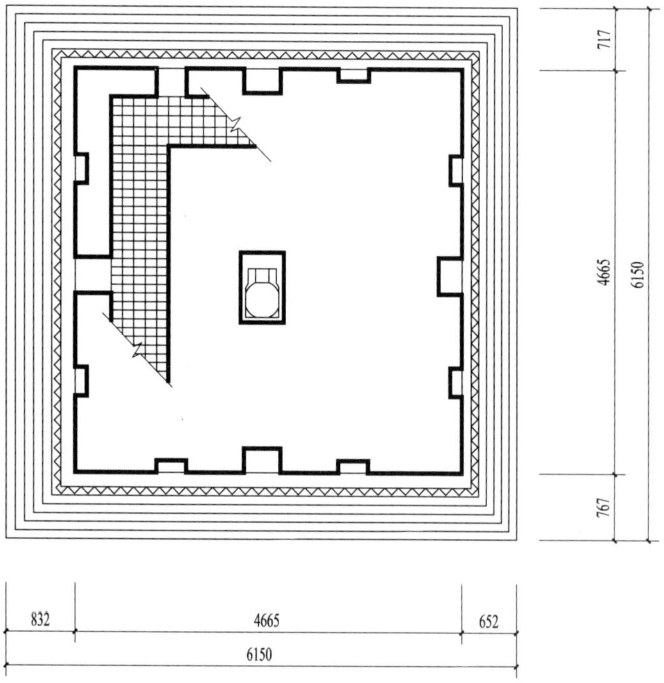

图 16　八层仰视图

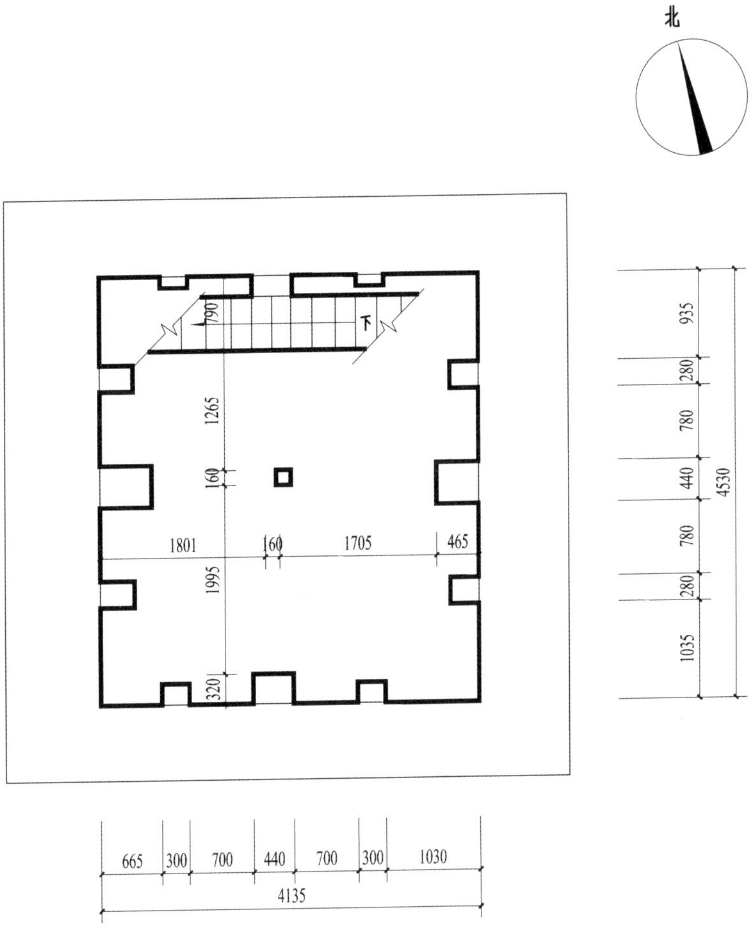

图 17　九层平面图

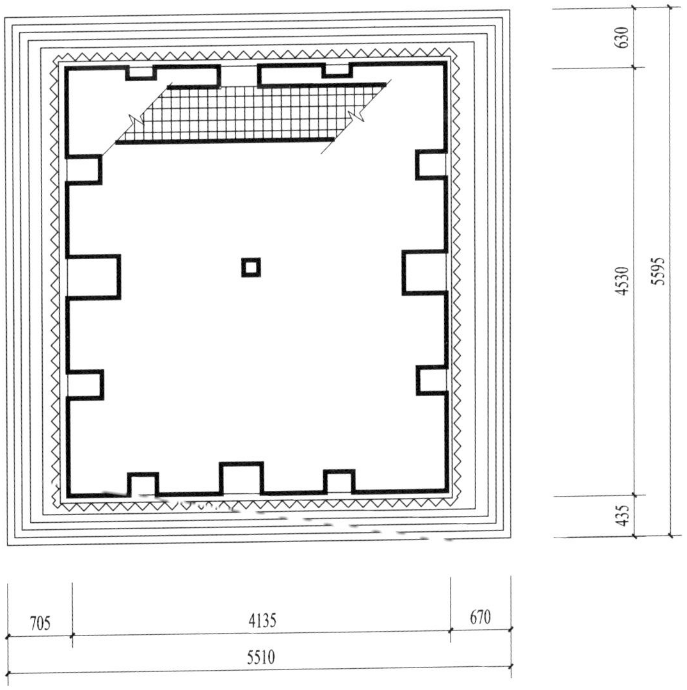

图 18　九层仰视图

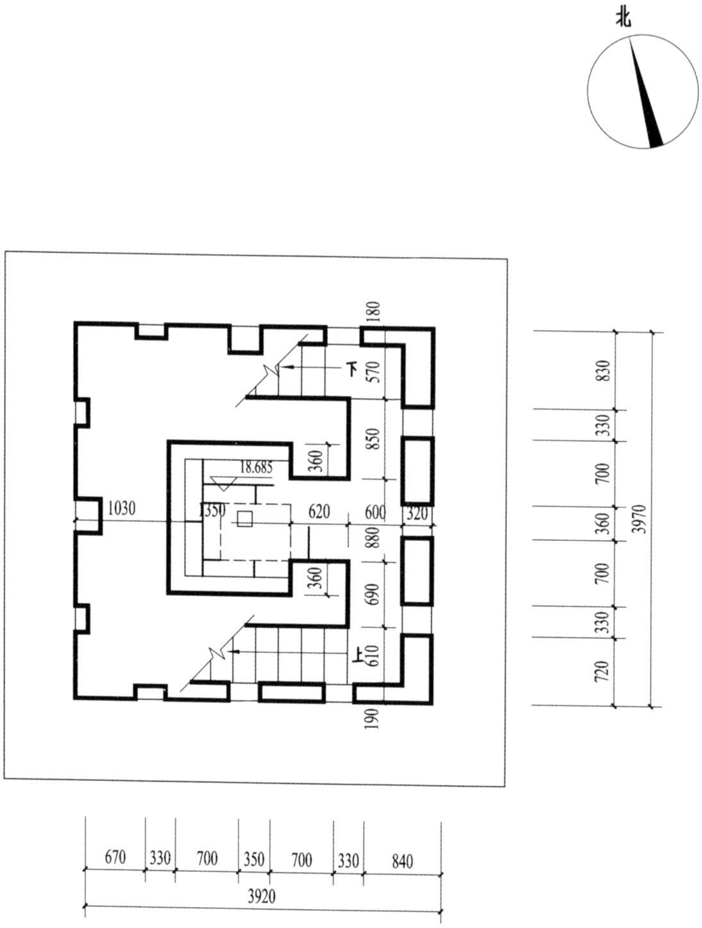

图 19　十层平面图

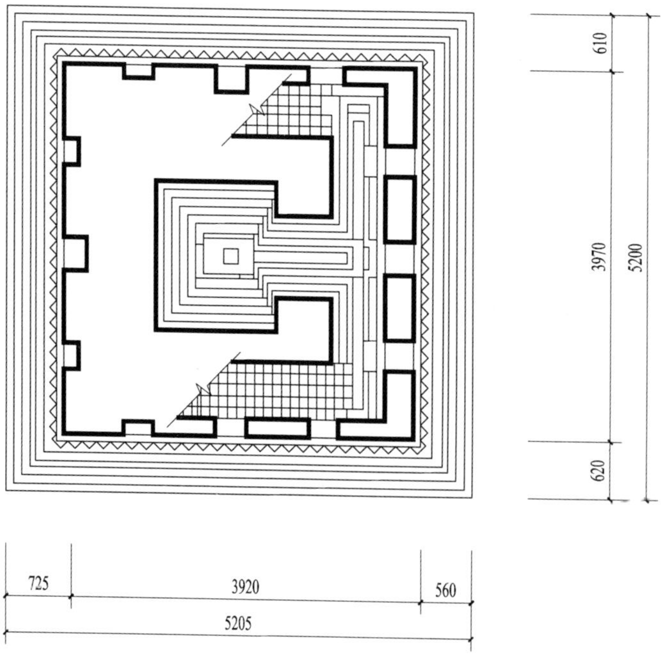

图 20　十层仰视图

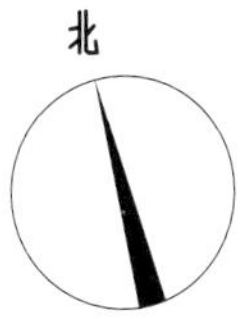

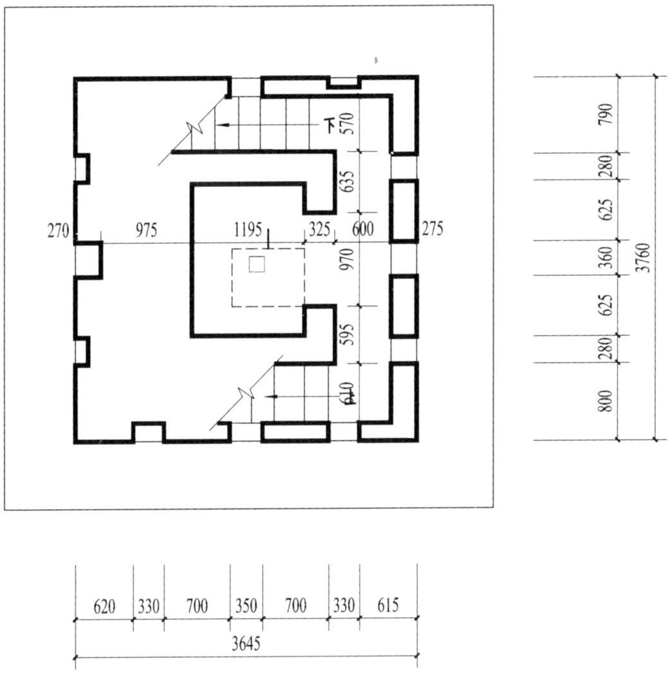

图 21　十一层平面图

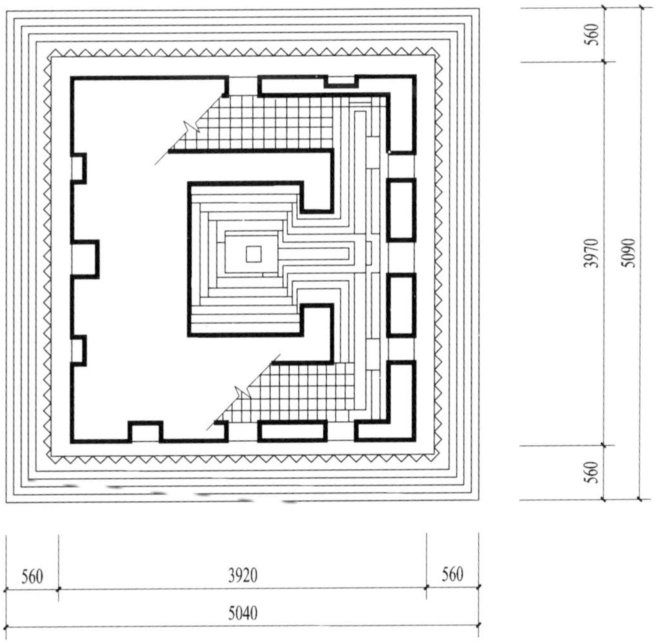

图 22　十一层仰视图

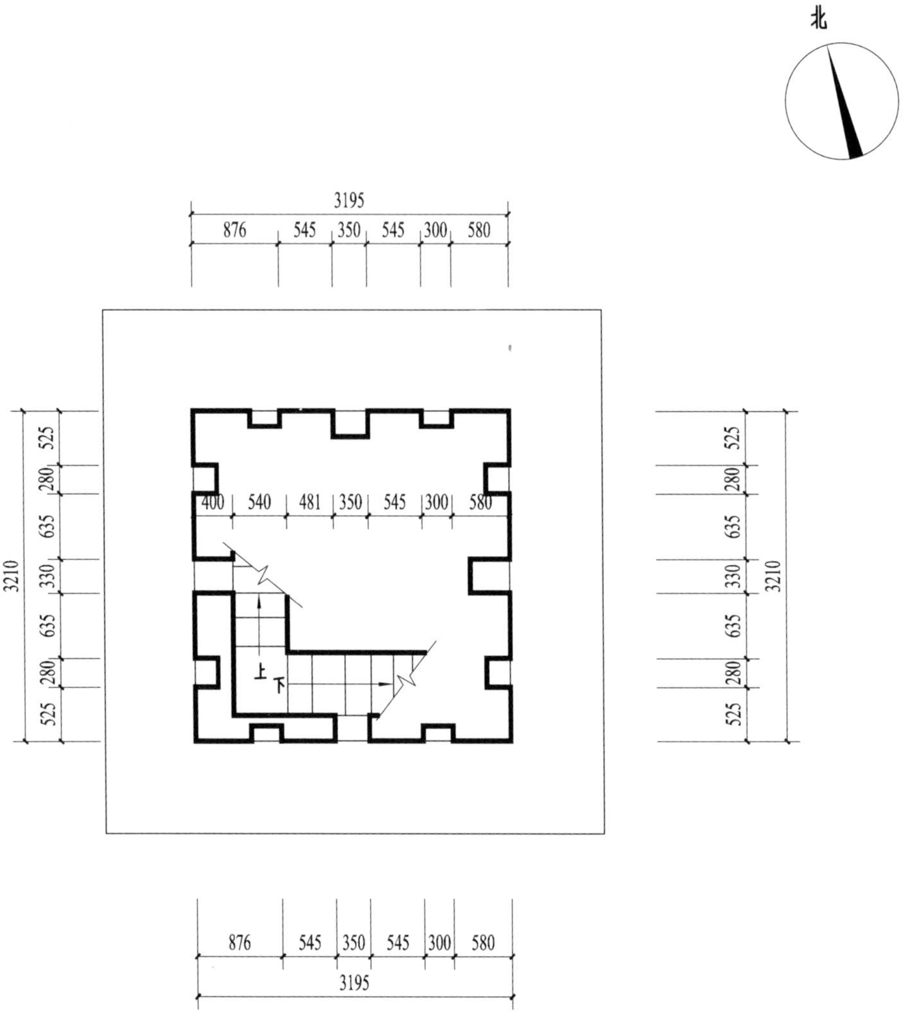

图 23　十二层平面图

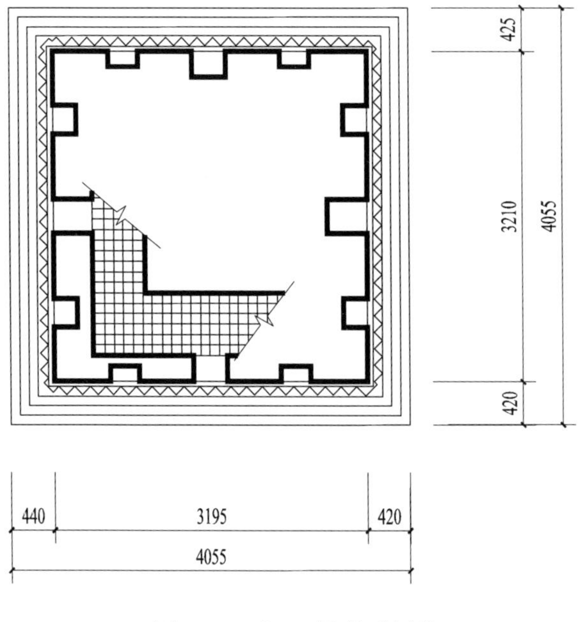

图 24　十二层仰视图

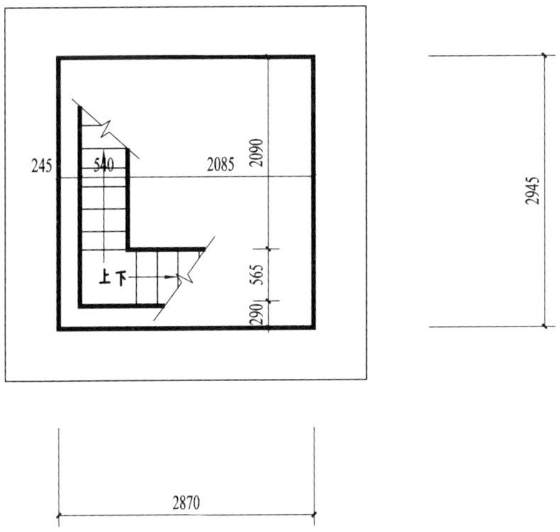

图 25　十三层平面图

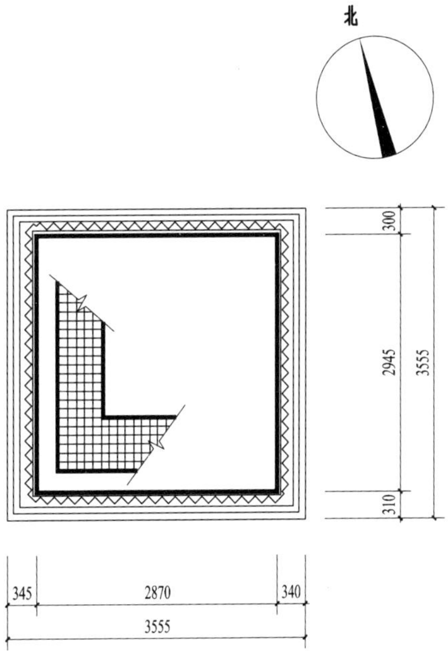

图 26　十三层仰视图

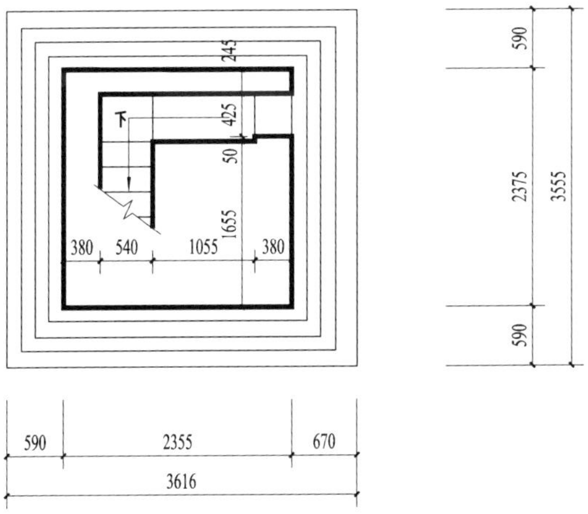

图 27　十四层平面图

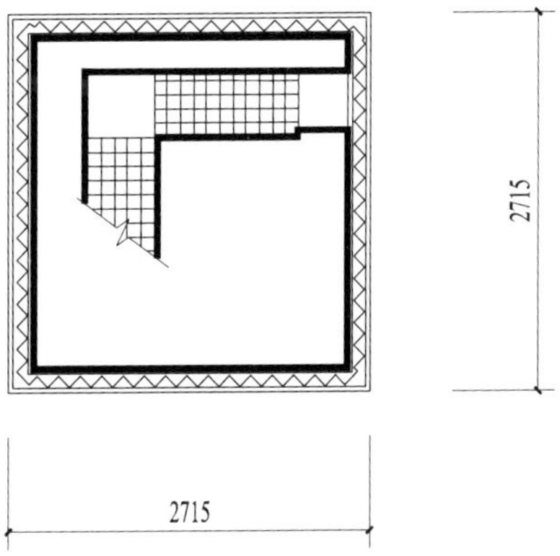

图 28　十四层仰视图

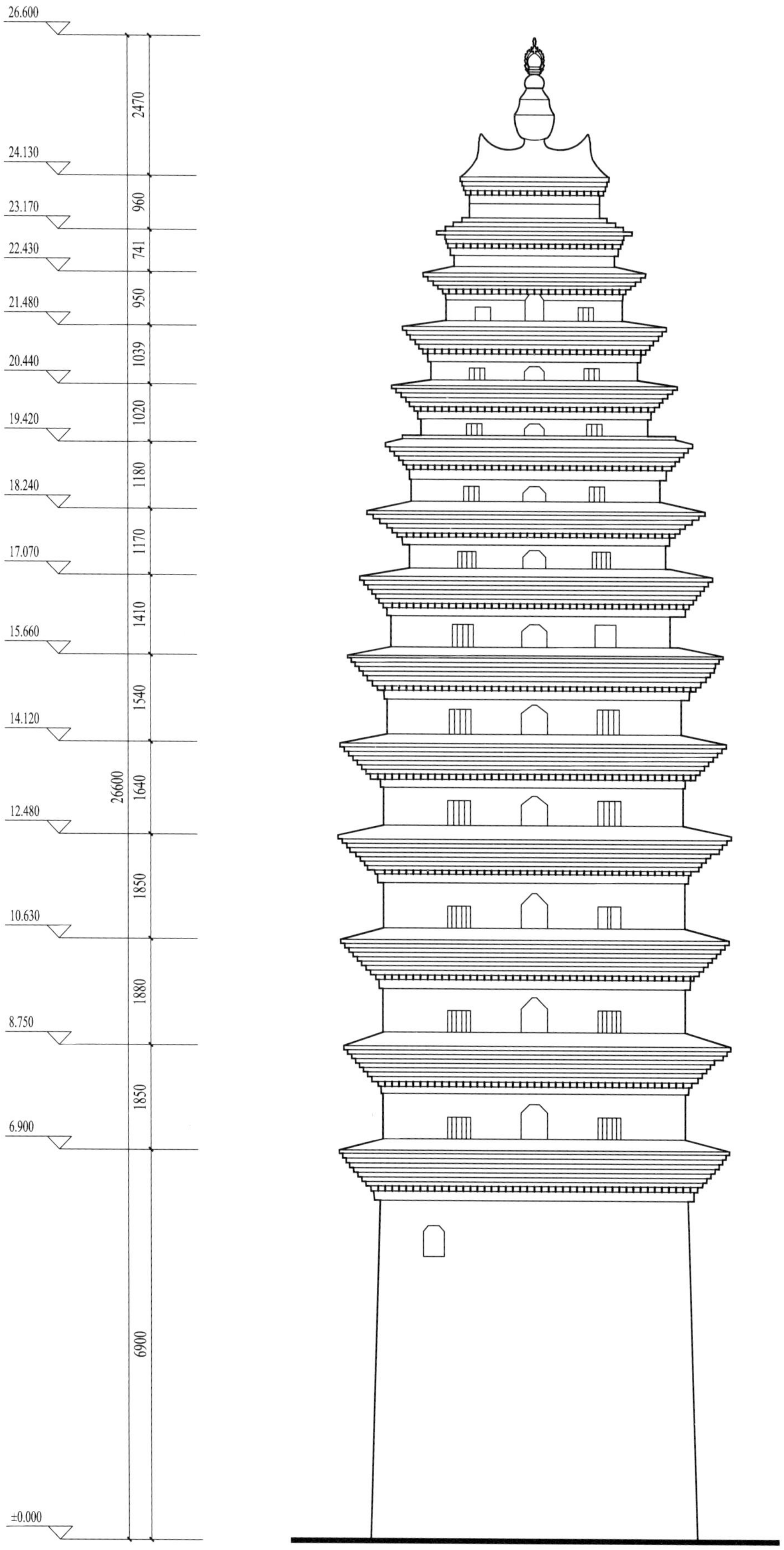
26.600
2470
24.130
960
23.170
741
22.430
950
21.480
1039
20.440
1020
19.420
1180
18.240
1170
17.070
1410
15.660
1540
14.120
26600
1640
12.480
1850
10.630
1880
8.750
1850
6.900
6900
±0.000

图29　西立面图

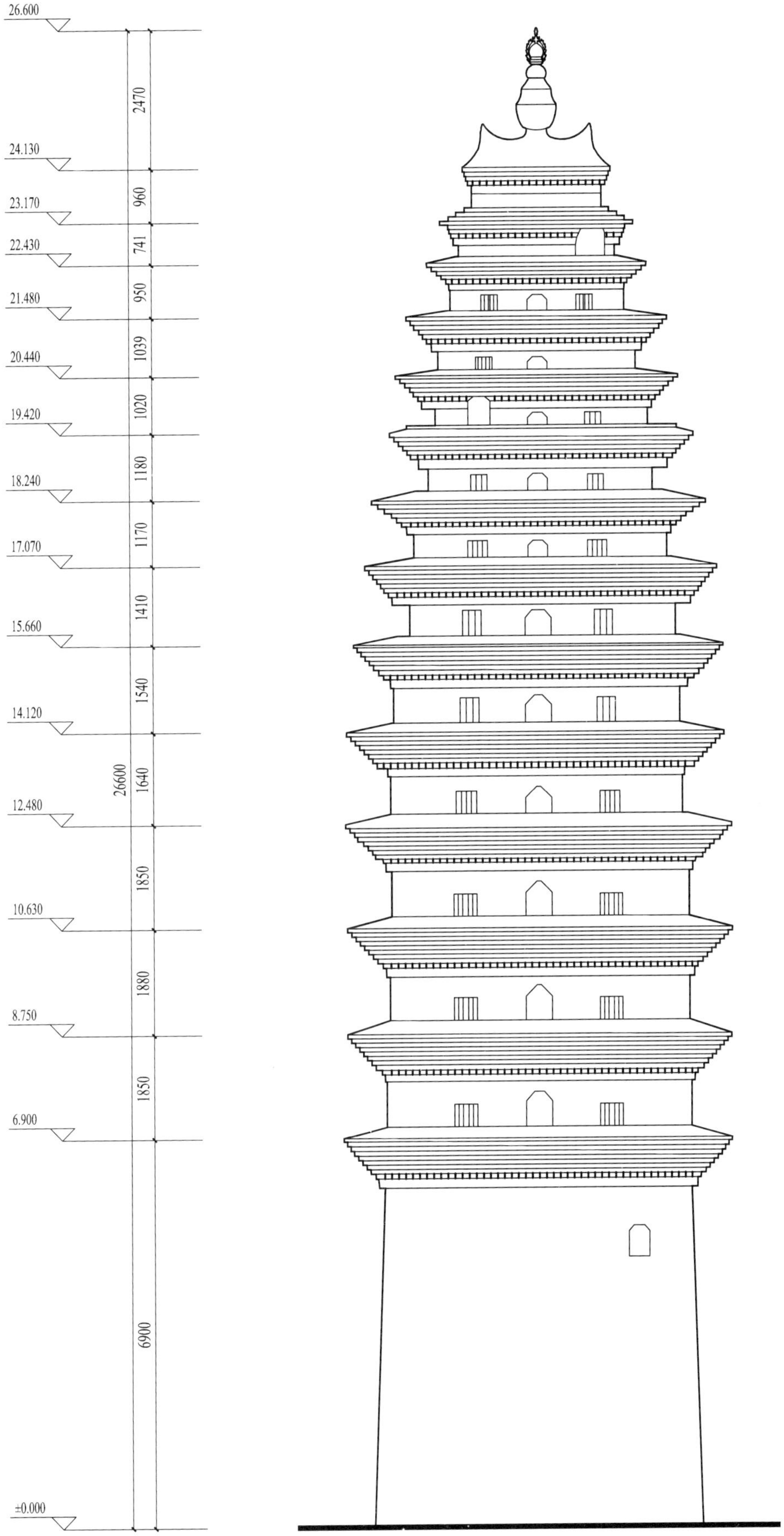
26.600
2470
24.130
960
23.170
741
22.430
950
21.480
1039
20.440
1020
19.420
1180
18.240
1170
17.070
1410
15.660
1540
14.120
26600
1640
12.480
1850
10.630
1880
8.750
1850
6.900
6900
±0.000

图 30　北立面图

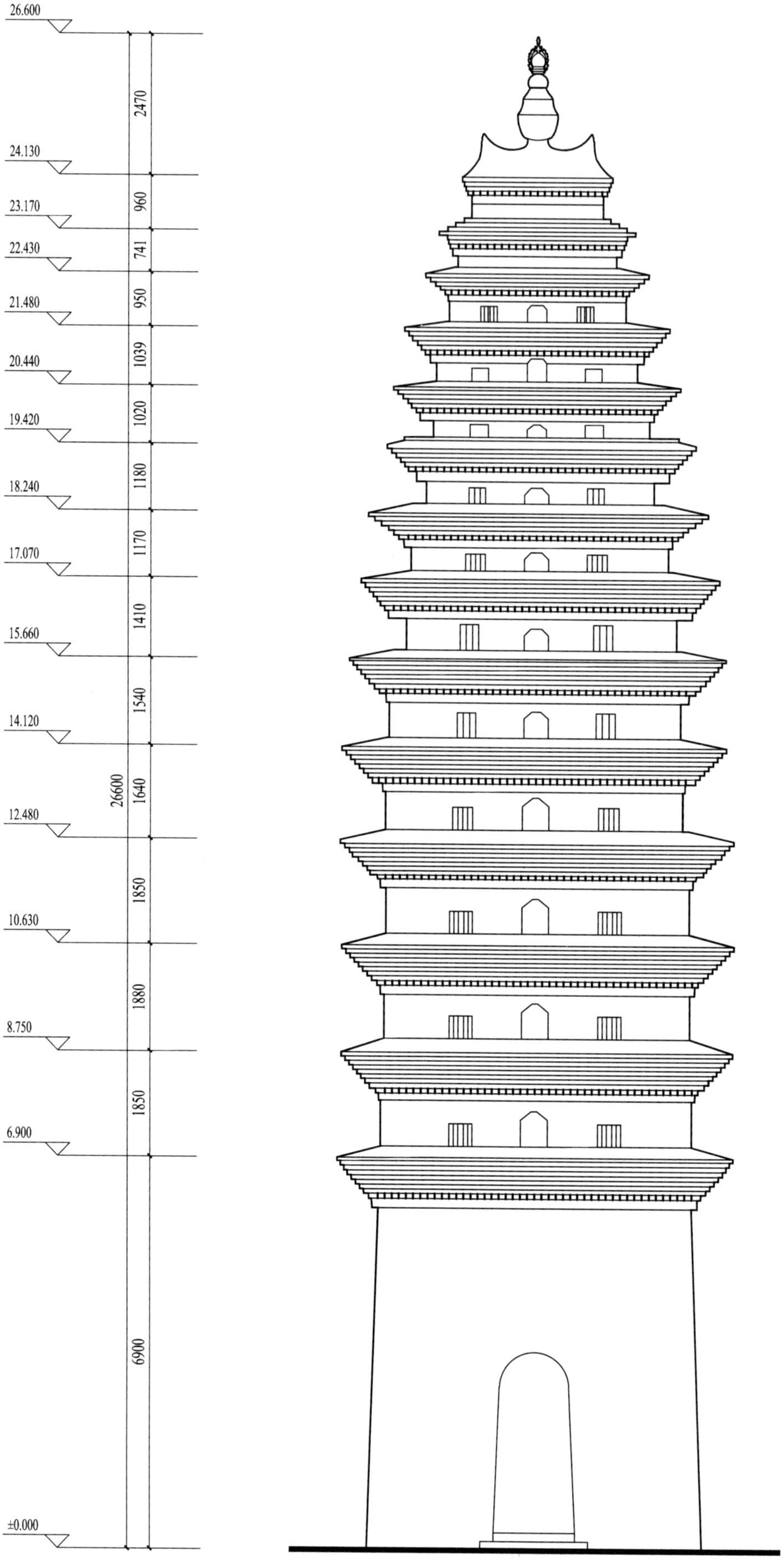
26.600
2470
24.130
960
23.170
741
22.430
950
21.480
1039
20.440
1020
19.420
1180
18.240
1170
17.070
1410
15.660
1540
14.120
1640
26600
12.480
1850
10.630
1880
8.750
1850
6.900
6900
±0.000

图 31　南立面图

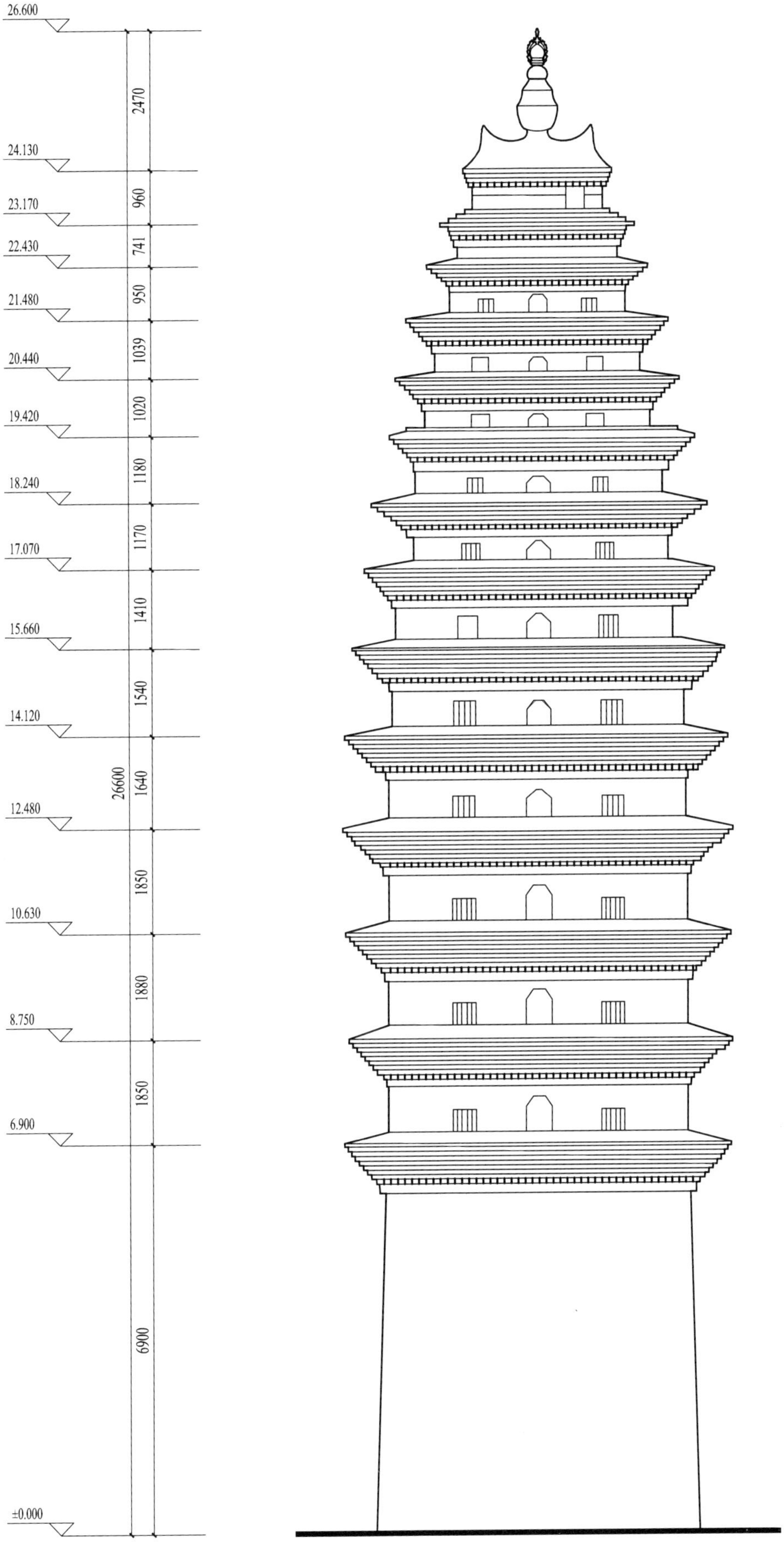
26.600
2470
24.130
960
23.170
741
22.430
950
21.480
1039
20.440
1020
19.420
1180
18.240
1170
17.070
1410
15.660
1540
14.120
26600
1640
12.480
1850
10.630
1880
8.750
1850
6.900
6900
±0.000

图 32　东立面图

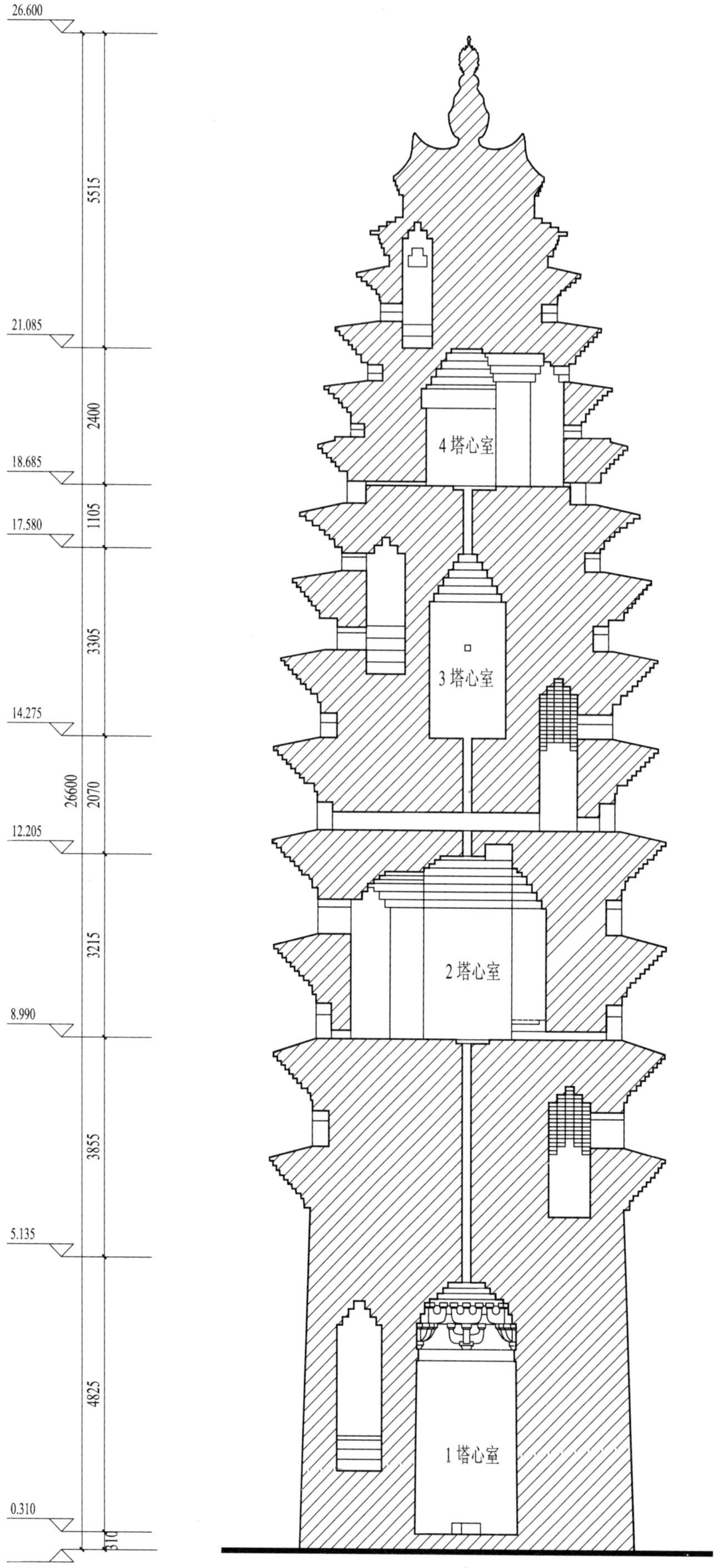
26.600
5515
21.085
2400
18.685
1105
17.580
3305
14.275
2070
26600
12.205
3215
8.990
3855
5.135
4825
0.310
310
±0.000
4 塔心室
3 塔心室
2 塔心室
1 塔心室

图 33　1-1 剖面图

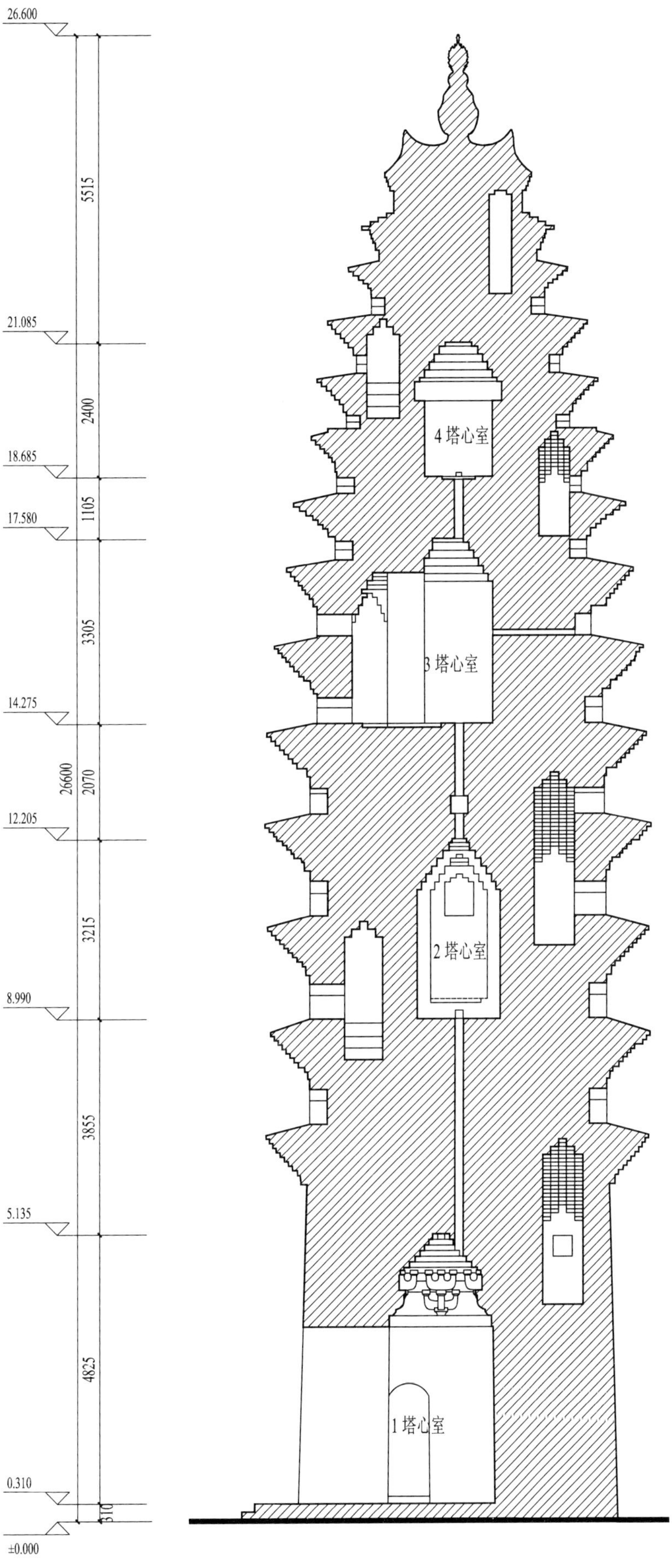
26.600
21.085
18.685
17.580
14.275
12.205
8.990
5.135
0.310
±0.000
5515
2400
1105
3305
26600
2070
3215
3855
4825
310
4 塔心室
3 塔心室
2 塔心室
1 塔心室

图 34　2-2 剖面图

名山净居庵石牌坊

净居庵石牌坊位于雅安市名山县蒙顶山山顶中部，紧邻蒙顶石刻 50 米。

净居庵石牌坊占地面积 1092 平方米，坐北向南，牌坊建于明代，为四柱三开间三楼式石结构建筑，歇山顶，面阔 5.3 米，残高 5.55 米，檐下石雕仿木斗栱，明间补间六朵，次间补间三朵，前后抱鼓式夹杆石。额枋雕刻“二龙戏珠”“双凤朝阳”图，明间额枋板“文革”期间其雕刻被水泥覆盖和毁坏。次间仿木质隔断，浮雕花卉人物、飞禽走兽，雕刻玲珑剔透，神形兼备，栩栩如生。

四川省文物保护单位。

测绘制图：戴旭斌

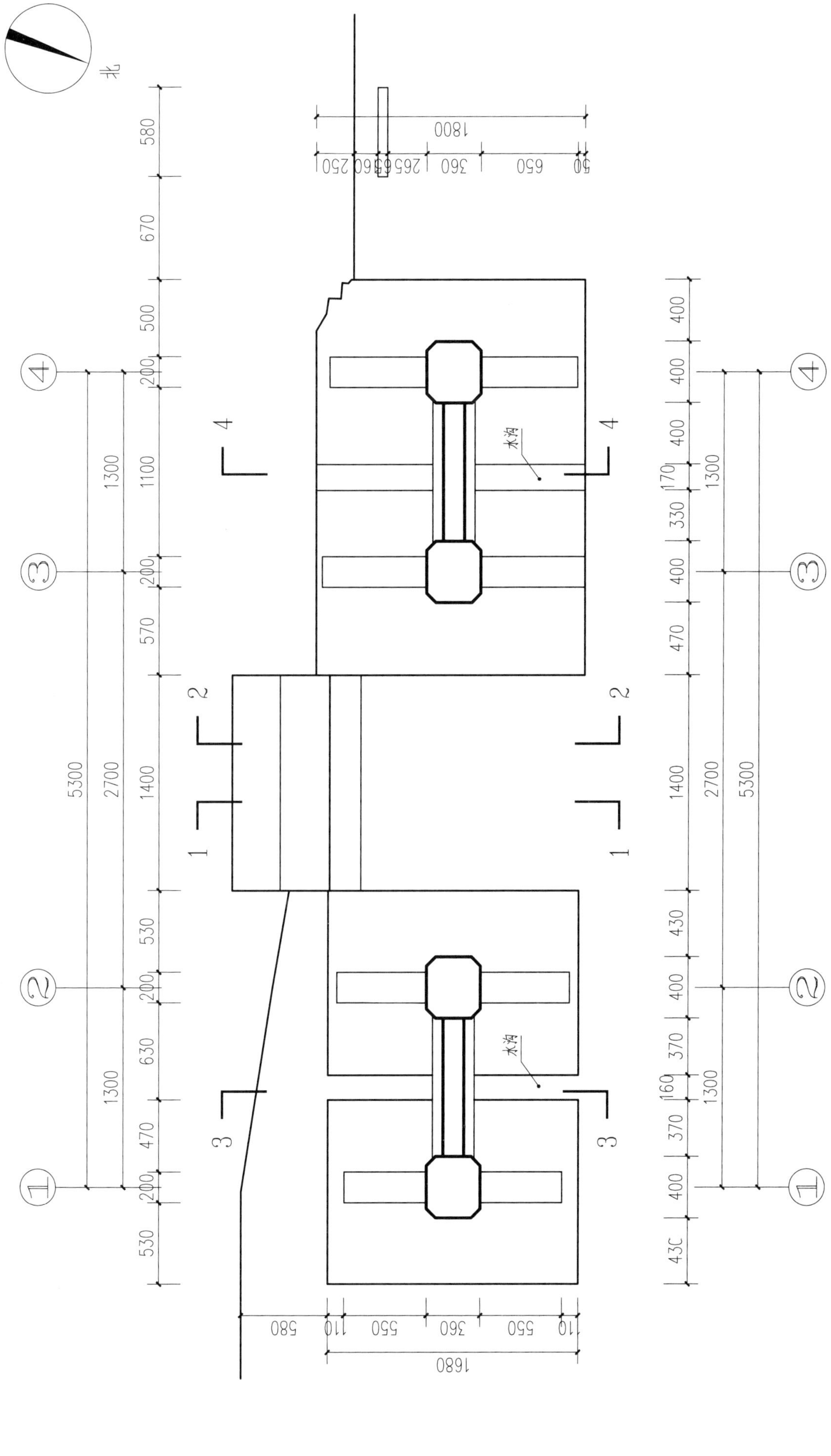
北
水沟
水沟
1800
250
60
265
360
650
50
1680
580
110
550
360
550
10
580
670
500
200
1100
200
570
1400
530
200
630
470
200
530
1300
2700
5300
400
400
400
170
330
400
470
1400
430
400
370
160
370
400
430
1300
2700
5300
1
2
3
4

图1 平面图

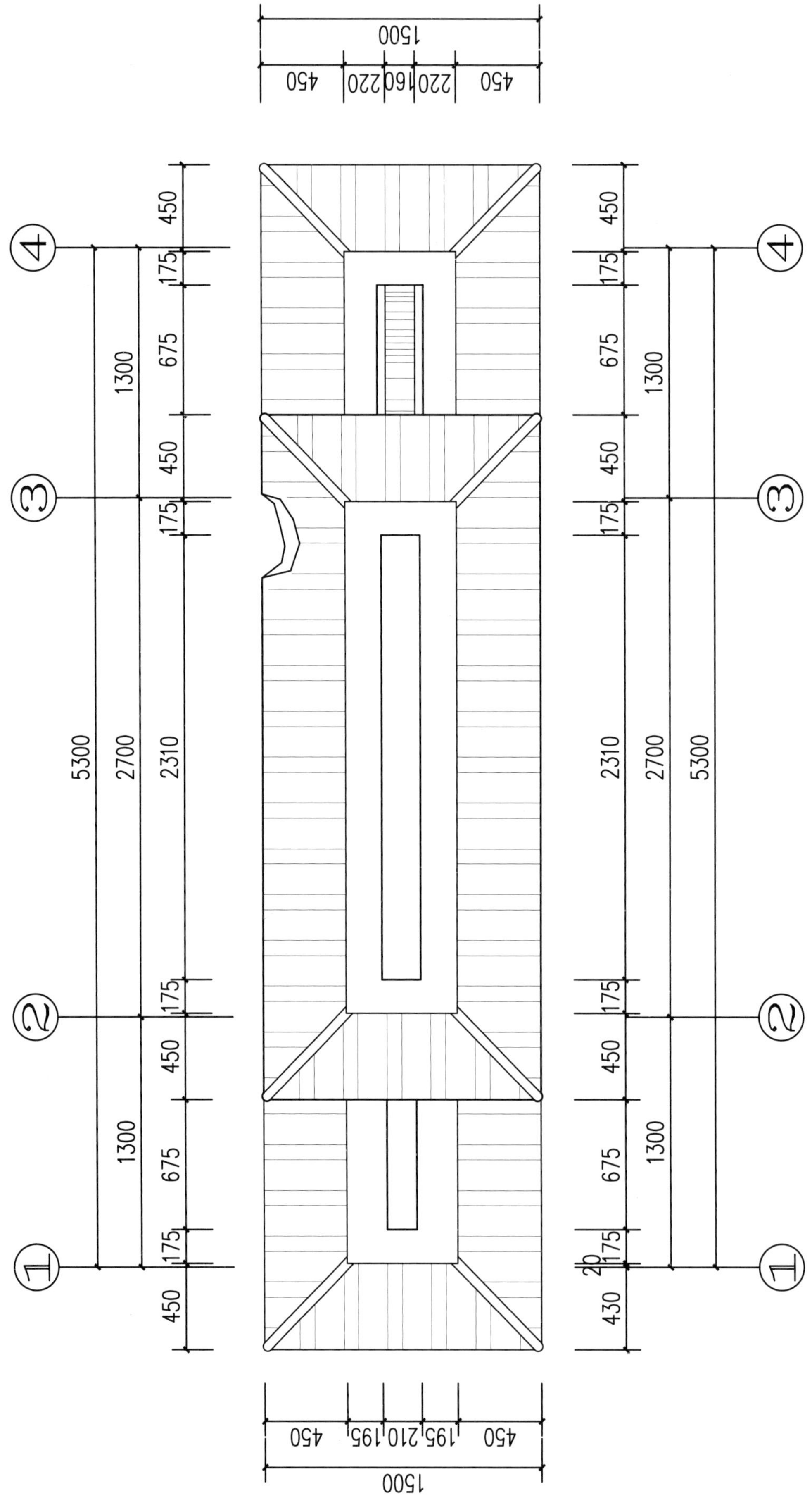
1500
450
220
160
220
450
450
175
675
1300
5300
2700
2310
430
20
195
210
195
1
2
3
4

图 2 顶视图

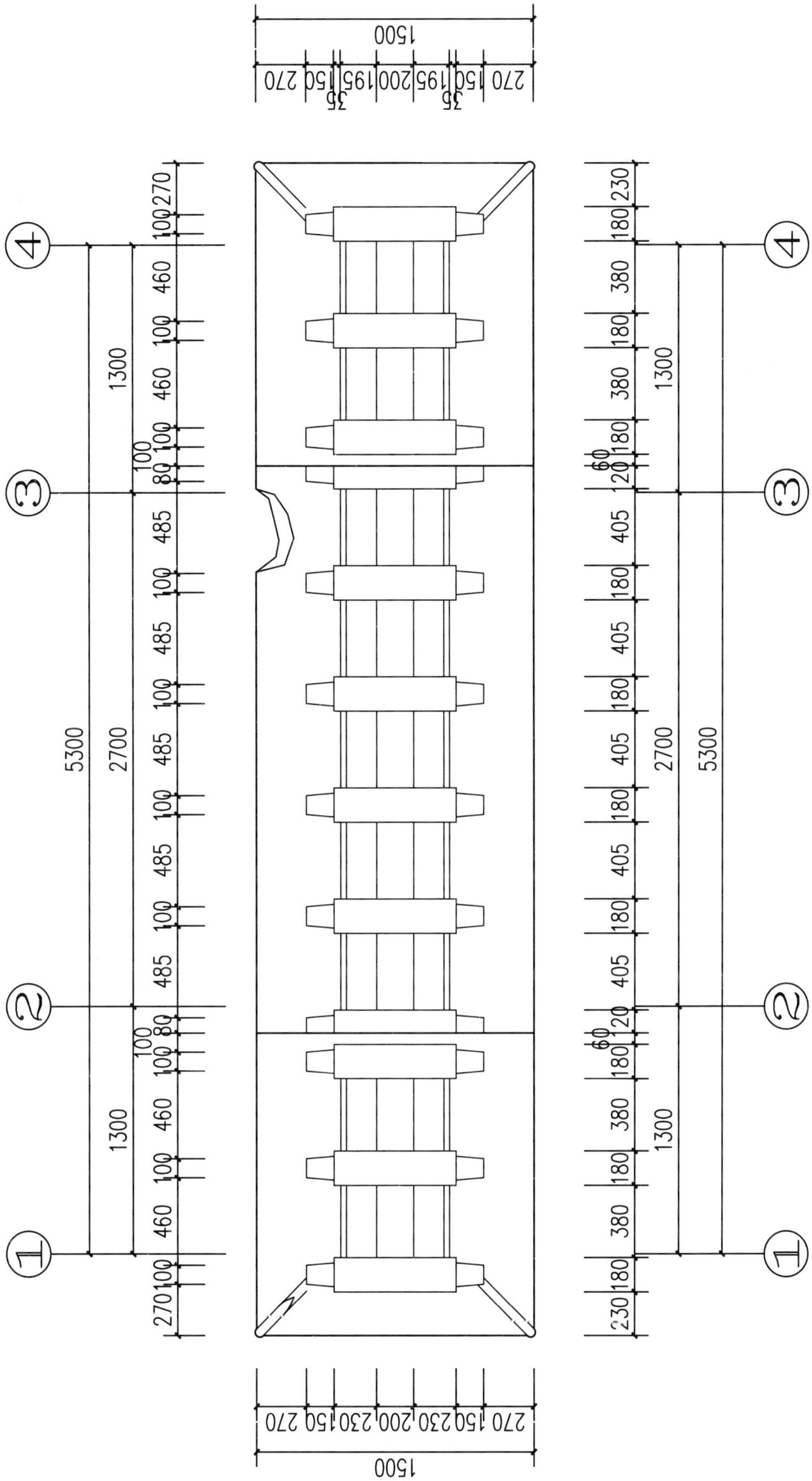
1500
270 150 195 200 195 150 270
35
35
270 150 230 200 230 150 270
1500
5300
2700
1300
1300
①
②
③
④

图 3　仰视图

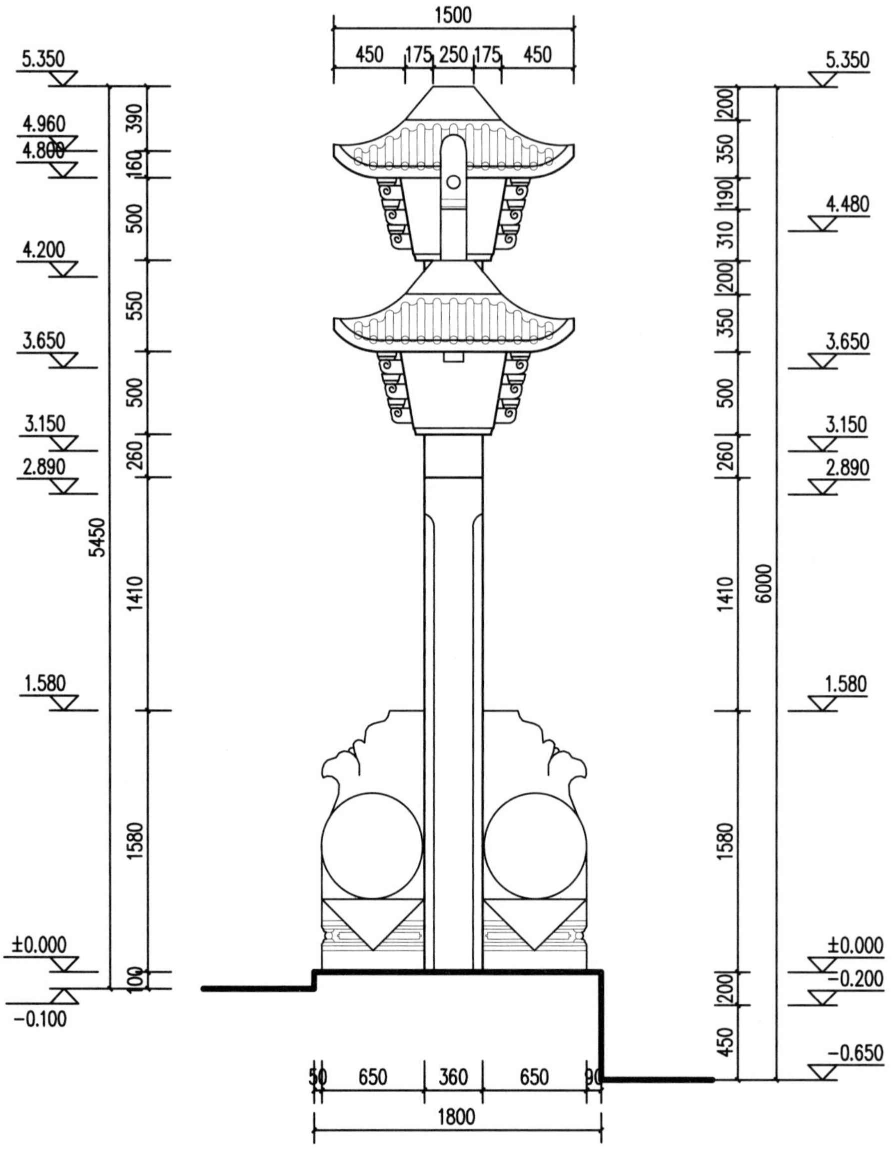
1500
450 175 250 175 450
5.350
4.960
4.800
4.200
3.650
3.150
2.890
1.580
±0.000
-0.100
390
160
500
550
500
260
5450
1410
1580
100
4.480
-0.200
-0.650
200
350
190
310
200
350
500
260
1410
6000
1580
200
450
50 650 360 650 90
1800

图 4　右侧立面图

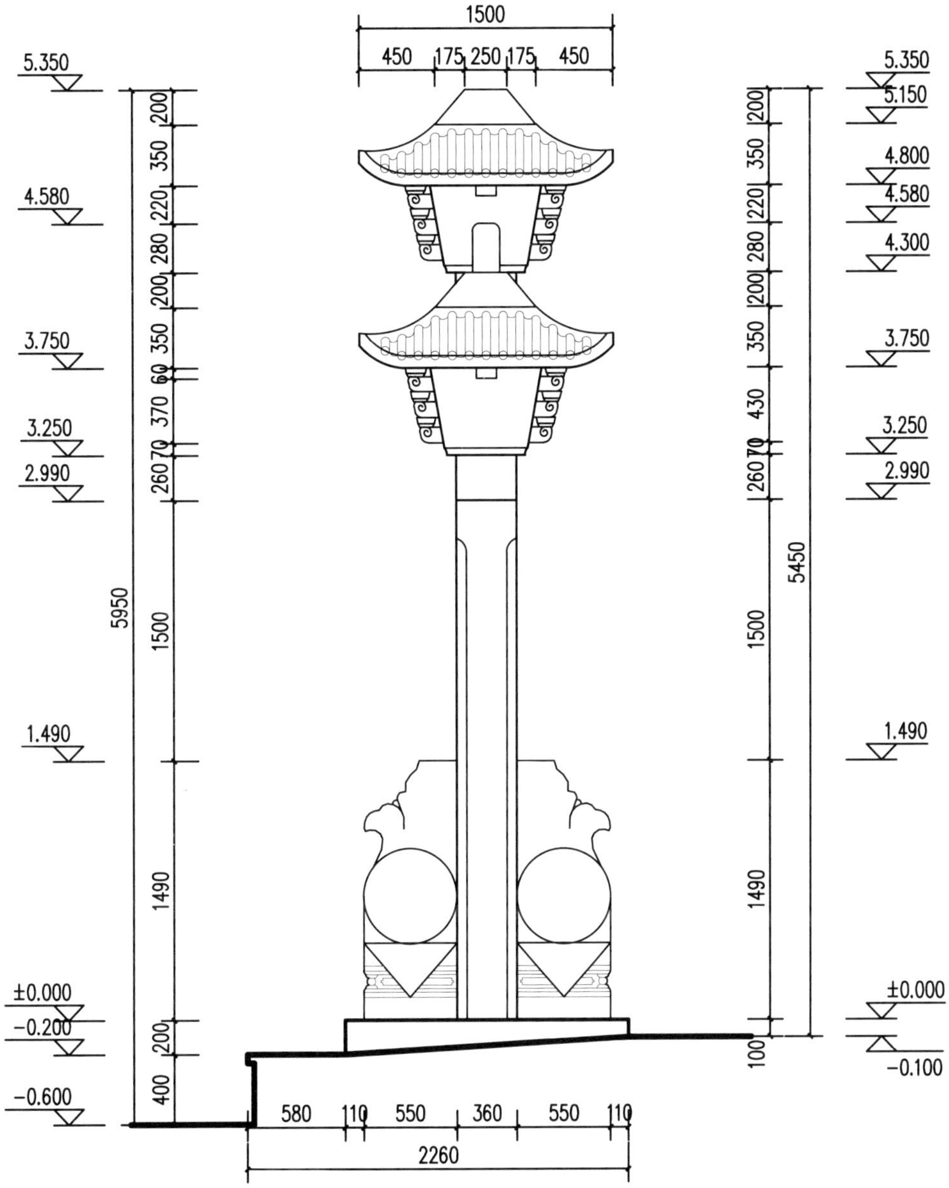
1500
450 175 250 175 450
5.350
4.580
3.750
3.250
2.990
1.490
±0.000
-0.200
-0.600
5950
200 350 220 280 200 350 60 60 370 70 260 1500 1490 200 400
5.350
5.150
4.800
4.580
4.300
3.750
3.250
2.990
1.490
±0.000
-0.100
5450
200 350 220 280 200 350 430 70 260 1500 1490 100
580 110 550 360 550 110
2260

图 5　左侧立面图

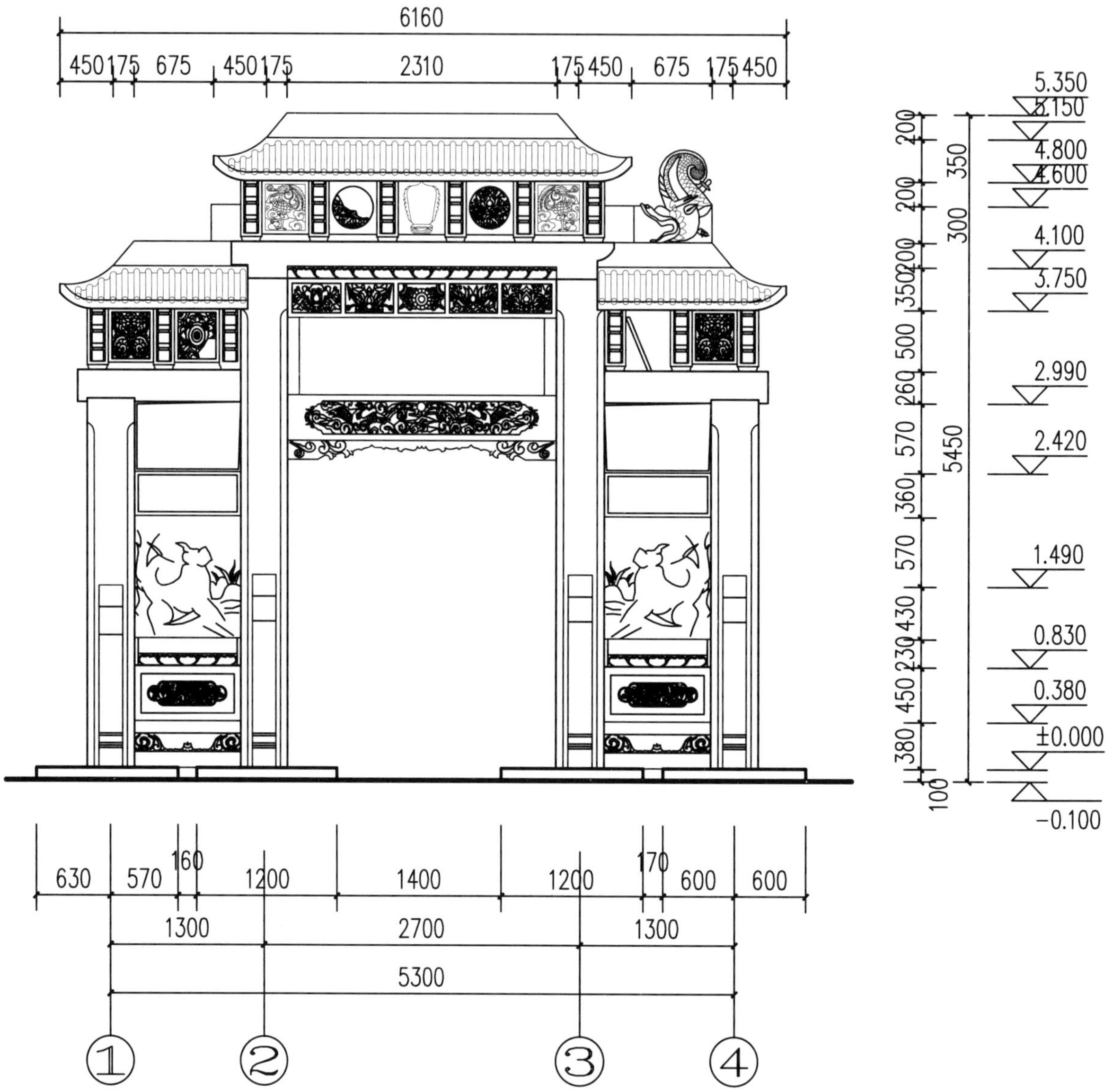

6160
450 175 675 450 175 2310 175 450 675 175 450
5.350
5.150
4.800
4.600
4.100
3.750
2.990
2.420
1.490
0.830
0.380
±0.000
-0.100
200 200 200 350 500 260 570 360 570 430 230 450 380 100
350 300 5450
630 570 160 1200 1400 1200 170 600 600
1300 2700 1300
5300
①
②
③
④

图 6 正立面图

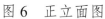

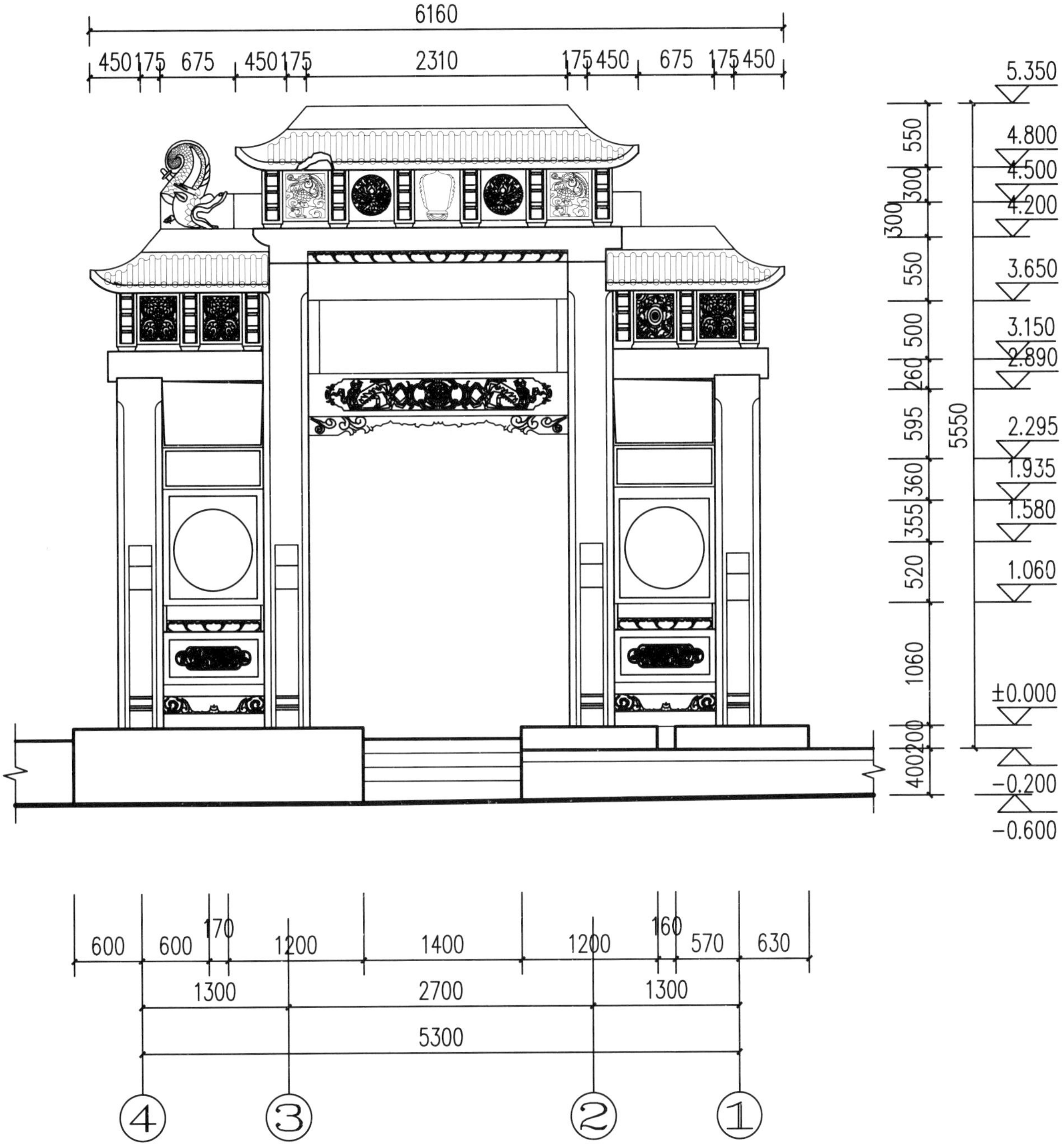
6160
450 175 675 450 175 2310 175 450 675 175 450
550
300
300
550
500
260
595
360
355
520
1060
200
400
5550
5.350
4.800
4.500
4.200
3.650
3.150
2.890
2.295
1.935
1.580
1.060
±0.000
-0.200
-0.600
600 600 170 1200 1400 1200 160 570 630
1300 2700 1300
5300
④ ③ ② ①

图 7　背立面图

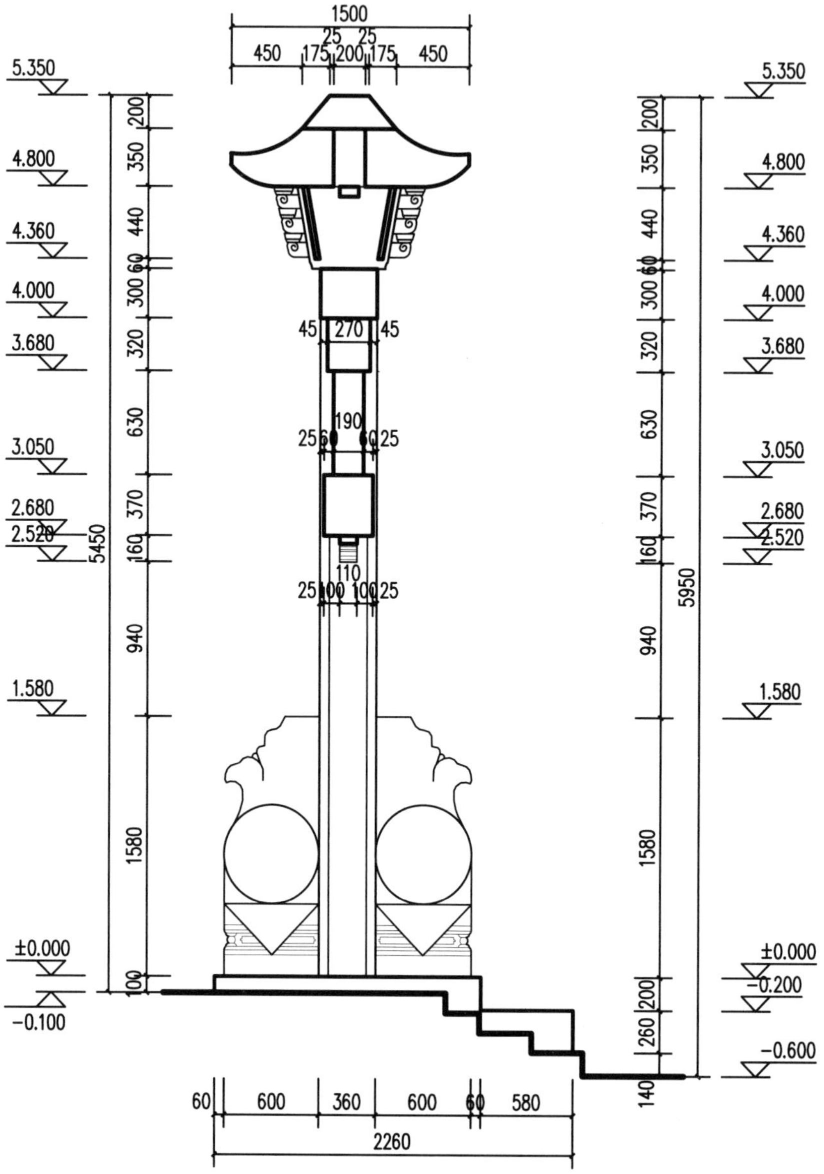
1500
25 25
450 175 200 175 450
5.350
4.800
4.360
4.000
3.680
3.050
2.680
2.520
1.580
±0.000
-0.100
-0.200
-0.600
200
350
440
60
300
320
630
370
160
940
1580
100
5450
5950
260
140
45 270 45
190
25 60 60 25
110
25 100 100 25
60 600 360 600 60 580
2260

图 8　1-1 剖面图

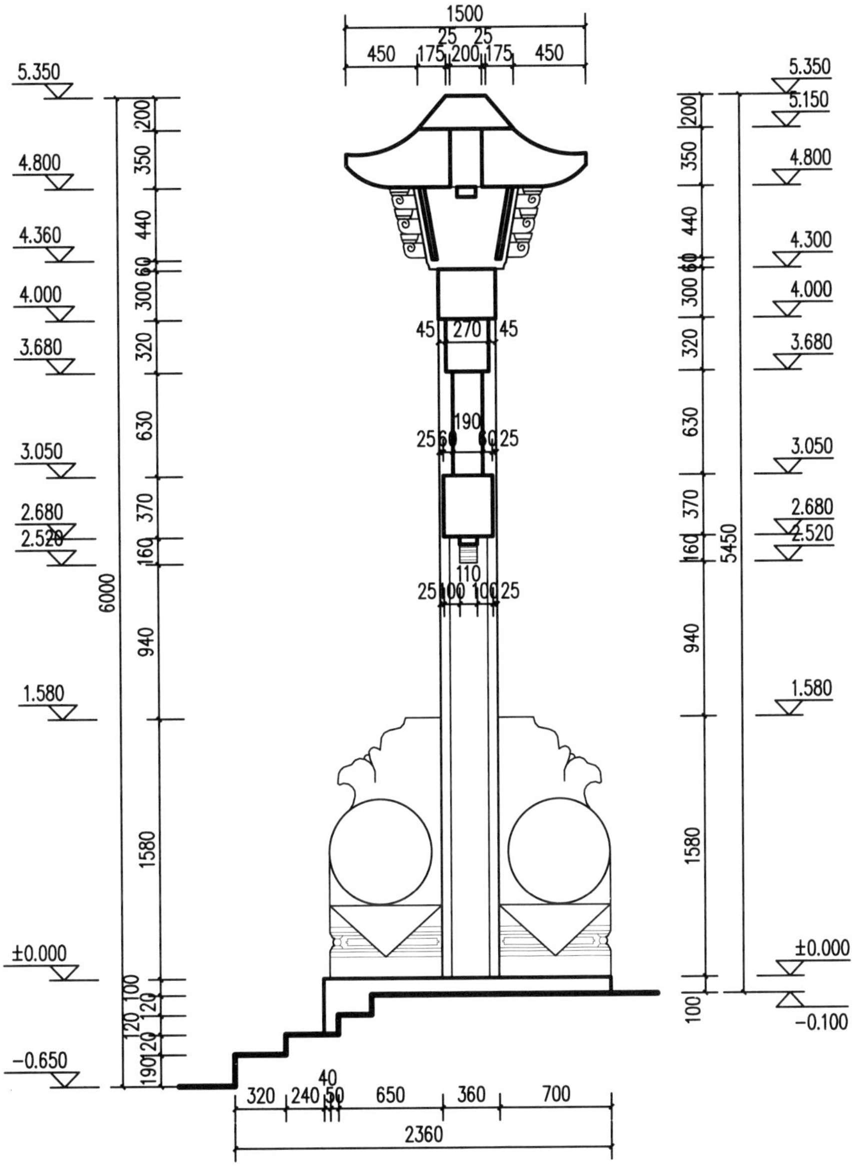
1500
25 25
450 175 200 175 450
5.350
5.150
4.800
4.360
4.300
4.000
3.680
3.050
2.680
2.520
1.580
±0.000
-0.100
-0.650
200
350
440
60
300
320
630
370
160
940
1580
6000
5450
45 270 45
190
25 60 60 25
110
25 100 100 25
100
120
190
40
320 240 50 650 360 700
2360

图9　2-2剖面图

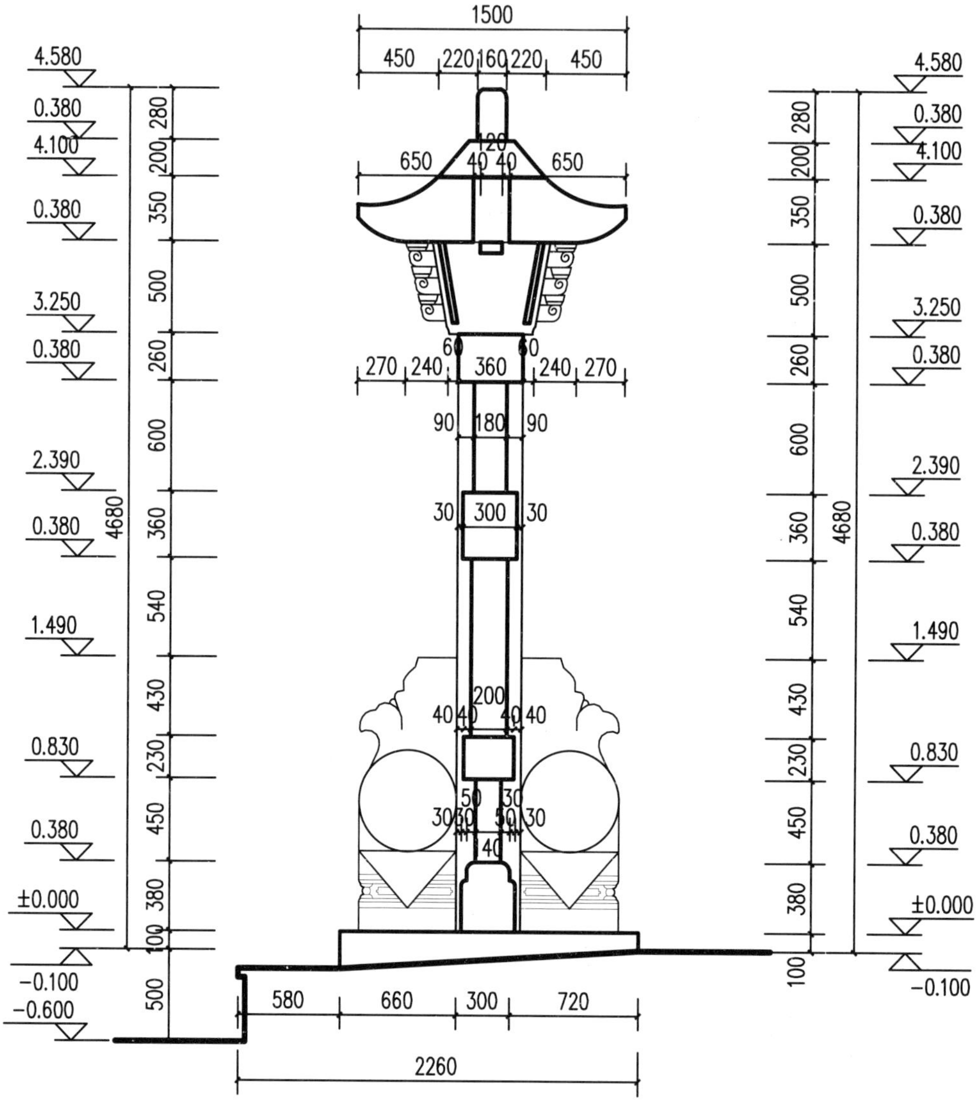
1500
450
220
160
220
450
120
650
40
40
650
60
60
270
240
360
240
270
90
180
90
30
300
30
200
40
40
40
40
50
30
30
30
50
30
40
580
660
300
720
2260
4.580
0.380
4.100
0.380
3.250
0.380
2.390
0.380
1.490
0.830
0.380
±0.000
-0.100
-0.600
280
200
350
500
260
600
360
540
430
230
450
380
100
500
4680

图 10　3-3 剖面图

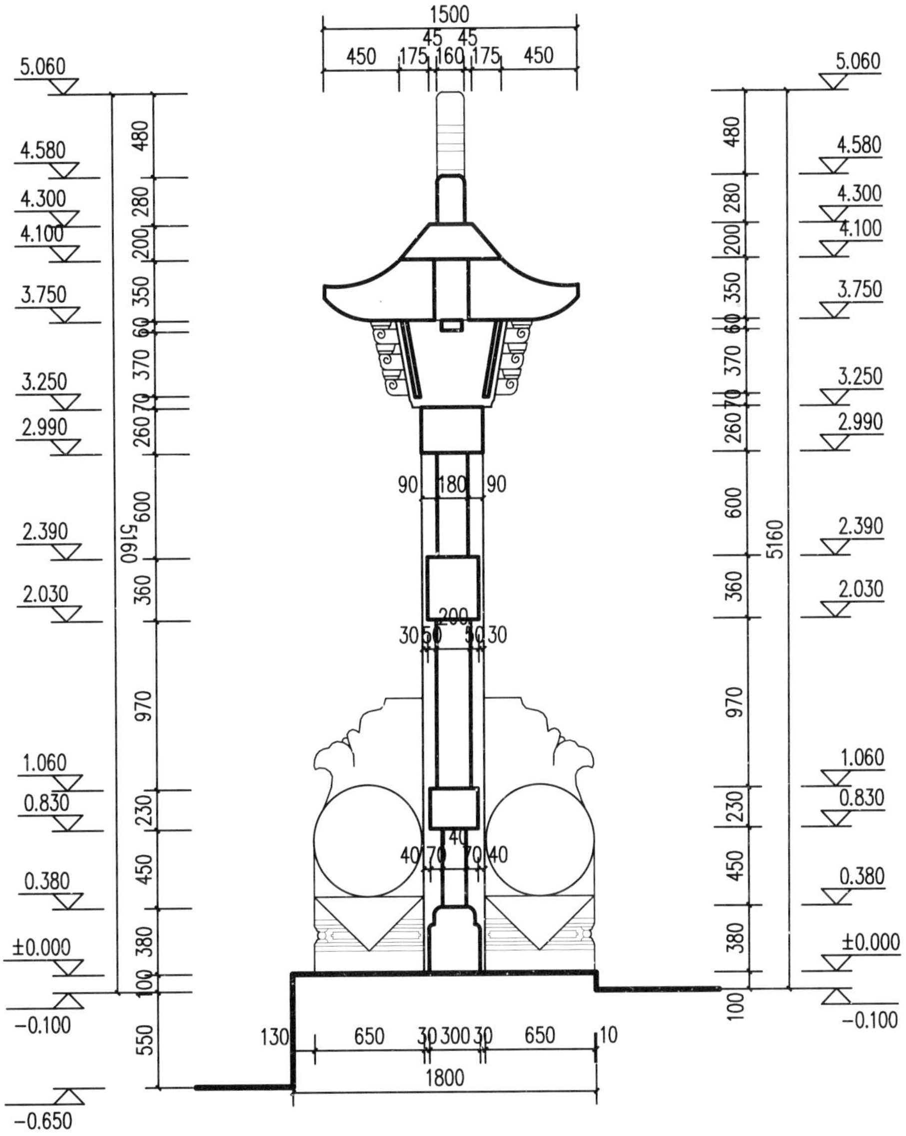
1500
450 175 45 160 45 175 450
5.060
4.580
4.300
4.100
3.750
3.250
2.990
2.390
2.030
1.060
0.830
0.380
±0.000
-0.100
-0.650
480 280 200 350 60 60 370 70 260 600 360 970 230 450 380 100 550
5160
90 180 90
200
30 50 50 30
40
40 70 70 40
130 650 30 300 30 650 10
1800

图 11 4-4 剖面图

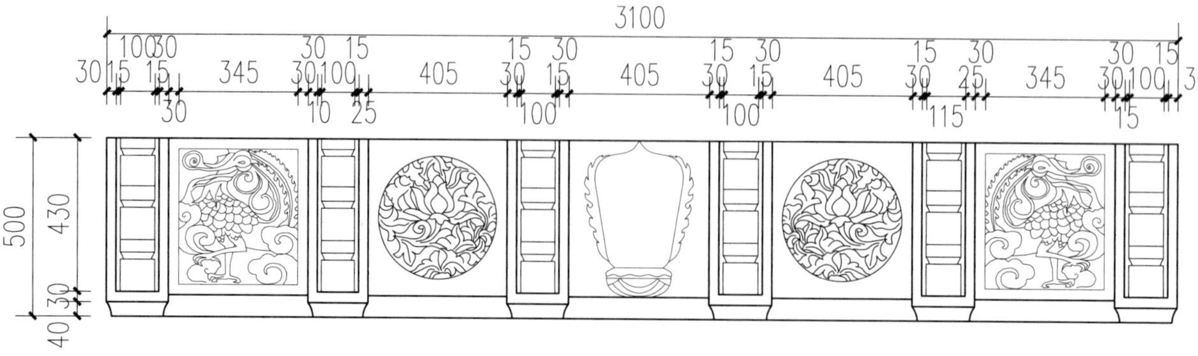

石刻详图一

石刻详图二

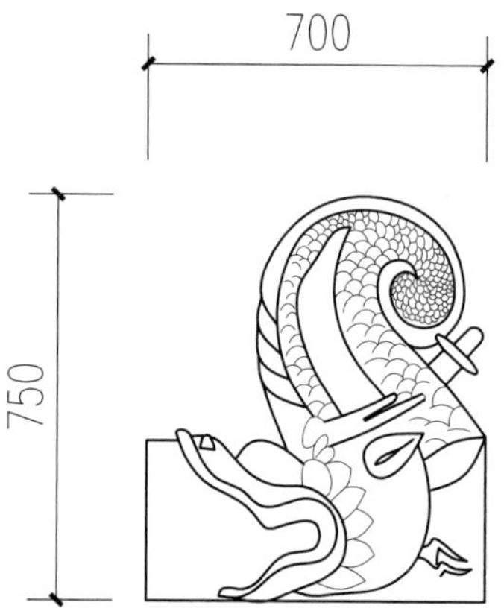

脊饰详图

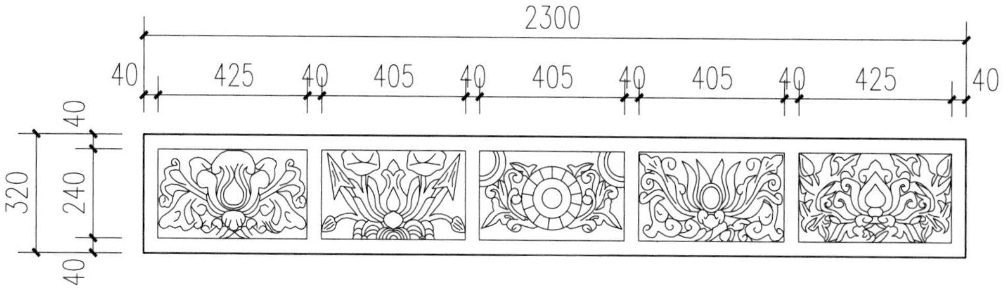

石刻详图三

图 12　大样图（一）

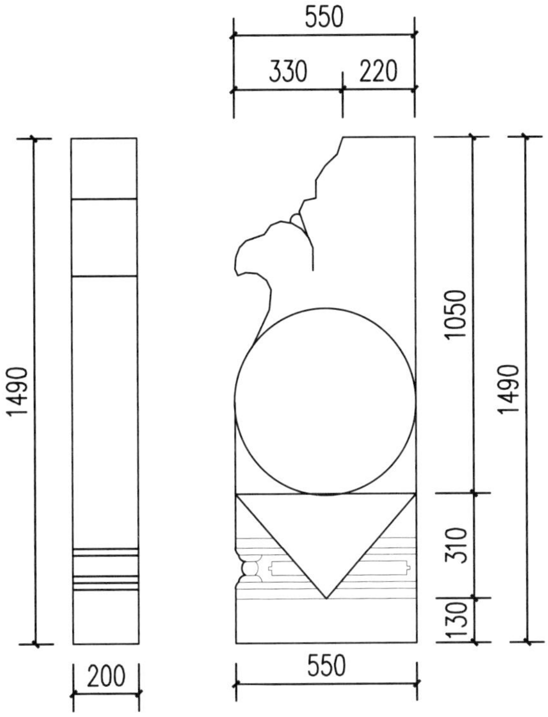

抱鼓石一详图

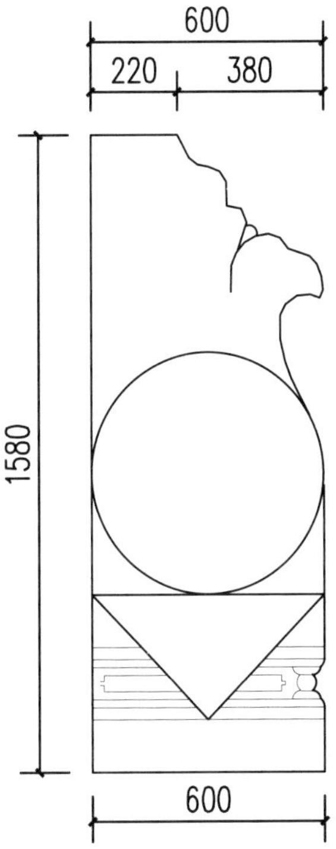

抱鼓石二详图

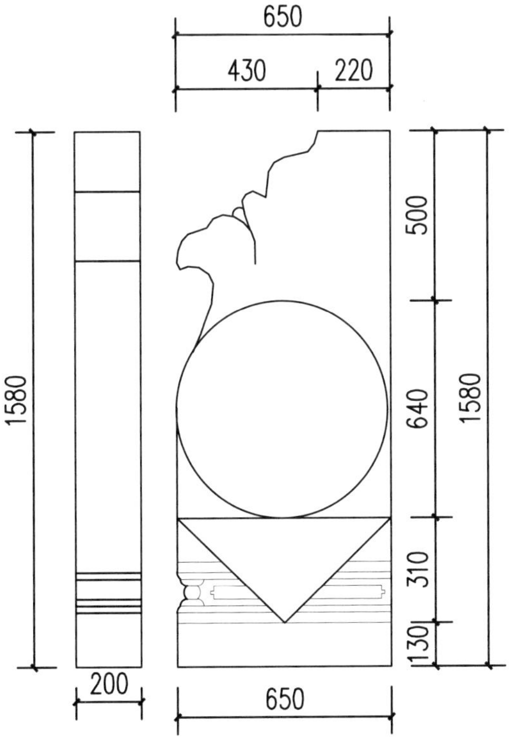

抱鼓石三详图

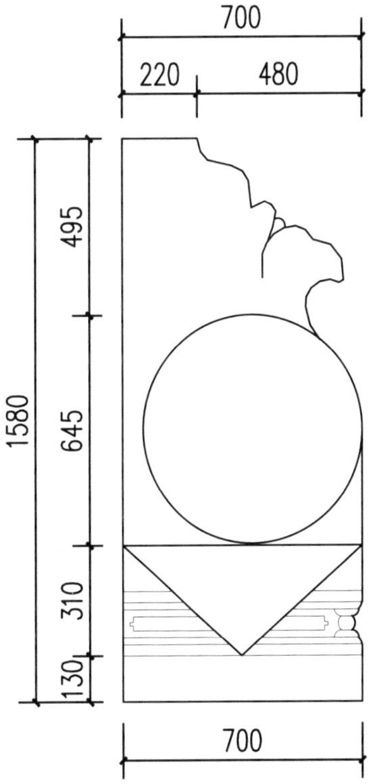

抱鼓石四详图

图 13　大样图（二）

华蓥蔡家墩桥

蔡家墩桥南北走向横跨于河道上，位于广安市华蓥庆华镇东面500米处，是连接溪口镇至庆华镇的老驿道。

蔡家墩桥建于清道光二十七年（公元1846年），桥为南北走向，横跨于河道上，红砂石砌筑拱桥，三券拱。桥长47米，宽5.3米。桥身总高6.62米，河面跨度31.98米。中间内拱高5.44米，中间券口距河中心水面底部高度为5.77米，两侧券口距河中心水面底部高度为5.08米。整座石桥面呈长方形，由桥墩至桥面建于两岸岩体上，桥体逐层砌石，桥面呈弧形，用石板铺成。两端均有石踏步。在南、北桥端修筑有堡坎。桥体立面券口沿部砌石素边，桥面两侧条石栏杆缺失。

华蓥市文物保护单位。

测绘制图：戴旭斌

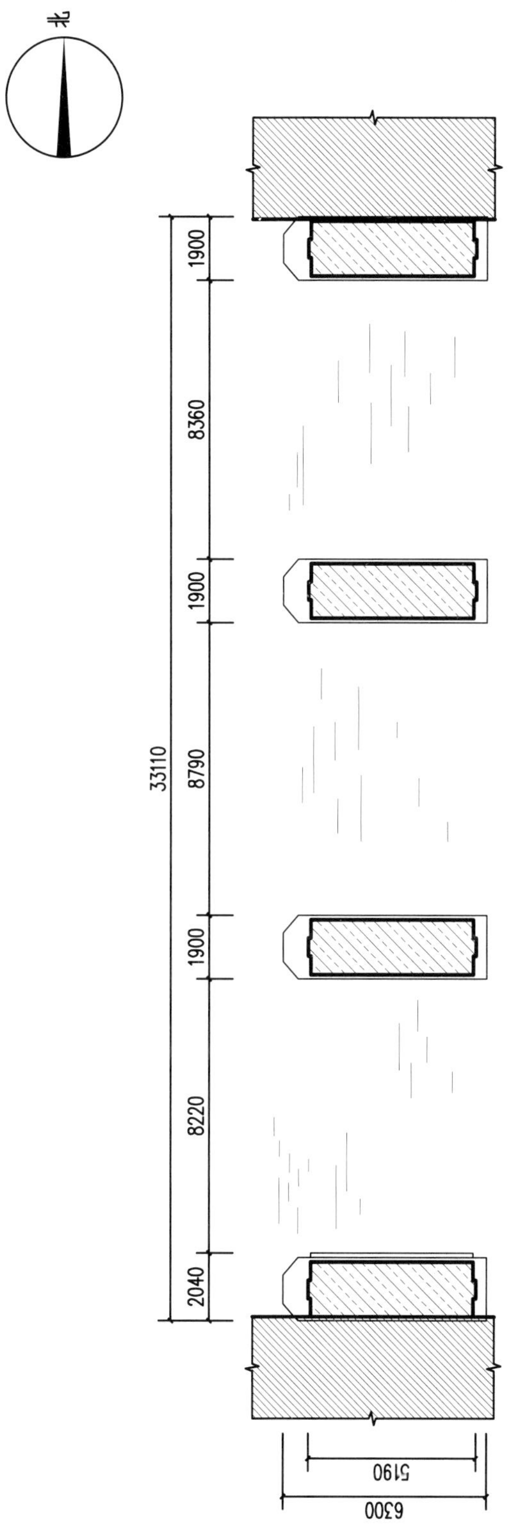
北
33110
1900
8360
1900
8790
1900
8220
2040
5190
6300

图 1　平面图

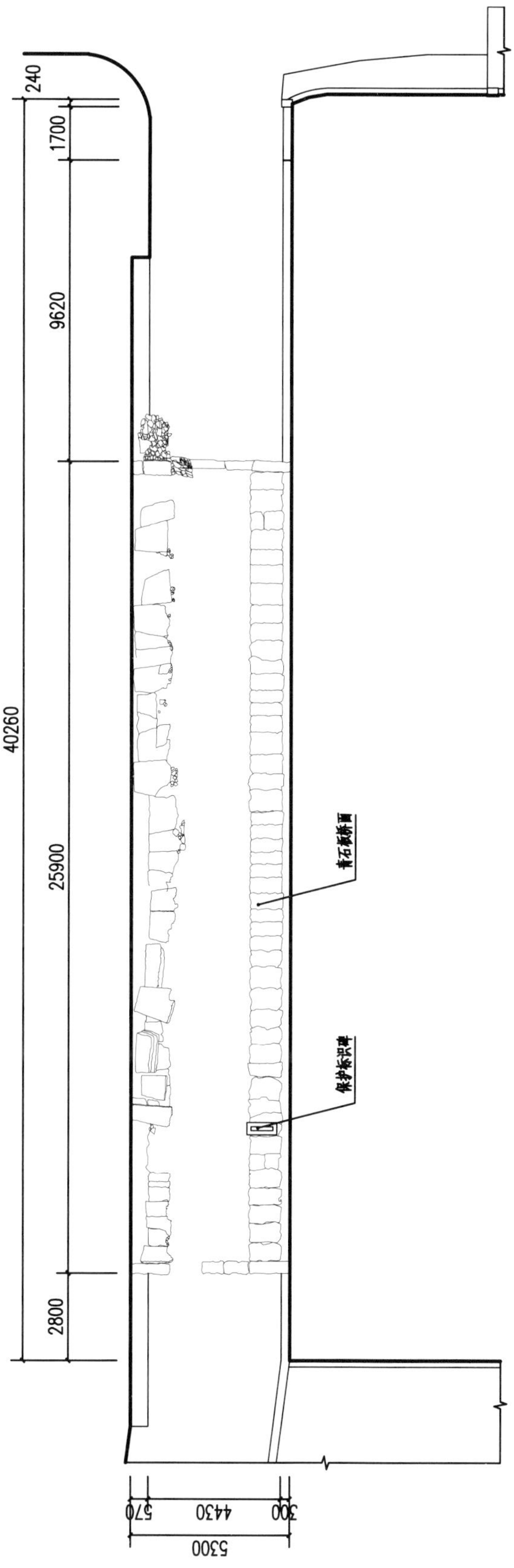
240
1700
9620
25900
2800
40260
青石板桥面
保护标识碑
570
4430
300
5300

图 2　俯视图

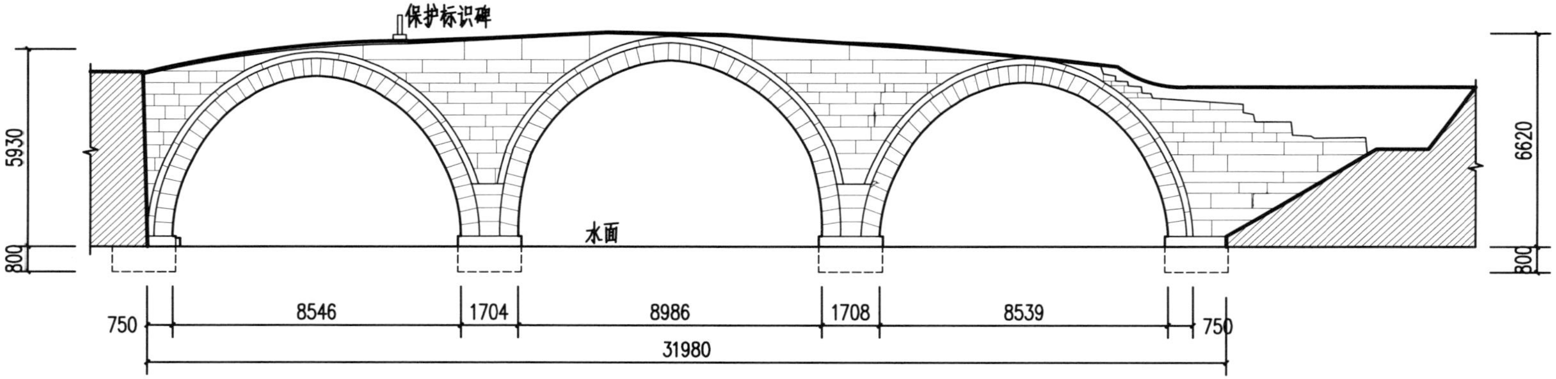

图 3　北立面图

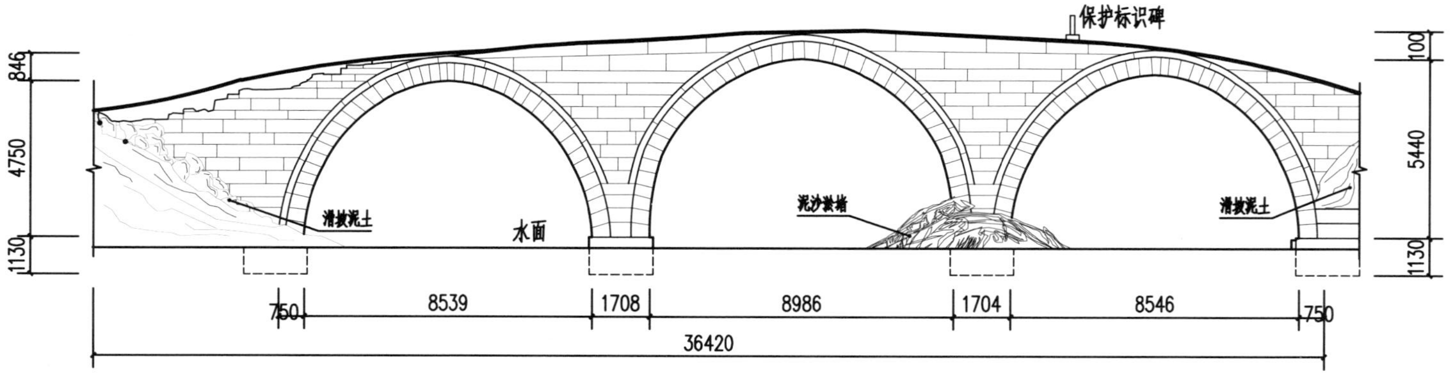

图 4　南立面图

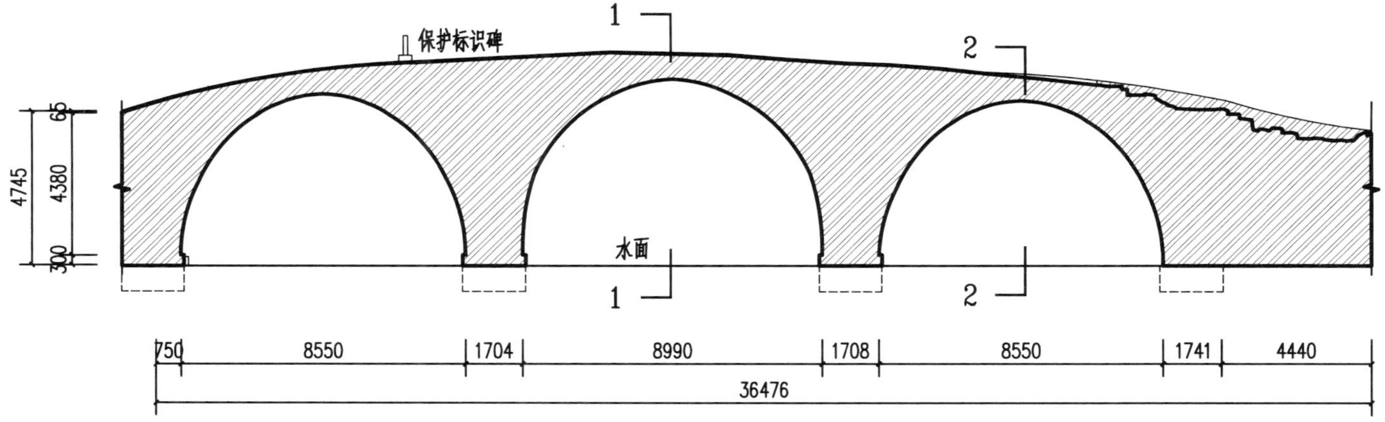

图 5　剖面图

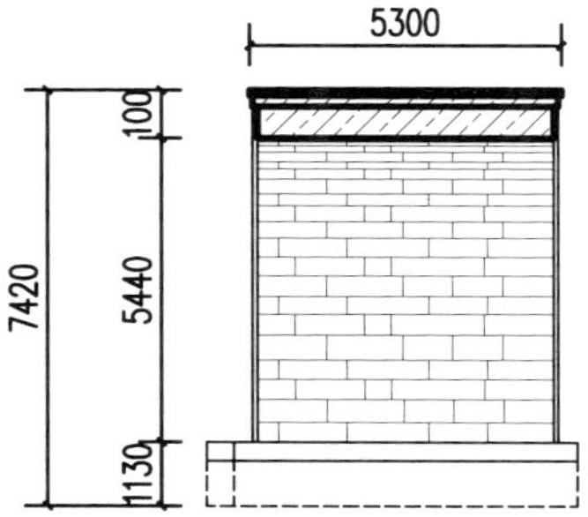

图 6　1-1 剖面图

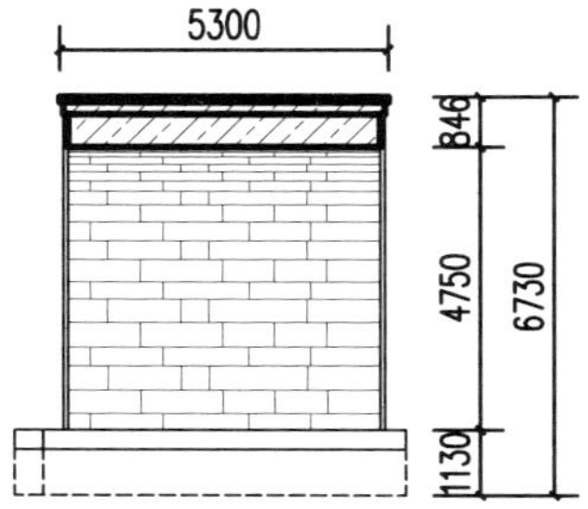

图 7　2-2 剖面图

中江邓氏碉楼

邓氏碉楼位于四川省德阳市中江县永丰乡碉楼村 5 组邓家大院子中。

邓氏碉楼建于清代。坐东北向西南，平面呈矩形，占地面积为 163.8 平方米（檐口滴水范围）。通面阔 10.41 米，通进深 5.33 米，总高 16.03 米。为木石结构，四楼一底，条石砌墙体，木制楼板，顶层为抬梁式梁架，单檐歇山式筒瓦屋顶。顶层楼面于碉楼外侧四周设木制挑台平座、围栏，平座下方用木雕撑栱支撑。自第二层起每层各面均留方形射击孔，第二层西南面正中开券拱形门，宽 1.85 米，高 2.7 米，厚 0.8 米，正中留长方形门洞，宽 0.74 米，高 1.2 米。券门上方深浮雕石刻横匾，上行书“开云楼”三个大字，横匾两侧半圆雕石狮各一，券拱形门洞两侧行书对联“户牖观天地　山川足古今”，上方券拱外侧深浮雕兼镂雕双凤朝阳和花鸟等吉祥图案，自碉楼前地面起，通过 16 级阶梯踏道往上，至券拱形碉楼门，方可进入楼内。

四川省文物保护单位。

测绘制图：戴旭斌、廖树伟、张应维

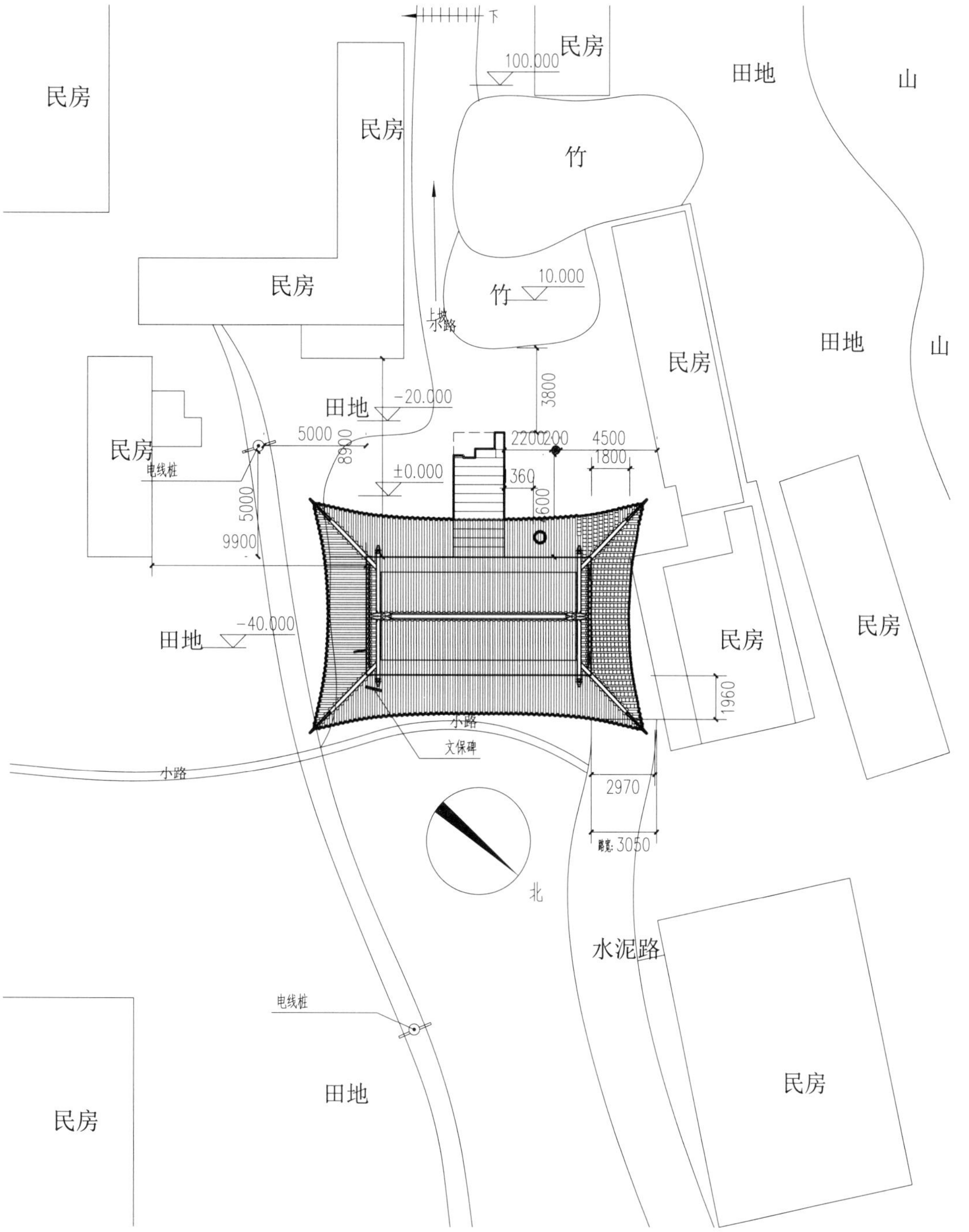

下
民房
100.000
田地
山
民房
民房
竹
民房
竹
10.000
上坡小路
民房
田地
山
3800
田地
-20.000
5000
8900
2200
200
4500
1800
民房
电线桩
±0.000
360
600
5000
9900
田地
-40.000
民房
民房
1960
小路
文保碑
小路
2970
路宽:3050
北
水泥路
电线桩
田地
民房
民房

图 1　总平面图

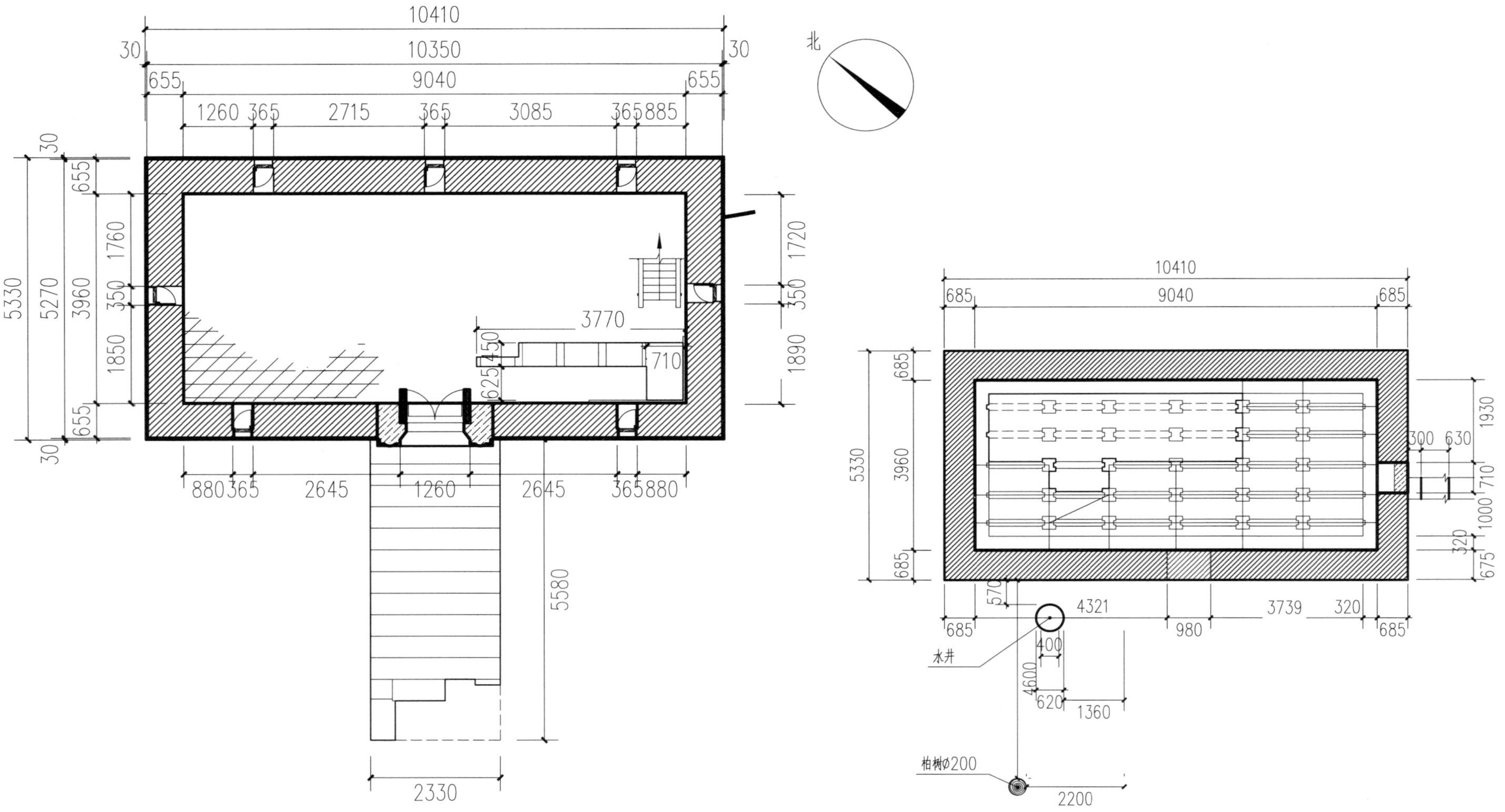

图2　二层、底层平面图

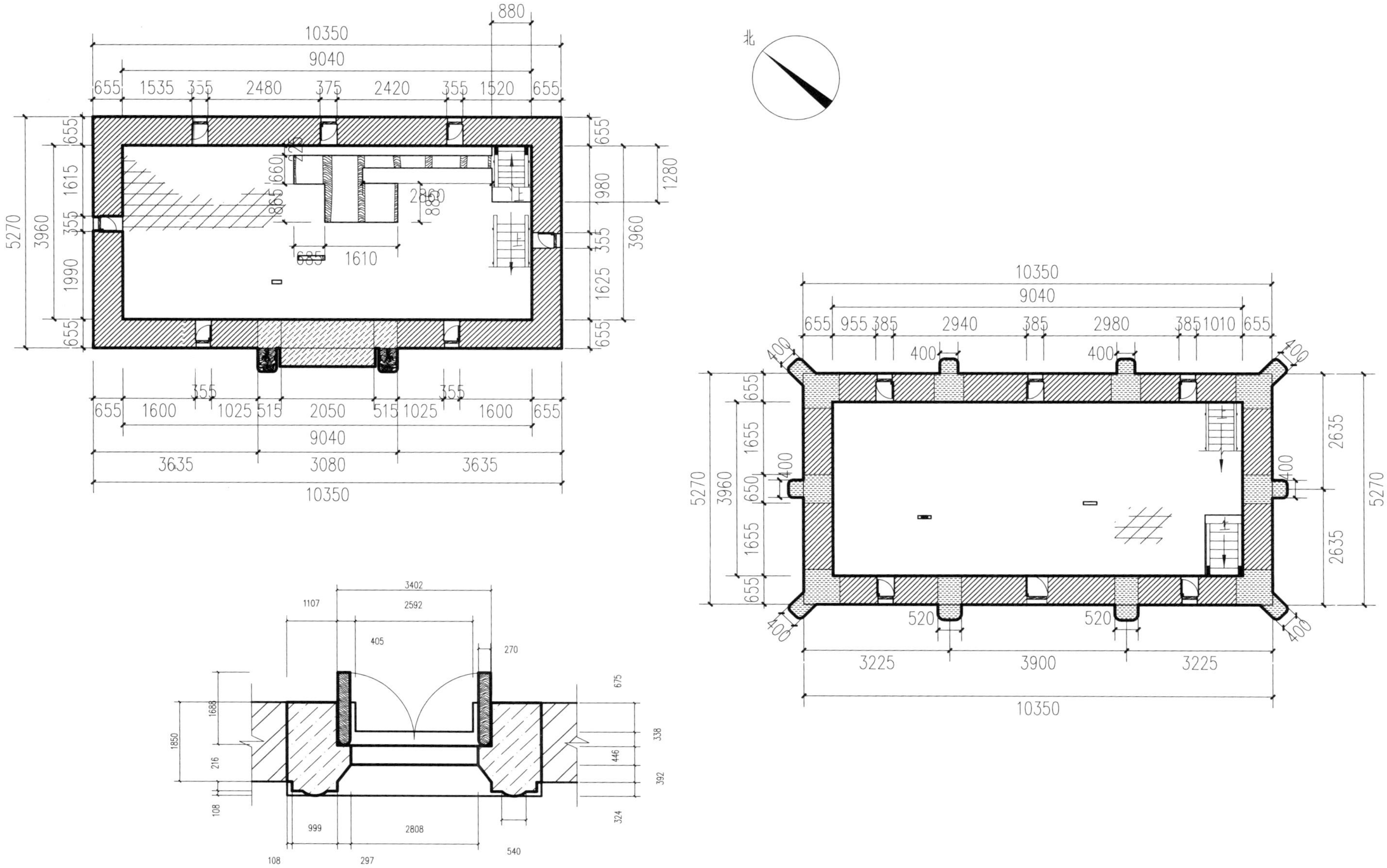

图 3　正门、二层、三层平面图

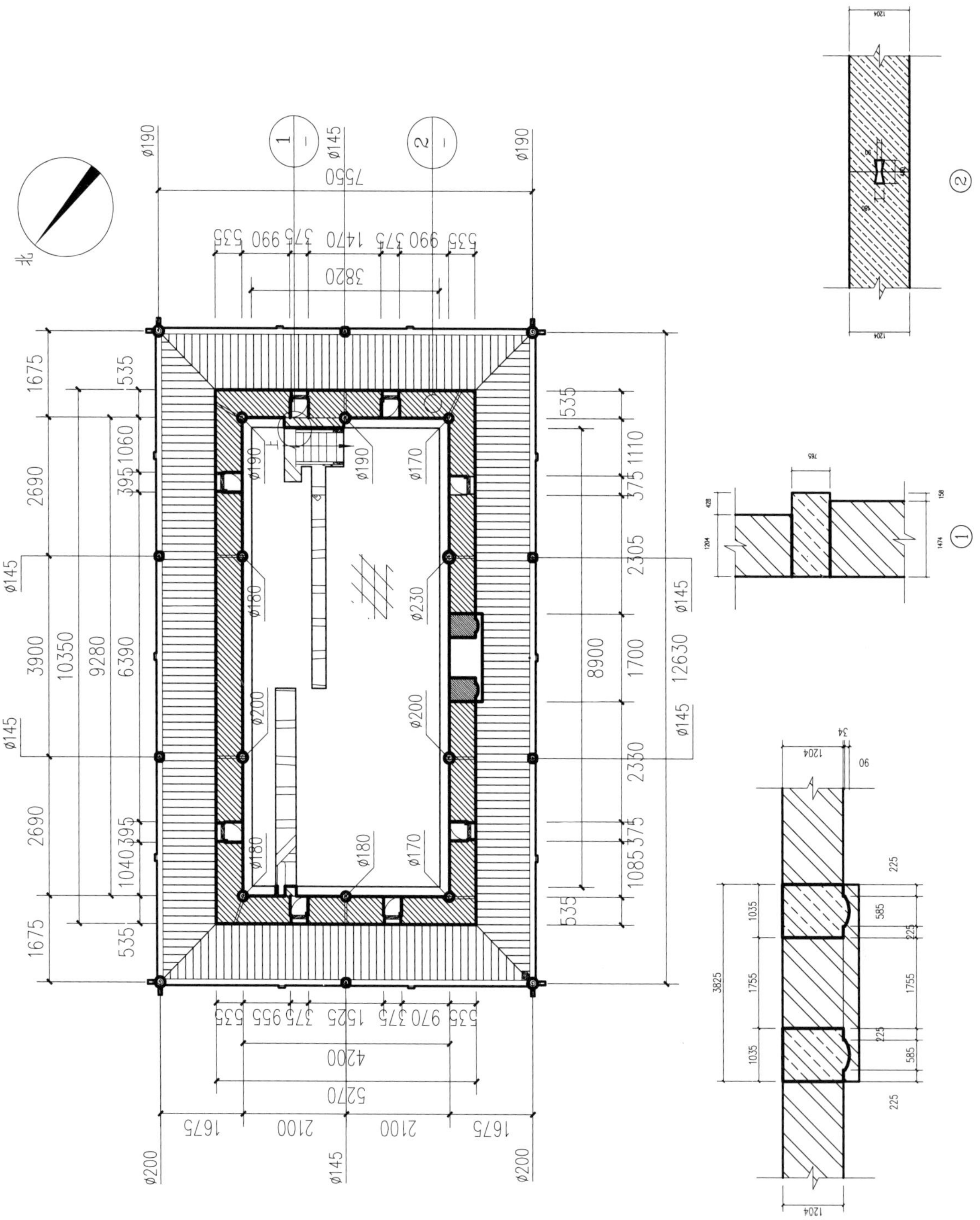

图4 顶层门洞、四层平面图

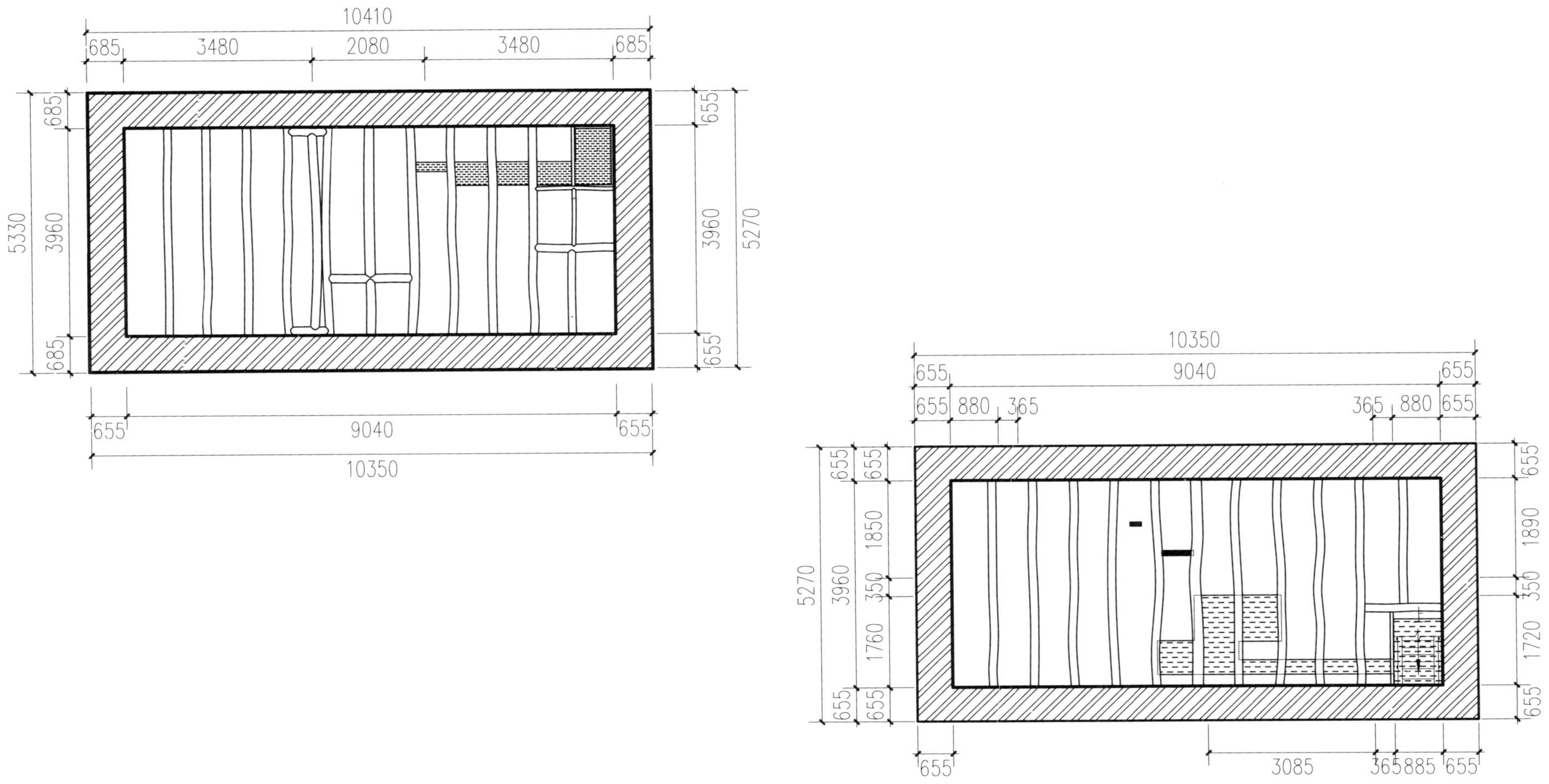
10410
685 3480 2080 3480 685
685 3960 685
5330
655 3960 655
5270
655 9040 655
10350
10350
655 9040 655
655 880 365 365 880 655
655 1850 350 1760 655
5270
3960
655 1890 350 1720 655
655
3085 365885 655

图 5　底层、二层仰视图

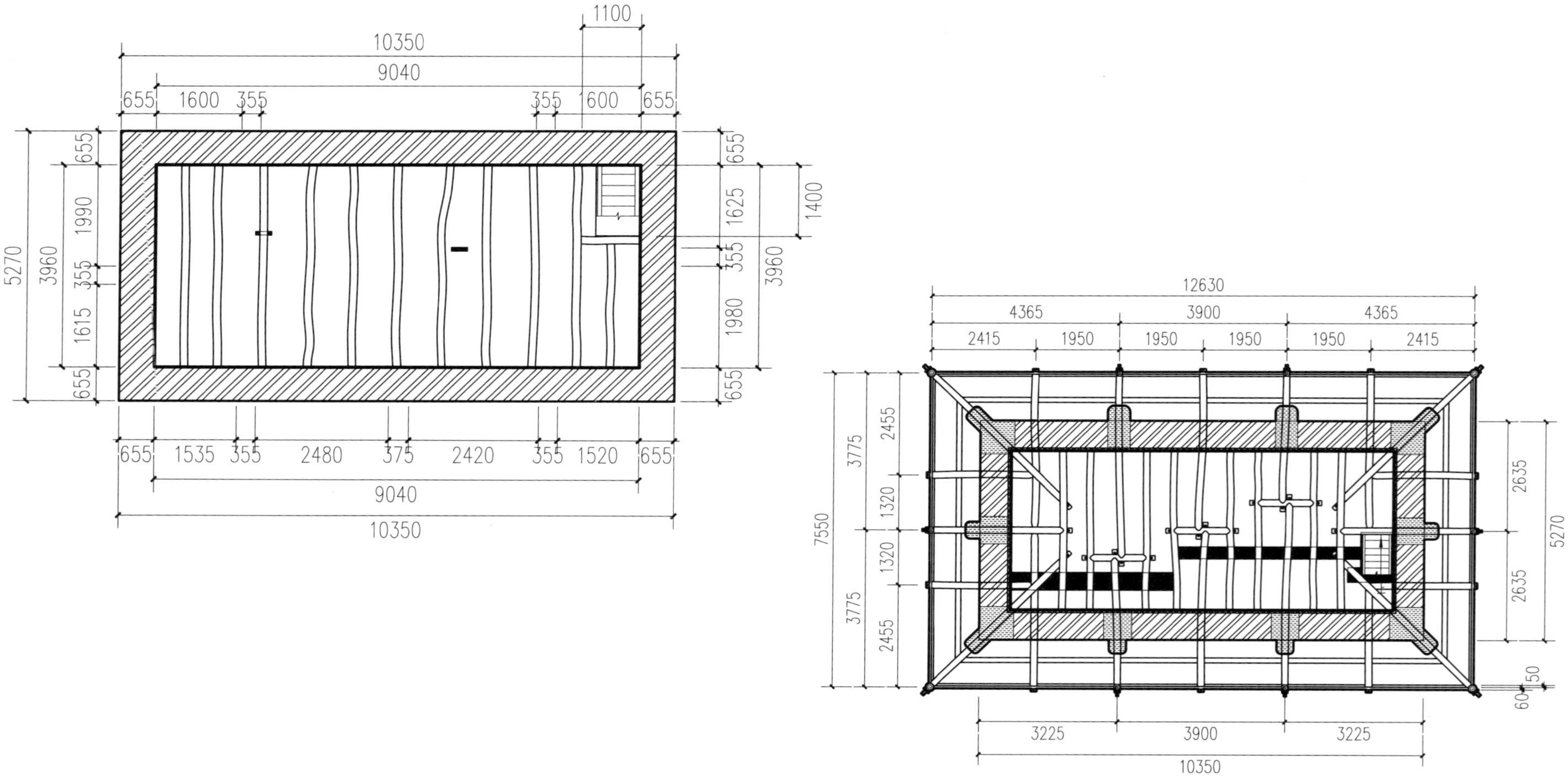
1100
10350
9040
655
1600
355
355
1600
655
655
1990
355
1615
655
5270
3960
655
1625
355
1980
655
1400
3960
655
1535
355
2480
375
2420
355
1520
655
9040
10350
12630
4365
3900
4365
2415
1950
1950
1950
1950
2415
7550
3775
1320
1320
3775
2455
2455
2635
2635
5270
50
60
3225
3900
3225
10350

图6　三层、四层仰视图

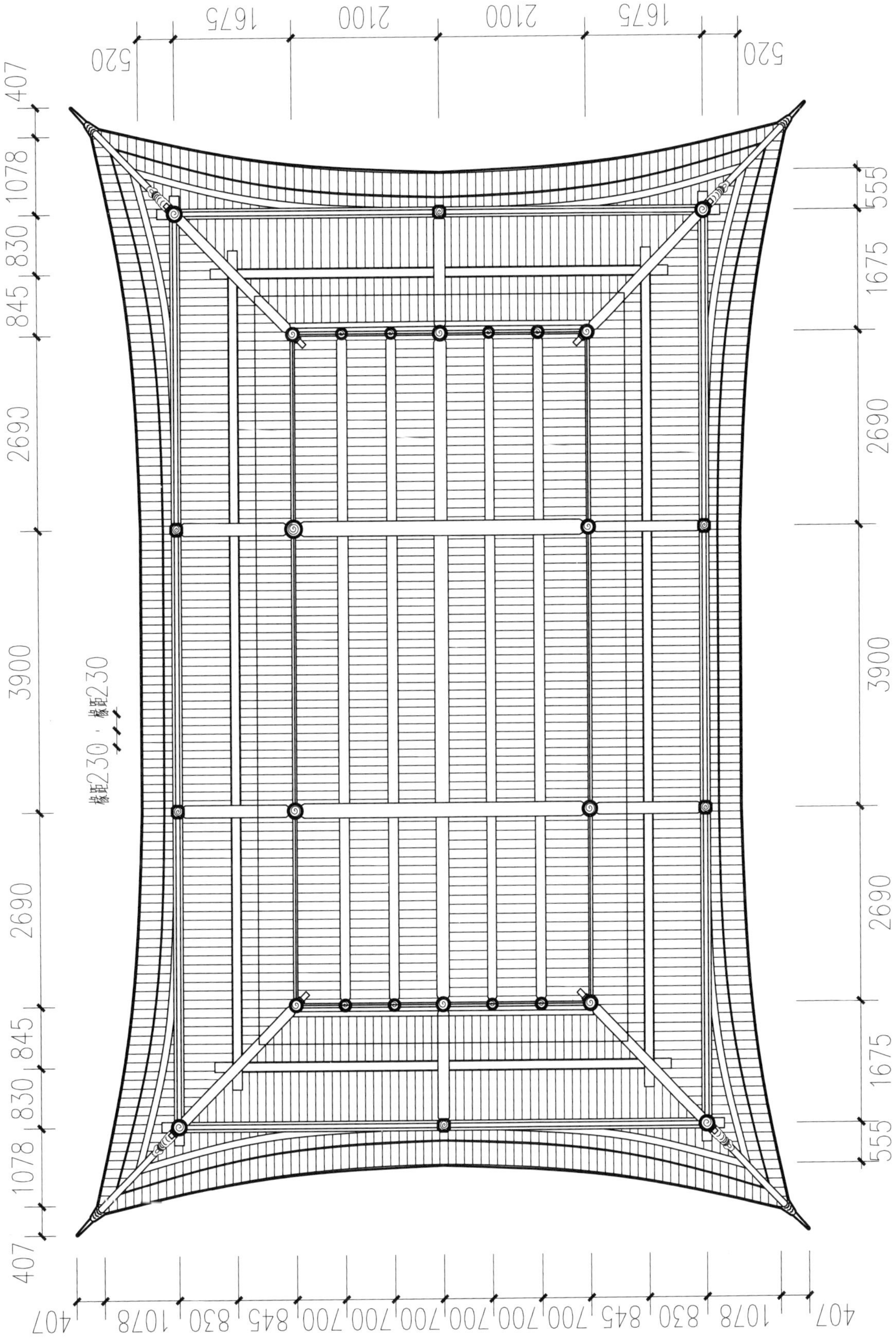
520 1675 2100 2100 1675 520
407 1078 830 845 2690 3900 2690 845 830 1078 407
555 1675 2690 3900 2690 1675 555
407 1078 830 845 700 700 700 700 700 700 845 830 1078 407
椽距230，椽距230

图7 仰视图

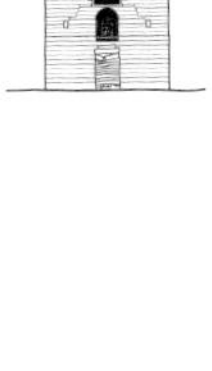

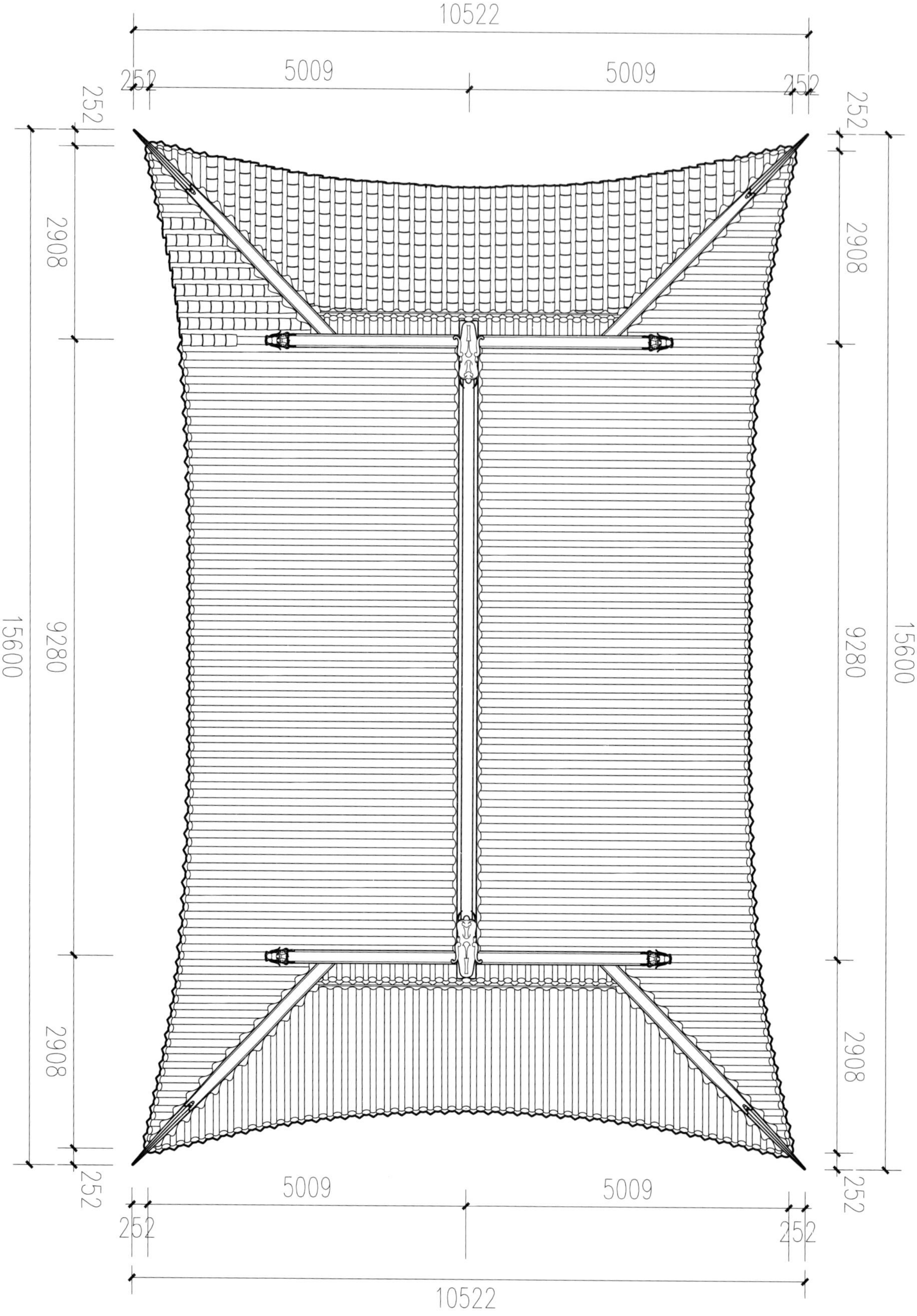
10522
252
5009
5009
252
252
2908
9280
15600
2908
252
5009
5009
252
252
10522

图8 俯视图

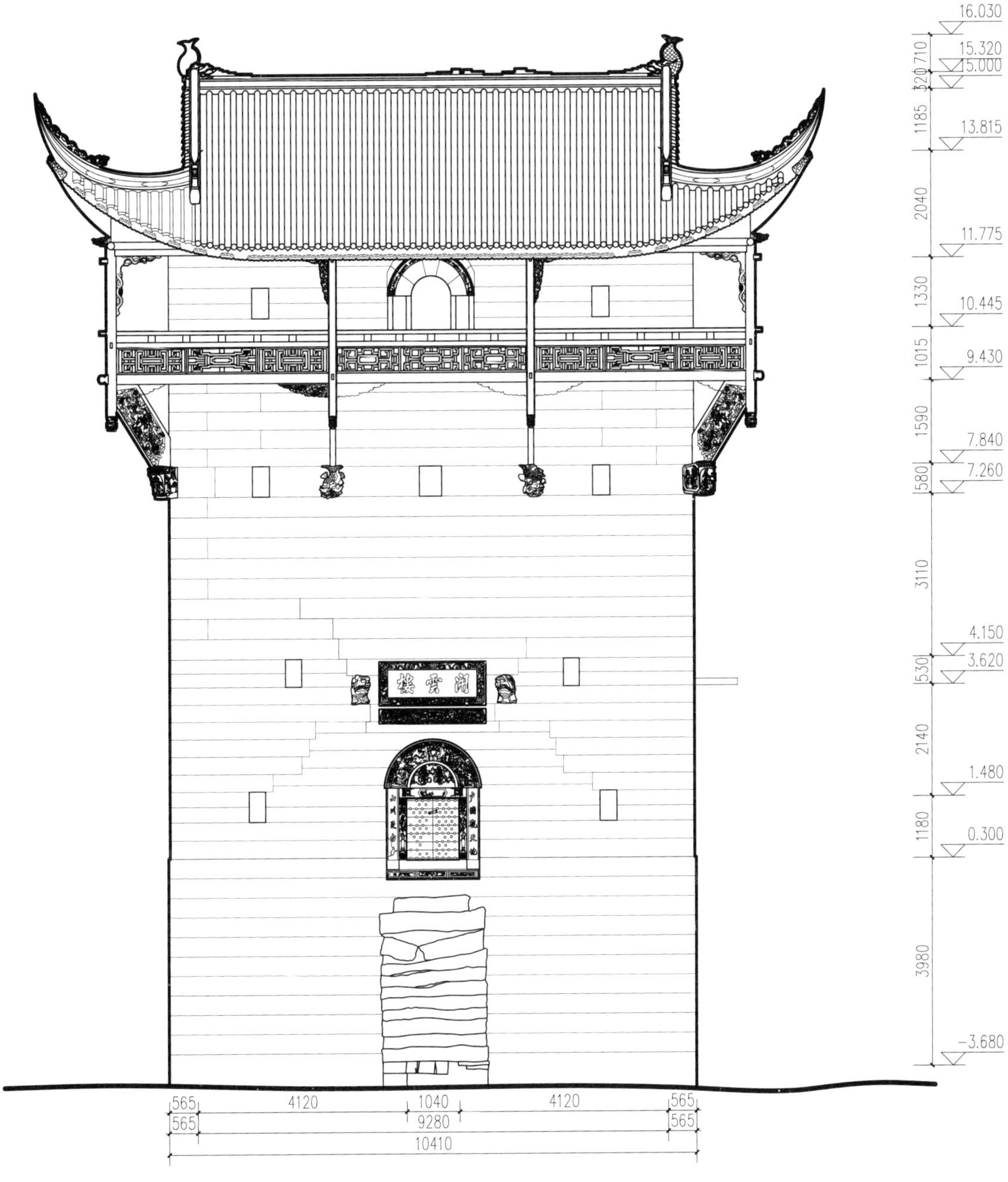
16.030
15.320
15.000
13.815
11.775
10.445
9.430
7.840
7.260
4.150
3.620
1.480
0.300
-3.680
710
320
1185
2040
1330
1015
1590
580
3110
530
2140
1180
3980
565
4120
1040
4120
565
565
9280
565
10410

图9　南立面图

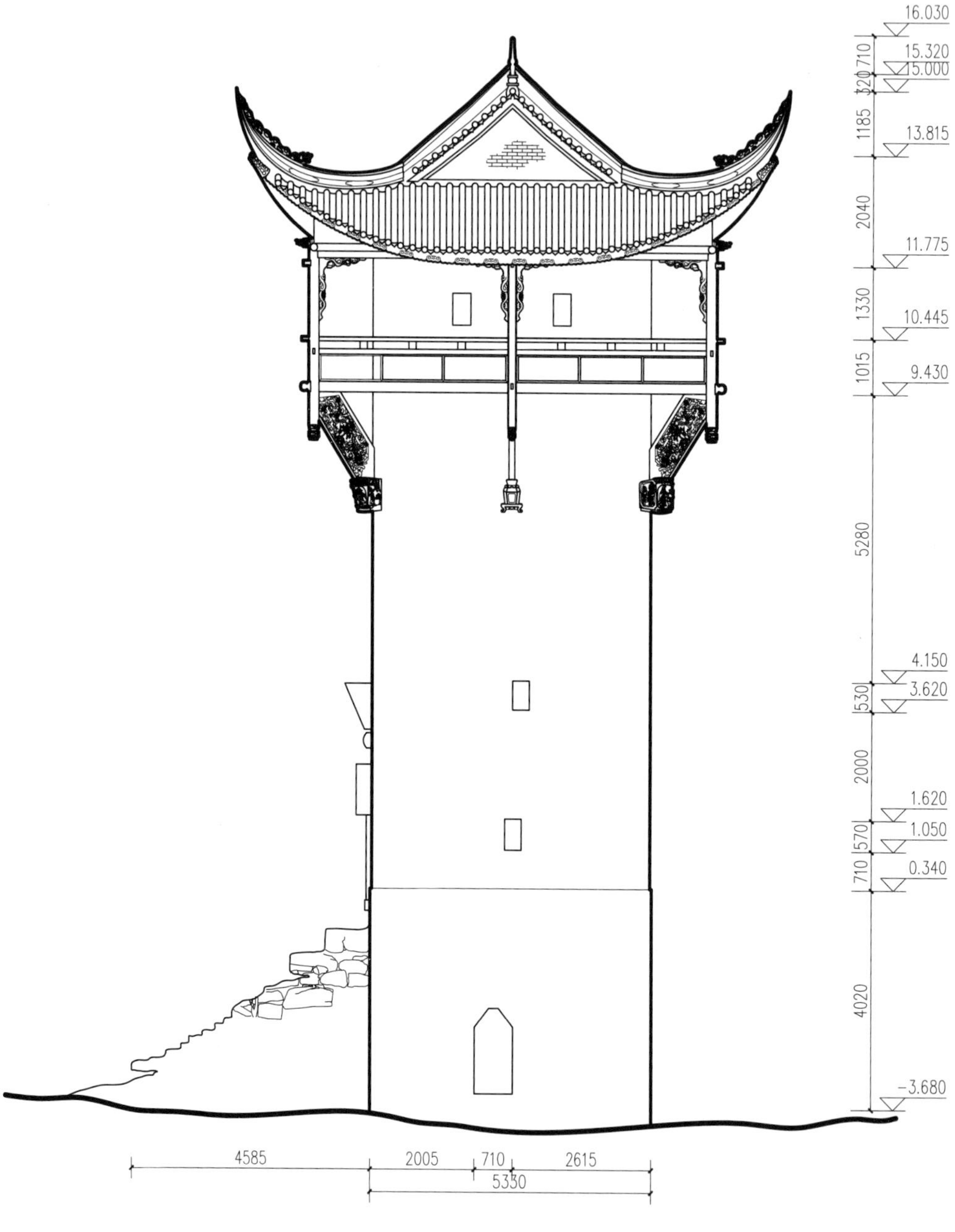
16.030
15.320
15.000
13.815
11.775
10.445
9.430
4.150
3.620
1.620
1.050
0.340
-3.680
710
320
1185
2040
1330
1015
5280
530
2000
570
710
4020
4585
2005
710
2615
5330

图 10　东立面图

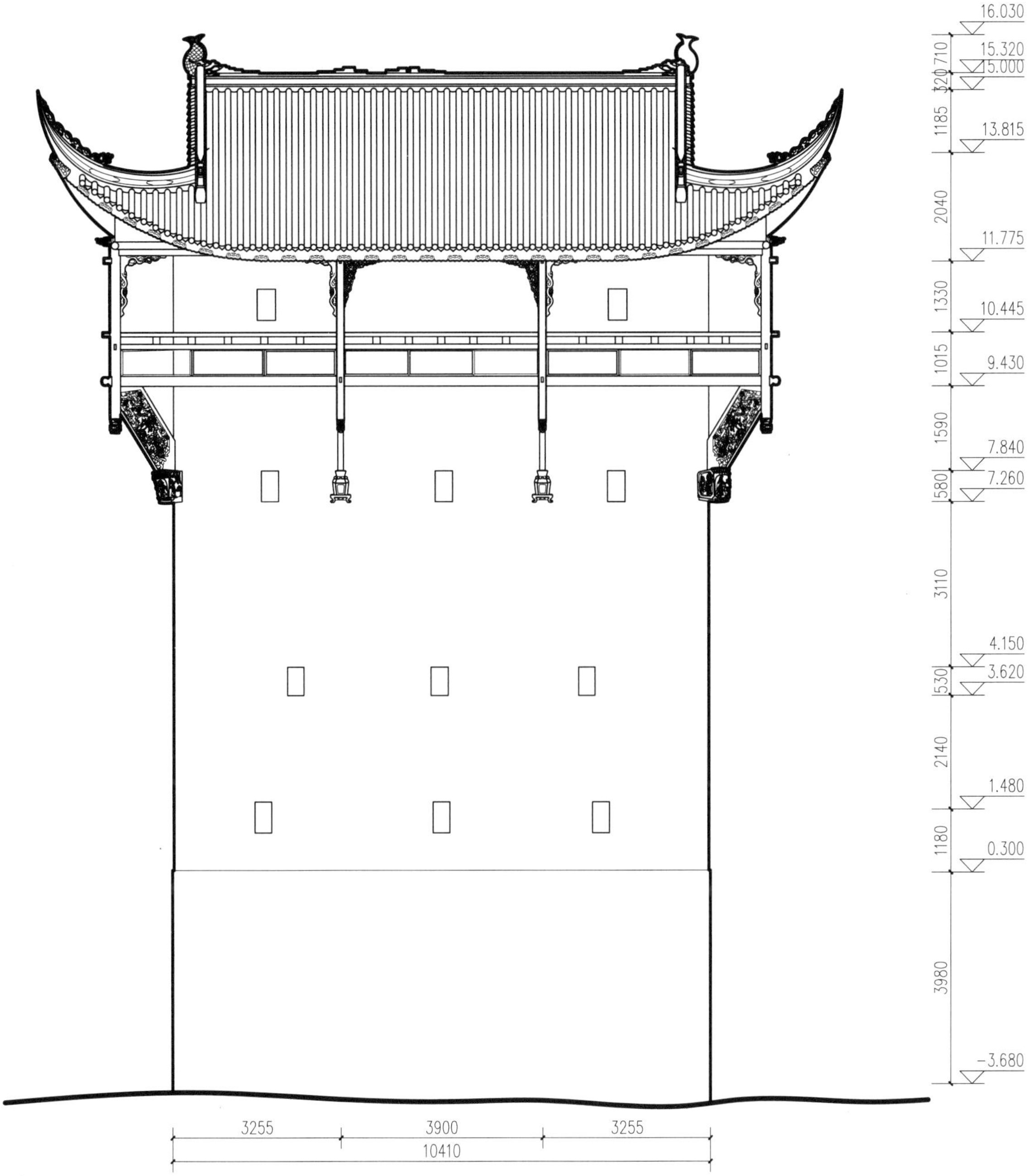
16.030
15.320
15.000
13.815
11.775
10.445
9.430
7.840
7.260
4.150
3.620
1.480
0.300
−3.680
710
320
1185
2040
1330
1015
1590
580
3110
530
2140
1180
3980
3255
3900
3255
10410

图 11　北立面图

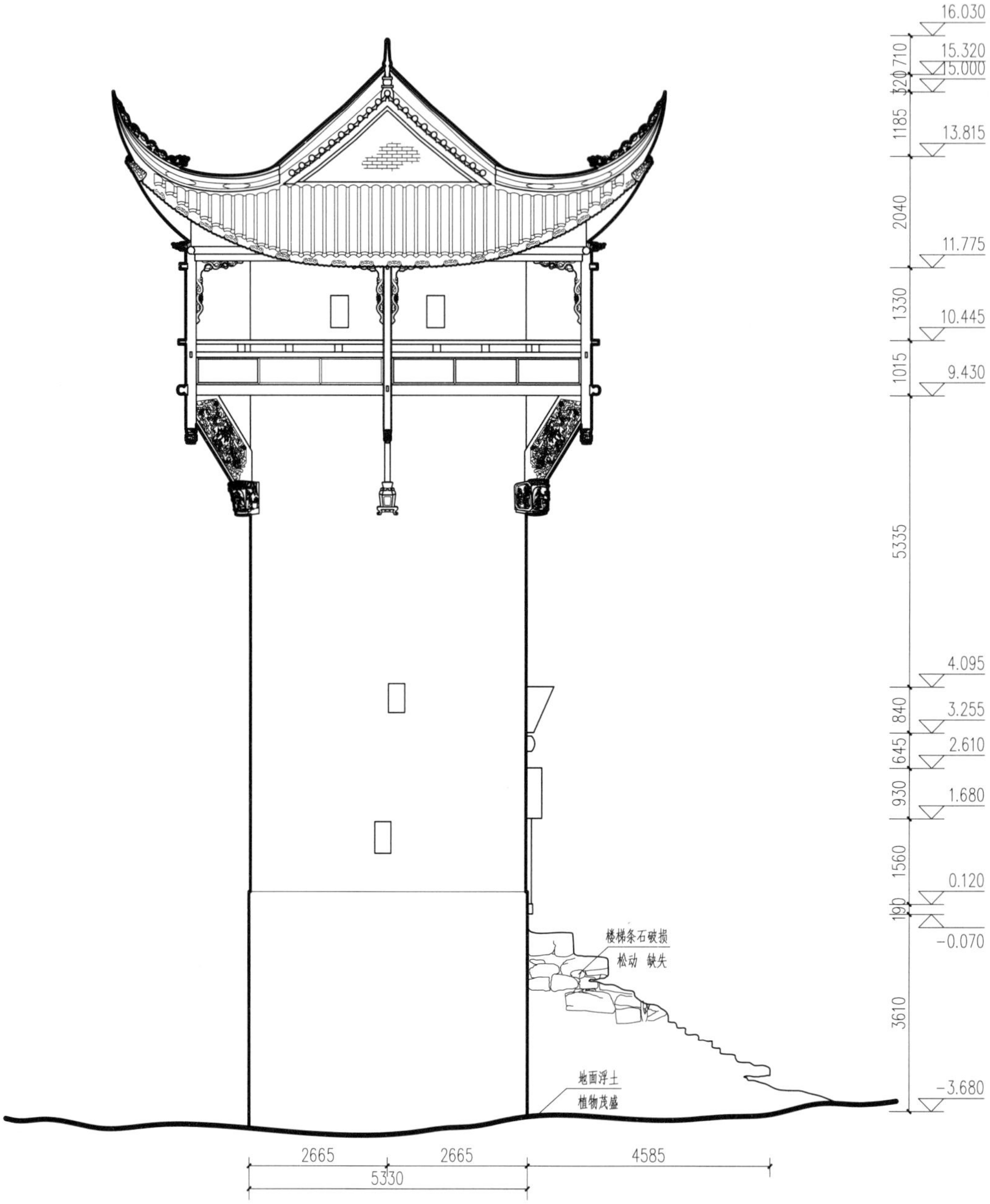
16.030
710
15.320
320
15.000
1185
13.815
2040
11.775
1330
10.445
1015
9.430
5335
4.095
840
3.255
645
2.610
930
1.680
1560
0.120
190
-0.070
3610
-3.680
楼梯条石破损
松动 缺失
地面浮土
植物茂盛
2665
2665
4585
5330

图 12 西立面图

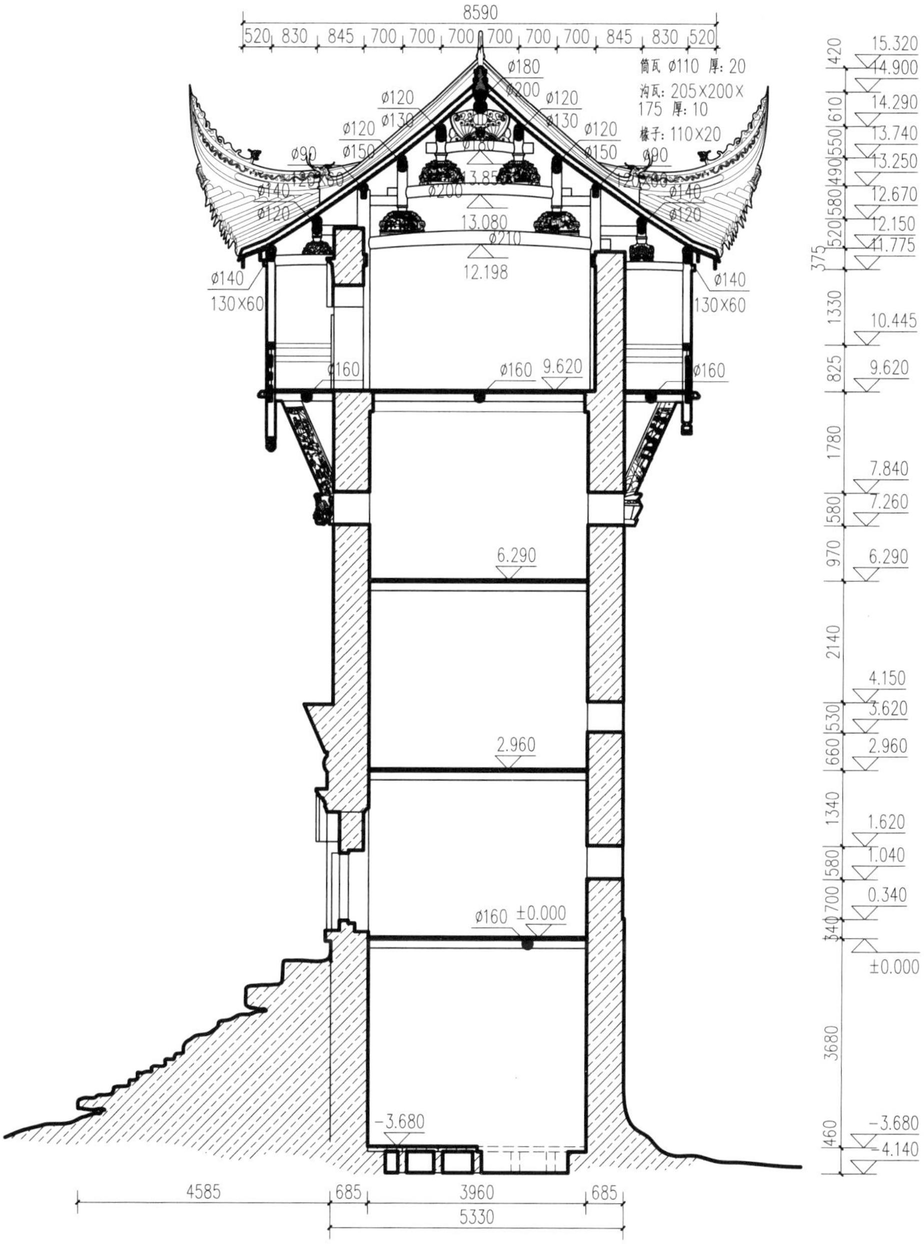
8590
520 830 845 700 700 700 700 700 700 845 830 520
筒瓦 ø110 厚：20
沟瓦：205×200×175 厚：10
椽子：110×20
15.320
14.900
14.290
13.740
13.250
12.670
12.150
11.775
10.445
9.620
7.840
7.260
6.290
4.150
3.620
2.960
1.620
1.040
0.340
±0.000
−3.680
−4.140
4585 685 3960 685
5330

图 13　1-1 剖面图

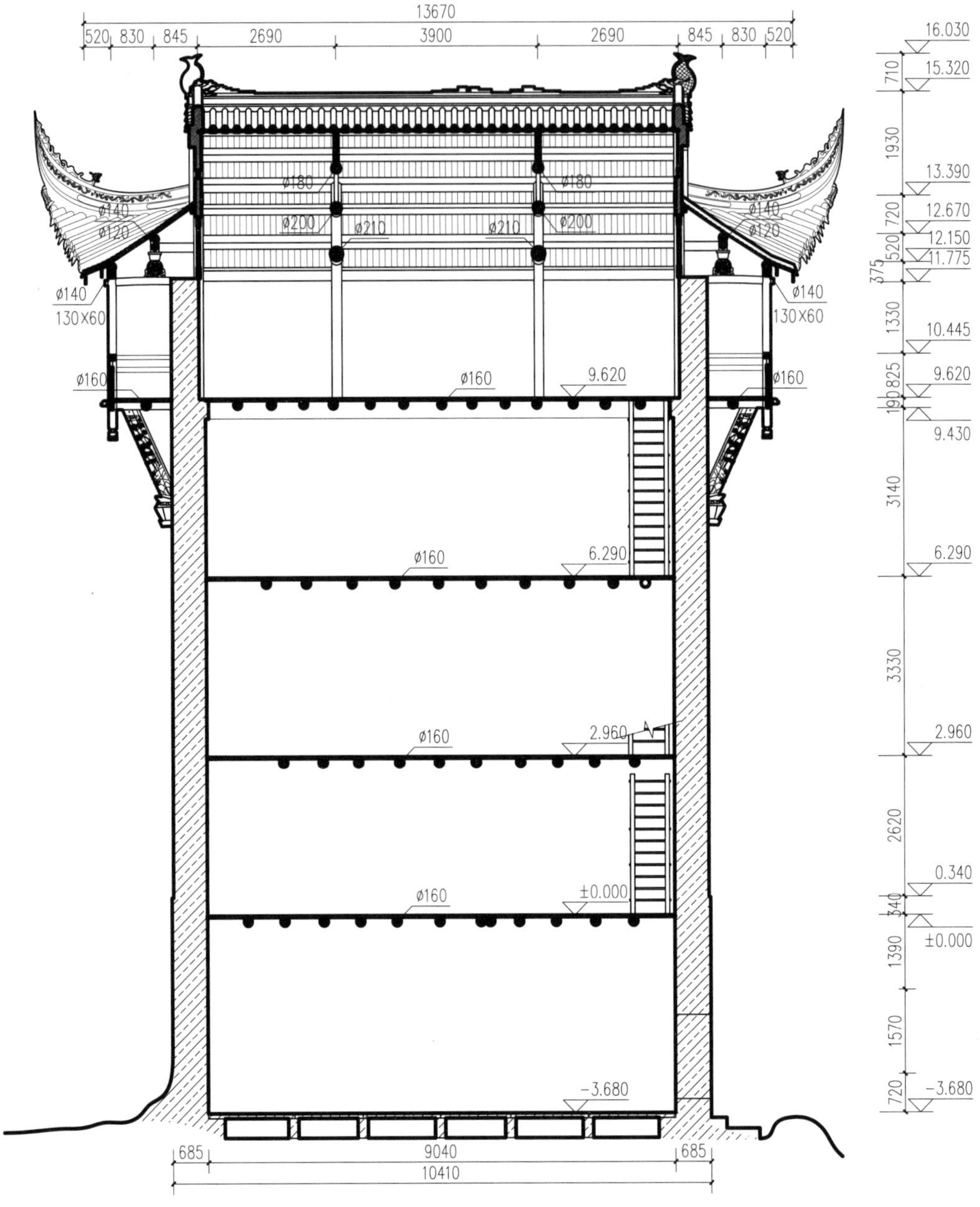
13670
520
830
845
2690
3900
2690
845
830
520
ø180
ø180
ø140
ø140
ø120
ø120
ø200
ø210
ø210
ø200
ø140
130X60
ø140
130X60
ø160
ø160
ø160
9.620
ø160
6.290
ø160
2.960
ø160
±0.000
−3.680
685
9040
685
10410
16.030
710
15.320
1930
13.390
720
12.670
12.150
520
11.775
375
1330
10.445
825
9.620
190
9.430
3140
6.290
3330
2.960
2620
0.340
340
±0.000
1390
1570
720
−3.680

图 14 2-2 剖面图

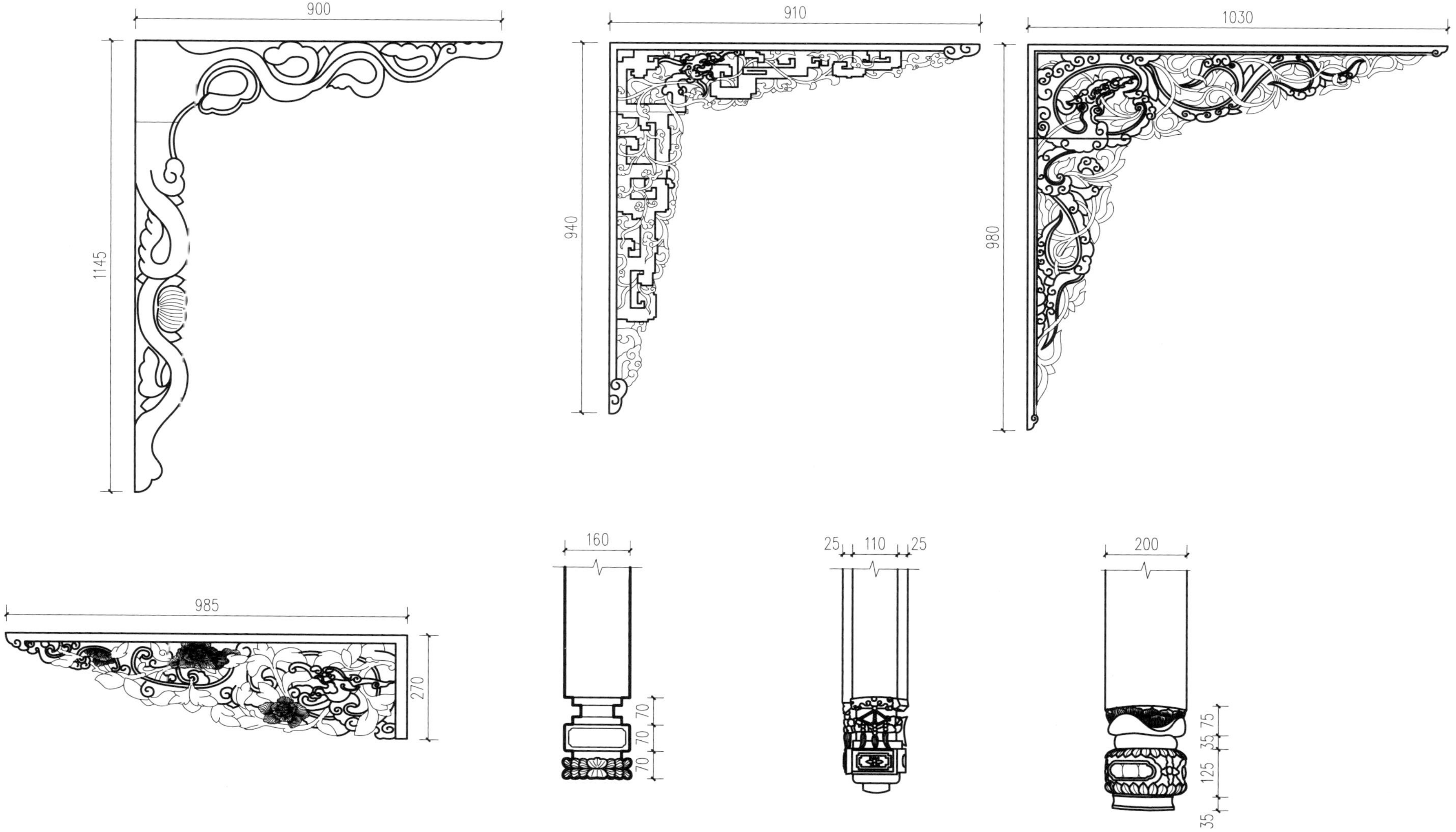
900
1145
910
940
1030
980
985
270
160
70
70
70
25
110
25
200
75
35
125
35

图15　雀替、垂花柱详图

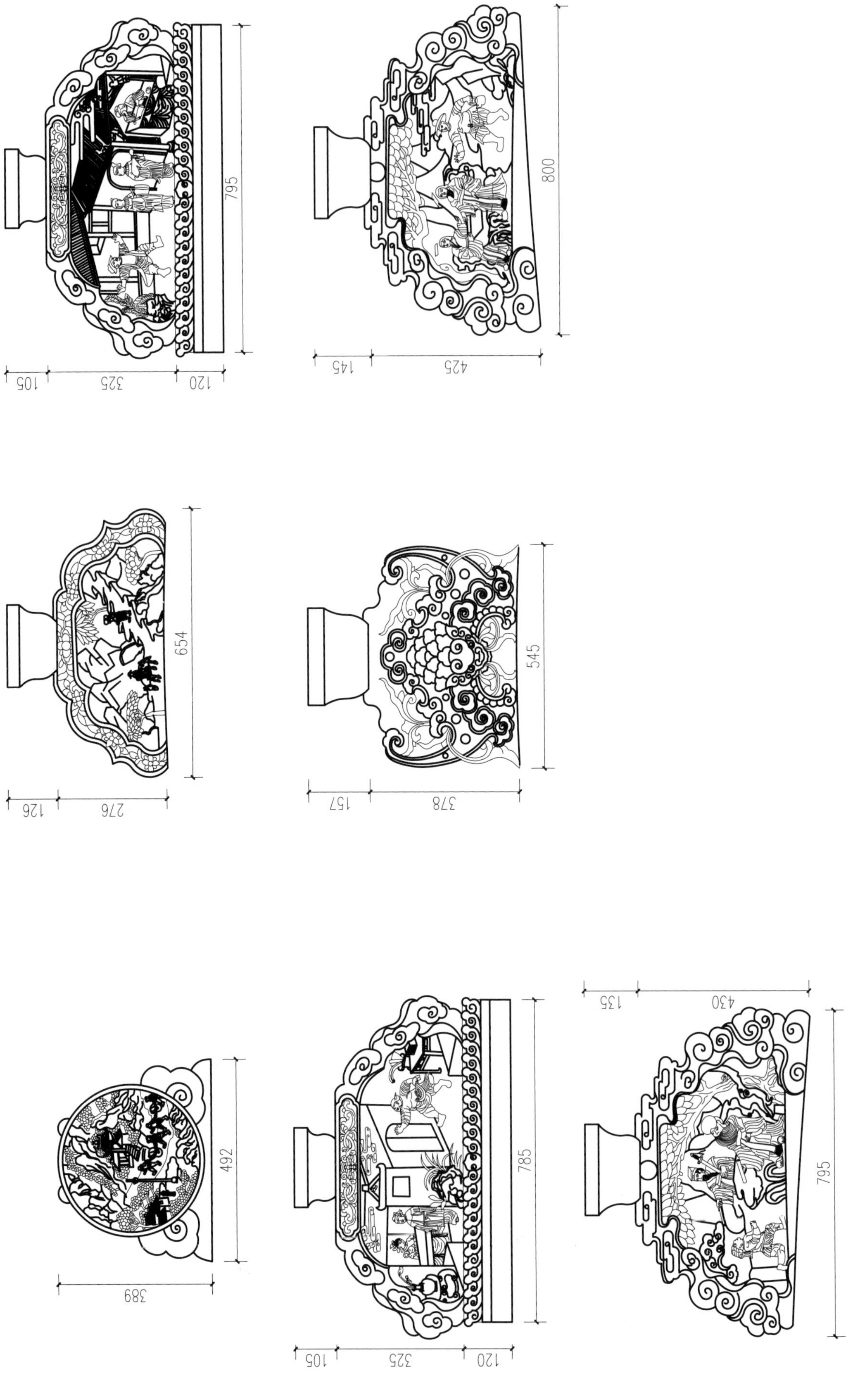
795
105
325
120
800
145
425
654
126
276
545
157
378
492
389
785
105
325
120
795
135
430

图 16 驼峰详图

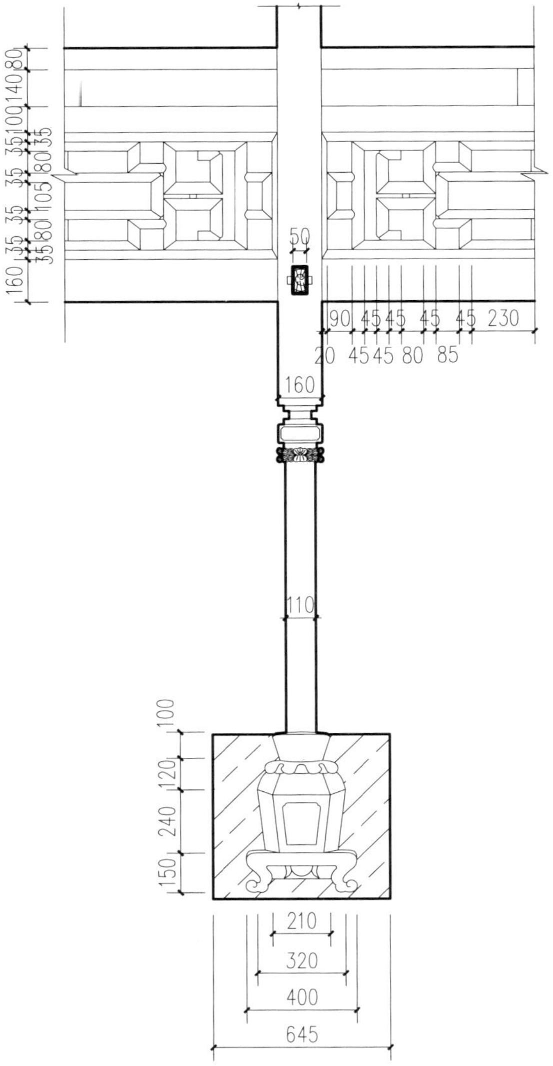

侧面撑栱结构立面图

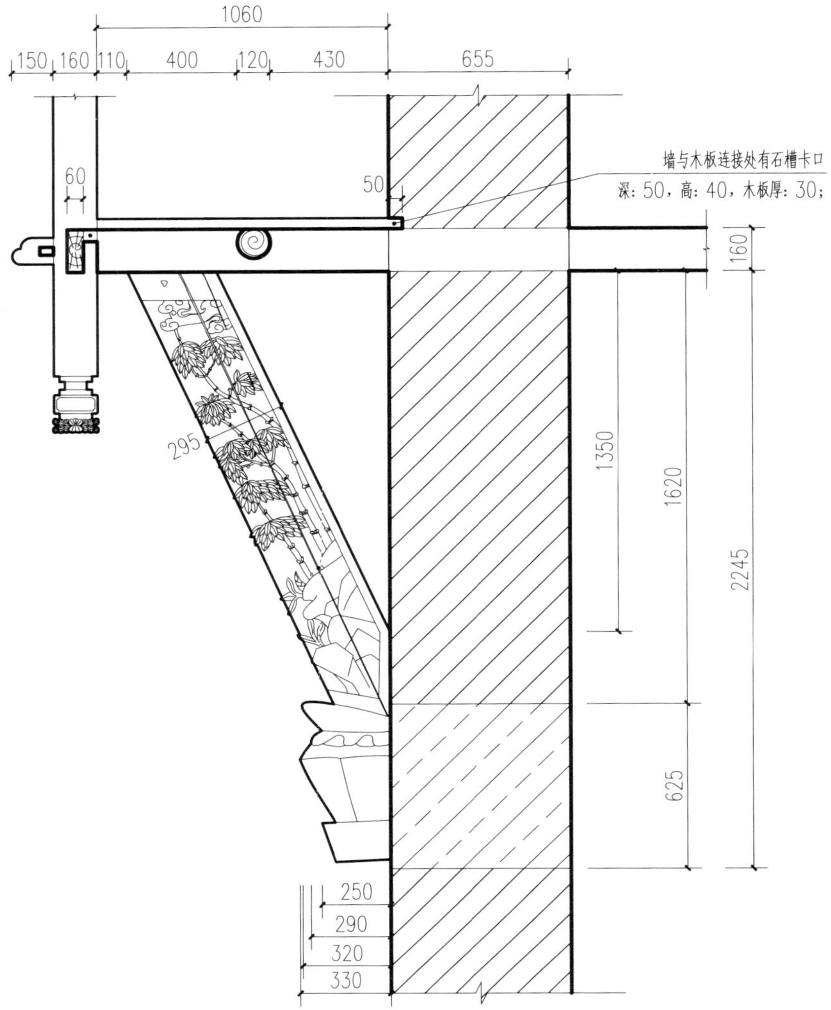

侧面撑栱结构剖面图

图 17　结构详图

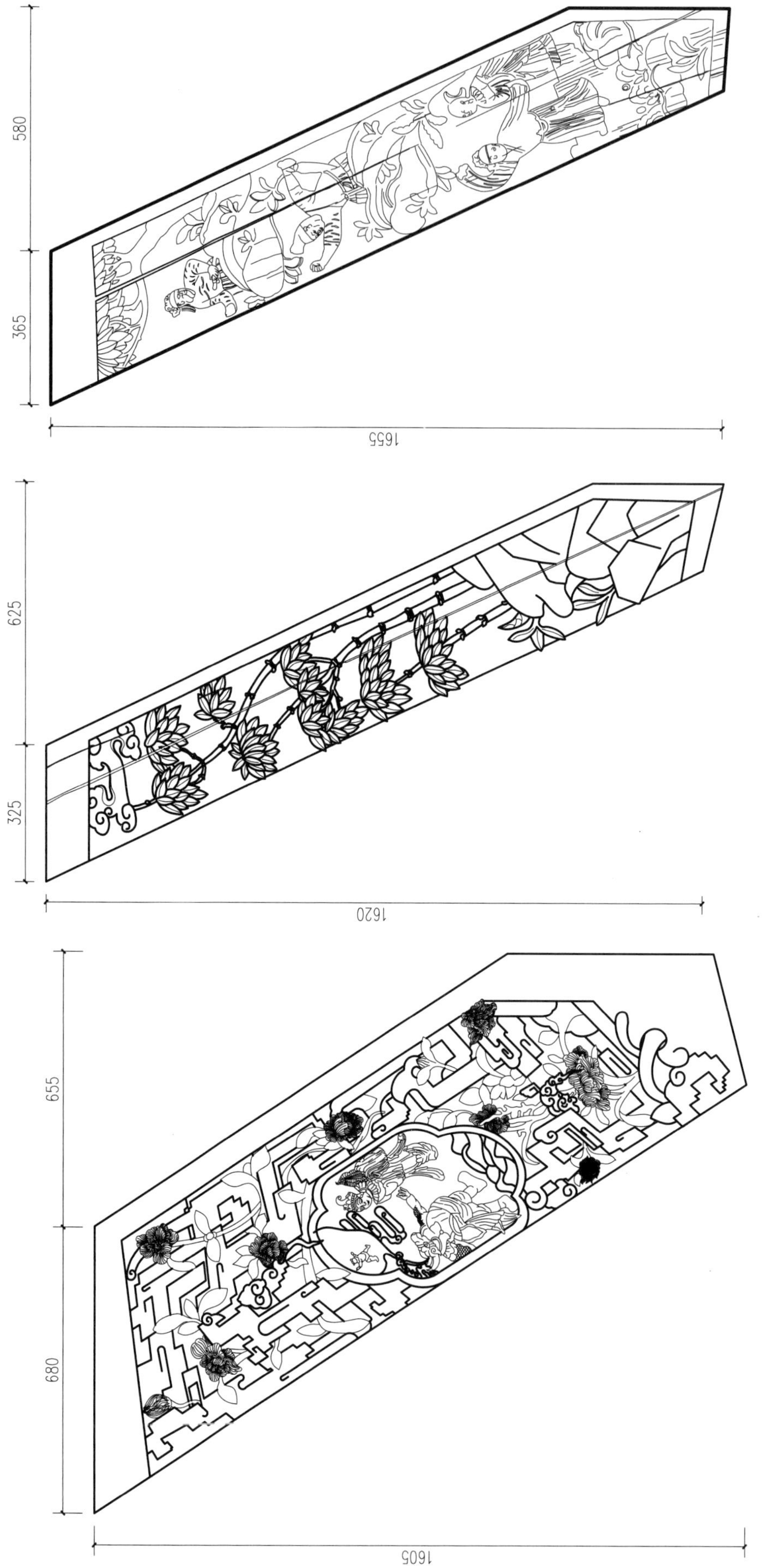

图18　撑拱详图

泸定苏维埃政府旧址

岚安乡苏维埃政府旧址（含红军医院旧址及红军墙）位于甘孜藏族自治州泸定县北岚安乡。

岚安乡苏维埃政府旧址为三合院民居建筑，由院门、正房及两侧厢房组成，坐东北朝西南，共有两层（附夹层）。建筑平面布局及外立面均遭人为改建。正房面阔五间，通面阔 17 米；进深四间，通进深 5 米；通高 6.6 米。建筑除正面为木板外，背面及两侧山面均为毛石砌墙。穿斗式结构，悬山顶小青瓦屋面，叠瓦屋脊。正房左梢间已毁，现为砼制新建；右梢间外增建一间；进深方向整体增建一进。东厢房面阔三间，通面阔 13 米；进深四间，通进深 10 米；通高 7.6 米。穿斗式结构，悬山顶小青瓦屋面，叠瓦屋脊。右次间外增建一间。西厢房面阔三间，通面阔 12 米；进深四间，通进深 6 米；通高 7.6 米。穿斗式结构，悬山顶小青瓦屋面，叠瓦屋脊。

红军医院旧址由院门、正房及偏房组成，平面呈“L”形布局，坐东北朝西南，共有两层。建筑平面布局遭人为改建，整个院落及台基大部分改建为砖砌。院门石质侧开，局部风化破损，通过夯土院墙与建筑相接。正房面阔三间，通面阔 15 米；进深六间，通进深 12 米；通高 8.4 米。穿斗式结构，悬山顶小青瓦屋面，叠瓦屋脊。右次间外后期人为增建一间。偏房平面呈方形，面阔两间，通面阔 7.6 米；进深两间，通进深 7 米；通高 7.2 米。穿斗式结构，悬山顶小青瓦屋面，叠瓦屋脊。右次间外后期人为增建一间。

红军墙为素面夯土墙，上书“共产党十大政纲”等革命纲要及口号。现有简易的雨棚、栏杆等围护装置。

四川省文物保护单位。

测绘制图：崔航、刘远平、唐日、仇梦林

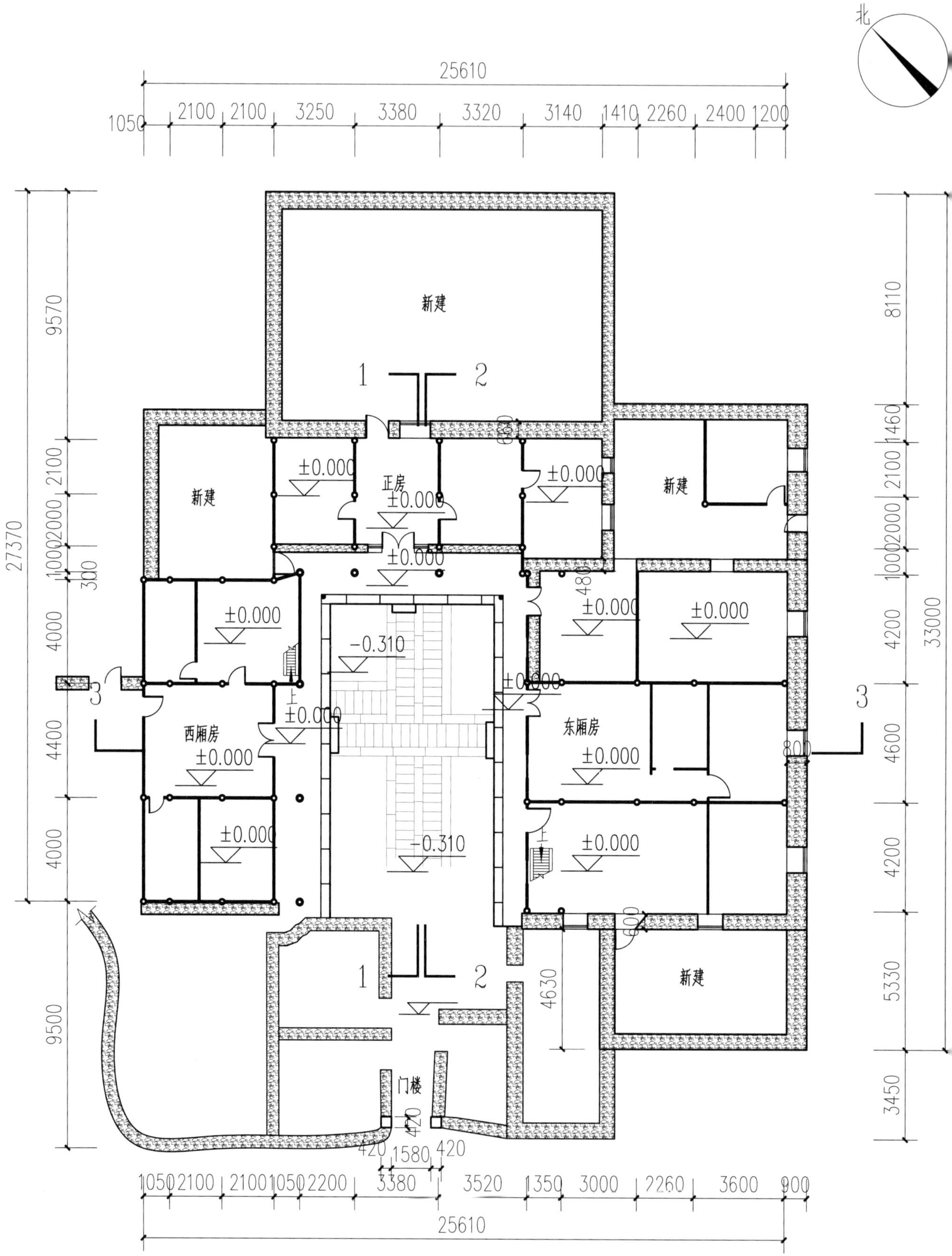
北
25610
1050
2100
2100
3250
3380
3320
3140
1410
2260
2400
1200
新建
正房
西厢房
东厢房
门楼
±0.000
-0.310
9570
2100
2000
1000
300
4000
4400
4000
9500
27370
8110
1460
2100
2000
1000
4200
4600
4200
5330
3450
33000
4630
420
1580
420
2200
1050
3520
1350
3000
3600
900

图1 一层平面图

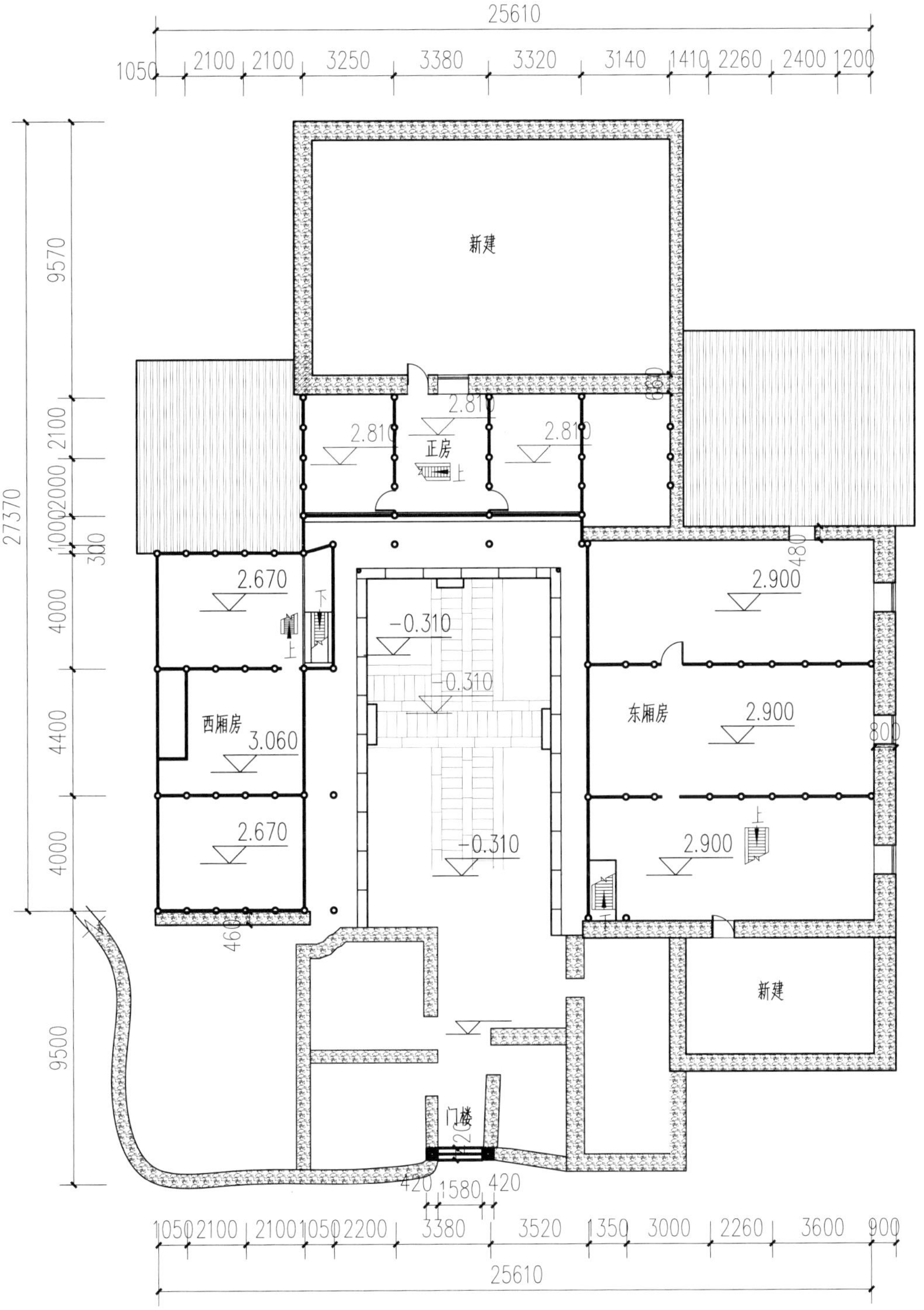
25610
1050
2100
2100
3250
3380
3320
3140
1410
2260
2400
1200
新建
正房
2.810
2.810
2.810
西厢房
2.670
3.060
2.670
-0.310
-0.310
-0.310
东厢房
2.900
2.900
2.900
新建
门楼
27370
9570
2100
2000
1000
300
4000
4400
4000
9500
8110
1460
2100
2000
1000
4200
4600
4200
5330
3450
33000
480
800
460
420
1580
420
1050
2100
2100
1050
2200
3380
3520
1350
3000
2260
3600
900
25610

图2　二层平面图

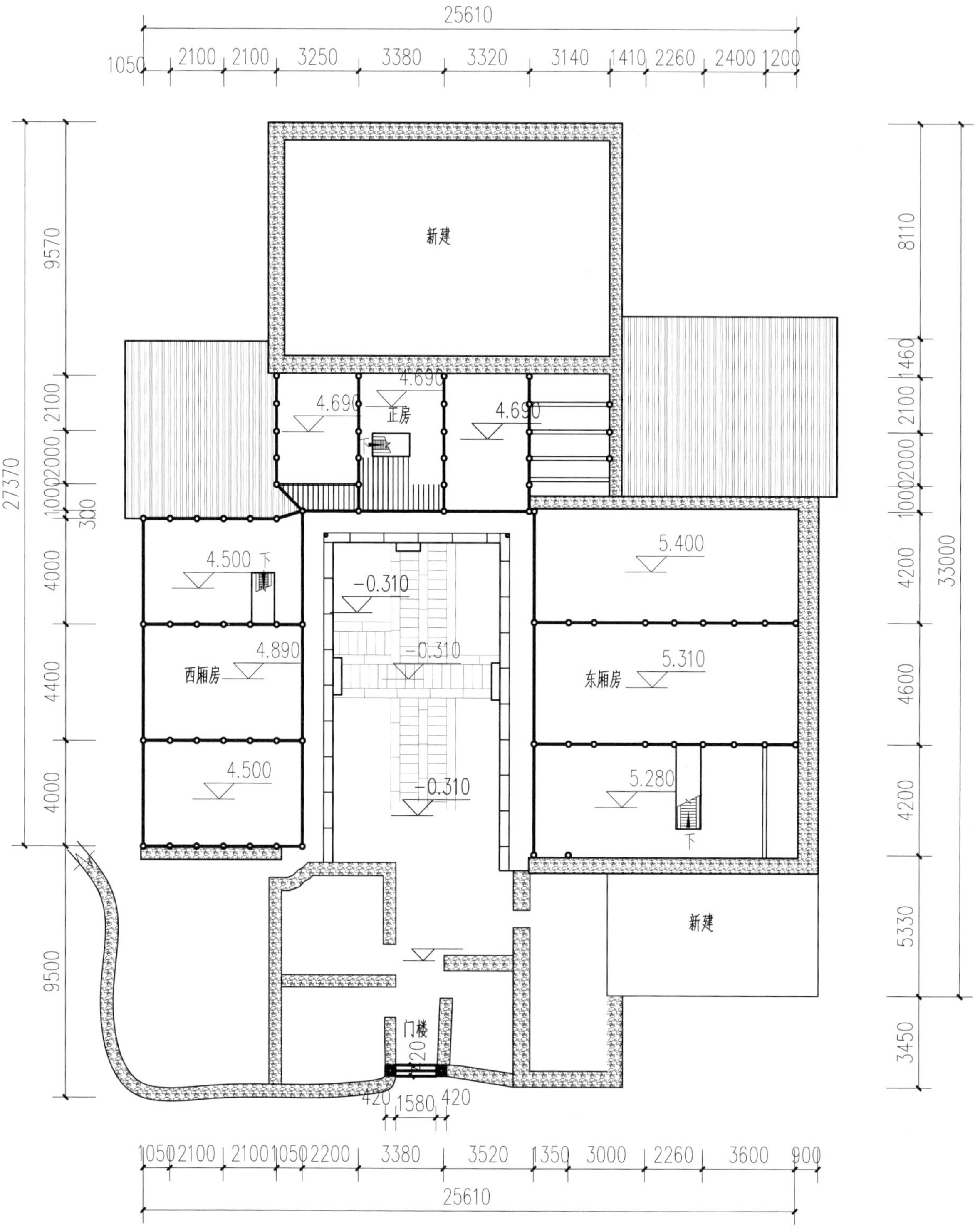
25610
1050
2100
2100
3250
3380
3320
3140
1410
2260
2400
1200
新建
正房
4.690
4.690
4.690
西厢房
4.500 下
-0.310
4.890
4.500
-0.310
-0.310
东厢房
5.400
5.310
5.280
下
新建
门楼
420
1580
420
1050
2100
2100
1050
2200
3380
3520
1350
3000
2260
3600
900
25610
9570
2100
2000
1000
300
4000
4400
4000
9500
27370
8110
1460
2100
2000
1000
4200
4600
4200
5330
3450
33000

图 3　夹层平面图

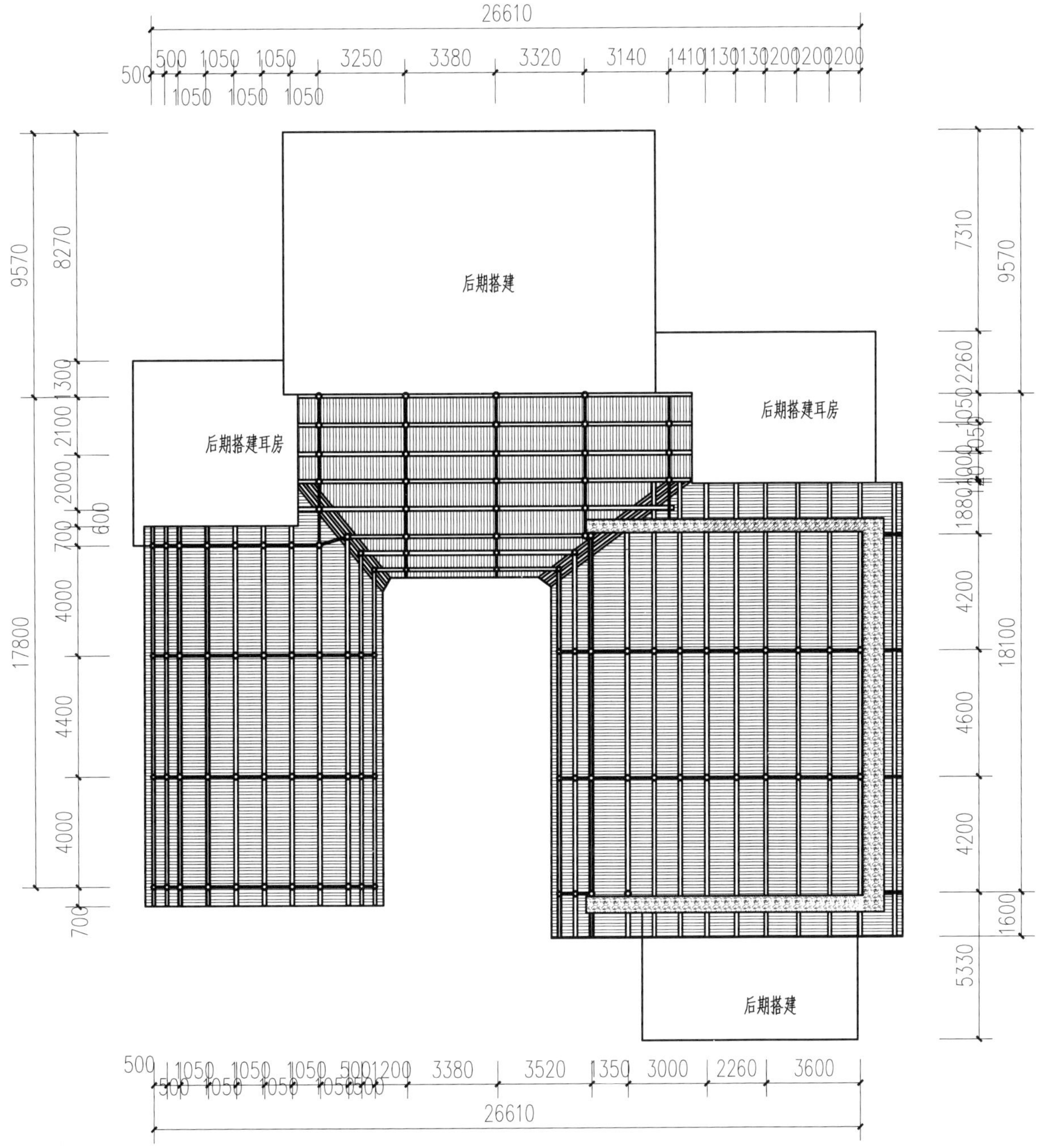

图 4　仰视图

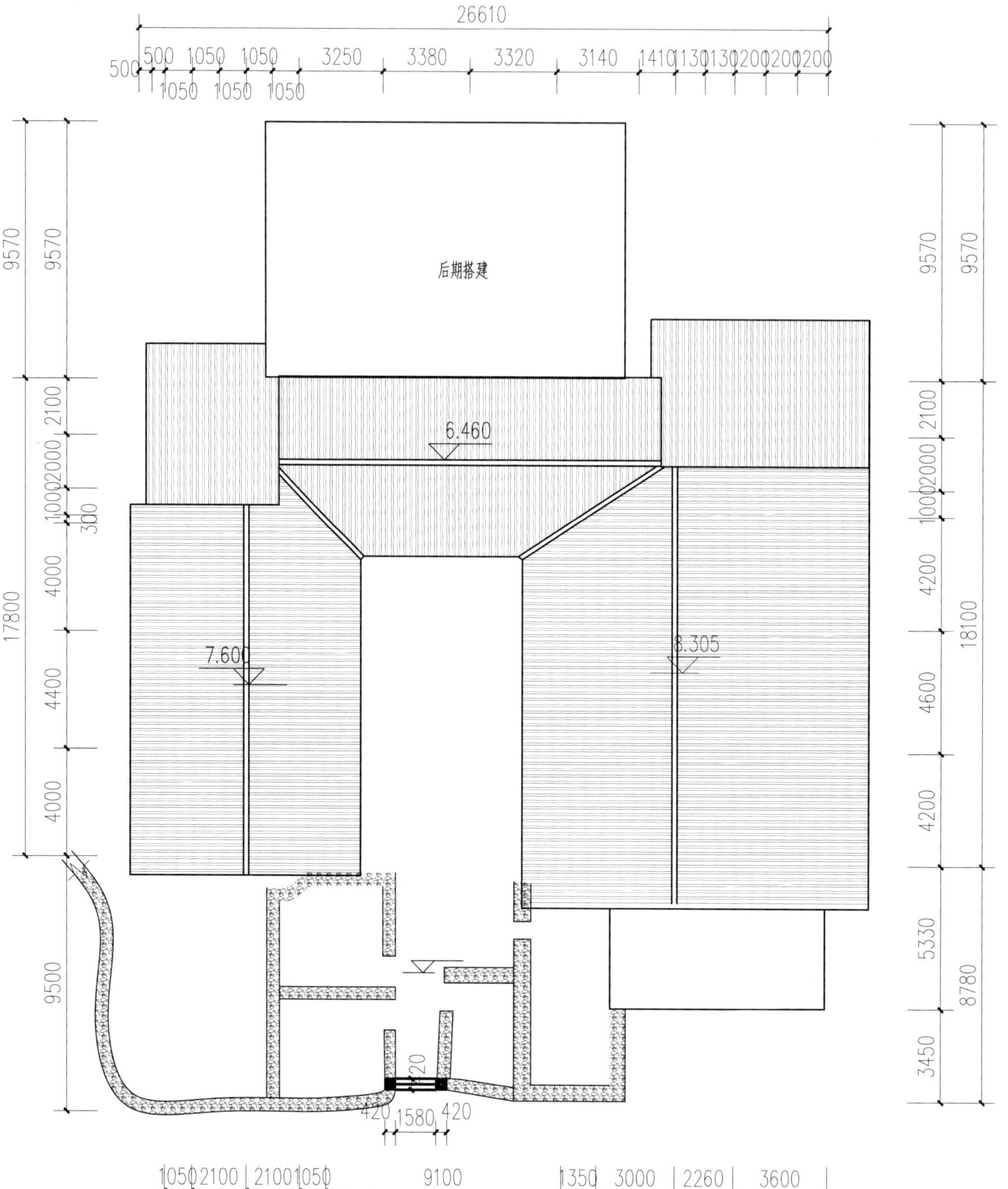
26610
500 500 1050 1050 3250 3380 3320 3140 1410 1130 1130 1200 1200 1200
1050 1050 1050
后期搭建
6.460
7.600
8.305
9570
2100
2000
1000
300
4000
4400
4000
17800
9500
4200
4600
4200
18100
5330
3450
8780
420 1580 420
1050 2100 2100 1050 9100 1350 3000 2260 3600
25610

图5　顶视图

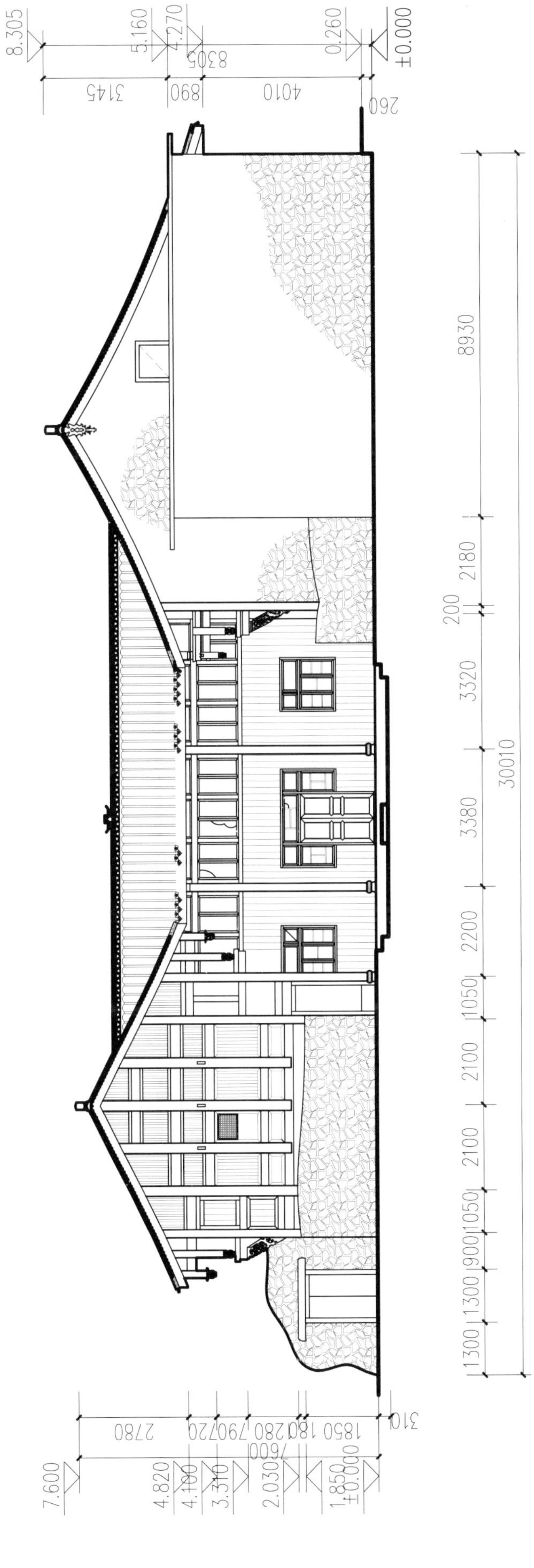
8.305
5.160
4.270
0.260
±0.000
8305
3145
890
4010
260
8930
2180
200
3320
3380
30010
2200
1050
2100
2100
1050
900
1300
1300
310
1850
180
280
790
720
2780
7600
7.600
4.820
4.100
3.310
2.030
1.850
±0.000

图 6　正立面图

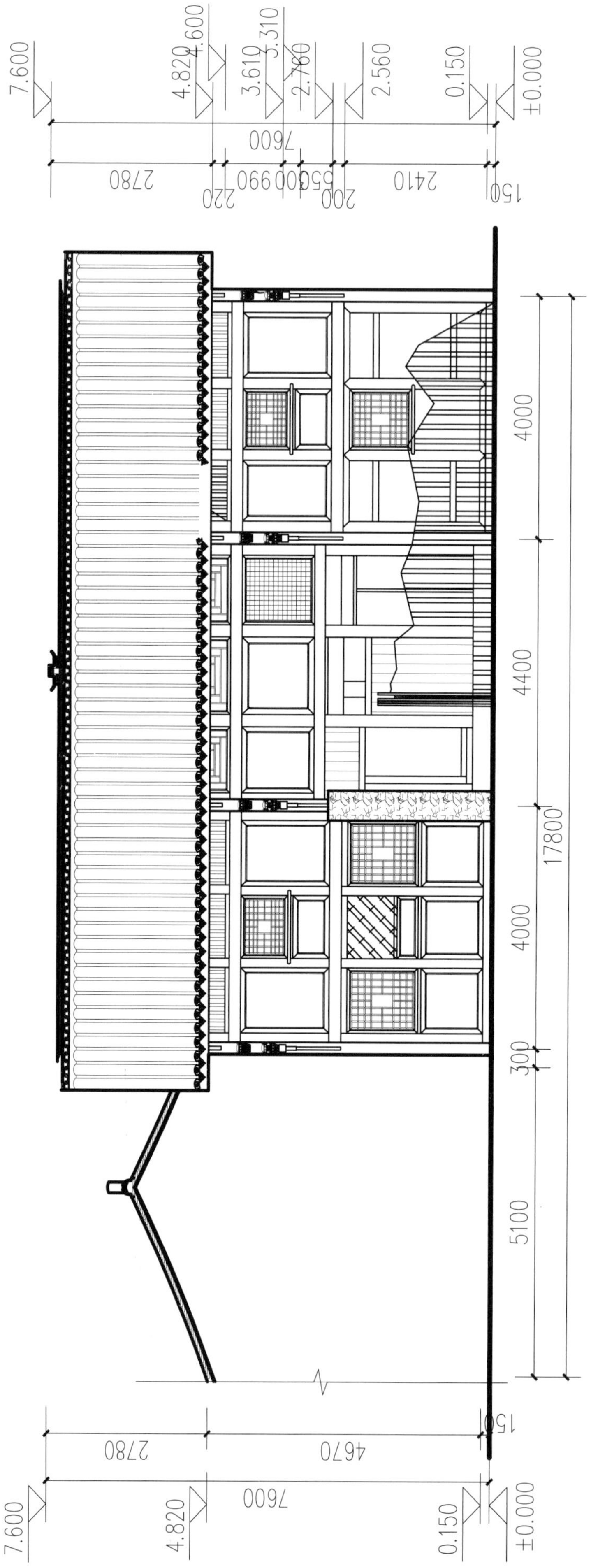
7.600
4.820
4.600
3.610
3.310
2.780
2.560
0.150
±0.000
7600
2780
220
990
600
550
200
2410
150
4000
4400
17800
300
5100
4670

图 7　左侧立面图

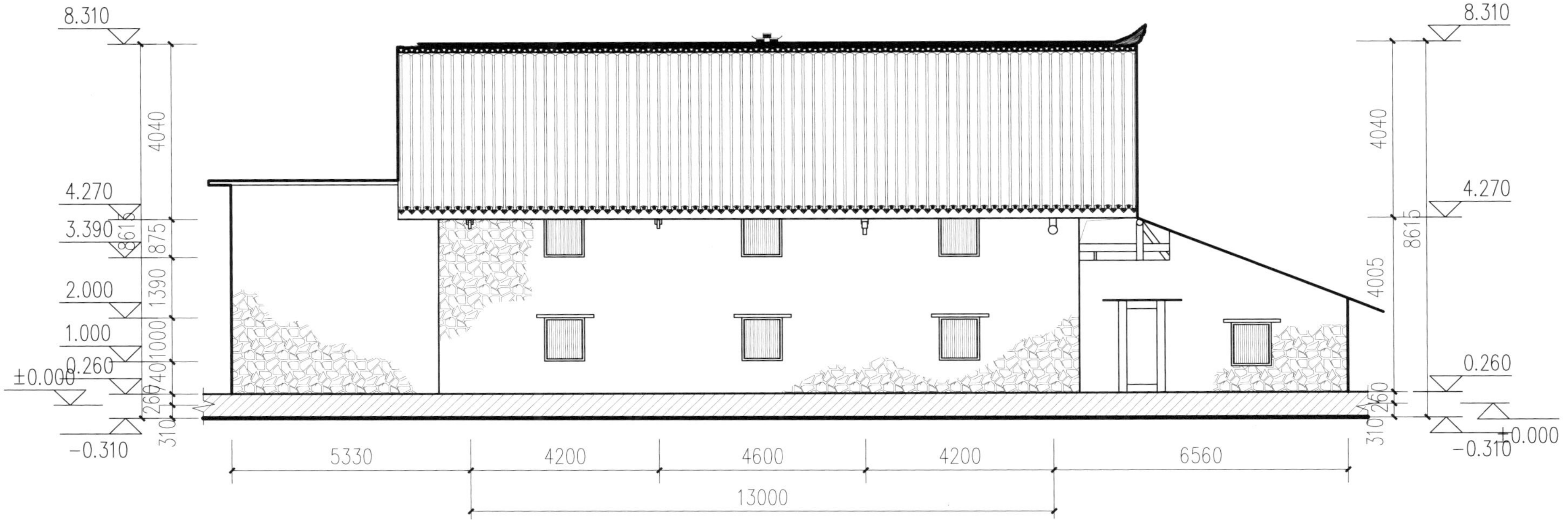
8.310
4.270
3.390
2.000
1.000
0.260
±0.000
-0.310
4040
8615
875
1390
1000
240
260
310
4005
5330
4200
4600
6560
13000

图 8 右侧立面图

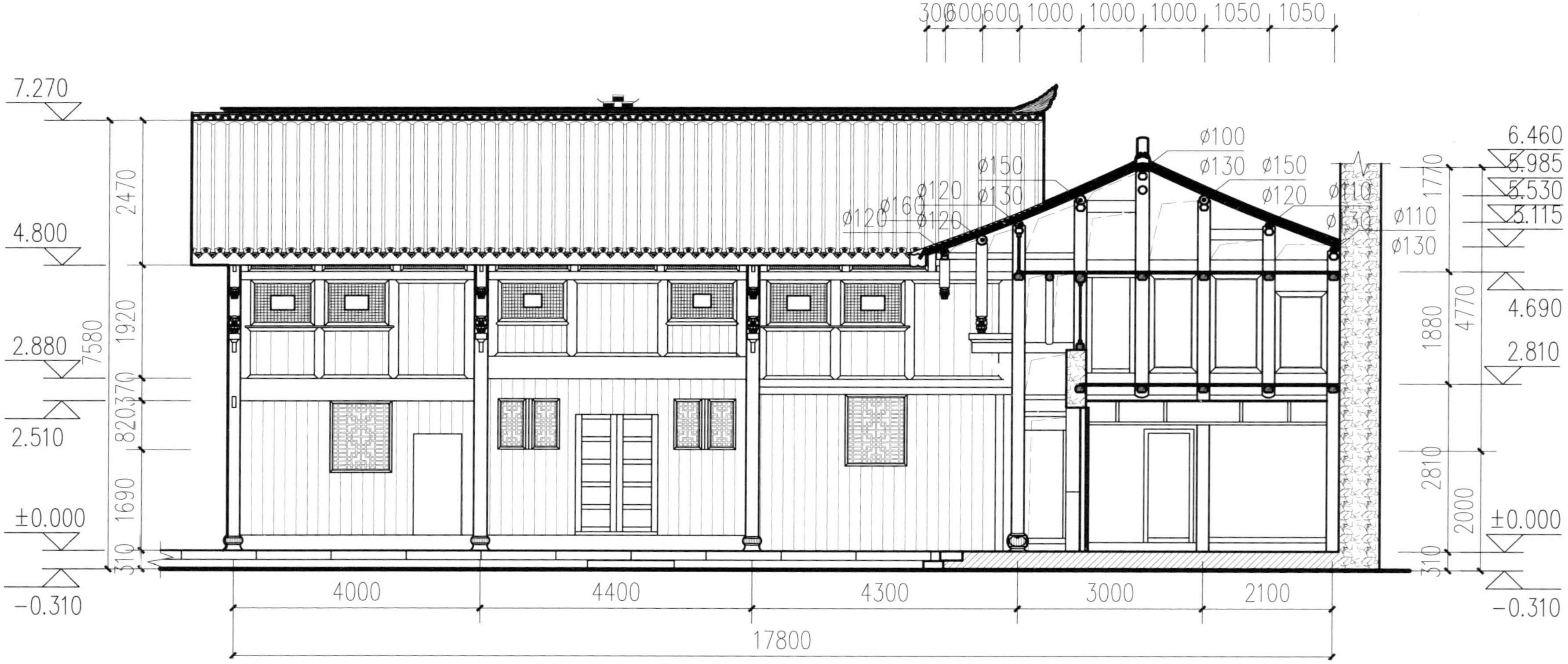
300 600 600 1000 1000 1000 1050 1050
7.270
4.800
2.880
2.510
±0.000
-0.310
2470
1920
7580
820 370
1690
310
ø100
ø130 ø150
ø120
ø150
ø130
ø120
ø160
ø120 ø120
ø110
ø130
ø110
ø130
6.460
5.985
5.530
5.115
4.690
2.810
±0.000
-0.310
1770
1880
4770
2810
2000
310
4000
4400
4300
3000
2100
17800

图9 1-1剖面图

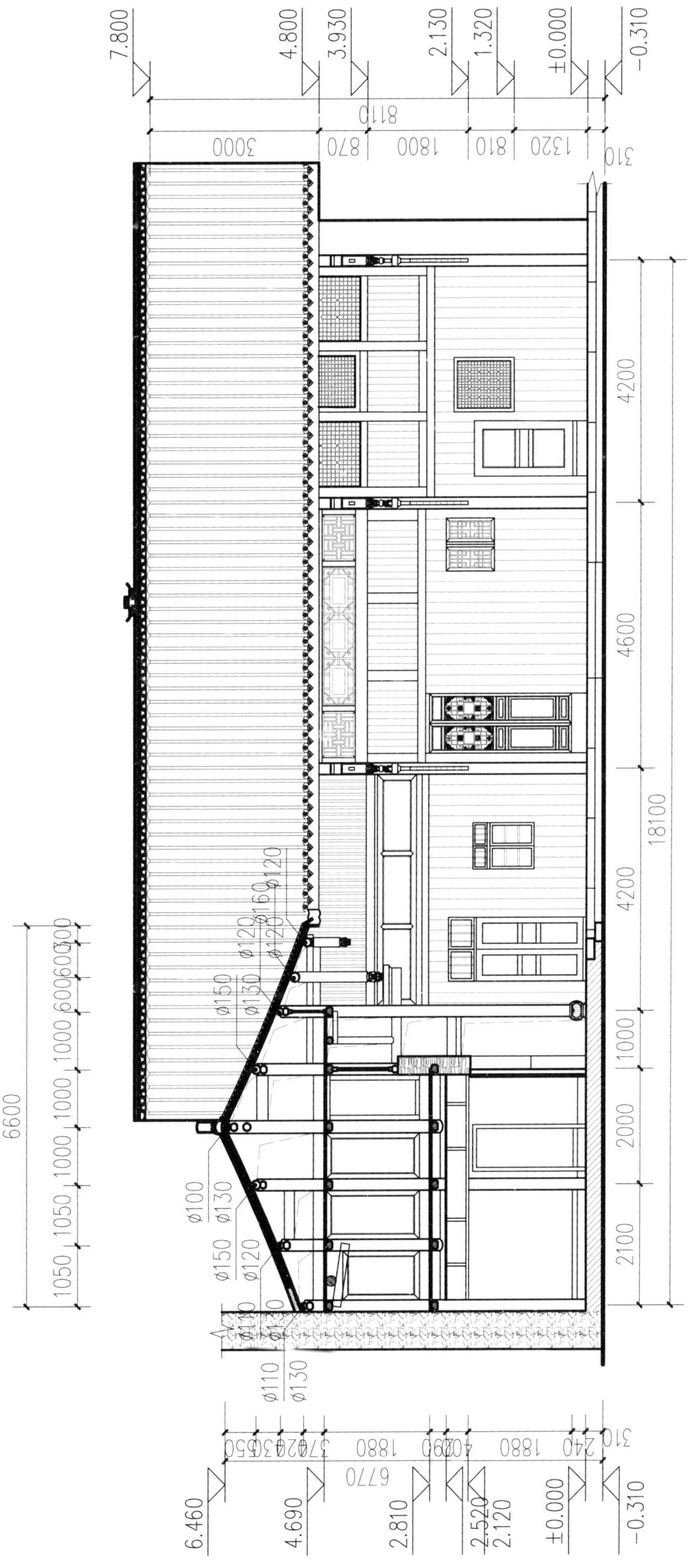
7.800
4.800
3.930
2.130
1.320
±0.000
−0.310
8110
3000
870
1800
810
1320
310
4200
4600
4200
18100
1000
2000
2100
6600
6.460
4.690
2.810
2.520
2.120
6770
1880
240

图10　2-2剖面图

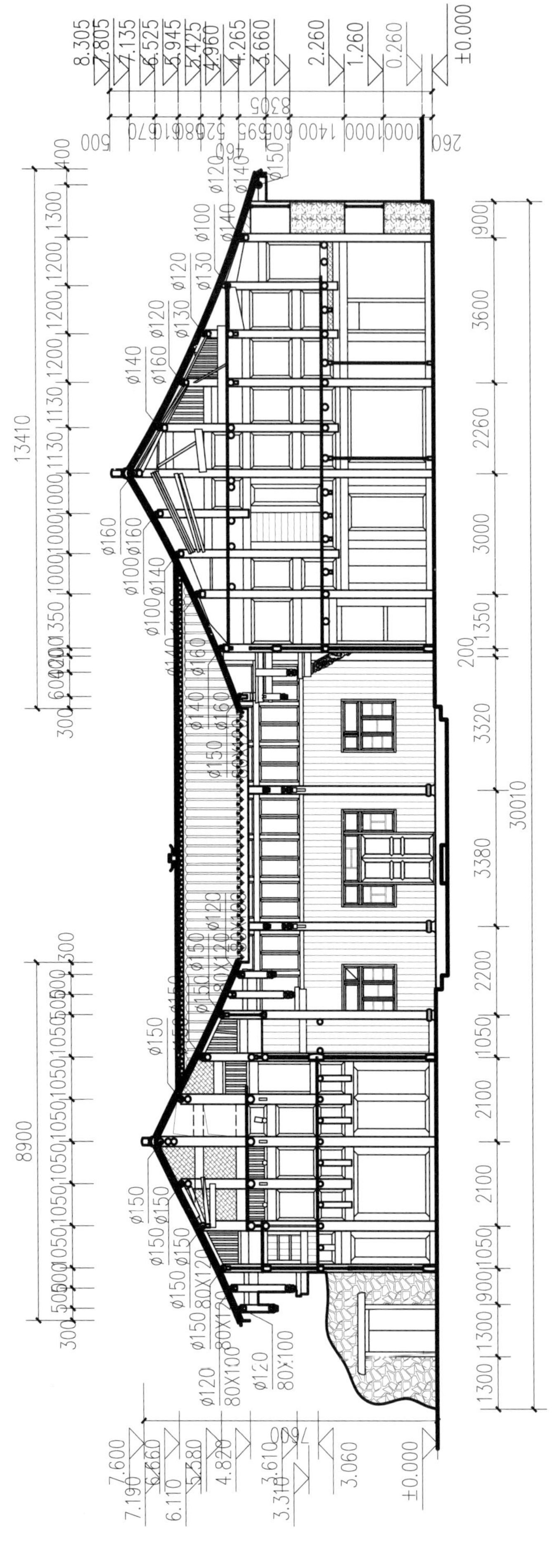

8.305
7.805
7.135
6.525
5.945
5.425
4.960
4.265
3.660
2.260
1.260
0.260
±0.000
8305
13410
8900
30010
3600
2260
3000
1350
200
3320
3380
2200
1050
2100
2100
1050
900
1300
1300
7.600
7.190
6.660
6.110
5.580
4.820
3.610
3.310
3.060
±0.000

图11 3-3剖面图

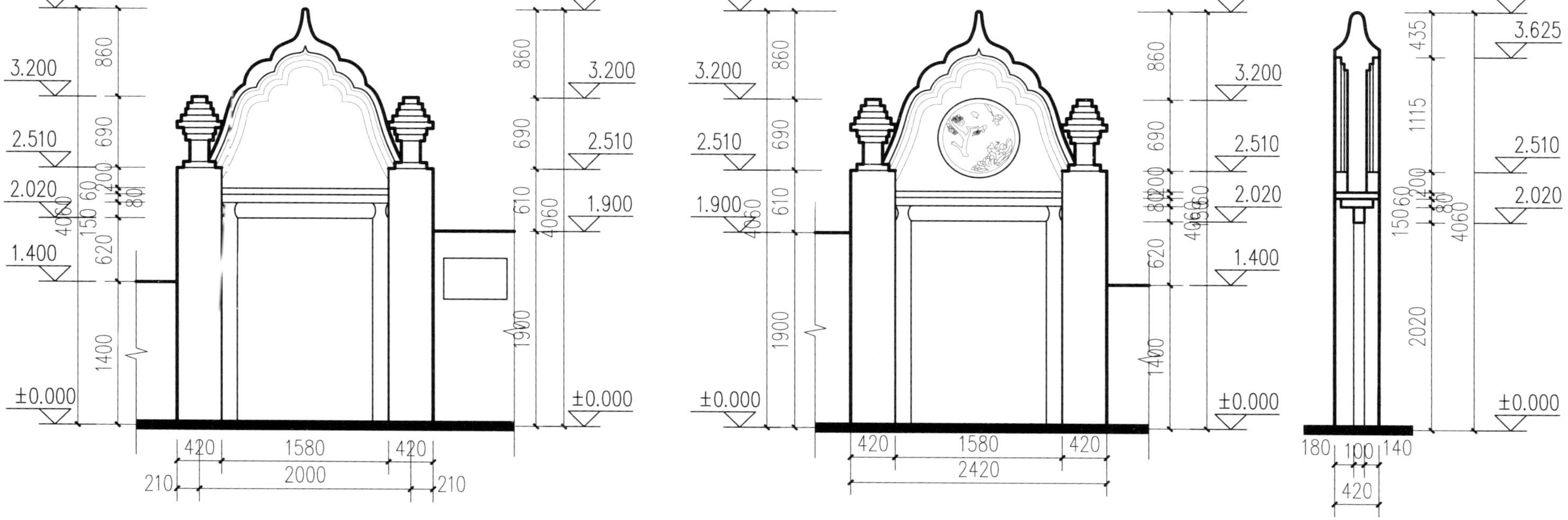

图 12　门楼正立面、背立面、剖面图

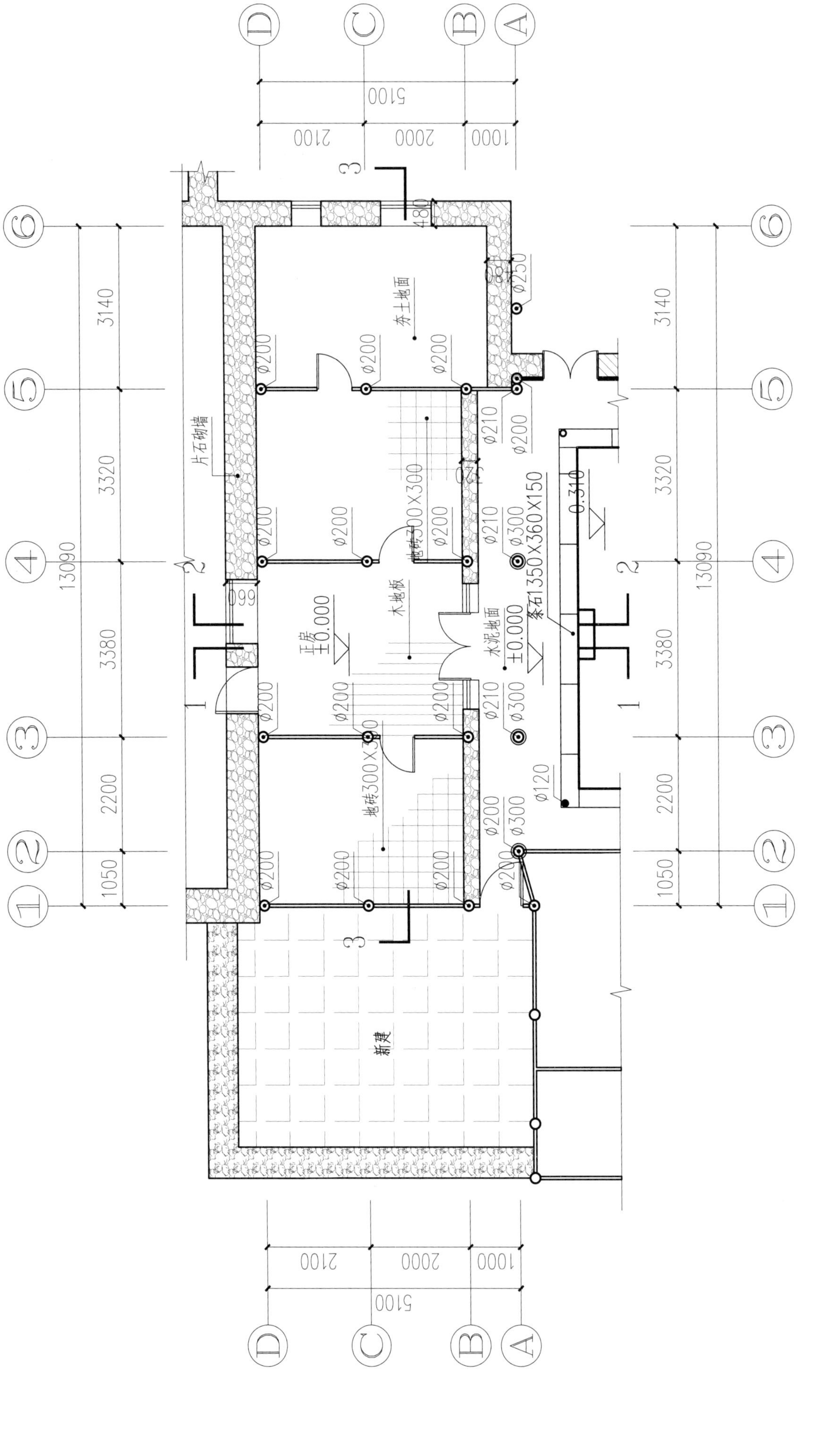

A
B
C
D
1
2
3
4
5
6
5100
2100
2000
1000
3140
3320
3380
2200
1050
13090
片石砌墙
夯土地面
木地板
水泥地面
地砖300×300
条石1350×360×150
正房
±0.000
0.310
新建
Ø200
Ø210
Ø250
Ø300
Ø120
480
660

图13 正房一层平面图

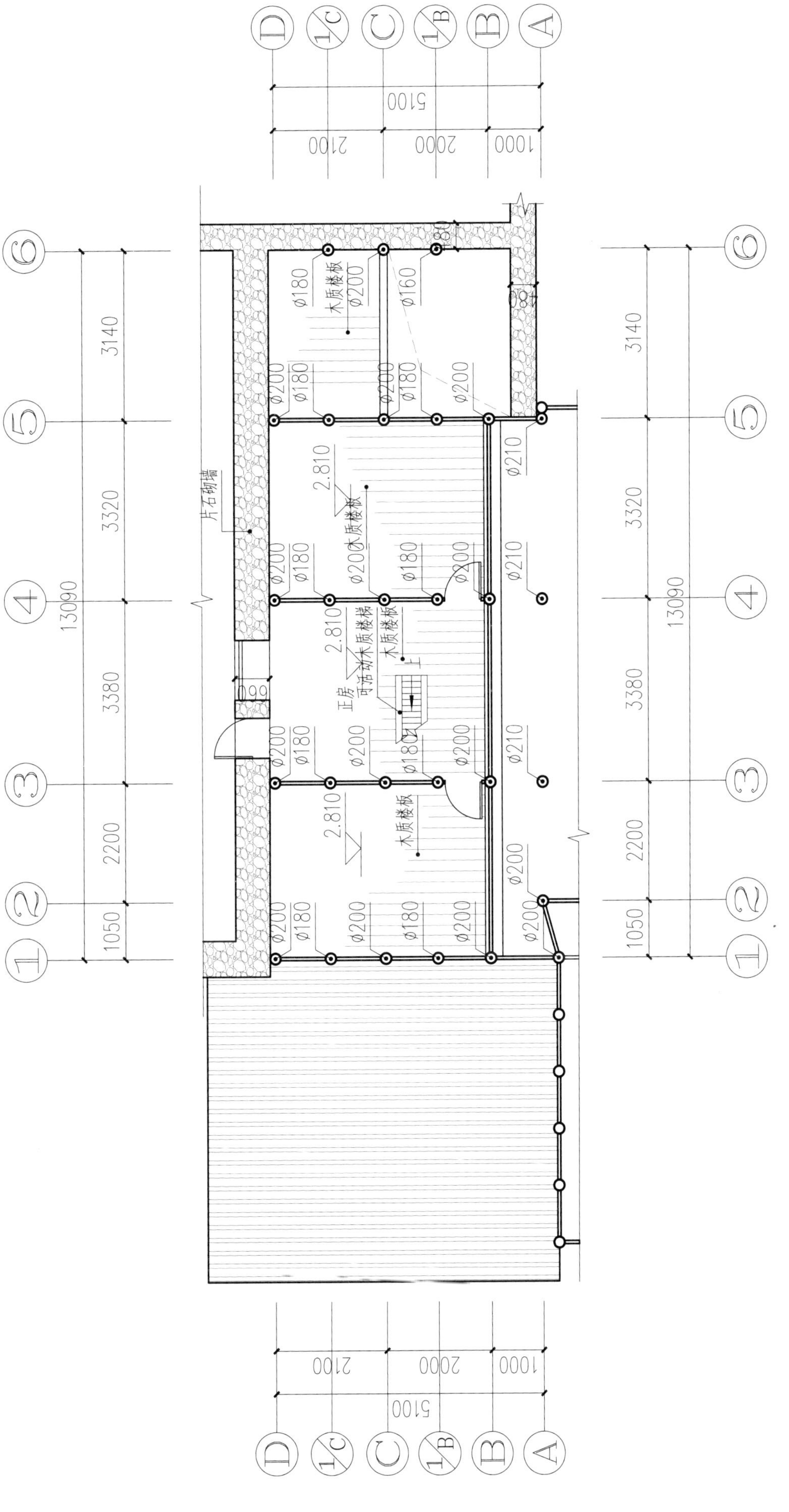

D
1/C
C
1/B
B
A
5100
2100
2000
1000
1
2
3
4
5
6
1050
2200
3380
3320
3140
13090
片石砌墙
木质楼板
2.810
正房
可活动木质楼梯
上
Ø200
Ø180
Ø160
Ø210

图 14　正房二层平面图

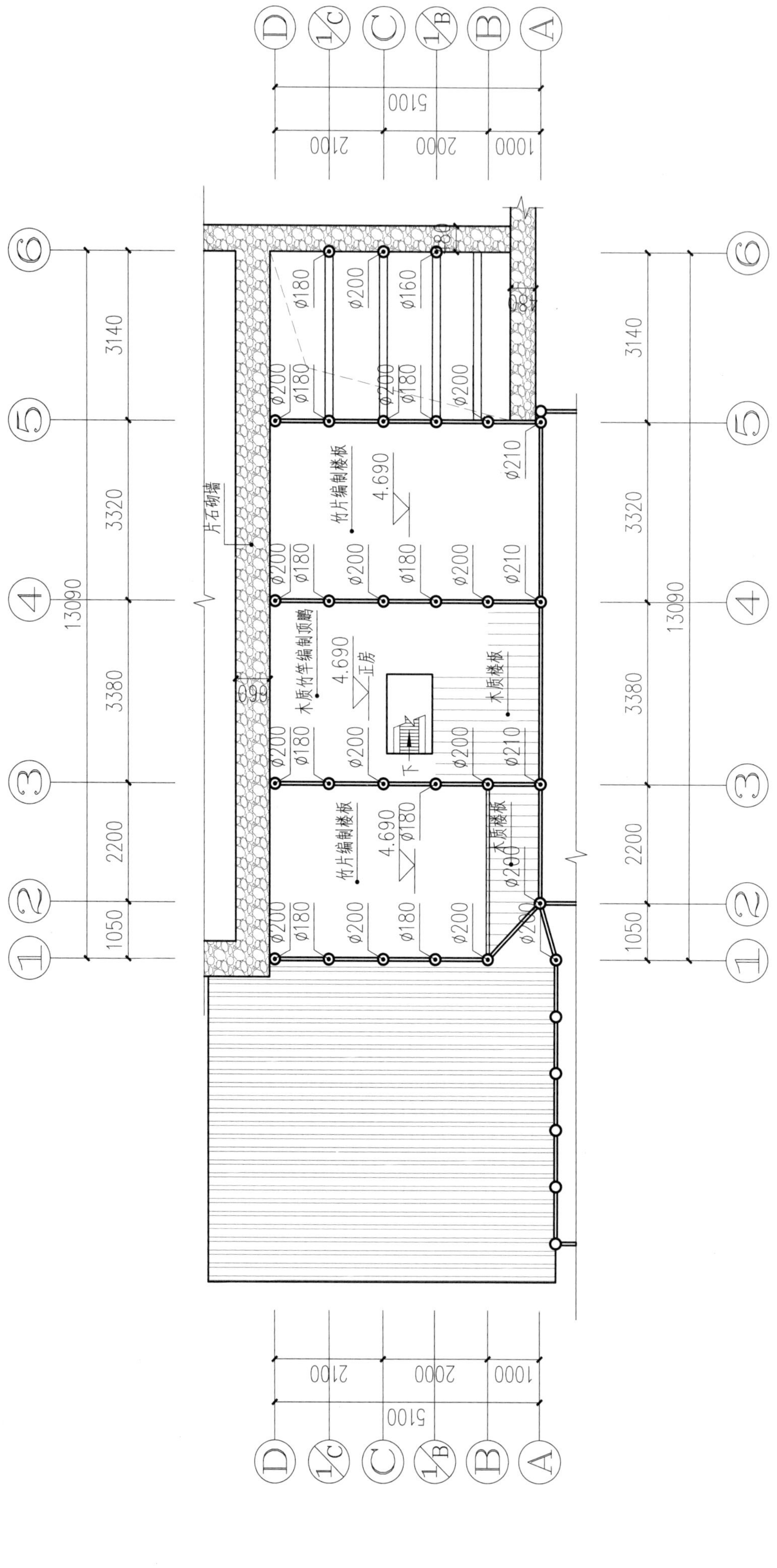

D
1/C
C
1/B
B
A
5100
2100
2000
1000
1
2
3
4
5
6
1050
2200
3380
3320
3140
13090
片石砌墙
竹片编制楼板
4.690
木质竹竿编制顶棚
正房
木质楼板
下
ø200
ø180
ø160
ø210

图15 正房夹层平面图

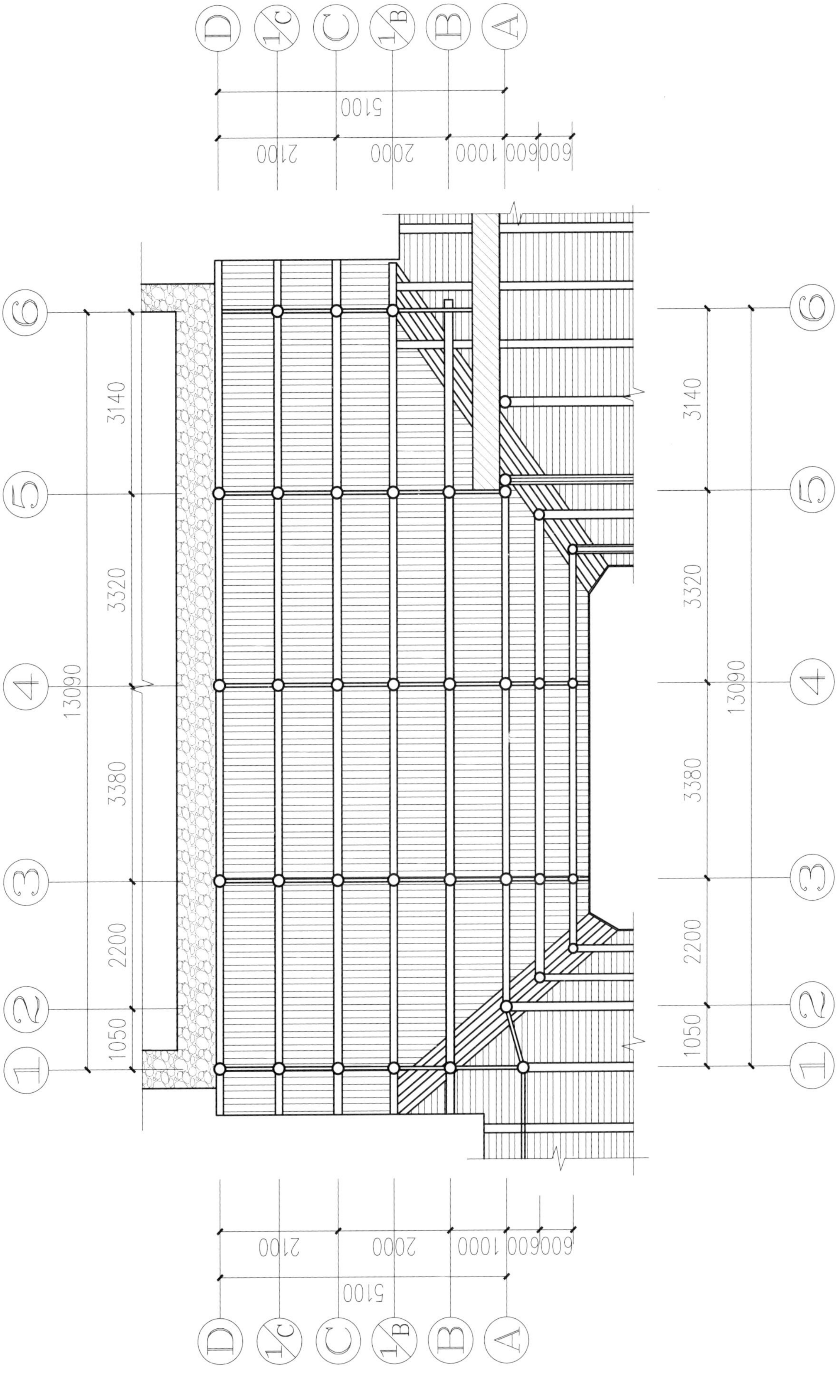
D
1/C
C
1/B
B
A
5100
2100
2000
1000
600
600
1
2
3
4
5
6
1050
2200
3380
3320
3140
13090

图 16　正房仰视图

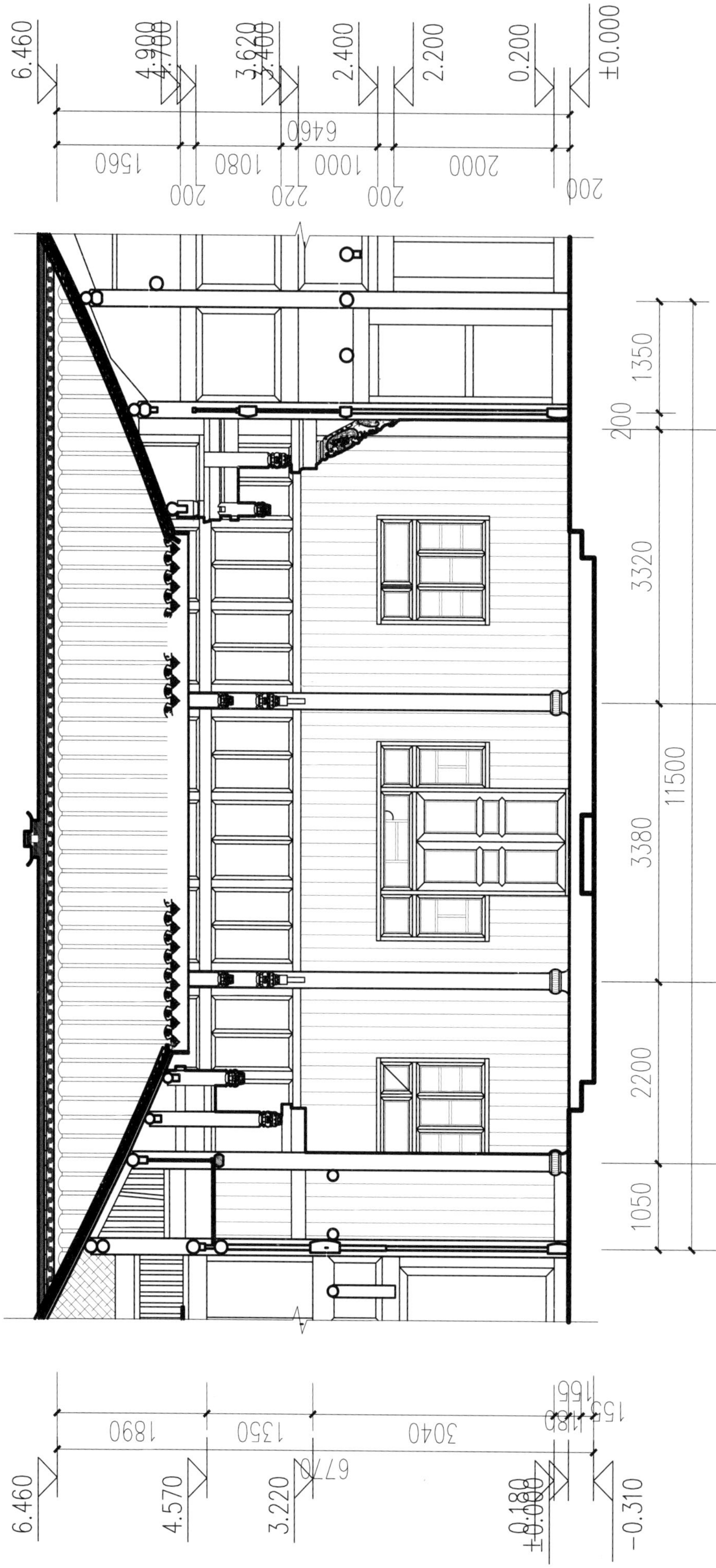
6.460
4.900
4.700
3.620
3.400
2.400
2.200
0.200
±0.000
6460
1560
1080
1000
2000
200
220
200
200
1350
200
3320
3380
2200
1050
11500
1
2
3
4
5
6.460
4.570
3.220
0.180
±0.000
-0.310
1890
1350
3040
180
155
166
6770

图17 正房正立面图

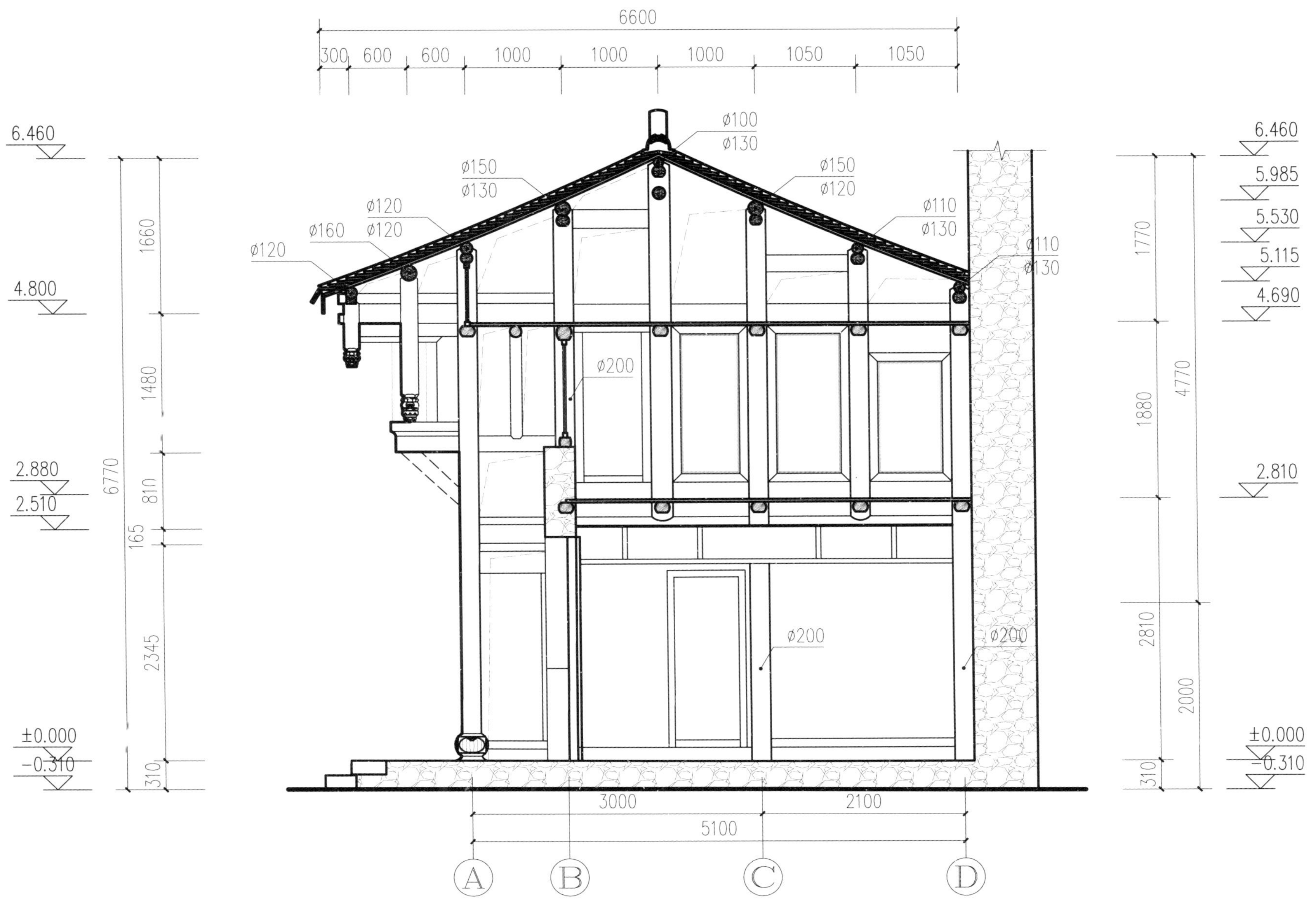
6600
300
600
600
1000
1000
1000
1050
1050
6.460
4.800
2.880
2.510
±0.000
-0.310
1660
1480
810
165
2345
310
6770
ø100
ø130
ø150
ø130
ø120
ø120
ø160
ø120
ø150
ø120
ø110
ø130
ø110
ø130
ø200
ø200
ø200
6.460
5.985
5.530
5.115
4.690
2.810
±0.000
-0.310
1770
1880
2810
310
4770
2000
3000
2100
5100
A
B
C
D

图 18　正房 1-1 剖面图

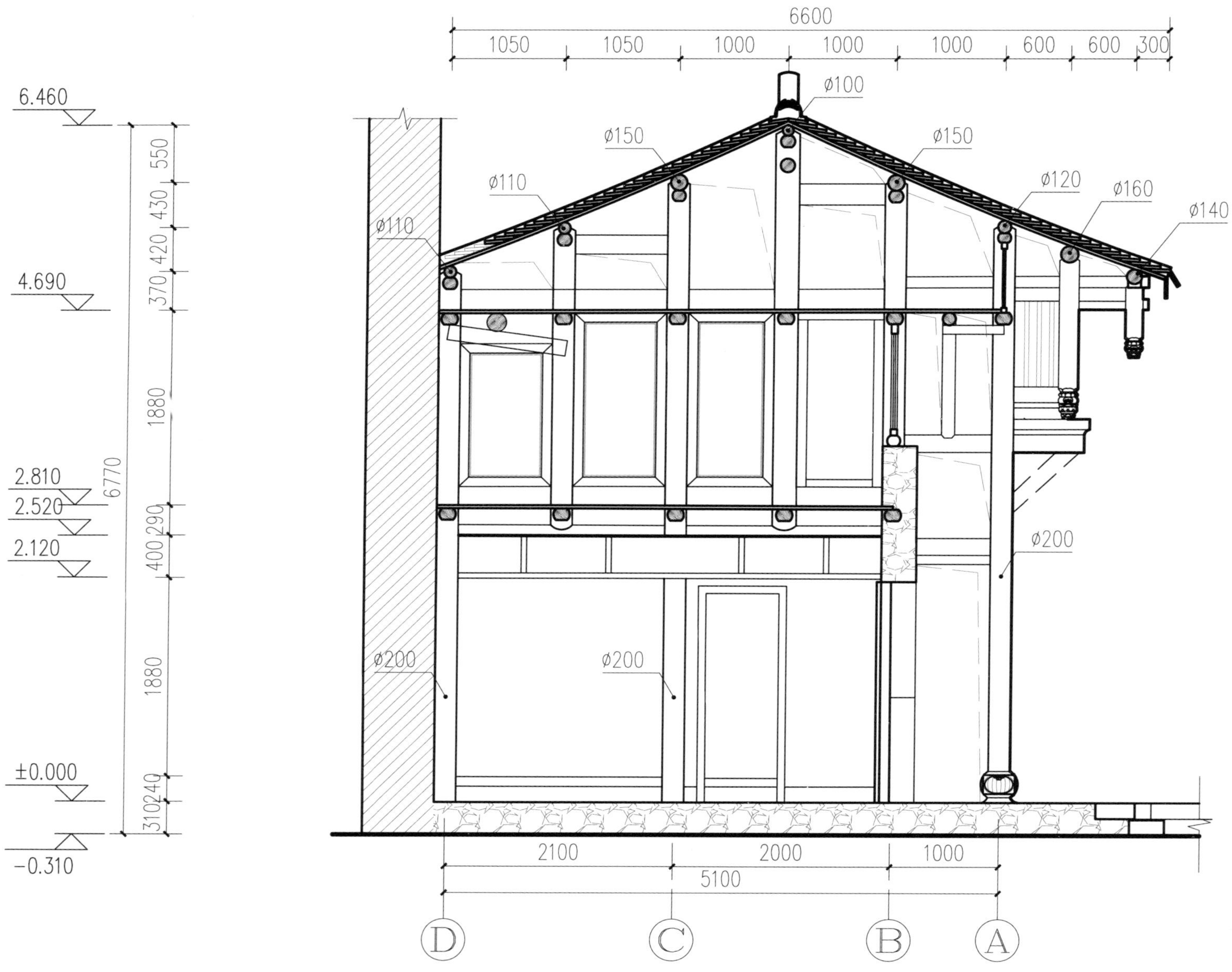
6600
1050
1050
1000
1000
1000
600
600
300
ø100
ø150
ø150
ø110
ø110
ø120
ø160
ø140
ø200
ø200
ø200
6.460
4.690
2.810
2.520
2.120
±0.000
-0.310
550
430
420
370
1880
290
400
1880
240
310
6770
6.460
4.800
3.320
2.130
1.320
±0.000
-0.310
3000
1480
1190
810
1320
310
8110
2100
2000
1000
5100
D
C
B
A

图19　正房2-2剖面图

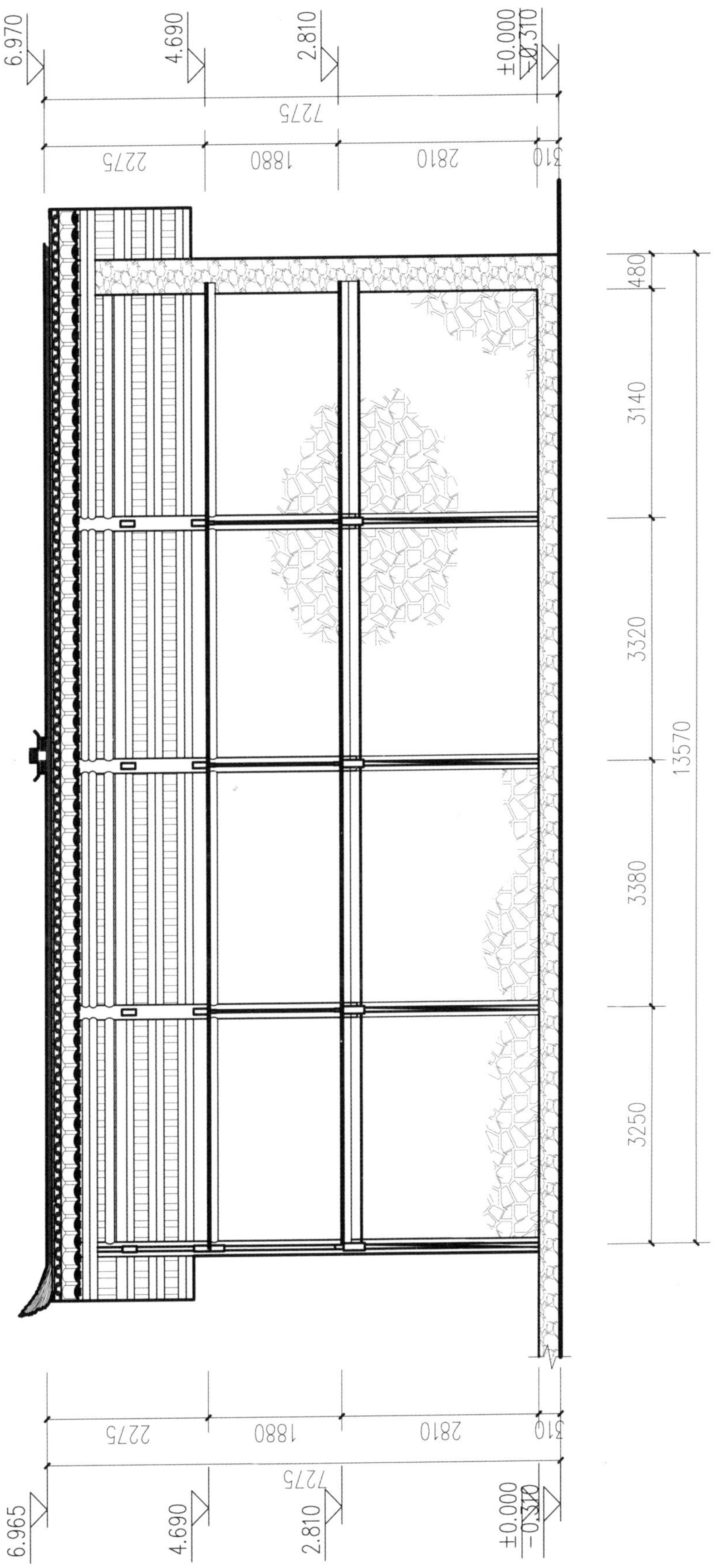
6.970
4.690
2.810
±0.000
-0.310
7275
2275
1880
2810
310
480
3140
3320
3380
3250
13570
6.965

图 20 正房 3-3 剖面图

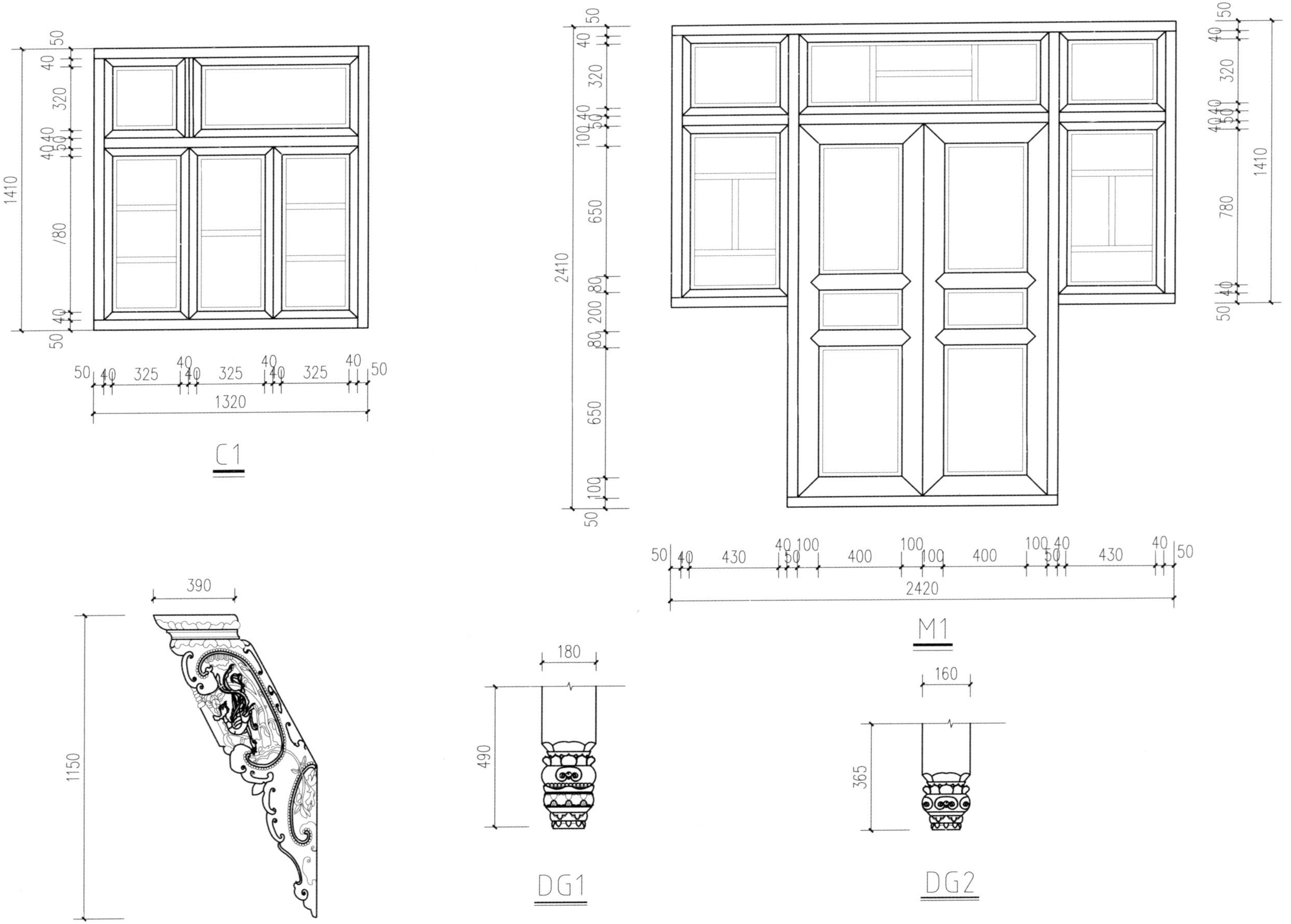

图 21　门窗、撑栱、吊瓜详图

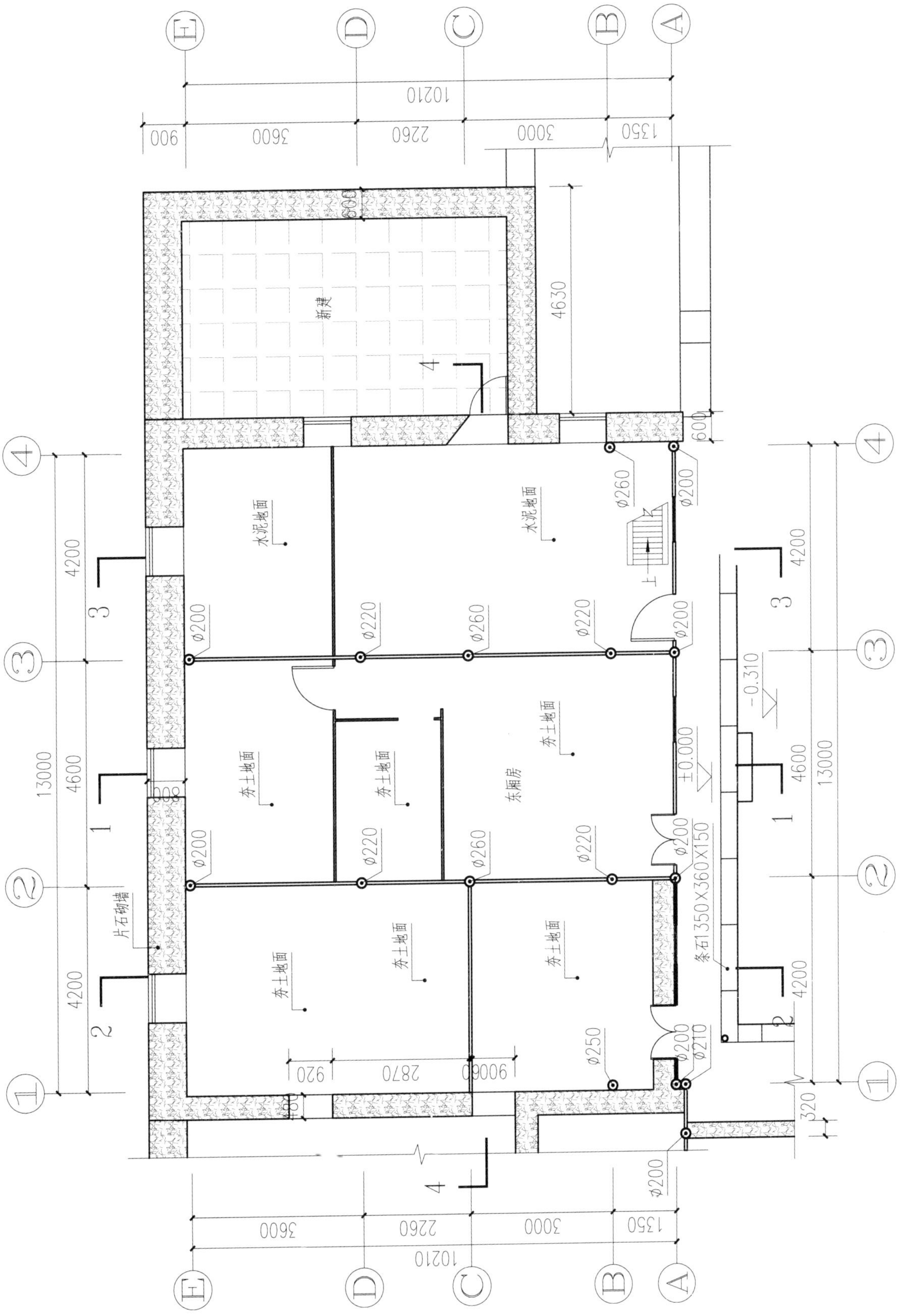

图 22 东厢房一层平面图

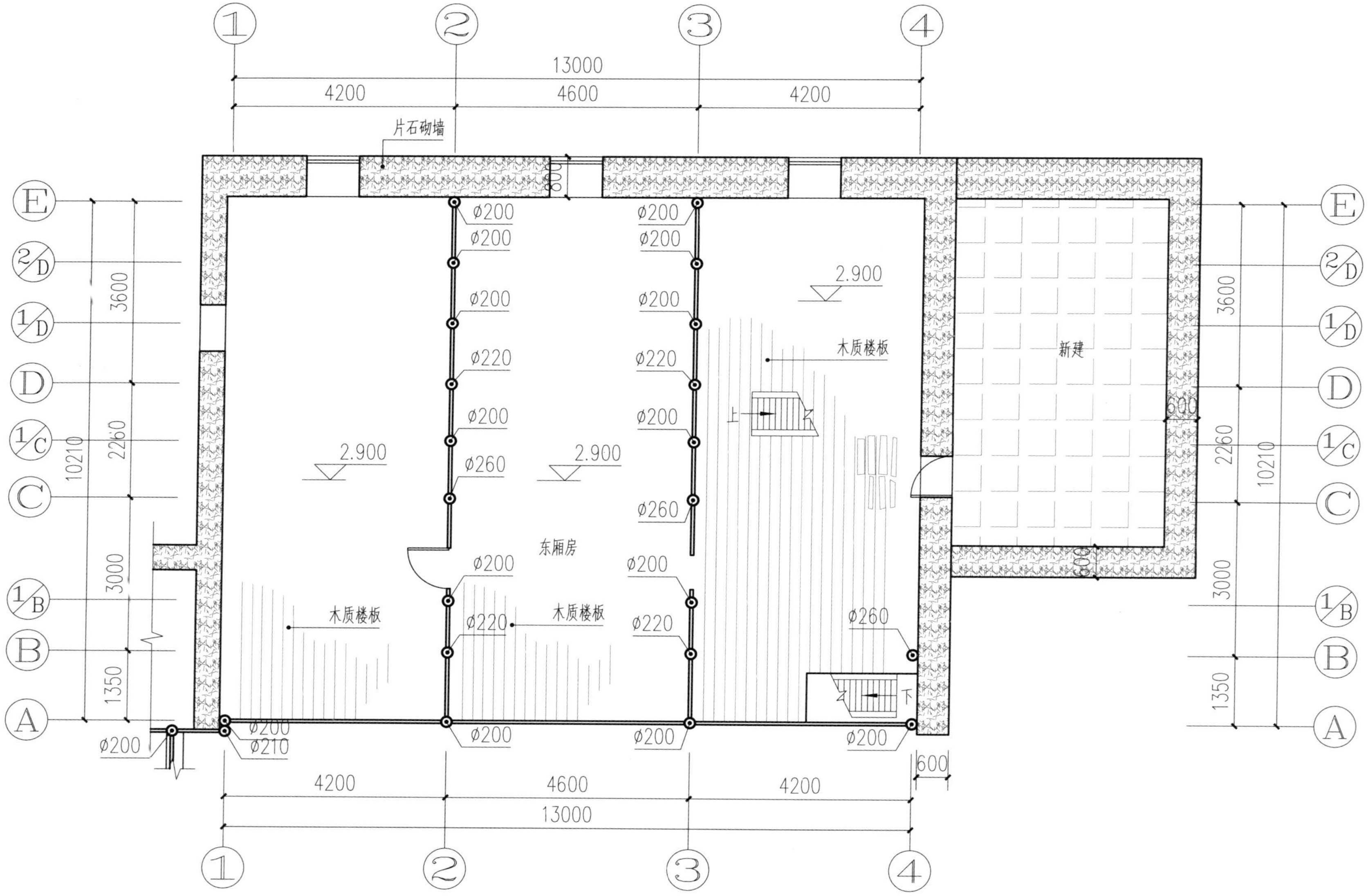

图 23　东厢房二层平面图

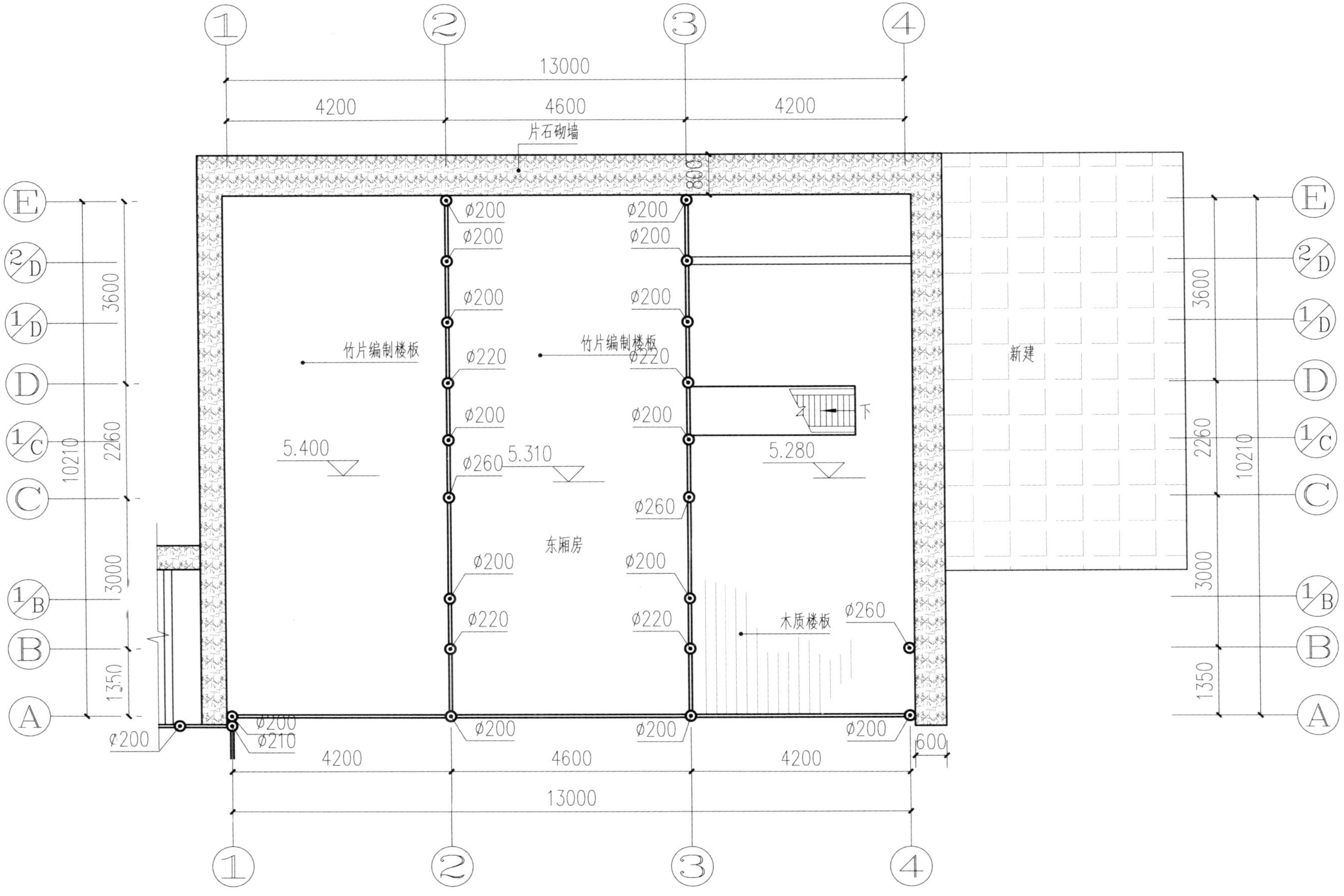

图 24　东厢房夹层平面图

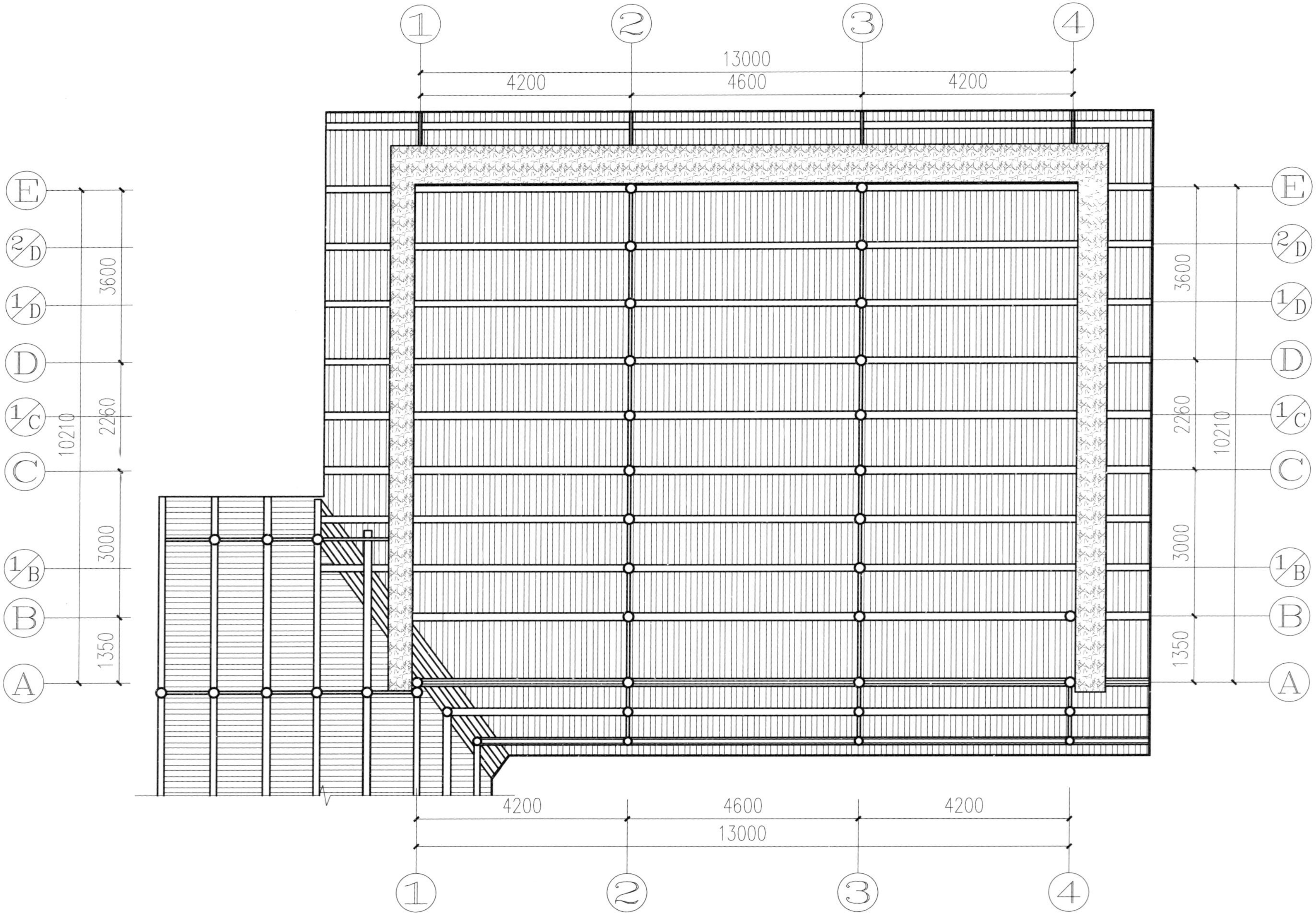
1
2
3
4
13000
4200
4600
4200
E
2/D
1/D
D
1/C
C
1/B
B
A
3600
2260
3000
1350
10210

图25　东厢房仰视图

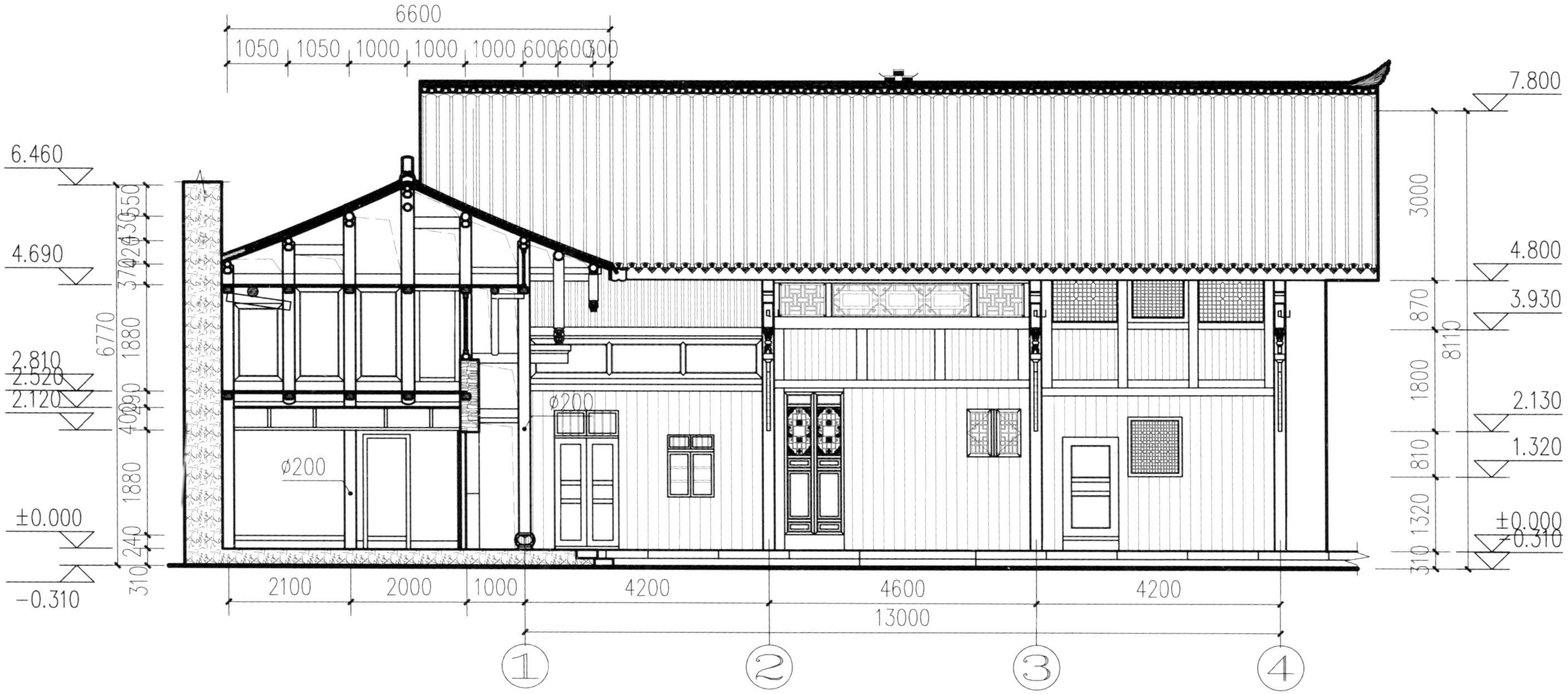
6600
1050
1050
1000
1000
1000
600
600
300
6.460
4.690
2.810
2.520
2.120
±0.000
-0.310
6770
1880
1880
240
310
φ200
φ200
7.800
4.800
3.930
2.130
1.320
±0.000
-0.310
3000
870
1800
810
1320
310
8110
2100
2000
1000
4200
4600
4200
13000
1
2
3
4

图 26　东厢房正面图

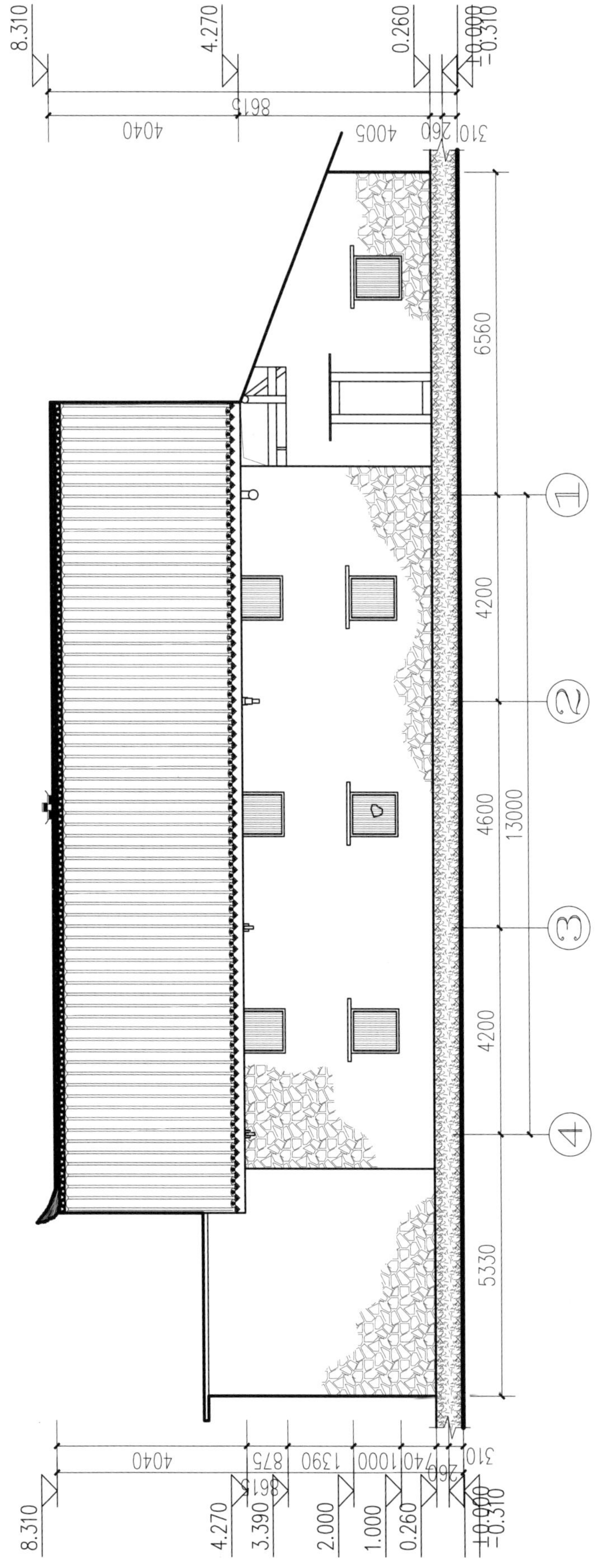

8.310
4.270
3.390
2.000
1.000
0.260
±0.000
-0.310
8615
4040
4005
875
1390
1000
740
260
310
6560
4200
4600
4200
5330
13000
①
②
③
④

图 27　东厢房背立面图

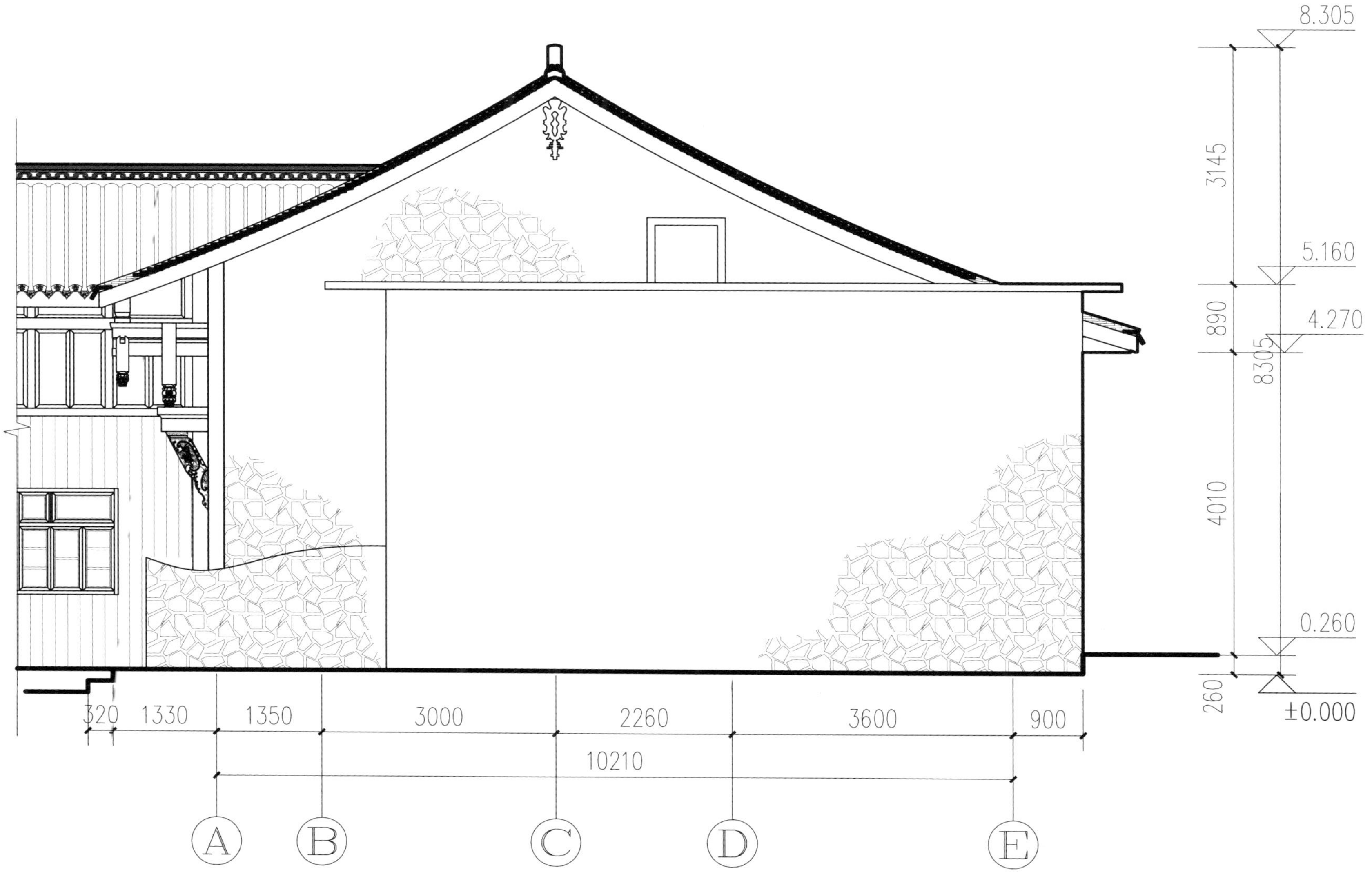
8.305
5.160
4.270
0.260
±0.000
3145
890
8305
4010
260
320
1330
1350
3000
2260
3600
900
10210
A
B
C
D
E

图 28　东厢房侧立面图

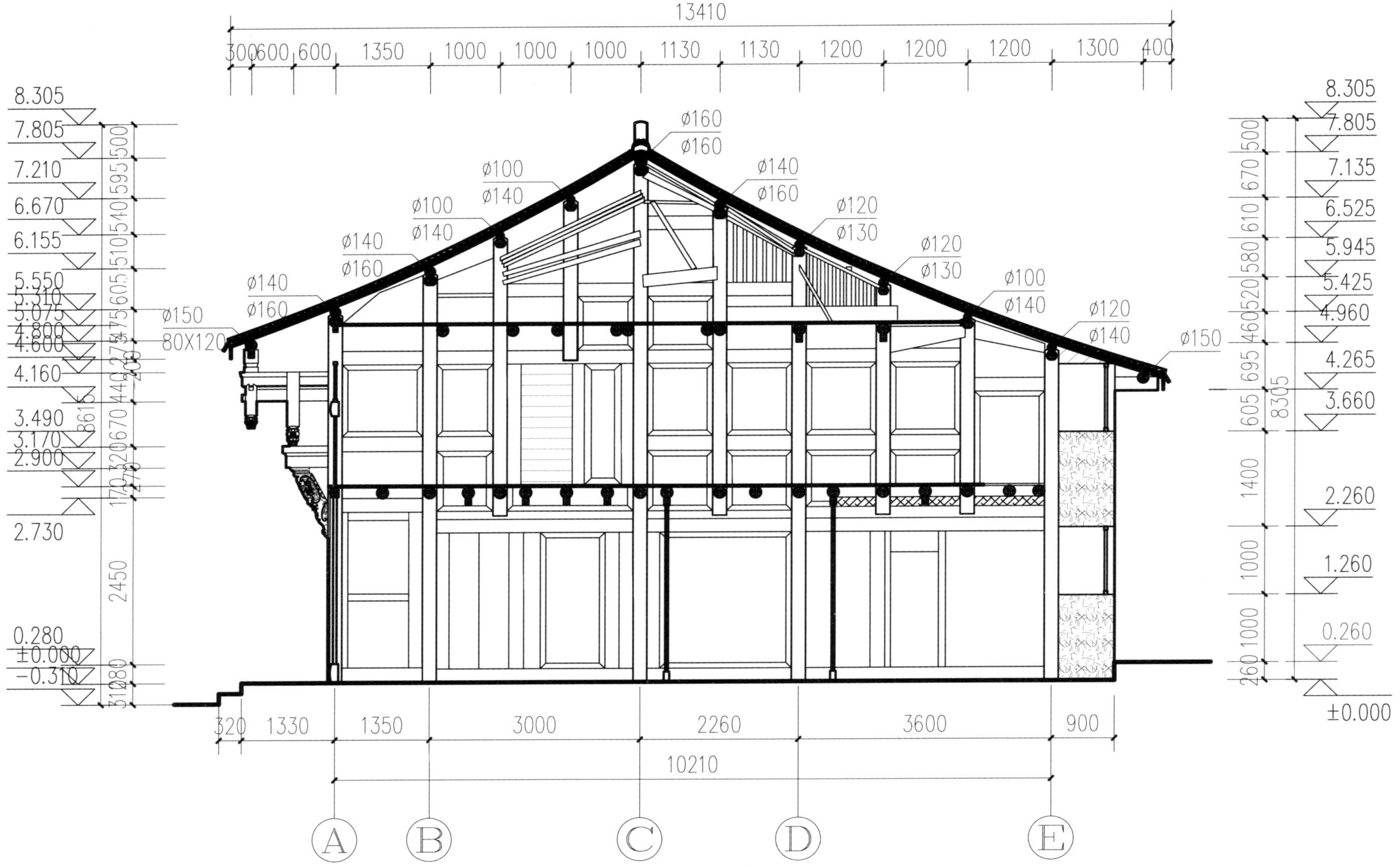

图 29　东厢房 1-1 剖面图

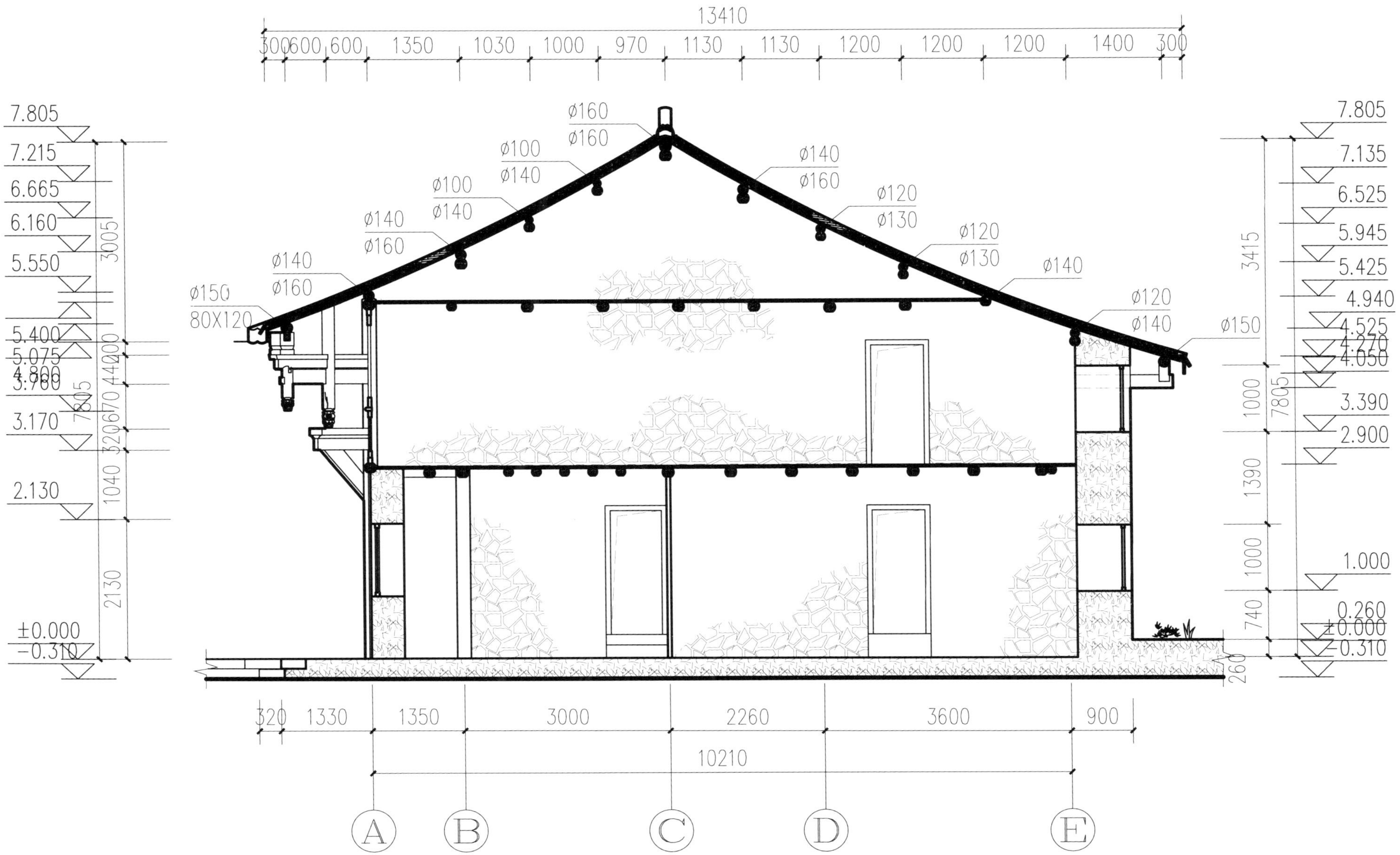

图30 东厢房2-2剖面图

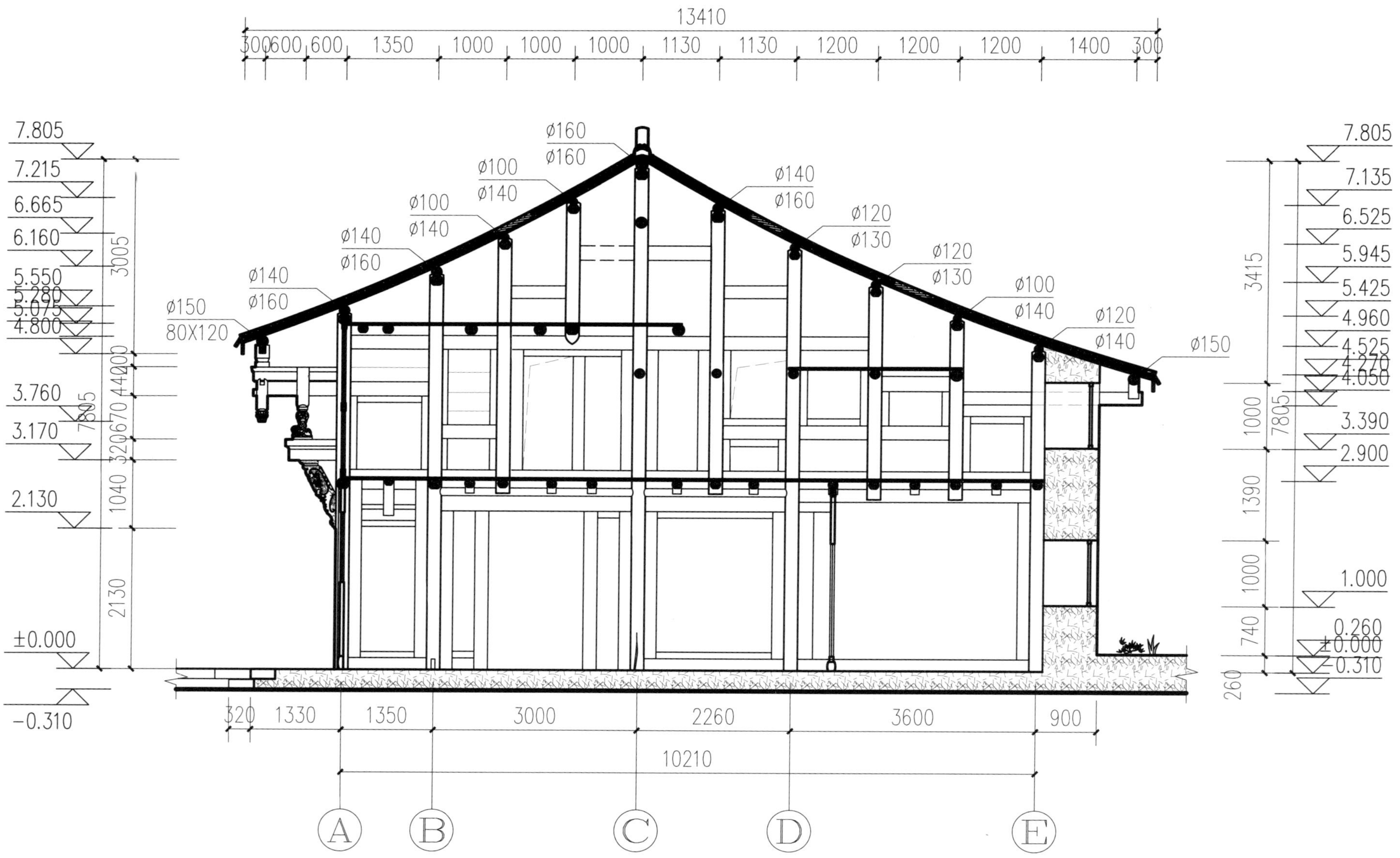

图 31　东厢房 3-3 剖面图

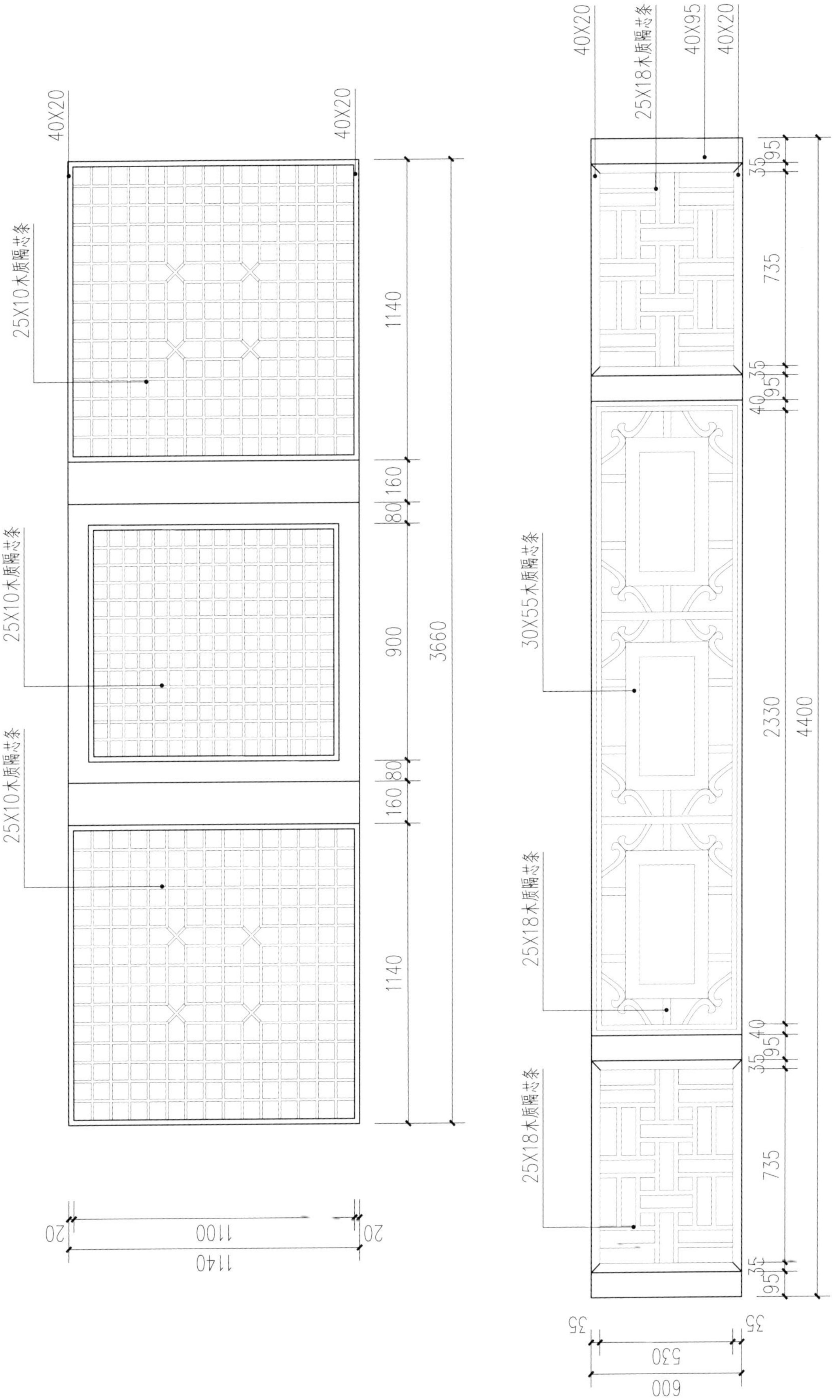
40X20
40X20
25X10木质隔芯条
25X10木质隔芯条
25X10木质隔芯条
1140
160
80
900
80
160
1140
3660
20
1100
20
1140
40X20
25X18木质隔芯条
40X95
40X20
95
35
735
35
95
40
30X55木质隔芯条
25X18木质隔芯条
2330
4400
40
95
35
25X18木质隔芯条
735
35
95
35
530
35
600

图 32　窗详图

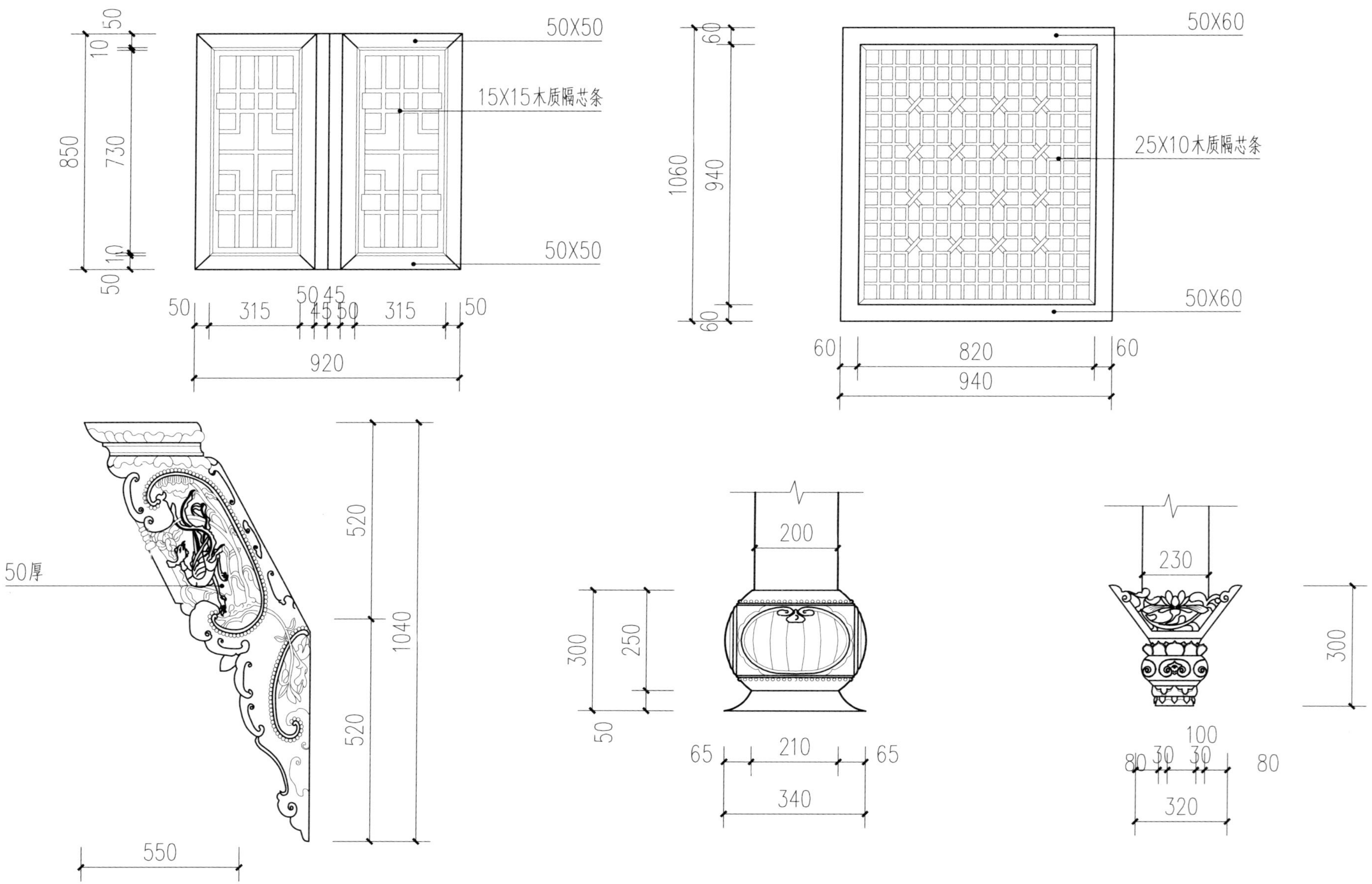
50X50
15X15木质隔芯条
50X50
850
730
50
10
920
315
50
45
50X60
25X10木质隔芯条
50X60
1060
940
820
60
50厚
520
1040
550
200
300
250
210
340
65
230
100
30
80
320

图33　窗、撑栱、吊瓜详图

60
50
190
50
950
2780
50
190
50
940
50
210
50
20X12
50
470
50
50
460
50
1130
180
645
85
120
85
290
300
580
810
230

图 34 门、吊瓜详图

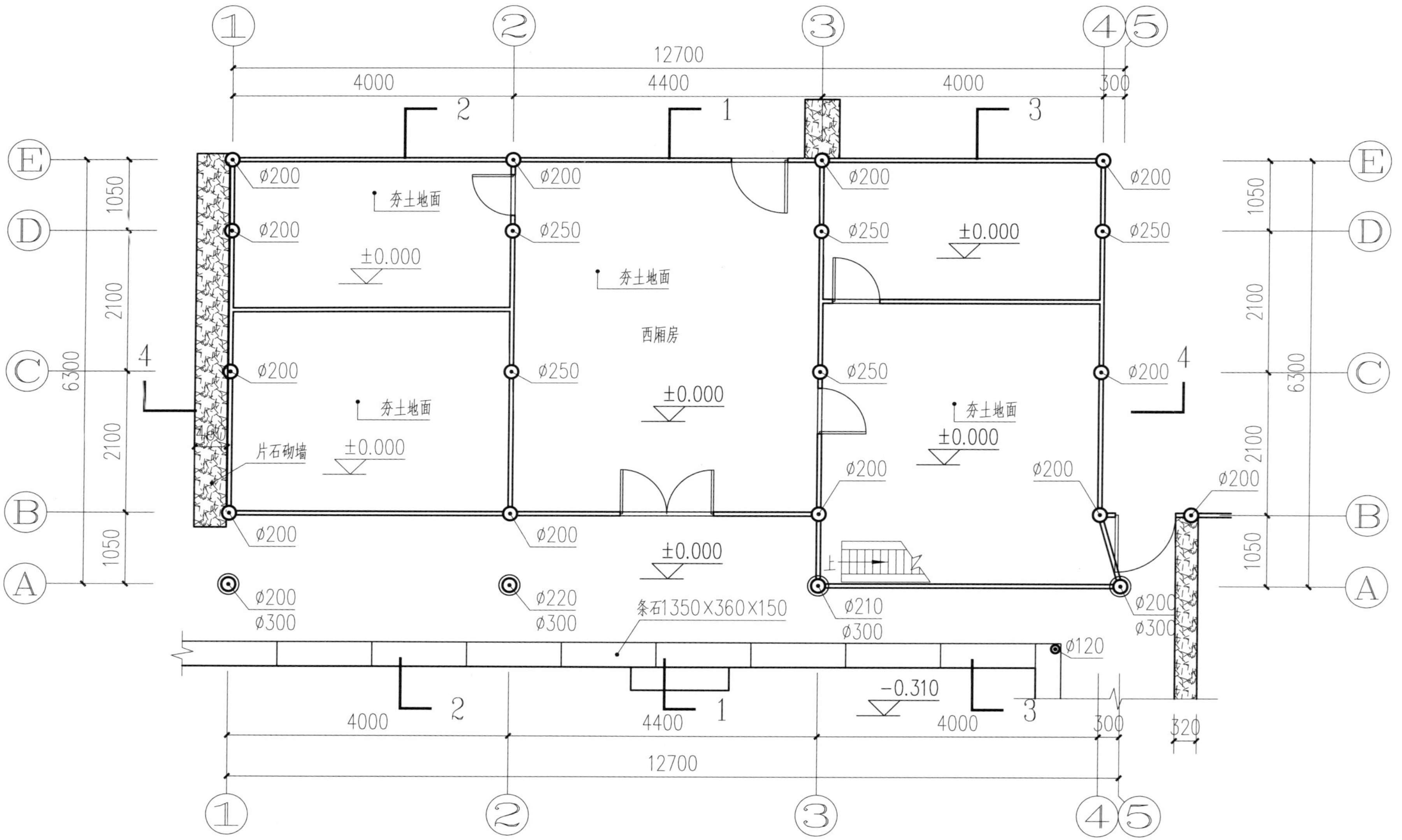

图 35　西厢房一层平面图

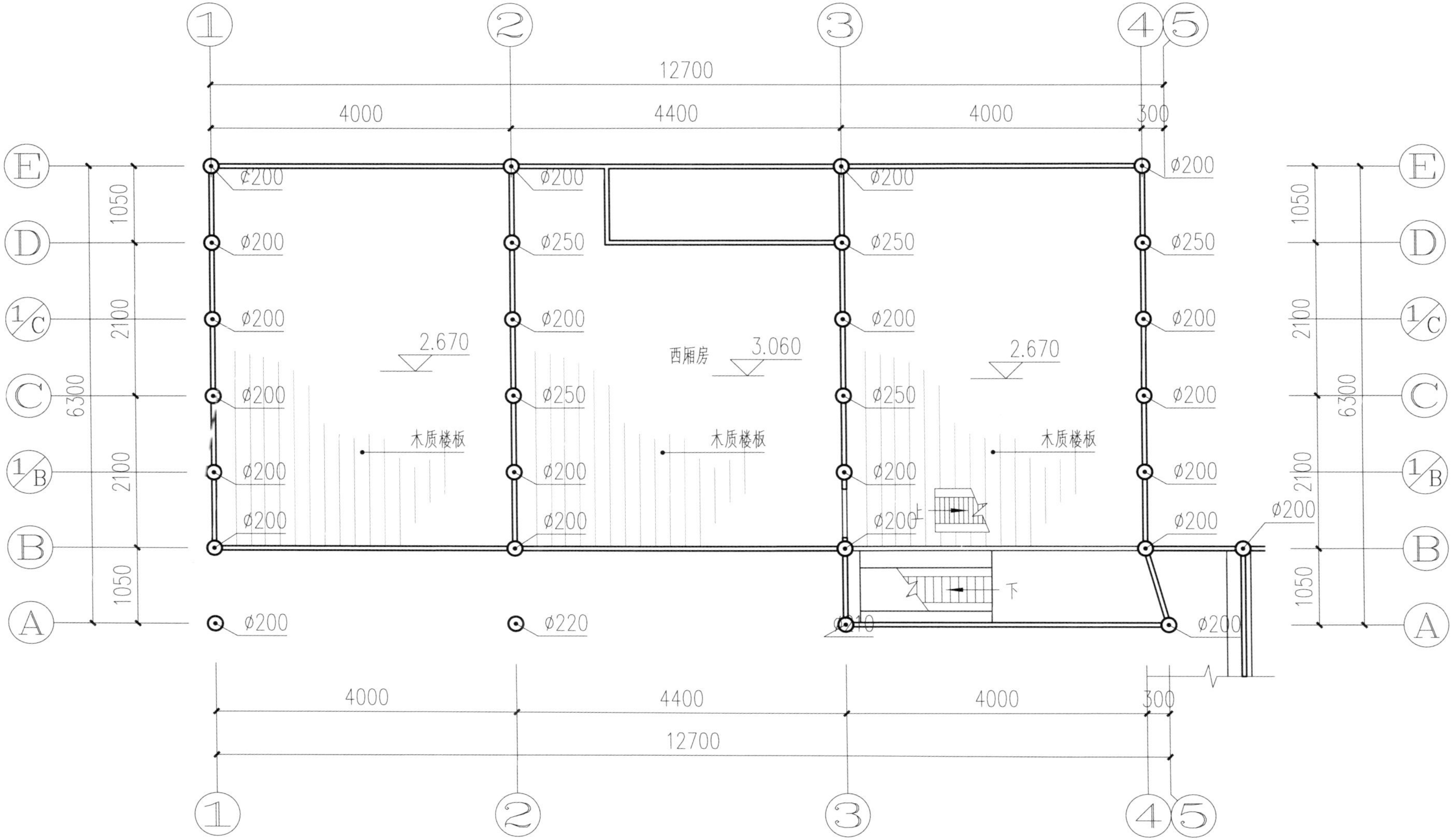

图 36　西厢房二层平面图

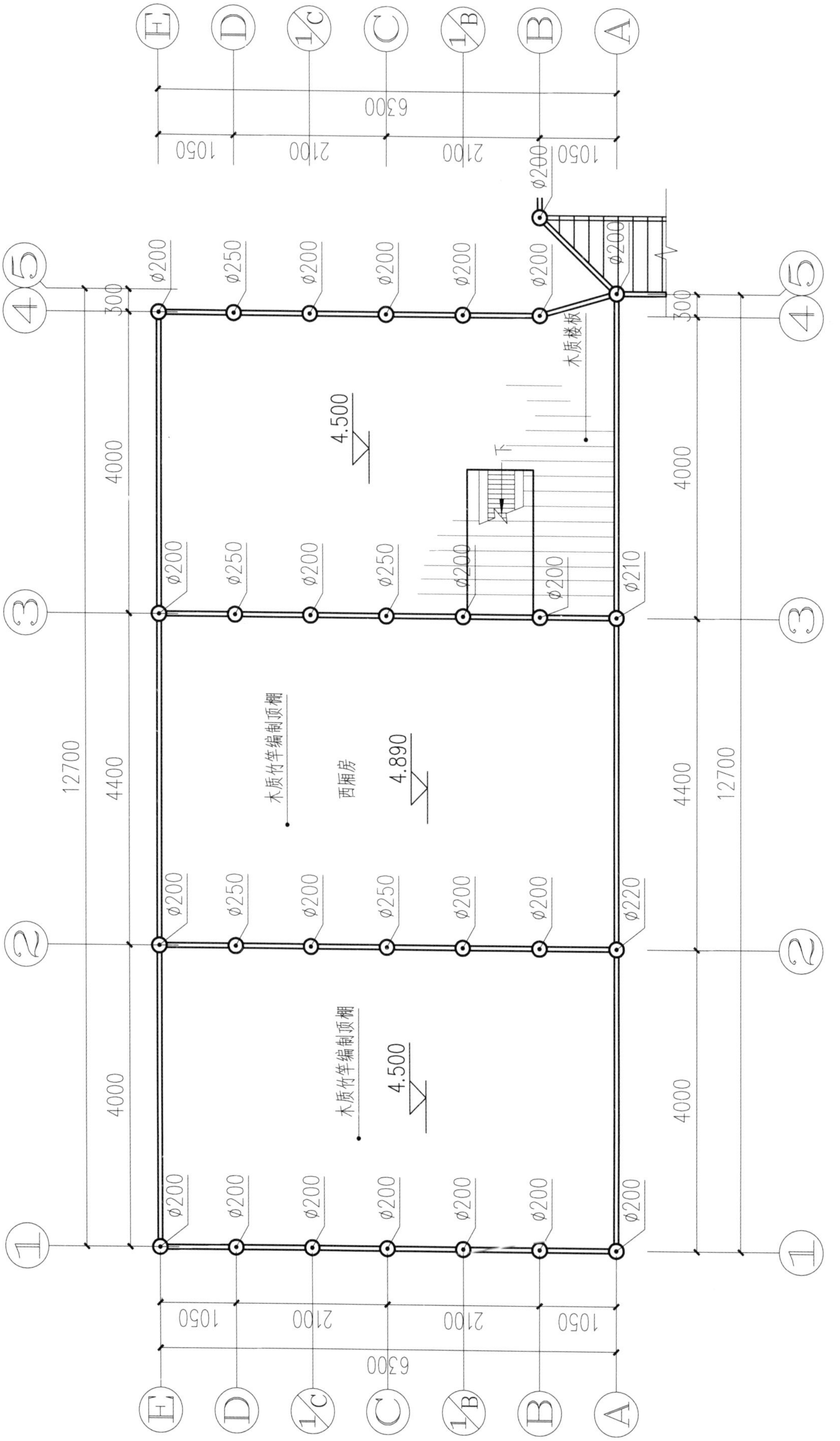

图37 西厢房夹层平面图

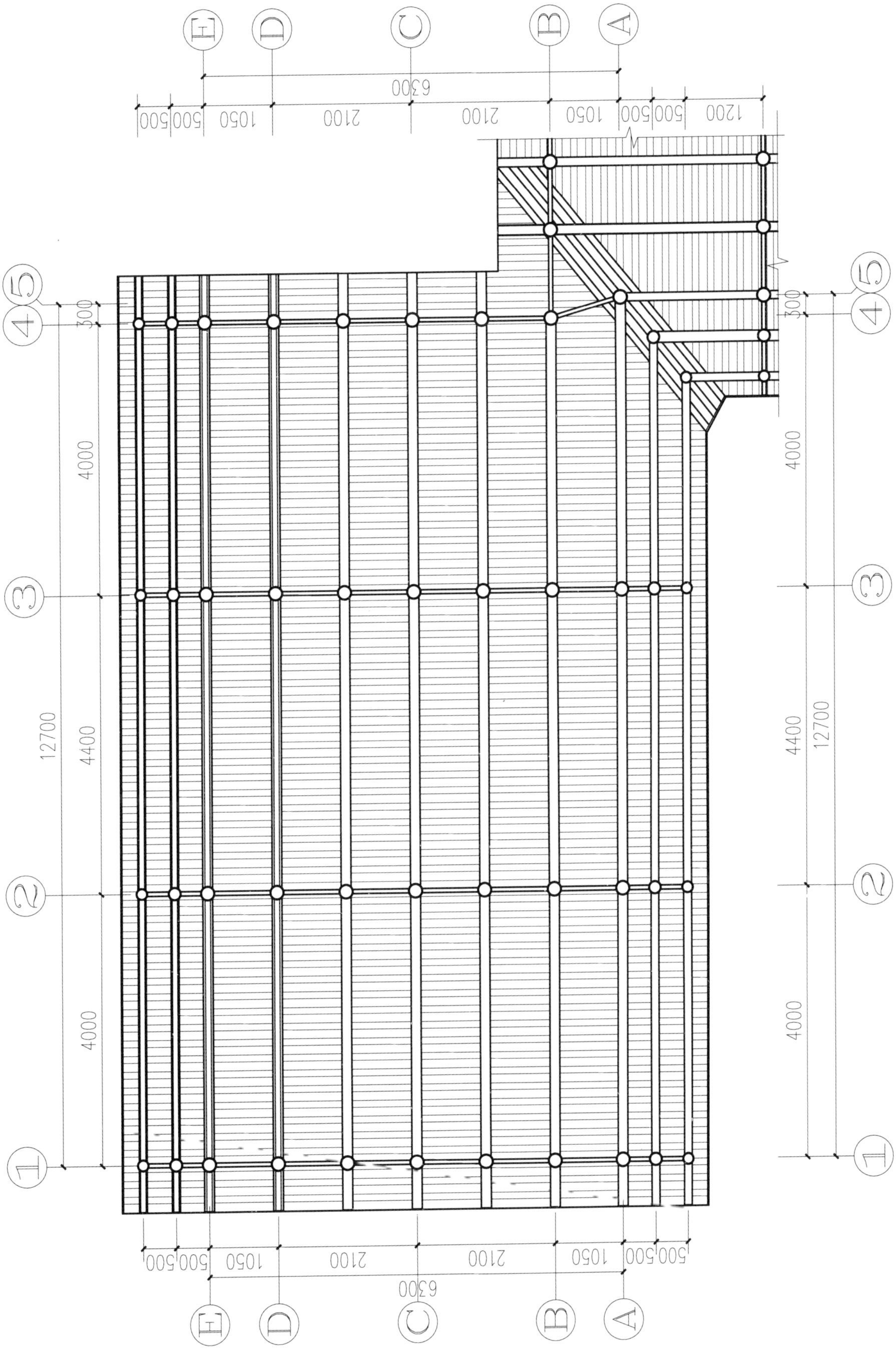
A
B
C
D
E
1
2
3
4
5
6300
1200
500
500
1050
2100
2100
1050
500
500
300
4000
4400
4000
12700

图38 西厢房仰视图

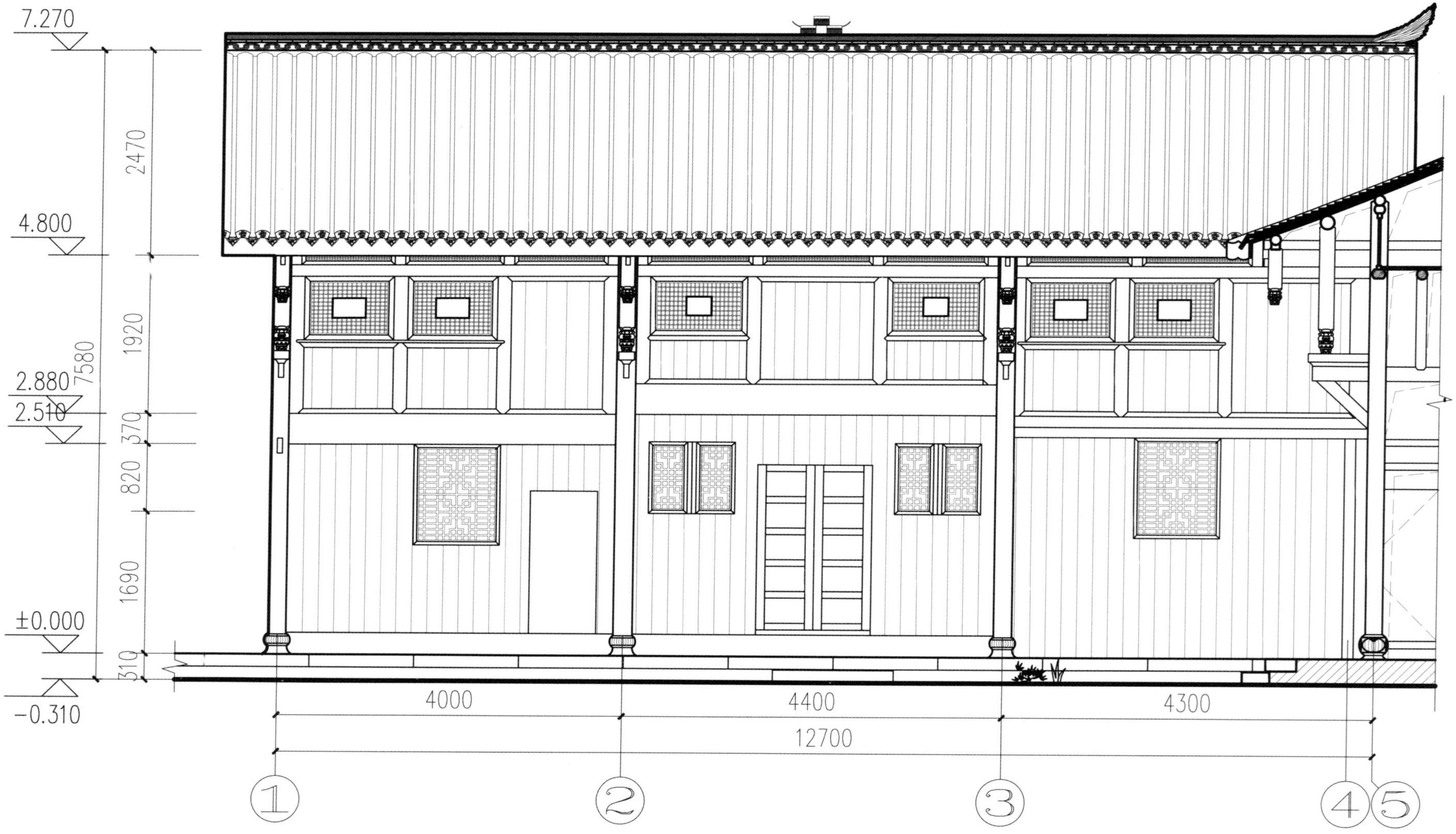
7.270
4.800
2.880
2.510
±0.000
-0.310
2470
1920
370
820
1690
310
7580
4000
4400
4300
12700
1
2
3
4
5

图39　西厢房正立面图

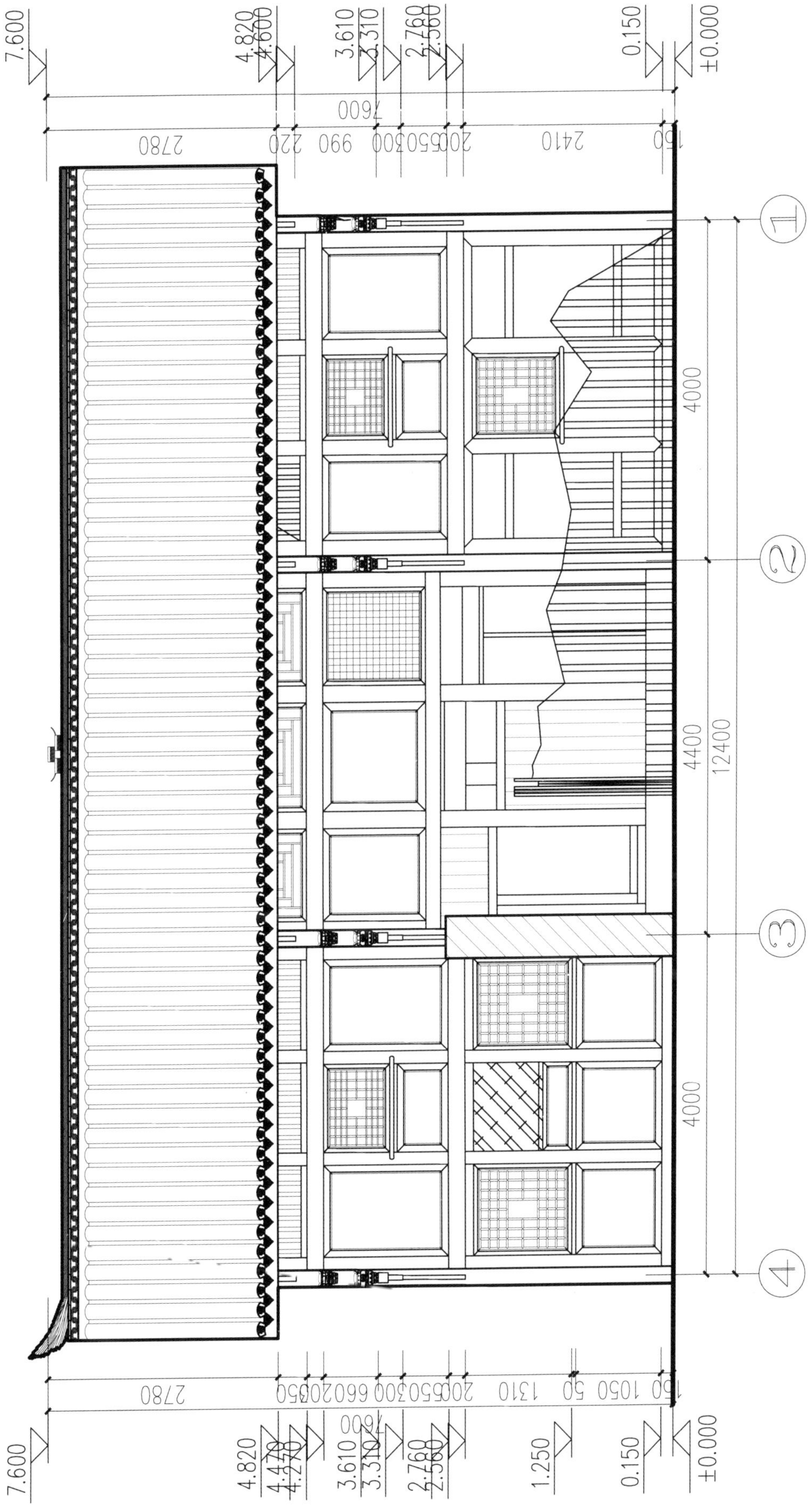
7.600
4.820
4.600
3.610
3.310
2.760
2.560
0.150
±0.000
7600
2780
220
990
2410
150
4000
4400
12400
4000
1
2
3
4
1310
1050
1.250

图40 西厢房背立面图

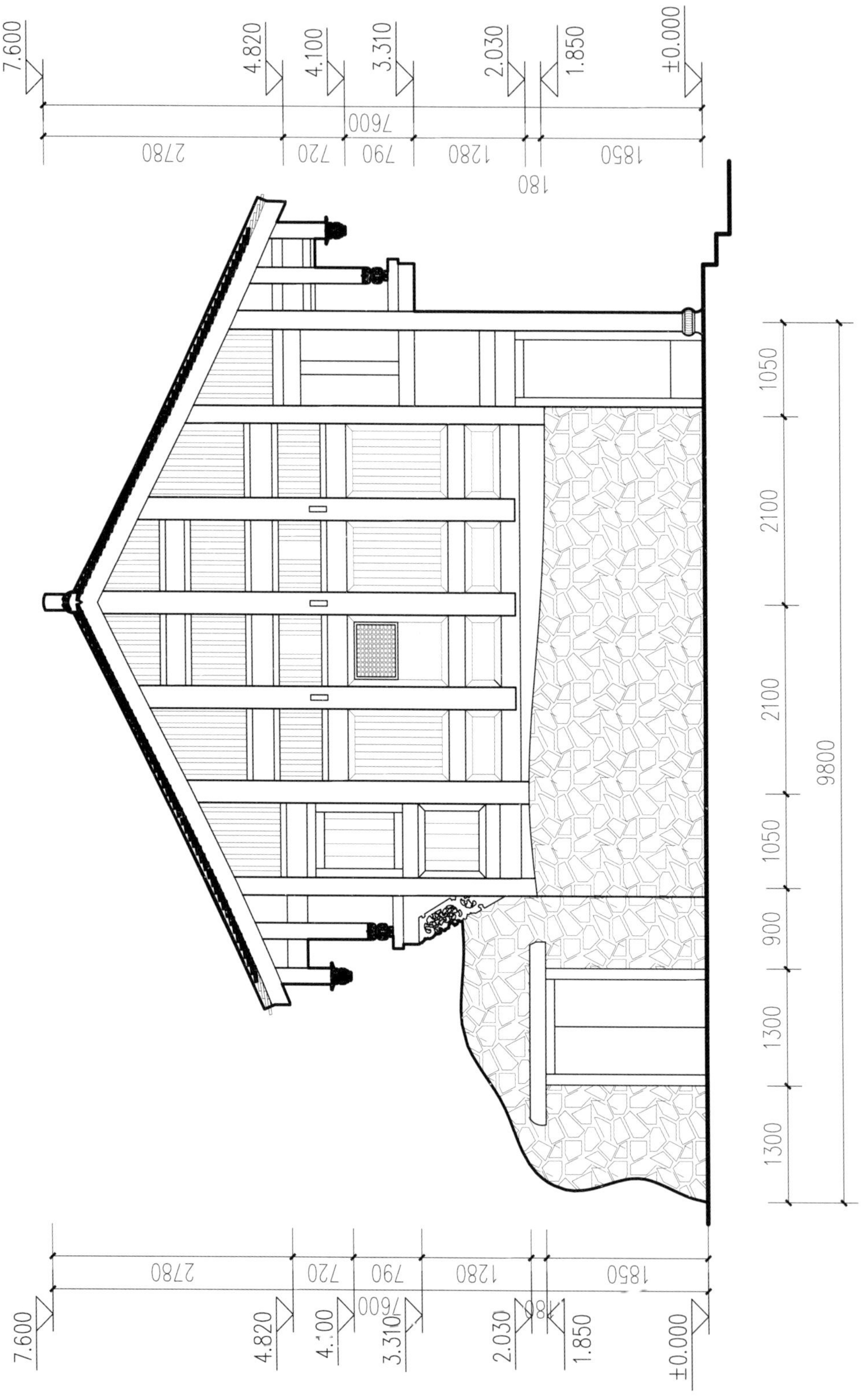

图 41　西厢房左侧立面图

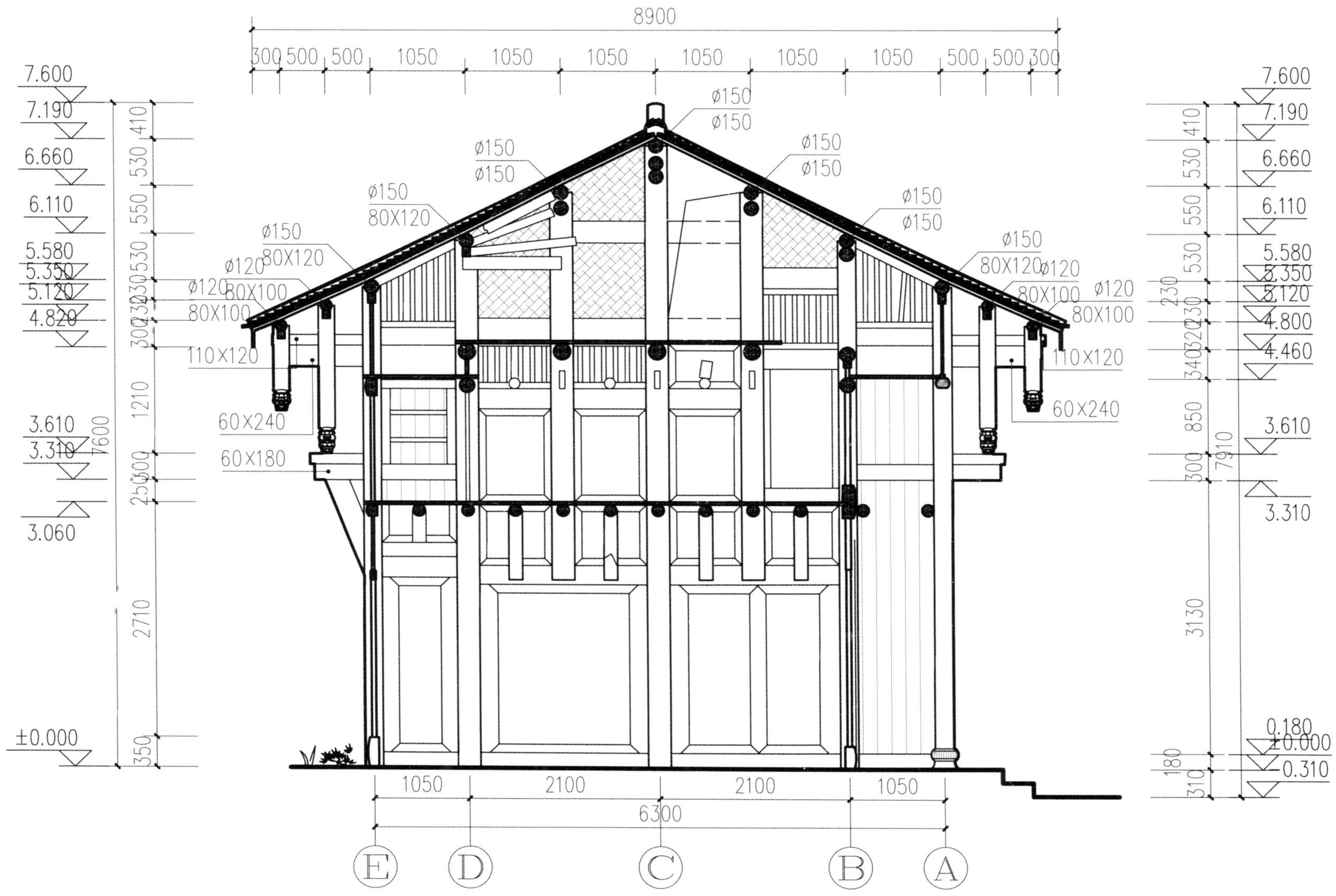

图 42　西厢房 1-1 剖面图

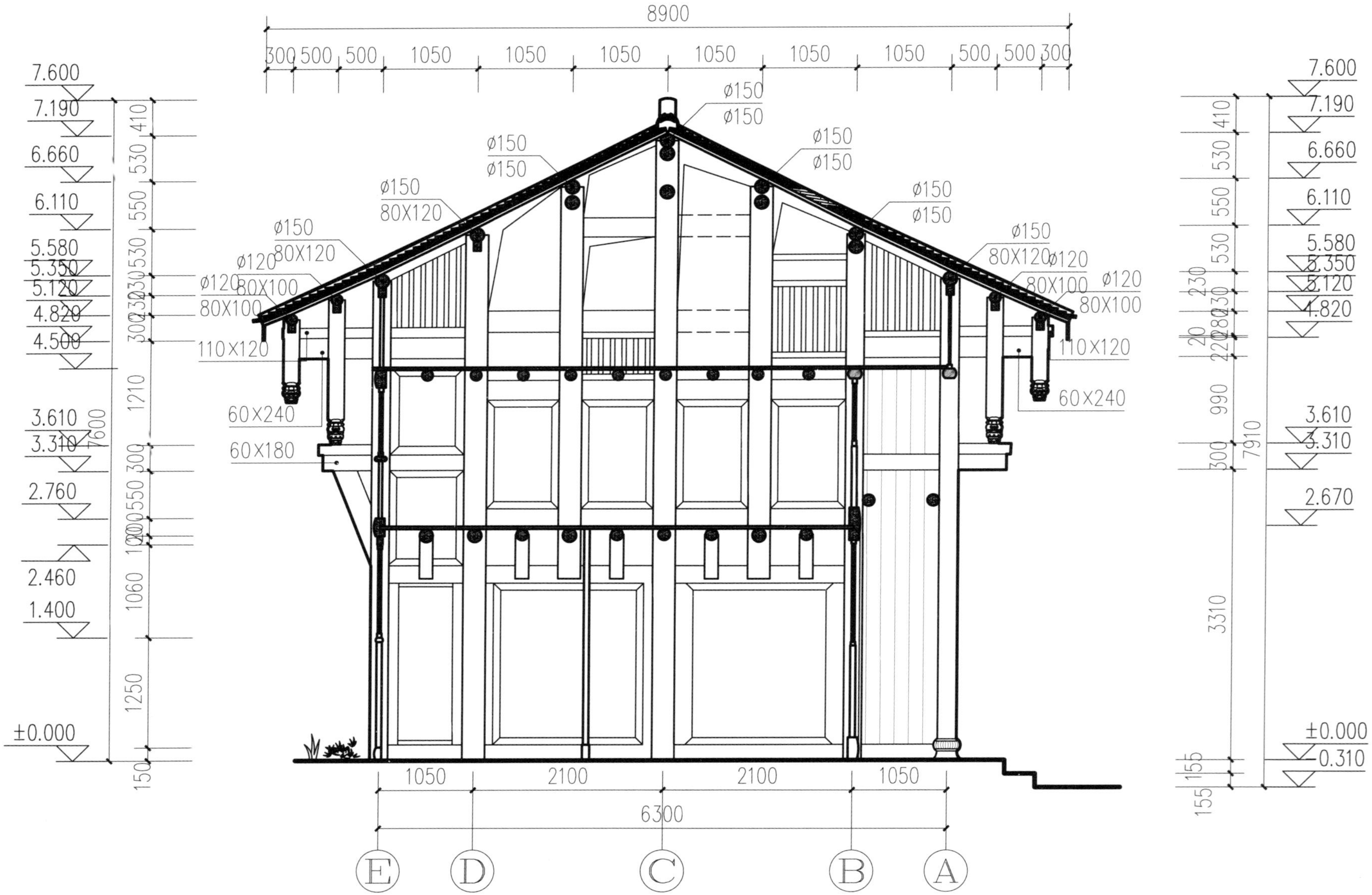

图 43　西厢房 2-2 剖面图

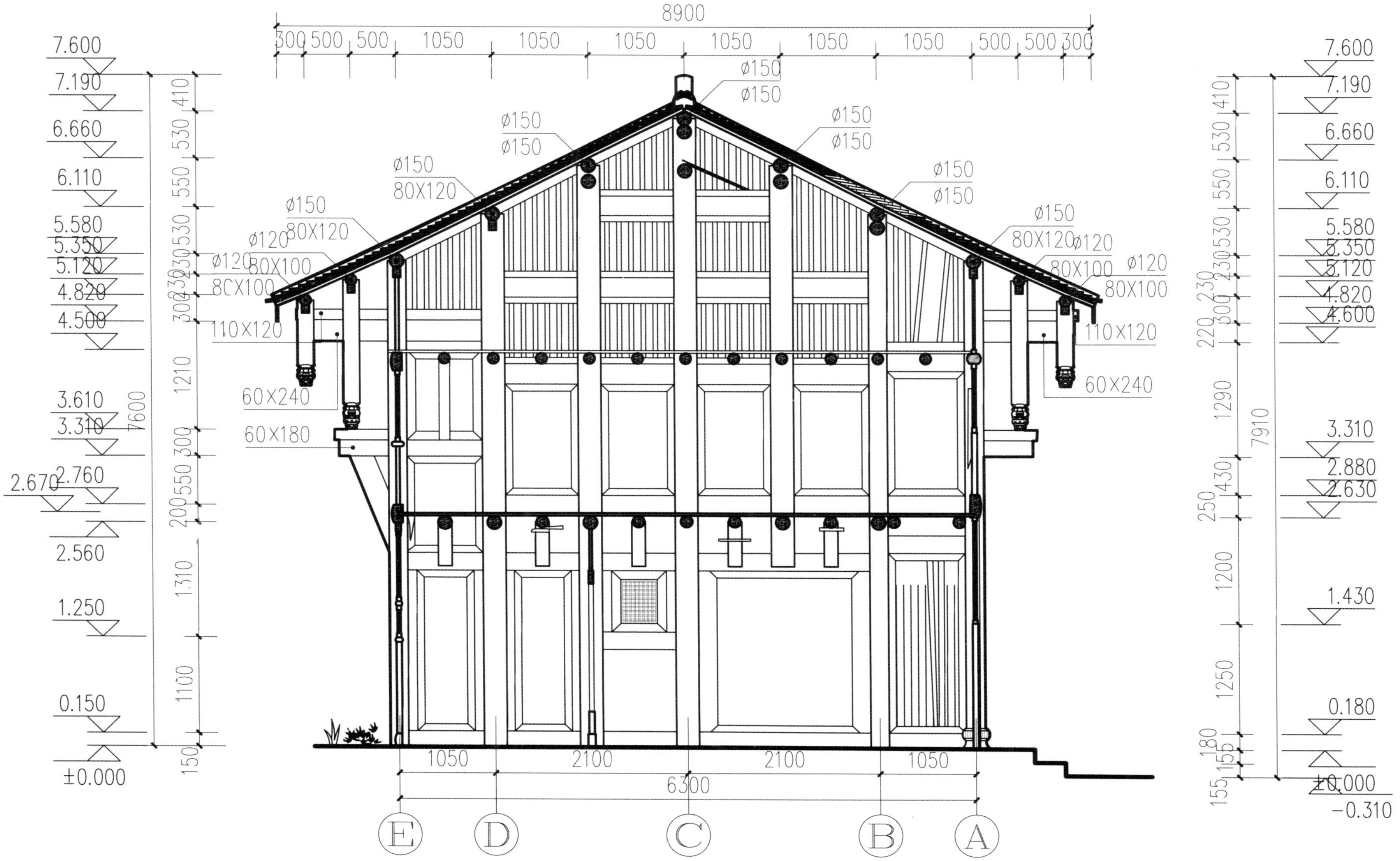

图 44　西厢房 3-3 剖面图

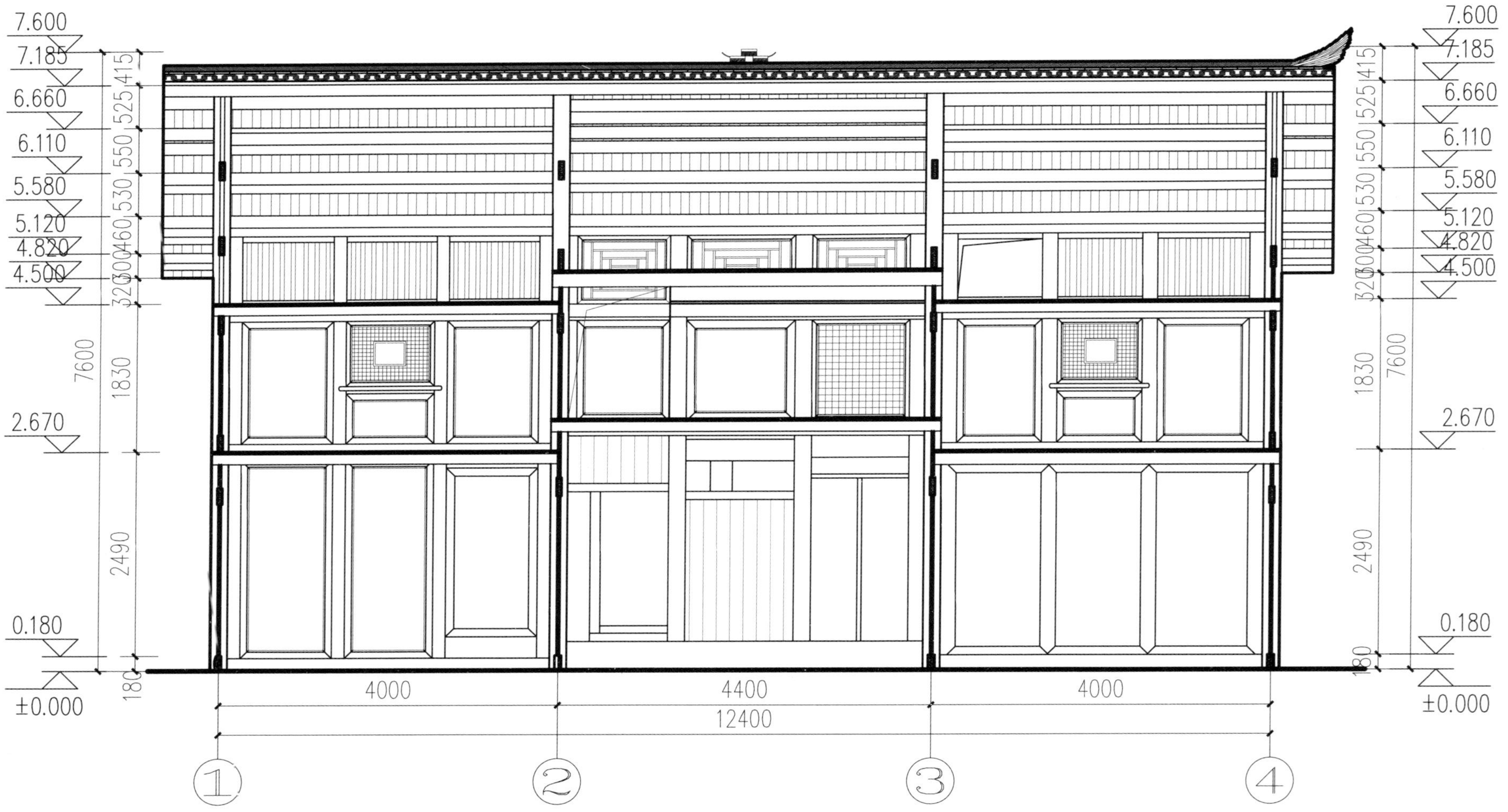

图 45 西厢房 4-4 剖面图

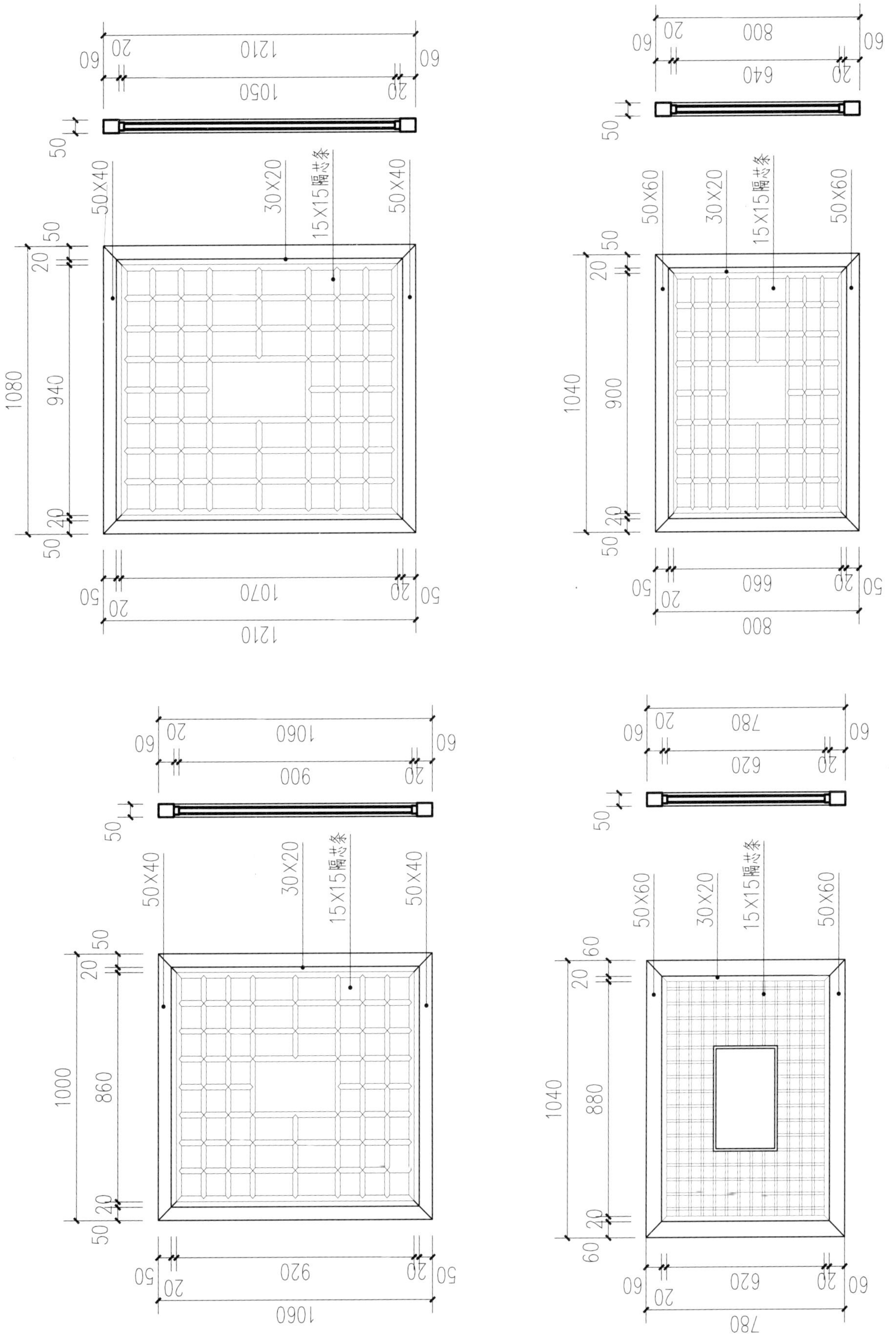

图 46 窗详图

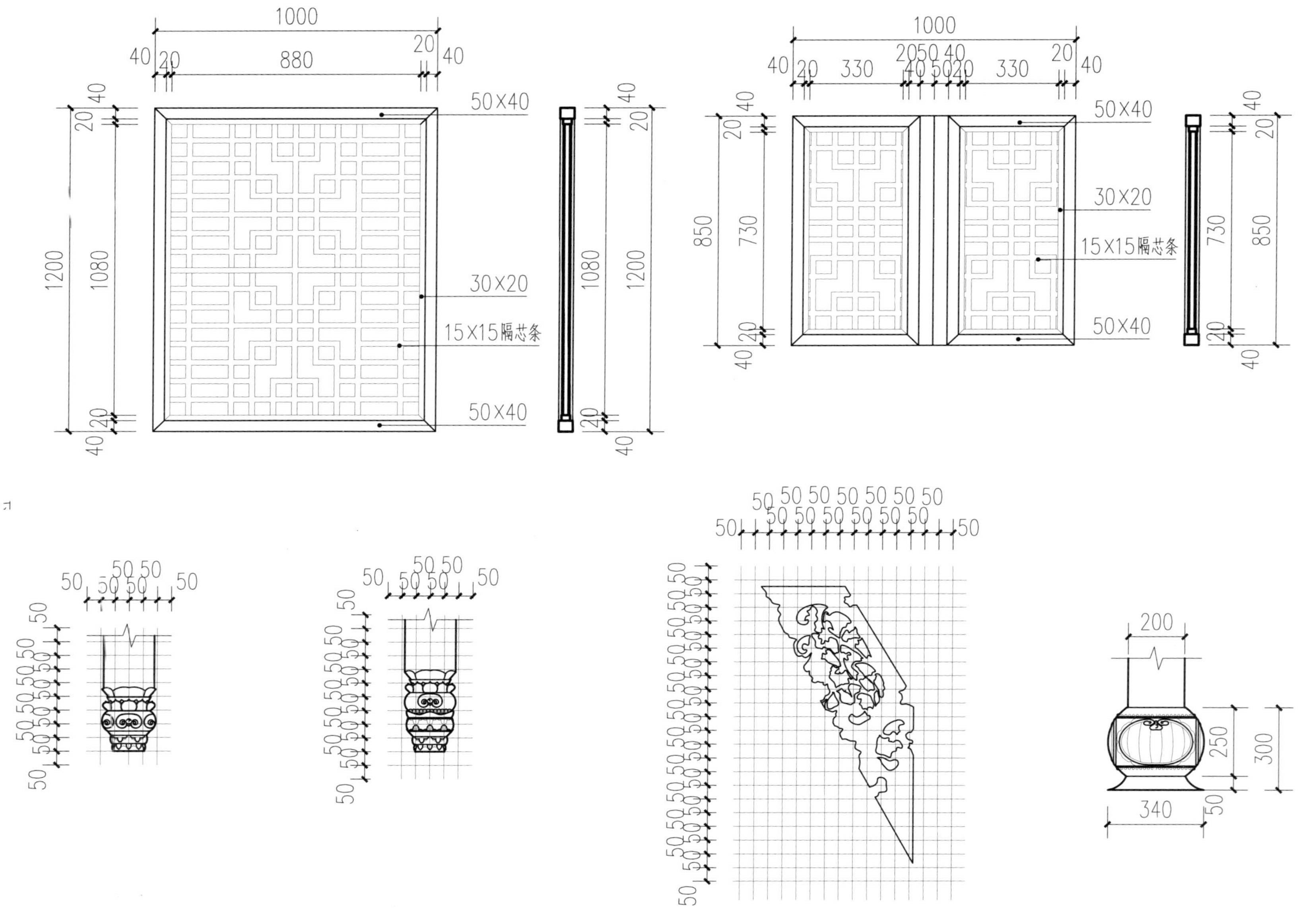

图 47　窗、吊瓜、撑拱、柱础详图

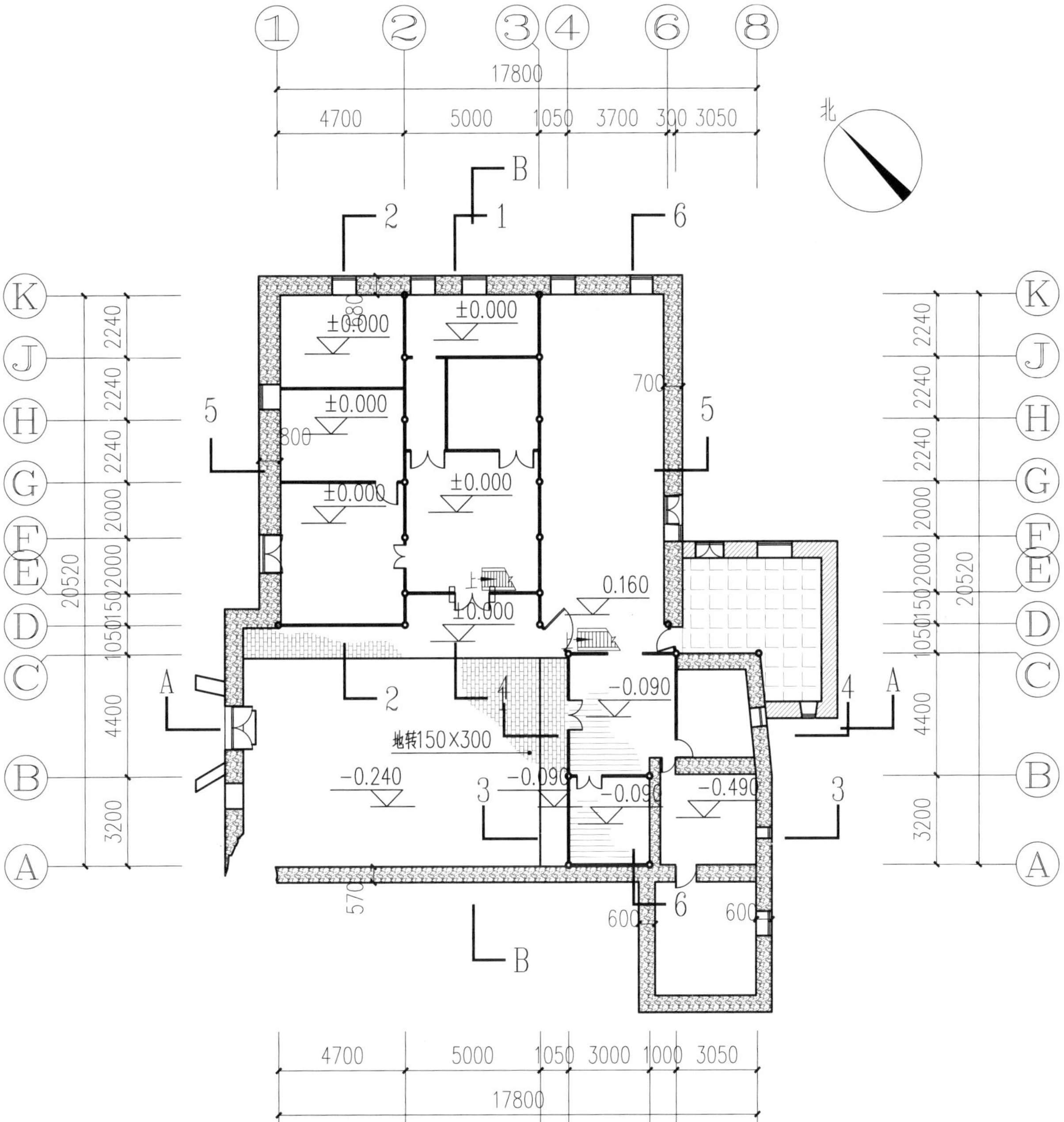

图 48　红军医院旧址总平面图

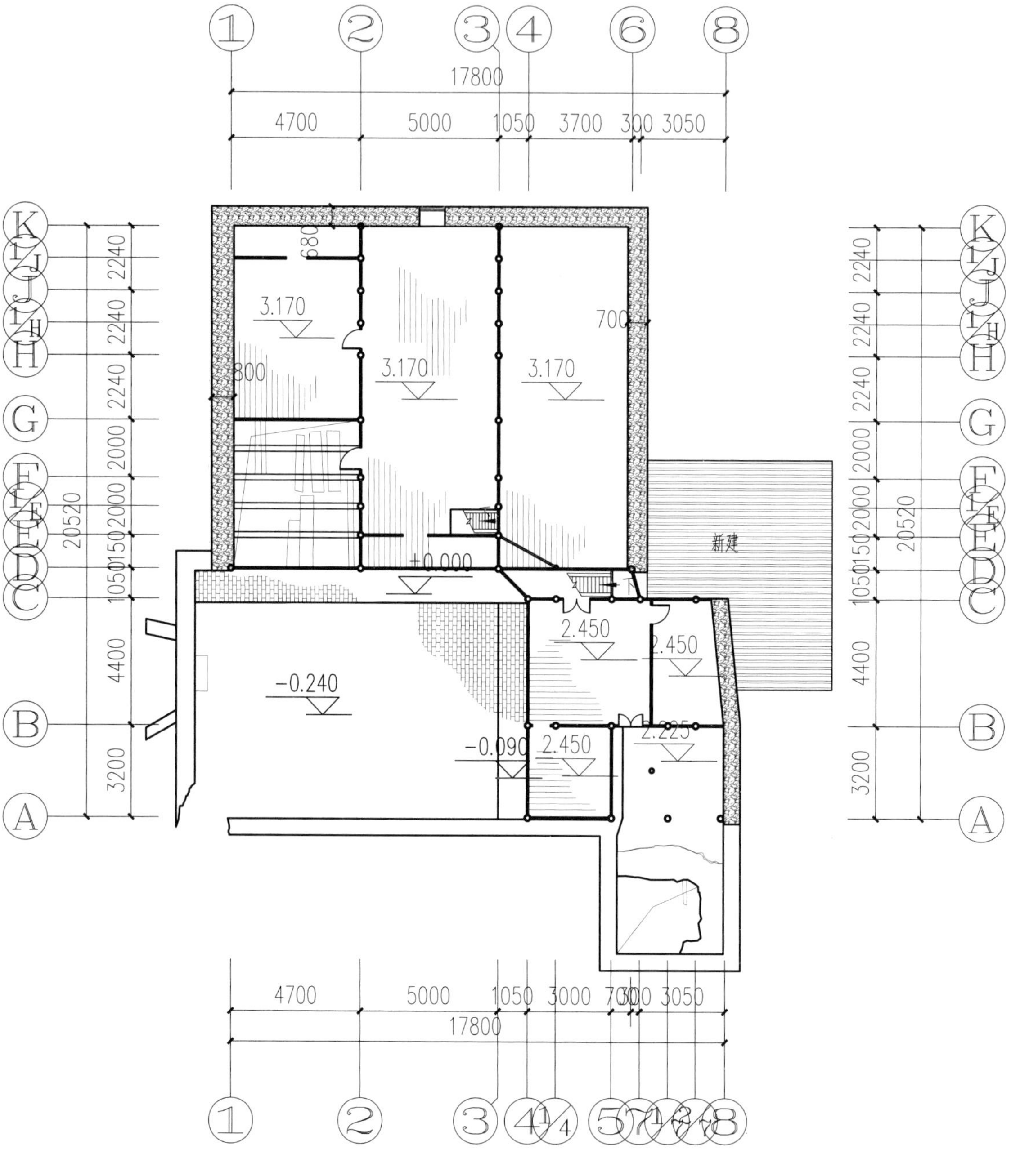

17800
4700
5000
1050
3700
300
3050
3000
700
2240
2000
150
1050
4400
3200
20520
3.170
+0.000
-0.240
-0.090
2.450
2.225
680
800
700
新建

图 49　二层平面图

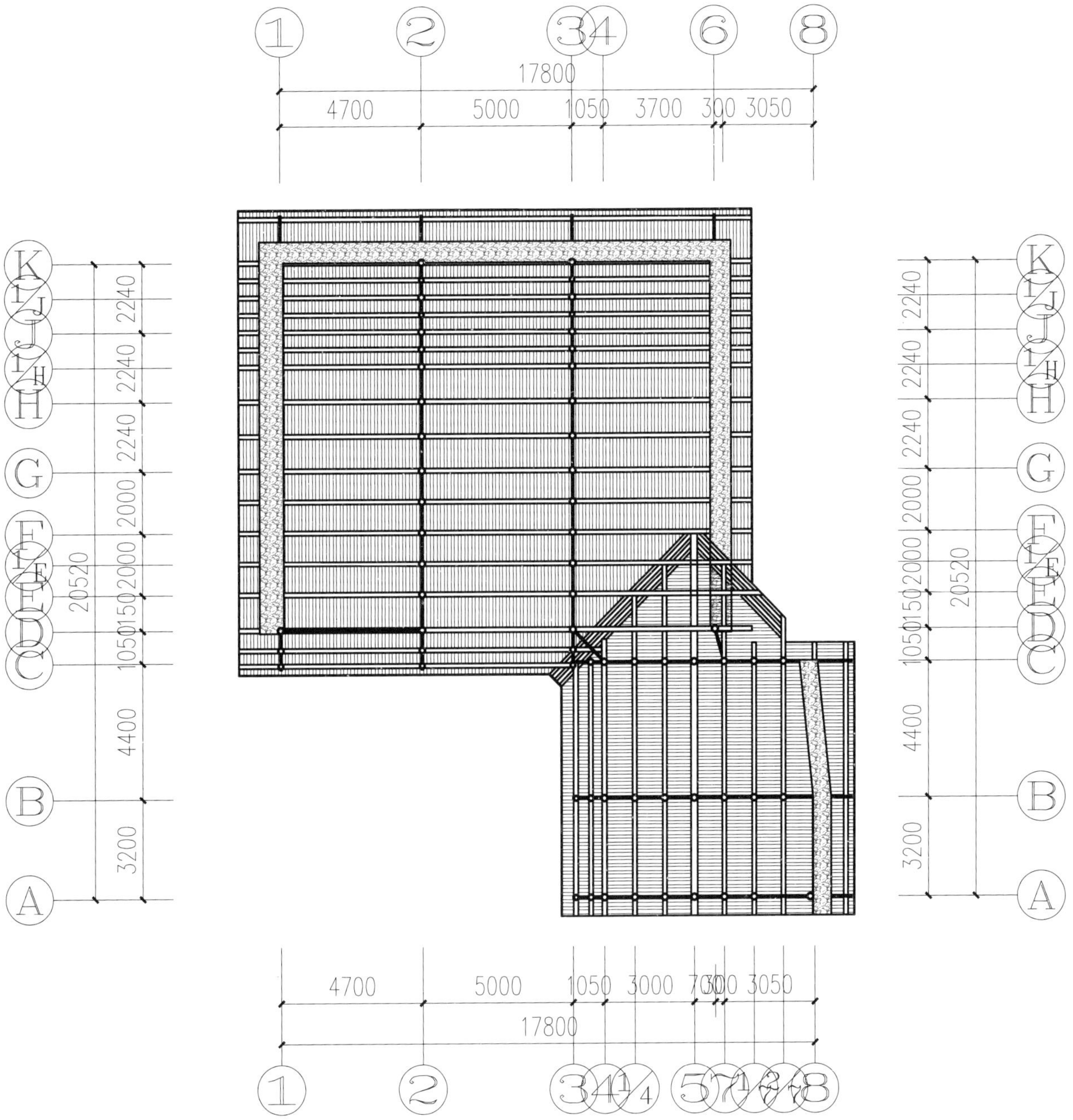
1
2
3
4
6
8
17800
4700
5000
1050
3700
300
3050
K
J
H
G
F
E
D
C
B
A
2240
2240
2240
2240
2000
2000
150
1050
4400
3200
20520
3000
700
5
7

图 50　仰视图

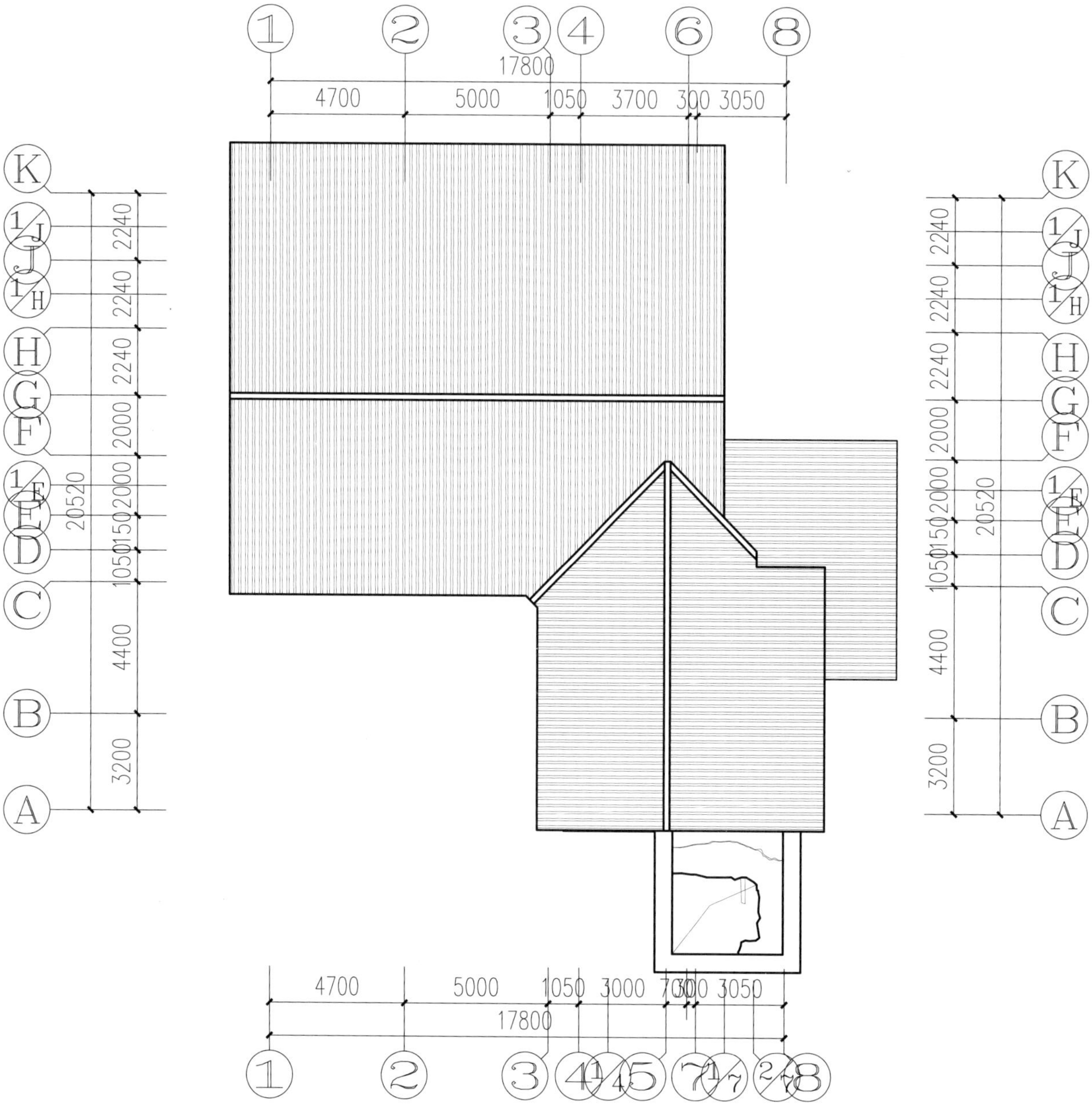

1
2
3
4
6
8
17800
4700
5000
1050
3700
300
3050
K
1/J
J
1/H
H
G
F
1/E
E
D
C
B
A
2240
2240
2240
2000
2000
150
1050
4400
3200
20520
3000
700

图 51　顶视图

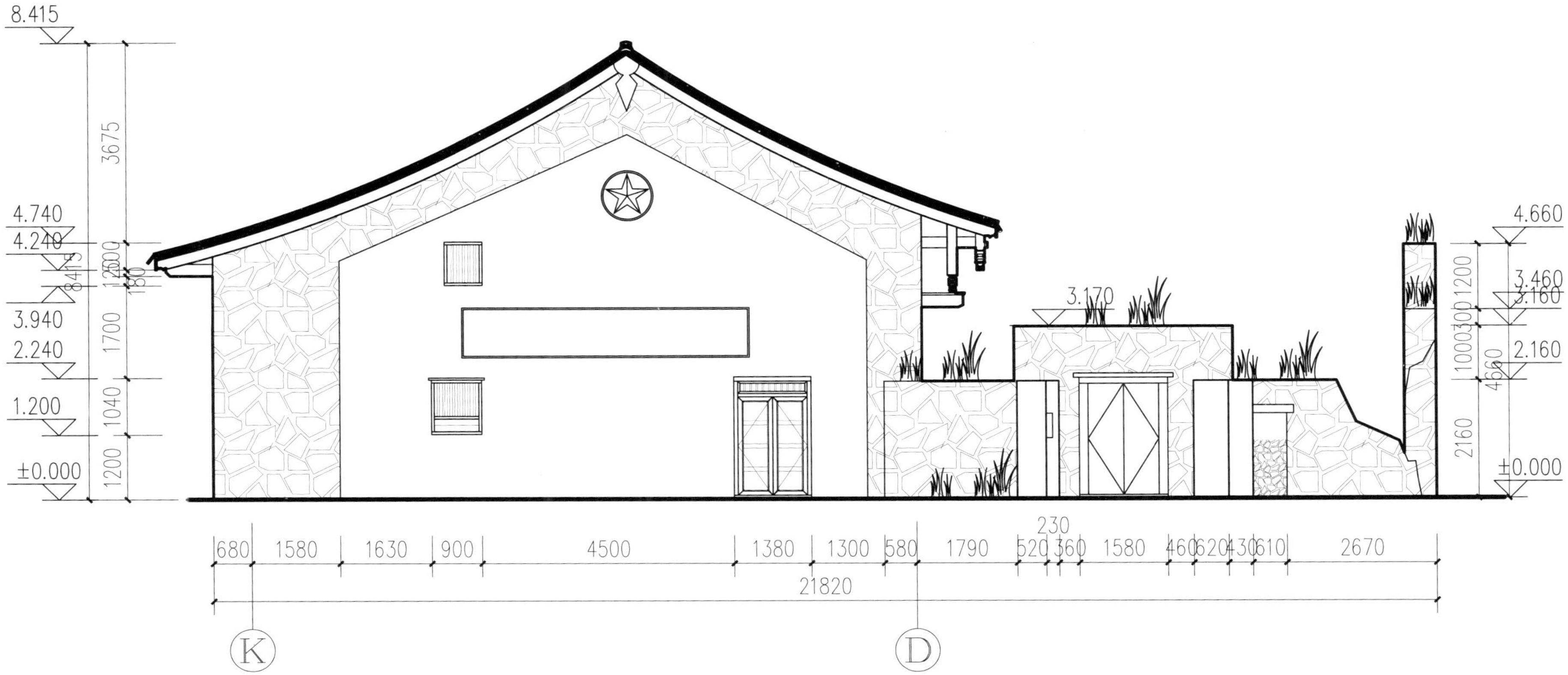
8.415
4.740
4.240
3.940
2.240
1.200
±0.000
3675
1200
180
1700
1040
1200
3.170
4.660
3.460
3.160
2.160
±0.000
1200
300
1000
4660
2160
230
680
1580
1630
900
4500
1380
1300
580
1790
520
360
1580
460
620
430
610
2670
21820
K
D

图 52 左侧立面图

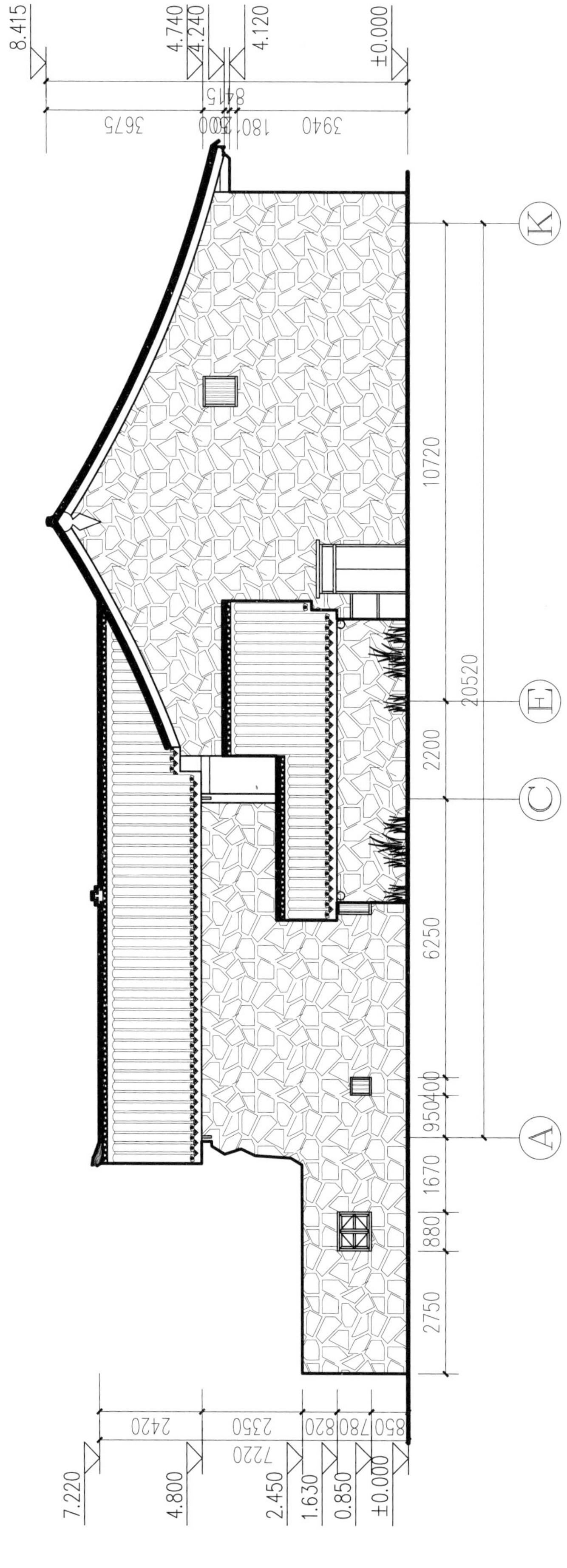
8.415
4.740
4.240
4.120
±0.000
8415
3675
180
3940
10720
20520
2200
6250
950
400
1670
880
2750
2420
2350
820
780
850
7220
7.220
4.800
2.450
1.630
0.850
±0.000
K
E
C
A

图 53　右侧立面图

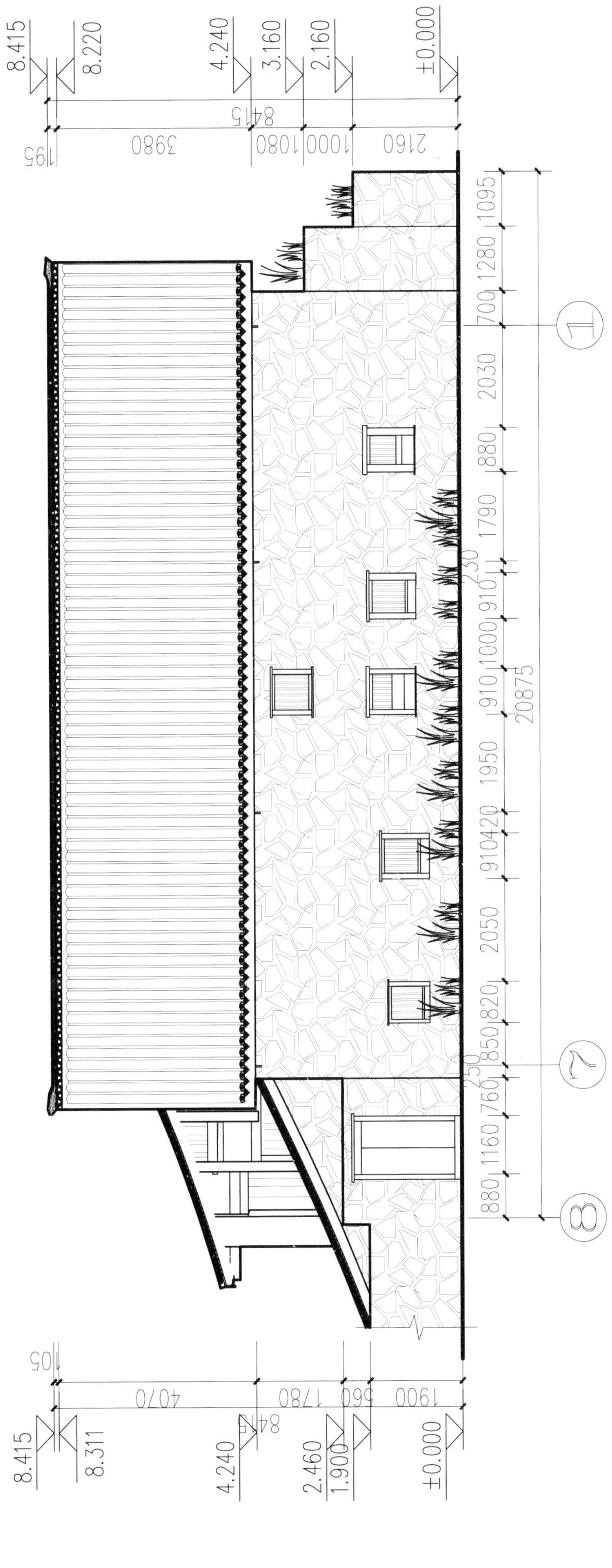
8.415
8.220
4.240
3.160
2.160
±0.000
8415
195
3980
1080
1000
2160
1095
1280
700
2030
880
1790
250
910
1000
910
20875
1950
420
910
2050
820
850
250
760
1160
880
1
7
8
105
4070
1780
560
1900
8415
8.415
8.311
4.240
2.460
1.900
±0.000

图 54　背立面图

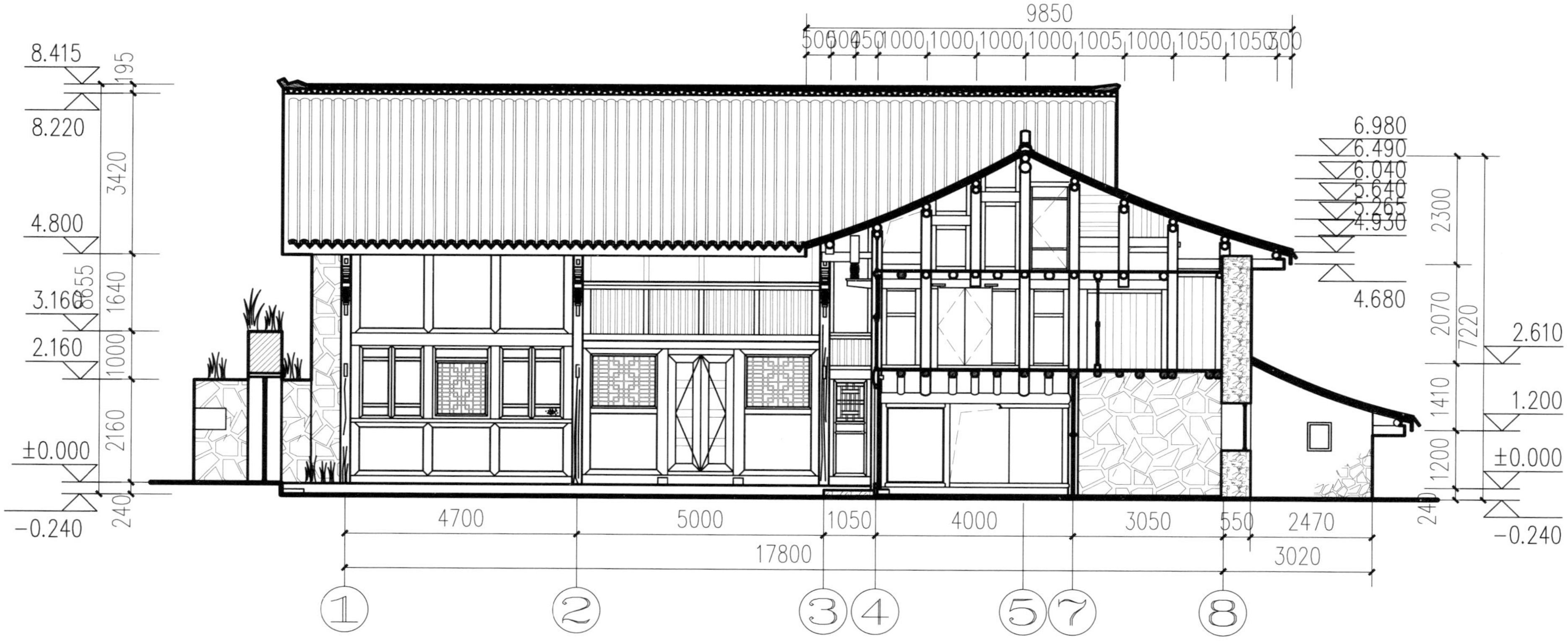
9850
8.415
8.220
195
3420
4.800
1640
3.160
8655
1000
2.160
2160
±0.000
240
-0.240
6.980
6.490
6.040
5.640
5.265
4.930
4.680
2300
2070
7220
1410
1200
2.610
1.200
4700
5000
1050
4000
3050
550
2470
17800
3020
1
2
3
4
5
7
8

图 55　A-A 剖立面图

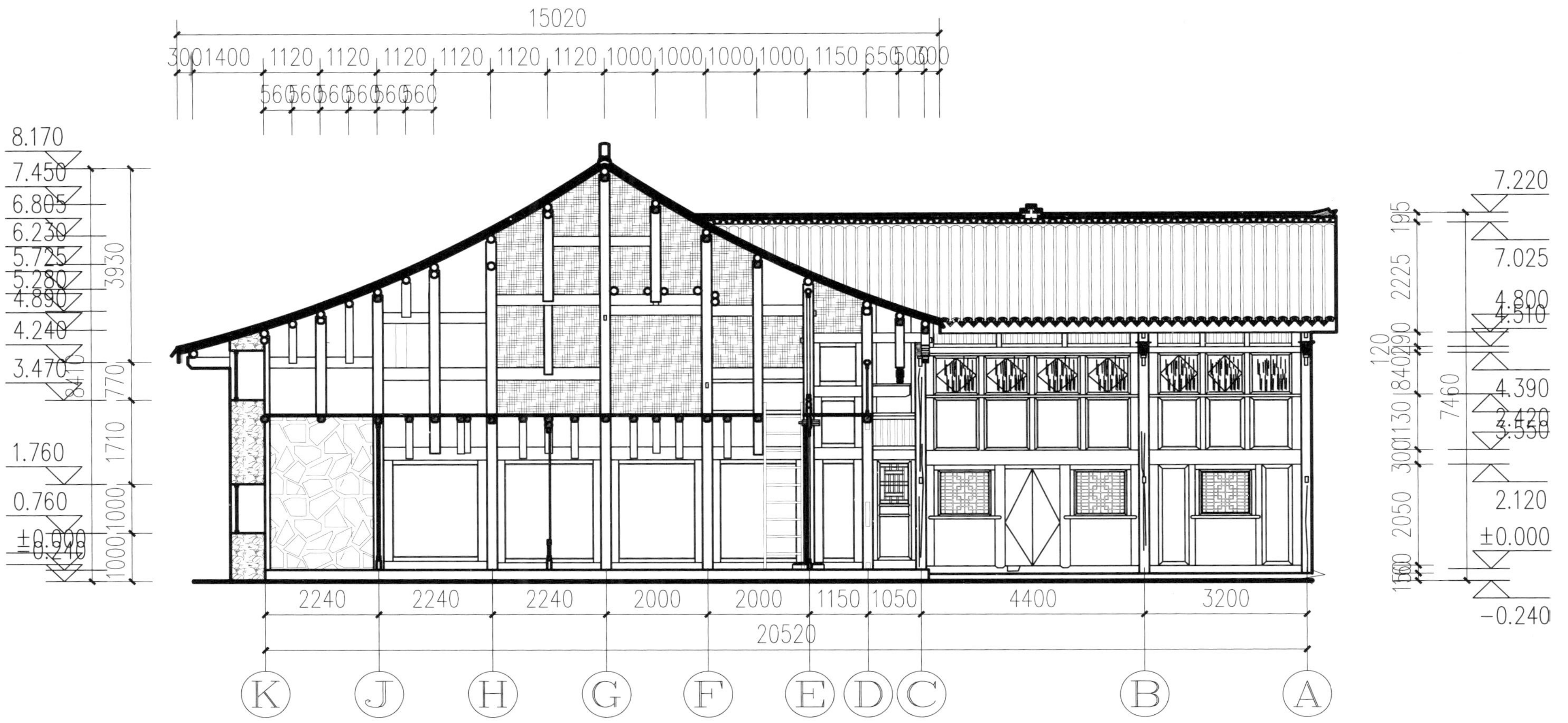
15020
1120
1000
1150
560
8.170
7.450
6.805
6.230
5.725
5.280
4.890
4.240
3.470
1.760
0.760
±0.000
3930
770
1710
7.220
7.025
4.800
4.510
4.390
3.550
2.120
-0.240
195
2225
2050
7460
2240
2000
1050
4400
3200
20520
K
J
H
G
F
E
D
C
B
A

图 56　B-B 剖立面图

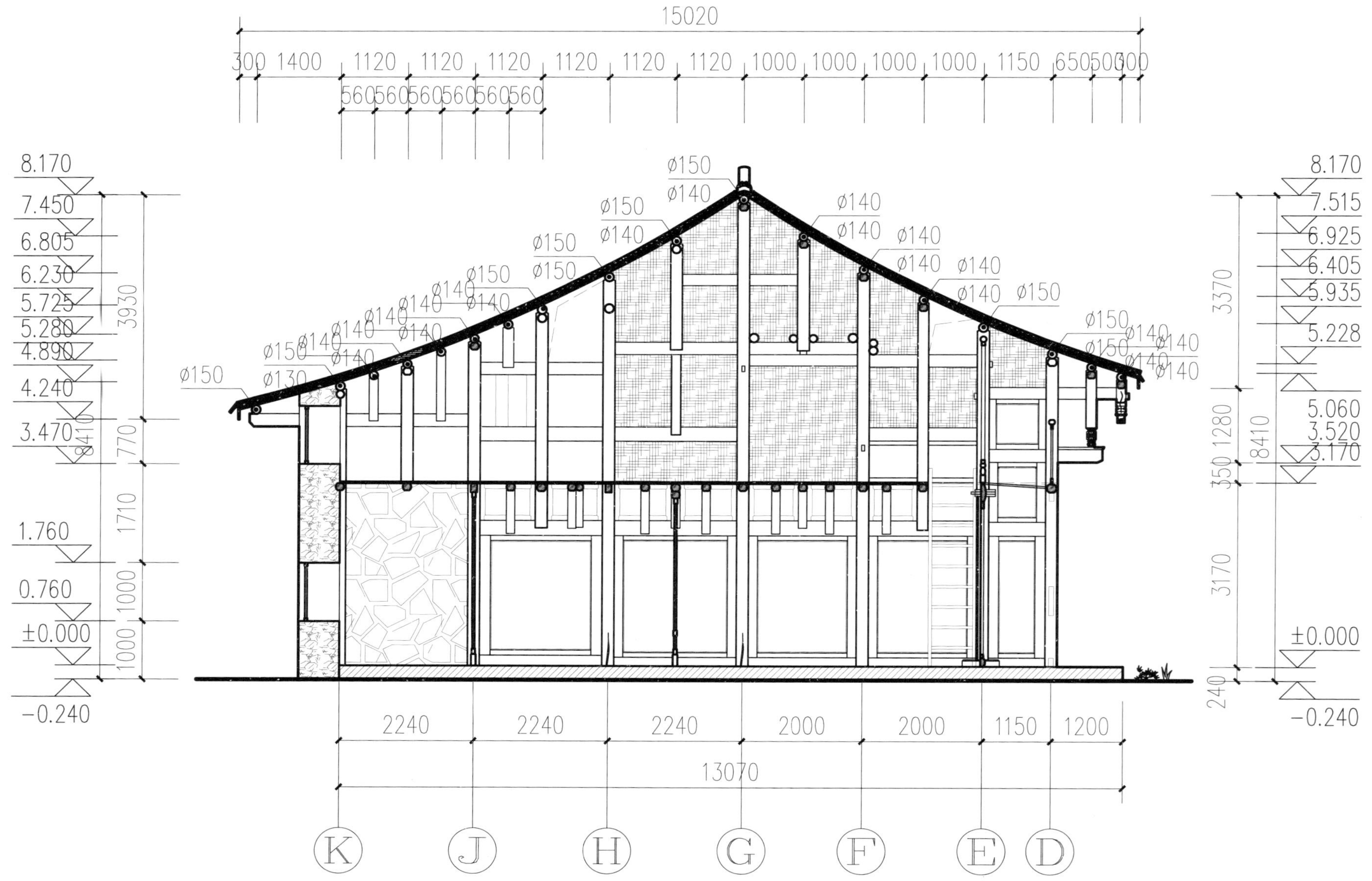
15020
300 1400 1120 1120 1120 1120 1120 1120 1000 1000 1000 1000 1150 650 500 300
560 560 560 560 560 560
8.170
7.450
6.805
6.230
5.725
5.280
4.890
4.240
3.470
1.760
0.760
±0.000
−0.240
3930 770 1710 1000 1000
8410
8.170
7.515
6.925
6.405
5.935
5.228
5.060
3.520
3.170
±0.000
−0.240
3370 1280 350 3170 240
8410
ø150
ø140
ø130
2240 2240 2240 2000 2000 1150 1200
13070
K J H G F E D
图57　1-1剖面图

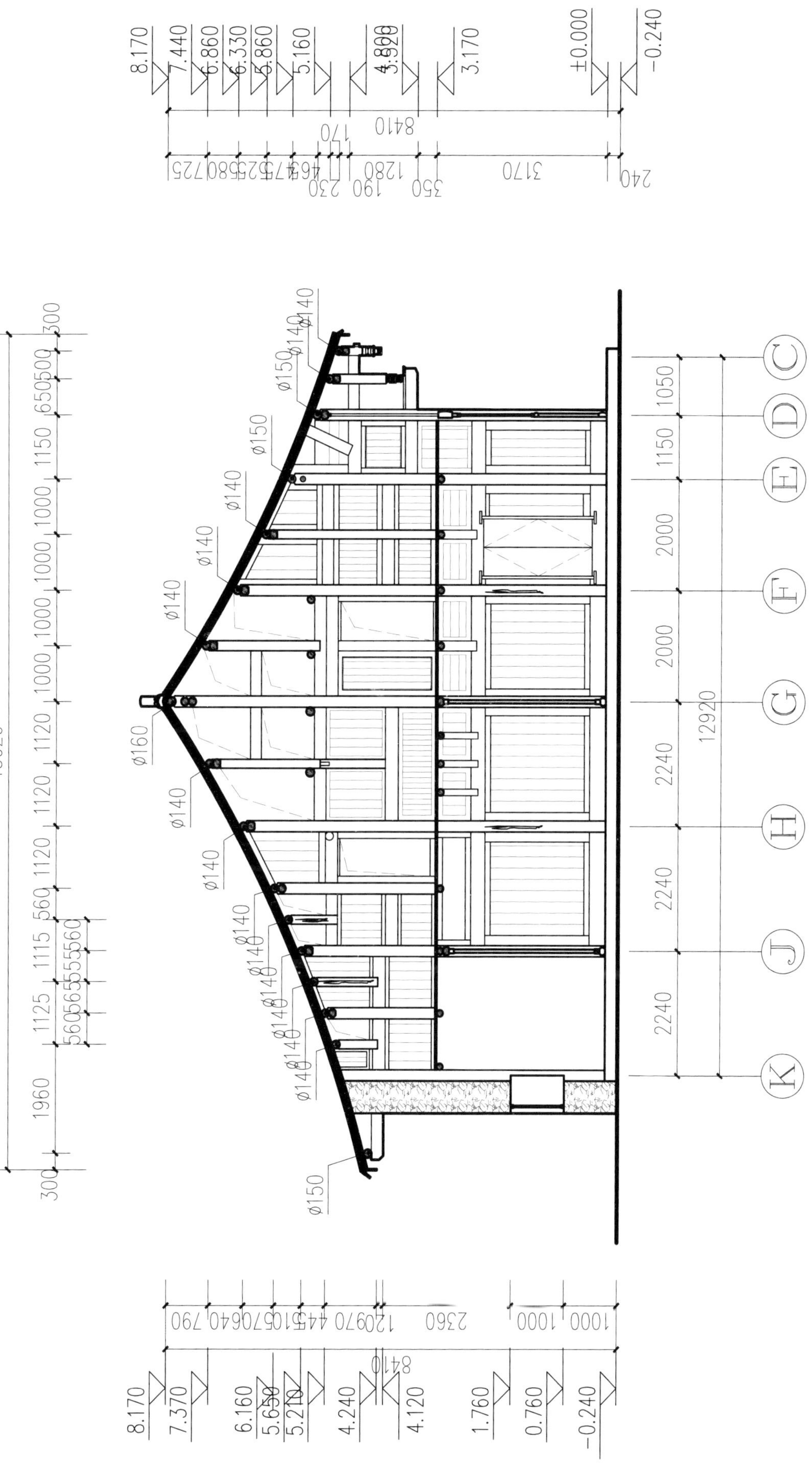

图 58　2-2 剖面图

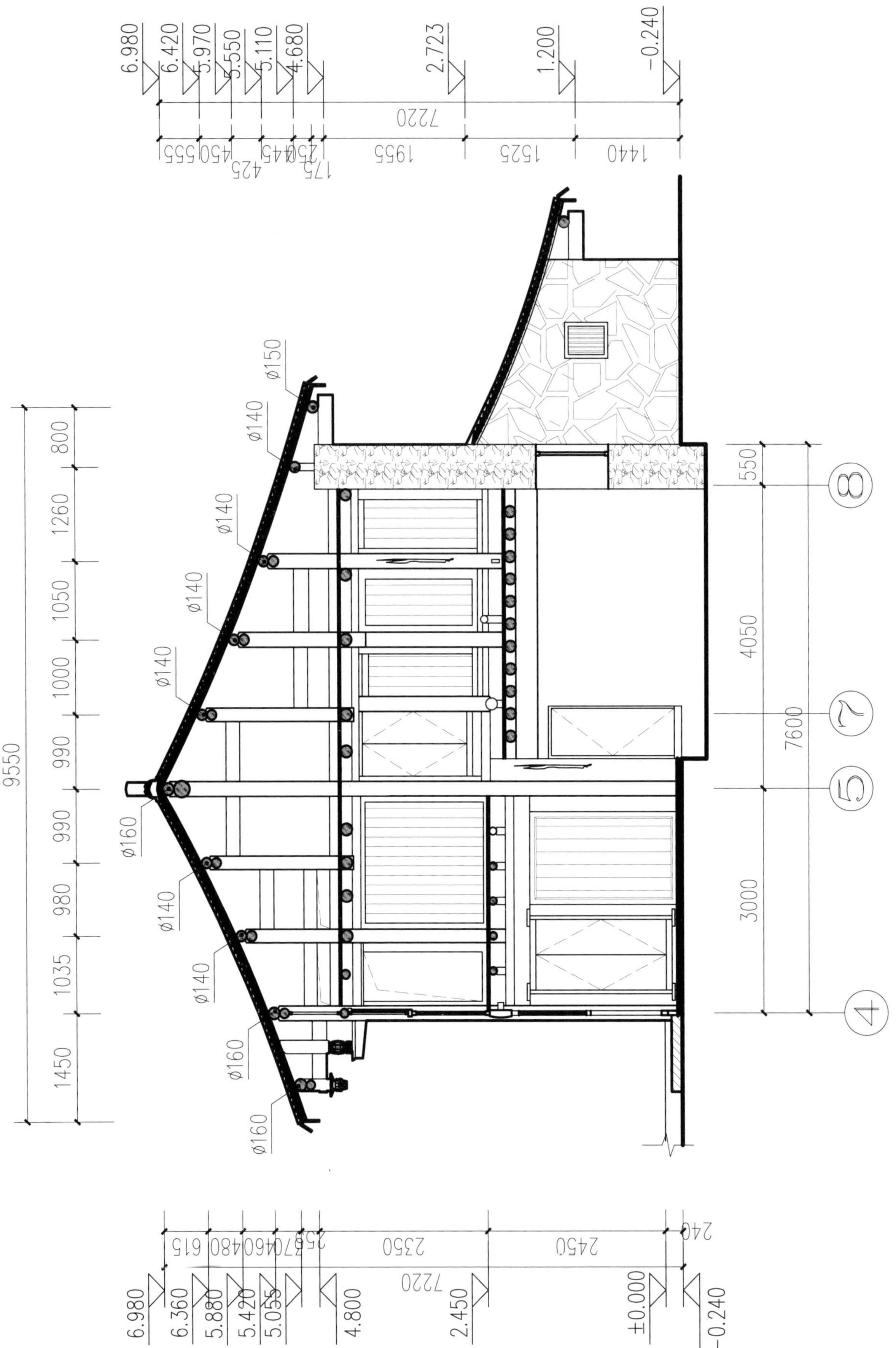

9550
800
1260
1050
1000
990
990
980
1035
1450
Ø150
Ø140
Ø140
Ø140
Ø140
Ø140
Ø140
Ø160
Ø160
Ø160
550
4050
3000
7600
8
7
5
4
6.980
6.420
5.970
5.550
5.110
4.680
2.723
1.200
-0.240
7220
555
450
425
445
250
175
1955
1525
1440
6.360
5.880
5.420
5.055
4.800
2.450
±0.000
615
480
460
370
255
2350
2450
240

图59 3-3剖面图

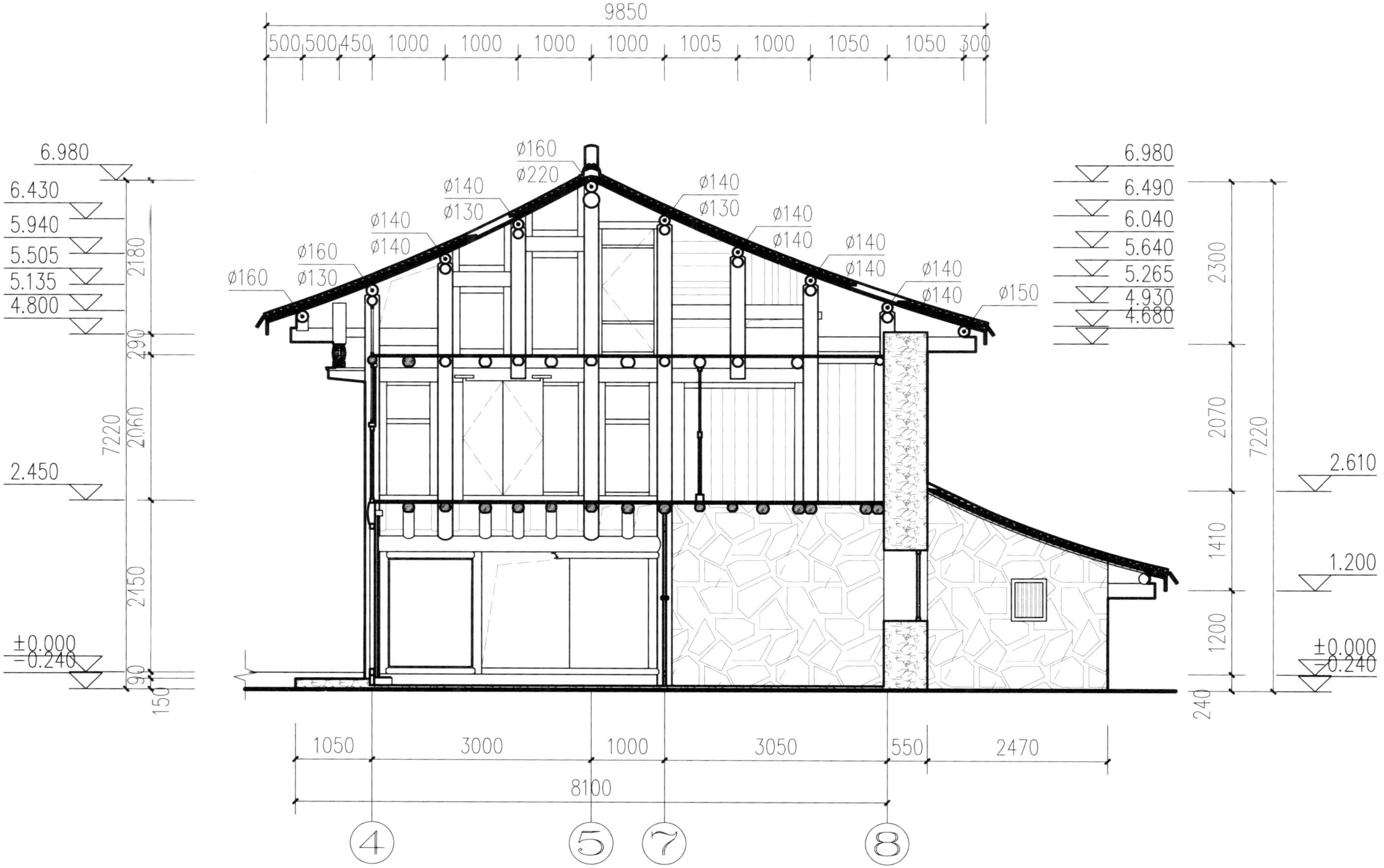
9850
500
500
450
1000
1000
1000
1000
1005
1000
1050
1050
300
6.980
6.430
5.940
5.505
5.135
4.800
2.450
±0.000
-0.240
2180
290
2060
2150
90
150
7220
ø160
ø160
ø130
ø140
ø140
ø140
ø130
ø160
ø220
ø140
ø130
ø140
ø140
ø140
ø140
ø140
ø140
ø150
6.980
6.490
6.040
5.640
5.265
4.930
4.680
2.610
1.200
±0.000
-0.240
2300
2070
1410
1200
240
7220
1050
3000
1000
3050
550
2470
8100
4
5
7
8

图 60　4-4 剖面图

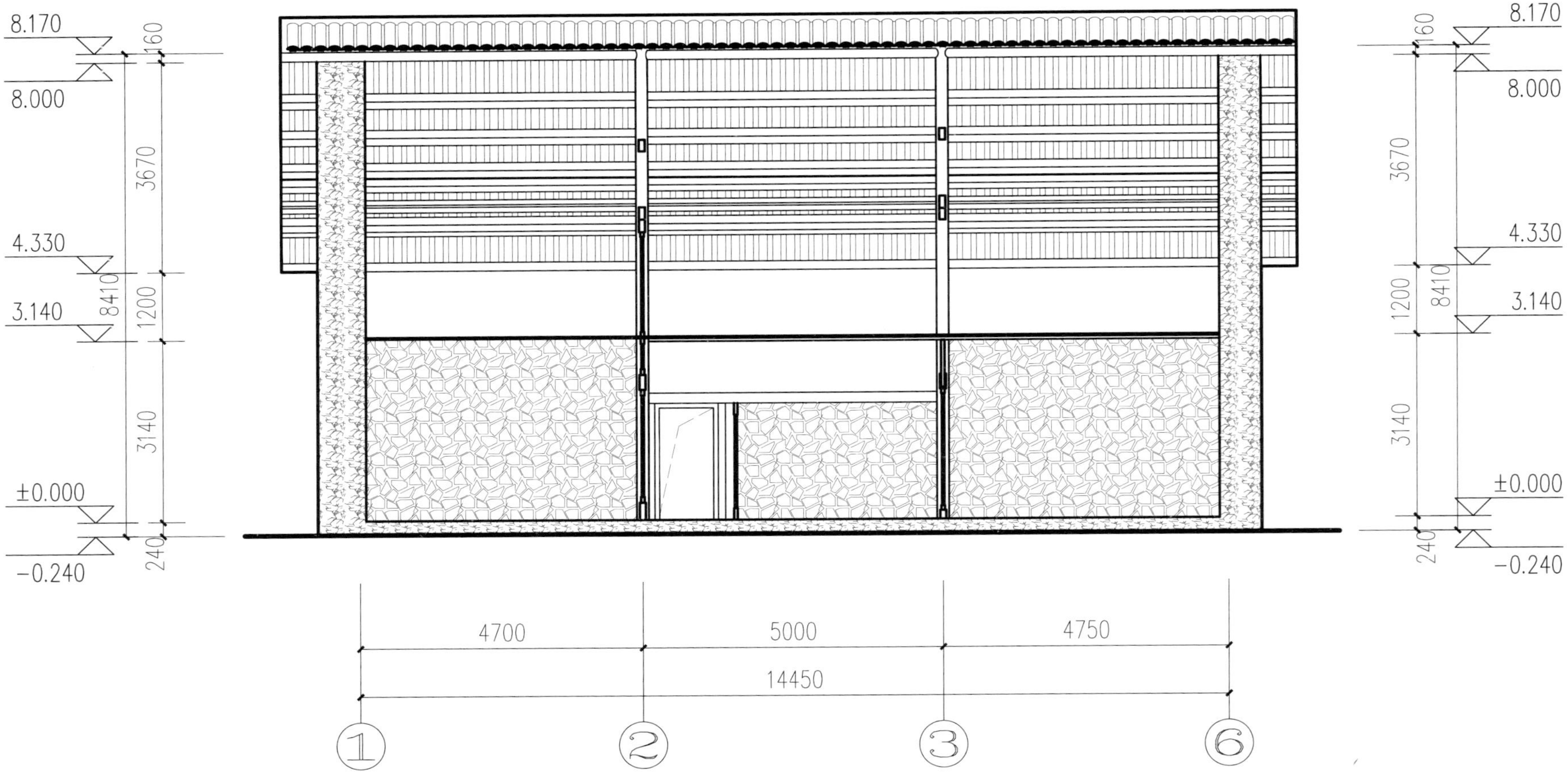
8.170
8.000
4.330
3.140
±0.000
−0.240
160
3670
1200
3140
240
8410
4700
5000
4750
14450
①
②
③
⑥

图 61　5-5 剖面图

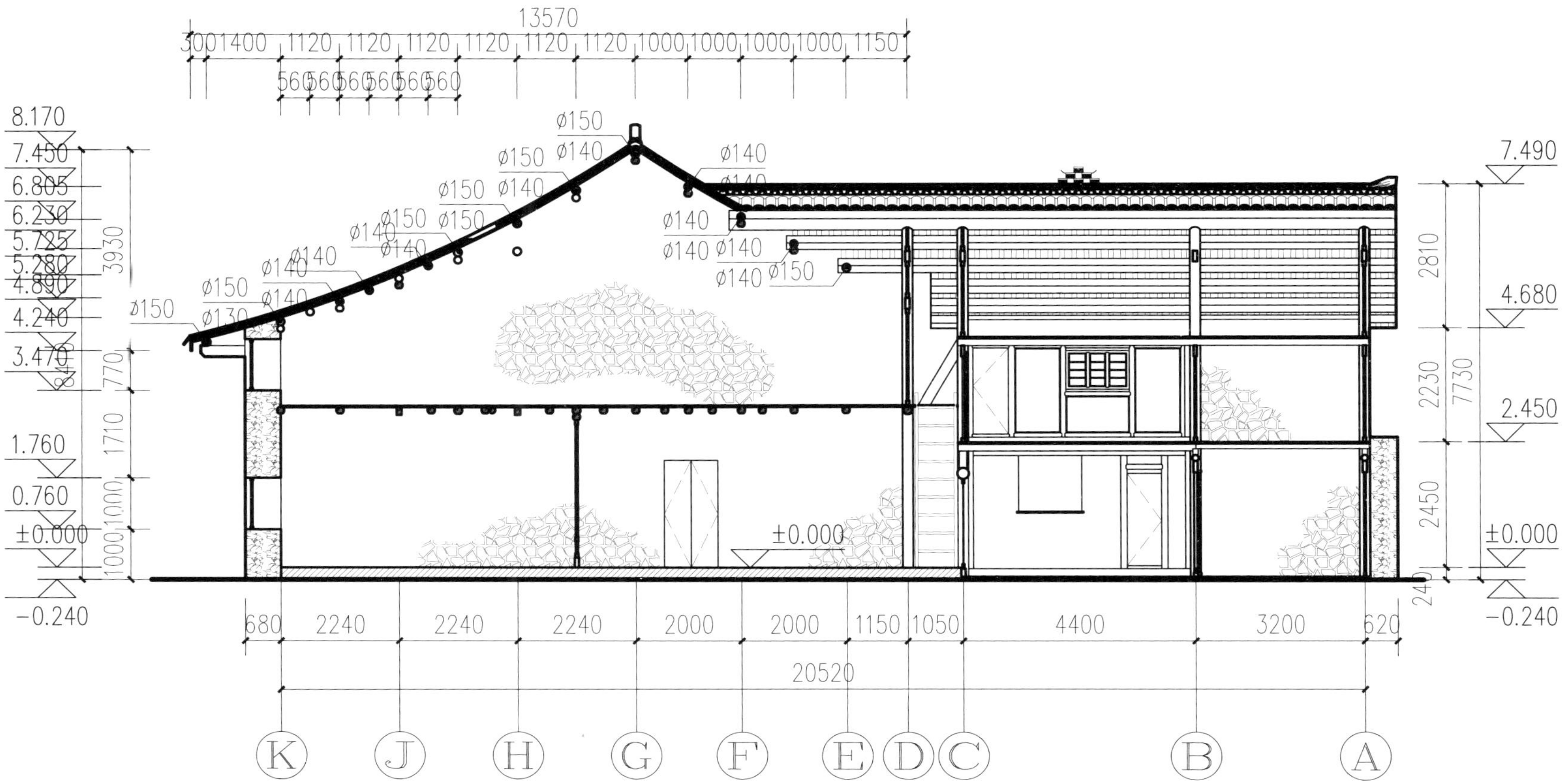

图 62　6-6 剖面图

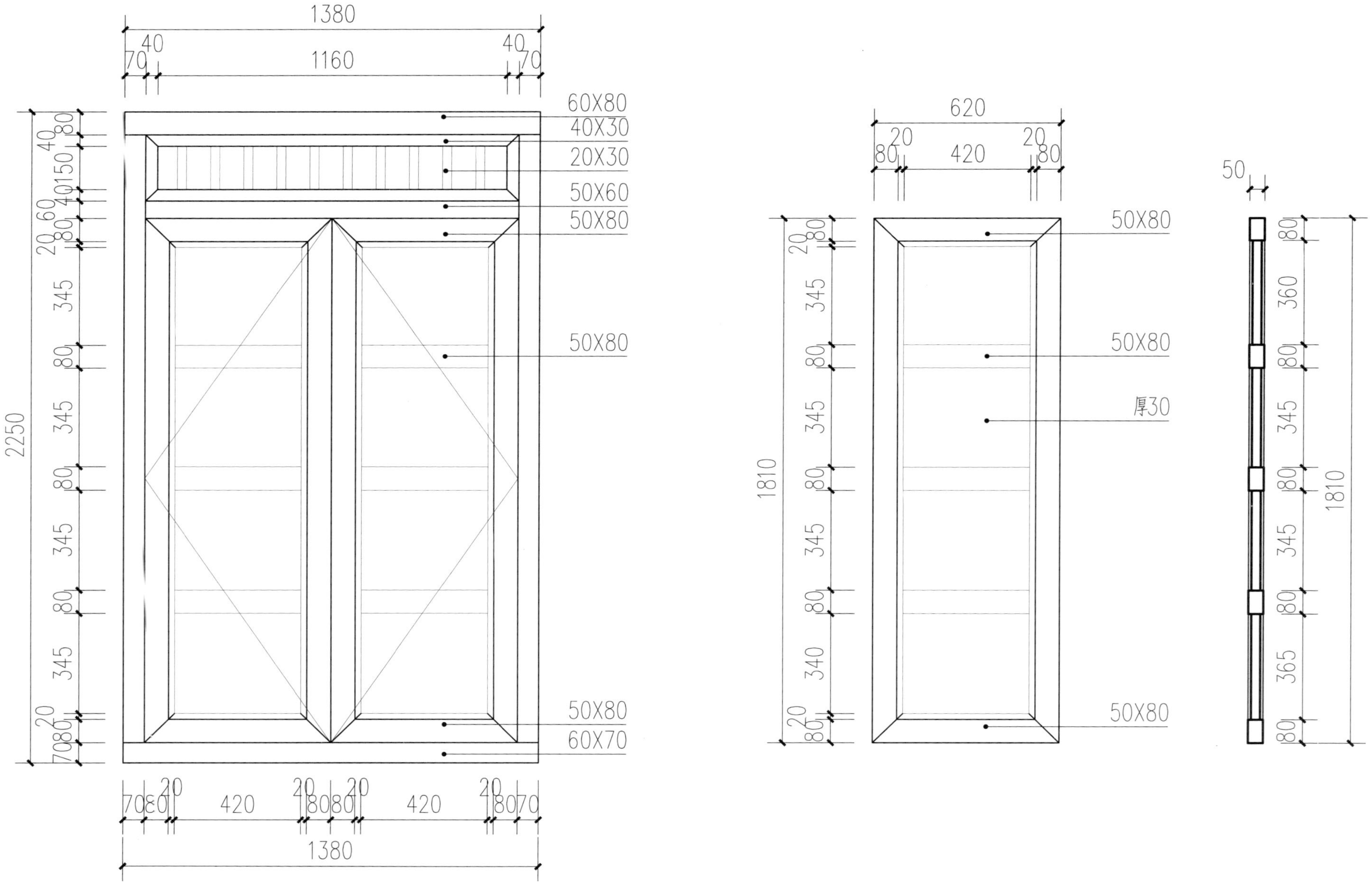
1380
40
70
1160
60X80
40X30
20X30
50X60
50X80
2250
345
80
20
150
60
60X70
420
620
1810
厚30
340
50
360
365

图 63 侧立面门详图

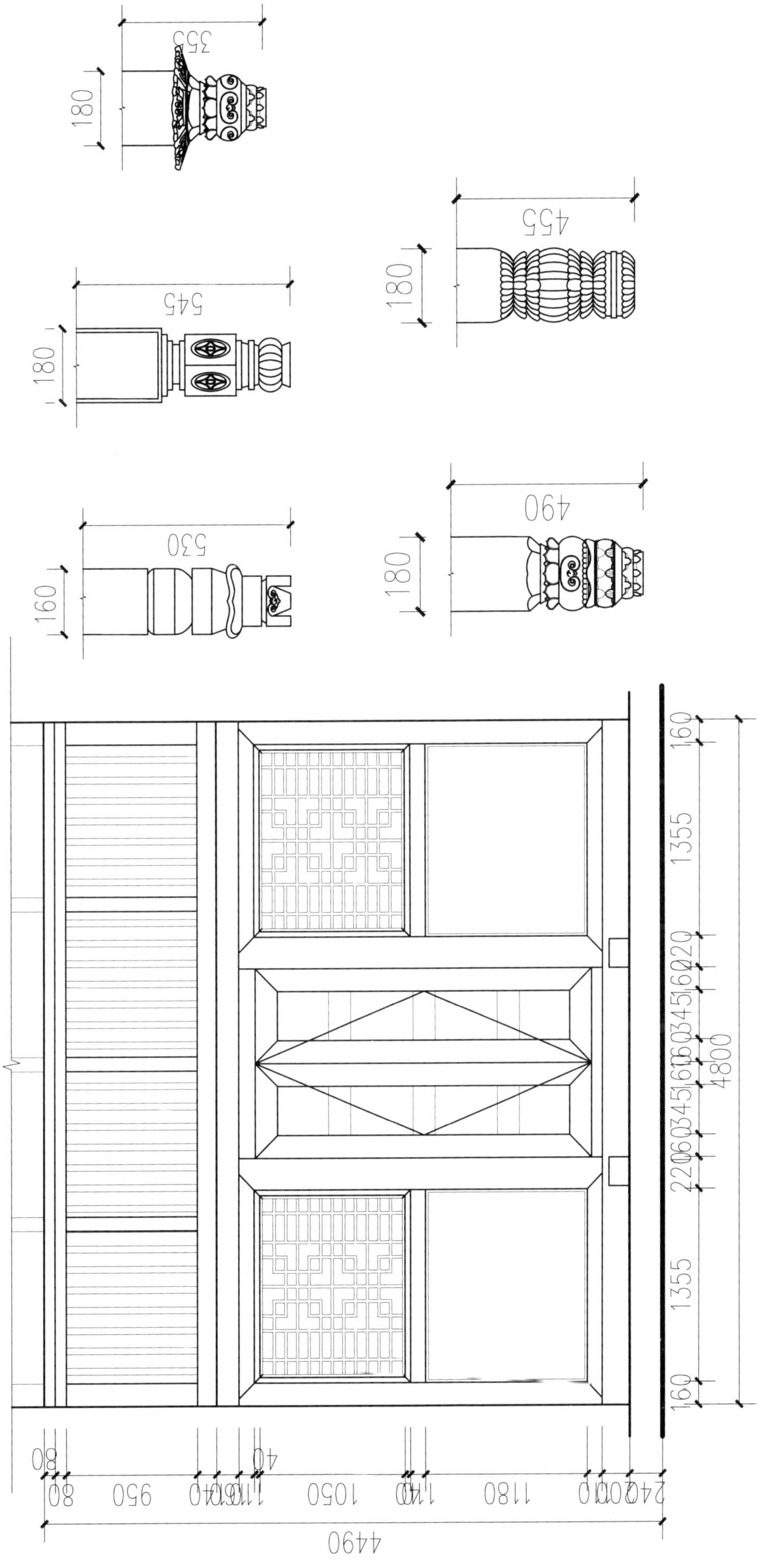

图64　吊瓜、垂花柱、门详图

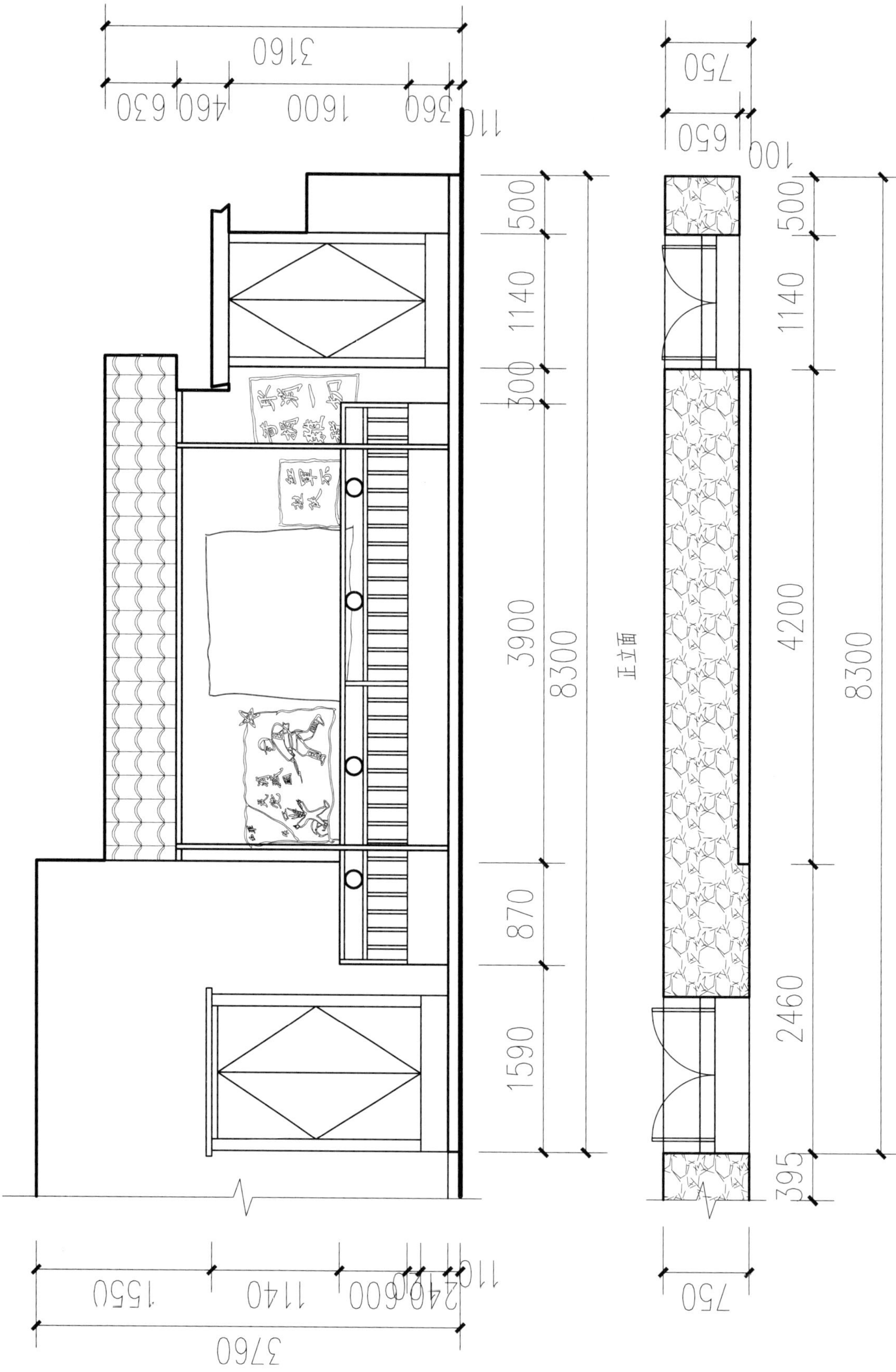

图65 红军墙正立面、平面图

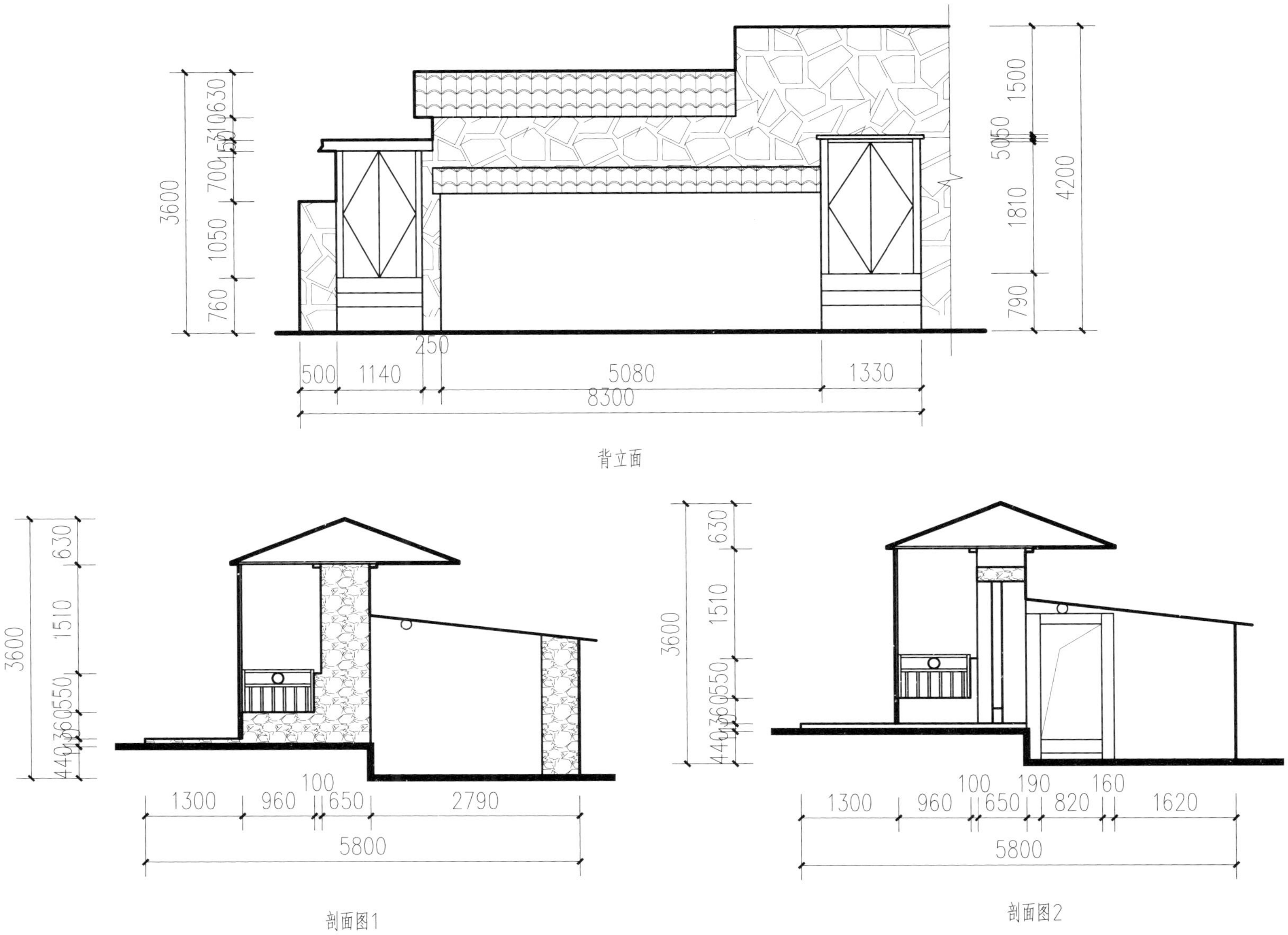

图 66　红军墙背立面、剖面图

成都李家钰兄弟宅

李家钰兄弟宅坐落于现四川省成都市青羊区汪家拐街道文翁社区方池街 22 号。

李家钰兄弟宅修建于 20 世纪 30 年代，住宅坐东朝西。该住宅为一座典型的中西结合楼阁式建筑，两楼一底，系三层砖木结构仿西式洋楼。各层均面阔五间，通面阔 21.63 米；明间、两侧次间进深两间，两侧梢间进深一间，通进深 10.26 米，建筑通高 11.07 米，建筑占地面积 420 平方米，建筑总面积 600 平方米。住宅北山面与后红砖砌停车棚相接、南为方池街道、东侧为九层砖混四川省总工会大楼、西侧为六层砖混居民楼。住宅前檐及后檐平坝现均为水泥及现代瓷砖（100 毫米 ×100 毫米）铺地，南阶沿现作为方池街人行道使用、地砖铺地（600 毫米 ×300 毫米），北阶沿为水泥砂浆铺面。前檐南北两侧各有一座 1.54 米青砖砌筑圆半圆形平台一座、圆台上设砖砌栏杆（水泥砂浆抹面）、简约却能与建筑整体相互融合，旁施九阶梯步入内；圆台及梯步均为现代瓷砖铺面。

李家钰兄弟宅上部为传统穿斗式构架，瓜柱坐于青砖砌筑墙体之上，通过木垫板结合为一整体，7 瓜 11 檩，两侧次间与梢间隔墙为青砖墙砌至屋面，檩条直插于砖墙之中，11 檩，整个建筑为歇山顶小青瓦屋面、水泥抹灰脊（原灰塑脊已毁）；屋面平面布局整体呈矩形，前檐南梢间、北次间各施五角楼阁一座（小青瓦做底、素筒瓦铺面），五角楼通过脊饰与建筑正脊相连结合成一个整体，形成一个舒适、宁静、登楼眺远的世外桃源。住宅用材考究，粗硕木梁横跨青砖砌筑墙体之上，其间蜀柱林立，构成一个个稳定的三角结构。

四川省文物保护单位。

测绘制图：丛宇、段坤尧、钟岱

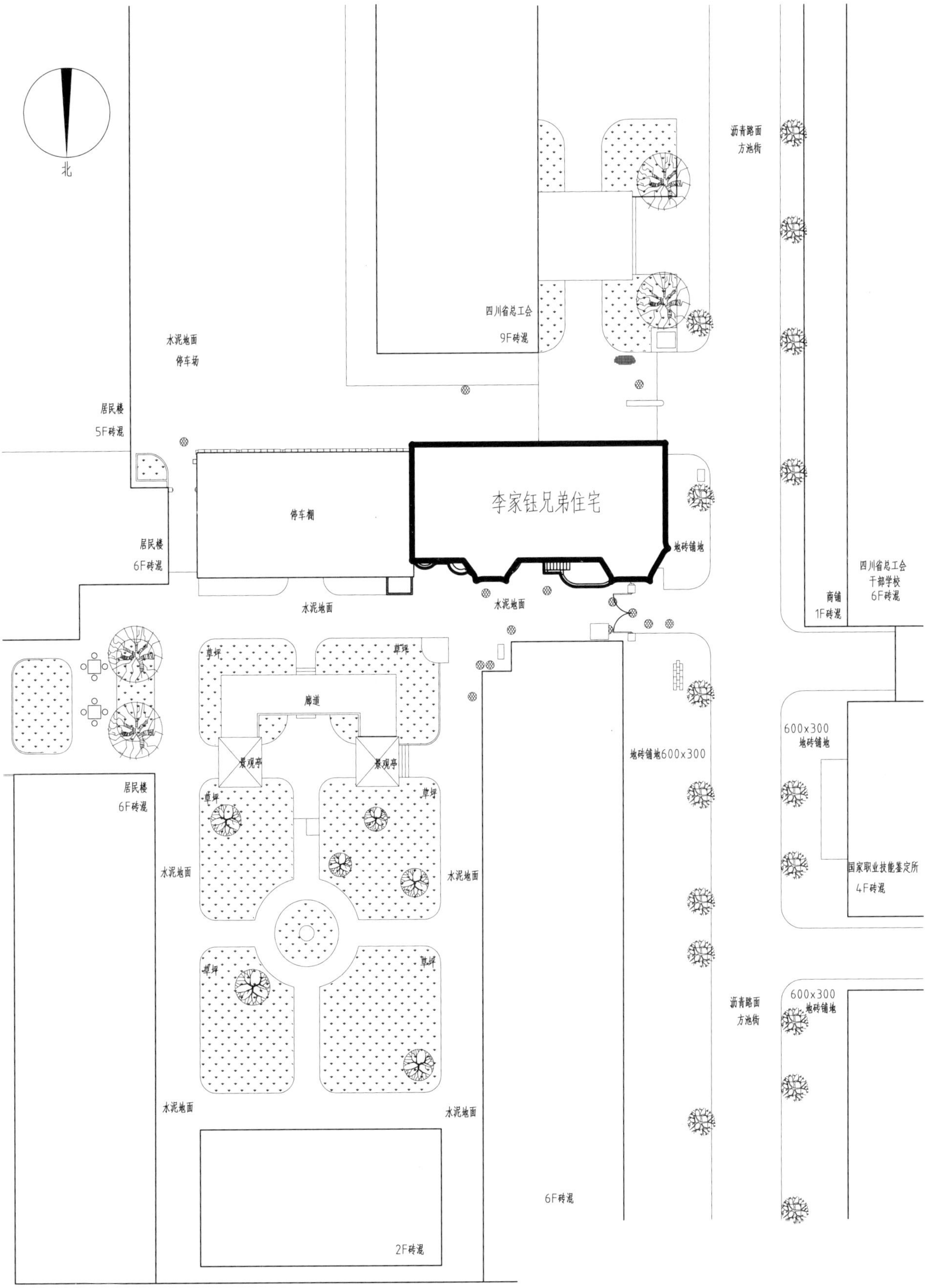
北
沥青路面
方池街
四川省总工会
9F砖混
水泥地面
停车场
居民楼
5F砖混
李家钰兄弟住宅
停车棚
居民楼
6F砖混
地砖铺地
四川省总工会
干部学校
6F砖混
商铺
1F砖混
水泥地面
水泥地面
草坪
草坪
廊道
景观亭
景观亭
600x300
地砖铺地
地砖铺地600x300
居民楼
6F砖混
草坪
草坪
水泥地面
水泥地面
国家职业技能鉴定所
4F砖混
草坪
草坪
沥青路面
方池街
600x300
地砖铺地
水泥地面
水泥地面
6F砖混
2F砖混

图1 总平面图

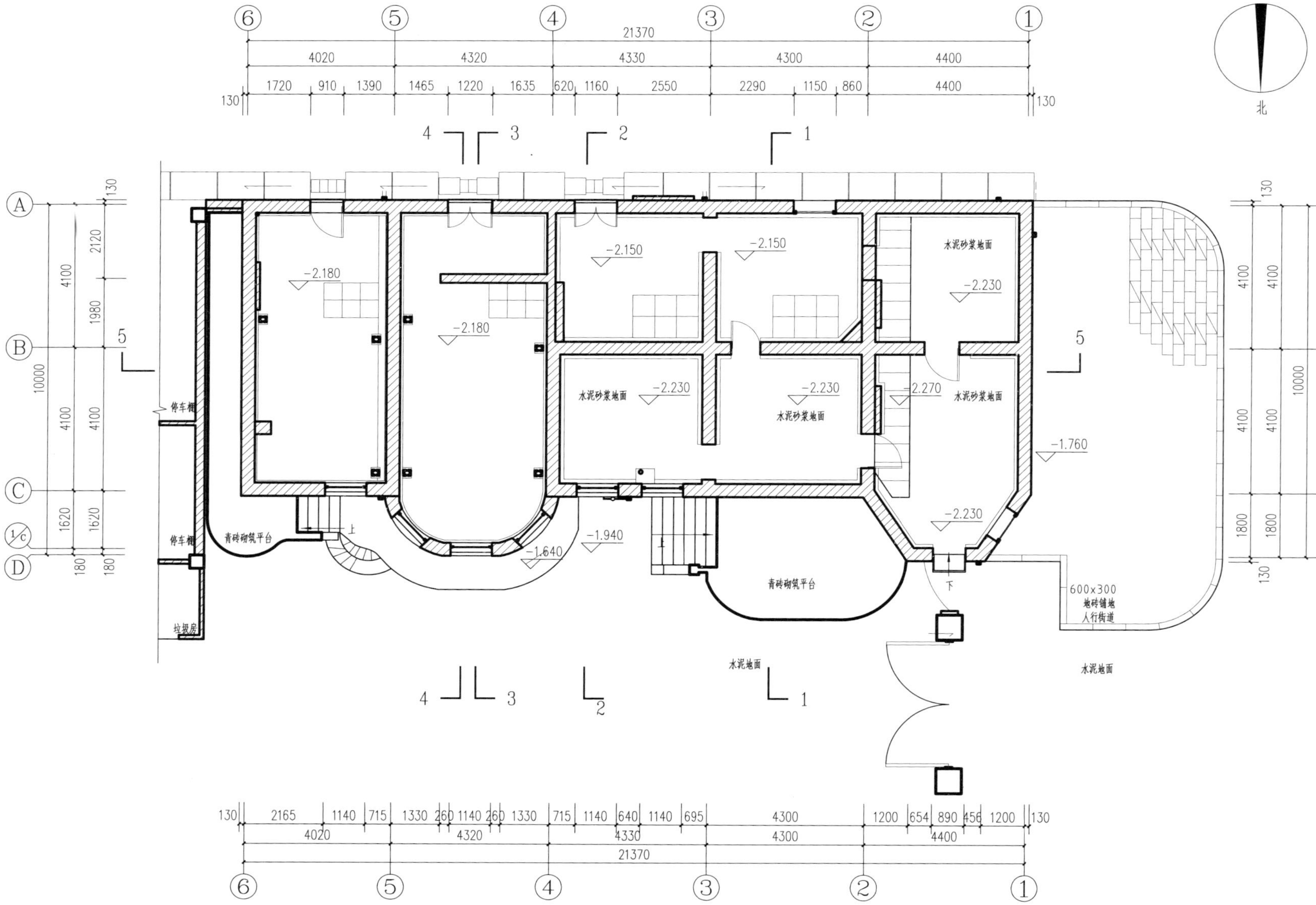
北
水泥砂浆地面
水泥砂浆地面
水泥砂浆地面
水泥砂浆地面
青砖砌筑平台
青砖砌筑平台
600×300
地砖铺地
人行街道
水泥地面
水泥地面
停车棚
停车棚
垃圾房
−2.180
−2.180
−2.150
−2.150
−2.230
−2.230
−2.230
−2.230
−2.270
−1.760
−1.940
−1.640

图2　负一层平面图

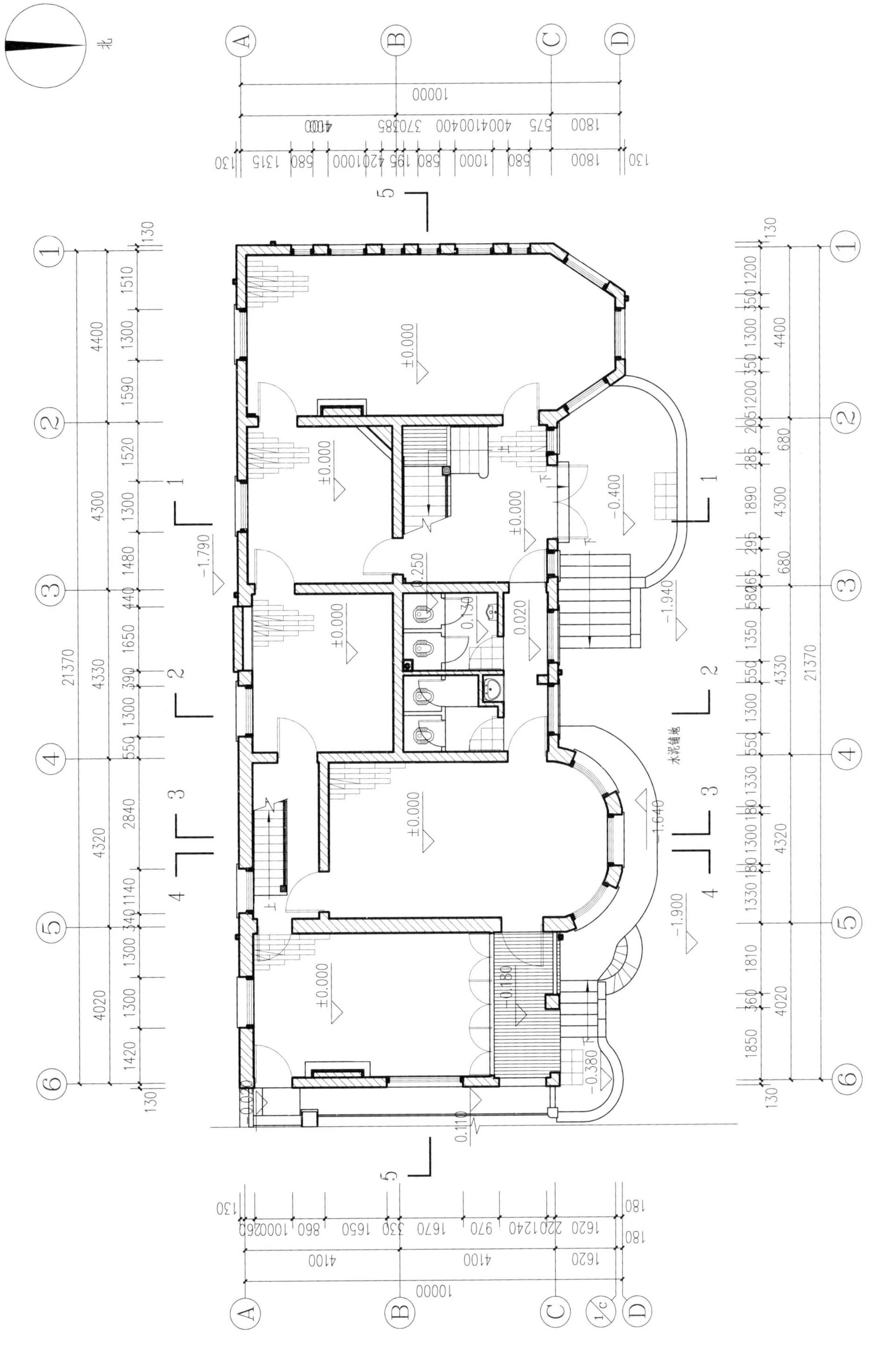

图3 一层平面图

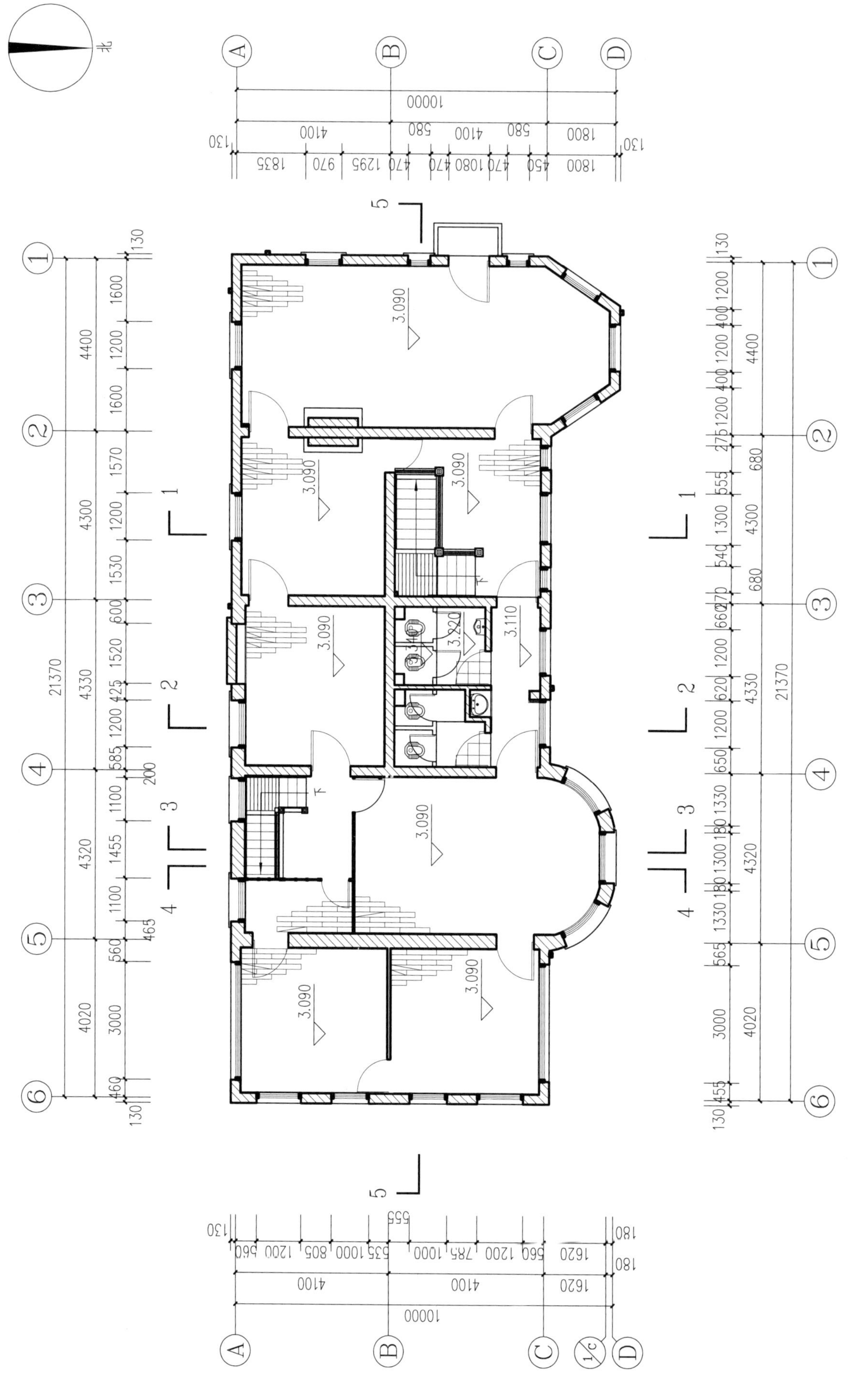

图4　二层平面图

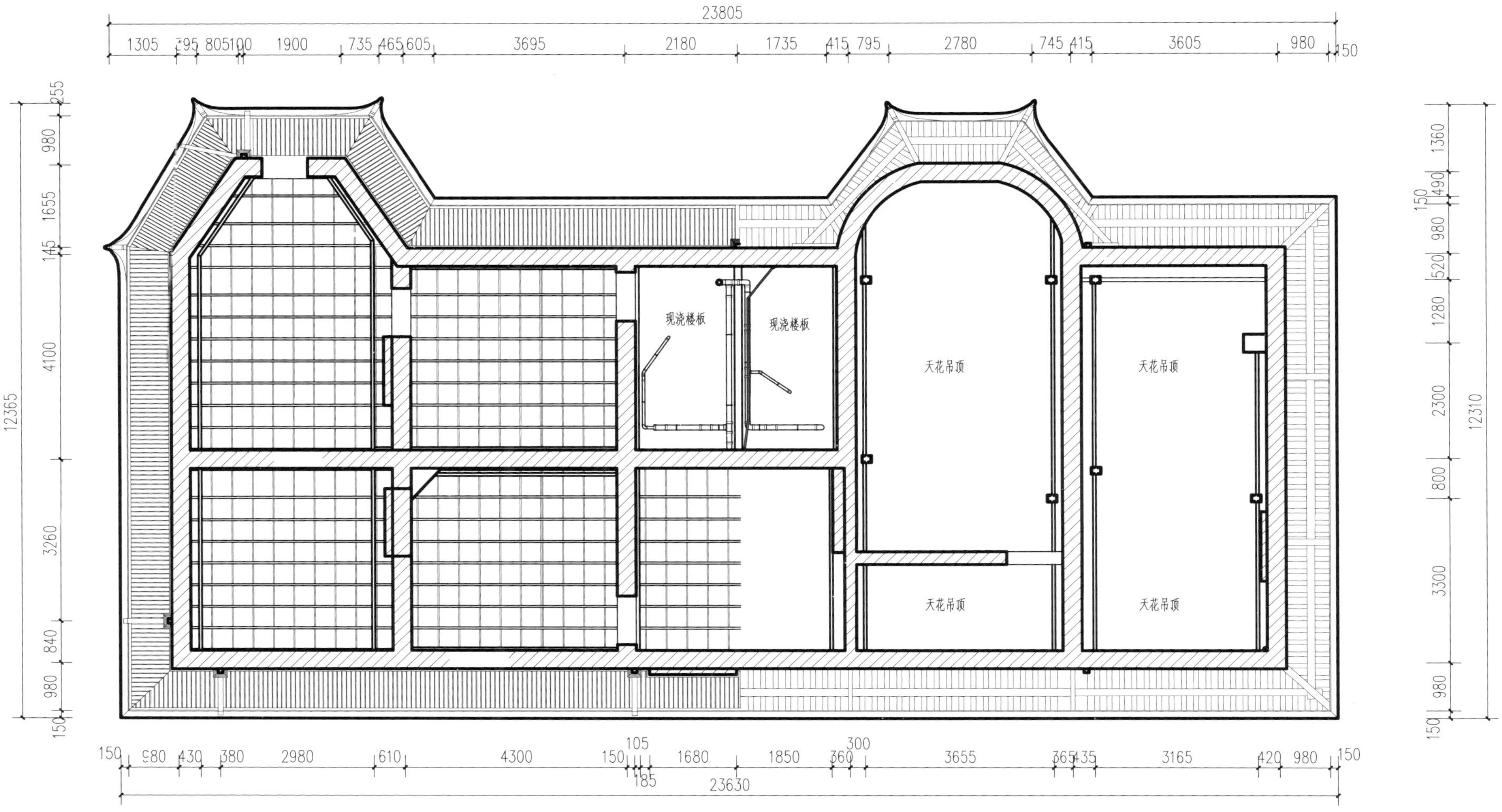
23805
1305 795 805 100 1900 735 465 605 3695 2180 1735 415 795 2780 745 415 3605 980 150
12365
255 980 1655 145 4100 3260 840 980 150
12310
1360 490 150 980 520 1280 2300 800 3300 980 150
150 980 430 380 2980 610 4300 150 105 185 1680 1850 360 300 3655 365 435 3165 420 980 150
23630
现浇楼板
现浇楼板
天花吊顶
天花吊顶
天花吊顶
天花吊顶

图 5　负一层梁架仰视图

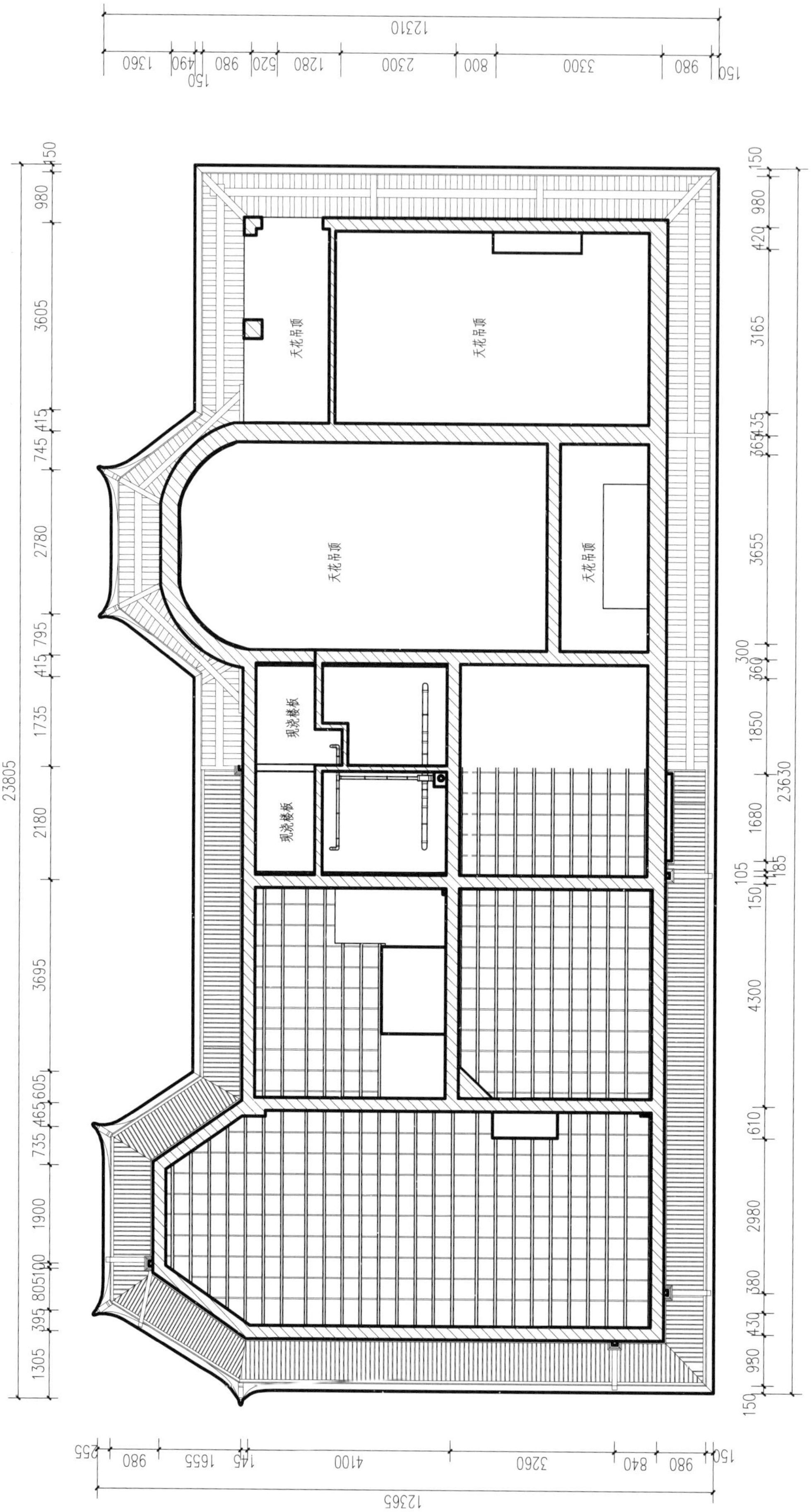

图6 一层梁架仰视图

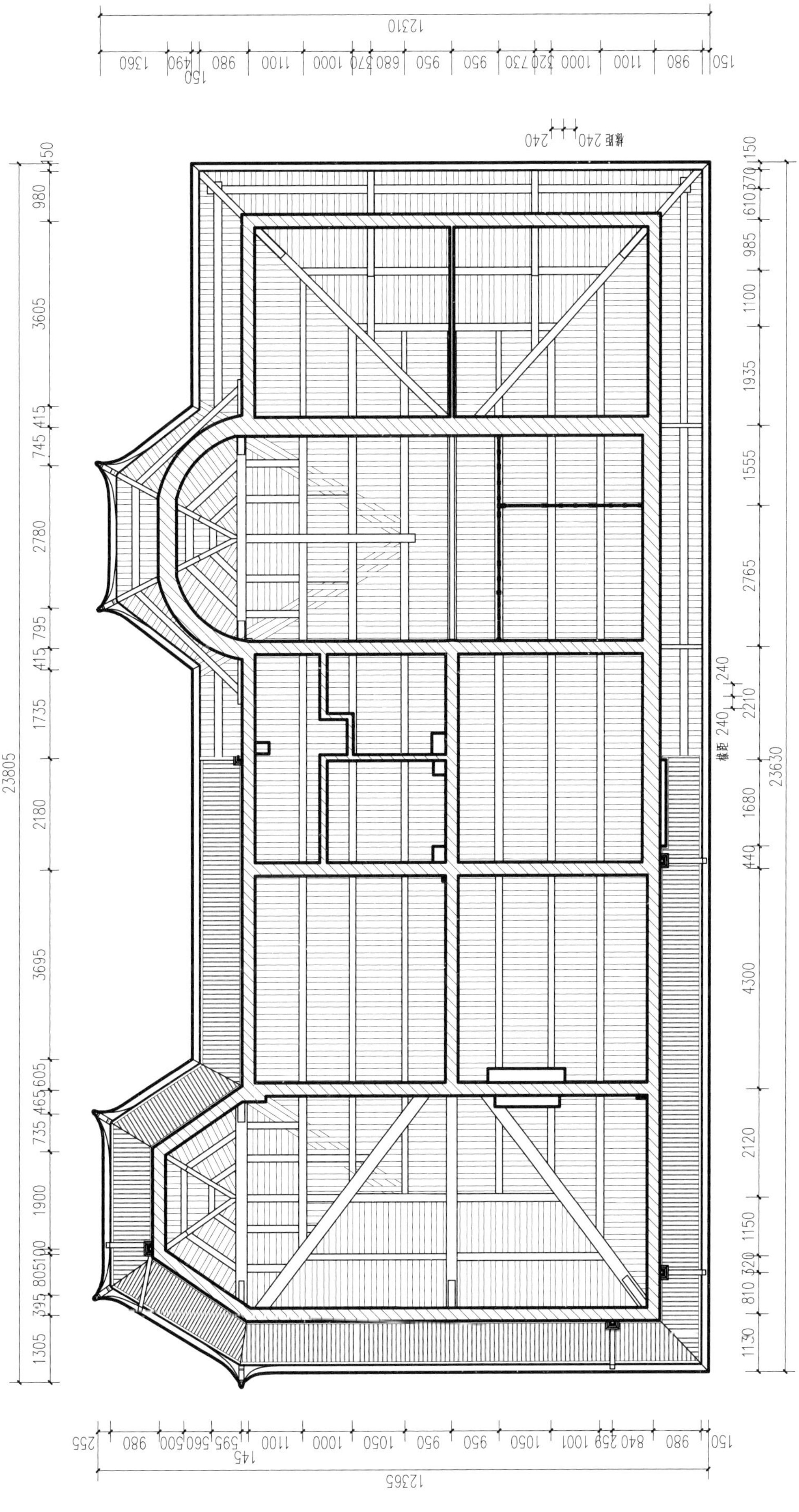

图 7　二层梁架仰视图

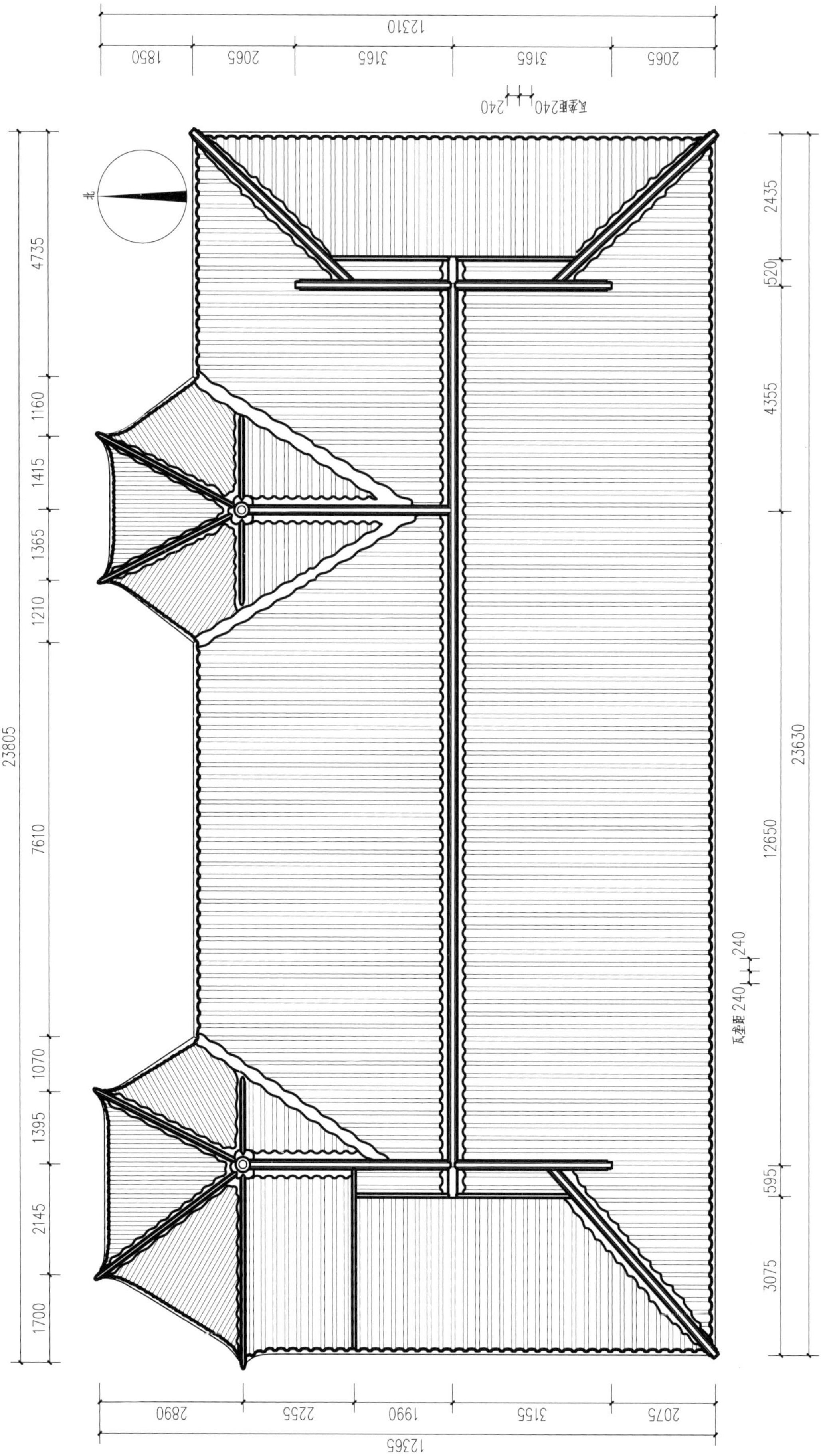
12310
1850
2065
3165
3165
2065
瓦垄距240
240
北
23805
4735
1160
1415
1365
1210
7610
1070
1395
2145
1700
23630
2435
520
4355
12650
595
3075
瓦垄距 240
240
2890
2255
1990
3155
2075
12365

图 8　屋顶平面俯视图

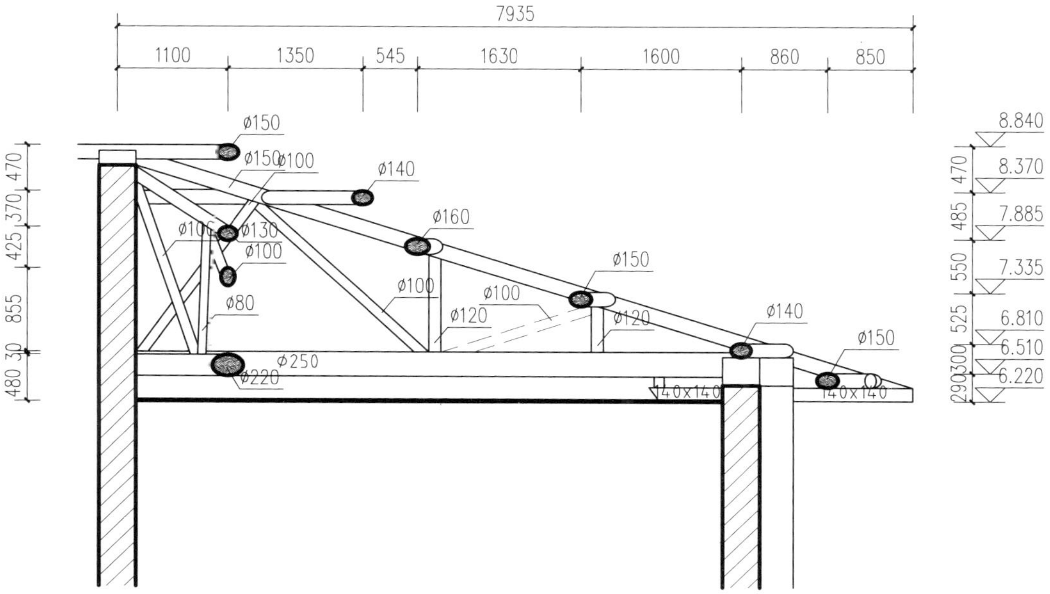

歇山顶转角详图

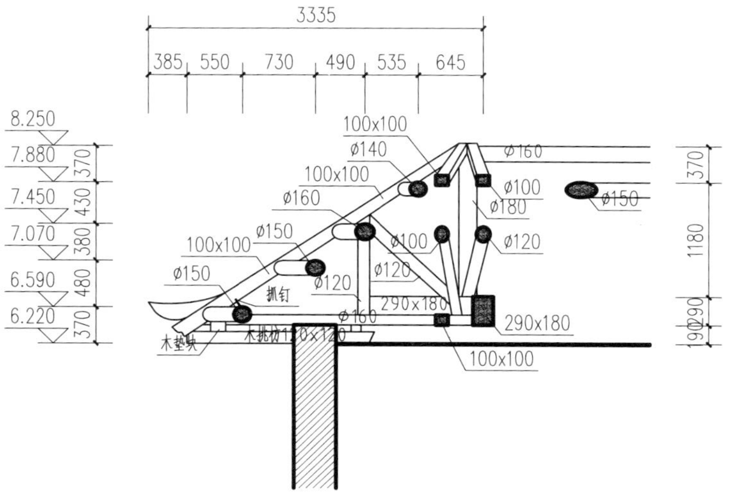

攒尖顶翼角详图

图 9　屋顶节点详图

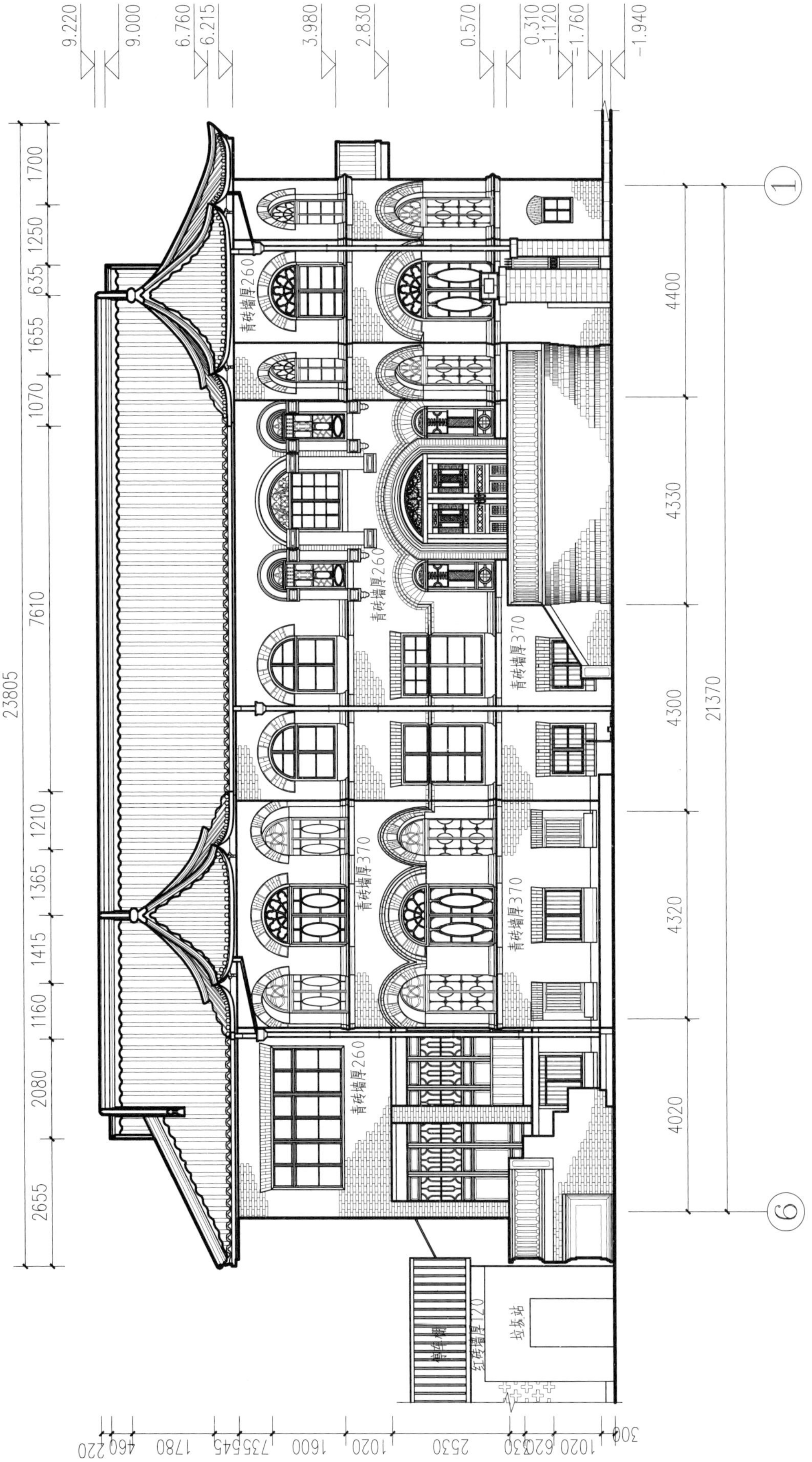
青砖墙厚260
青砖墙厚370
红砖墙厚120
垃圾站
23805
21370
4400
4330
4300
4320
4020

图 10 西立面图

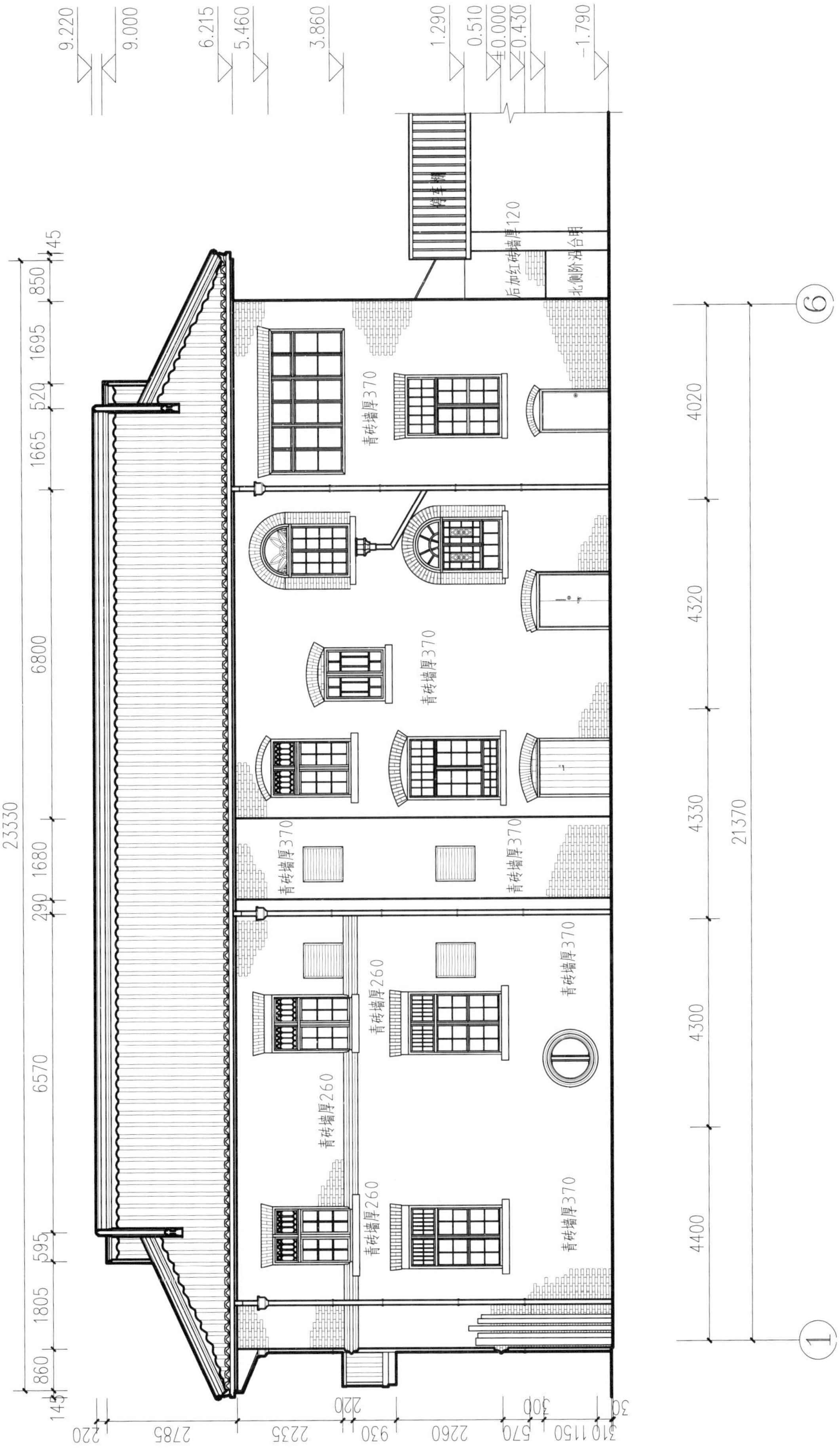
9.220
9.000
6.215
5.460
3.860
1.290
0.510
±0.000
-0.430
-1.790
23330
145
850
1695
520
1665
6800
1680
290
6570
595
1805
860
4020
4320
4330
4300
4400
21370
220
2785
2235
930
2260
570
1150
310
300
30
后加红砖墙厚120
北侧阶沿台明
青砖墙厚370
青砖墙厚260

图 11　东立面图

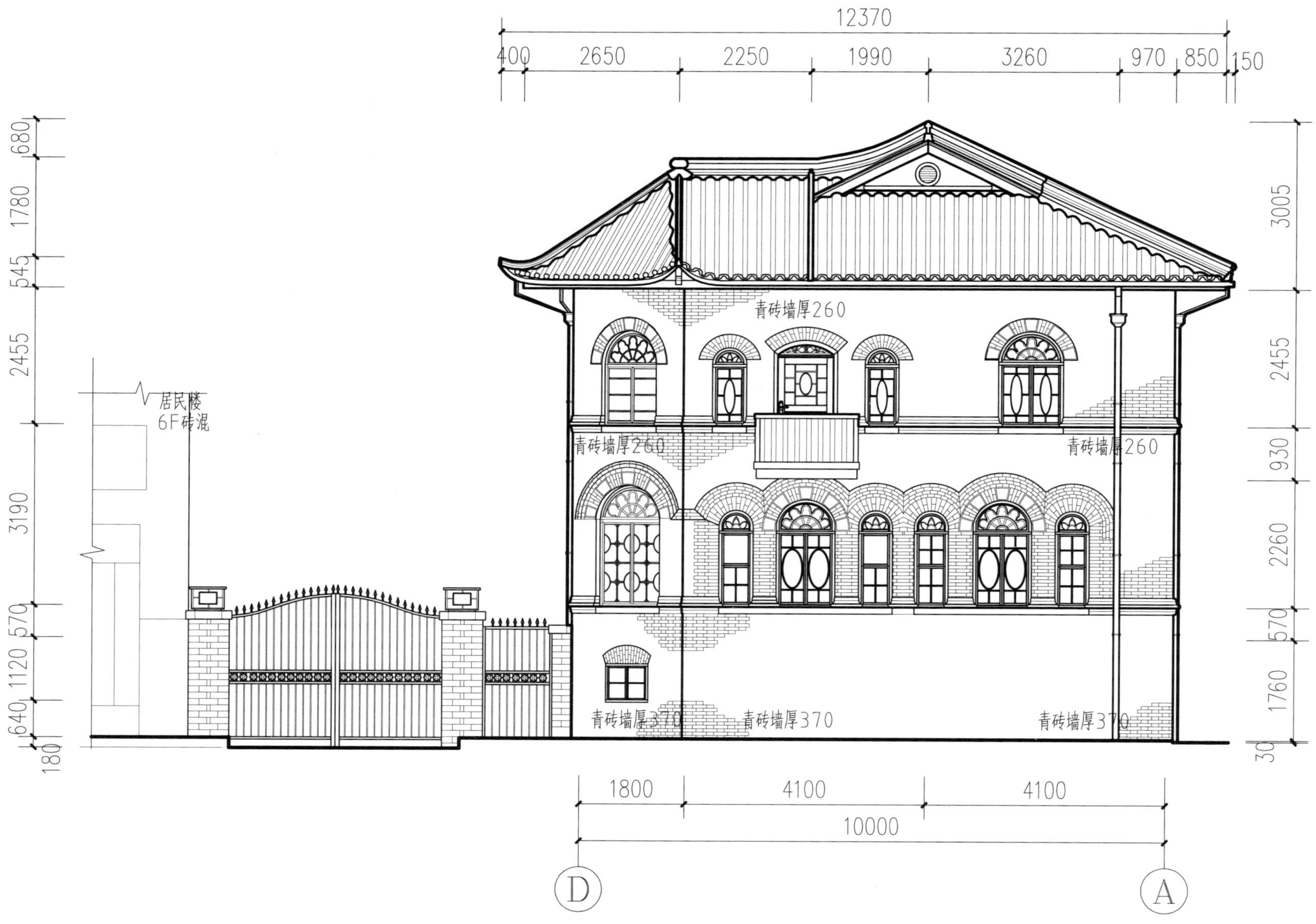

12370
400
2650
2250
1990
3260
970
850
150
680
1780
545
2455
3190
570
1120
640
180
3005
2455
930
2260
570
1760
30
居民楼
6F砖混
青砖墙厚260
青砖墙厚260
青砖墙厚260
青砖墙厚370
青砖墙厚370
青砖墙厚370
1800
4100
4100
10000
D
A

图12 南侧立面图

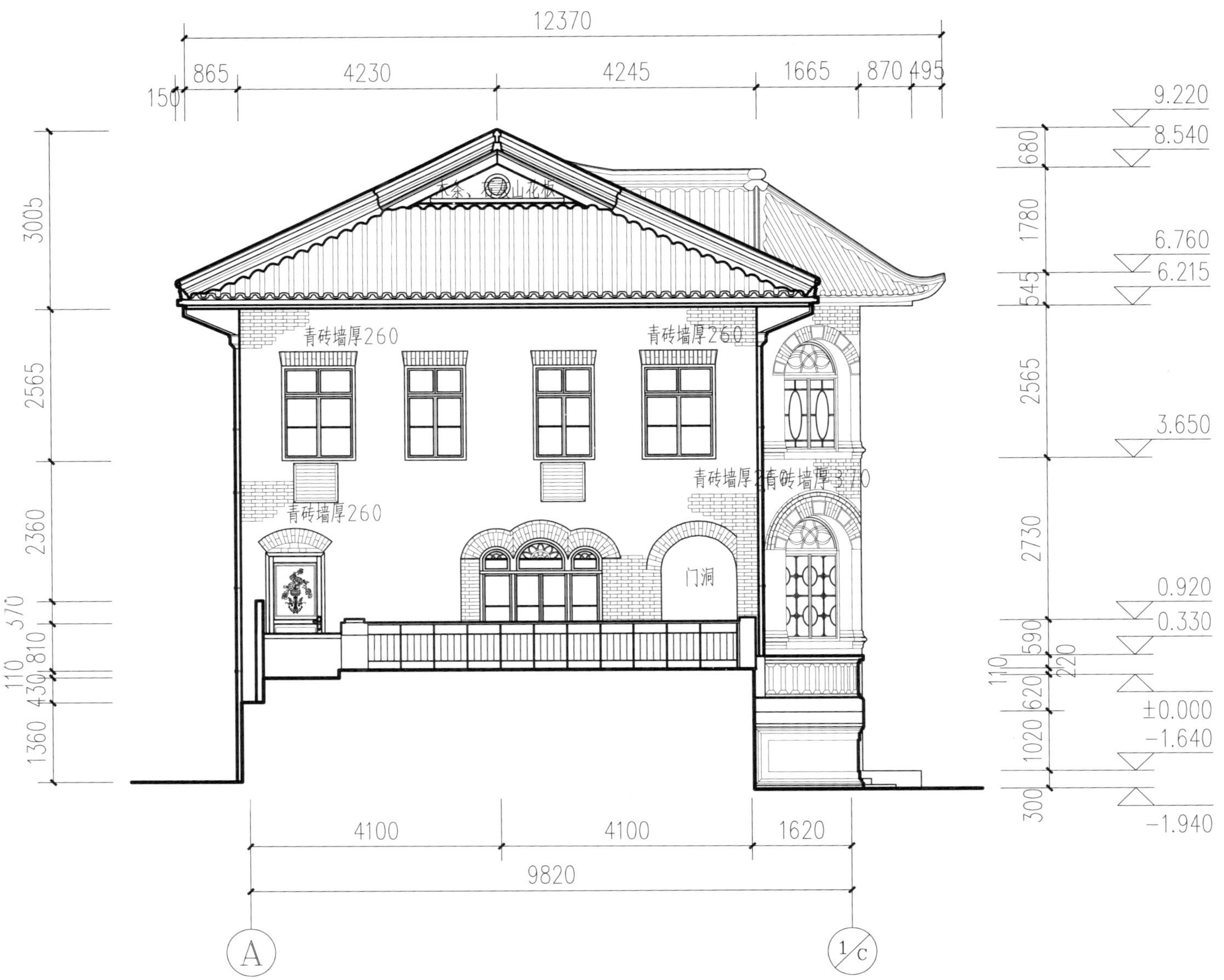
12370
150
865
4230
4245
1665
870
495
9.220
8.540
6.760
6.215
3.650
0.920
0.330
±0.000
−1.640
−1.940
680
1780
545
2565
2730
590
220
110
620
1020
300
3005
2565
2360
570
810
110
430
1360
青砖墙厚260
青砖墙厚260
青砖墙厚260
青砖墙厚370
门洞
4100
4100
1620
9820
A
1/C

图 13　北侧立面图

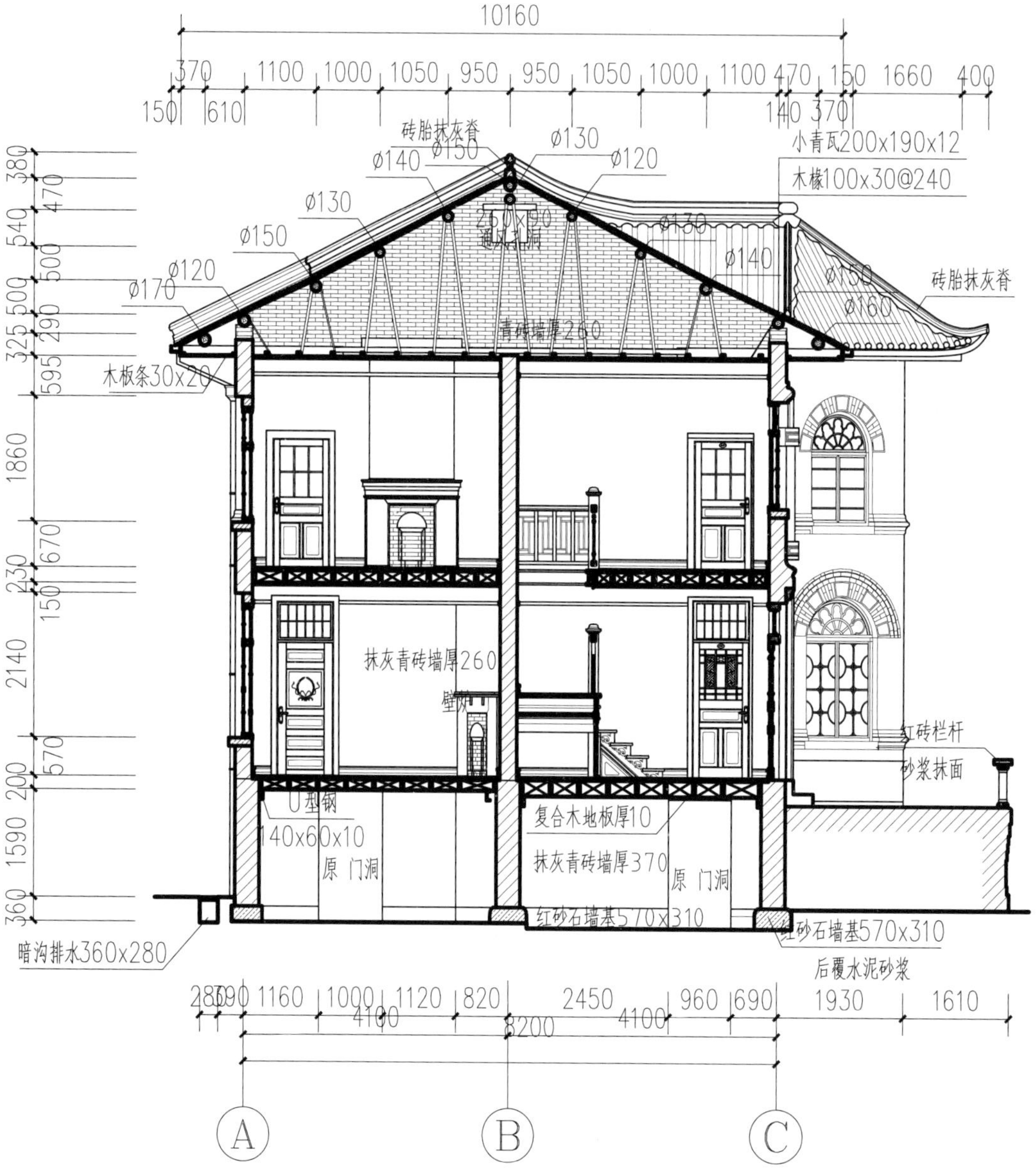

10160
砖胎抹灰脊
小青瓦200x190x12
木椽100x30@240
Ø130
Ø140
Ø150
Ø120
Ø170
砖胎抹灰脊
青砖墙厚260
木板条30x20
抹灰青砖墙厚260
壁炉
红砖栏杆
砂浆抹面
U型钢
140x60x10
原 门洞
复合木地板厚10
抹灰青砖墙厚370
原 门洞
红砂石墙基570x310
红砂石墙基570x310
后覆水泥砂浆
暗沟排水360x280
4100
8200
4100
A
B
C

图 14　1-1 剖面图

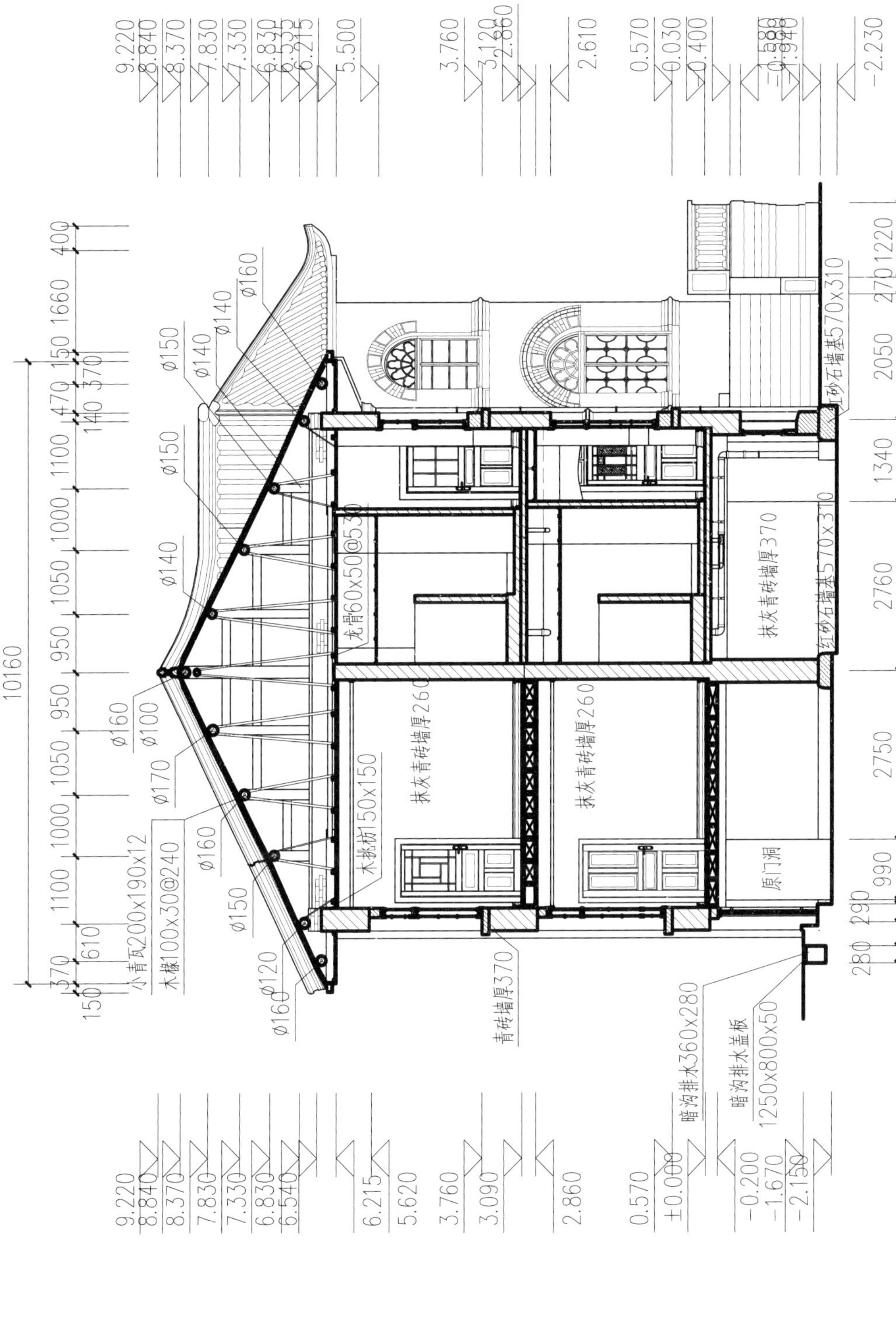
小青瓦200x190x12
木椽100x30@240
木挑枋150x150
龙骨60x50@530
抹灰青砖墙厚260
抹灰青砖墙厚370
青砖墙厚370
红砂石墙基570x310
原门洞
暗沟排水360x280
暗沟排水盖板
1250x800x50
10160
8200
4100
A
B
C

图 15 2-2 剖面图

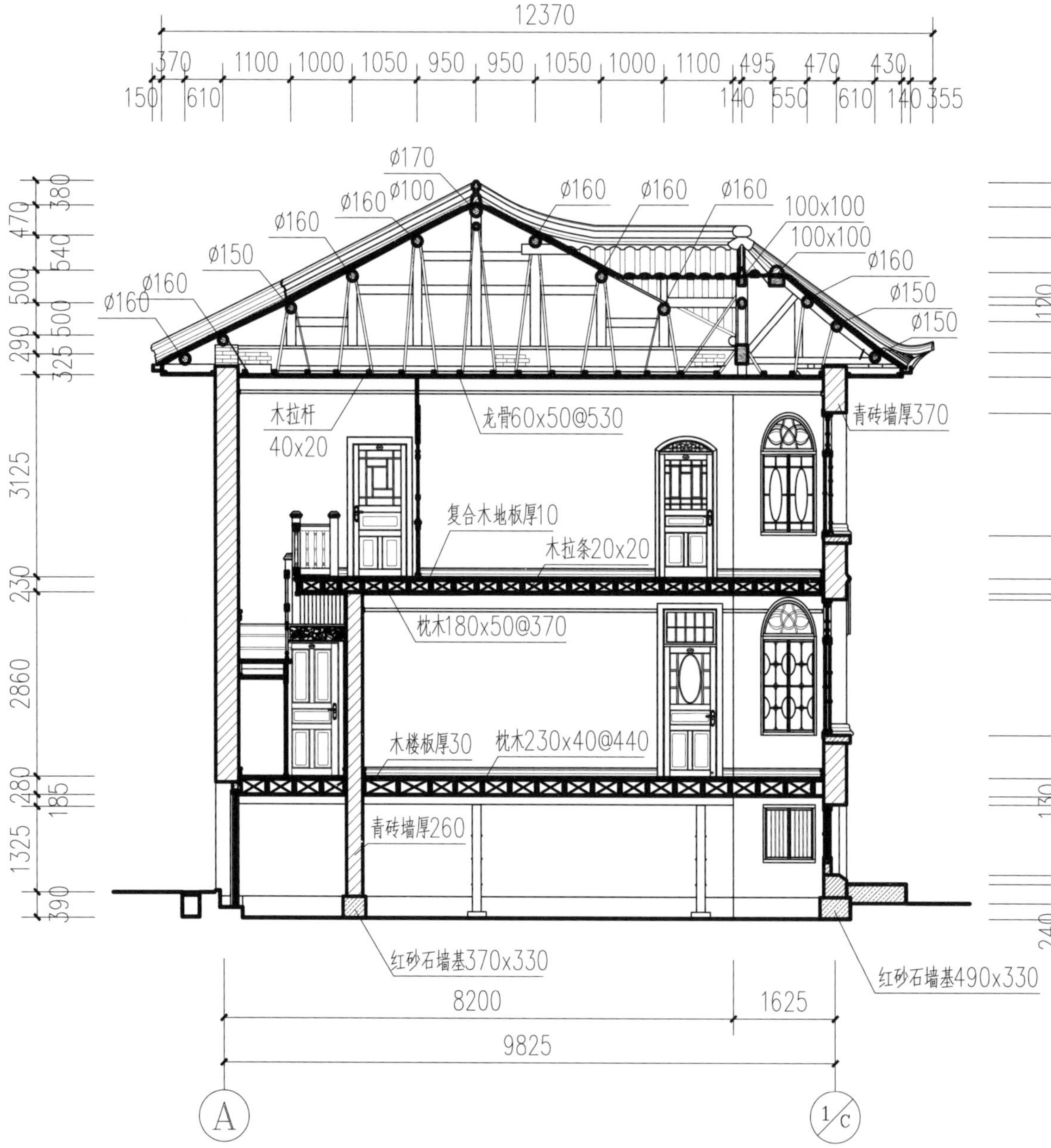
12370
木拉杆
40x20
龙骨60x50@530
青砖墙厚370
复合木地板厚10
木拉条20x20
枕木180x50@370
木楼板厚30
枕木230x40@440
青砖墙厚260
红砂石墙基370x330
红砂石墙基490x330
8200
1625
9825
A
1/C

图 16　3-3 剖面图

12370
355
430
470
495
1100
1000
1050
950
950
1050
1000
1100
610
150
140
610
550
140
370
9.220
8.840
8.370
7.830
7.450
7.330
6.590
5.655
3.760
3.090
2.860
0.660
±0.000
−0.410
−1.940
−2.180
9.220
8.840
8.370
7.830
7.330
6.830
6.215
5.650
3.840
3.090
±0.000
−1.790
ø170
ø100
ø160
ø150
100x100
角梁100x100
青砖墙厚370
1135
755
650
4380
1185
1815
300
280
345
395
9825
390
A
图 17 4-4 剖面图

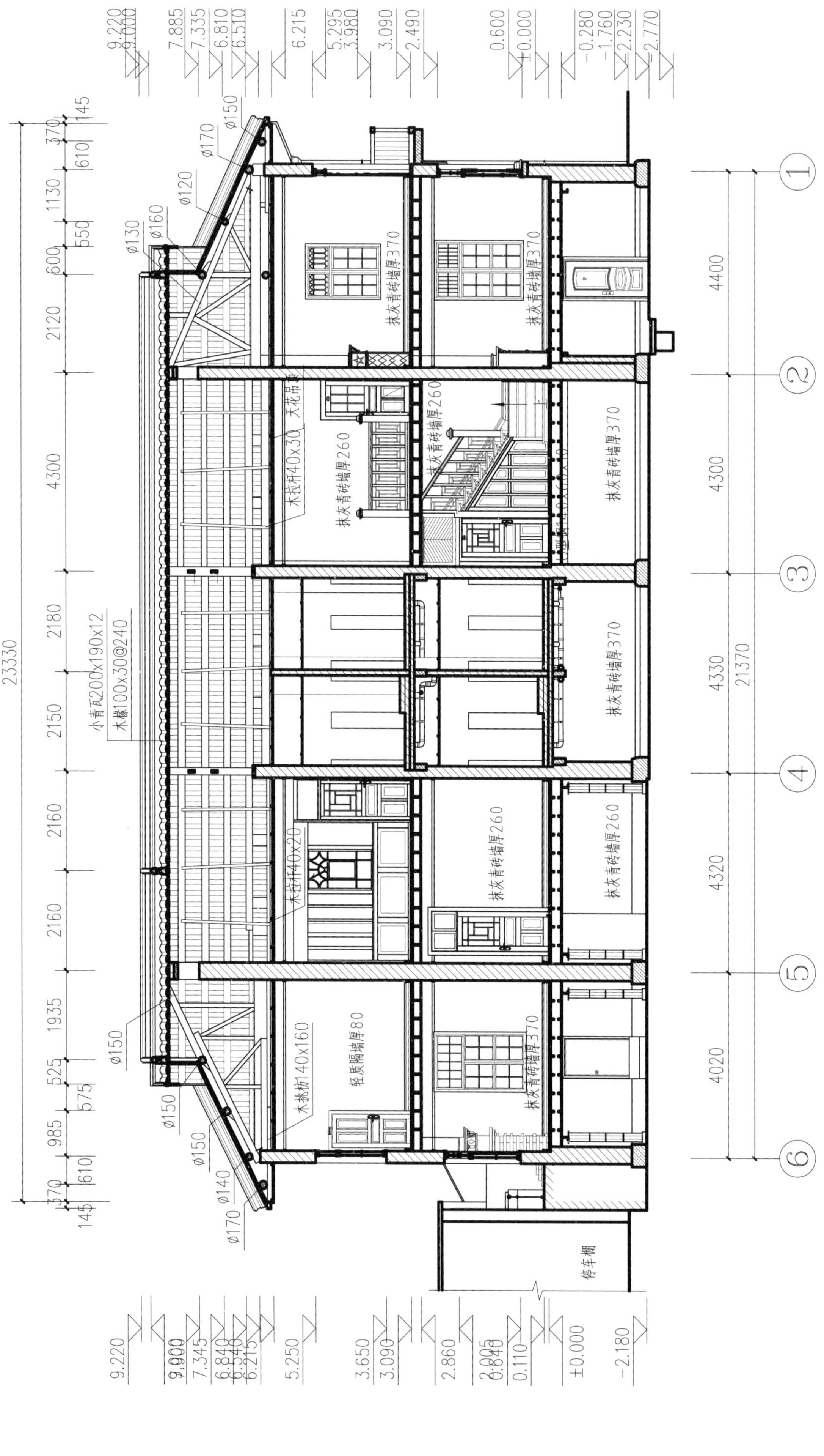

23330
21370
4400
4300
4330
4320
4020
145
370
610
1130
550
600
2120
2180
2150
2160
1935
525
575
985
ø150
ø170
ø120
ø130
ø160
ø140
小青瓦200x190x12
木椽100x30@240
木拉杆40x30
天花吊顶
木拉杆40x20
木挑枋140x160
轻质隔墙厚80
抹灰青砖墙厚370
抹灰青砖墙厚260
停车棚
9.220
9.000
7.885
7.335
6.810
6.510
6.215
5.295
3.980
3.090
2.490
0.600
±0.000
-0.280
-1.760
-2.230
-2.770
7.345
6.840
6.540
5.250
3.650
2.860
2.005
0.840
0.110
-2.180
1
2
3
4
5
6

图 18　5-5 剖面图

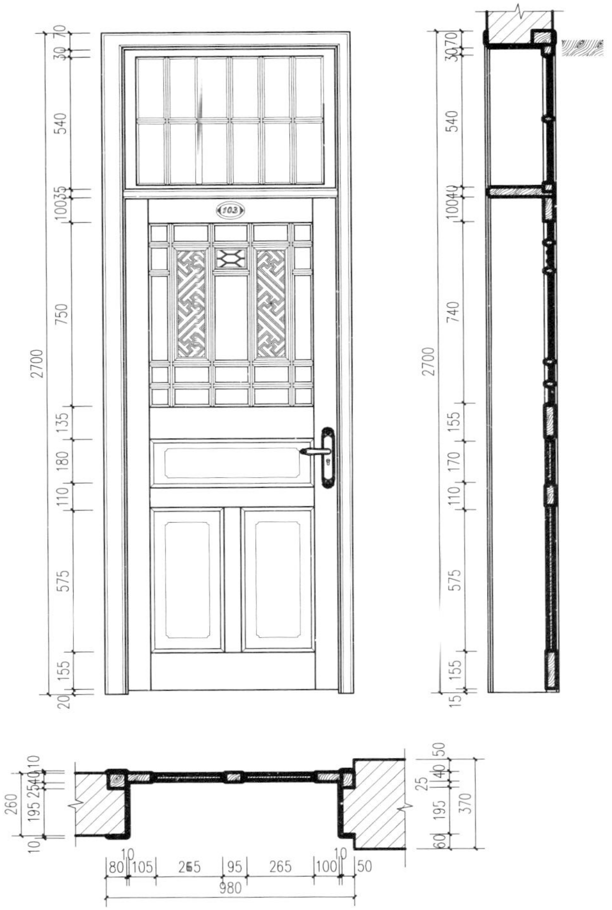

一层南侧梢间门大样1

一层南侧梢间门大样2

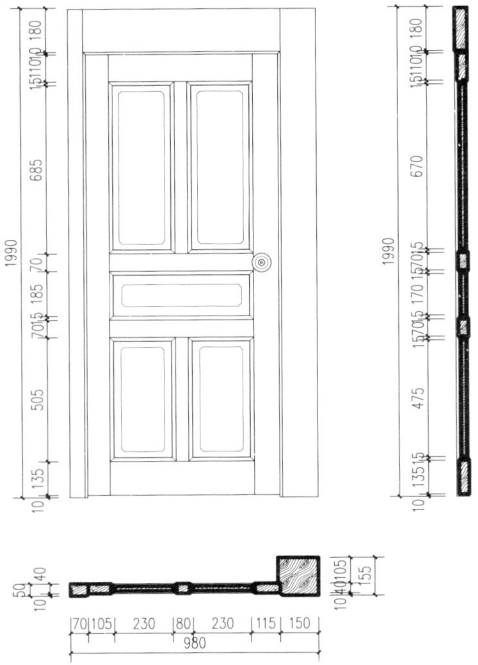

一层南侧次间楼梯门大样

图19　门窗大样

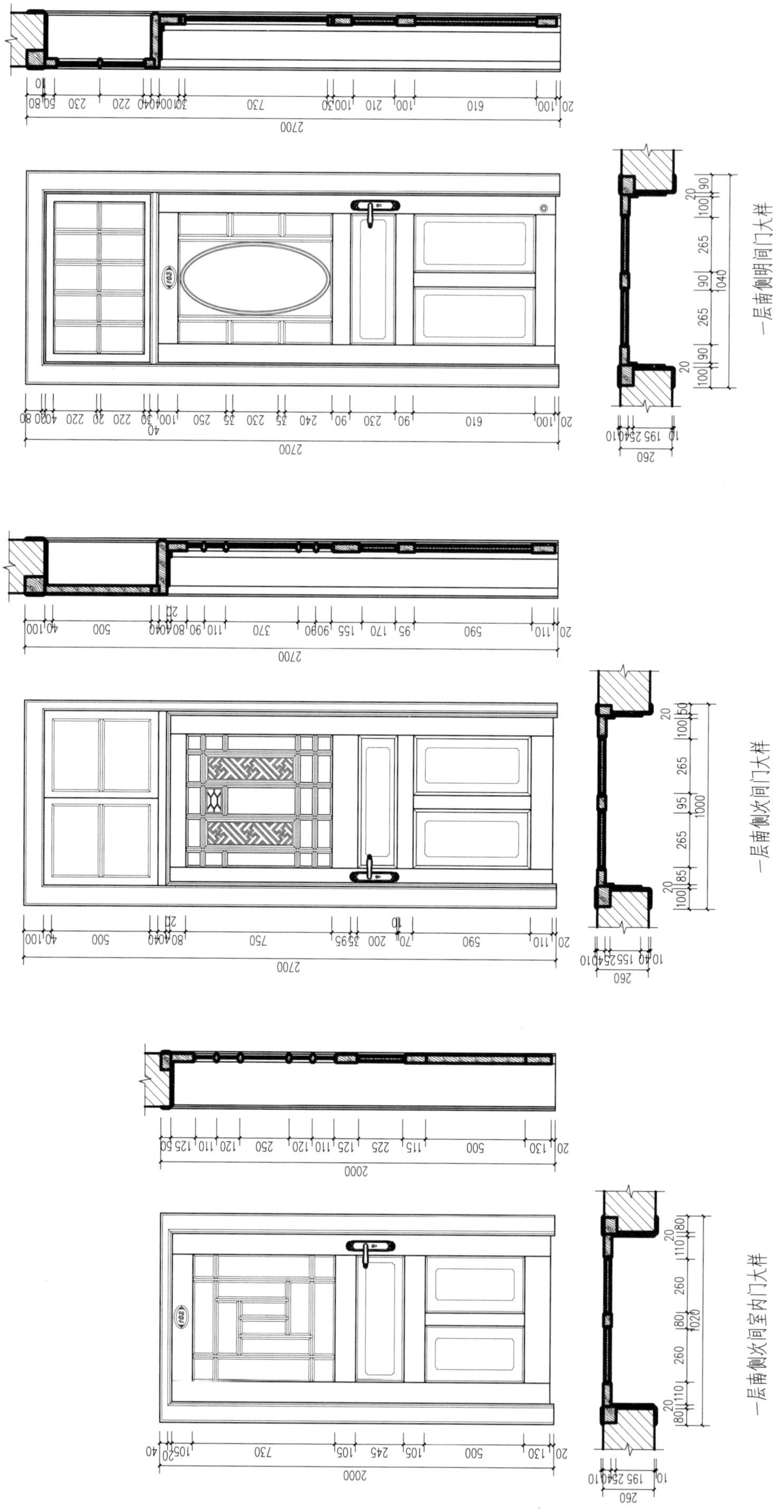

图20 门窗大样

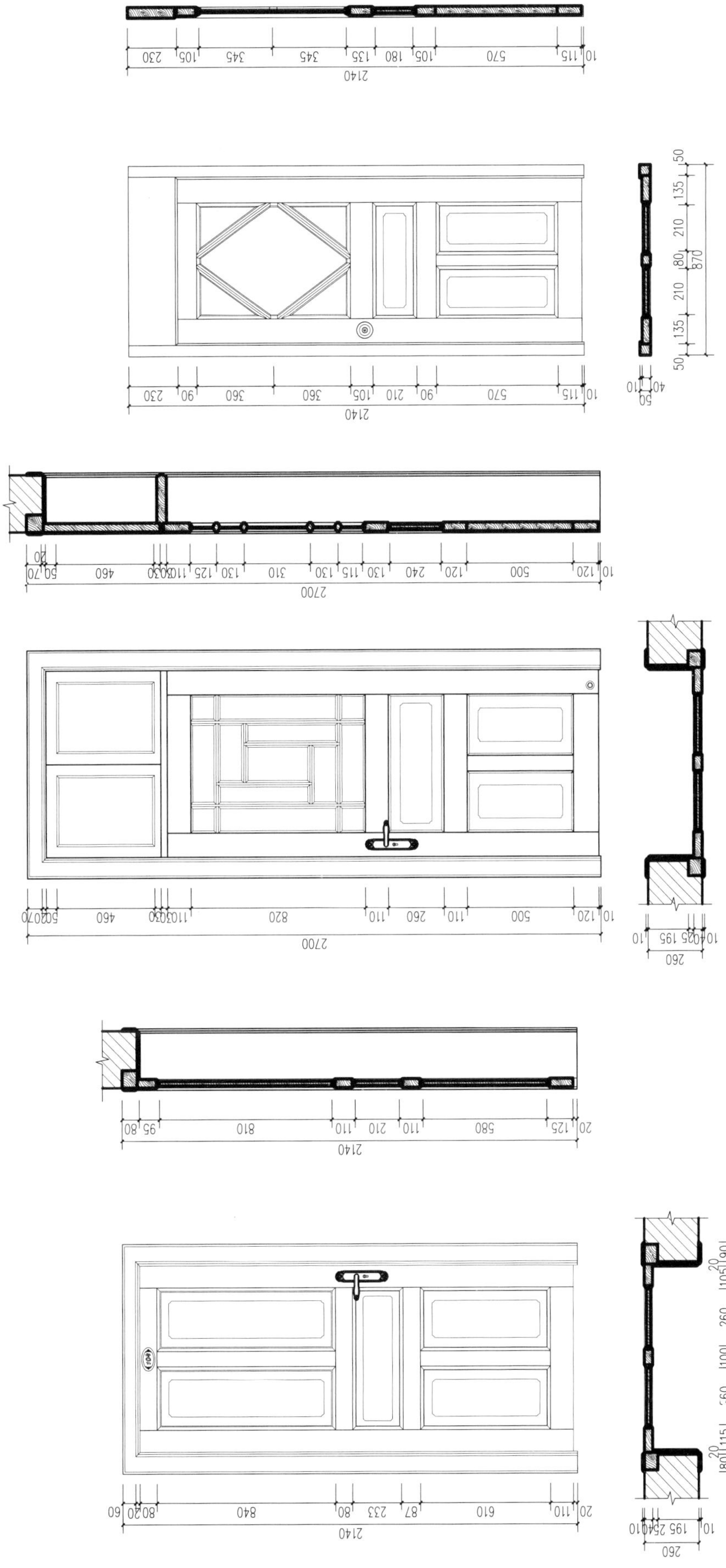

一层北侧次间楼梯门大样

一层北侧次间室内门大样

一层明间门大样

图21 门窗大样

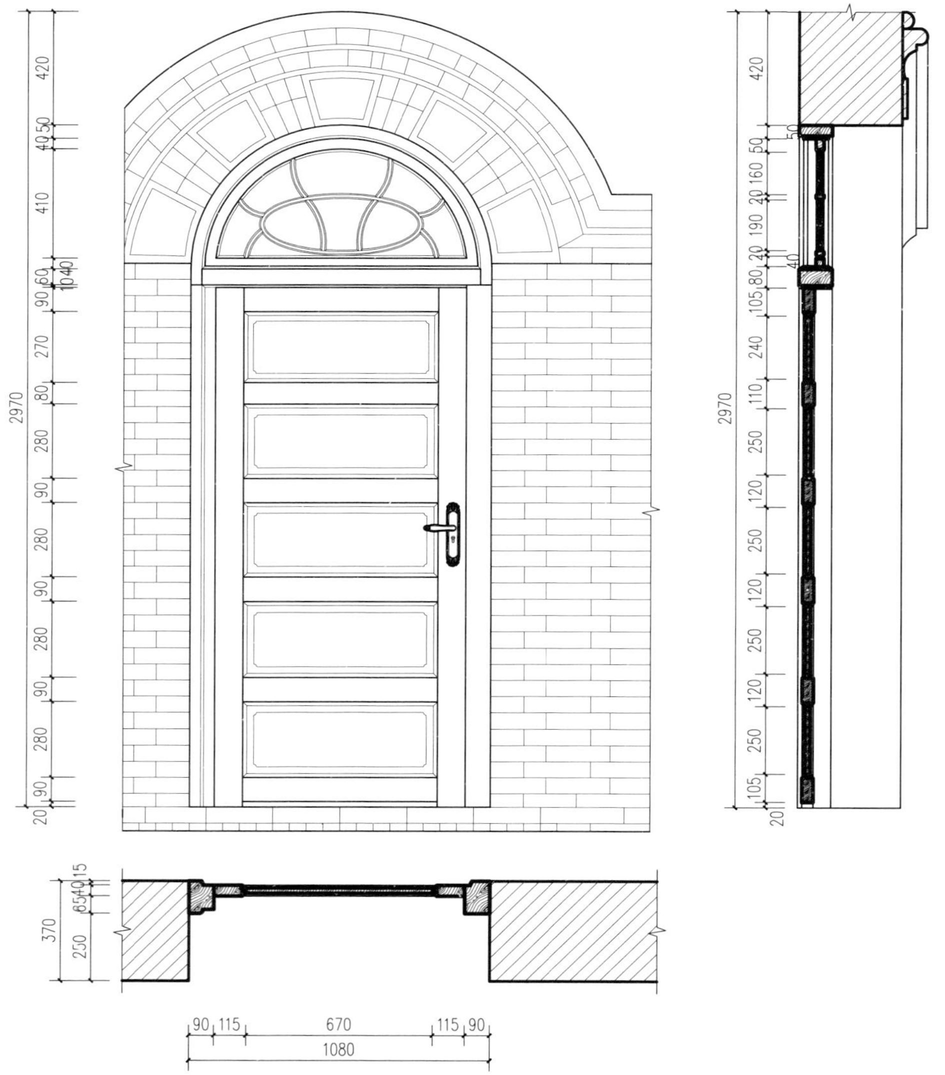

一层北侧次间门大样1

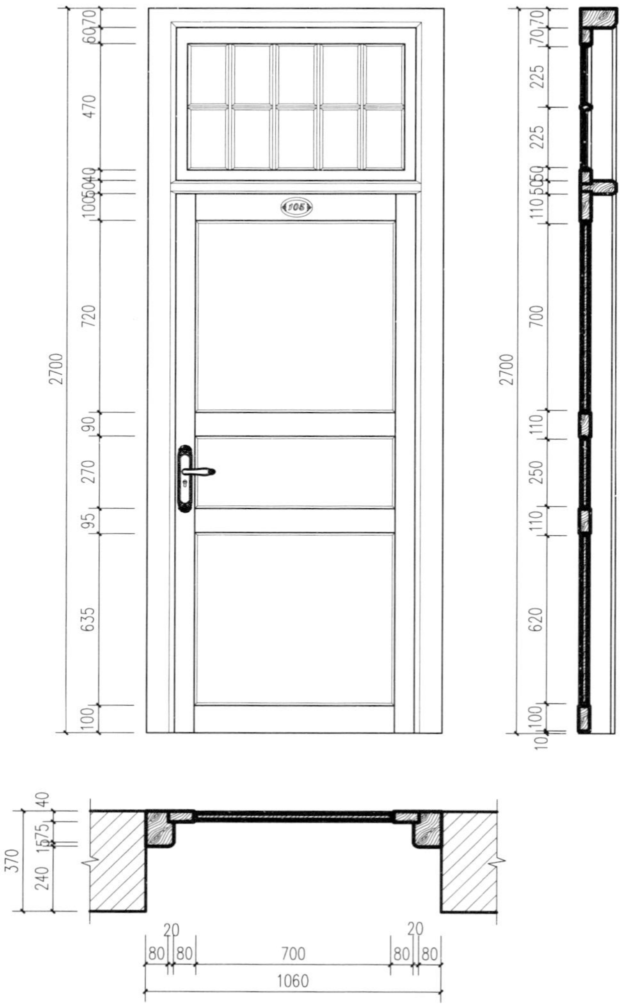

一层北侧次间门大样2

图 22　门窗大样

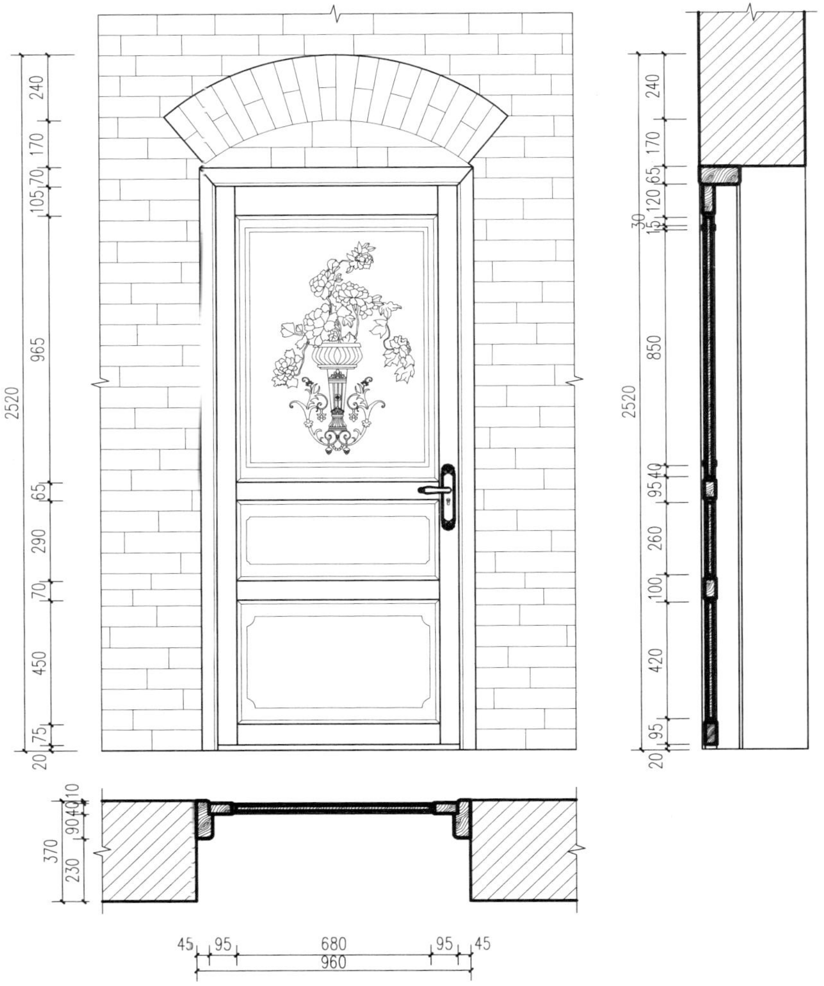

一层北侧立面门大样

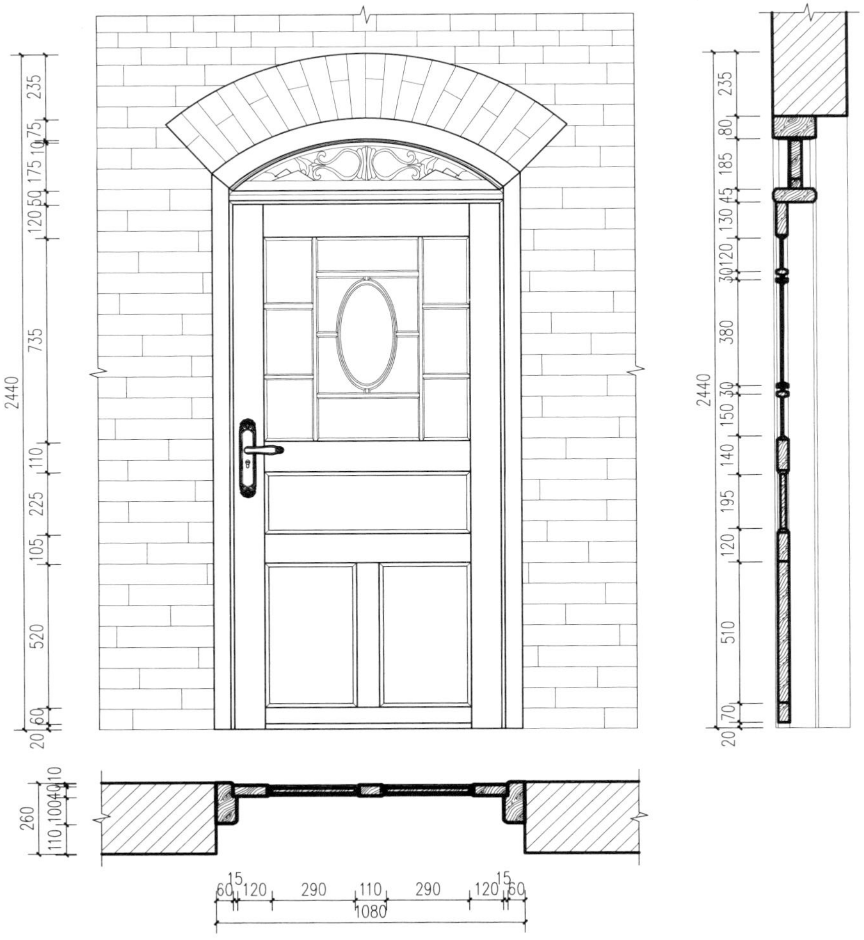

二层南侧立面门大样

图 23　门窗大样

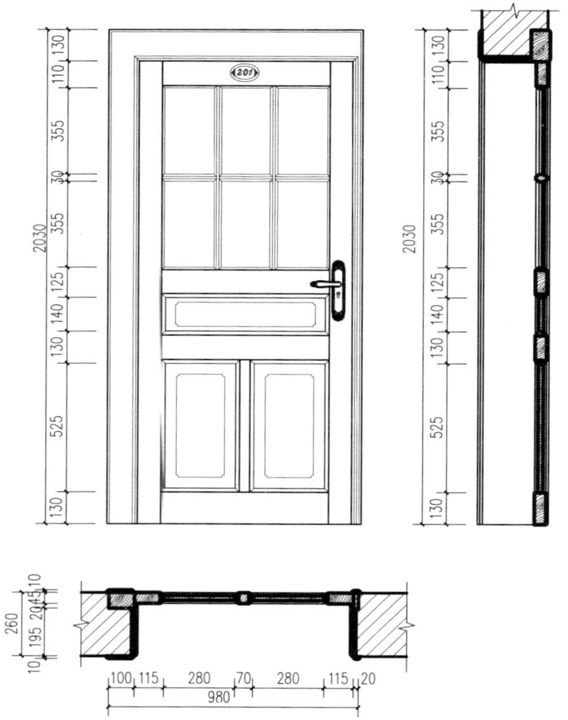

二层南侧梢间门大样1

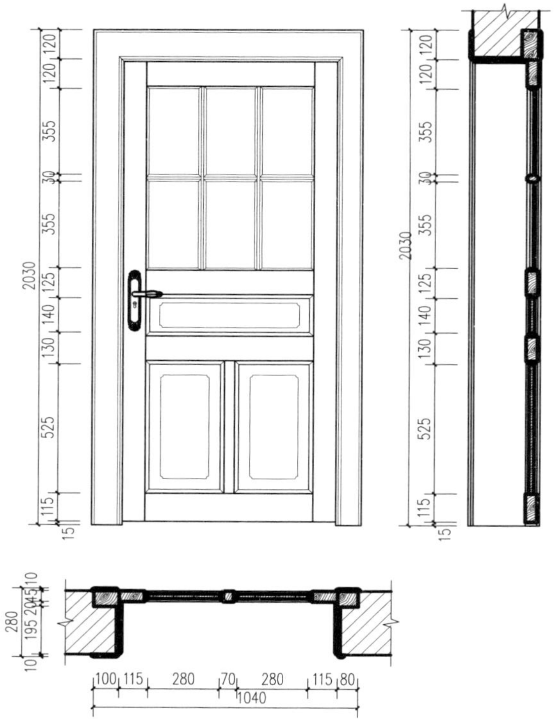

二层南侧梢间门大样2

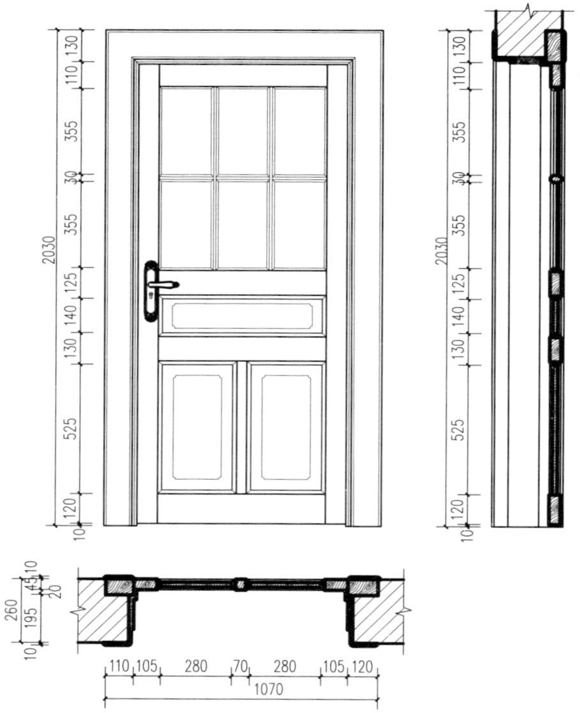

二层南侧次间门大样1

图 24　门窗大样

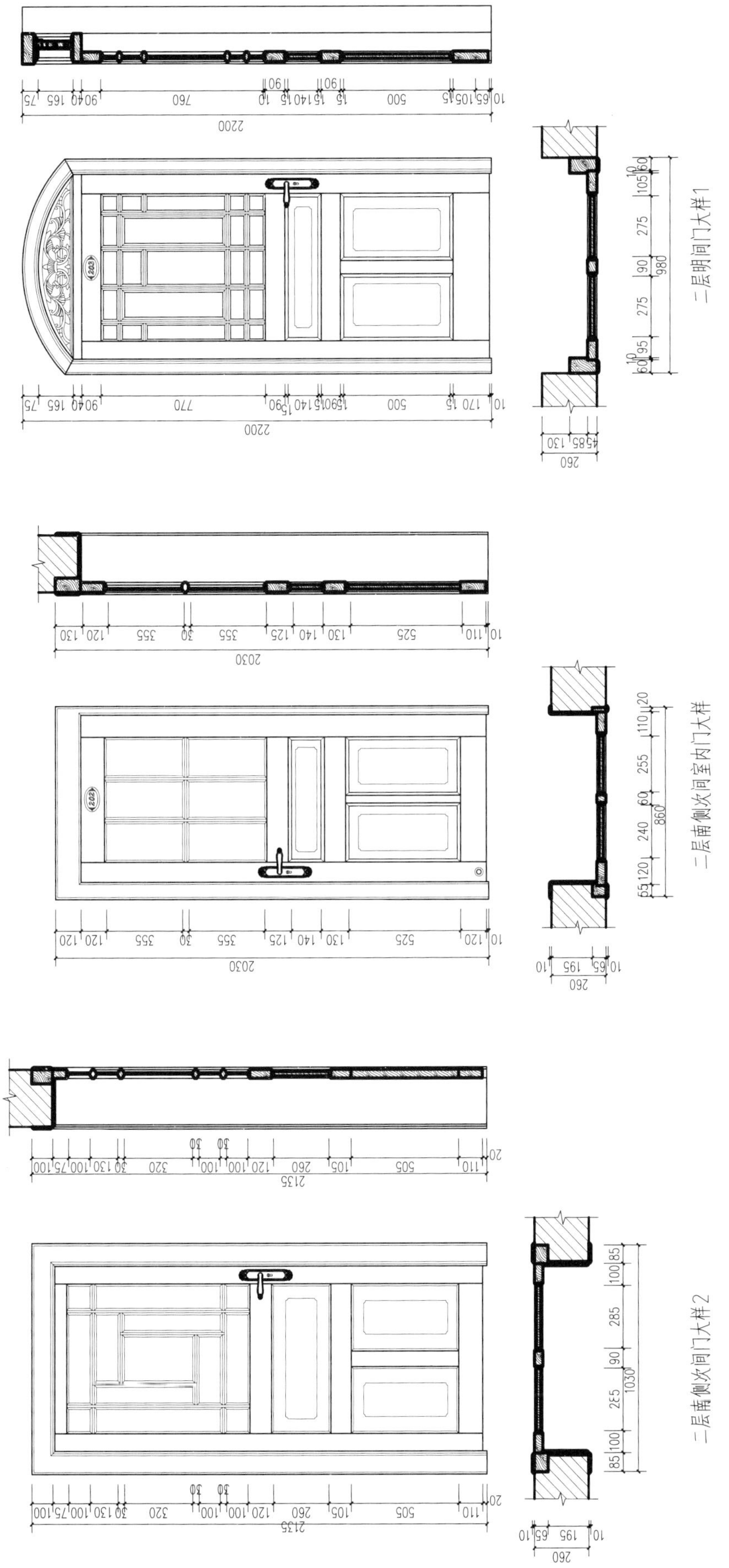

图 25 门窗大样

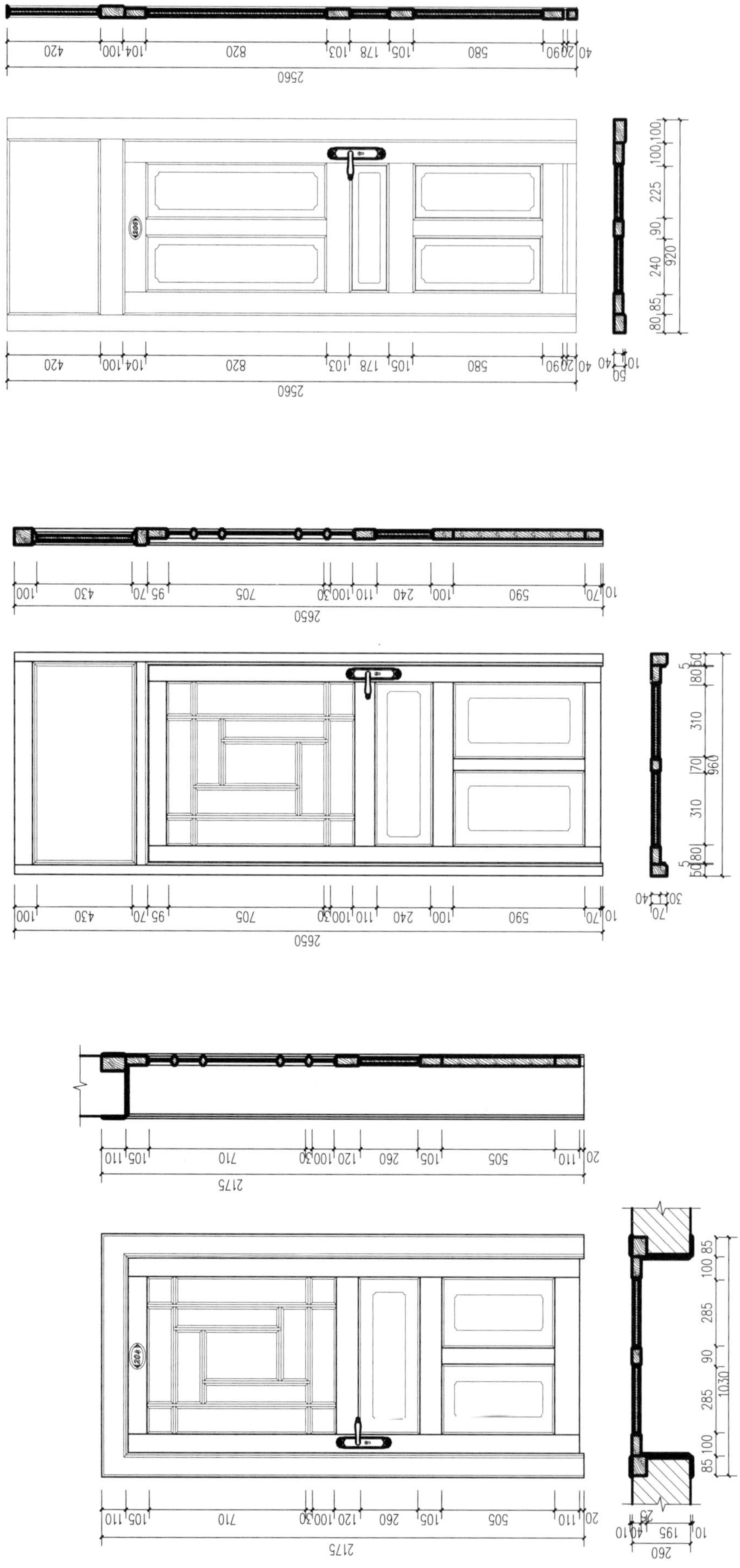

二层次间室内门大样2

二层次间室内门大样1

二层明间门大样2

图26 门窗大样

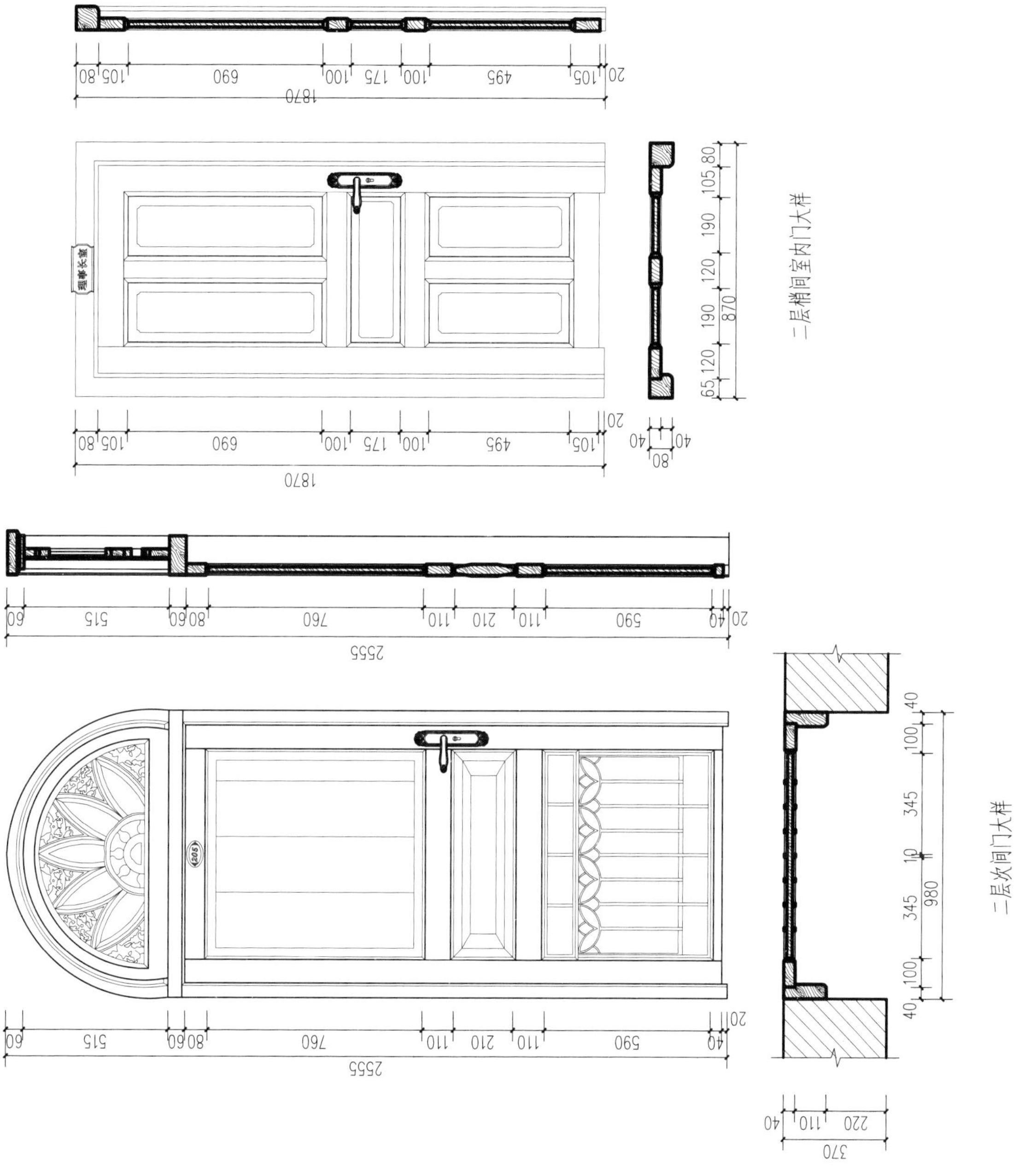

图 27 门窗大样

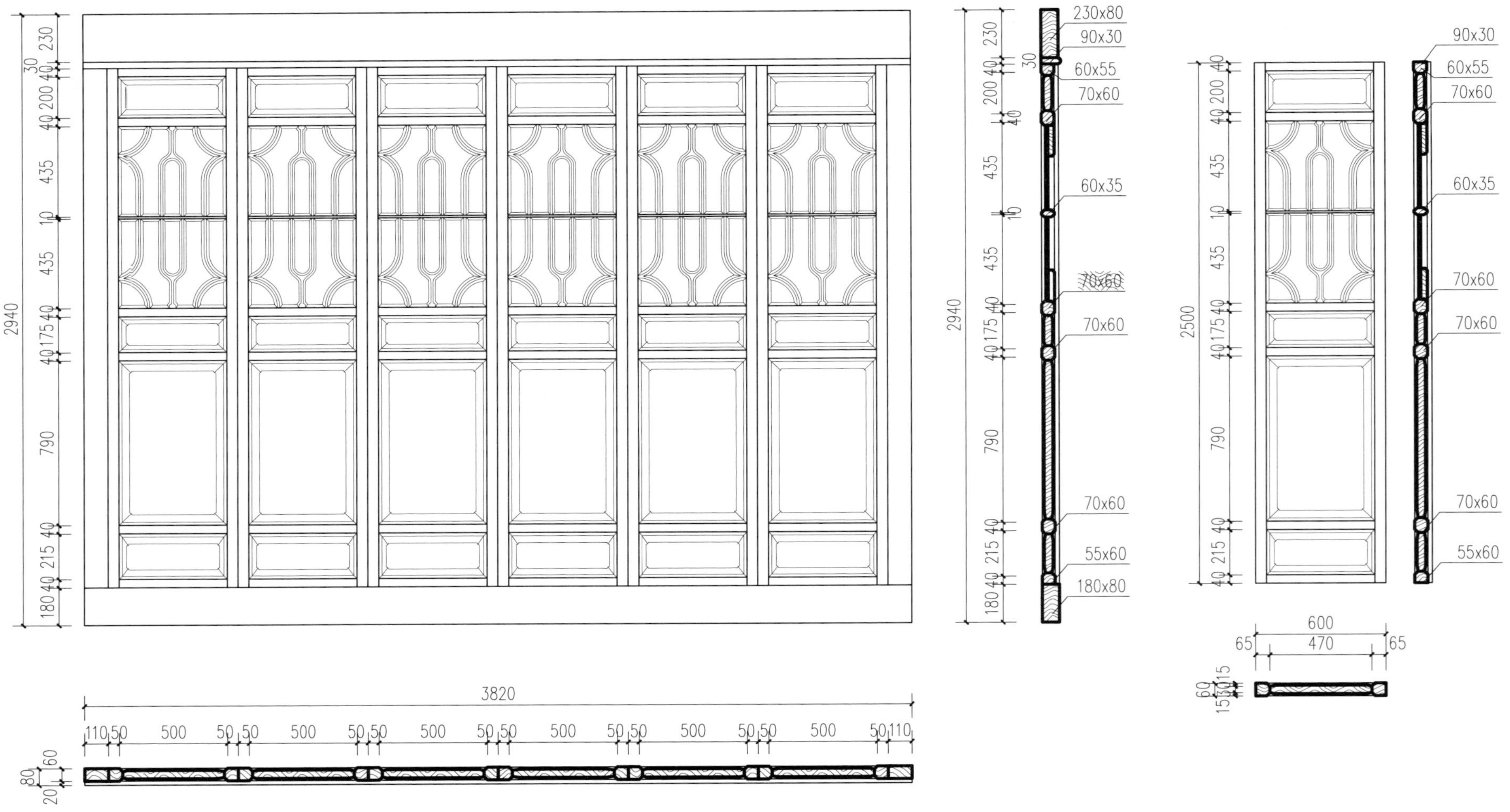

图 28　一层北侧梢间隔扇门大样

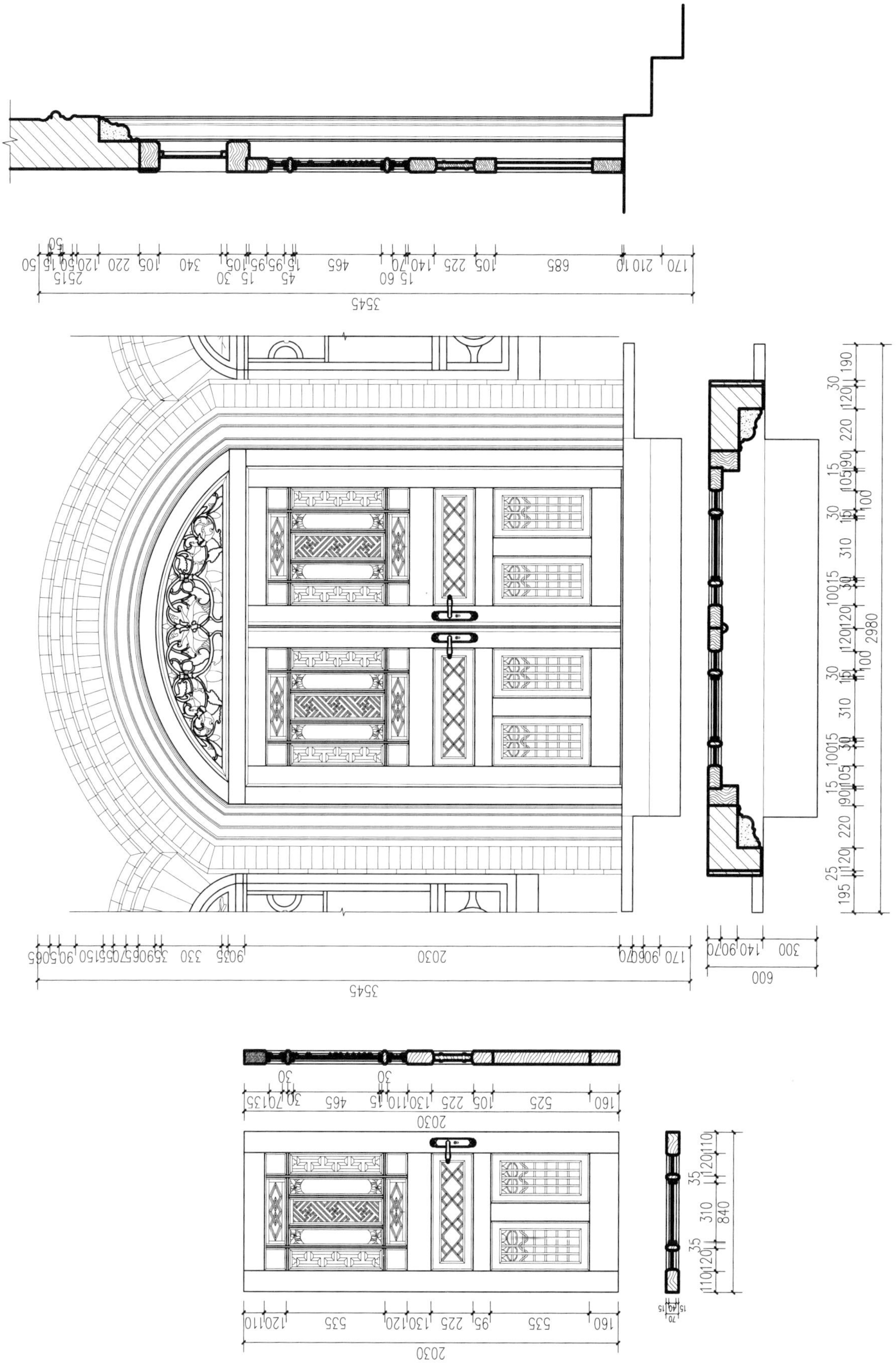

图 29　一层西立面南侧次间门大样

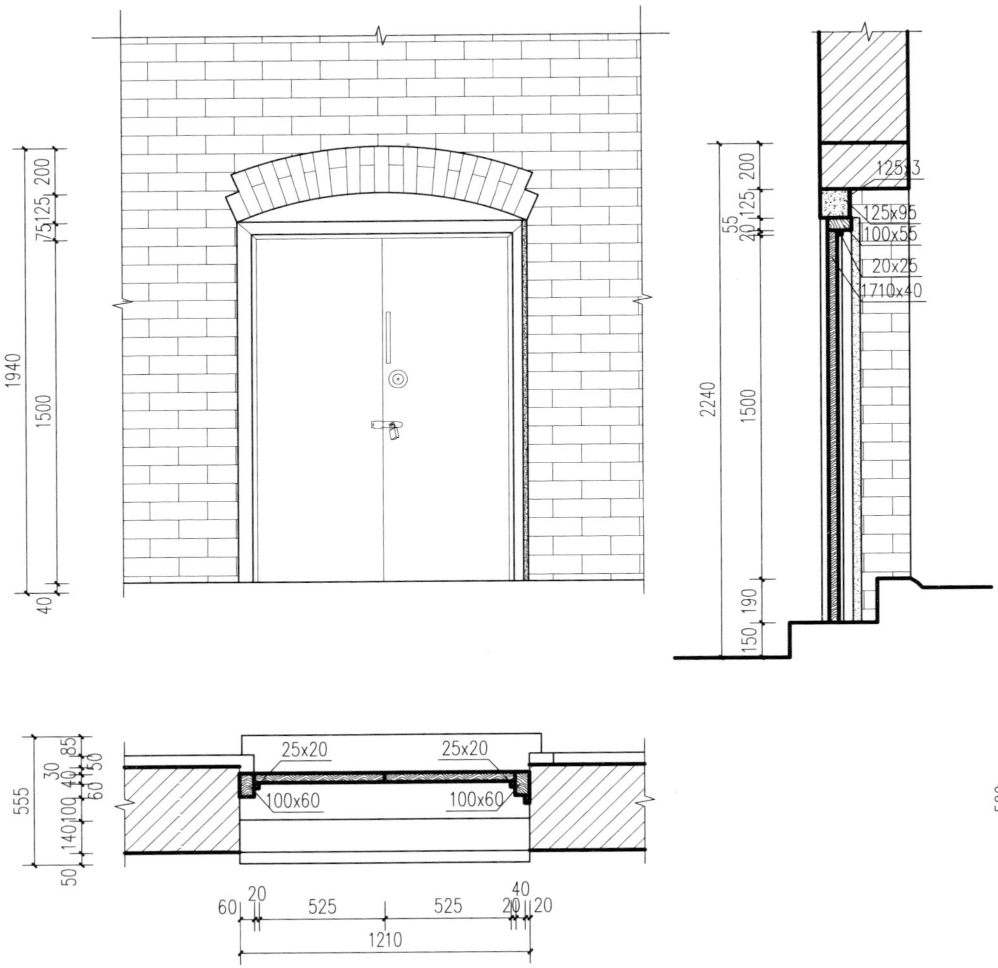

负一层东侧立面门大样1

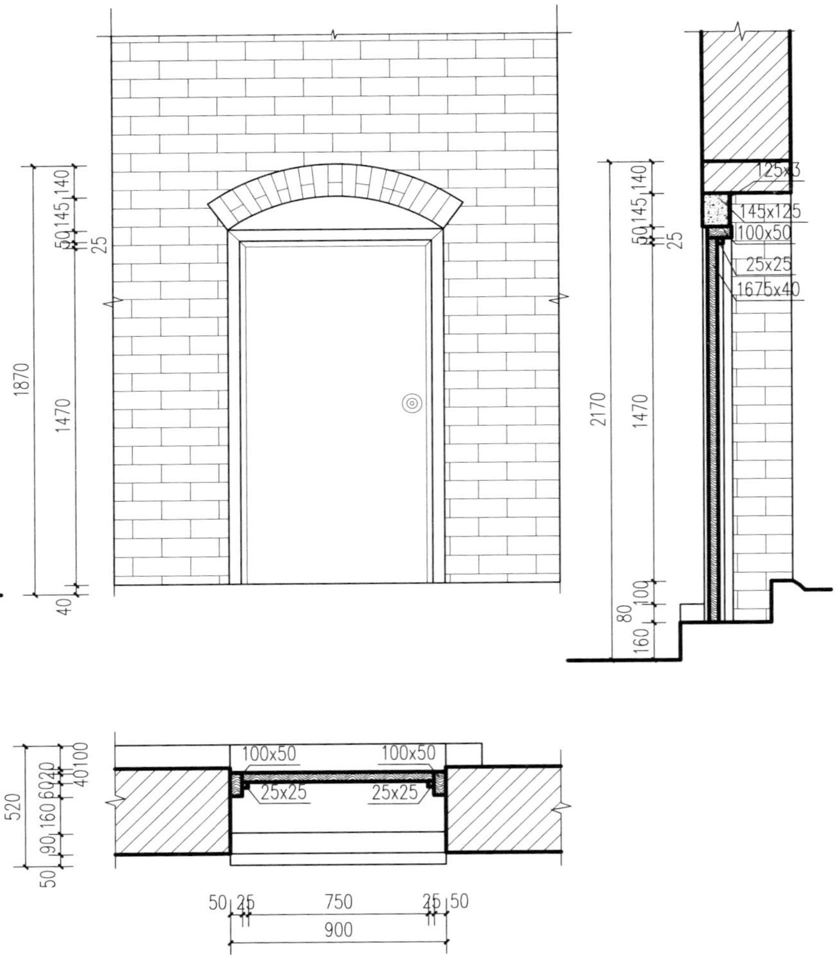

负一层东侧立面门大样2

图 30　负一层东侧立面门大样

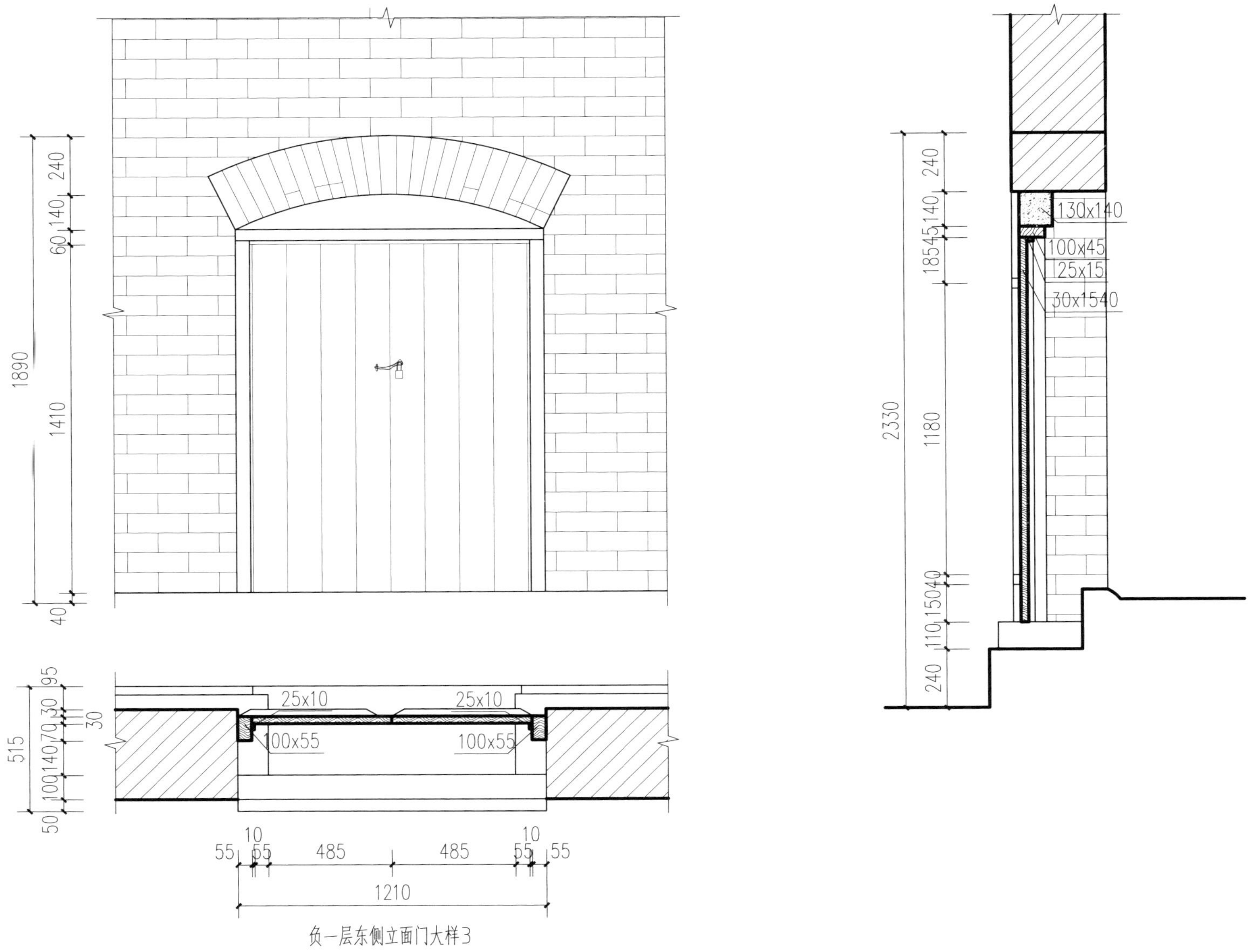

负一层东侧立面门大样3

图 31　负一层东侧立面门大样

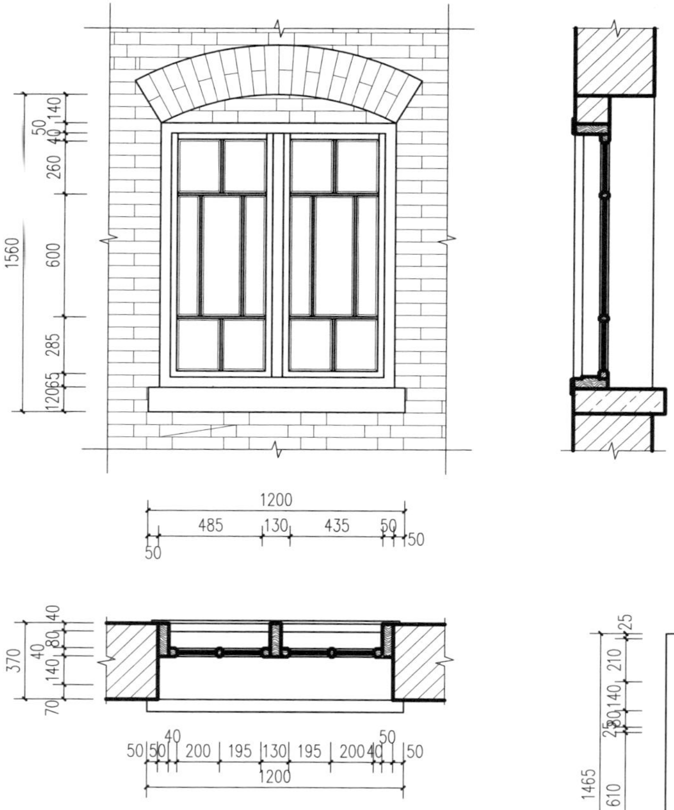

二层东立面北侧次间窗大样

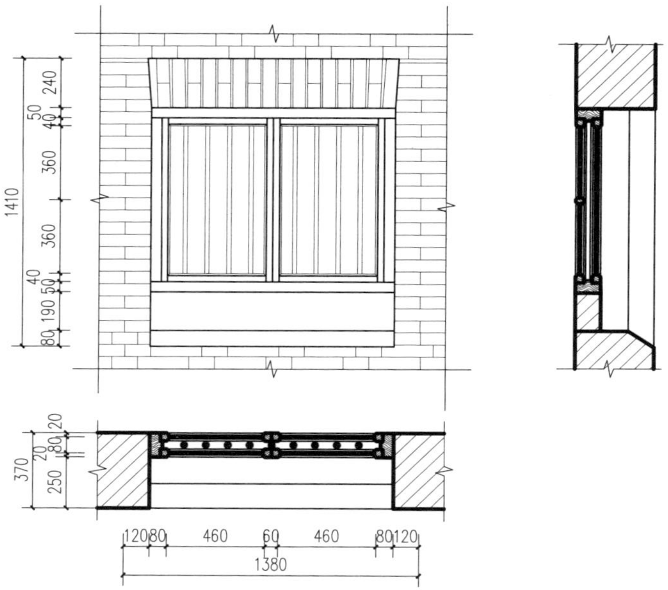

负一层西立面北侧次间窗大样

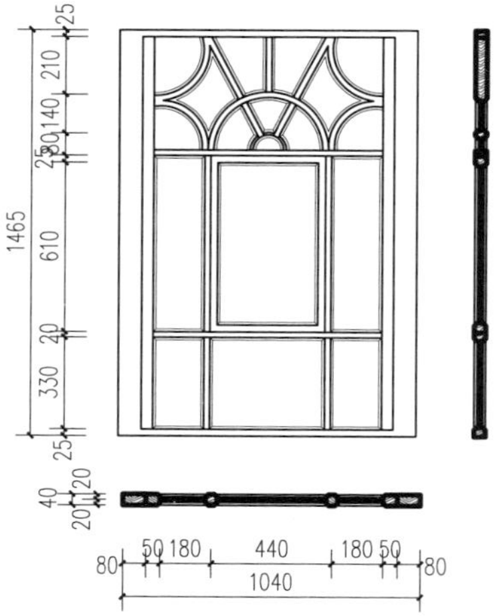

二层北侧次间室内窗大样

图 32 门窗大样

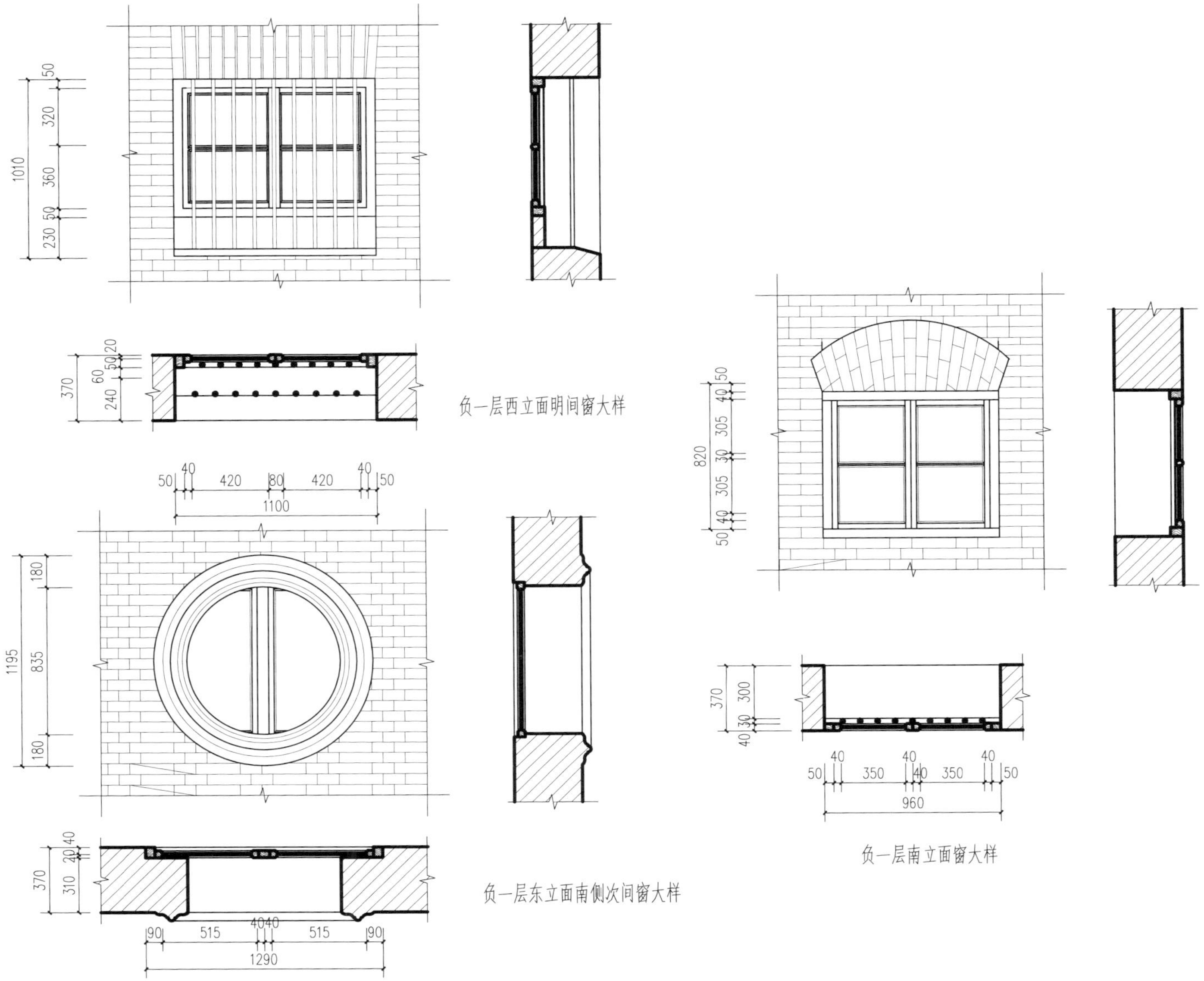

图 33　门窗大样

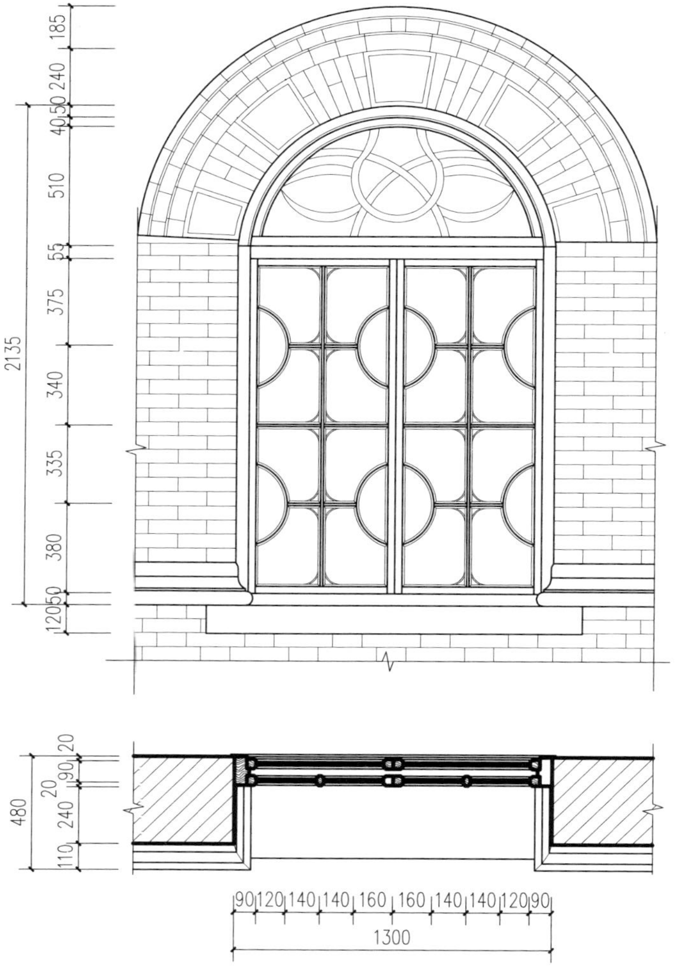

一层西立面北侧次间窗大样1

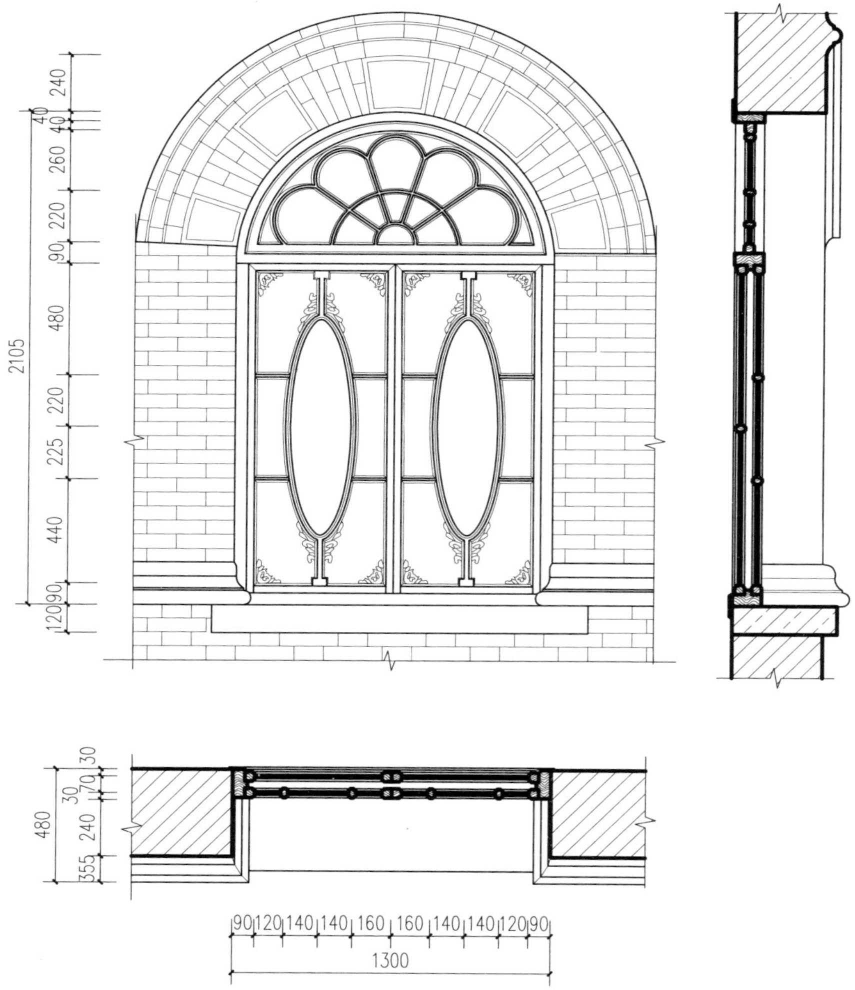

一层西立面北侧次间窗大样2

图 34　门窗大样

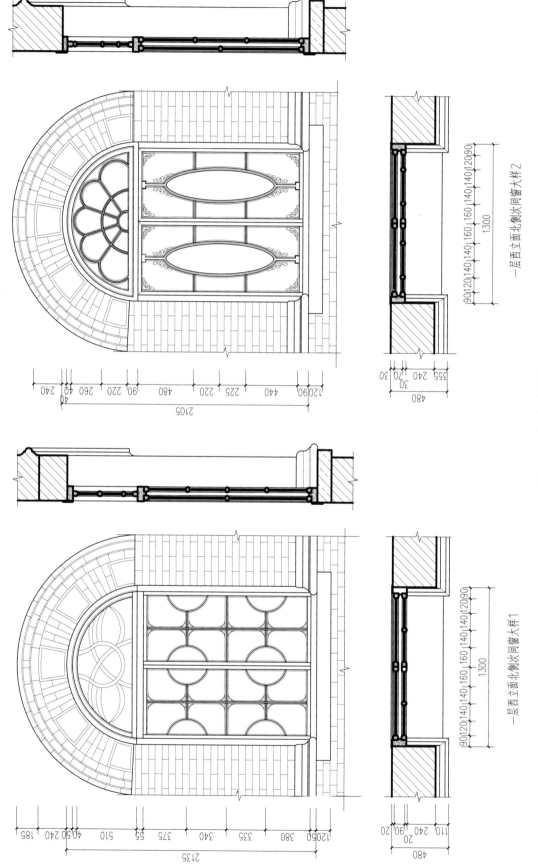

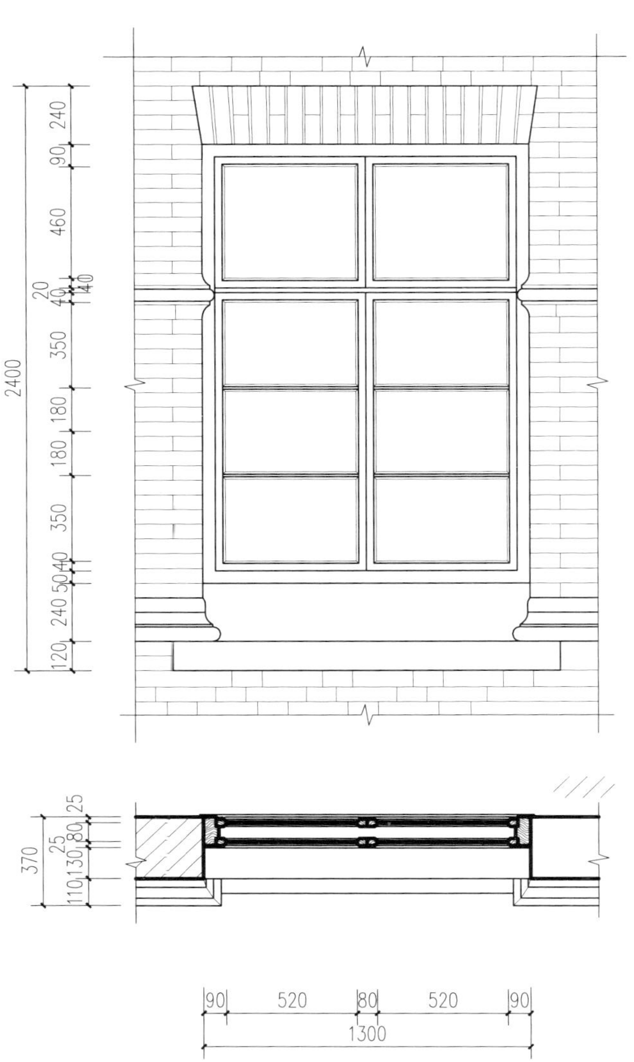

一层西立面明间窗大样1

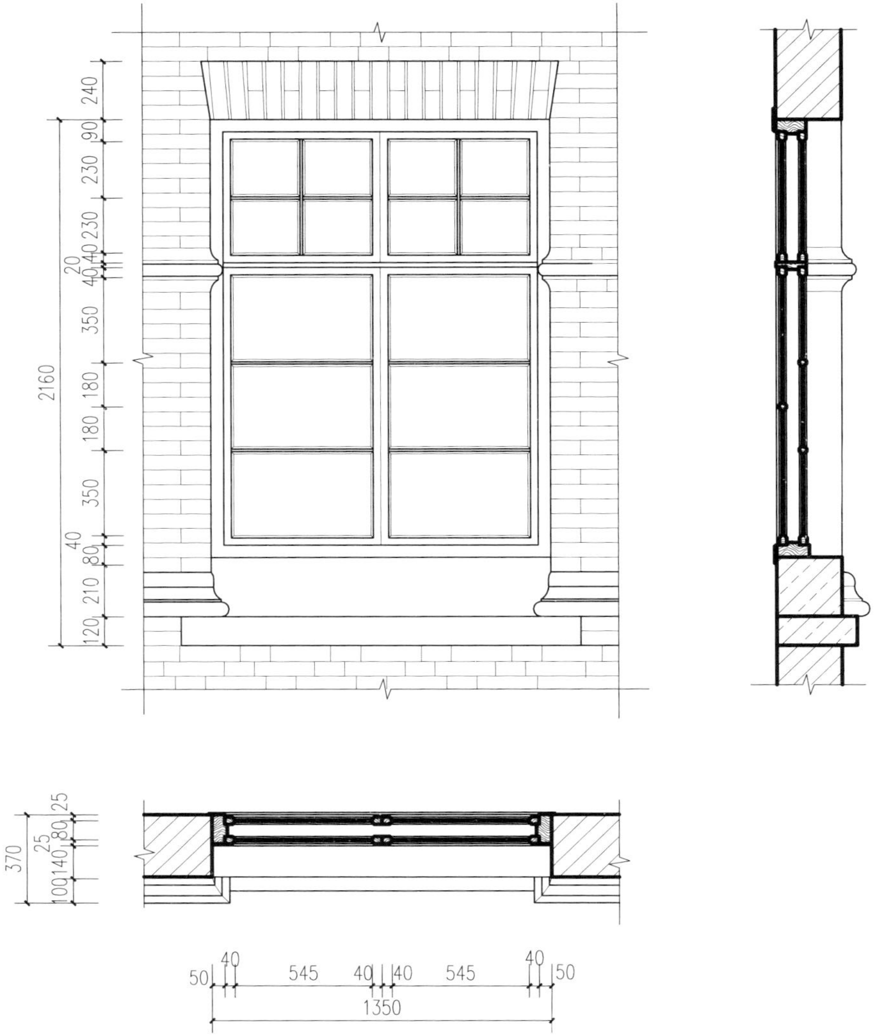

一层西立面明间窗大样2

图 35　门窗大样

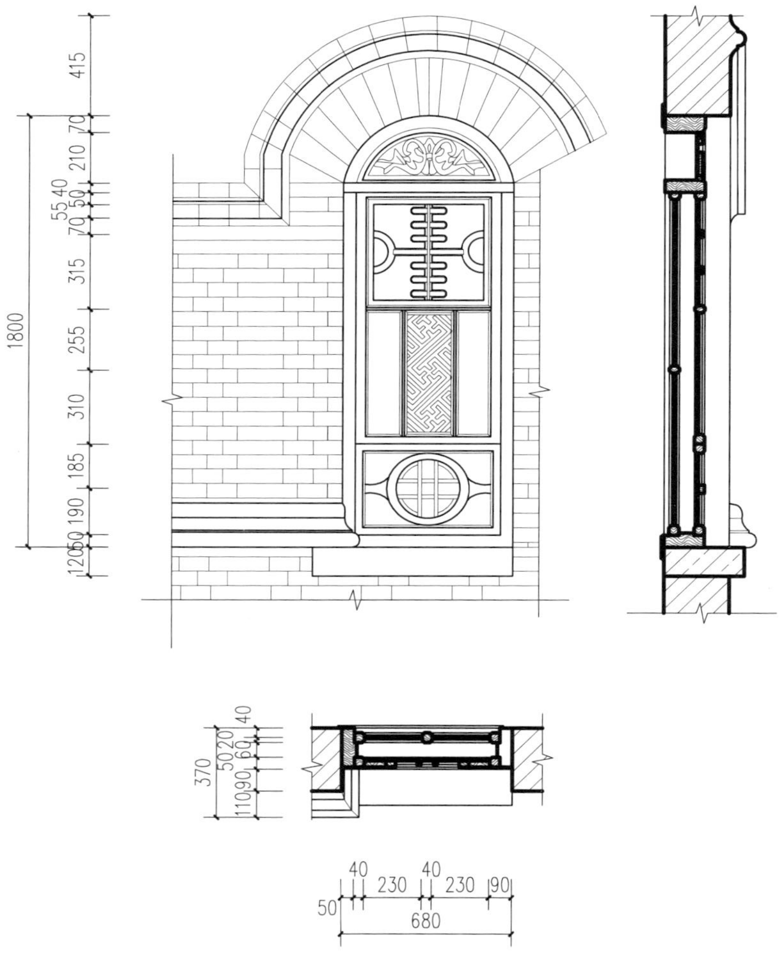

一层西立面南侧次间窗大样

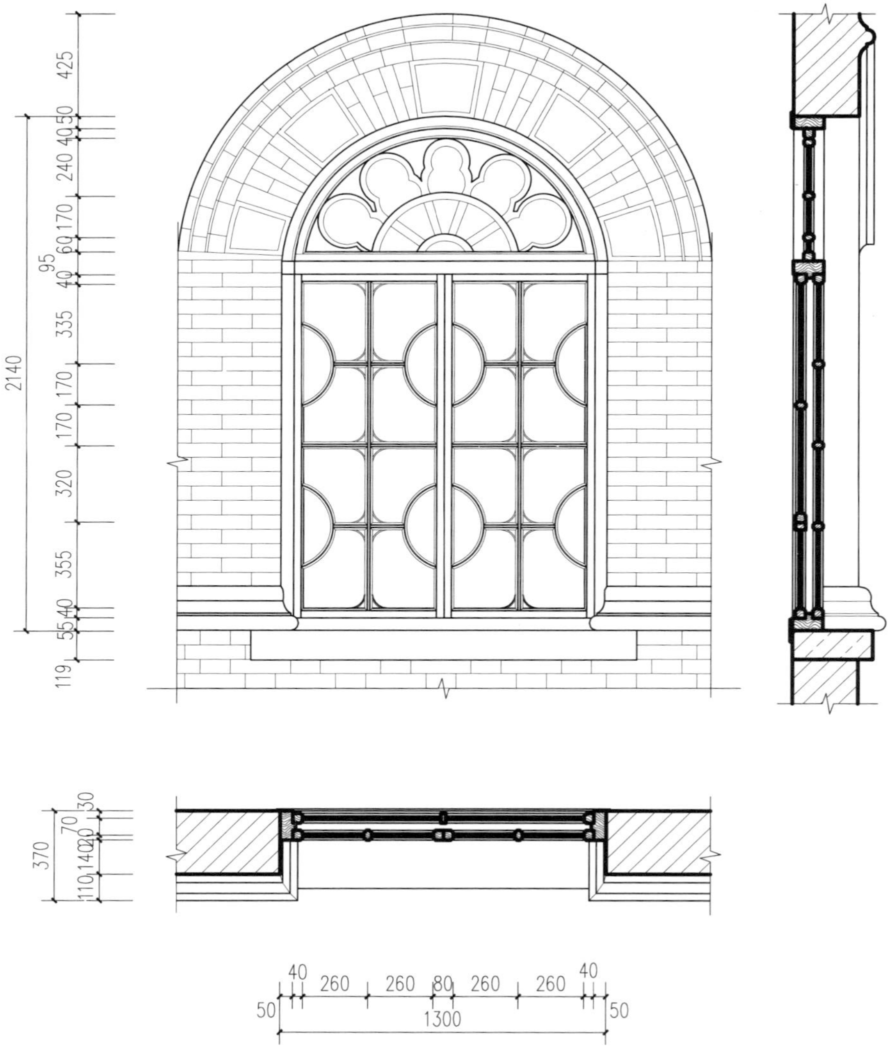

一层西立面南侧梢间窗大样

图 36　门窗大样

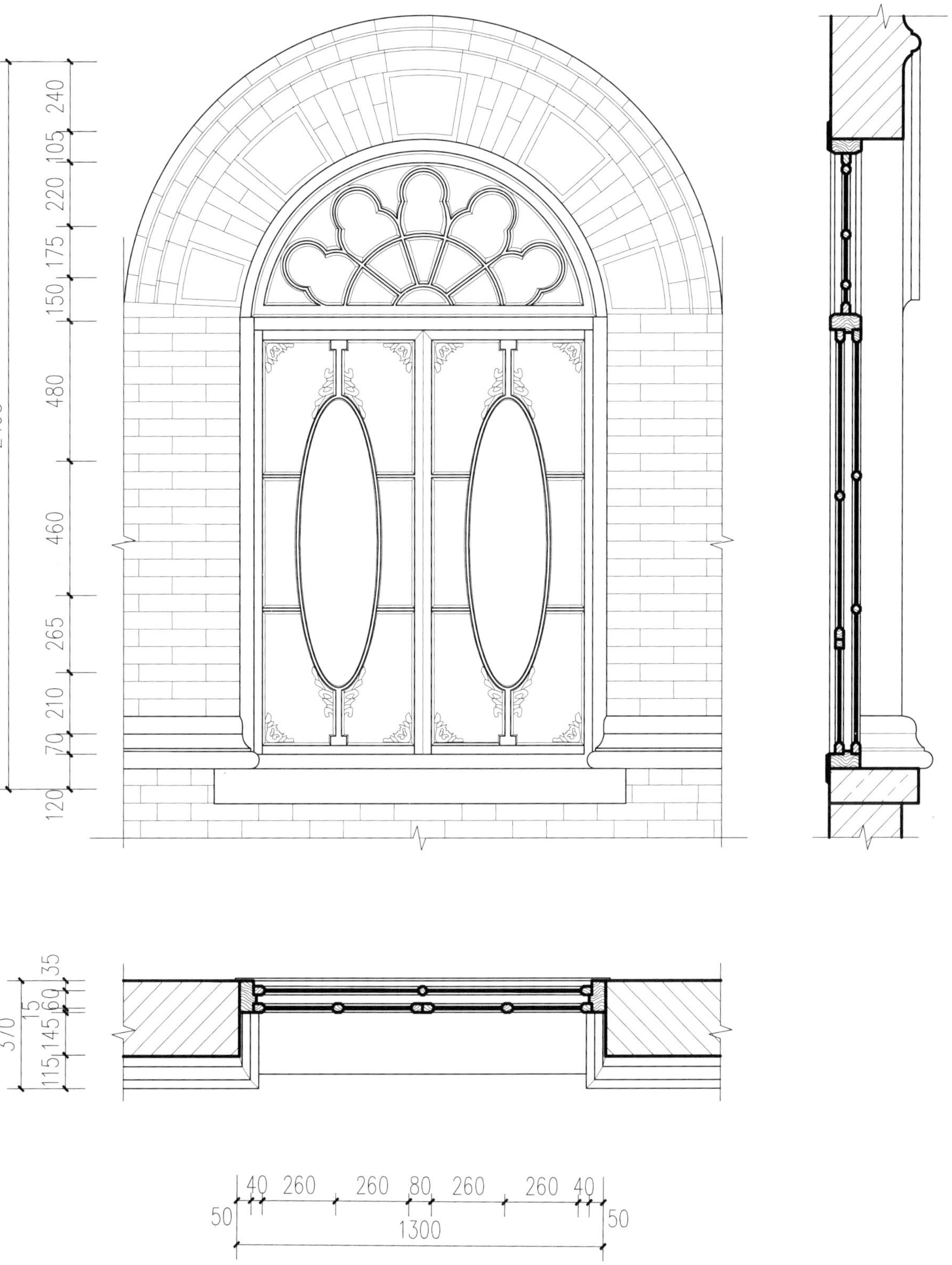

图 37　一层西立面南侧梢间窗大样

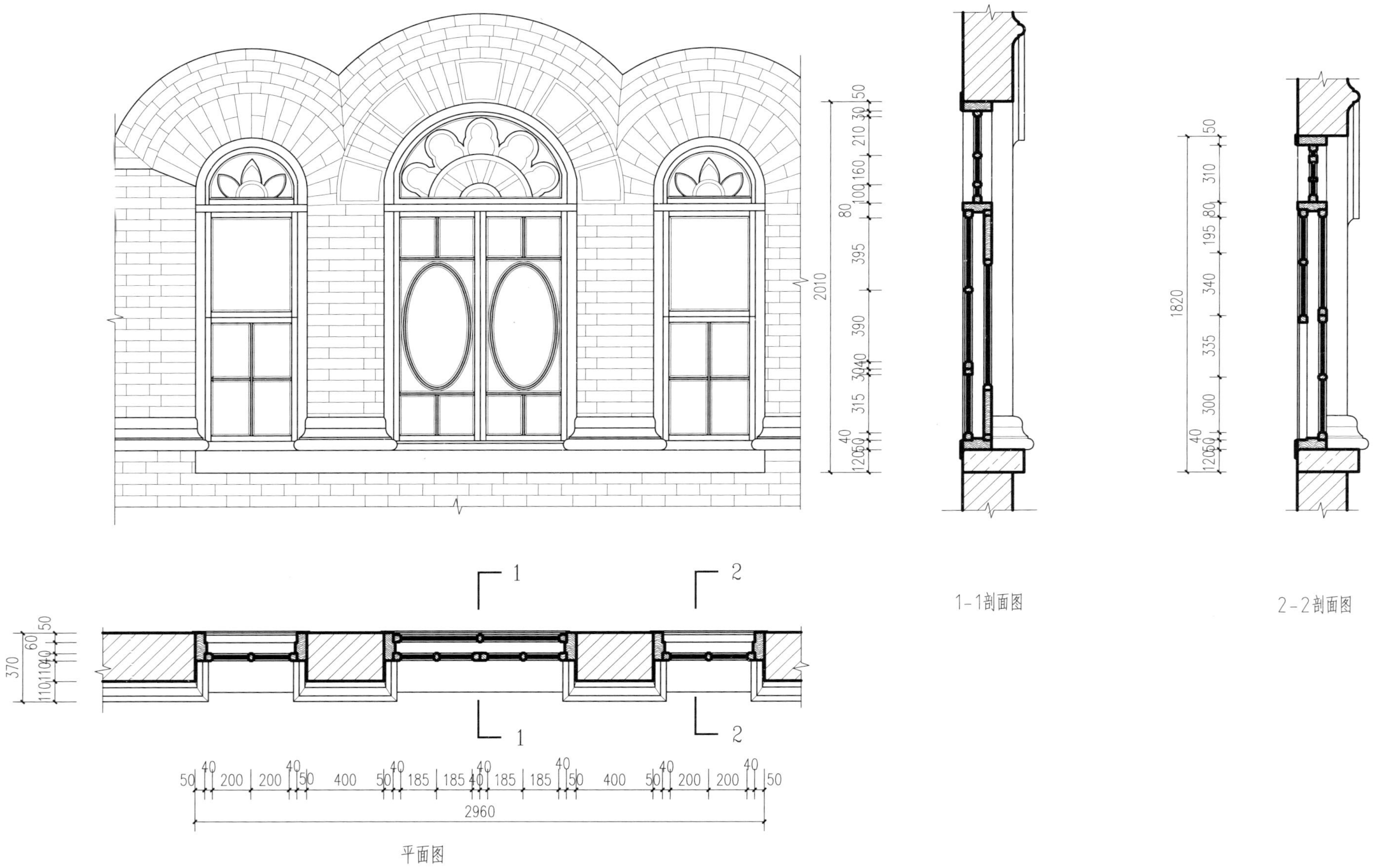

图 38　一层南立面窗大样 1

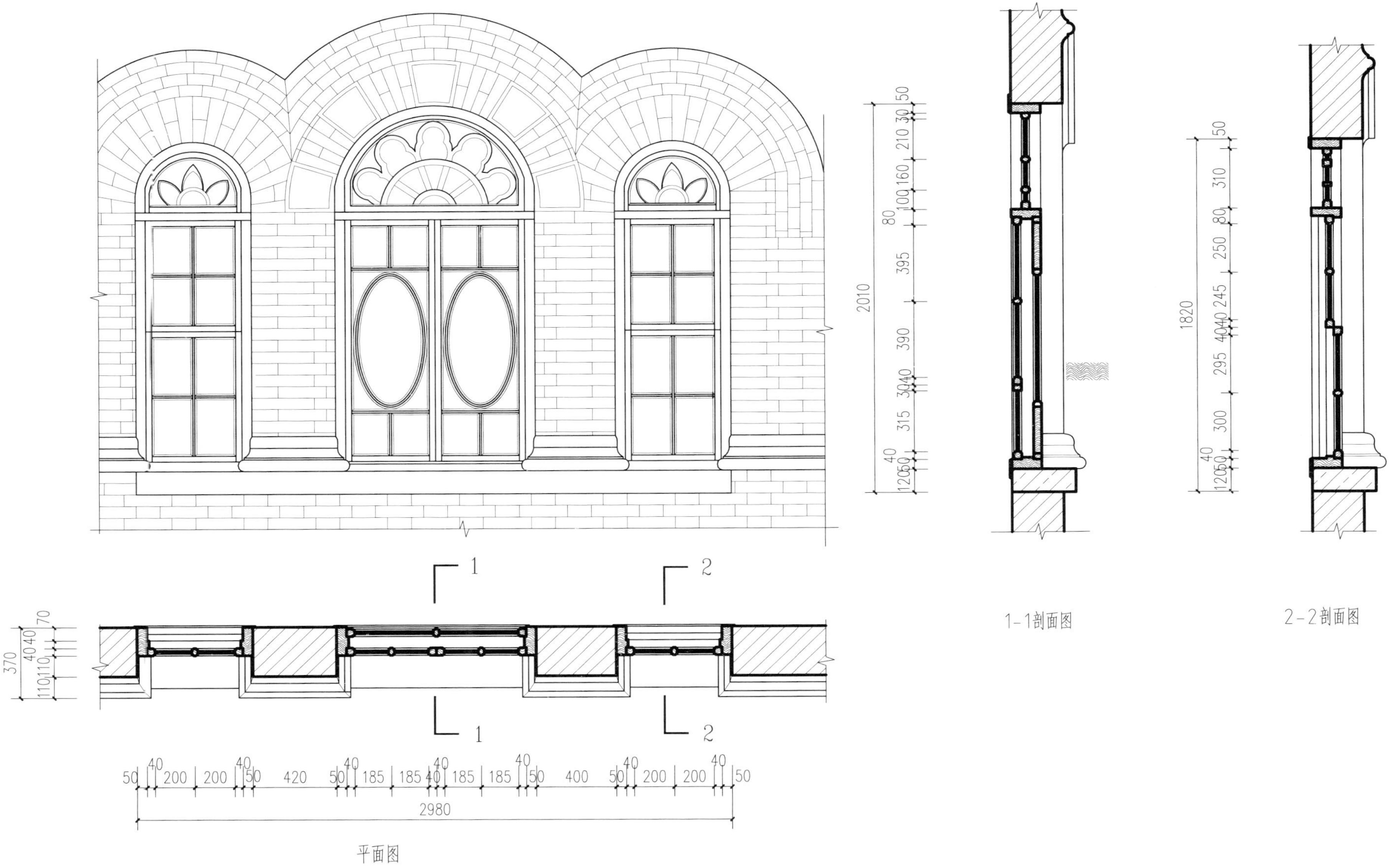

图 39　一层南立面窗大样 2

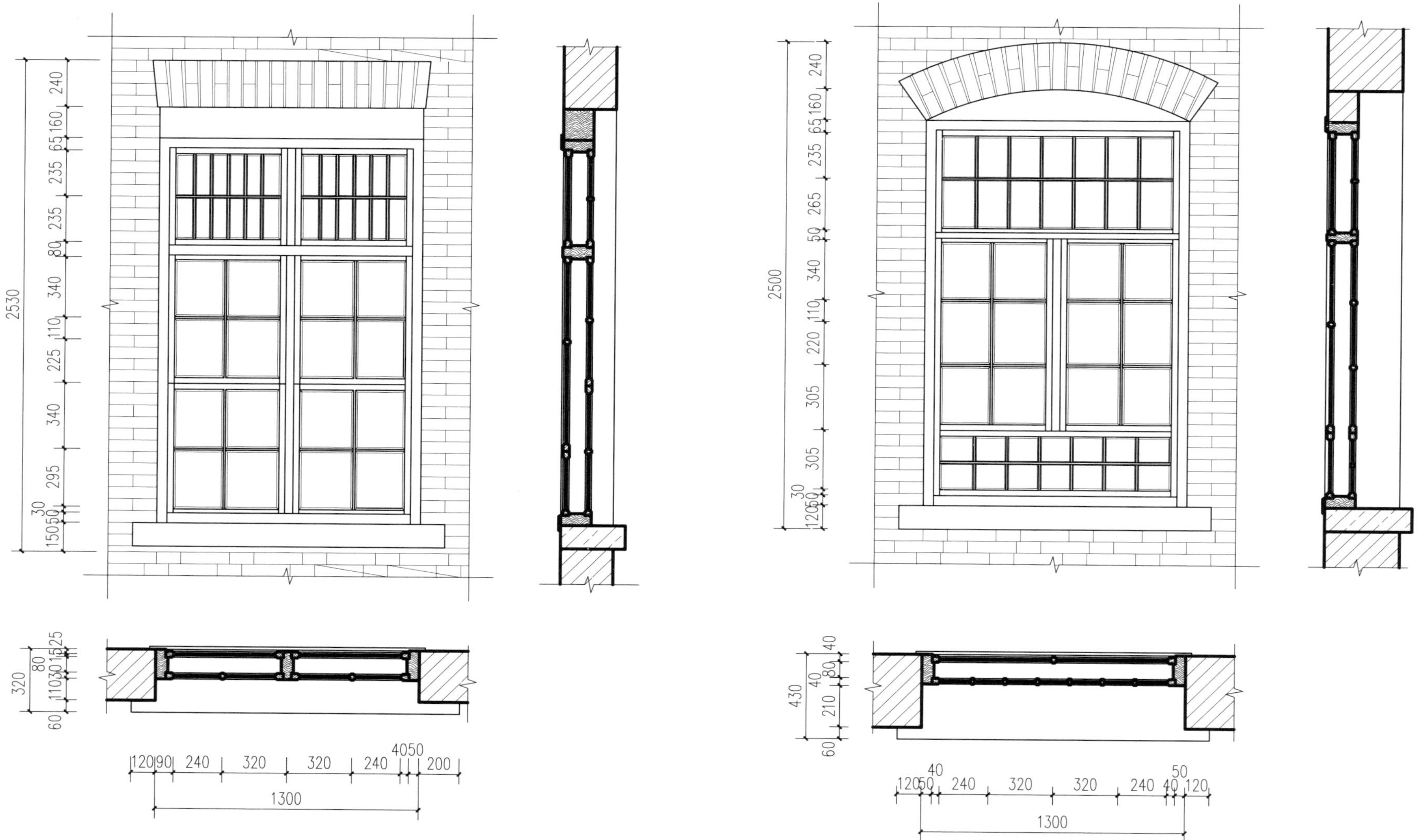

一层东立面南侧次间窗大样

一层东立面北侧明间窗大样

图 40　门窗大样

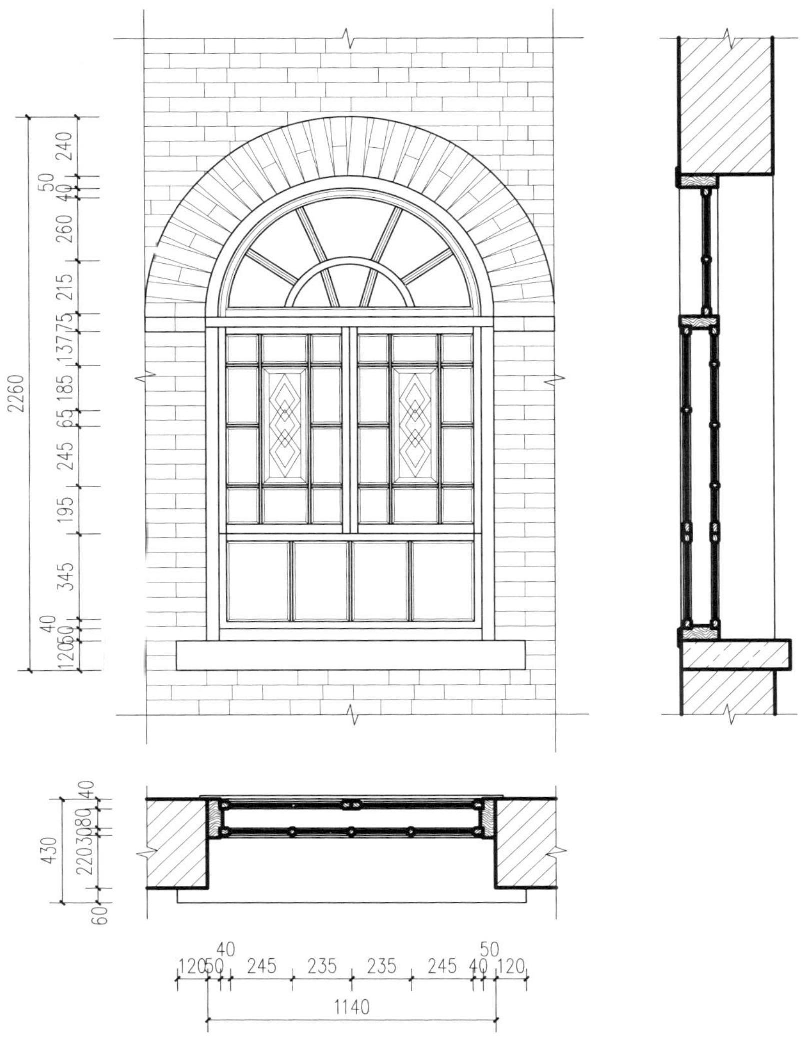

一层东立面北侧次间窗大样

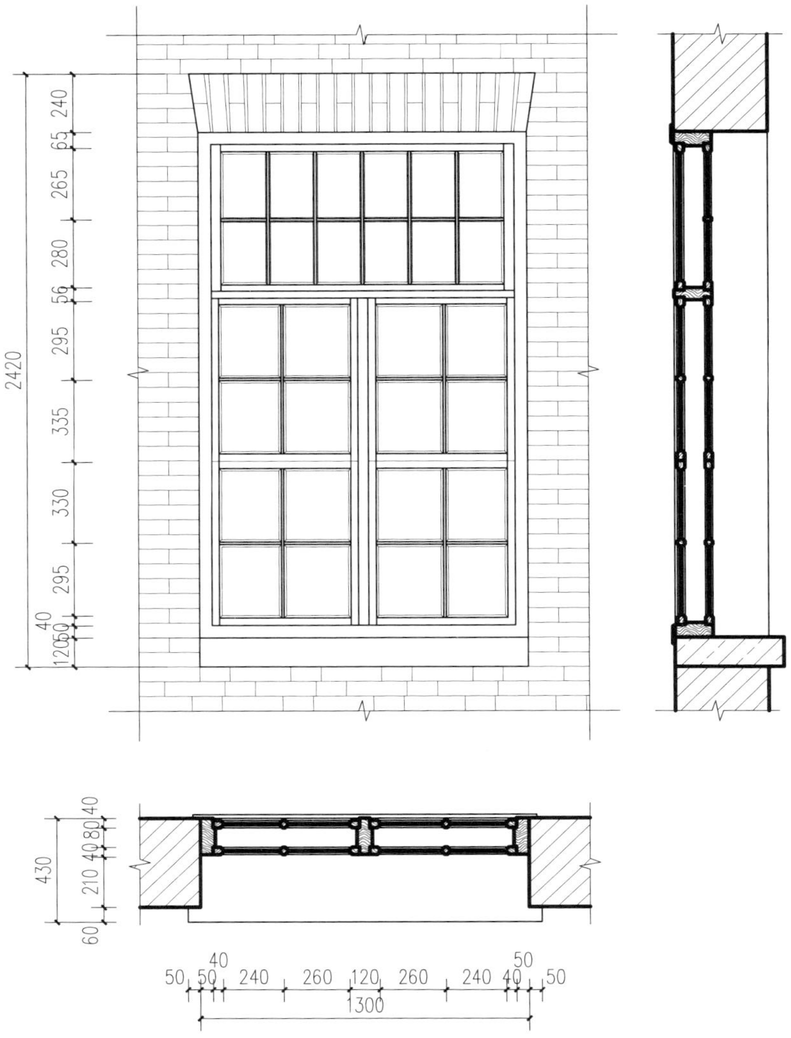

一层东立面北侧梢间窗大样

图 41　门窗大样

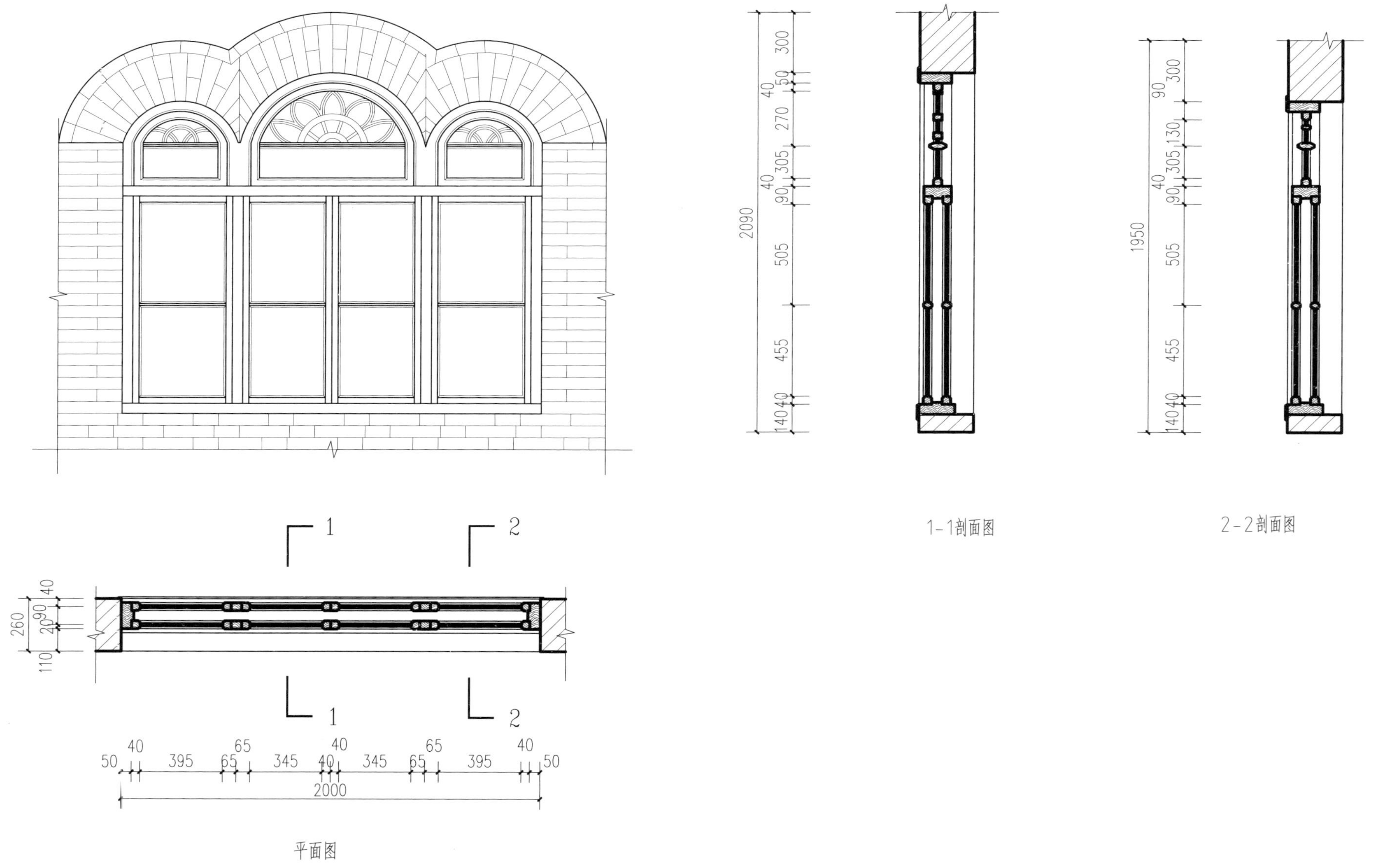

图 42　一层北立面窗大样

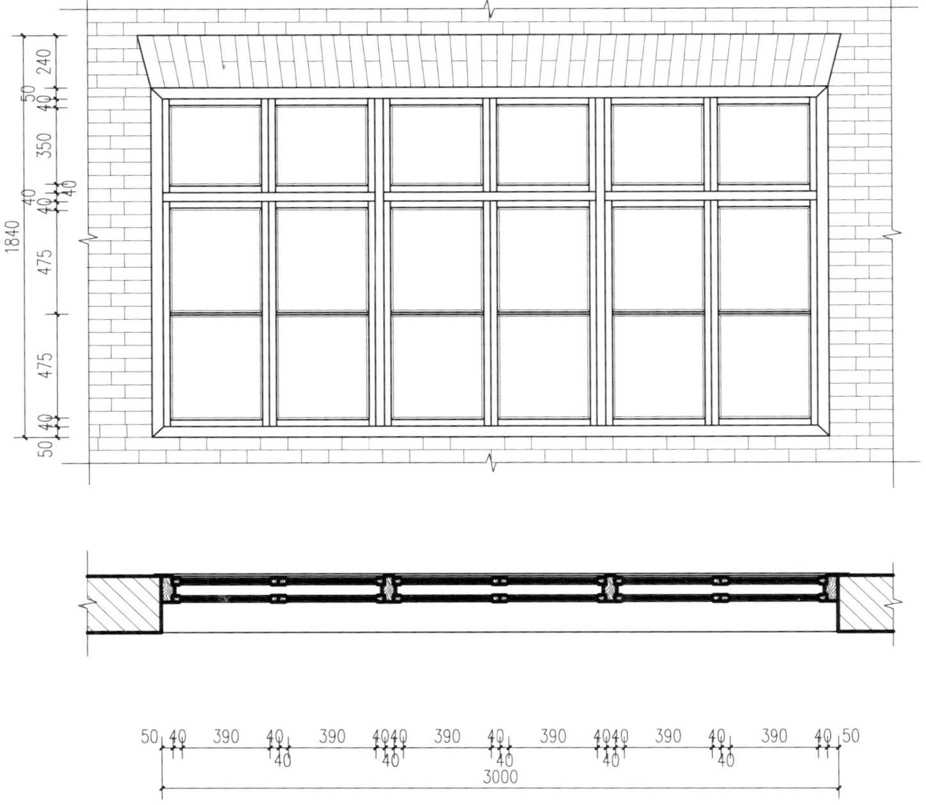

二层西立面、东立面北侧梢间窗大样

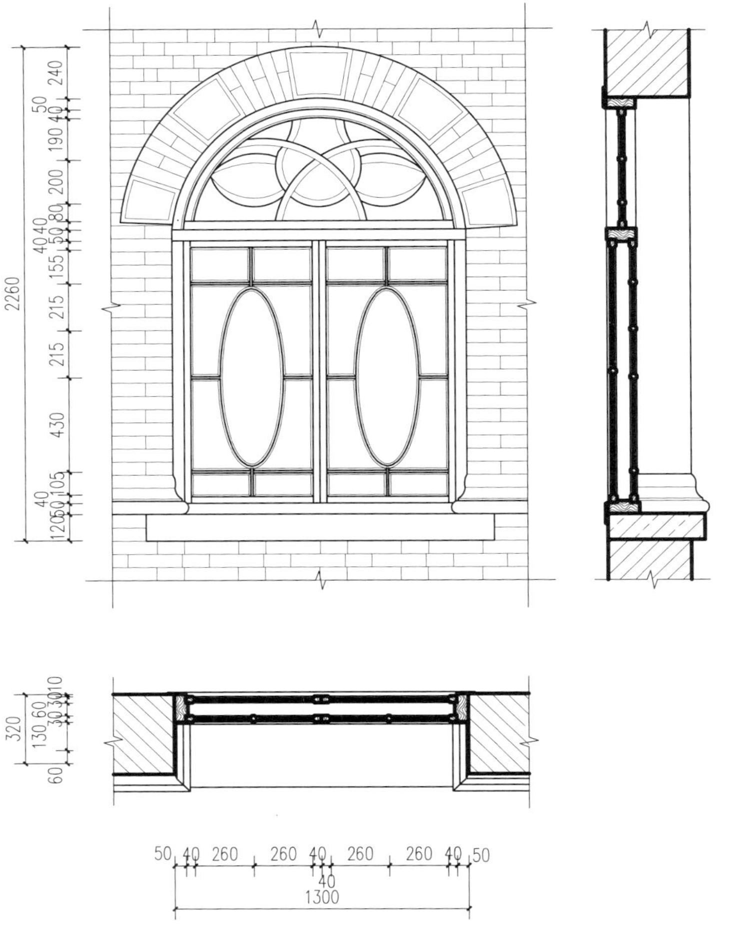

二层西立面北侧次间窗大样

图 43　门窗大样

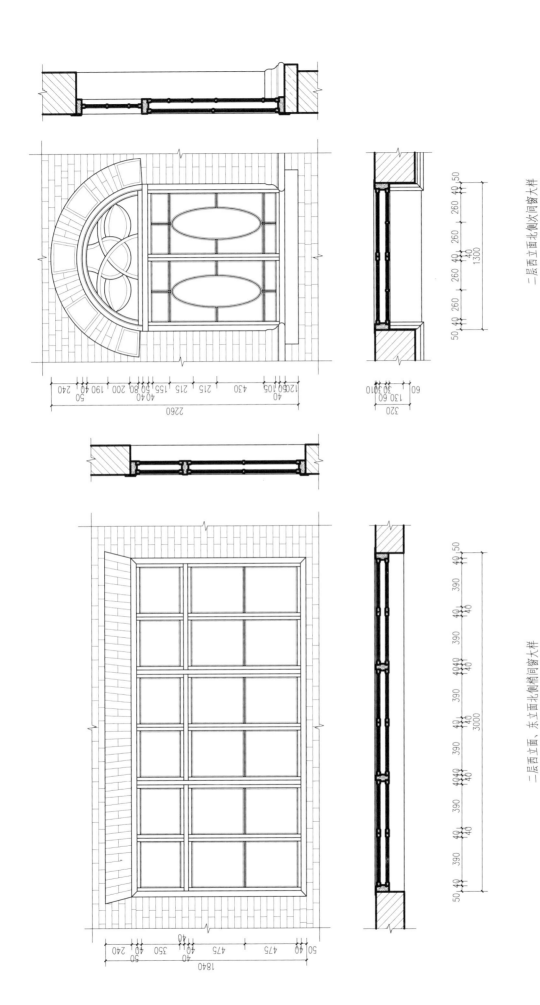

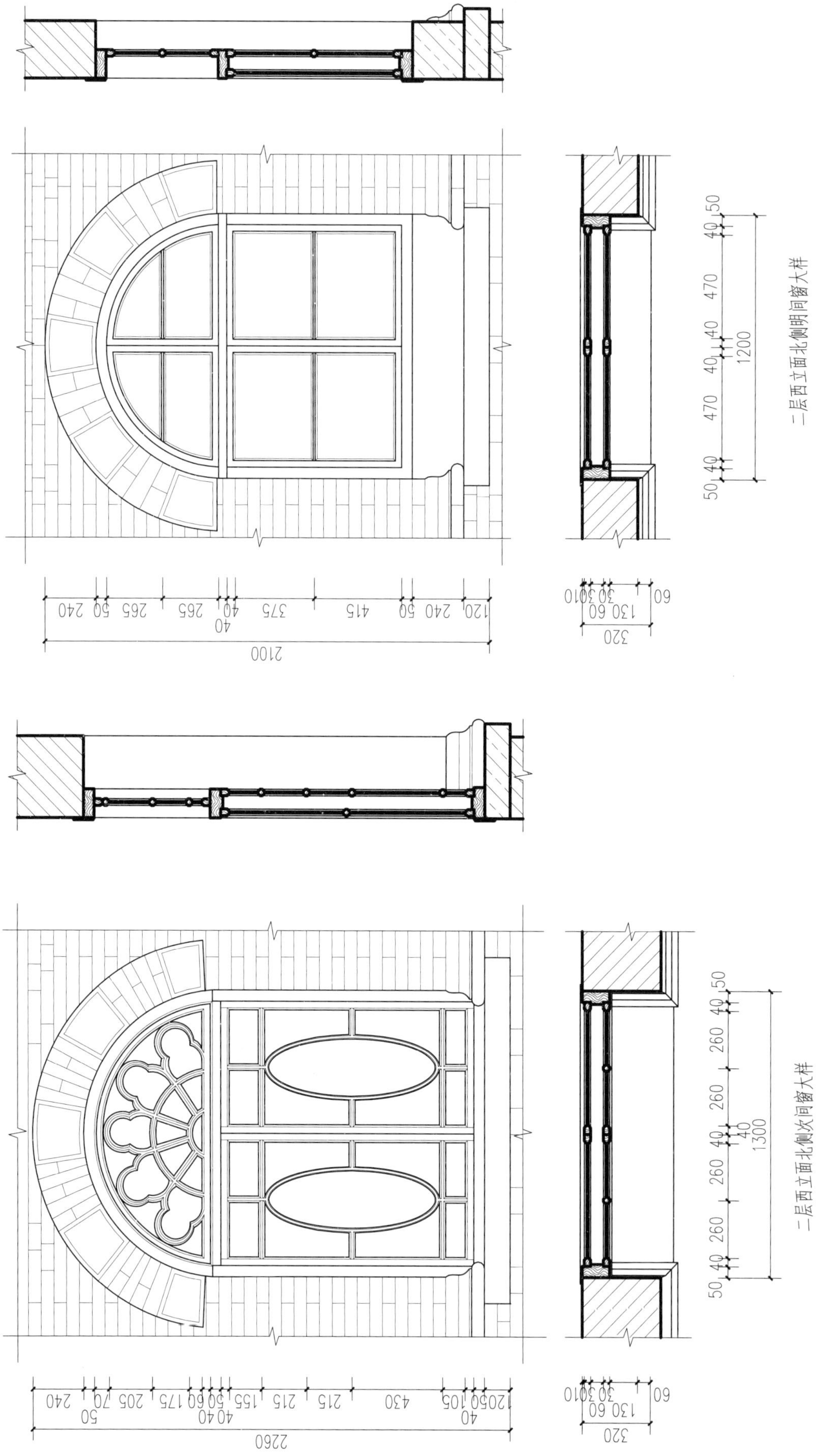

图 44　门窗大样

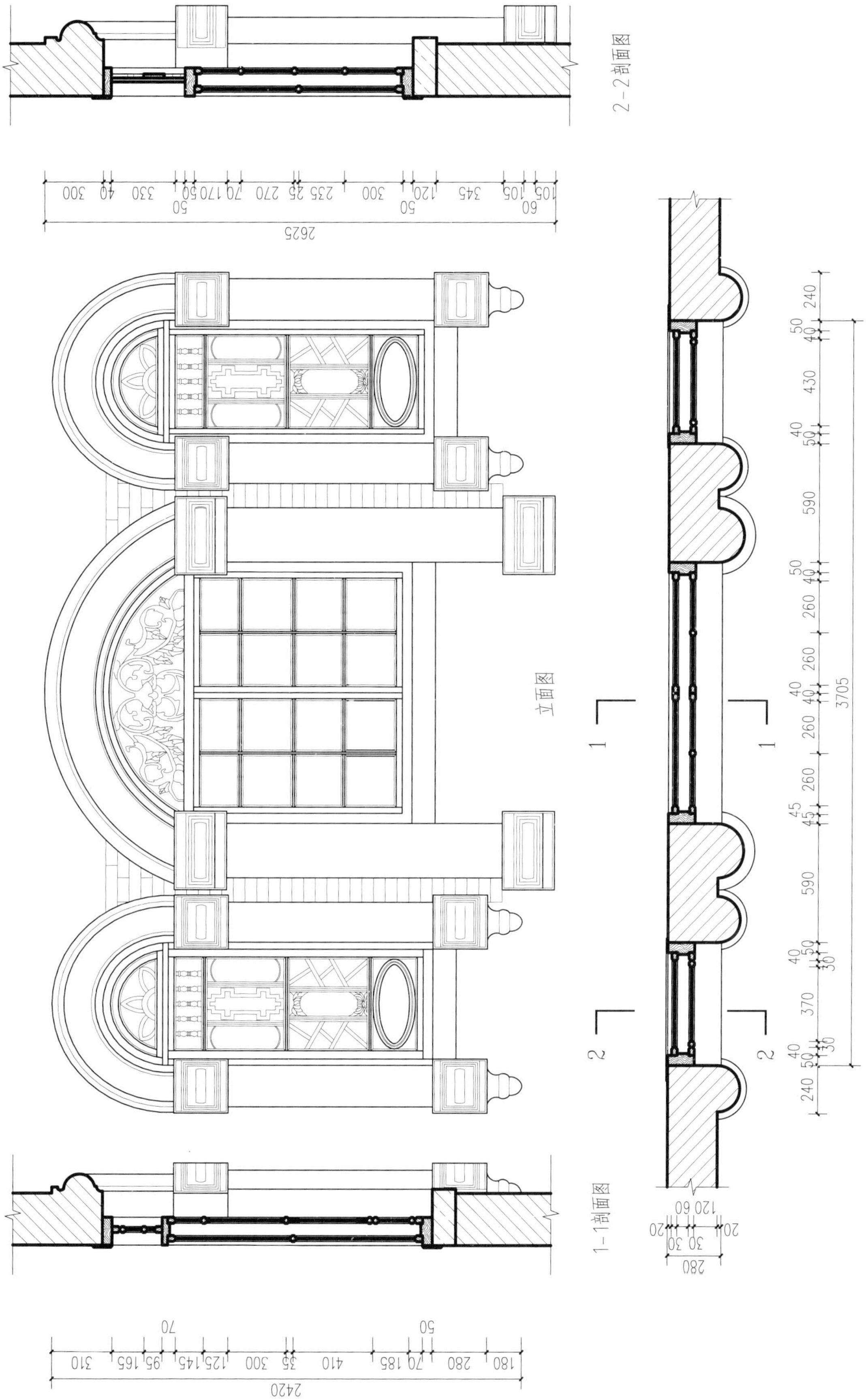

图 45　二层西立面南侧次间窗大样

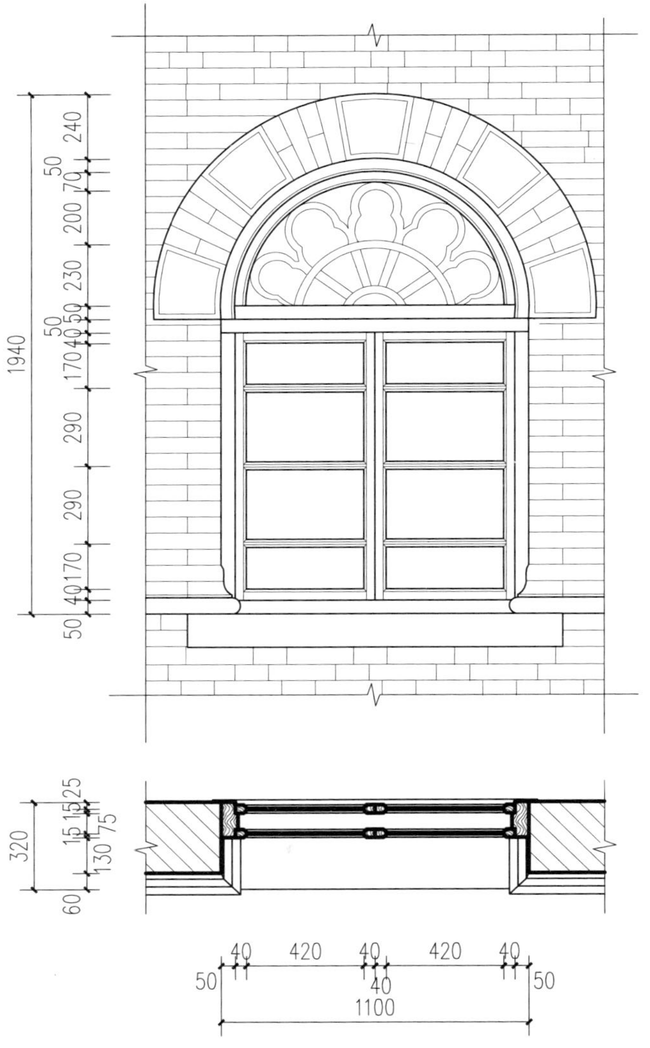

二层西立面南侧次间窗大样

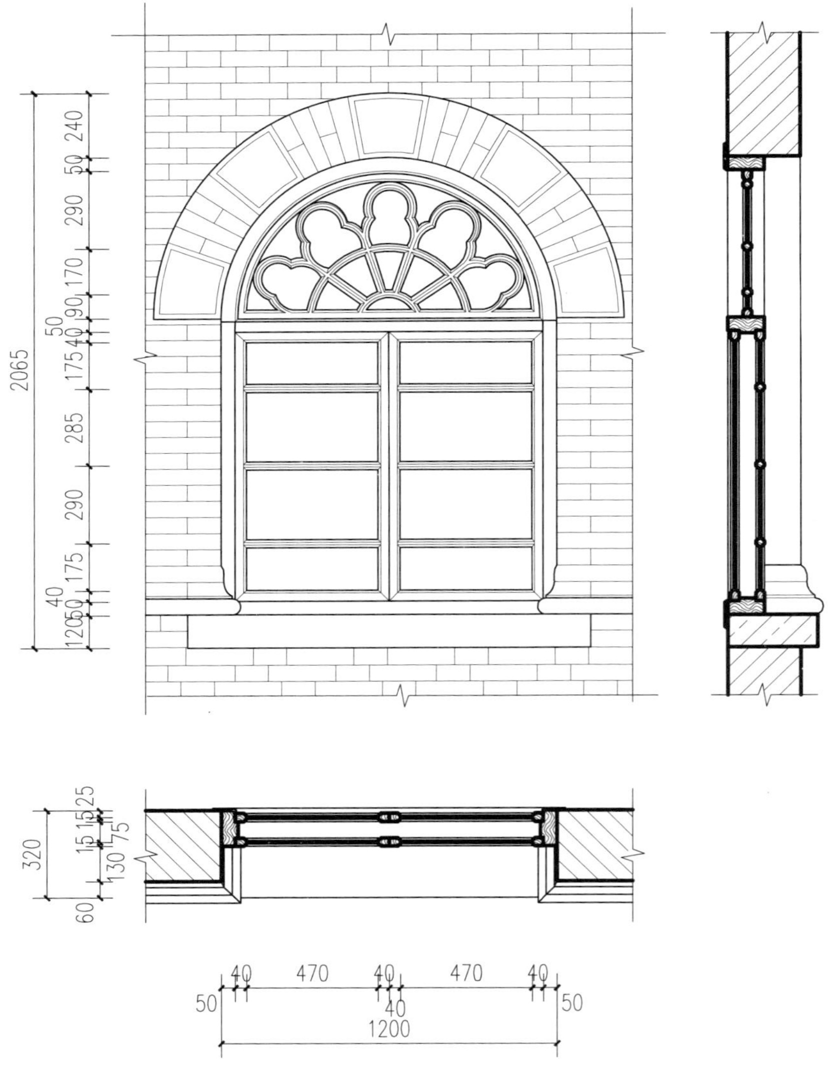

二层西立面南侧次间窗大样

图 46　门窗大样

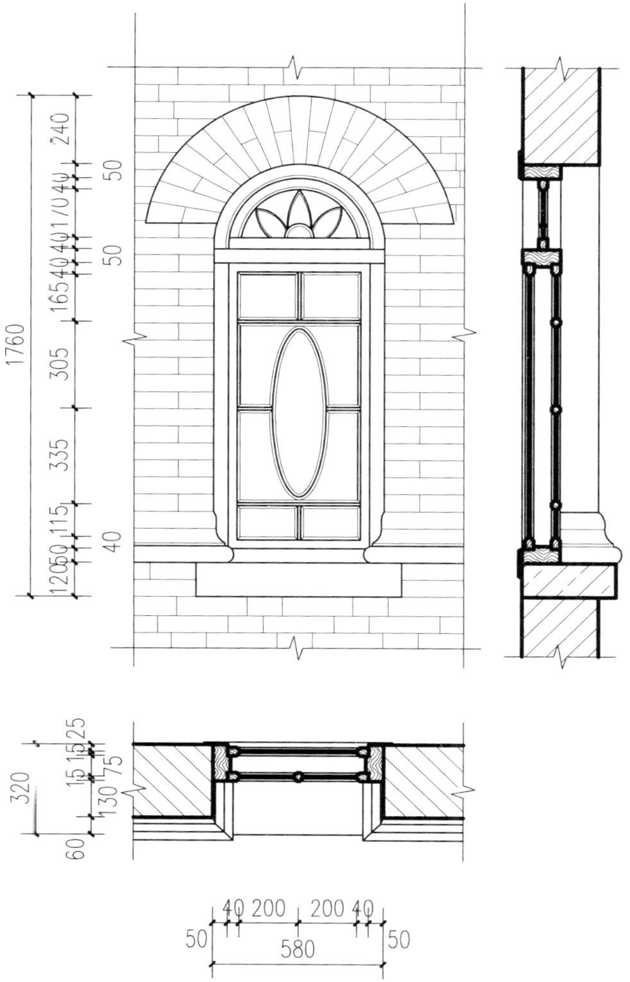

二层南立面窗大样1

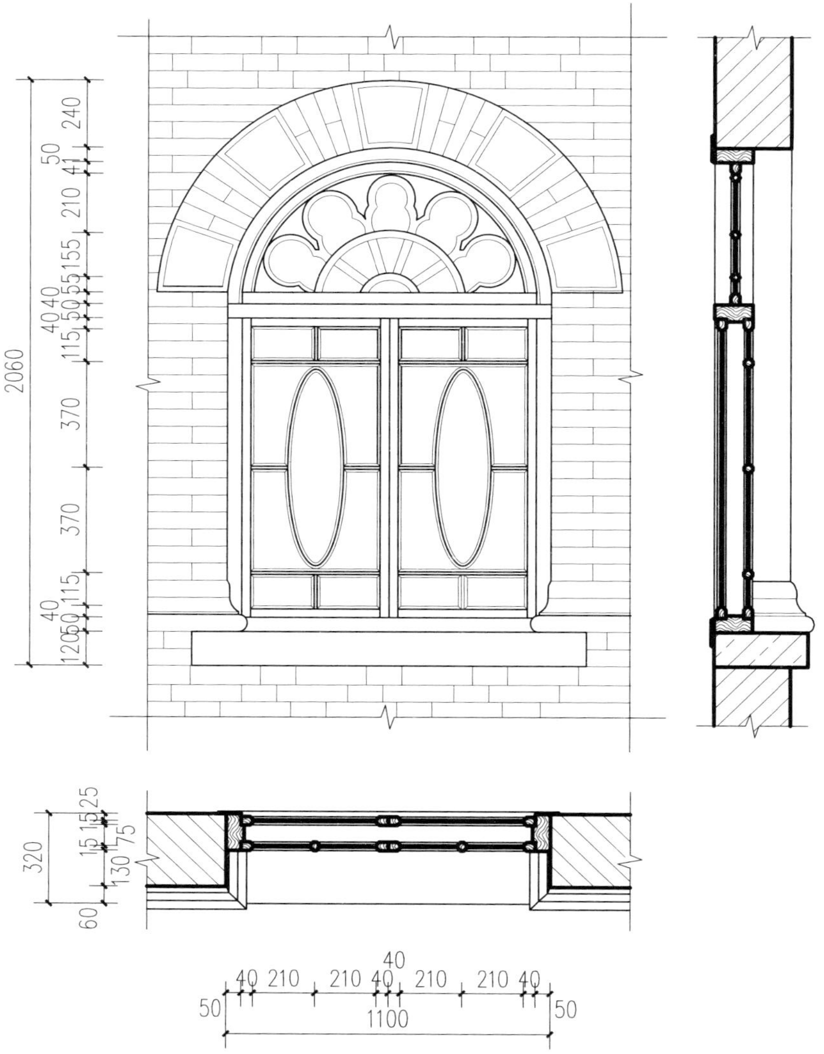

二层南立面窗大样2

图 47　门窗大样

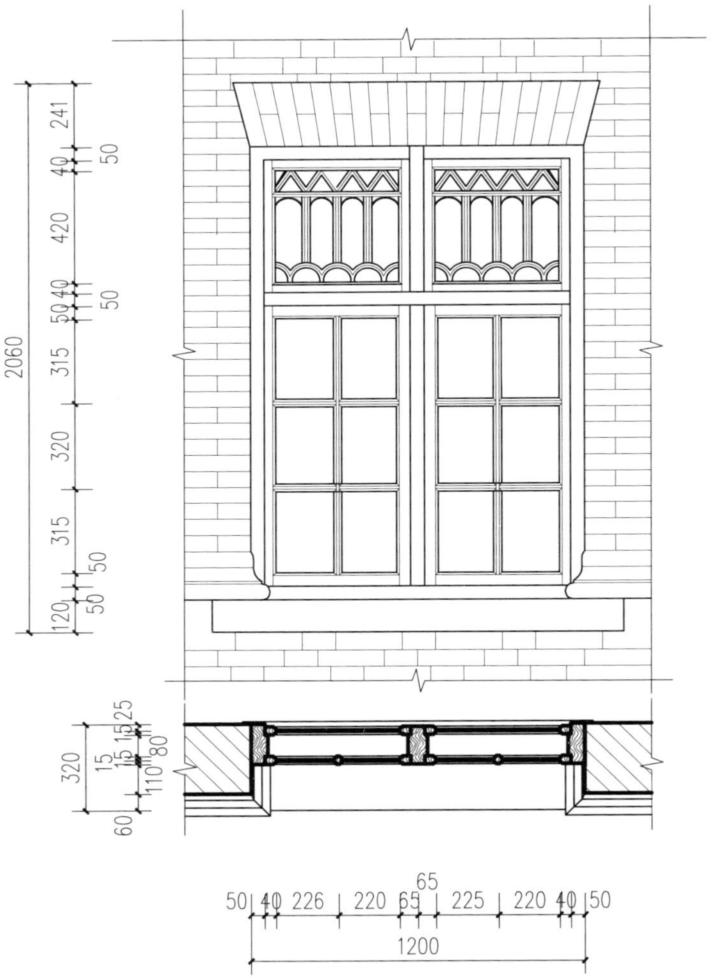

二层东立面南侧梢间窗大样

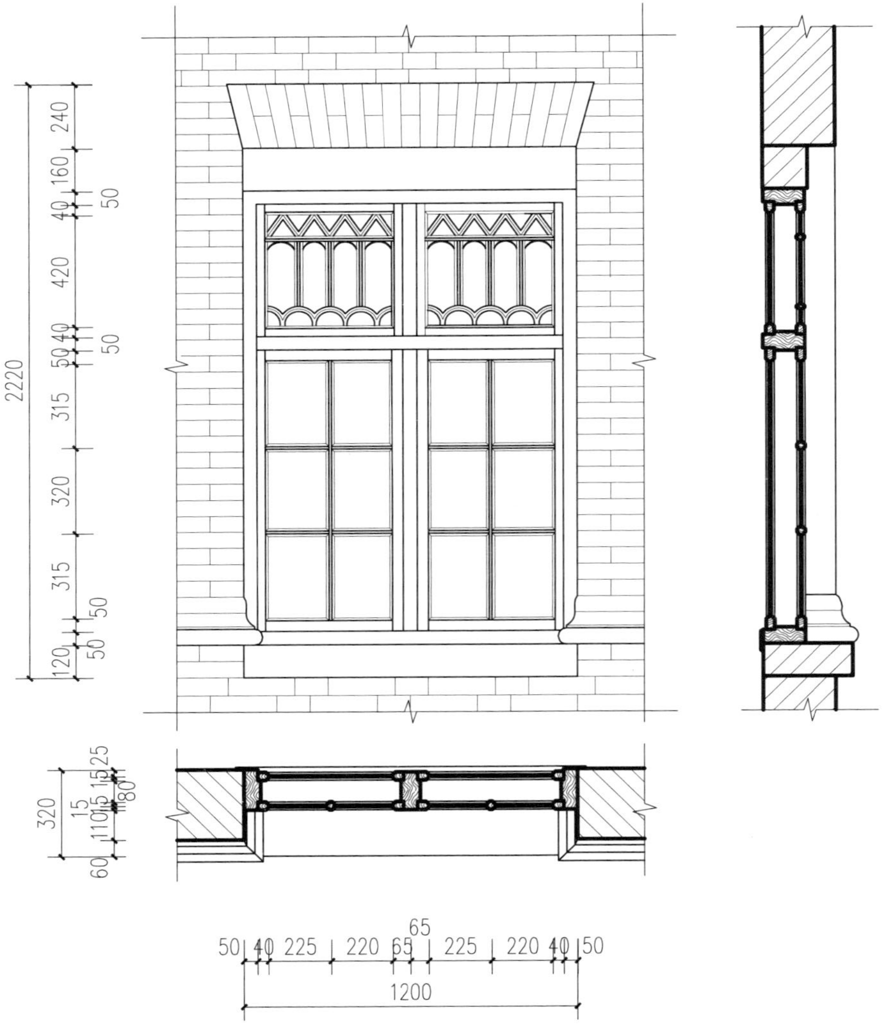

二层东立面南侧次间窗大样

图 48　门窗大样

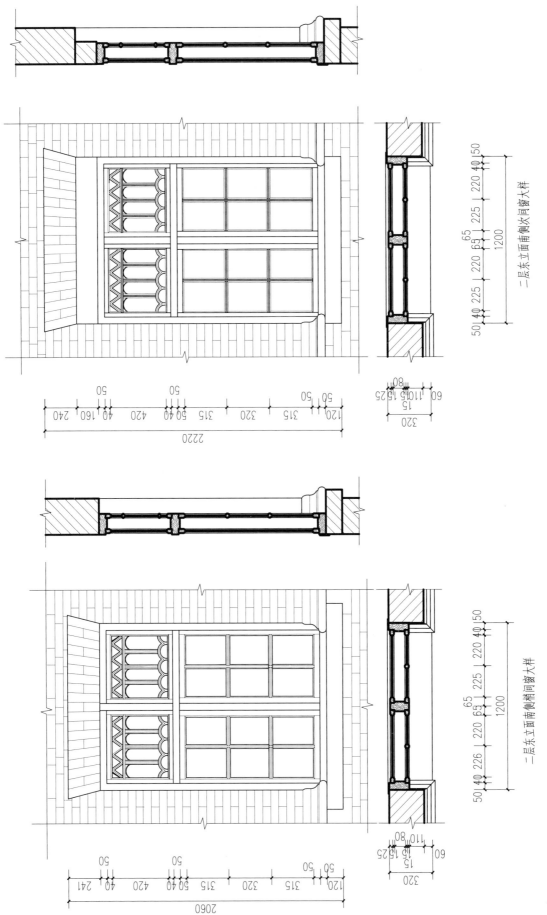

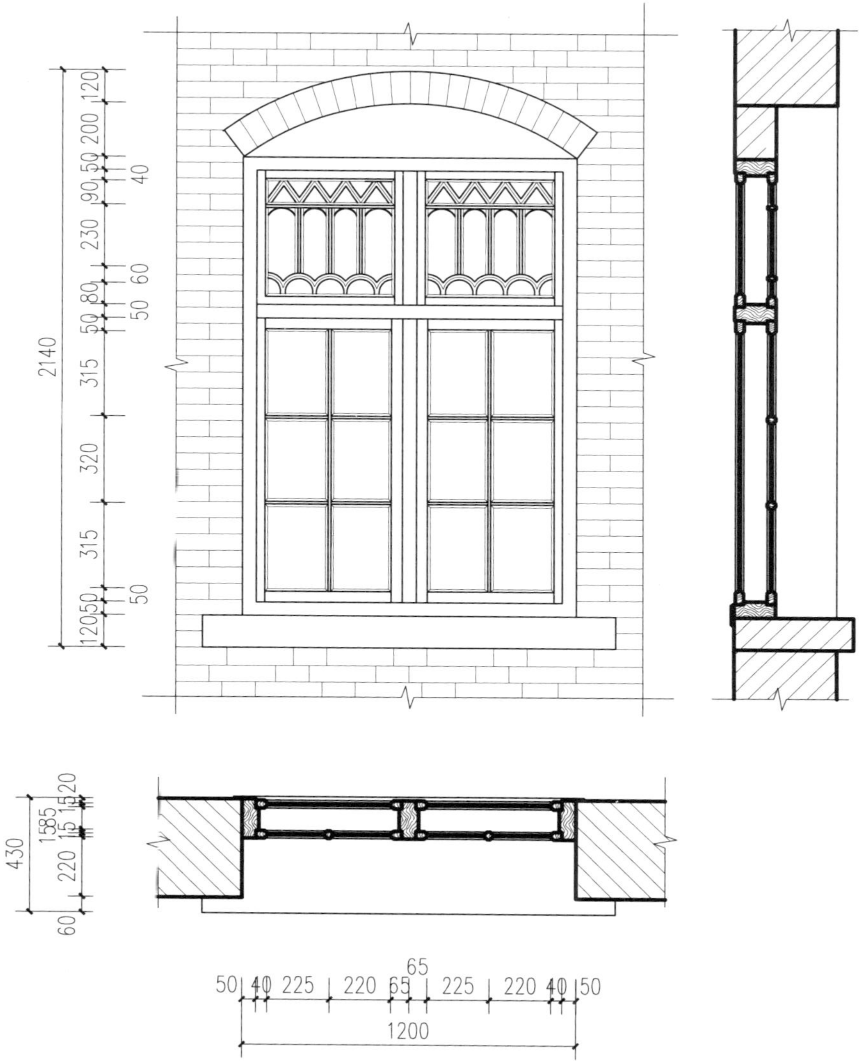

二层东立面明间窗大样

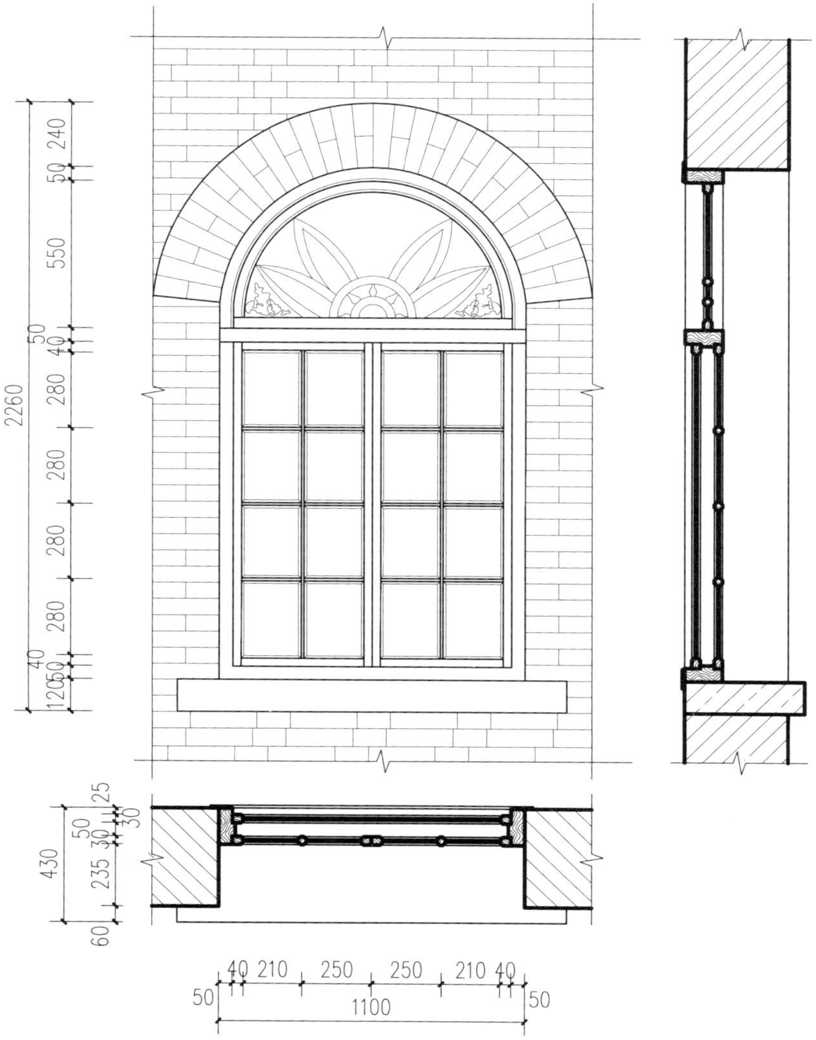

二层东立面北侧次间窗大样

图 49　门窗大样

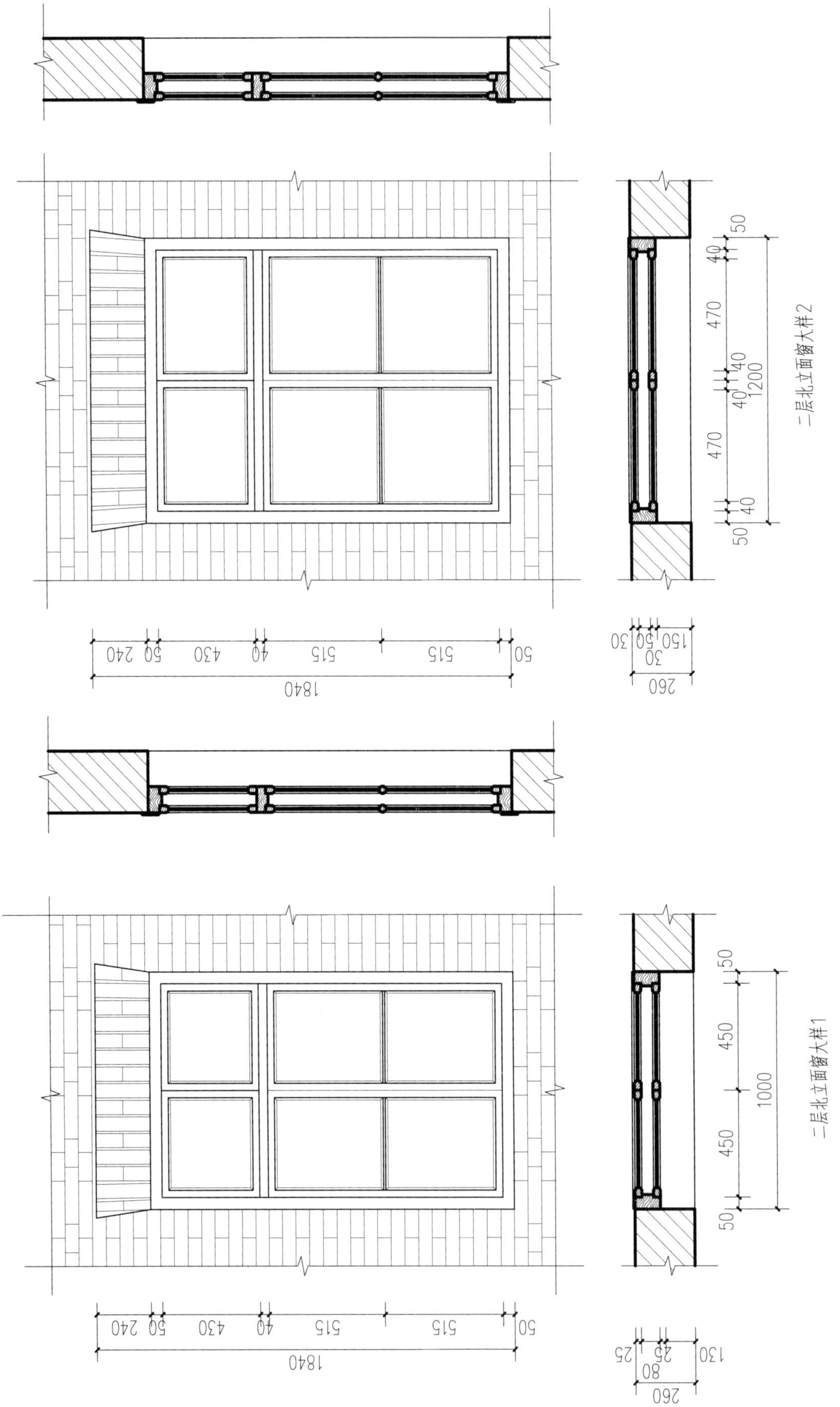

图 50　门窗大样

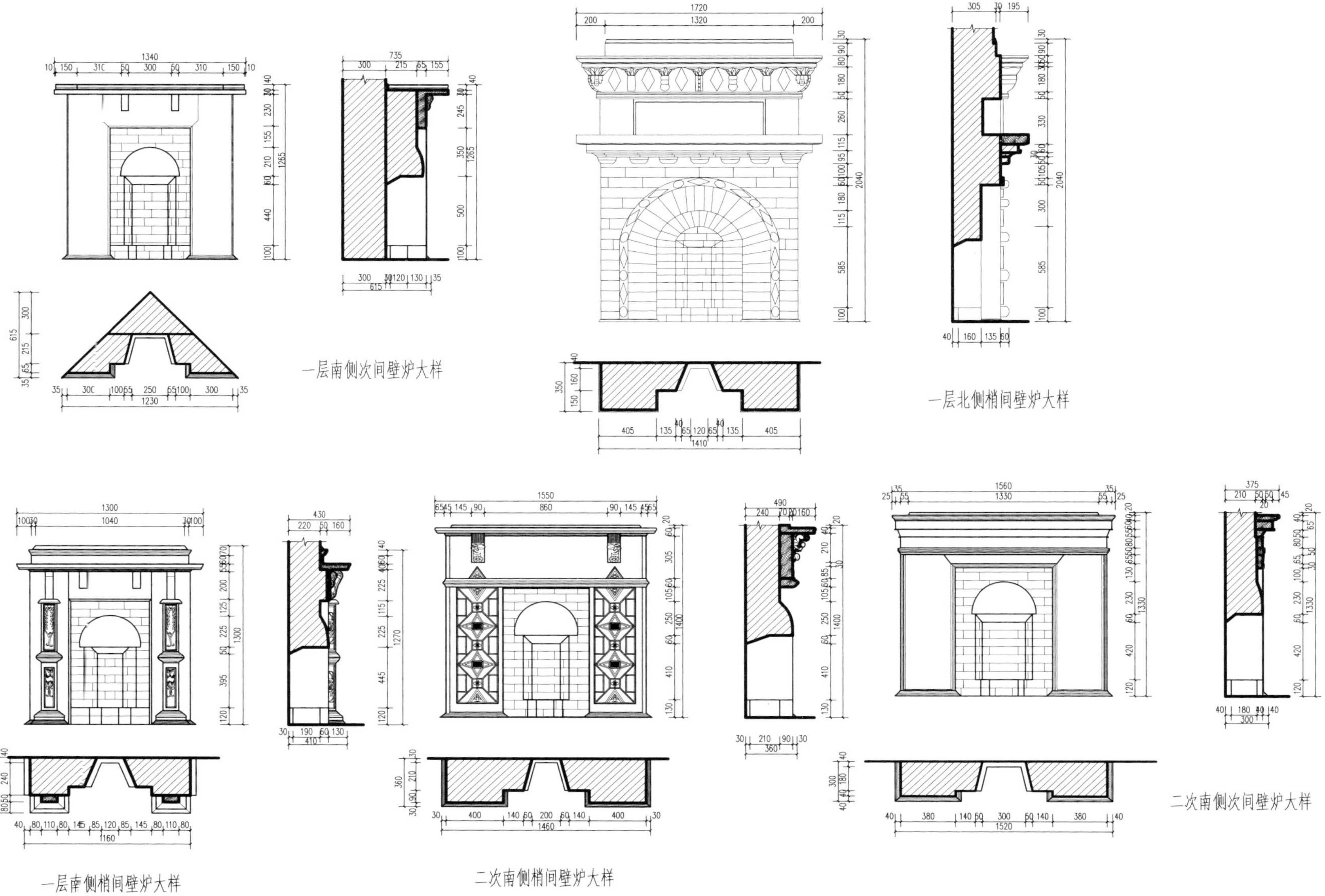
一层南侧次间壁炉大样
一层北侧梢间壁炉大样
一层南侧梢间壁炉大样
二次南侧梢间壁炉大样
二次南侧次间壁炉大样

图 51　壁炉大样

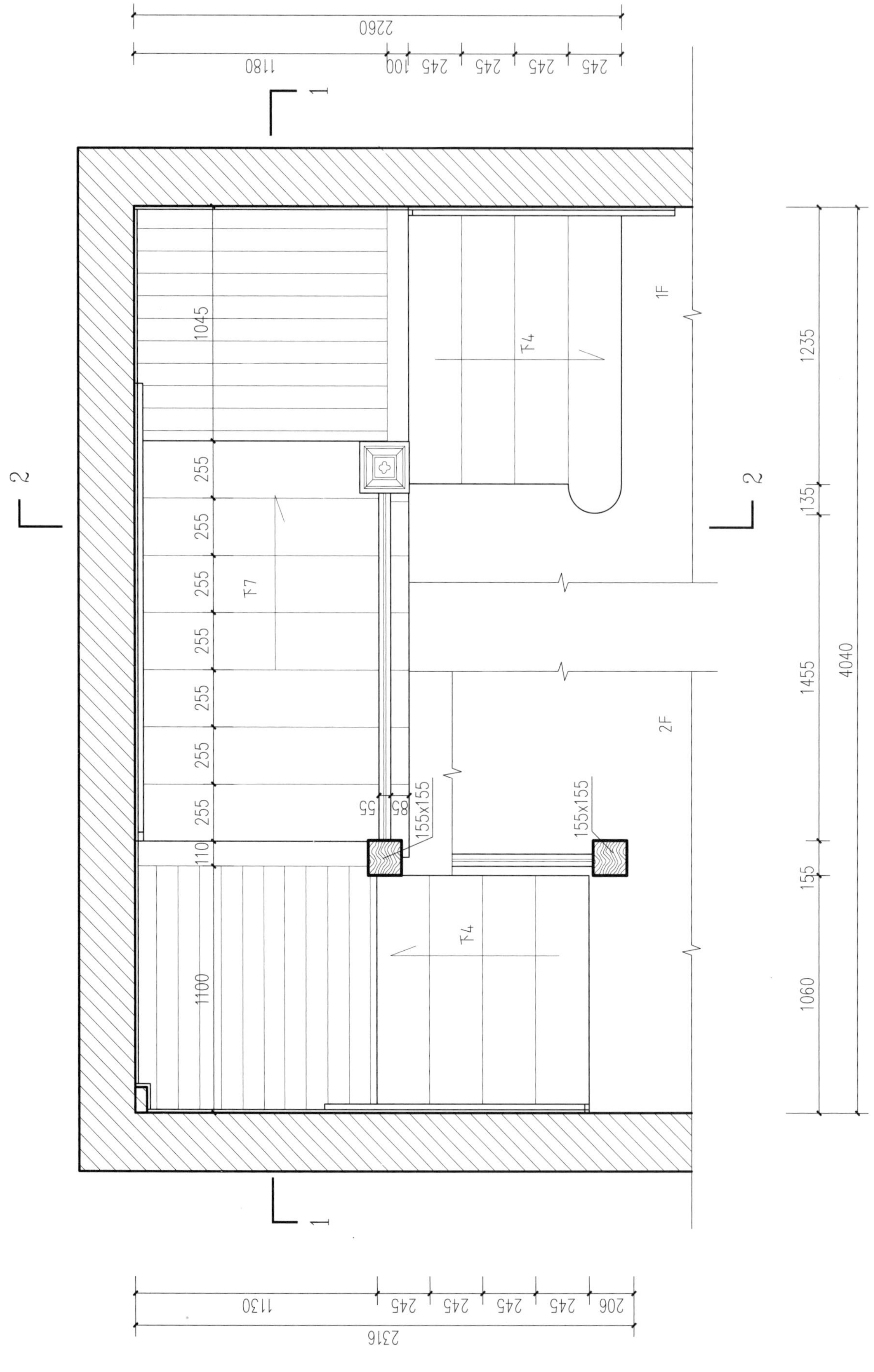

图 52　南侧次间楼梯大样（平面图）

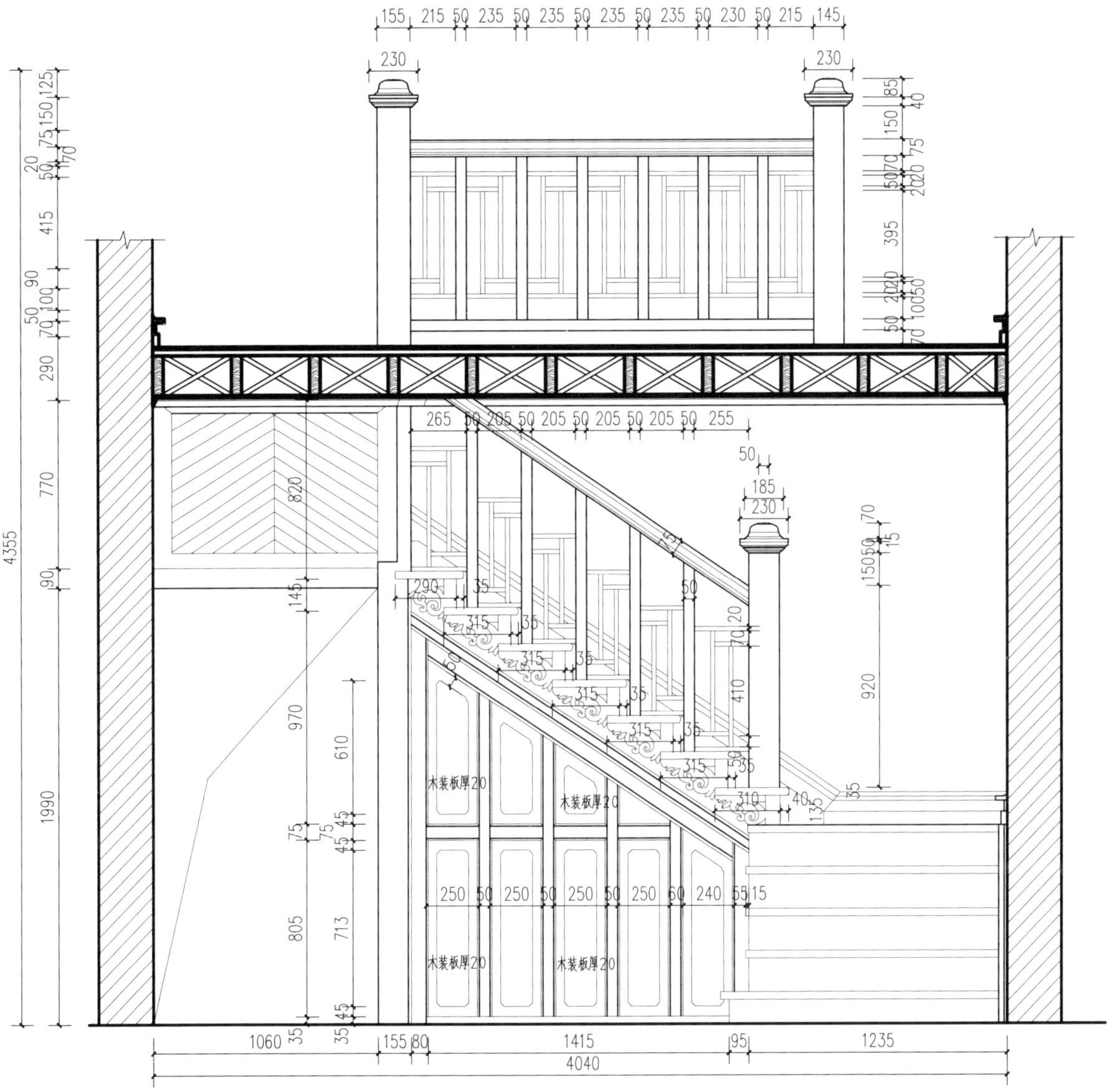

图 53　南侧次间楼梯大样（立面图）

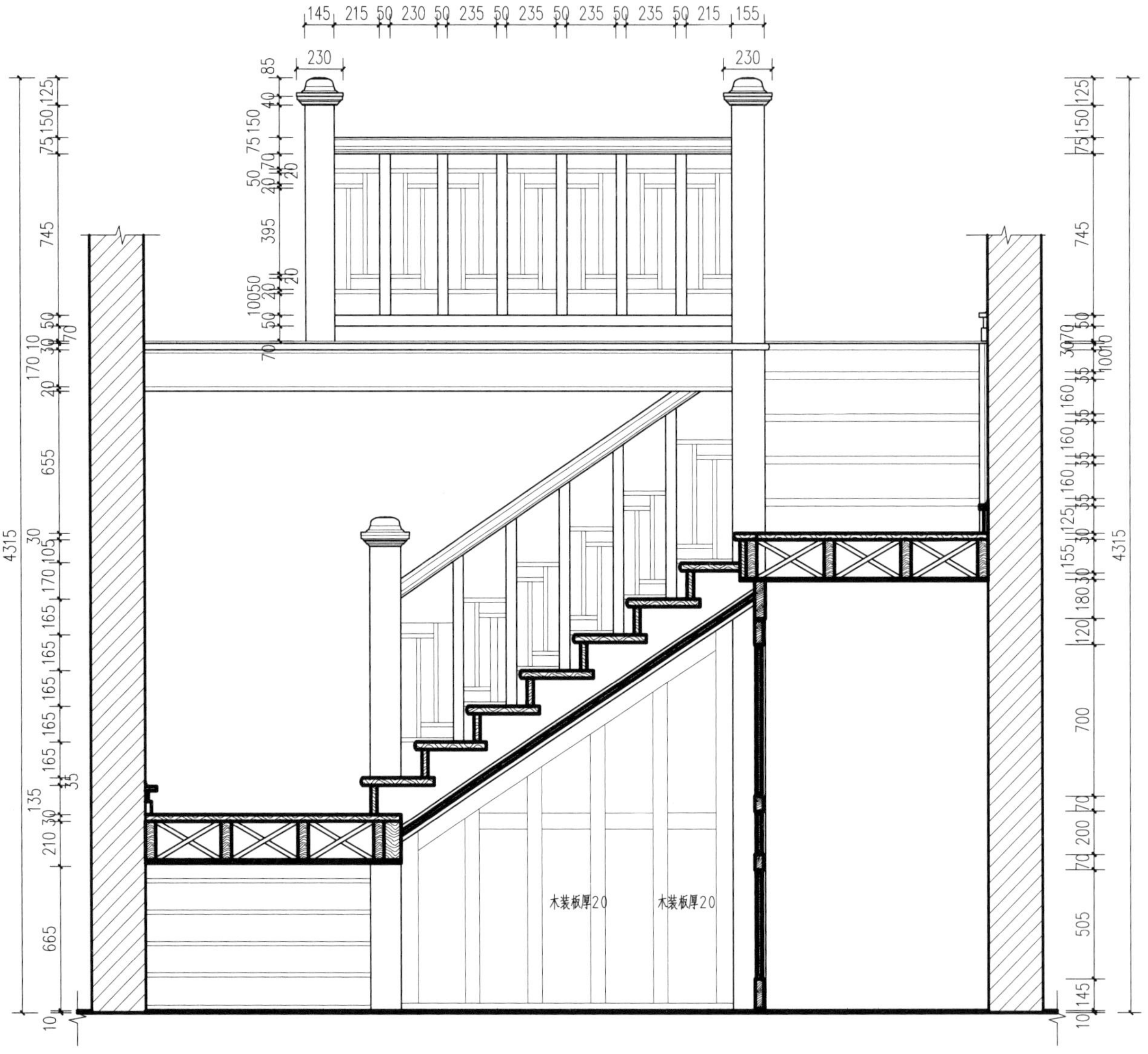

图 54　南侧次间楼梯大样（1-1 剖面图）

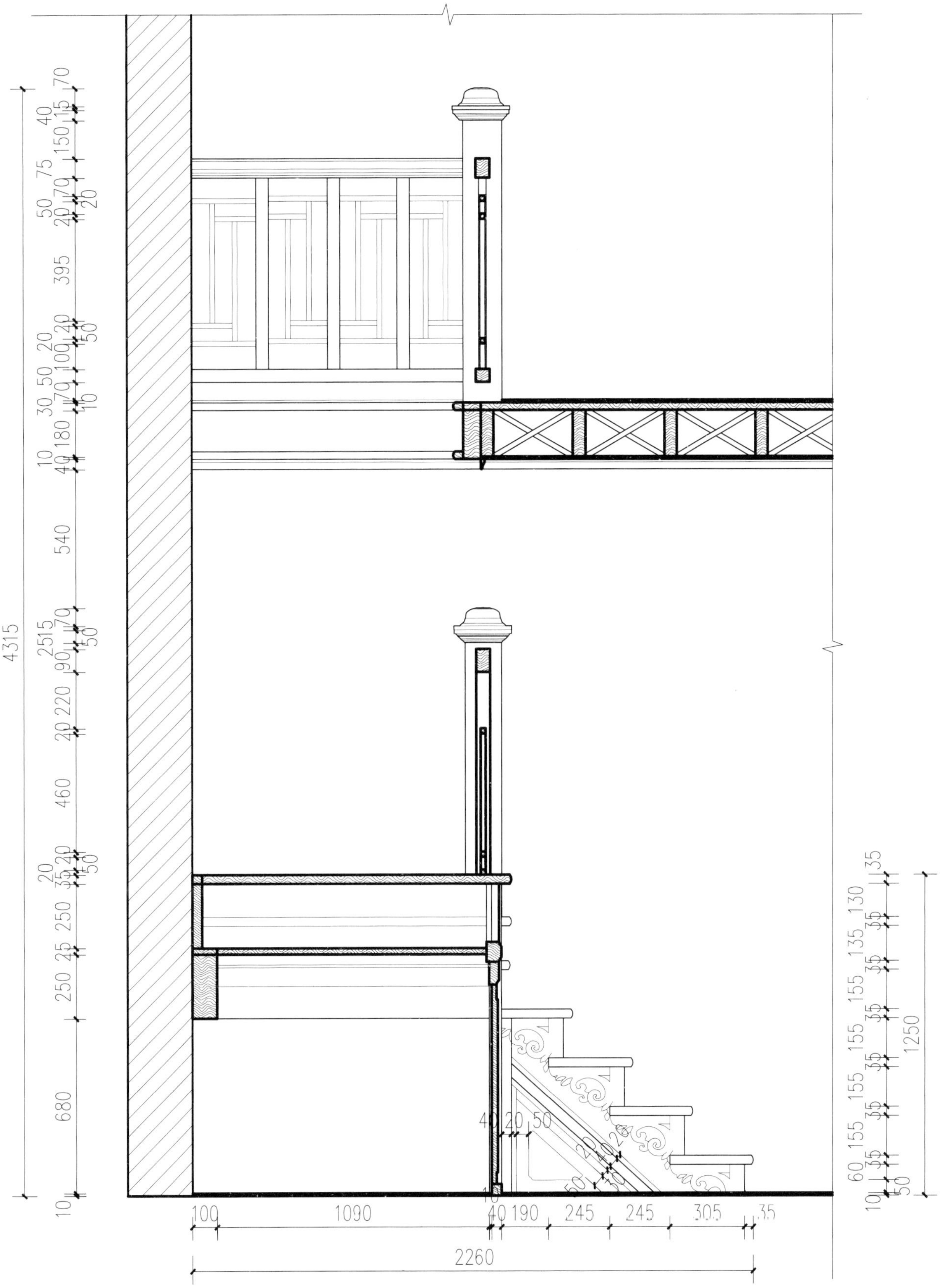

图 55　南侧次间楼梯大样（2-2 剖面图）

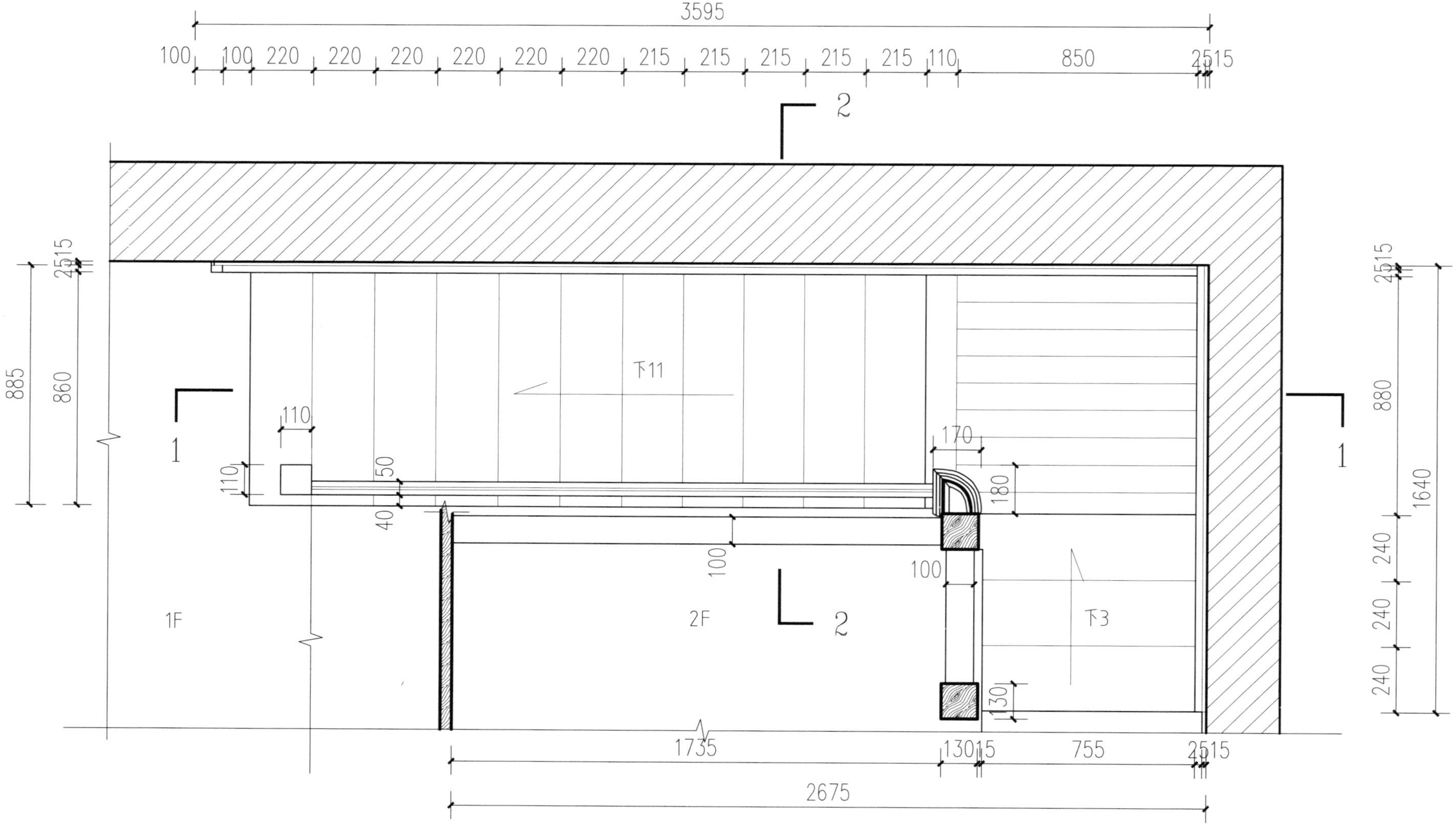

图 56　北侧次间楼梯大样（平面图）

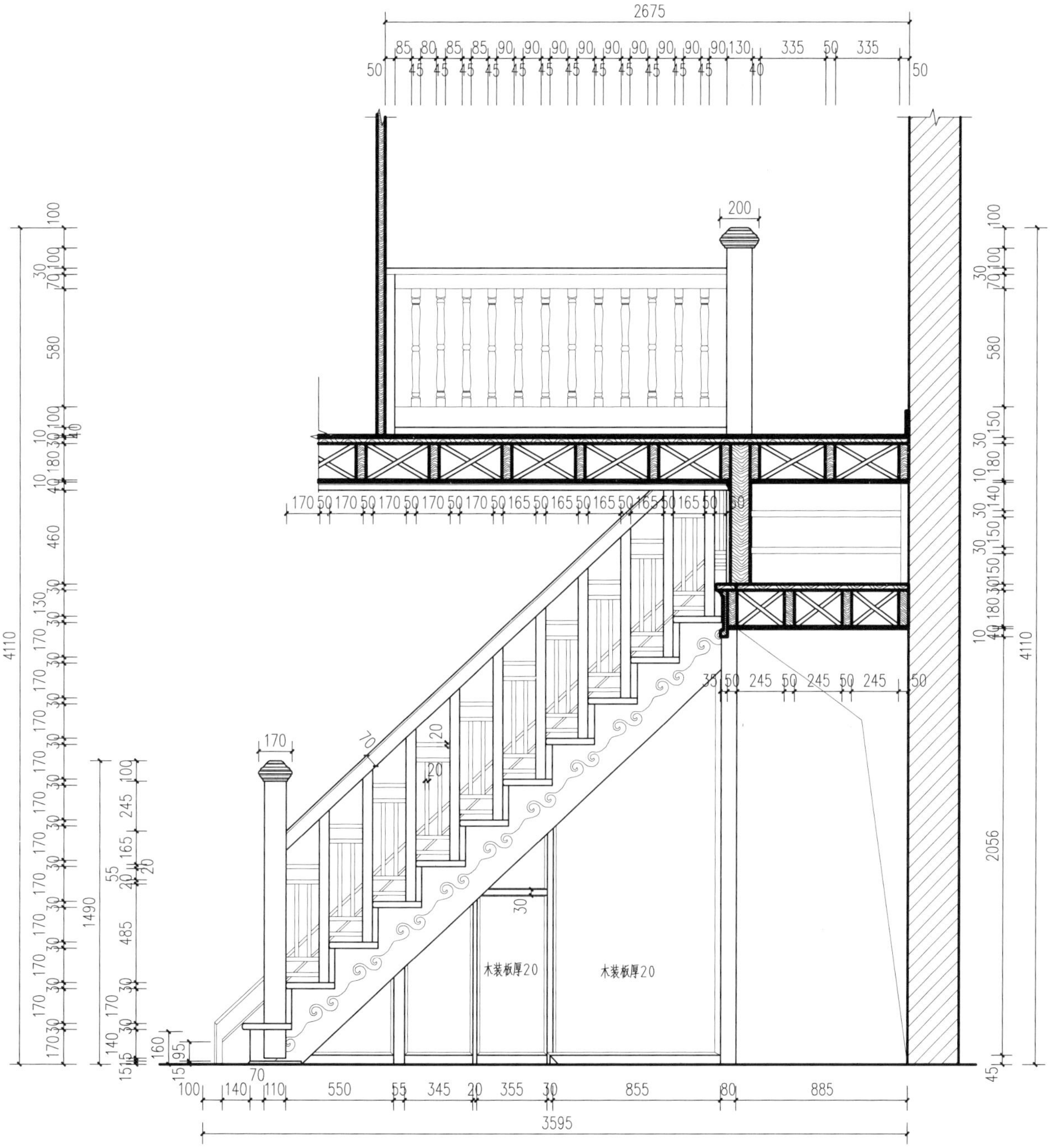

图 57　北侧次间楼梯大样（立面图）

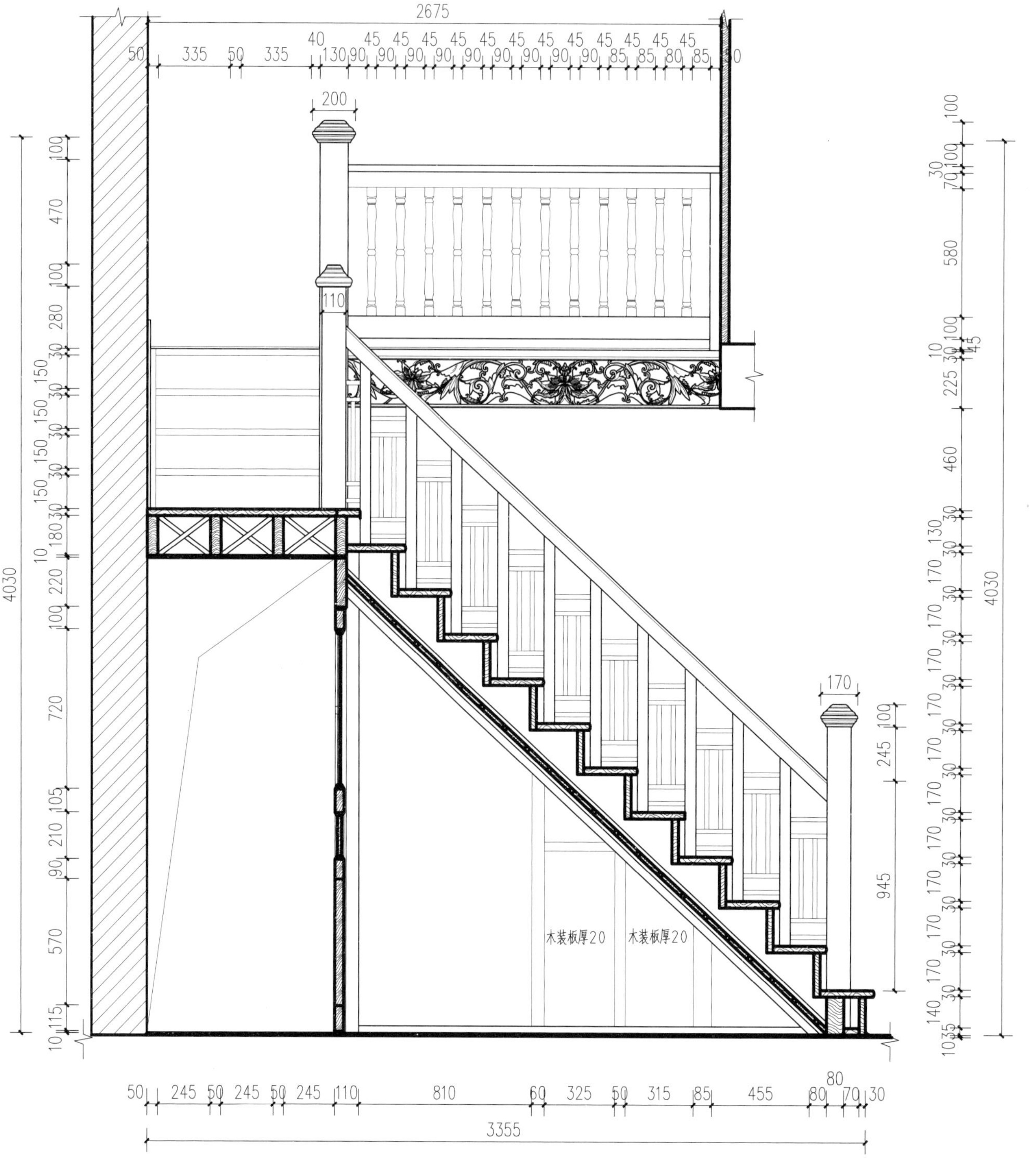

北侧次间楼梯雕花大样图1

图58　北侧次间楼梯大样（1-1剖面图）

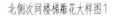

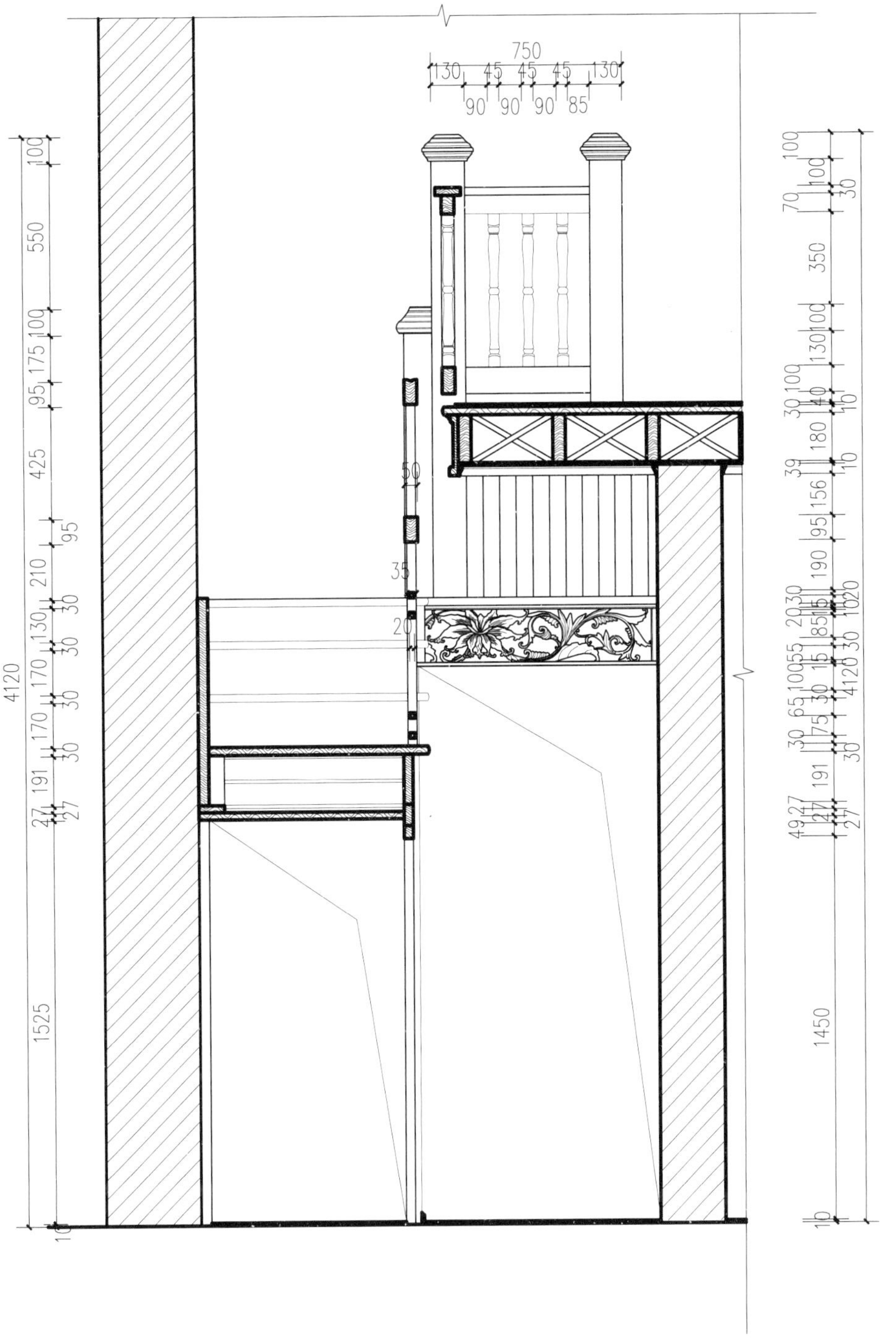

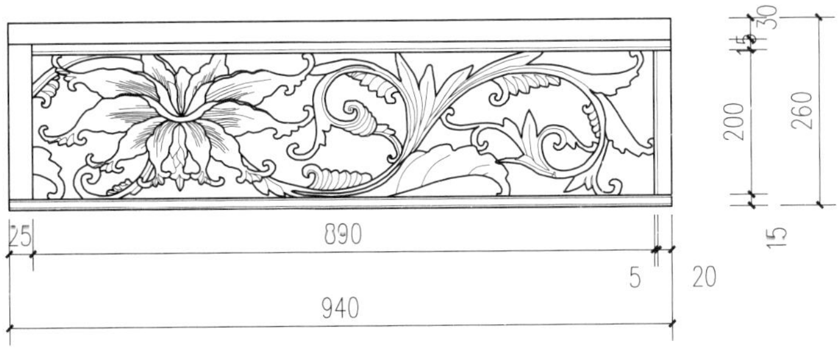

北侧次间楼梯雕花大样图2

图 59　北侧次间楼梯大样（2-2 剖面图）

后　　记

四川古建筑形式多样，姿态万千，既有地方特色，又保存了古代通用的构造做法，不仅兼具实用、坚固、美观，且历代继承，渊源深远。各种建筑风格迥异，又和谐统一，是中国传统建筑文化的重要组成部分。

多年来，我院一直坚持进行古建筑田野调查工作，从2010年出版《四川古建筑测绘图集》（第1辑）开始，我们将测绘图等原始资料进行收集并整理出版，及时向业界提供研究素材，对各位学者研究四川建筑史有极其重要的价值，也提供了珍贵的实物资料。该系列图书得到了上级领导、业内专家及广大同行的肯定和支持，社会反响良好。

《四川古建筑测绘图集》是我院文化遗产研究所相关工作成果的汇编。根据各方的反馈意见和建议，我们对本辑的图纸编辑内容进一步进行了规范。使文物档案资料更为细致、科学和完善。

本辑的内容包括峨眉山市普贤寺大殿、剑阁金仙文庙、中江邓氏碉楼等12处四川省内各级文物保护单位，涵盖类型涉及寺庙、宫观、旧居、牌坊、塔、楼、桥等多种建筑类型。

本辑资料收集、整理和编辑由陈亚同志完成，相关照片由我院文化遗产研究所业务人员提供。

本辑的编撰得到了四川省文物局的大力支持。

感谢各地、市、州及县级文物保护管理部门和机构的大力支持，没有他们的协助，我们的工作是不可能顺利进行的。

感谢科学出版社的雷英、吴书雷二位编辑给予本书出版的极大支持，以及为本书出版付出的艰辛劳动。

书中错误在所难免，敬请专家不吝指正，我们将在以后的工作中进行完善。

编　者

2021年9月